中国炼油技术新进展

王基铭 主编

中国石化出版社

内 容 提 要

本书介绍了进入21世纪以来我国炼油技术的新进展和工业应用的新情况。主要介绍我国自主开发全面掌握的炼油核心技术和成套技术，自主设计炼油厂和炼油装置的实力和水平。这些技术达到了国际先进水平，有很强的国际竞争力，在国内外已经工业化广泛应用。全书收录30篇专题文章，分别由国内著名的专家、学者执笔，内容新、水平高，具有很高的权威性。

本书对提高我国炼油工业水平，促进我国炼油工业的发展，促进对外技术交流和实施炼油工业“走出去”战略具有很高的参考价值，可供国内外炼油领域从事科研、设计、生产、管理和教学等人员参考。

图书在版编目（CIP）数据

中国炼油技术新进展／王基铭主编.
—北京：中国石化出版社，2016.12
ISBN 978-7-5114-4375-5

Ⅰ.①中… Ⅱ.①王… Ⅲ.①石油炼制-技术-中国
Ⅳ.①TE62

中国版本图书馆CIP数据核字(2016)第307418号

中国石化出版社出版发行

地址:北京市朝阳区吉市口路9号
邮编:100020 电话:(010)59964500
发行部电话:(010)59964526
http://www.sinopec-press.com
E-mail:press@sinopec.com
北京科信印刷有限公司印刷
全国各地新华书店经销

*

787×1092毫米 16开本 23.25印张 582千字
2017年1月第1版 2017年1月第1次印刷
定价：160.00元

《中国炼油技术新进展》编委会

《中国炼油技术新进展》编辑部

序

新世纪以来，中国成品油市场进入快速增长阶段，国内年消费量从1.11亿吨增长至3.15亿吨，年均增速高达7.2%。在成品油需求增长的推动下，中国炼油工业得到了迅猛发展，炼油能力从2000年的2.8亿吨/年增至2015年的7.5亿吨/年，已成为仅次于美国的全球第二大炼油国，属于同期全球炼油能力增长最快的国家。炼油能力的快速增长为炼油新工艺、新技术、新设备的开发应用开创了广阔的前景，研究开发出一大批重大炼油技术创新成果，并得到工业化应用。支撑着中国炼油工业的科学可持续发展，促进我国炼油产业结构、装置结构与产品结构更趋于合理，原油适应性增强，油品质量升级加快，清洁化生产水平迅速提升。在中国炼油工业日新月异的发展背景下，总结凝练编著出版《中国炼油技术新进展》具有十分重要的意义。

《中国炼油技术新进展》编委会在广泛搜集筛选的基础上，精心组织选择30篇论文，重点突出地推介近20年来中国炼油工业所取得的重大关键性技术成果，这些具有自主知识产权的炼油技术均已得到工业化应用，部分技术已实现全球转让，主要包括：开发应用MIP、DCC等系列催化裂化、延迟焦化高效转化、劣质重油加工等新技术，提高石油资源的综合利用效率、轻油收率，进一步提升炼油工业的整体经济效益；开发应用S Zorb催化汽油脱硫、催化汽油选择性加氢脱硫、逆流连续重整、柴油超深度加氢脱硫、液相加氢、烷基化等技术，进一步提升油品质量水平，引领市场发展潮流；开发应用新型炼油催化剂、新型炼油设备、渣油加氢、远程诊断、炼厂集成优化、油品快速评价等技术，支撑中国炼油工业的转型升级发展；开发应用了煤炭液化生产液体运输燃料、生物柴油、生物航煤等技术，拓宽了成品油原料来源；开发出润滑油、溶剂油、特种沥青等高附加值产品生产技术，形成炼厂新的效益增长点；同时开发应用系列炼厂安全环保节能技术，提升了炼厂清洁化生产水平。

中国炼油工业的扎实底蕴为加强全球合作奠定了坚实基础，在国家“一带一路”战略的推动下，炼油科技及工程建设技术正在打造成“中国第三名片”。《中国炼油技术新进展》的出版，将成为世界炼油工业同行了解中国炼油技术新进展的窗口，并将进一步推动国内外炼油产业界的全方位合作。

本书汇聚了中国炼油工业无数奉献者的科学技术成果，从多个侧面集中反映了近20年来中国炼油工业的技术水平和最新进展，对国内外从事石油炼制行业的生产、科研、设计及规划工作者，以及大专院校相关专业的师生等，均具有重要的参考价值。

在本书的编写过程中，得到了中国石化、中国石油、中国海油、神华集团、中国石油大学、浙江大学等单位领导、专家学者的大力支持，参加编写的人员都是长期在科研、设计、教学和生产一线的专家，具有较高的学术水平和丰富的实践经验，真正了解相关专业领域的最新技术进展。本书编写过程中，陆婉珍、陈俊武、徐承恩、李大东、汪燮卿、杨启业、胡永康、舒兴田等院士及炼油行业内许多知名专家参与了审查工作；编辑部及各编写组根据专家的审查意见反复修改完善，精雕细琢，精益求精，先后多次召开各专业的审查会，编写工作历时两年多，数易其稿，编写工作认真负责，严谨、缜密，一丝不苟。

本书专业涉及面很广，内容难免存在不足和疏漏之处，敬请广大读者批评指正。

王基铭

目　　录

中国炼油技术新进展

王基铭

摘　要：中国炼油工业取得巨大成就，在炼油能力快速发展的基础上，装置结构与产品结构趋于合理、原油适应性增强、油品质量升级加快、清洁化生产水平提升等；特别是取得了一批重大技术创新成果，支撑着中国炼油工业的可持续发展，即提升炼油工业效益水平的重大技术、引领市场发展的油品质量升级技术、效益增长的高附加值产品技术、支撑炼油工业转型升级的重点技术等；未来，中国炼油工业将进一步深化结构调整，推进区域优化和新技术的应用，努力打造绿色低碳、智能型炼厂，实现转型升级可持续发展。

关键词：中国　炼油技术　创新　展望

1　中国炼油工业发展成就

1.1　中国炼油能力快速增长

进入21世纪以来，中国炼油工业得到了快速发展。国内炼油能力从2000年的280Mt/a增至2015年的750Mt/a，年均增长率6.7%，成为仅次于美国的全球第二大炼油国，也是同期全球炼油能力增长最快的国家。

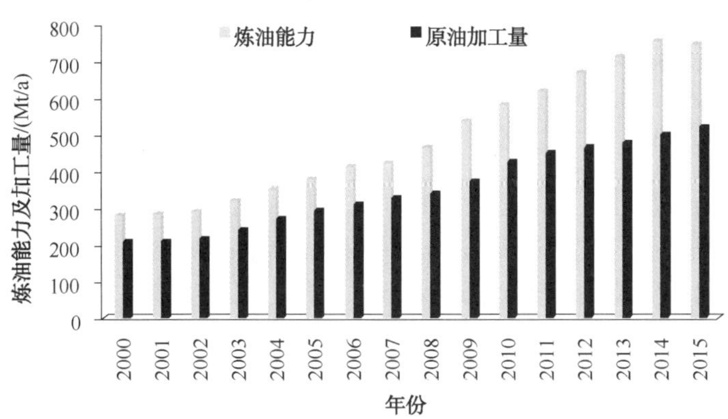

图1　2000~2015年中国炼油能力与原油加工量变化

中国炼油能力的增长，主要来自于以下三个方面：一是新建炼厂的建成投产，包括2008年投产的12Mt/a青岛炼化、2009年投产的12Mt/a惠州炼油、2010年投产的10Mt/a广西石化、2014年投产的10Mt/a四川石化和2015年投产的12Mt/a泉州石化等；二是部分现有炼厂的扩能改造，主要包括镇海、大连、茂名、金陵、扬子等；三是地方炼油能力快速增长，占全国炼油能力的比例逐步上升。2015年，国内各公司所拥有的炼油能力状况如表1所示。

表 1　2015 年国内各公司所拥有的炼油能力

企业名称	炼油能力/(Mt/a)	占全国比例/%	企业名称	炼油能力/(Mt/a)	占全国比例/%
中国石化	297.42	39.7	兵器集团	8.4	1.1
中国石油	182.5	24.4	中化集团	17	2.3
中国海油	36.1	4.8	地方炼油	161.25	21.5
中国化工	28.4	3.8	全国合计	748.47	100.0
延长集团	17.4	2.3			

2015 年，中国炼厂原油加工量为 522Mt，生产成品油 338Mt，其中汽油 121.04Mt、煤油 36.59Mt、柴油 180.08Mt；成品油消费量为 315Mt，其中汽油 114.33Mt、煤油 27.44Mt、柴油 173.05Mt。2015 年成品油出口 25.44Mt，进口 4.08Mt。

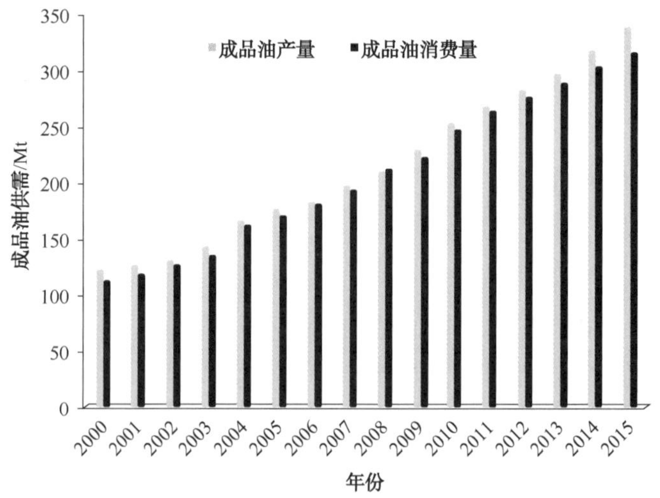

图 2　2000~2015 年中国成品油生产与消费量变化状况

1.2　装置结构调整加快，大型化、基地化特点明显

为适应原油品质劣质化、交通运输燃料需求增加、燃料清洁化步伐加快的趋势，中国炼油装置结构调整步伐加快，主要表现在加氢裂化、加氢精制占常压蒸馏能力的比例显著提高，延迟焦化、催化重整比例较快增长，而催化裂化比例相应下降。2000~2015 年，中国炼油装置结构变化如表 2 所示。

表 2　主要二次加工装置能力占常压蒸馏能力的比例

公　司	年　份	催化裂化	加氢裂化	催化重整	延迟焦化	加氢精制
中国石化	2000 年	36.3%	6.3%	7.0%	10.2%	17.4%
	2015 年	27.3%	12.7%	10.7%	18.1%	46.9%
中国石油	2000 年	40.2%	2.8%	5.9%	7.1%	9.7%
	2015 年	30.5%	13.7%	12.1%	10.6%	50.6%
全国平均	2000 年	35.1%	4.7%	6.5%	11.6%	11.2%
	2015 年	31.0%	10.5%	9.7%	19.2%	46.8%

注：加氢精制只包括汽煤柴油加氢精制能力。

近年来，中国炼厂改扩建和新建炼油工程中的单系列装置规模屡创新高，如12Mt/a常减压蒸馏、3.5Mt/a重油催化裂化、4Mt/a加氢裂化、2.1Mt/a催化重整、3.9Mt/a渣油加氢、4.2Mt/a延迟焦化(两炉四塔)、4.1Mt/a柴油加氢等大型生产装置，均已成功投产，炼厂技术经济指标明显提升，装置大型化的优势充分显现。

截至2015年年底，中国已拥有千万吨级炼厂28座，合计炼油能力364Mt/a，约占全国炼油能力48.6%，其中，中国石化镇海炼化分公司、中国石化茂名分公司、中国石化金陵分公司和中国石油大连石化炼油规模均已超过20Mt/a。

1.3 炼化一体化取得成效

炼化一体化可以优化资源配置，即利用炼油的规模优势，应用“宜油则油、宜烯则烯、宜芳则芳”的炼油理念，使宝贵的石油资源得到合理优化利用。同时，集中综合利用炼厂和石化装置的各种产品和中间产物，方便原料和产品的集中进出，提升设施共享水平，减少水、电、汽、热、风等公用工程系统的投资和费用，提高经济效益。中国炼油工业依托千万吨级大型炼厂的建设，结合大型乙烯工程的新建或改扩建，已经形成了一批大型炼化一体化基地企业，明显提升炼油业务的竞争力，如表3所示。

表3 千万吨级炼厂及主要炼化一体化基地企业 $10^4t/a$

所属集团	地 区	企业名称	炼油能力	乙烯能力	PX能力	聚丙烯能力
中国石化(17)	环渤海	燕山分公司	1100	71		40
		天津分公司	1380	120	33	51
		石家庄炼化分公司	1000			23
		齐鲁分公司	1400	80	9	7
		青岛炼化	1200			20
	长三角	高桥分公司	1300			
		上海石化	1400	70	84	45
		扬子石化分公司	1600	80	80	44
		金陵分公司	2100		60	
		镇海炼化分公司	2300	100	52	50
	华中	长岭分公司	1150			10
		九江分公司	1000			11
		安庆分公司	1000			3
	珠三角	广州分公司	1320	21		19
		茂名分公司	2350	100		67
	华南	福建炼化	1400	99	85	67
		海南炼化	920		60	20
中国石油(9)	东北	抚顺石化	1100	94		39
		大连石化	2050			10
		大连西太平洋石化	1000			10
		辽阳石化	900	20	76	
		吉林石化	980	85		

续表

所属集团	地　区	企业名称	炼油能力	乙烯能力	PX能力	聚丙烯能力
中国石油(9)	西北	兰州石化	1050	70		45
		四川石化	1000	80	65	45
		独山子石化	1000	122		69
	华南	广西石化	1000			6
中国海油(1)	华南	惠州炼油	1200	95	84	26
中国中化(1)	华南	泉州石化	1200			20
总计(28)			36400	1307	688	747

1.4　加工原油适应性显著增强

中国炼油工业持续进行结构调整，加工原油的适应性明显增强，高酸、高硫等劣质原油加工能力扩大。

2000年，中国石化高含硫原油加工能力为33.5Mt/a，2015年已增加到148.3Mt/a，形成了镇海、金陵、茂名、上海等一大批高含硫原油加工基地；含酸原油加工能力得到快速发展，2015年已达到34.5Mt/a，形成了青岛石化、武汉、齐鲁、金陵、石家庄等一批含酸原油加工基地。

2000年，中国石油高含硫原油加工能力为8Mt/a，2015年已增加到26Mt/a，形成了大连西太、大连石化等高含硫原油加工基地；含酸原油加工能力得到快速发展，2015年已超过9Mt/a，形成了辽河石化、克拉玛依等含酸原油加工基地。

中国海油含酸原油加工能力快速发展，2015年已超过30Mt/a，形成了惠州炼油、大榭/舟山石化、中捷石化等含酸原油加工基地。

1.5　油品质量逐步升级

在绿色低碳的新形势下，环保法规要求和汽车行业对燃料质量要求趋严，中国油品质量升级步伐明显加快。美、欧、日实现汽油无铅化分别用了21年、27年和12年左右的时间，而中国仅用了7年左右时间，于2000年实现汽油无铅化。

2003年1月1日起，中国汽油硫含量从1500μg/g降低到800μg/g，2005年7月1日汽油硫含量降低到500μg/g以下，2010年1月1日开始，全国范围内陆续实施汽油国Ⅲ标准，硫含量降低到150μg/g以下，2014年1月1日进一步升级到国Ⅳ标准，硫含量降低到50μg/g以下。2000年发布轻柴油标准GB 252—2000，并于2002年1月1日开始实施，2003年10月1日发布实施GB/T 19147—2003《车用柴油》推荐性标准，硫含量不大于500μg/g，2011年7月1日，车用柴油硫含量要求不大于350μg/g，2015年1月1日起全国开始实施国Ⅳ车用柴油标准，硫含量不高于50μg/g。

北京、上海、广州、重庆、深圳、南京提前实施国Ⅴ汽柴油标准，硫含量不高于10μg/g。2015年4月28日国务院常务会议决定，“加快成品油质量升级措施，推动大气污染治理和企业技术升级”。2016年1月1日起，东部地区11个省市供应国Ⅴ标准车用汽柴油；2017年1月1日起，全国供应国Ⅴ标准车用汽柴油；2017年7月1日和2018年1月1日，全国范围内供应国Ⅳ、国Ⅴ标准的普通柴油。

1.6 节能减排和清洁安全生产水平明显提升

在炼油技术进步和精细化管理的推动下，中国炼油工业节能减排工作取得了明显成效。2000~2015年，中国石化的炼油综合能耗从76.66kg标油/t下降到59.52kg标油/t，下降了22.4%；中国石油的炼油综合能耗从90.80kg标油/t下降到64.02kg标油/t，下降了29.5%。

通过技术进步和精细化管理等手段，持续提升中国炼油工业的清洁生产水平，排放量指标持续下降。例如，2015年中国石化COD、氨氮、二氧化硫、氮氧化物排放量同比分别下降4.1%、4.0%、4.8%、4.2%，工业废水排放量下降8.0%，外排污水合格率达到99.8%、提高0.5个百分点；中国石油COD、氨氮、二氧化硫、氮氧化物排放量同比分别下降8.0%、6.2%、27.8%、16.4%；实现节能1.16Mt标准煤、节水量$2061\times10^4m^3$；中国海油COD、氨氮、二氧化硫、氮氧化物排放量同比分别下降2.0%、67.0%、29.0%、16.0%，工业废水排放量下降，外排污水合格率相应提升。

1.7 信息化水平提升

近年来，中国炼油工业信息化取得了显著成效，在提升炼厂竞争力方面起到了积极的推动作用。2013年国资委对中央企业信息化水平进行了评价，中国石化、中国石油、中国海油均进入信息化A级企业。2012年中国石化启动了九江石化等4家炼化企业的智能工厂建设试点工作，并已取得明显成效。

在自动化层面，中国大中型炼油企业的主要生产过程基本实现了自动控制，增强了生产过程操作的平稳性，提高了产品质量合格率。通过基于物联网技术的危化品物流应用平台，提升了危化品运输的监管能力和安全管理水平；通过基于自动控制和射频识别技术（RFID）的大型立体仓库试点建设，实现了产品包装、仓库管理和装车发货的无人化，提升了仓库作业效率，便于更安全高效地管理库内货品。

在生产执行层面，通过生产执行系统（MES）、生产优化技术、生产调度系统的建设与应用提升了管控水平及工作效率。在生产优化技术应用方面，利用企业工厂模型和信息平台，实现了总部与企业网上排产、资源分配，支撑了炼厂的生产计划优化，提高了资源利用的整体效率。在生产调度系统建设方面，通过调度优化软件，提高了生产计划作业人员对生产调度的预见性、精细化程度和工作效率，部分企业实现了计划、调度系统的集成应用。

在经营管理层面，大中型炼油企业普遍应用了企业资源计划系统（ERP），支撑了采购、销售、财务、资金等业务的高效运作，提高了企业经营管理效率；在决策分析层面，不同程度地运用了商业智能分析系统，实现了源系统数据的统一抽取、统一加工，通过建立部门级应用，实现财务、销售、采购等分析应用，可以满足企业生产经营信息全口径、多维度的对比分析。

2 中国炼油的技术创新

近年来，中国在以下关键炼油技术方面获得重大突破，取得了一批重大技术创新成果，支撑了中国炼油工业的科学可持续发展。

2.1 提升炼油工业效益水平的重大技术

为提高石油资源的综合利用效率和轻油收率，进一步提升炼油工业的整体效益水平，中国炼油工业开发了系列催化裂化技术、系列加氢裂化技术、延迟焦化高效转化技术、劣质重油加工技术、炼厂轻烃综合利用技术、重油催化裂解制取低碳烯烃技术、芳烃生产技术以及炼化一体化技术等。

针对中国车用汽油以催化裂化汽油为主要成分的实际情况，开发出多产异构烷烃的催化裂化工艺(MIP)，灵活地控制汽油烯烃含量，降低硫含量，同时为后续开发的汽油脱硫(RSDS/S Zorb)技术提供辛烷值损失最小的原料，MIP 与 RSDS/S Zorb 工艺的组合，构成中国车用汽油生产最具有竞争力的技术路线，以最小的经济代价完成了国内车用汽油质量升级。在短短的 10 年内，MIP 装置加工能力已约占国内 FCC 装置总加工能力的 60%，已成为新一代 FCC 工艺。

针对炼油和炼化一体化企业的不同需求，创新开发了具有鲜明特色的加氢裂化系列技术，能够经济高效地加工直馏蜡油、直馏柴油、焦化蜡油、焦化柴油、催化回炼油、催化柴油和脱沥青油等原料，灵活或最大量地生产轻汽油、喷气燃料、柴油等高价值清洁油品组分及饱和液化气、石脑油和尾油等优质化工原料，已在工业上得到了广泛应用。

延迟焦化作为脱碳彻底的热裂化工艺，具有原料来源广、适应性强、投资费用低的特点，是世界重油轻质化的主要途径之一。以控制焦化炉炉管结焦为核心，采用定向反射技术通过特制燃烧器、炉管排布与炉膛结构合理分配炉管表面热强度，合理降低最高油膜温度，在较低的出口温度下提高焦化炉出口转化深度并提供尽可能多的生焦反应给热量，形成了延迟焦化高效转化技术。采用该技术可使焦化炉单程处理能力从 250kt/a 提高到 500~600kt/a，大幅降低装置能耗，延长装置周期，降低干气产率，提高轻油收率等。

针对全球劣质重油运输及加工难点，开展系统研究，深入分析劣质重油组成结构及反应机理，自主研发出委内瑞拉超重油供氢热裂化技术、委内瑞拉超重油延迟焦化技术、高酸原油直接催化脱羧裂化成套技术，均已成功实现工业应用。

提高炼厂轻烃的综合利用水平，是炼厂提质增效的重要途径，近年来国内涌现出多种炼厂轻烃加工技术，如 C_5/C_6 烷烃的异构化技术、催化轻汽油醚化技术、轻烃芳构化生产高辛烷值汽油组分技术、正丁烯骨架异构化技术、叔丁醇法分离混合碳四中异丁烯技术、碳四烷基化预加氢技术、干气/液化气加氢生产乙烯料技术等，这些技术均已在工业应用中取得了较为理想的结果。

在对催化裂化反应过程深入理解与认识的基础上，根据目标产物的不同，提出了重油催化裂解制取低碳烯烃的催化剂、工艺与工程设计新理念，由此形成的系列集成创新性技术如 DCC-plus、MCP 和 CPP 等技术，均已实现工业化应用。同时，针对催化裂化和催化裂解工艺多产丙烯的需求，首次将具有脱氢功能的金属封装在 ZSM-5 分子筛内，以此作为催化剂活性组元可显著提高丙烯产率和丙烯选择性；磷改性 β 分子筛可强化催化裂化过程异构化反应，有利于提高催化裂化产物 LPG 中异丁烯选择性和异丁烯产率。

芳烃作为一种重要的基本有机原料，其生产技术水平是一个国家石油化工发展水平的重要标志之一。近年来，芳烃生产的各单元技术已取得了显著进步，轻烃芳构化、重芳烃轻质化、催化裂化 LCO 及裂化汽油转化等增产芳烃技术得到重视和开发。开发原料多样化、产品结构调整灵活、物耗能耗更低的芳烃成套技术，一直是中国芳烃技术的发展重点。经过几十年的发展，中国在催化重整、芳烃抽提、甲苯歧化与烷基转移、二甲苯异构化、吸附分离等单元形成了多项具有自主知识产权的专项技术。2013 年 12 月，中国石化采用自主技术建成投产 600kt/a PX 芳烃联合装置，成为全球第三个具有完全自主知识产权的大型化芳烃生产技术专利商。特别值得一提的是中国石化创新开发了 FHDO 重整生成油选择性液相加氢脱烯烃技术，通过在催化重整装置内产品分馏系统中增设 1 台固定床反应器，在脱戊烷塔进料条件下对重整生成油进行选择性液相加氢脱烯烃，不仅大大提高了 BTX 芳烃产品质量，而且使芳烃生产过程固废排放总量降低 90%以上，取得了很好的经济效益和环境效益。

2.2 引领市场发展的油品质量升级技术

中国炼油工业陆续开发了逆流连续重整、催化汽油选择性加氢脱硫、S Zorb 催化汽油脱硫、柴油超深度加氢脱硫、加氢改质、加氢降凝、加氢异构降凝、催化柴油高效利用、管式液相加氢、烷基化等技术，进一步提升油品质量水平，引领发展潮流。

随着中国油品质量升级步伐的加快以及对芳烃产品需求量的快速增长，催化重整得到迅速发展。中国石化开发出了超低压连续重整(SLCR)和逆流连续重整(SCCCR)两种具有自主知识产权的连续重整成套技术。SLCR 技术于 2009 年成功实现工业化，已推广应用于 6 套装置，各项技术指标均达到国际先进水平；SCCCR 技术具有鲜明的技术特点，属于原始创新技术，已于 2013 年顺利实现了工业应用，取得了良好效果；中海油气(泰州)石化有限公司 1000kt/a 装置已建成试运行，预计 2016 年年底投料生产，沧州分公司 400kt/a、燕山分公司 1000kt/a 装置处于设计之中。

中国石化在整体收购原 S Zorb 技术的基础上进行全面的技术再创新，形成新一代S Zorb 催化汽油脱硫技术。在催化剂设计方面，开发出 FCAS 系列 S Zorb 催化剂，降低了催化剂消耗和辛烷值损失；在工艺工程技术方面，开发出以降尘技术为核心的脱硫反应新工艺，改进了再生工艺、还原工艺、输送及控制技术，优化了 S Zorb 反应动力学及工艺设计模型，实现了长周期运行，并降低了能耗。新一代 S Zorb 技术已建成 31 套工业装置，在建装置 5 套，总加工能力超过 40Mt/a，约占催化汽油总处理量的 50%以上，已成为国内汽油质量升级的主要技术措施，具有突出的经济和社会效益。

在中国汽油构成中，催化裂化汽油(FCC 汽油)调合组分约占汽油总量的 75%~80%，因此生产高标准清洁汽油，实际上就是要降低 FCC 汽油中的硫、烯烃含量。国内各大石油公司陆续开发了一系列 FCC 汽油选择性加氢脱硫技术，主要包括 RSDS-Ⅲ、OCT-M/MD/ME、DSO、GARDES、M-DSO、CDOS 等，且开发出选择性加氢脱硫催化剂，可长周期稳定生产国Ⅴ汽油。

通过分析影响柴油超深度脱硫的主要因素，开发了柴油超深度加氢脱硫(S-RASSG 和 RTS)技术。S-RASSG 技术在反应区级配装填 2 种不同类型催化剂，使装置运行效果显著提高，运行周期明显延长，已在工业上得到了广泛应用。采用 RTS 技术，以柴油馏分为原料，可使装置在比较高的空速下生产出硫含量小于 10μg/g 的超低硫柴油产品。RTS 技术具有原料适应性强、产品颜色浅的特点，为炼油企业柴油质量升级提供了有力的技术支撑。中国石化上海高桥分公司 2.6Mt/a 柴油加氢装置和燕山分公司 2.6Mt/a 柴油加氢装置采用 RTS 技术，分别于2013年7月和9月开车成功，稳定长周期生产出国Ⅴ柴油产品。

针对国内炼油企业在柴油质量升级和产品结构调整中所面临的问题，中国石化开发了系列柴油加氢改质技术，如最大限度提高柴油十六烷值技术(MCI/RICH)，生产高辛烷值汽油或轻芳烃的FD2G和RLG技术，生产高辛烷值汽油或芳烃料LTAG技术，生产低凝清洁柴油的FHI、FHDW、FHUG-DW技术，从直馏柴油生产喷气燃料和石脑油-尾油化工原料的FDHC技术，从直馏柴油生产喷气燃料和低凝柴油的FD2J技术等。工艺研究和工业应用结果表明，所开发的系列技术各具特点，用户可以根据自身不同的需求选择适宜的相关技术，生产满足清洁燃料标准的高品质油品。

管式液相加氢工艺(FITS)采用微孔分散技术和管式固定床反应器相组合，提升了反应效率，降低了投资、能耗和操作成本，安全性高，可适用于重整生成油、航煤、直馏柴油等物料的加氢处理。该工艺技术已应用于中国石化长岭分公司700kt/a重整生成油加氢脱烯烃装置以及中国石化北海分公司、长岭分公司的500kt/a和600kt/a航煤加氢装置。

中国石油大学(北京)开展了离子液体催化碳四烷基化研究，开发了兼具高活性和选择性的复合离子液体催化剂，以及复合离子液体碳四烷基化清洁生产新工艺，发明了催化剂活性监测方法和再生技术，建成了世界上首套100kt/a复合离子液体碳四烷基化工业装置。该技术烯烃转化率100%，烷基化油研究法辛烷值高达98，工艺先进合理。

2.3 提升效益增长的高附加值产品技术

为增产高附加值产品，形成新的效益增长，近年来中国炼油工业陆续研究提升了润滑油加氢系列技术、清洁溶剂油等特种油品加氢系列技术、特种沥青生产技术等。

为了满足不断提高润滑油基础油质量和清洁溶剂油、变压器油、橡胶填充油等特种油品生产要求，加氢技术得到更加广泛应用。中国石化利用加氢裂化尾油资源，开发了加氢裂化尾油异构脱蜡生产高档润滑油基础油、白油和溶剂油技术，已在工业上得到广泛应用；针对中间基原油的特点，成功开发了加氢处理(RLT)工艺技术，在中国石化荆门分公司、济南分公司成功工业应用；针对环烷基馏分油的特点，开发了环烷基原油高压加氢处理(RHW等)系列工艺技术，在中国石油克拉玛依石化公司和盘锦北方沥青股份有限公司等成功应用。针对石蜡基原油特点，中国石油开发了溶剂精制与异构降凝相结合(IAC)技术，在中国石油大庆炼化分公司成功应用。

随着国民经济发展对石油沥青产品需求的不断变化，一些特种需求的沥青产品或采用特殊工艺生产的沥青产品不断增加。中国石化、中国石油、中国海油在道路沥青和特种沥青产品的研究开发、生产工艺技术及其工程应用方面取得重大进展，陆续开发出重质稠油道路沥青、硬质道路沥青、温拌沥青、高速铁路专用乳化沥青、彩色沥青、阻燃沥青、钻井液用高软化点沥青、水工沥青、跨海大桥桥面沥青、橡胶沥青灌缝胶等多品种沥青。

2.4 支撑炼油工业转型升级的重点技术

为支撑中国炼油工业的转型升级，陆续研发了新型炼油催化剂，并开发出新型炼油设备、渣油加氢、炼油控制系统、远程诊断、炼厂集成优化、油品快速评价等技术。

催化剂是催化裂化技术的核心，催化剂性能的好坏直接影响催化裂化装置的产品分布和经济效益。中国炼油工业在分子筛合成改性、基质材料及催化裂化催化剂制备等技术研发方面取得了较大进展。在重油催化裂化催化剂研发方面注重高硅高稳定性、多级孔 Y 分子筛的高效合成、结构优化改性新工艺的探索与应用；围绕基质，进一步发展了抗重金属污染、基质孔结构得到调控的新型硅铝孔材料、提升催化剂强度及球形度等制备技术。在此基础上，开发了抗污性能优异、大分子转化能力强、轻油收率高的系列重油催化裂化催化剂；为满足 MIP-CGP 工艺需要，开发了适用于各类重油及蜡油 MIP-CGP 装置、生产低烯烃汽油组分并多产丙烯的 CGP 系列催化剂；为了应对多变的市场需求，开发了增产丙烯/多产丙烯及丁烯、控制烟气排放等多种助剂。新型催化剂及助剂的开发与应用为中国催化裂化技术的迅速发展做出了重要贡献。

为满足炼油工业实现清洁生产和产品质量持续升级的需求，加氢催化剂在技术创新的研发过程中，不仅完成了催化剂系列化，还能够根据用户特定需求“量体裁衣”地进行催化剂设计，在基础理论探索与开发应用研究方面均取得了巨大的进步，开发生产的重整预加氢、催化汽油选择性加氢、航煤加氢、柴油加氢、FCC 原料加氢预处理、渣油加氢等加氢精制/加氢处理系列催化剂以及柴油加氢改质、馏分油加氢裂化、渣油加氢裂化和馏分油加氢脱蜡等加氢裂化系列催化剂在性能上均达到了国际先进水平，很好满足了不同企业的实际生产需要，为炼油工业的发展提供了有力的技术支撑。

按照国家装备制造业“自主研发、创新高端、走向世界”的政策方针，中国炼油工业开发应用了大型加氢反应器、烟气轮机、高效延迟焦化塔底(顶)阀、新型液相加氢循环油泵等关键设备以及加氢反应器用新型内件、催化裂化装置用旋风分离器等一批技术先进、拥有自主知识产权的炼油新装备和关键工艺内件，解决了炼油装置的大型化重大装备问题，部分炼油设备的制造技术及装备条件已达到或接近世界先进水平。

渣油加氢技术是渣油实现清洁高效转化的关键技术，正逐渐成为炼厂最主要的渣油加工技术手段。新一代的固定床渣油加氢处理技术和催化剂特点是大分子(沥青质、胶质等)加氢转化能力增强、小分子(多环芳烃)的加氢饱和程度提高、催化剂容金属能力提高，因此可以提高金属杂质 Ni、V 及硫、氮的脱除率和加氢重油的氢含量，为催化裂化装置提供更优质的原料，同时固定床渣油加氢处理装置的运转周期更长，创造了显著的经济效益。采用中国石化开发的固定床渣油加氢处理技术建设的工业装置已达到 12 套，总加工能力达 26.3Mt/a。RHT 和 FZC 系列渣油加氢催化剂已经累计工业应用 76 套次，不但在中国大陆得到广泛应用，还销往海外市场。中国石化开发的渣油加氢-RFCC 双向组合工艺 RICP 和 SFI 技术属世界首创的工业化技术，具有提高轻质油收率的明显效果。

围绕大型炼油装置的工艺特色和企业管理需求，结合当代控制理论、计算机网络、智能仪表等技术，开展了管控一体化的架构设计，重点开发了大规模控制系统网络设计、全系统冗余、在线下载、系统工业设计、现场总线集成与智能设备管理、中心控制室等核心技术，实现从原油选择、采购、加工到产品出厂全过程的智能化生产及管理，使炼厂效益最大化。控制系统及关键设备已在中国石化长岭分公司、中海油宁波大榭石化得到成功应用。

基于炼油企业已有 MES、DCS、实时数据库等信息系统，利用中国石化 30 年发展过程中积累的专有技术、专家知识，建成炼油装置技术分析及远程诊断系统。该系统实现常减压蒸馏、催化裂化、延迟焦化、催化重整、加氢裂化、加氢精制、加氢处理、汽油吸附脱硫、硫黄回收等 325 套主要炼油装置约 2700 多个工艺模型的在线运行，实现了全系统对炼厂生产装置的远程在线工艺技术管理、分析与事故诊断。

建立系统的石油分子表征平台，不仅得到了从轻馏分到重馏分中烃类、非烃类化合物按碳数分布或按沸点分布的信息，还能得到重油中某些分子的定性定量数据，这些分析数据及对石油分子组成的认知，已在多项炼油创新工艺研发中得到应用，在炼油工艺的科技进步中发挥着重要作用。与此同时，研制出了系列油品快速与在线分析技术，快速、准确地提供原料、中间物和产品的质量信息，与先进过程控制和优化控制技术相结合，为炼油企业带来了可观的经济和社会效益。

2.5 实现清洁化生产的节能环保技术

中国炼油工业在废气、废水和废渣等方面开发应用的环保技术主要有：污水分质处理、低浓度(含油)污水回用、臭氧氧化、处理后污水超滤-反渗透脱盐回用、催化裂化烟气除尘脱硫脱硝、恶臭和VOCs废气柴油低温(临界)吸收、石化污水处理场废气催化燃烧处理、设备和管阀件泄漏检测和修复程序(LDAR)、污泥处理技术等。应用上述技术，炼厂外排污水和废气中的主要污染物指标(COD、氨氮、SO_x、NO_x、非甲烷总烃、粉尘等)显著降低，固体废弃物的处置更加合理规范。

中国炼油在设备防腐蚀、过程安全管理等炼油装置长周期安全运行方面取得显著成果。在设备防腐蚀方面，研发了基于风险的腐蚀适应性评估技术、设防值评估技术、基于风险的劣质原油加工主要装置的选材技术、腐蚀失效分析和停工装置腐蚀检测专项技术等。在过程安全管理方面，提出了一种实时与周期相结合的过程安全管控架构和技术路线，给出了基于异常工况识别预警的实时安全运行指导系统和过程安全管理评估系统，并在延迟焦化、催化裂化等装置进行了试用。以上技术的应用提升了安全稳定运行和安全管理水平。

2.6 进一步拓宽成品油原料来源的技术

为拓宽成品油原料来源，中国陆续开发了煤炭液化生产液体运输燃料、生物柴油、生物航煤等技术，并已得到工业应用。

神华集团从1997年开始了煤液化生产液体运输燃料的研究工作，2004年采用先进工艺技术开始在内蒙古鄂尔多斯开工建设世界上首套百万吨煤直接液化工业示范项目，2008年建成投产。目前该项目生产运行安全、稳定。

煤制油所获得的产物均不能直接作为交通运输燃料使用，需要进一步加氢提质才能得到合格产品，目前中国开发的煤直接液化油和间接液化油的加氢提质技术已成功实现工业化应用。煤直接液化油具有密度高、含氧高、含氮高、芳烃含量高等特点，加氢提质产品以石脑油馏分和柴油馏分为主，石脑油馏分芳烃潜含量较高，柴油馏分十六烷值可提高18个单位。煤间接液化油具有密度低、无硫氮、无芳烃等特点，烃类组成以链烷烃为主，加氢提质柴油馏分十六烷值达75以上；润滑油基础油黏度指数达145左右；石蜡滴熔点达93℃。

中国石化成功开发了SRCA生物柴油技术和SRJET生物航煤技术，该技术原料适应性广，生产过程清洁。采用废弃油脂为原料进行工业化生产，生产的生物柴油的产品质量满足GB/T 20828—2007要求，收率达到了96.8%；生产的生物航煤通过了中国民航局的适航审定，取得了中国第一张生物航煤生产许可证，并成功进行了商业飞行。中国的生物柴油和生物航煤正式迈入产业化和商业化阶段。

3 中国炼油工业展望

中国炼油工业正在加快供给侧结构性改革和结构调整，实现转型升级发展；进一步提升炼化一体化水平；坚持原料多元化发展；研发劣质原油加工技术，推进区域优化和新技术的应用，努力打造成绿色低碳、智能型炼厂。

3.1 加快炼油工业供给侧结构性改革

在中国炼油能力过剩的情况下，国家加强炼油工业的统一规划，优化区域布局，做好炼油工业供给侧结构性改革。严格把握炼油能力的发展速度，严禁盲目新建或扩大炼油产能；主动控制好成品油资源总量，用先进炼油产能淘汰落后产能，使中国炼油能力保持总量平衡，基本满足国内油品需求。

3.2 炼油结构持续调整

中国成品油需求结构正在发生重大转变，预计柴汽比将从 2014 年的 1.63 下降到 2020 年的 1.13。为应对成品油结构变化，炼油装置结构必须进行重大调整，并开发多产汽油、降低柴油收率的炼油技术。调整产品结构，开发高档润滑油、高级汽油、高级柴油、高级溶剂油、高等级道路沥青等高附加值石油产品生产技术，提高炼油工业的经济效益。

为满足日益严格的清洁燃料标准，调整汽油、柴油调合组分构成，提高汽油辛烷值和柴油十六烷值，需继续开发清洁油品生产技术，包括汽煤柴油清洁生产技术、油品辛烷值/十六烷值提升技术和配方技术等。

3.3 提升炼化一体化水平发挥石油资源的最大价值

建立从分子水平认识石油资源及其转化规律的平台，创建对石油中烃类的结构特征和核心化学反应规律的系统理论，开发出针对性强的高效催化剂和生产工艺，实现对石油烃类分子的定向转化，将石油炼制技术创新由目前的混合物水平提升到分子水平。通过在分子水平上认识石油、炼制石油和使用石油，探索构建新的炼油技术创新知识平台，实现炼油技术的跨越式进步。实现精细化生产，使烃类分子得到最高效的合理利用，进一步提升炼化一体化水平。

3.4 坚持成品油原料来源多元化发展

为满足炼油工业原料需求、提高中国炼油产业竞争力，开发原料多元化的炼油化工技术，主要包括优化利用低价值炼化物流生产高价值化工原料的炼化一体化技术、在运输燃料和化工原料之间灵活切换的炼油技术，以天然气、煤为原料生产成品油、低碳烯烃和芳烃的技术，以煤或天然气为原料的制氢技术等。进行煤油气一体化发展，有效提升煤炭和天然气产业的附加值、降低炼厂原料成本，提高经济效益。

3.5 研发劣质原油及重油等深度加工技术

面对原油品质呈现重质化和劣质化，液体燃料质量更加轻质化和清洁化的趋势，需发展劣质原油和重油高效转化技术，主要包括劣质原油加工技术、渣油加氢高效转化技术、渣油转化组合技术、脱碳优化技术、重质芳烃原料转化技术、加氢裂化技术等。为满足炼厂氢气需求，需要开发高效低碳的制氢技术、新型制氢储氢技术等。

3.6 推进区域优化

努力推进炼油区域优化，实现差异化发展，即在区位优势明显、资源可获得性好、装置优化潜力大、环境承载能力较好的地区，完善炼油产业链，不断做大做强；对于环境容量有限、成品油市场增长空间小的地区，基本维持现有规模，重点进行结构调整和升级；对于油品过剩、环境承载能力有限的地区，考虑转型发展。

物流优化已成为继企业降低物资消耗、提高劳动生产率以外的“第三利润源泉”，包括原油、成品油及大宗产品的储运。中国炼厂需进一步形成完善的物流体系和管理体制，打造供应链一体化协调运作机制，优化物流流向、运输方式等整个供应链物流系统，提高物流效率，降低物流成本，提升竞争力。

推进区域优化，实现可持续发展，加强产业间的生态链接。进一步加强园区化建设，强化炼厂与区域内钢铁、煤炭企业间的协调优化，加强炼化企业与建材、肥料等行业的资源综合利用等，建设生态功能性园区。

3.7 加大新技术的应用

加强信息化技术和炼油工业的深度融合，大力推进智能制造，全面提升研发、生产、管理、销售、服务的智能化程度，努力改变中国炼油工业的生产模式和产业形态，实现运营智能化、商业生态化，促进中国炼油工业实现跨越式发展。进一步提升感知、预测、协同和分析优化能力，以智能工厂为重点建立高度数字化、可视化、模型化、集成化和自动化的炼油工业价值链。

开发本质节能环保的炼油工艺技术和环境治理技术，推进中国炼油工业绿色低碳发展，主要包括反应过程清洁化技术、清洁高效的产品分离提纯技术、用能优化技术、高效节能的新型装备技术等。

开发酶催化生物制氢技术、生物催化光解水制氢技术、H_2S 制氢、化学链循环氧化制氢等高效、清洁、低成本制氢技术，满足清洁燃料生产的耗氢需求。

油品分析及快速评价技术

褚小立　田松柏

（中国石化石油化工科学研究院）

摘　要： 概述了十年来我国在油品分析技术方面的进展，主要包括油品的分子水平表征技术和油品的快速与在线分析技术以及这些技术在科研和炼油工业的应用情况，并对未来发展趋势做了展望。

1　概述

国际上，从十年来的石油分析科学与技术的发展历程可以看出，石油分析技术大致是沿着两条主线展开的：一条主线是在原有的油品族组成和结构族组成分析基础上，通过当代更为先进的分离和检测方法，对油品的化学组成进行更为详细的表征，即油品的分子水平表征技术，其目的是为开发分子炼油新技术提供理论和数据支持，以求索研发变革性的炼油新技术[1]；另一条主线则是采用新的分析手段，快速甚至实时在线测定炼油工业过程各种物料的关键物化性质，即现代工业过程分析技术，其目的是为先进过程控制和优化技术提供更快、更全面的分析数据，从而实现炼油装置的平稳、优化运行[2]。

我国近十五年的油品分析技术进展几乎是与国际同步的。在油品分子水平表征技术方面，逐步开发出了前处理技术、高效仪器分离技术、选择性仪器检测技术、自编软件数据处理技术四位一体的油品表征技术平台，可以得到原油及其各种馏分油中详细的化合物分子类型和碳数分布以及关键单体化合物信息[3]。在现代过程分析技术方面，我国已开发出了以光谱、色谱结合化学计量学为核心的快速和在线分析技术。例如，我国已建立了相对完善的汽油和柴油近红外光谱数据库，可以有效支撑汽油、柴油管道自动调合技术在我国炼油企业持续推广应用[4]；基于自行提出的化学计量学方法，开发出了拥有自主知识产权的原油快评技术，能快速预测出单种类原油和混兑原油的基本性质数据以及馏分油的关键性质数据。

2　油品分子水平表征技术

2.1　汽油的分子表征技术

汽油的分子水平分析表征主要通过气相色谱分析技术来实现。中国石化石油化工科学研究院（RIPP）采用一根高分辨非极性毛细管色谱柱和火焰离子化检测器，能分离得到超过300个色谱峰，通过烃类组分的色谱保留规律结合气相色谱-质谱联用技术，建立了适用于不同工艺类型如直馏、催化裂化、焦化、烷基化、醚化、蒸汽裂解、费-托合成等汽油馏分产物详细组成的定性数据库，其中约200个组分可以确定其分子结构，约150个组分可以确定其所属的碳数和烃类类型[5,6]。

除常量的烃类分子外，RIPP采用气相色谱结合硫化学发光检测器(GC-SCD)建立了汽油馏分含硫化合物分布的测定方法，可以得到汽油中羰基硫、硫醇类、硫醚类、噻吩类和苯并噻吩类化合物的单体分布信息[7]。RIPP还采用气相色谱结合氮化学发光检测器(GC-NCD)建立了汽油馏分含氮化合物分布的测定方法，可以测定汽油中所含的苯胺类、腈类等含氮化合物的分布信息[8]。

近年来，RIPP开展了全二维色谱结合硫化学发光检测器(GC×GC/SCD)测定汽油含硫化合物的研究。针对汽油中含氧化合物的分析，RIPP采用带有中心切割的双柱系统，建立了适用于汽油馏分中微量小分子含氧化合物的测定方法，可以定量检测汽油中微量的C_1~C_4醇、C_2~C_5醛、C_3~C_6酮、甲基叔丁基醚、乙基叔丁基醚、甲基叔戊基醚的含量。

2.2 柴油馏分分子水平表征技术

针对ASTM D2425方法不能提供柴油馏分中烃类和非烃类碳数分布信息的问题，RIPP采用气相色谱在线分离、场电离软电离和高分辨飞行时间质谱组合技术(GC-FI TOF MS)，建立了柴油馏分中化合物类型和碳数分布的分析方法。该技术可使柴油中的饱和烃、芳烃、含硫和含氮化合物同时电离，能测定其精确相对分子质量，直接得到化合物类型和碳数分布[9]。该方法能够提供7类含硫化合物的类型和碳数分布的信息，适用于研究不同来源及不同加工工艺的柴油馏分中含硫芳香化合物分子的分布。另外，RIPP采用串联质谱开发了超低硫柴油中硫化物分子表征技术，实现直接对不同烷基数量、不同烷基取代位置二苯并噻吩分子识别[10]，在超低硫柴油催化加氢技术开发中得到了成功应用。

RIPP利用自行研制的$Ag-SiO_2$固相萃取小柱(SPE)结合GC-FI TOF MS技术，建立了催化裂化柴油中烯烃类型和碳数分布的表征方法，为催化裂化和焦化技术开发提供更为详细的烯烃分子水平组成信息[11]。RIPP还将模拟蒸馏的概念引入到石油分子组成随沸点分布的研究工作中，采用GC-FI TOF MS技术，建立了测定柴油烃类分子组成随沸点分布的方法[12]。

基于GC×GC/TOFMS的一维沸点分离、二维极性分离的特点，结合飞行时间质谱解析及解卷积去重叠计算技术，RIPP开发出了柴油馏分分子组成分析方法，可对3000余种分子进行分离和识别，提供烃类组成、碳数分布及沸点分布信息以及目标单体烃分子的定性定量分析，可为分子炼油、分子管理、新型催化剂产物评价提供最直接的分子组成数据[13,14]。

2.3 VGO馏分油分子水平表征技术

采用固相萃取小柱分离结合色谱定量技术，RIPP对测定减压瓦斯油(VGO)烃类组成分布的ASTM D2786和D3239方法进行了改进，实现了VGO样品的快速有效分离，分析时间显著缩短[15]。在此基础上，利用质谱和FID双检测器方式，建立了测定VGO馏分详细烃类组成沸点分布的方法，可计算出VGO不同温度馏分的烃类组成[16]。

基于VGO馏分油固相萃取预分离结合GC-FI TOF MS技术，RIPP建立了测定VGO馏分油饱和烃和芳烃化合物分子类型和碳数分布的方法。该方法根据分子离子峰的精确相对分子质量可实现化合物的定性分析，根据分子离子峰强度进行定量分析，可得到7类饱和烃(链烷烃、一至六环环烷)和14类芳烃(一至五环芳烃)的化合物类型分布及碳数分布信息[17]。

基于傅里叶变换离子回旋共振质谱(FT-ICR MS)技术，RIPP 建立了 VGO 馏分油中噻吩类硫化物、碱性氮化物和石油酸的分子水平表征方法。从 VGO 中检测并识别出具有确定分子式的 8000 多种化合物，其中包括 20 多类芳烃化合物、60 多类噻吩类硫化物、120 多类碱性氮化物和 100 多类酸性化合物(按照不同的缺氢数或不饱和度进行区分)[18]。该方法不仅可以得到丰富的含杂原子化合物的组成信息，还可以得到每一类化合物的详细碳数分布信息，能够更加精细地表征石油加工过程中各类型化合物的转变情况，实现了从分子水平上认识 VGO 馏分油烃类组成。

采用 GC×GC/TOFMS 技术，RIPP 建立了 VGO 馏分油分子组成分析方法，实现了环烷芳烃、多环芳烃及其 500 余种短侧链取代物的识别分析，可对目标分子进行定量分析[19]。该技术可为模型化合物或实际油样中目标化合物(分子探针)的裂化反应、加氢反应等提供分子变化信息，在选择性催化裂化和 FGO 定向加氢组合工艺的研发中得到应用。

2.4 减压渣油分子水平表征技术

减压渣油是最复杂的馏分。为分子水平表征减压渣油，RIPP 开发了适合减压渣油预分离的一系列固相萃取预处理技术，在此基础上，采用 FD TOF MS 建立了渣油中链烷烃和环烷烃类型及碳数分布分析方法[20]，在国际上首次提供了减压渣油中链烷烃、一至六环环烷烃的类型和碳数分布信息以及饱和烃的相对分子质量分布信息，能够为工艺优化和反应机理研究提供数据支持。

RIPP 基于 FT-ICR MS 技术，开发了减压渣油以及沥青质中芳烃化合物、噻吩类硫化物、芳香性含氮化合物、石油酸的分子水平表征技术[21]，可以得到减压渣油和沥青质中具有确定分子式组成的 30000 多种化合物，其中包括 40 多类芳烃化合物、100 多类噻吩类硫化物、180 多类芳香性含氮化合物以及 120 多类酸性化合物的类型和详细碳数分布(按照不同的缺氢数或不饱和度进行区分)。减压渣油分子水平表征技术目前已应用于渣油减黏裂化、渣油加氢、沥青质临氢裂化等加工工艺的研究中，为工艺的开发和改进提供了有力的数据支持。

2.5 渣油加氢处理中分子结构变化的表征

针对渣油加氢处理工艺，中国石化抚顺石油化工研究院(FRIPP)开发了渣油结构变化深层次分子表征技术，用于优化催化剂性能、催化剂级配和操作参数调整。该表征技术首先采用 SH/T 0509 方法对渣油进行四组分分离，再利用核磁共振波谱(^{1}H-NMR、^{13}C-NMR)、色质联用仪(GC-MS)、傅里叶红外波谱(FT-IR)、离子色谱(IC)等现代仪器分析技术和催化氧化技术(钌离子催化氧化 RICO)得到渣油组分的平均分子结构和单元碎片结构[22-24]。由脂肪酸的类型和变化研究渣油分子结构中烷基侧链的结构形式和变化规律，由芳香多酸的类型和变化研究渣油组分中芳香环系的结构特征和数量。该技术成功地优化了多套渣油加氢装置催化剂级配，充分发挥催化剂间的协同作用，实现催化剂同步失活，获取最大的经济效益。

2.6 原油分子水平表征技术

高酸原油的腐蚀性与原油中石油酸分子的结构和含量有着密切的关系，RIPP 基于质谱技术并结合红外光谱和核磁共振谱，建立了完整表征石油酸分子的方法[25]。针对石油酸分子极性较强，容易通过羧基形成二聚体和多聚体，影响质谱分析结果的问题，RIPP 通过优化 FT-ICR MS 的仪器参数和样品测试条件，可以有效避免原油中石油酸分子的二聚和多聚现象，得到准确的石油酸碳数分布和类型分布信息。在此基础上，RIPP 研究了原油中石油酸的组成与腐蚀性的关系[26,27]。石油酸分子表征方法为高酸原油直接催化脱酸裂化成套技术开发提供了可靠的数据支撑[28]。

石油中的碱性氮化合物在石油加工过程中会引起催化剂中毒，且会对产品的性能产生影响。RIPP 采用电喷雾电离源(ESI)的 FT-ICR MS 建立了原油中碱性氮化合物的分子表征方法，共鉴定出含 N_1、N_2、NO、NS、NO_2、NO_3 等杂原子约 100 类不同缩合度的碱性氮化合物，各类碱性氮化合物的碳数分布在 15~70 范围，并得到了不同基属原油中的碱性氮化合物在种类分布和碳数分布上的规律[29]。

3 油品快速及在线分析技术

3.1 原油快速评价技术

RIPP 在长期的原油评价与近红外光谱技术研发的基础上，利用移动相关系数法、混兑光谱模拟法和库光谱拟合法开发出了一整套全新的近红外原油快评技术[30]。该技术可在 10min 之内快速准确得到单种类原油和混兑原油的密度、残炭、酸值、硫、氮、蜡含量、胶质、沥青质、实沸点蒸馏等基本性质以及完整的详细评价数据。工业应用结果表明，原油快评技术与原油调合技术结合，在保证常减压蒸馏装置进料性质平稳、改善常减压蒸馏装置操作的同时，还可降低原油成本，实现原油调合自动化和信息共享。

中国石油石油化工研究院等单位基于近红外原油快速评价方法，利用常减压蒸馏装置侧线收率预测模型，建立了常减压蒸馏装置侧线收率预测方法[31]。在原油快速评价方法基础上预测的常减压蒸馏装置侧线收率与实际收率吻合良好，能够反应原油性质变化而引起的侧线收率变化。该方法测量速度快，结果可靠，容易实现在线操作，可以为炼油厂计划优化、原油调合等过程提供基础数据。

3.2 汽油快速及在线分析技术

烯烃、芳烃和苯含量等烃组成是汽油生产和流通过程中重要的质量控制指标。鉴于荧光指示剂吸附法(ASTM D1319)在应用中存在的问题，RIPP 研发出了快速测定汽油中烯烃、芳烃和苯含量的多维气相色谱分析技术[32]。该技术首先通过一根以强极性 BCEF 固定液和酸洗硅藻土为载体的极性色谱柱完成脂肪烃和芳烃组分的分离，再通过以自行研制的高选择性烯烃吸附材料为载体的色谱柱实现饱和烃与烯烃的分离，然后让烯烃再从吸附柱上定量脱附，可在十几分钟内通过一次色谱进样实现汽油中烯烃、芳烃和苯含量的同时测定。该方法已成为 ASTM 标准方法(ASTM D7753)，并在国内炼油企业和质量监督单位得到广泛应用。

RIPP 开发了全自动的汽油专用分析软件，建立了适用于直馏、催化裂化、焦化、烷基化、醚化、蒸汽裂解、费-托合成等不同工艺汽油产物的高分辨毛细管色谱定性数据库，根据汽油的详细烃组成可以计算出密度、折射率、碳氢元素含量、平均相对分子质量、热值和溴价等多项物性数据[33,34]，已广泛应用于催化裂化等微反装置产品的评价以及炼油装置的中间控制分析。

针对汽油自动调合工艺对在线分析技术的需求，RIPP开发出了集在线近红外光谱仪、样品预处理、化学计量学软件、汽油分析模型为一体的在线近红外光谱成套分析技术。该技术在中国石化广州分公司汽油调合装置中得到实际应用，用来实时测量10路汽油(包括8路调合组分和2路成品油)的组成和性质数据，其测量的准确性和重复性满足优化调合控制的要求[35]。目前，这套汽油自动调合装置的投用率达到99%以上，在减少质量过剩、降低调合成本、优化调合组分、提高一次调合成功率、节约储罐资源等方面发挥着重要的作用。

在线近红外分析技术还被用于催化重整装置先进控制系统，实时测量石脑油原料和重整生成油的共计19个组成和性质参数[36]。这套在线近红外分析系统已连续运行8年多的时间，为先进过程控制系统提供了上千万个分析数据，对先进过程控制系统实现重整装置的平稳优化生产、提高目的产品产率、降低能耗起到了关键的作用。

分析模型是近红外光谱的核心技术之一，RIPP建立了较为完善的适用于国内汽油调合组分和成品的近红外光谱数据库。基于上千个有代表性的成品汽油，通过人工神经网络、支持向量机回归和偏最小二乘方法等方法，建立了预测成品汽油研究法辛烷值、抗爆指数、烯烃含量、芳烃含量、苯含量和氧含量的通用近红外分析模型[37]。通过偏最小二乘方法方法，分别建立了预测主要汽油调合组分研究法辛烷值、抗爆指数、烯烃含量和芳烃含量的近红外分析模型。通过自行开发的模型传递技术，可将上述模型转移到不同类型的近红外光谱仪器上使用，有效支撑了在线近红外光谱技术在炼油厂的推广应用。

硫分析在多种行业是最基本的控制项目之一。FRIPP开发了紫外荧光在线总硫分析技术，采用模块化设计，具有检测精度高、测量范围宽、分析周期短、样品预处理简单、仪器维护方便的优点，适用于气体和液体样品，可应用于炼油、化工、调合等领域的过程控制和产品质量控制。该在线总硫分析仪的测量范围为$2\times10^{-5}\%\sim40\%$，精密度满足SH/T 0689精密度要求，单流路的分析周期为3min。

3.3 柴油快速分析技术

国际上，测定柴油烃类组成的常用方法为ASTM D2425。该方法分析时间长(约18h)、所需的样品量大(2~10g)、冲洗溶剂(约350mL)和固定相量(约70g)也较大，在一定程度上限制了它的应用。RIPP通过自行研制的固相萃取小柱结合色谱定量技术，对ASTM D2425方法进行了改进。改进后的方法采用带火焰离子检测器(FID)的气相色谱测定柴油样品中芳烃和饱和烃的相对含量，不需除去萃取液中的溶剂[38]。因此，大大减少了柴油样品的用量(约0.15g)，显著缩短了分析时间(约30min)，同时也减少了吸附剂和萃取液的用量。该方法成为中国石油化工行业标准方法(SH/T 0606—2005)，在我国石化企业得到了广泛的应用。

针对催化裂化微反液体产物量少、无法通过传统蒸馏切割的方式对混合样品中柴油等馏分进行烃组成分析的问题，RIPP对固相萃取柱所用的试样量、萃取溶剂用量及溶剂冲洗速度进行了优化，成功分离出了宽馏分混合油样中的饱和烃和芳烃组分，由归一法得到柴油馏分和重油馏分的烃族组成[39]。该方法解决了由于微反产品样品量少、馏分范围宽而获取详细烃类组成困难的问题。

柴油十六烷值是柴油的关键指标之一。FRIPP开发出了风量调节法柴油十六烷值测定技术[40,41]，主要应用于柴油馏分加工的过程控制、柴油组分调合过程、柴油产品质量监控和十六烷值改进剂研制等，目前已在中国石化多家企业得到实际应用。与传统方法相比节省燃料 50%以上，适用于石油基、煤基、生物基等柴油或调合柴油[42]。

针对十六烷值和多环芳烃含量的快速分析问题，RIPP 基于上千个有代表性的柴油样本，利用人工神经网络和偏最小二乘算法，分别建立了近红外光谱快速测定成品柴油和柴油主要调合组分(包括直馏柴油、催化裂化柴油和加氢柴油)十六烷值、多环芳烃含量和密度的分析模型，该技术已在多家炼油厂得到工业应用。为分析炼油新工艺技术研发过程中产生的微反柴油样品，RIPP 以质谱方法提供的数据为基础，建立快速测定柴油详细族组成(链烷烃、环烷烃等饱和烃以及单环、双环和三环芳烃的含量)的近红外光谱分析模型。该方法分析速度快，成本低，重复性好，可大批量测定微反过程产生的微量样品，及时为工艺研发提供分析数据。

4　结语

十多年来，我国石油分析工作者通过自主研发建立了较为系统的石油分子表征平台，不仅能够得到石油从轻到重馏分中烃类、非烃类化合物按碳数分布或按沸点分布的信息，还能得到重油中某些分子的定性定量数据，这些分析数据及对石油分子组成的认知已在多项炼油创新工艺研发中得到应用，在炼油工艺的科技进步进程中发挥着重要的作用。与此同时，我国研制出了系列油品快速和在线分析技术，并在炼油装置得到了工业化应用，可快速、准确地提供原料、中间物和产品的质量信息，与先进过程控制和优化控制技术结合，为炼油企业带来了可观的经济和社会效益。

展望未来，石油分子水平表征技术将朝着更深研究层次发展，例如在渣油和沥青质表征方面，因其分子结构极其复杂，至今很多细节尚未研究清楚，需要进一步对这些高沸点烃和非烃类分子进行深入的定性定量表征。油品快速和在线分析技术将会朝着更广应用领域发展，在未来的炼油企业全流程优化生产过程中，这类分析技术将会遍及炼油工业装置的各个环节，集团企业版的以网络为服务载体的光谱数据库将是其核心技术。上述两类技术的最终融合也将是未来油品分析技术发展的大势所趋，石油分子水平表征技术将为工业过程分析技术提供强大的油品指纹数据信息，以此为基础的过程分析技术将会为炼油企业全流程优化生产过程提供更全面、更科学的分析数据。

参 考 文 献

[1] Rodgers R P，McKenna A M. Petroleum analysis[J]. Anal Chem，2011，83(12)：4665-4687.

[2] Jr Workman J，Lavine B，Chrisman R，et al. Process analytical chemistry[J]. Anal Chem，2011，83(12)：4557-4578.

[3] 田松柏，龙军，刘泽龙．分子水平重油表征技术开发及应用[J]．石油学报(石油加工)，2015，31(2)：282-292.

[4] 洪定一．炼油与石化工业技术进展(2009)[M]．北京：中国石化出版社，2009：405-411.

[5] 王亚敏，李长秀，杨海鹰．一种利用气相色谱自动分析汽油组成的方法：中国，CN 200810166858[P]. 2012.

[6] 李长秀，王亚敏，杨海鹰．利用气相色谱自动分析汽油单体烃组成的方法：中国，CN 200910135879[P]. 2012.

[7] 杨永坛，王征，宗保宁，等．催化裂化汽油中硫化物类型分布的气相色谱-硫化学发光检测的方法研究

[J]. 色谱，2004，22(3)：216-219.
[8] 杨永坛，吴明清，王征. 气相色谱-氮化学发光检测法分析催化汽油中含氮化合物类型的分布[J]. 色谱，2010，28(4)：336-340.
[9] 祝馨怡，刘泽龙，徐延勤，等. 气相色谱-场电离高分辨飞行时间质谱在柴油详细组成分析中的应用[J]. 石油学报(石油加工)，2010，26(2)：277-282.
[10] 祝馨怡，刘泽龙，徐延勤，等. 气相色谱-场电离飞行时间质谱测定柴油馏分中含硫化合物的形态分布[J]. 石油学报(石油加工)，2011，27(5)：797-800.
[11] 徐延勤，祝馨怡，刘泽龙，等. 固相萃取-气相色谱-飞行时间质谱测定柴油中烯烃的碳数分布[J]. 石油学报(石油加工)，2010，26(3)：431-436.
[12] 王乃鑫，刘泽龙，祝馨怡，等. 气相色谱-飞行时间质谱联用仪测定柴油烃类分子组成的馏程分布[J]. 石油炼制与化工，2015，46(1)：86-96.
[13] 牛鲁娜，刘泽龙，周建，等. 全二维气相色谱-飞行时间质谱分析焦化柴油中饱和烃的分子组成[J]. 色谱，2014，32(11)：1236-1241.
[14] 牛鲁娜，刘泽龙，周建，等. 全二维气相色谱-飞行时间质谱鉴定柴油馏分中烯烃化合物[J]. 石油学报(石油加工)，2014，30(5)：851-860.
[15] 胡健，刘泽龙，田松柏. 固相萃取和质谱联用测定减压瓦斯油烃族组成的方法：中国，CN200410037676[P]. 2005.
[16] 李诚炜，刘泽龙，田松柏. GC/MS 测定 VGO 馏分烃类组成及沸点分布研究[J]. 石油炼制与化工，2008，39(10)：58-63.
[17] 祝馨怡，刘泽龙，田松柏，等. 重馏分油烃类碳数分布的气相色谱-场电离飞行时间质谱测定[J]. 石油学报(石油加工)，2012，28(3)：426-431.
[18] 刘颖荣，刘泽龙，胡秋玲，等. 傅里叶变换离子回旋共振质谱仪表征 VGO 馏分油中噻吩类含硫化合物[J]. 石油学报(石油加工)，2010，26(3)：52-59.
[19] 郭琨，周建，刘泽龙. 全二维气相色谱-飞行时间质谱联用技术分析重馏分油中芳烃组成[J]. 色谱，2012，30(2)：128-134.
[20] Zhu Xinyi，Liu Zelong，Tian Songbai，et al. Analysis of saturates in vacuum residue by solid phase extraction and field desorption time-of-flight mass spectrometry[J]. Fuel，2013，112：105-110.
[21] 史延强，王威，刘泽龙. 傅里叶变换离子回旋共振质谱仪表征伊朗减压渣油中的钒卟啉[J]. 石油学报(石油加工)，2014，30(3)：509-514.
[22] 张会成，颜涌捷，程仲芊，等. 钌离子催化氧化法研究沥青质经加氢处理后的变化[J]. 石油学报(石油加工)，2007，23(4)：32-38.
[23] 张会成，颜涌捷，孙万付，等. 渣油在加氢处理中的性质和结构变化规律研究[J]. 燃料化学学报，2008，36(1)：60-64.
[24] Zhang Huicheng，Yan Yongjie，Sun Wanfu，et al. Structural description of aromatic nucleus in residue fractions[J]. China Petroleum Processing and Petrochemical Technology，2007(3)：41-48.
[25] 傅晓钦，田松柏，侯栓弟，等. 蓬莱和苏丹高酸原油中的石油酸结构组成研究[J]. 石油与天然气化工，2007，36(6)：507-512.
[26] 冉高举，黄少凯. 高酸原油中石油酸的分布及腐蚀性研究[J]. 石油化工腐蚀与防护，2009，26(S1)：11-14.
[27] 李子锋，王子军，刘颖荣. 含酸原油热处理后的腐蚀性[J]. 石油学报(石油加工)，2010，26(S1)：29-32.
[28] 龙军，毛安国，田松柏，等. 高酸原油直接催化脱酸裂化成套技术开发和工业应用[J]. 石油炼制与化工，2011，42(3)：1-6.

[29] 胡秋玲，刘颖荣，刘泽龙，等电喷雾-傅立叶变换离子回旋共振质谱分析原油中的碱性氮化物[J]. 分析化学，2010，38(4)：564-568.

[30] 褚小立，田松柏，许育鹏，等．近红外光谱用于原油快速评价的研究[J]. 石油炼制与化工，2012，43(1)：72-77.

[31] 王艳斌，胡于中，李文乐，等．近红外原油快速评价技术预测常减压蒸馏装置侧线收率[J]. 光谱学与光谱分析，2014，34(10)：2612-2616.

[32] 徐广通，杨玉蕊，陆婉珍．多维气相色谱快速测定汽油中的烯烃、芳烃和苯含量[J]. 石油炼制与化工，2003，34(3)：62-68.

[33] 李长秀，王征，杨海鹰．用气相色谱单体烃数据计算汽油的多项物性参数[J]. 石油炼制与化工，2004，35(5)：68-72.

[34] 刘颖荣，许育鹏，杨海鹰．基于单体烃分析的辛烷值测定方法中模糊聚类技术的应用研究[J]. 色谱，2004，22(5)：486-489.

[35] 洪定一．炼油与石化工业技术进展(2009)[M]. 北京：中国石化出版社，2009：222-227.

[36] 王京华，褚小立，袁洪福，等．在线近红外光谱分析技术在重整装置的应用[J]. 炼油技术与工程，2007，37(7)：24-28.

[37] 褚小立，许育鹏，陆婉珍．支持向量回归建立成品汽油通用近红外校正模型的研究[J]. 分析测试学报，2008，27(6)：619-622.

[38] 刘泽龙．利用固相萃取和质谱分析柴油烃类组成的方法：中国，CN 1591004[P]. 2005.

[39] 吴梅，刘泽龙，田松柏，等．固相萃取/气相色谱法测定宽馏分混合油样中柴油馏分的饱和烃和芳烃含量[J]. 石油炼制与化工，2006，37(7)：58-61.

[40] 张会成，孙万付，凌风香，等．一种基于风量调节的十六烷值测定机：中国，CN201320788517[P]. 2013.

[41] 张会成．一种内燃机尾气除尘装置：中国，CN201420190638[P]. 2014.

[42] 张会成．风量调节法柴油十六烷值机[J]. 石油石化仪器仪表，2014(15)：7-9.

致谢：本文撰写过程中得到中国石化抚顺石油化工研究院张会成、中国石油石油化工研究院王艳斌和胡于中、中国石化石油化工科学研究院王京、徐广通、李长秀、刘颖荣、祝馨怡、王威等同志的帮助，在此一并致谢。

劣质重油加工新技术

张艳梅[1]　毛安国[2]　卢竟蔓[1]　龙　军[2]

（1. 中国石油石油化工研究院；2. 中国石化石油化工科学研究院）

摘　要：针对全球劣质重油运输及加工难点，开展系统研究，深入分析劣质重油组成结构及反应机理，自主研发出委内瑞拉超重油供氢热裂化技术、委内瑞拉超重油延迟焦化技术、高酸原油直接催化脱羧裂化成套技术，均成功实现工业应用，达到国际先进水平。新技术充分利用廉价劣质重油资源，有效改善产品结构及性质，降低投资及改造成本，提高企业经济效益，保障国家能源安全战略，具有广阔的推广应用前景。

1　劣质重油的定义及其组成结构特点

1.1　劣质重油的定义及物性数据

1.1.1　劣质重油的定义及一般性质

劣质重油是指以超稠油、超重油和油砂沥青等为代表的重油资源，具有高密度（一般>1.0g/cm^3）、高黏度（地层条件>10^4 mPa·s）、高残炭、高沥青质、高硫氮、高酸含量和高金属含量等显著特点，常温下不流动，很难运输和加工利用；高硫高酸含量对加工过程材质提出很高要求，导致装置建设成本大幅度升高；高氮含量将可能大大缩短催化剂的使用寿命。

1.1.2　几种劣质重油的主要性质

委内瑞拉超重油、加拿大油砂沥青、克拉玛依稠油和辽河超稠油四种典型劣质重油的主要性质列于表1。

表1　典型劣质重油的主要性质

项　　目		委内瑞拉超重油	加拿大油砂沥青	克拉玛依稠油	辽河超稠油
密度（15℃）/（g/cm^3）		1.0148	0.9364	0.9593	1.004
API度		7.8	19.5	15.9	9.4
运动黏度/（mm^2/s）	80℃	1461	26.47	889.7	3694
	100℃	429.1	15.84	242.1	845.1
倾点/℃		51	−24	27	42
闪点（开口）/℃		136	<23.0	134	136
盐含量/（mgNaCl/L）		39	<1	30	21
残炭（电炉）/%		15.1	11.1	8.0	15.7
灰分/%		0.098	0.039	0.101	0.165
酸值/（mgKOH/g）		4	1.244	5.87	11.23

续表

项　　目		委内瑞拉超重油	加拿大油砂沥青	克拉玛依稠油	辽河超稠油
相对分子质量		583.4	294.4	546.8	603.6
碳含量/%		84.3	83.5	86.4	86.2
氢含量/%		10.6	11.3	12.2	11
硫含量/%		4.08	3.68	0.25	0.4
氮含/%		0.5414	0.36	0.5923	0.7966
沥青质含量/%		9.5	10.1	0.25	3.8
蜡含量/%		1.8	<5	<5	<5
金属浓度/(μg/L)	镍	80	60	45	120
	钒	404	160	<1	2

1.2　劣质重油的组成结构特点

1.2.1　委内瑞拉超重油的化学组成和结构

委内瑞拉超重油中的残炭、重金属、沥青质几乎全部集中在常压或减压渣油中，其加工主要困难在于渣油的合理加工利用。针对委内瑞拉井口油的常压和减压渣油，中国石油重大科技专项“劣质重油轻质化关键技术研究”项目研究结果发现，随着馏分变重，烷基侧链长度缓慢增加，芳碳率呈线性增加趋势，烷基碳率略呈下降趋势，环烷碳率呈下降趋势，直馏常压渣油馏分的变化规律与之类似。分子间的缩合程度随馏分变重而不断增大，同时平均分子中的环状结构增加，芳香化程度也随之增大。

根据计算所得平均结构参数，模拟其平均分子结构，得到具有代表性的二维结构模型，如图 1 所示。委内瑞拉超重油直馏常压渣油分子结构比较复杂，含有大量的芳香环，聚合度很高，平均含有 4 个芳香环和 2 个环烷环。较轻馏分含有 1 个芳香环和 2 个环烷环，中间馏分含有 2~3 个芳香环和 2~3 个环烷环。随着馏分变重，馏分油的结构变得更复杂，萃余残渣中平均含有 21 个芳香环和 9 个环烷环，分子中含有沥青的片状结构。委内瑞拉超重油减黏常压渣油及其窄馏分和萃取残渣的变化情况与之类似。

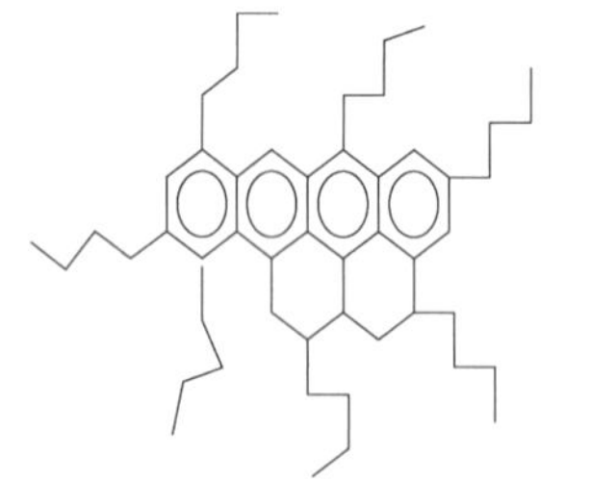

(a) 委内瑞拉超重油直馏常压渣油

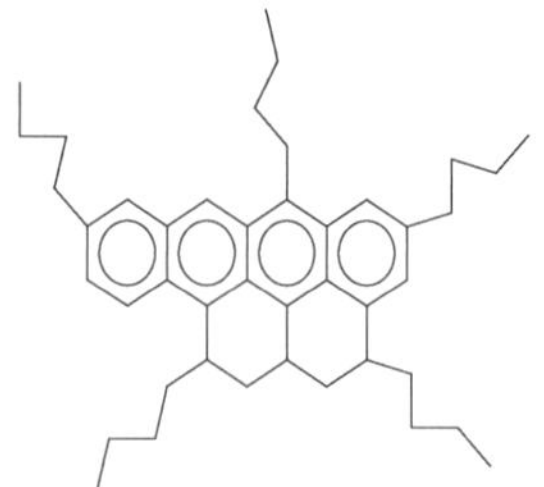

(b) 委内瑞拉超重油减黏常压渣油

图 1　委内瑞拉超重油平均分子结构图

1.2.2　高酸原油的化学组成和结构

含酸原油因其密度高、残炭高、金属含量高和轻馏分少，且富含石油酸和石油酸盐，腐蚀性强，破乳难度大。典型高酸原油(指酸值大于 1.0 mgKOH/g 的原油)的基本性质见表 2。

表 2　几种典型高酸原油的基本性质

项　目		旅大	蓬莱	苏丹	奎都	马利姆
密度(20℃)/(g/cm³)		0.9385	0.9224	0.8996	0.9278	0.9336
运动黏度(80℃)/(mm²/s)		26.18	20.38	50.16	43.49(50℃)	26.90
酸值/(mgKOH/g)		3.71	3.28	3.76	2.25	1.18
残炭/%		5.44	5.67	8.36	6.16	7.26
硫含量/%		0.25	0.32	0.12	0.70	0.77
氮含量/%		0.33	0.42	0.36	0.40	0.50
胶质含量/%		15.6	16.7	14.7	17.4	17.8
沥青质含量/%		0.4	0.1	<0.1	1.3	3.0
金属含量/(μg/g)	Fe	11.5	3.5	27.3	15.9	3.4
	Ni	27.2	25.3	65.3	49.1	19.6
	V	0.6	0.6	0.9	41.0	25.5
	Na	4.7			0.7	
特性因数		11.5	11.9	12.3	11.4	11.4
原油类型		低硫环烷基	低硫环烷中间基	低硫石蜡基	含硫环烷基	含硫环烷基

含酸原油中石油酸为一元羧酸，主要包括环烷酸、脂肪酸和芳香酸，其中环烷酸所占比例大于80%。石油酸羧基与环烷有两种连接方式，一种是直接与环烷相连，另一种是羧基通过亚甲基与环烷相连。石油酸可用通式 $C_nH_{2n+z}O_2$ 表示，式中 z 为石油酸的缺氢数，碳数富集区域介于 C_{11}～C_{45} 之间，以脂肪酸和1～6环的环烷酸或芳环并环烷羧酸居多[1-5]。图2为蓬莱高酸原油中石油酸按结构和碳数分布图。随着石油馏分沸点的升高，其酸值逐渐增加。图3是国内外几种典型高酸原油馏分酸值随沸点的分布，说明石油酸主要集中在高酸原油的重馏分油中。

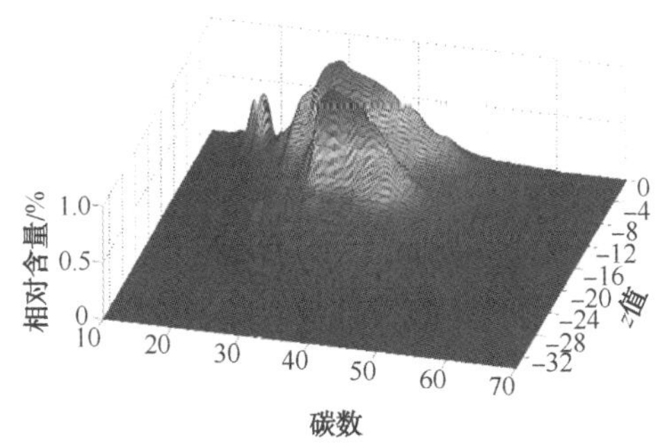

图 2　石油酸的类型及碳数分布图

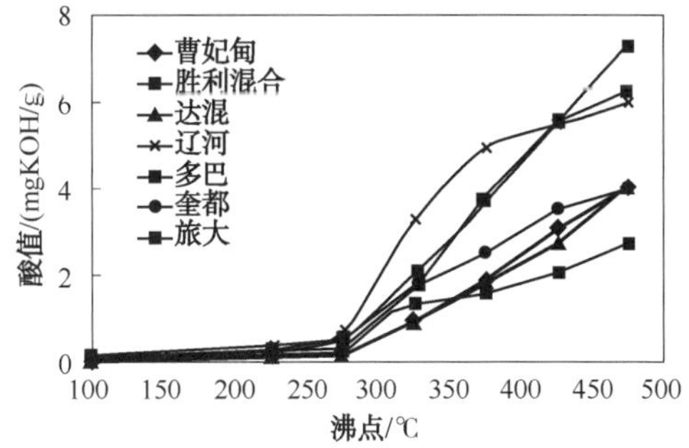

图 3　高酸原油馏分酸值随沸点的分布

2　劣质重油热转化和催化转化行为

2.1　委内瑞拉超重油的受热转化行为

2.1.1　委内瑞拉超重油受热生焦趋势的研究

在热加工过程因为沥青质受热脱侧链、稳定性变差而造成油品沥青质聚集、缩合和极性增大，出现不利的沉积或生焦，影响加热炉管壁的传热效率。选用委内瑞拉减压渣油作为考察对象，进行热反应，考察其生焦趋势的试验结果表明：随着反应温度升高，沥青质缩聚加快，沥青质侧链断键速度增快，委内瑞拉减压渣油生焦诱导期逐渐缩短。同时，劣质重油的生焦趋势与其胶体稳定性之间存在内在联系。委内瑞拉超重油减压渣油的胶体稳定性随反应时间的增长而降低；生焦诱导期过后体系生焦迅速，胶体稳定性下降出现拐点，且与大量生焦的起始点相对应。

委内瑞拉超重油减压渣油受热时，胶体稳定性差、裂化起始点低、生焦起始点较早、生焦诱导期短，这些特点致使其在加热炉中容易引起炉管结焦。

2.1.2　委内瑞拉超重油的供氢热裂化反应

供氢热裂化技术(HDTC)是指在渣油热裂化过程中掺兑一种能够提供氢自由基的组分，可有效终止热裂化过程中生成的大分子自由基，从而提高渣油转化率、改善渣油胶溶能力，继而提高生成油储存稳定性的技术。不同供氢剂的供氢能力和受氢能力有较大差别，需进行测定筛选[6,7]。在委内瑞拉超重油常压渣油供氢热裂化反应中，供氢剂能提供活泼氢，活泼氢与自由基结合，阻碍了自由基的进一步传递，阻止沥青质分子相互缔合与缩合生焦，供氢剂随后芳构化成性质稳定的芳烃分子，从而提高热转化率及生成油的安定性和API度。

供氢热裂化工艺的开发关键在于优选适宜的供氢剂和工艺条件。优良的供氢剂应具备价格低廉、供氢效果好、一次性通过不回收、反应后可作为生成油等特性，且具有较强芳香性，与渣油有良好配伍性。优化的工艺条件可使供氢剂发挥较高供氢效能，达到适宜的反应深度，从而保证生成油具有较好的安定性和稳定性。

2.2　石油酸在酸性催化剂上的反应特性

高酸原油中不同石油酸中原子的电荷分布、键级和在不同催化材料上的反应行为的研究结果显示[8]：不同结构石油酸的电荷分布规律基本相同，说明各种石油酸具有相似的化学反应特征。羧基中C—O键的键级高于C—C键，与羧基碳原子相连的C—C键的键级最低，更易断裂。即羧基易作为一个整体从石油酸中脱除，将腐蚀性强的石油酸转化为腐蚀性弱的CO_2和烃类化合物。

在不同催化材料上，石油酸的转化遵循不同的反应机理。在热载体(惰性材料)上，石油酸或直接脱酸转化为烃类化合物，或通过C—C键断裂，转化为小分子石油酸。在具有B酸(以H^+表示)的催化材料上，H^+离子优先与羧酸根结合，使得羰基碳原子与亚甲基碳原子之间的化学键变弱，使CO_2基团从石油酸母体分离。在具有L酸(如活性氧化铝)的催化材料上，石油酸很容易吸附到表面的酸中心，经羟基氢原子的协同作用，使羧基从石油酸母体脱除。

3　劣质重油加工新技术的开发

3.1　委内瑞拉超重油供氢热裂化技术

3.1.1　委内瑞拉超重油供氢热裂化实验室研究

利用委内瑞拉超重油馏分供氢特性，开发出委内瑞拉超重油供氢热裂化技术，对委内瑞拉超重油进行原地适度改质，在不掺稀油或者掺入极少量稀油的情况下满足管输和船运要求。

实验原料为委内瑞拉进口超重油常压渣油和减压渣油，同时开展减黏裂化、供氢热裂化实验。优化反应条件和供氢剂馏分，考察供氢剂对委内瑞拉超重油供氢热裂化生成油性质和稳定性的影响，并研制供氢热裂化技术稳定性改进剂[9]。研究结果表明，在390~425℃温度范围内，温度越高、时间越长，供氢热裂化减黏效果越好，黏度、密度随时间变化越敏感，但生成油安定性随之变差。供氢热裂化改质油黏度明显低于减黏裂化改质油，API度提高，安定性提高。

3.1.2　委内瑞拉超重油供氢热裂化中试放大研究

根据实验室研究结果，在“UPC-1减黏裂化中试装置”上开展委内瑞拉超重油供氢热裂化的中试放大研究，原料油与小试研究保持一致。通过考察原料油与供氢剂的不同组合方案（减黏裂化、供氢热裂化、添加改进剂TCIA供氢热裂化），进一步验证了改进剂对反应过程的改善效果，优化反应条件。

中试研究结果表明，委内瑞拉超重油供氢热裂化改质油API度达到11~12，50℃运动黏度低于380mm^2/s，满足船运要求。同时，在此基础上提出了工业化试验方案、装置主要操作参数及改质油管柱储存稳定性试验方案。

3.2　委内瑞拉超重油延迟焦化技术

3.2.1　委内瑞拉超重油延迟焦化实验室研究

劣质重油开发利用的关键是轻质化技术，延迟焦化技术是一种行之有效的劣质重油加工方法，通过研究委内瑞拉超重油热裂化过程中特殊吸放热规律和弹丸焦形成机制，开发出供氢体循环提高液体收率和弹丸焦抑制技术。

实验以委内瑞拉超重油减压渣油为焦化原料，进行常压釜式焦化反应，分别考察反应条件、循环物料类型及循环比对成焦类型的影响规律，根据实验结果进行优选，避免弹丸焦生成。在恒定焦炭塔压力0.2MPa下，采用连续延迟焦化实验装置考察温度、循环比对焦化成焦特性的影响，初步确定出合适的焦化温度及循环比。实验结果证明，焦化循环比大小对于产物分布和产物性质有较大影响。选择适宜的反应温度和较低的循环比，既可获得较高的液体收率，又能抑制弹丸焦生成。

3.2.2　委内瑞拉超重油延迟焦化中试放大研究

委内瑞拉超重油减压渣油延迟焦化中试放大试验在中国石油J石化公司处理能力为5kg/h的延迟焦化中试装置上进行。针对劣质重油原料性质，进行装置适应性改造，增加1套深冷系统、1套多级碱液吸收系统和2套硫化氢报警器，恢复空气烧焦系统，改造后的工艺流程见图4。考察不同循环比对产品分布的影响，并依据是否生成弹丸焦来确定不同循环比条件下适宜的反应温度，取得物料平衡数据，进行焦化产物性质分析，以优化实验条件。

研究结果表明，焦化循环比大小对于产物分布和产物性质有较大影响。采用高循环比时液体产物收率较低，但汽油、柴油和气体收率较高；当循环比超过0.3时，液体收率低于60%。随着循环比增大，汽油馏分的碘值降低，柴油和蜡油的碱性氮含量增大。为保证装置长周期平稳运转，宜采用较低循环比和较低加热炉出口温度的延迟焦化工艺。

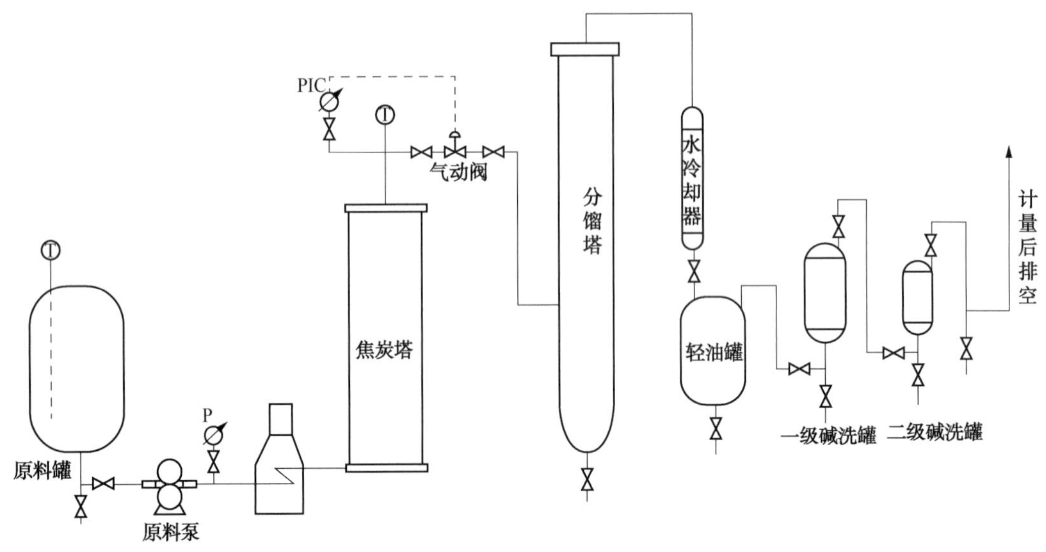

图 4　委内瑞拉超重油延迟焦化中试试验流程简图

3.3　高酸原油直接催化脱羧裂化成套技术

3.3.1　高酸原油全馏分催化脱羧裂化新工艺

对不同类型高酸原油的催化脱羧裂化反应过程的探索研究发现[10-21]，在 480℃和 500℃的反应条件下，高酸原油全馏分在酸性裂化催化剂的作用下催化脱羧率接近 100%，而热脱羧率只有催化脱羧率的约 70%。实验研究验证了酸性催化材料具有独特的催化脱羧活性的分子模拟结果。

结合催化裂化工艺低温进料的技术特点，开发了高酸原油在进行电脱盐后，严格控制预热温度在高酸原油低温腐蚀区内，脱后原油全馏分直接进行催化脱羧裂化的成套技术，工艺流程如图 5 所示。该技术有效回避了高酸原油的腐蚀温度区，具有流程短、投资省和操作费用低等特点。

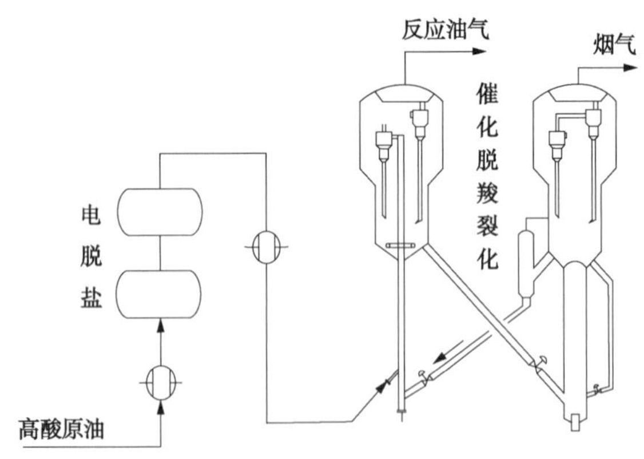

图 5　高酸原油催化脱羧裂化流程

高酸原油全馏分进入催化裂化提升管反应器底部与高温脱羧裂化专用催化剂接触，由高温催化剂提供热量，直接加热高酸原油，瞬间使其汽化、脱羧、裂化。石油酸在提升管反应器内同时实现既脱羧又裂化反应，生成高价值石油产品和化工原料，将腐蚀性的石油酸转化为弱腐蚀性的 CO_2 气体和烃类化合物。

采用环烷基旅大 10-1 高酸原油、环烷中间基蓬莱 193 高酸原油和石蜡基苏丹达混高酸原油进行了中型试验研究。产物分布与常规环烷基重油和石蜡基重油催化裂化的产物分布相当，液体产物的酸度或酸值与常规原料催化裂化相应产物的结果相当。

3.3.2 脱羧裂化专用催化剂及制备技术

通过对专用催化剂的功能结构进行科学设计，开发出富含中孔的活性硅铝基质及制备技术，加强基质 L 酸中心的催化脱羧的作用，增大基质孔径促进原油大分子的扩散和预裂化，优化基质孔道富集重金属的能力，并通过表面“选择性沉积”稀土提升活性组元的活性稳定性，同时实现高酸原油全馏分催化脱羧和裂化、抗金属污染和生产高价值产品的工艺要求[22-25]。

3.3.3 新型破乳脱金属剂及制备技术

高酸原油中的钙、铁、钠等金属不仅含量远远高于常规原油，而且其存在形式显著不同[26,27]。基于以上认识，开发了高酸原油专用破乳脱金属剂，通过化学法将双亲性的石油酸盐转化为亲水的盐和亲油的石油酸，界面活性大大降低。不仅解决了石油酸盐引起的破乳难问题，而且脱除了原油中的钙、铁、钠等金属，为后续催化脱羧裂化提供了钙、铁、钠含量较低的原料。

4 劣质重油加工新技术工业应用结果

4.1 委内瑞拉超重油供氢热裂化技术

4.1.1 委内瑞拉超重油供氢热裂化工业试验

委内瑞拉超重油供氢热裂化工业试验在某炼油企业 400 kt/a 减黏装置进行，经对其流程进行调整，增设供氢剂注入管线、供氢改进剂储罐及注入设备，新建 HDTC 改质油调合装置和管柱稳定性试验设备。

试验原料为 Merry16 减压渣油，分别进行了减黏裂化基准试验、供氢热裂化试验和添加改进剂供氢热裂化试验，对适宜的反应温度、供氢剂和改进剂添加量分别进行考察。确定了委内瑞拉超重油供氢热裂化适宜的工业操作条件。采用该工艺条件，液体收率 98.5%，改质油 50℃运动黏度降低至 200mm^2/s 以下，API 度由 7.8 提高至 12~13，甲苯不溶物含量<0.1%，储存稳定性大于 180d，可满足船运及长期储存要求。

4.1.2 委内瑞拉超重油供氢热裂化工业应用

为获取更大规模工业应用数据，中国石油 L 石化公司开展了 1.0Mt/a 委内瑞拉超重油供氢热裂化工业应用。经中国石油工程建设公司华东设计分公司改造设计，新建减黏裂化反应塔，完善分馏塔柴油抽出流程，增加供氢剂、供氢改进剂及稳定剂注入流程等，满足 HDTC 工业应用相关要求。

工业应用原料选用 Merry16 减压渣油，装置基本流程见图 6。采用该工艺条件，委内瑞拉超重油供氢热裂化装置液体收率 97.7%，改质油 50℃运动黏度降低至 150mm^2/s 以下，API 度由 7.8 提高至 11~12，甲苯不溶物含量小于 0.1%，储存稳定性大于 90d，可满足委内瑞拉超重油改质油船运要求和长期储存需要[28]。

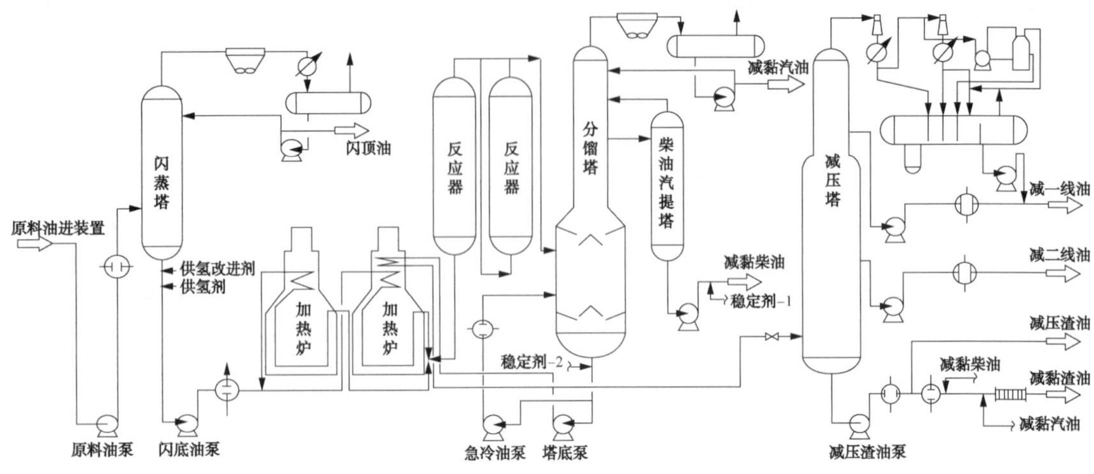

图6　1.0Mt/a供氢热裂化工业应用基本流程

4.2　委内瑞拉超重油延迟焦化技术

4.2.1　1.0Mt/a延迟焦化工业试验

中国石油L石化公司延迟焦化装置原设计采用一炉两塔操作，设计循环比为0.74，加工能力1.0Mt/a。为满足工业试验要求，对其进行适应性改造，重点解决循环比不能大幅度定值调节、脱硫系统负荷不足、满足供氢体循环等需求。改造选用多项中国石油劣质重油延迟焦化新技术，如供氢馏分循环提高液体收率技术、供氢馏分循环防结焦技术、加热炉定向反射技术和加热炉管在线机械清焦技术等。装置改造后，可加工委内瑞拉超重油渣油，加工能力维持在1.0Mt/a，年开工时数为8400h，循环比为0.1~0.6，生焦周期18~24h。

以委内瑞拉超重油减压渣油为原料，采用实验室及中试研究提出的工业试验条件开展试验，实现了国内首次100%委内瑞拉超重油渣油延迟焦化工业试验一次成功和安全平稳运行，同时形成1套完整的具有国际先进水平和自主知识产权的以委内瑞拉超重油为代表的劣质重油轻质化加工技术路线。2014年该公司完成了1.0Mt/a延迟焦化装置三年长周期运行标定，液体产品收率提高2.98%，加热炉热效率达到92%，三年累计实现新增经济效益2亿元以上。

4.2.2　1.2Mt/a延迟焦化工业应用

依托前期研究成果，中国石油石油化工研究院和工程建设公司华东设计分公司在进行了实际工业原料的小试评价和5kg/h连续中试评价基础上，于2014年完成了中国石油D石化公司和W石化公司两套1.2Mt/a延迟焦化装置的适应性改造方案设计。

中国石油D石化公司1.2Mt/a延迟焦化装置6个月应用标定，液体产品收率提高0.8%，加热炉热效率达到92%，装置总能耗降低0.74kg标油/t(1kg标油=41.8MJ)；中国石油W石化公司1.2Mt/a延迟焦化装置6个月应用标定，液体产品收率可提高2.18%，加热炉热效率达到92%，装置总能耗降低2.95kg标油/t，均达到预期目标。

4.3　高酸原油直接催化脱羧裂化成套技术

高酸原油催化脱羧裂化成套技术于2006年11月在中国石化Q分公司130kt/a催化裂化

装置及配套的电脱盐装置上进行工业应用。加工酸值 3.5mgKOH/g、密度 0.9031g/cm^3、盐含量 44.6mgNaCl/L、水质量分数 3.2%、金属钠和铁质量分数分别为 52.3μg/g 和 12.5μg/g 的高酸重质原油时，电脱盐单元的脱盐率为 87.4%，脱水率为 97.1%，脱钠率为 92.7%，脱铁率为 48.8%，污水中油浓度为 31.4 mg/L；催化脱酸和裂化单元的脱酸率为 99.8%，催化裂化汽油和柴油的酸度分别为 0.27mgKOH/100mL 和 1.8mgKOH/100mL，可直接作为产品的调合组分，油浆的酸值为 0.05mgKOH/g。采用新型催化剂，在平衡剂上金属镍含量高达 24000μg/g 和金属污染总量超过 40000μg/g 时仍表现出良好的活性稳定性和高价值产品选择性，液化气、汽油、柴油总收率达到 81.74%，丙烯收率为 6.89%。原油系统、反应系统和分馏塔器等均未发现异常腐蚀现象。

2007 年 10 月在中国石化 G 分公司 900 kt/a 的重油催化裂化装置和配套的电脱盐装置上推广应用。加工酸值 2.44mgKOH/g、密度 0.8999g/cm^3、盐含量 37.0mgNaCl/L、金属钠和铁质量分数分别为 10.9μg/g 和 5.8μg/g 的高酸原油时，采用高酸原油多功能破乳剂和配套技术，电脱盐后高酸原油的盐含量 3.4mgNaCl/L，水质量分数 0.06%，金属钠和铁质量分数分别为 1.0μg/g 和 1.9μg/g，满足催化脱酸和裂化工艺进料要求；电脱盐污水中油浓度为 61.3 mg/L，达到污水处理要求。催化脱酸和裂化单元脱酸率大于 99.3%，催化裂化汽油和柴油的酸度分别为 0.30mgKOH/100mL 和 1.3mgKOH/100mL，可直接作为产品的调合组分。在新型催化剂的金属污染总量达到 44300μg/g，其中镍含量达到 25600μg/g 时，高价值的液化气、汽油、柴油总收率为 85.2%，丙烯收率为 3.97%，新型催化剂消耗量(相对于原料)较常规催化剂降低 0.49kg/t。工业应用期间，均未发现异常腐蚀迹象。

5 劣质重油加工新技术的经济性

5.1 委内瑞拉超重油供氢热裂化技术的经济性

选用委内瑞拉超重油供氢热裂化技术，对低品质劣质重油进行改质，装置设备投资远低于延迟焦化等劣质重油改质方案。同时，供氢热裂化改质油液体产品收率高，可达 98%以上，可有效提高企业经济效益。以某炼油企业为例，该公司应用委内瑞拉超重油供氢热裂化技术，液体收率提高至 98.5%，改质油 50℃运动黏度降低至 200mm^2/s 以下，API 度由 7.8 提高至 12~13。同时，在装置生产操作、生产经营管理、节能减排等方面均有了很大改善。其减黏裂化装置原有操作条件炉温较高、停留时间较短、反应较激烈，同时炉管容易结焦。装置通过采用较大的炉管注水量来防止炉管结焦。改造后的供氢热裂化工业试验装置加热炉出口温度降低 4~15℃，反应器操作压力提高 0.15MPa，并采用较长的停留时间进行裂化反应，具有温度较低、压力较高、停留时间长、反应较缓和的特点。不仅降低了加热炉负荷、减少了燃料消耗，且炉管不容易结焦，可将炉管注水量由每路 360L/h 减少至 130L/h。同时，采用该工艺条件仍可维持原装置减黏率。

5.2 委内瑞拉超重油延迟焦化技术的经济性

以加工委内瑞拉超重油的某炼油企业为例，通过应用劣质重油延迟焦化新技术，可实现加工 100%委内瑞拉超重油渣油和长周期稳定运行。延迟焦化装置改造投资估算见表 3。

表3　应用劣质重油延迟焦化新技术改造投资估算表

序号	改造内容	投资/万元	
		材料	安装
1	焦化加热炉传热效率提升技术：定向反射技术、新型附墙气体燃烧器、低散热损失技术及烟气导流技术	760	110
2	焦粉聚集防控和处置技术：两级脱过热及高效气液分布器、倾斜式集油箱和防焦粉沉积推动技术、塔釜防焦粉沉积分布管技术、焦化气液产品精密过滤除焦粉技术	110	10
3	供氢体循环/循环油定值调节技术	80	10
4	吸收稳定系统节能技术	90	10
合计		1180	

对改造前后经济效益进行比较，改造后按加工100%浅拔Merry渣油(残炭19%)，循环比为0.3进行估算。经济效益对比见表4。

表4　延迟焦化装置改造前后经济效益对比表

改造前经济效益/元			改造后经济效益/元(R=0.3)		
入方	原料	4840000000	入方	原料	4600000000
	焦化加工成本，90元/t	90000000		焦化加工成本，90元/t	90000000
	汽柴油加氢加工成本，0元/t	0		汽柴油加氢加工成本，340元/t	170510000
	蜡油加氢加工成本，0元/t	0		蜡油加氢加工成本，360元/t	36720000
	焦化装置折旧费	11121000		焦化装置折旧费，10%	11121000
	小计	4941121000		小计	4908351000
出方	干气6%	210000000	出方	干气9.44%	330400000
	液化气2.65%	173575000		液化气2.36%	154580000
	汽油7.8%	561600000		汽油12.58%	905760000
	柴油40%	3040000000		柴油37.57%	2855320000
	蜡油9.16%	540440000		蜡油10.2%	601800000
	焦炭34.13%	436864000		焦炭27.71%	354688000
	小计	4962479000		小计	5202548000
全年总利润		21358000	全年总利润		294197000
吨油利润/(元/t)		21.36	吨油利润/(元/t)		294.19

注：加工100%Merry渣油(4600元/t)与掺炼40%其他渣油(5200元/t)相比，吨油利润原料成本降低贡献240元，其他贡献32.83元。

结果表明，若劣质重油延迟焦化新技术在该企业应用，将破解其加工100%委内瑞拉超重油的关键瓶颈，吨油利润增加270元以上，经济效益十分显著。

5.3　高酸原油直接催化脱羧裂化成套技术的经济性

5.3.1　高酸原油催化脱羧裂化成套技术与常规加工技术比较

以加工12.0Mt/a酸值为3.5mgKOH/g的高酸原油的某炼油企业为例，采用高酸原油催化脱羧裂化成套技术与提高设备材质等级的常规原油加工流程比较，见表5。可见，高酸原油催化脱羧裂化成套技术不但可以避开腐蚀、简化操作、减少投资，而且可提高高价值产品收率、显著增加经济效益。

表5　本技术与常规加工技术主要技术经济参数比较

项　　目	常规加工技术	本　技　术
流程要点	电脱盐-常减压蒸馏-加氢裂化-焦化-催化裂化-其他配套装置	电脱盐-催化脱羧裂化-汽柴油精制-其他配套装置
产品目标	国Ⅳ汽油柴油	
投资/亿元	基准	基准-92
销售收入(不含税)/(元/t)	基准	基准+290
高附加值产品收率/%	基准	基准+1.88
综合商品率/%	基准	基准-3.74
现金操作费用/(元/t)	基准	基准-104
折旧(10年)/(元/t)	基准	基准-77
纯利润/(元/t)	基准	基准+607

5.3.2　脱羧裂化专用催化剂与常规裂化催化剂比较

用本技术加工酸值为2.44mgKOH/g的高酸原油，催化脱羧率大于99.3%。与常规裂化催化剂的工业结果对比见表6。结果表明，脱羧裂化专用催化剂除具有很好的脱羧能力、优异的重油裂化能力、抗金属污染能力和活性稳定性。

表6　脱羧裂化专用催化剂与常规裂化催化剂比较

项　　目	常规裂化催化剂	专用催化剂	比　　较
金属总含量/(μg/g)	28800	44300	抗金属污染能力提高53.8%
Ni/(μg/g)	13900	25600	抗镍污染能力提高84.2%
V/(μg/g)	2500	3000	抗钒污染能力提高20.0%
催化剂单耗/(kg/t)	1.59	1.10	催化剂单耗降低31%
液化气+汽油+柴油收率/%	83.87	85.20	高价值产品收率提高1.59%

5.3.3　新型破乳脱金属剂与常规破乳剂比较

开发的新型破乳脱金属剂及配套技术与常规破乳技术相比，在脱盐、脱水、脱石油酸盐类金属和污水油含量等方面均表现出优异的性能，见表7。

表7　新型破乳脱金属剂与常规破乳剂的应用效果比较

项　　目	常规破乳剂	新型破乳脱金属剂	比　　较
盐含量/(mgNaCl/L)	7.8	2.8	降低64%
水含量/%	0.46	0.09	降低80%
污水油含量/(mg/L)	270	31.4	降低88%
钙含量/(μg/g)	6.0	2.2	降低63%
铁含量/(μg/g)	10.7	4.7	降低56%
钠含量/(μg/g)	12.9	2.2	降低83%

综上所述，高酸原油催化脱羧裂化成套技术成功解决了高酸原油加工中遇到的高温腐蚀、难破乳和高金属污染等世界级难题，根除了安全生产的高风险问题，属独创技术。该技术不受原油酸值限制，填补了催化加工高酸原油的技术空白，有广阔的推广应用前景。

参考文献

[1] 傅晓钦，田松柏，侯栓弟，等．蓬莱和苏丹高酸原油中的石油酸结构组成研究[J]．石油与天然气化工，2007，36(6)：507-510.

[2] 刘泽龙，田松柏，樊雪志，等．蓬莱原油初馏点~350℃馏分石油羧酸的结构组成[J]．石油学报(石油加工)，2003，19(6)：40-45.

[3] 黄少凯，田松柏，刘泽龙，等．高酸原油柴油馏分中石油酸结构组成分析[J]．石油炼制与化工，2007，38(4)：51-55.

[4] Lu Zhenbo，Tian Songbai，Zhai Yuchun，et al. Determination of naphthenic acids in crude oil by chemical ionization massspectrometry[J]. Chinese Journal of Geochemistry，2005，24(1)：67-72.

[5] 田松柏．原油中石油酸的分析与分布规律研究[J]．石油化工腐蚀与防护，2005，22(2)：1-5.

[6] 宋育红，阎金城，虞琦，等．辽河渣油供氢减黏裂化研究[J]．石油炼制与化工，1994，25(12)：15-19.

[7] 亓玉台，谢传欣，李会鹏，等．减黏裂化工艺技术及其发展[J]．炼油设计，2000，30(10)：4-5.

[8] Fu Xiaoqin，Dai Zhenyu，Tian Songbai，et al. Catalytic decarboxylation of petroleum acids from high acid crude oils over solid acid catalyst[J]. Energy & Fuels，2008，22(3)：1923-1929.

[9] 王齐，王宗贤，沐宝泉，等．委内瑞拉常压渣油供氢热转化研究[J]．燃料化学学报，2012，40(10)：1200-1204.

[10] 汪燮卿，傅晓钦，田松柏，等．高酸原油流化催化裂解脱羧酸技术的初步研究[J]．当代石油石化，2006，14(10)：7-13.

[11] 张同旺，侯栓弟．石油酸催化转化过程的研究[J]．化学工业与工程，2009，26(4)：316-320.

[12] 郭湘波，龙军，侯栓弟，等．FCC反应机理与分子水平动力学模型研究I[J]．石油炼制与化工，2004，35(11)：74-78.

[13] 侯栓弟，龙军，郭湘波，等．重油催化裂化反应历程数值模拟I[J]．石油学报(石油加工)，2005，21(5)：19-27.

[14] 龙军，毛安国，侯栓弟，等．高酸原油直接催化脱酸裂化成套技术开发和工业应用[J]．石油炼制与化工，2011，42(3)：1-6.

[15] 田松柏，傅晓钦，汪燮卿，等．一种加工高酸值原油的方法：中国，ZL200510051243.9[P]. 2005.

[16] 龙军，张久顺，侯栓弟，等．一种劣质原油生产高辛烷值汽油的方法：中国，ZL200710099847.X[P]. 2007.

[17] 毛安国，龙军，张久顺，等．一种劣质原料油的加工方法：中国，ZL200710175274.4[P]. 2007.

[18] 崔淑新，毛安国，张久顺，等．一种含酸高钙原油的加工方法：中国，ZL200710177900.3[P]. 2007.

[19] 张久顺，侯栓弟，何俊，等．一种劣质原油生产低碳烯烃的方法：中国，ZL200710304474.5[P]. 2007.

[20] 李子锋，田松柏，张雷，等．石油酸的腐蚀动力学[J]．石油学报(石油加工)，2009，25(6)：826-829.

[21] 章群丹，田松柏，黄少凯，等，石油酸的结构与腐蚀性的关系[J]．石油学报(石油加工)，2012，28(4)：652-656.

[22] 张蔚琳，邓景辉，陈振宇，等．一种含酸劣质原油催化转化方法：中国，ZL200810112001.X

[P]. 2008.
[23] 邱中虹，田辉平，陆友宝，等. 一种抗重金属污染的裂化催化剂制备方法：中国，ZL200510068179. 5[P]. 2005.
[24] 龙军，陈振宇，张蔚琳，等. 一种含酸劣质原油转化催化剂及其制备方法：中国，200810055793. 1[P]. 2008.
[25] 陈振宇，张蔚琳，邓景辉，等. 一种劣质原油催化改质催化剂及其制备方法：中国，ZL200810112002. 4[P]. 2008.
[26] 徐振洪，谭丽，于丽，等. 用丙烯酸-丙烯酸酯共聚物脱除烃油中金属的方法：中国，ZL03102264. 2[P]. 2003.
[27] 李本高，王振宇，罗咏涛，等. 一种脱除烃原料中金属杂质的方法：中国，ZL200510134486. 9[P]. 2005.
[28] 谢国宏，贾建平，韩冰，等. 100 万 t/a 委内瑞拉超重油减黏裂化装置改造设计[J]. 当代化工，2012，41(6)：636-639.

S Zorb 汽油脱硫技术的创新

林　伟[1]　吴德飞[2]　孙丽丽[2]　田辉平[1]

(1. 中国石化石油化工科学研究院；2. 中国石化工程建设有限公司)

摘　要：中国石化在整体收购原 S Zorb 技术的基础上进行全面的技术创新，形成新一代 S Zorb 催化加氢转化脱硫技术。在催化剂设计方面，开发出 FCAS 系列 S Zorb 催化剂，解决了该技术剂耗高、辛烷值损失偏大的问题；在工艺工程技术方面，开发出以降尘技术为核心的脱硫反应新工艺，改进了再生工艺、还原工艺、输送及控制技术，优化了 S Zorb 反应动力学及工艺设计模型，实现了长周期运行，并降低了能耗。新一代 S Zorb 技术已建成 31 套工业装置，在建装置 5 套，总加工能力超过 40Mt/a，已成为国内汽油质量升级的主要技术措施。

1　概述

1.1　S Zorb 脱硫技术背景

由美国 Phillips 石油公司开发[1,2]、后被中国石化整体收购、由中国石化石油化工科学研究院(RIPP)、中国石化工程建设公司(SEI)等单位经过消化吸收实现技术再创新的 S Zorb 催化加氢转化脱硫技术，在中国汽油质量升级过程中起到重要作用，是我国生产符合国Ⅴ标准清洁车用汽油的主力技术[3]。

S Zorb 技术的前身是 Phillips 石油公司的气体净化技术 Z Sorb[4]，其专用吸附剂由氧化锌、氧化镍以及硅铝材料组成，氧化锌用于吸收气态 H_2S，氧化镍还原后起助燃作用，硅铝组分作为结构单元和粘结剂。具体化学反应如下：

$$RSH+ZnO+H_2 \xrightarrow{Ni} RH+ZnS+H_2O$$

$$\text{(噻吩)}+ZnO+3H_2 \xrightarrow{Ni} ZnS+C_4H_8+H_2O$$

$$\text{(苯并噻吩)}+ZnO+3H_2 \xrightarrow{Ni} ZnS+H_2O+\text{(乙苯, } C_6H_5\text{-}C_2H_5\text{)}$$

1.2　新一代 S Zorb 催化剂加氢转化脱硫技术

中国石化在整体收购该技术后进行了技术创新，形成了催化裂化汽油高选择性催化加氢转化脱硫技术思路，成功解决了超深度脱硫过程中辛烷值损失大、能耗高、经济性差的世界级难题，开发出新一代 S Zorb 清洁汽油生产成套技术。

根据反应机理研究结果，提炼出既能实现催化裂化汽油深度脱硫，又能保证汽油辛烷值的催化加氢转化脱硫技术的反应路径[5]，如图 1 所示。通过具有零价镍-氧化锌耦合活性中心的催化剂[6-8]，即时转化硫化镍加氢生成的硫化氢，提高了噻吩催化加氢脱硫的平衡转化率，同时减少了硫化氢与汽油中烯烃生成硫醇的副反应，解决了传统加氢技术难以实现超深度脱硫的根本问题；并使活性金属镍保持在对噻吩分子具有高吸附选择性的零价态，减少烯烃等高辛烷值组分在催化剂表面吸附加氢的概率，实现了降低辛烷值损失的目标。

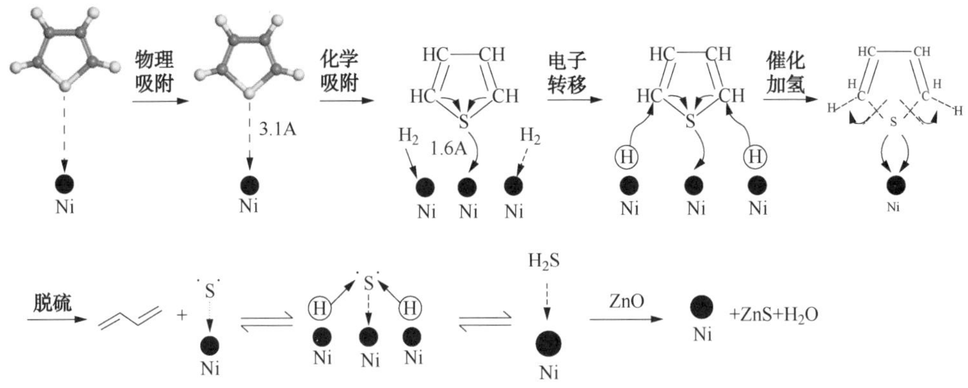

图 1　催化加氢转化脱硫技术的反应路径

2　新一代 S Zorb 工艺与工程技术的创新

SEI 对原有工艺与工程技术进行了整体创新，形成了新一代 S Zorb 工艺工程技术[9,10]。该技术的关键主要在于催化吸附超深度脱硫、弱流化床气固分离和低能耗工艺技术，主要创新内容包括以下几个方面。

2.1　根据工业装置运行数据和国产吸附剂运行特性，优化 S Zorb 脱硫和再生反应动力学和工艺计算模型

随着国内投产装置的增多，各种工况数据日渐丰富，同时国产催化剂广泛投入应用，其各项反应动力学特性有所不同。这些数据为进一步调整和优化 S Zorb 脱硫及氧化再生的反应动力学和工艺计算模型提供了依据。

2.2　反应器过滤器及降尘器的创新开发与优化应用

反应器是 S Zorb 装置的核心设备，反应器内为气固两相、流化床操作，顶部设置精密自动反吹过滤器将吸附剂滤除。该过滤器正常启动反吹的压降为 35 kPa，由于反应器内吸附剂颗粒浓度高，过滤器反吹频繁(约 5min 1 次)，致使原国内外 S Zorb 装置普遍出现高压反吹阀门寿命短、过滤器内预热管系松动等问题，是影响装置操作周期的主要问题之一。

根据中国石化燕山分公司 1. 2Mt/a S Zorb 装置的运行参数及反应器过滤器暴露的问题，创新开发了反应器降尘器以减少从反应段进入沉降段的吸附剂粉尘浓度。

通过大量的反应器内气固两相流模拟计算，分析比较各种方案的降尘效果，掌握了 S Zorb 反应器内低流速下气固分离的特点与规律，创新开发出一种结构简单、降尘效率高的结构，进一步通过计算优化降尘器安装位置，得到了可靠的设计方案，获得发明专利。

降尘器在中国石化燕山分公司 1. 2Mt/a S Zorb 装置上使用成功后迅速得到推广应用。通过进一步优化反应器过滤器设计参数，并组合使用降尘器，取得明显改善效果。开工初期过

滤器反吹时间间隔超过 120min。随着开工周期的延长，过滤器反吹效果下降，通常能达到 30min。长岭分公司 1.2Mt/a S Zorb 装置经过 16 个月的连续满负荷运行后，反吹间隔仍能达到 90min。

通过优化反应器过滤器设计参数并组合使用降尘器，大幅延长了反应器过滤器的反吹周期，解决了困扰 S Zorb 装置长周期运行的第一个关键难题，为装置长周期操作、降低操作成本及 S Zorb 工程技术的进步提供了有力的技术支撑。

2.3 优化反应器转剂推动力计算模型

首批装置因脱硫负荷普遍偏低存在反应器转剂困难的现象。针对这种情况，在第二批装置设计过程中，对反应器转剂动力学模型进行了优化。工程设计的变化具体表现在优化反应器设计线速、调整转剂横管高度、增设反应器接收器返气线等，有效解决了低脱硫负荷的转剂困难。

2.4 再生系统的技术改进

催化剂再生系统的作用是为催化剂的再生提供适宜的氧化环境，恢复催化剂的脱硫活性。再生器内的氧化、含二氧化硫和水环境易导致吸附剂反应生成硫酸锌而结块失活，不仅增大剂耗，而且脱落的块状物将堵塞再生滑阀、影响再生吸附剂的输送和装置的平稳操作。

在首批国产化 7 套装置上，根据再生空气干燥要求设置干燥器，并将干燥器出口的露点作为装置的控制参数，有效降低空气进入易结块部位的水分压。在这一措施下，再生器内的吸附剂结块现象得到有效抑制，为装置的长周期运行排除了第二个难题。

2.5 优化稳定塔操作条件、开发汽油脱硫与催化裂化轻组分整体回收工艺

针对塔顶轻组分少、稳定系统能耗高的问题，优化降低了稳定塔操作压力，开发了汽油脱硫与催化裂化轻组分整体回收工艺；重沸蒸汽消耗降低 62.5%，能耗降低 3kg 标油/t 进料。

2.6 原料与反应产物换热器的技术改进

S Zorb 反应器为气固流化床，所有的原料汽油均在原料与反应产物换热器完全汽化，并被加热炉加热到 415℃以上进入反应器。原有的多套 S Zorb 装置出现原料与反应产物换热器结垢严重、换热效率下降而被迫停工的情况。经检查分析，污垢主要集中在原料一侧，主要成分是盐分、机械杂质和少量的焦质。

针对这种情况，在首批国产化装置中主要采取以下两个措施：①换热器改为两列并行，每列设计负荷为 60%，并且设置隔离和吹扫设施，可以将一列单独切出清洗，另一列维持装置低负荷操作；②设置原料过滤器，有效清除原料中的杂质。上述改进在新建装置中得到良好应用，并且在高桥分公司 1.2Mt/a S Zorb 装置、济南分公司 900kt/a S Zorb 装置等部分装置上实施了换热器一列切出清洗、另一列维持操作的应用，避免了装置停工。

进料换热器结垢的原因之一在于原料经罐区存放时与空气接触，原料中的二烯烃被氧化生成结焦前躯物。原料中的结焦前躯物在进料换热器升温全部汽化过程中发生结垢，导致换热效率下降、压降升高。据此提出了 S Zorb 装置原料管理要求，按照要求进行操作和管理的装置基本有效地解决了因进料换热器结垢而频繁清洗的问题，促进提高装置的可靠性和安

全性，提高了装置效率。

2.7 闭锁料斗及吸附剂输送系统的技术改进

S Zorb 装置设置单闭锁料斗作为压力较高的反应部分与低压再生部分的中间设备，需要采用氮气作为氢氧环境隔离的中间介质，采用闭锁料斗控制系统对吸附剂输送过程进行精密控制。

首批国产化装置对闭锁料斗控制系统进行了多项改进，消除了反应部分氢气窜入高温氧环境再生器的可能，并且改进闭锁料斗步序控制时间步长，促进吸附剂输送通畅。此外，改进原有的再生剂接收器、闭锁料斗的布置方式，采用同轴布置，缩短了料斗与再生部分转剂的时间。

2.8 其他技术改进

除重点针对延长操作周期的技术改进外，对降低装置剂耗和能耗、引进设备国产化等方面也进行了一系列的技术改进：①设置闭锁料斗氢气和氮气过滤器吸附剂回收设施与流程，回收吸附剂；②实现了关键设备国产化，降低了装置投资；攻克了高含尘量、高精度、高温、高压下气固过滤及低流速下高效旋风分离的技术难题，开发出反应器过滤器及再生旋分器；反吹氢与反应产物换热器和其他精密过滤器也实现了国产化；③优化反应与再生系统的流程，设置再生器临时处理措施。

上述工作系统地对 S Zorb 工艺和工程技术进行了创新与改进，解决了原 S Zorb 技术可靠性低、工艺整体匹配性不高、能耗和剂耗高的问题，形成剂耗小、能耗低、辛烷值损失小、运行周期长、更加成熟的新一代 S Zorb 技术，工艺与工程技术可靠性较原技术大幅提高，新一代 S Zorb 技术各项技术指标全面超越原技术，达到国际一流水平，为大规模工业推广应用奠定基础。

3 S Zorb 催化剂技术

在 S Zorb 脱硫过程中，催化剂起到汽油中硫转化和吸收转移的作用，其性能直接决定了 S Zorb 技术的脱硫效率。催化剂中活性组元镍首先将汽油中的硫醇、噻吩以及苯并噻吩催化加氢生成硫化氢，然后硫化氢被催化剂中的氧化锌吸收形成硫化锌，硫化锌通过氧化再生恢复活性。为了保证催化剂具有好的硫转移能力，需要较高含量的氧化锌。S Zorb 催化剂中氧化锌主要以六方晶相存在，而吸收硫之后主要生成六方硫化锌。

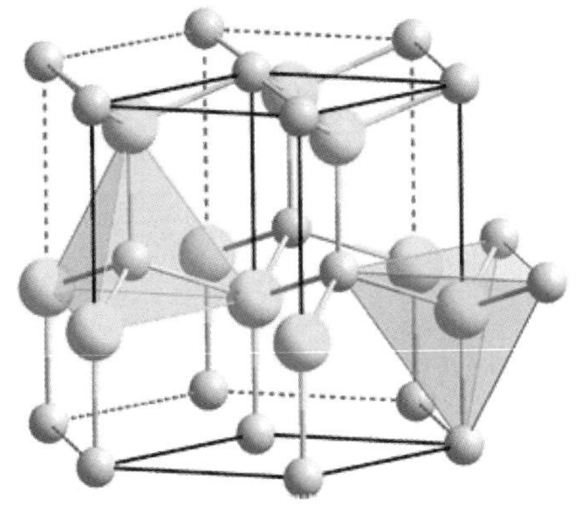
图 2 六方氧化锌和硫化锌的晶体结构

六方晶相的氧化锌和硫化锌的结构如图 2 所示，其晶胞参数见表 1。由氧化锌和硫化锌的晶胞参数可知，当氧化锌吸收硫变为硫化锌时，体积明显增加，反之体积变小。伴随着吸硫和脱硫过程中氧化锌与硫化锌的相互转变，催化剂的体积反复膨胀、缩小，容易发生结构性破碎；而高氧化锌含量则加剧了催化剂颗粒的破碎，导致催化剂大量跑损。

表 1　六方结构的氧化锌和硫化锌的晶胞参数

化合物	r^+/nm	r^-/nm	晶胞参数/nm	
			a	c
ZnO	0.074	0.140	0.325	0.521
ZnS	0.074	0.184	0.381	0.626

因此，催化剂在载体结构上应具有稳定的骨架结构，给氧化锌一定的膨胀/收缩的空间，能够避免体积变化引起的结构性破碎问题。同时，为了实现具有零价镍-氧化锌耦合活性中心的催化剂的结构目标，使催化剂具有较高的脱硫活性并减少硫化镍对烯烃的加氢作用，必须保证活性组元与氧化锌的微观距离比较短，也就是促进剂金属应该尽可能分散于氧化锌颗粒周围，即均匀分布在催化剂的内表面。

根据上述目标，开发出具有完全自主知识产权的工业催化剂 FCAS[8-10]。首先，在该催化剂微球内建立一个比较稳定的骨架架构，解决了脱硫和再生过程中由于氧化锌和硫化锌之间相互转化引起催化剂结构性破碎的问题，提高了催化剂的耐磨损强度。其次，开发出微球瞬时均匀浸渍技术，该技术包括制备方法和专用设备[11-14]，实现镍均匀浸渍在催化剂载体内孔道的目标，使得催化剂能够同时保持高的脱硫活性及低的辛烷值损失性能。

采用 0.5mol/L 的硝酸处理催化剂载体 1h 后，催化剂载体的扫描电镜结果见图 3。图 3 表明，当氧化锌溶于酸而从载体中脱除后，载体的骨架结构仍然稳定，并在表面呈现很多容纳催化剂活性组元的空间，这些空间相对独立，但又相互贯通。这种稳定的载体结构是使催化剂免受氧化锌-硫化锌相互转化而使催化剂颗粒破损的主要原因。表 2 列出的硫化前后催化剂的磨损活性测试结果也进一步证实了这一点，国外催化剂 GenIV 在吸收硫后 FBAT 指数均有所增加，也就是该催化剂吸收硫后其耐磨损性能变差，说明硫存储过程对其结构具有一定的破坏作用；而催化剂 FCAS 由于具有稳定的骨架结构，吸收硫之后 FBAT 指数下降，也就是耐磨损性能反而增加。

图 3　催化剂载体的骨架结构

表 2　不同催化剂在载硫前后的磨损指数(FBAT)

催化剂	FBAT(fresh)	FBAT(sulfide)	w(S)/%
FCAS-R09	3.43	2.75	8.41
GenIV-1	6.87	7.26	8.45

续表

催化剂	FBAT(fresh)	FBAT(sulfide)	w(S)/%
GenIV-2	4.07	6.85	7.31
GenIV-3	3.59	5.18	8.14
GenIV-4	4.35	5.36	9.60

SEM+EDAX 对催化剂 FCAS 和 GenIV 的剖面分析结果如图 4 所示。图 4 表明，催化剂 FCAS 中镍元素在整个微球内都呈均匀分布，即图中微球外层和内部的镍含量接近，而国外催化剂中镍的分布显示出两端高中间低的特点，这说明国外催化剂中镍在表层富集。由此可见，采用微球瞬时均匀浸渍技术并匹配专用设备制备出的催化剂中，镍均匀地分布在整个微球孔道内，这有利于提高反应过程中硫的转移速率，进而提高脱硫活性，并降低硫化镍对油品中烯烃的加氢作用，减少辛烷值损失。

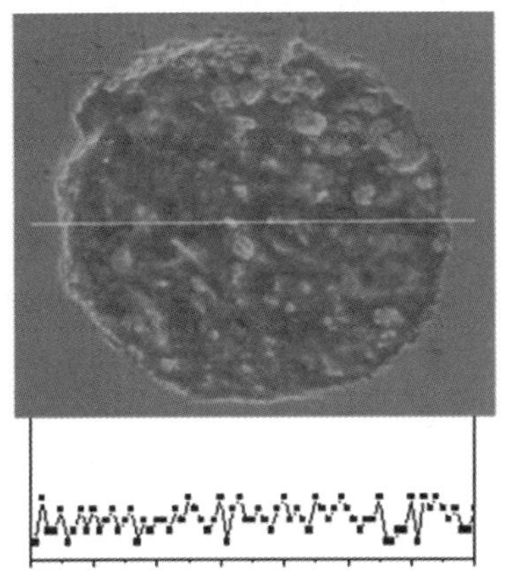

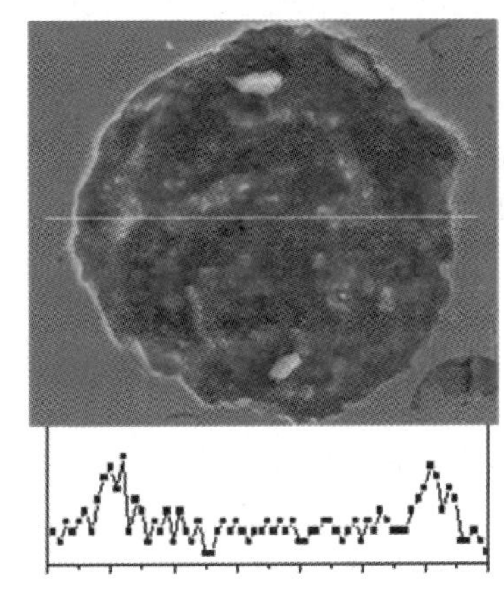

图 4　吸附剂 FCAS 和 GenIV 中镍的径向分布(800 倍)

为了对比催化剂 FCAS 与 GenIV 的性能，在康菲公司 S Zorb 中型装置上进行评价，装置设计进料量为 2.3~23kg/h，催化剂循环速率 1~15g/min，具体试验条件及结果见表 3。

表 3　催化剂 FCAS-R09 与国外剂 GenIV 的中型评价结果对比

催化剂		FCAS-R09	GenIV
原料硫含量/(μg/g)		293	
反应条件	温度/℃	440	
	压力/MPa	3.1	
	H/C(物质的量比)	0.28	
	催化剂循环速率/(g/h)	62	
	WHSV/h^{-1}	6	4
产品硫含量/(μg/g)		2.8	2.1
脱硫率/%		99.0	99.3
抗爆指数		-0.3	-0.52
RON 损失		-0.6	-1.11
MON 损失		0	+0.06

中型评价结果表明，催化剂 FCAS-R09 和 GenIV 均具有很高的脱硫活性，在所设定的反应条件下，均可使高桥原料汽油中硫质量分数降低到 3μg/g 以下。催化剂 FCAS-R09 在重时空速高于国外对比催化剂，其他反应条件相同的情况下，脱硫率与进口催化剂 GenIV 相近，但采用催化剂 FCAS-R09 时在产品汽油硫质量分数不到 3μg/g 的情况下，辛烷值损失只有 0.3，低于国外催化剂的辛烷值损失(0.52)。并且中试评价结果还表明，国产催化剂还具有较好的流化性能、耐磨性能及活性稳定性，能够满足工业装置稳定运行的要求。

4 S Zorb 装置标准化设计技术与应用

S Zorb 技术因其先进性成为中国石化汽油质量升级的主要技术手段，同时向系统外转让 4 套技术使用权。自 2011 年 7 月起，共计规划建设近 20 套 S Zorb 装置。面对批量的同类装置、有限的人力资源和紧张的建设周期，积极探索和推行了标准化设计，主要措施有[15]：

①统一装置设计技术规定，规范设计行为，避免因人而异或因不同建设单位而异。

②统一装置的编码体系。

③统一平面布置和三维布置，形成标准化的装置平面布置，900kt/a、12Mt/a 和 1.5Mt/a 装置的标准平面尺寸分别为 85m×45m、90m×45m 和 100m×45m。对于受场地限制不能实现标准化占地的装置，优先保证反再框架和分馏塔框架等关键和复杂部分的布置相对固定。

④统一同类物资交货周期，创造条件进行多套装置同类技术谈判同时进行，减少或简化建设单位、设计单位、供货商的三方技术谈判及开工会等工作内容，为设计人员节省大量重复性工作时间。

标准化设计为批量 S Zorb 超清洁汽油生产装置的标准化采购和统一备品备件创造了条件，多套装置的集成物资形成了采购批量。SEI 配合集团公司物资装备部实现十类主要物资的标准化采购。标准化采购与之前分散采购相比价格大幅下降。同时，标准化采购为备件的统一储备提供了基础，打破了每套装置单独分散储备的格局，降低了企业库存和运行成本，经济效益突出。S Zorb 装置的标准化设计和建设成为中国石化集团公司“三化”工作的标杆。

5 总结

中国石化新一代 S Zorb 催化加氢转化脱硫技术通过反应原理、工艺工程技术、催化剂技术等方面创新，取得质的提升，在脱硫率 99% 的情况下，*RON* 损失仅为 0.3~1.0，创造了连续运行周期超过 41 个月的记录，能耗仅为 5~7kg 标油/t 进料。这些关键技术指标达到国际领先水平，能耗仅为同类技术的 1/3。新一代 S Zorb 技术彻底解决了原技术存在的工艺匹配性低、能耗和剂耗高、装置连续运行周期短等问题，技术更可靠、能耗更低。

该技术目前已建成 31 套工业装置，在建装置 5 套，总加工能力超过 40Mt/a，可减少 SO_2 排放 20kt/a 以上，已成为国内汽油质量升级的主要技术措施，具有突出的经济和社会效益。

参考文献

[1] Legg D, Kidd D, Slater P. Production of Ultra-low Sulfur Gasoline: Protecting Important Stream Properties [C]//NPRA Annual Meeting, San Antonio, TX, USA, 2002, AM-02-47.

[2] Greenwood G J, Kidd D, Reed L. Next Generation Sulfur Removal Technology [C]//NPRA Annual Meeting, San Antonio, TX, USA, 2000, AM-00-12.

[3] 李鹏，张英．中国石化清洁汽油生产技术的开发和应用[J]．炼油技术与工程，2010，40(12)：11-15.
[4] Khare G P，Delzer G A，Kubicek D H，et al. Hot Gas Desulfurization with Phillips Z-Sorb Sorbent in Moving Bed and Fluidized Bed Reactors [J]. Environmental Progress，1995，14(3)：146-150.
[5] 龙军，林伟，代振宇．从反应化学原理到工业应用(一)：S Zorb 技术特点及优势[J]．石油学报，2015，31(1)：1-6.
[6] 龙军，林伟，田辉平，等．一种脱硫吸附剂及其制备方法和应用：中国，CN101618313[P]. 2010-01-06.
[7] Long Jun，Tian Huiping，Lin Wei. Desulfurizing Adsorbent，Preparation Method and Use Thereof：US，20090321321[P]. 2009-12-31.
[8] 林伟，龙军．从反应化学原理到工业应用(二)：S Zorb 技术特点及优势[J]．石油学报，2015，31(2)：453-459.
[9] 吴德飞，庄剑，袁忠勋，等．S Zorb 技术国产化改进与应用[J]．石油炼制与化工，2012，43(7)：76-79.
[10] 吴德飞，孙丽丽，黄泽川，等．S Zorb 技术进展与工程应用[J]．炼油技术与工程，2014，44(10)：1-4.
[11] 林伟，田辉平，王振波，等．一种微粒载体的浸渍设备：中国，CN 203565097U [P]. 2014-04-30.
[12] 林伟，田辉平，王鹏，等．一种微粒载体的浸渍设备：中国，CN 203565090U [P]. 2014-04-30.
[13] 林伟，田辉平，张万虹，等．一种微粒载体的浸渍设备：中国，CN 203565096U [P]. 2014-04-30.
[14] 林伟，田辉平，王振波，等．一种微粒载体的浸渍设备：中国，CN 203565088U [P]. 2014-04-30.
[15] 吴德飞，黄泽川．批量 S Zorb 装置的标准化设计与建设[J]．石油化工设计，2014，31(3)：37-38.

催化汽油选择性加氢脱硫技术

李明丰[1]　赵乐平[2]　兰　玲[3]　赵晨曦[4]

(1. 中国石化石油化工科学研究院；2. 中国石化抚顺石油化工研究院；
3. 中国石油石油化工研究院；4. 中海石油炼化有限责任公司惠州炼化分公司)

摘　要：综述了催化汽油选择性加氢脱硫催化剂的构效关系及催化剂开发进展，指出选择性加氢脱硫催化剂的设计关键为形成尽可能多的CoMoS活性相及CoMoS活性相要求尺寸更大。中国石化、中国石油及中海油开发了一系列催化汽油选择性加氢脱硫技术，特别介绍了这些选择性加氢脱硫技术生产国Ⅴ汽油的工业应用情况。

1　前言

近年来，我国经济高速发展促进了石油消费量的急剧增加，目前中国已成为仅次于美国的第二大石油消费国。大量的石油消费在为人们生活带来便捷的同时，也带来严重的空气污染问题。根据我国年度环境报告，机动车排放污染已逐渐成为大、中城市中心地带空气的主要污染源之一。

降低汽车尾气污染，改善空气质量，已经成为世界范围内的共识，燃油质量和发动机效率在稳步提升之中。试验表明，降低汽油中的硫和烯烃含量可能是减少汽车排放的最有效手段之一[1]。降低汽油烯烃含量可以减少 NO_x 的排放及废气和汽化蒸汽的光化学反应活性，减少对臭氧的影响。降低汽油硫含量对配备三效转换器的汽车降低HC、CO和 NO_x 的排放有显著效果。

自20世纪90年代以来，世界各国的汽油标准相继发生了较大变化。美国复杂方案(Tier Ⅱ)要求2010年后汽油平均硫含量降至低于15μg/g。日本2008年开始执行汽油硫含量低于10μg/g的标准。欧盟于2009年开始全面实施与欧盟机动车污染物排放第Ⅴ阶段标准(欧Ⅴ排放标准)相对应的EN228—2008汽油标准，其硫含量指标为小于10μg/g[2]。

我国于2012年在北京率先实施满足欧Ⅴ排放标准的北京市地方汽油标准DB 11/238—2012，要求汽油的硫含量小于10μg/g[3]。至2017年，全国将实施国Ⅴ汽油标准GB 17930—2013，汽油硫含量需小于10μg/g。

我国汽油的构成比较单一，催化裂化汽油(FCC汽油)调合组分占汽油总量的75%～80%，而美欧只占约30%。从各汽油调合组分对汽油硫含量的贡献率来看，FCC汽油组分对汽油硫含量的贡献率达80%～98%。汽油中的烯烃几乎全部来源于FCC汽油。因此生产高标准清洁汽油，实际上就是要降低FCC汽油的硫、烯烃含量。近年来，FCC降烯烃技术已有较大进展，中国石化石油化工科学研究院(RIPP)开发的多产异构烷烃及丙烯的MIP工艺[4]和MIP-CGP技术[5,6]、中国石油大学(华东)开发的两段提升管FCC系列技术(TSRFCC)[7]、中国石化洛阳工程公司开发的灵活多效FCC工艺(FDFCC)工艺[8]、中国石油大学(北京)开发的 FCC 辅助提升管降烯烃工艺[9]等技术相继面世，FCC 汽油烯烃含量高的问题基本得到解决。因此生产清洁汽油的核心问题集中在如何降低 FCC 汽油硫含量方面。

FCC 汽油中含有烷烃、烯烃、芳烃、环烷烃以及微量的杂质，如氧化物、氮化物和硫化物等。常规 FCC 汽油的硫含量为数十 μg/g 到上千 μg/g，这与 FCC 原料硫含量和 FCC 工艺密切相关。FCC 汽油中的硫化合物可分为硫醇、硫醚、二硫化物、硫杂环烷、噻吩类硫等五类化合物，前四类硫化物较易脱除。因此加氢脱硫主要研究对象是噻吩类硫化物。噻吩及其衍生物由于具有类似苯环的多原子大 π 键，结构稳定，不易氢解，导致石油馏分中的噻吩类硫较其他非噻吩类硫化合物更难以脱除。FCC 汽油绝大部分用作车用汽油组分，需要经过深度或超深度的加氢处理脱除其中的有害杂质，特别是硫化物。按照最严格的汽油质量标准，其硫含量应低于 10μg/g。一般而言，FCC 汽油在加氢脱硫的同时其烯烃含量也显著降低，由于烯烃是汽油辛烷值的主要贡献者，所以造成油品辛烷值较大损失。如何同时实现深度脱硫并保持汽油的辛烷值成为 FCC 汽油脱硫技术迫切需要解决的重大技术难题。

根据反应机理，已实现较广泛应用的 FCC 汽油脱硫工艺技术分为三大类：一是选择性加氢脱硫降烯烃工艺，依据 FCC 汽油中硫、烯烃的分布特点，通过优化操作条件和优选催化剂配方，实现加氢过程对脱硫反应较高的选择性，降低烯烃饱和度，从而减少产品辛烷值的损失，具有液收高、氢耗低等特点，代表性工艺主要包括 RSDS 系列[10]、Prime-G+[11]、SCANfining[12]、CDHYDRO/CDHDS[13]、OCT-M 系列[14]、DSO[15]、CDOS[16]等；二是加氢脱硫恢复辛烷值工艺，在加氢精制的基础上生成高辛烷值组分来弥补加氢过程造成的辛烷值损失，在产品的辛烷值保持方面具有一定优势，代表性工艺主要包括 ISAL[17]、OCTGAIN[18]、RIDOS[19]、M-DSO[20]、GARDES[21]等；三是临氢吸附脱硫技术，在临氢气氛下将有机硫转化后生成硫化氢，通过化学吸附的方式予以脱除，代表性工艺为 S Zorb[22]。目前世界范围内选择性加氢脱硫技术是市场主流技术。

2 FCC 汽油选择性加氢脱硫技术配套的催化剂

2.1 FCC 汽油选择性加氢脱硫催化剂

2.1.1 FCC 汽油选择性加氢脱硫催化剂的构效关系

选择性加氢脱硫催化剂是实现 FCC 汽油选择性加氢的关键。同常规加氢精制催化剂相比，该催化剂需要具备如下特征：高加氢脱硫(HDS)活性、低烯烃加氢饱和(HYD)活性和低芳烃饱和活性。

设计选择性加氢脱硫催化剂首先需要回答硫化物的 HDS 和烯烃的 HYD 反应是否是在同一个活性中心上进行这一问题。RIPP 开展了多年基础研究，取得了如下重要结果：

采用低温 CO 原位 IR 表征技术可以区分 CoMo 催化剂上的 CoMoS 相和 MoS_2 相。如图 1 所示，2075cm^{-1}处的 IR 峰归属于 CO 与 CoMoS 的作用，2104cm^{-1}处的 IR 峰归属于 CO 与 MoS_2 的作用。硫化态 CoMo 催化剂分别吸附己烯或噻吩(平衡压力约 101Pa)后，低温 CO 原位 IR 表征发现，MoS_2和 CoMoS 均能与己烯和噻吩作用，但是预先吸附噻吩后 IR 谱中二者峰面积比值 $R(A_{2075cm^{-1}}/A_{2104cm^{-1}})$ 从 1.22 下降到 1.09，而预先吸附己烯后 IR 谱中二者峰面积比值 R 从 1.22 上升到 2.50，这说明噻吩更易吸附在 CoMoS 活性位上，而己烯则优先吸附在 MoS_2 上。同时这也表明 CoMoS 是高 HDS 活性、高 HDS/HYD 选择性的活性相。单独负载

Mo 的催化剂的 HDS 选择性显著低于 CoMo 双金属催化剂验证了这一结论。

以 CoMo 为活性金属，采用不同制备方法，以 TEM 为表征手段，计算(Co)MoS_2 片晶(硫化态 HDS 催化剂活性相)的平均堆垛层数以及片晶的平均长度，并由此计算出活性相棱边位和角位的比例 f。发现活性相棱角比 f 与催化剂选择性 HDS 的选择性因子 S_T 有非常良好的线性关系，如图 2 所示。由图 2 可以看出，所有负载型催化剂符合 HDS/HYD 选择性因子随棱角比增大而线性增大的规律[23]。

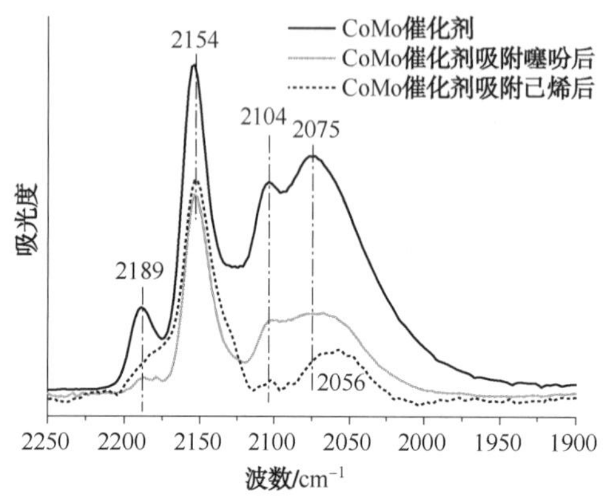

图 1　吸附不同烃类的硫化态 CoMo 催化剂 CO-IR 吸附谱图

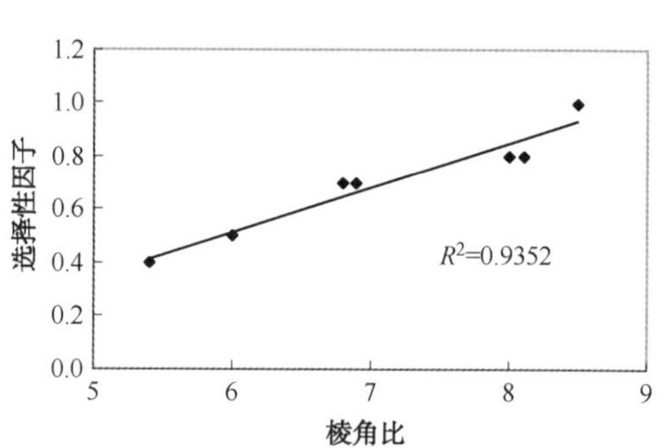

图 2　活性相棱角比与选择性因子的关系

综上所述，为提高 FCC 汽油加氢脱硫过程选择性，选择性加氢脱硫催化剂的设计关键为：①形成尽可能多的 CoMoS 活性相；②CoMoS 活性相要求尺寸更大。

2.1.2　FCC 汽油选择性 HDS 催化剂

该催化剂的主要用途是在烯烃较少被加氢饱和情况下，将汽油中以噻吩类为主的含硫化合物高选择性深度脱除，反应条件缓和，辛烷值损失小。

具体制备方法上，通过有机螯合剂与氧化铝载体表面羟基的作用，在配制钴钼共浸液时引入有机螯合剂，减弱活性金属与载体间的相互作用，实现活性金属的多层堆垛，同时借助螯合剂对金属活性相粒子的间隔作用提高分散度，解决了金属活性相的高度堆垛和高度分散这一相互矛盾的催化剂制备难题；通过在加氢脱硫催化剂中引入碱土金属助剂进一步抑制烯烃的 HYD 反应，实现高选择性深度脱硫。

2.2　FCC 汽油选择性加氢脱硫技术其他配套催化剂

2.2.1　FCC 汽油预加氢催化剂

该催化剂的主要用途是在基本不损失辛烷值的前提下，将二烯烃选择性加氢为单烯烃，且通过二烯硫醚化反应将轻汽油中低沸点硫醇转移至重汽油，使轻汽油硫含量满足调合要求，并保障加氢脱硫催化剂的长周期运行。

具体制备方法上，通过对高纯氧化铝载体进行高温水热处理，一方面使载体产生弱酸性位，另一方面使载体中的小孔消融成大孔以克服硫-烯反应的空间位阻，然后负载金属硫化物活性组分，借助金属硫化物对硫醇分子的吸附活化和载体弱酸位的协同作用，实现了缓和临氢条件下小分子硫醇的重质化。将硫醇重质化的反应产物在适当温度下切割，得到硫含量满足产品调合要求的轻馏分和几乎含有所有全馏分 FCC 汽油中含硫化合物的重馏分。

2.2.2 FCC 汽油辛烷值恢复催化剂

该催化剂的主要用途是异构、芳构、脱硫等，通过使重汽油中的烯烃定向转化为异构烷烃和芳烃，弥补重汽油烯烃含量降低造成的辛烷值损失，并实现重汽油的深度补充脱硫。

具体制备方法上，通过将水热处理与有机酸处理相结合的综合方法改性 HZSM-5 分子筛，实现了 HZSM-5 分子筛孔道结构与酸性的精细调变，较好地抑制了裂化、积炭等副反应的发生，并以综合改性的 HZSM-5 分子筛和氧化铝的混合物为载体，负载有助于促进芳构化反应的 NiMo 金属活性组分，最终研制出的改质催化剂具有优异的异构化/芳构化活性和稳定性。同时，由于该催化剂同时具有酸性中心和金属活性组分，因而亦可实现硫醇的催化裂解，这就实现了补充脱硫、降低烯烃含量并保持汽油的辛烷值三项功能。

2.3 催化剂研究的新进展

与选择性加氢脱硫降烯烃工艺，如 RSDS 系列、OCT－M 系列、DSO、M－DSO、GARDES、CDOS 等相配套的代表性催化剂见表 1。

表 1 国内 FCC 汽油选择性 HDS 催化剂

技术名称	技术专利商	典型牌号	特　点
RSDS	RIPP	RGO-2/RGO-3	选择性脱二烯烃
		RSDS-1/RSDS-21/RSDS-22/RSDS-31	选择性加氢脱硫
OCT-M	FRIPP	SHT-1	选择性脱二烯烃
		FGH-21/FGH-31/ME-1	选择性加氢脱硫
DSO	中国石油 中国石油大学(北京)	PHG-131	选择性预加氢
		PHG-111	选择性加氢脱硫
		PHG-151	选择性脱残余小分子硫化物
GARDES M-DSO		GDS-20	选择性预加氢
		GDS-30	选择性加氢脱硫
		GDS-40、FO-35M	加氢改质
CDOS	中海油-北京海顺德钛催化剂有限公司	HDDO-100	低温选择性脱二烯/脱硫醇
		HDOS-200	选择性加氢脱硫
		HDMS-100	选择性脱硫醇

3 FCC 汽油选择性 HDS 技术

3.1 RIPP 的 FCC 汽油选择性 HDS 技术(RSDS)

RIPP 于 2003 年在中国石化上海石油化工股份有限公司应用了第一代 FCC 汽油选择性加氢脱硫 RSDS 技术及配套催化剂 RSDS-1 等，可以生产硫含量 50μg/g 左右的清洁汽油。随着国内对清洁低硫汽油产品需求不断提高，对 FCC 汽油选择性加氢脱硫技术的要求也从最初的脱硫率 80%~90%左右提高到脱硫率 95%左右，并且 *RON* 损失越低越好，在此背景下开发了第二代 RSDS 催化剂 RSDS-21/RSDS-22 及 RSDS-Ⅱ技术。自 2008 年在中国石油化工股份有限公司长岭分公司进行成功工业应用试验以来，已在十余套工业装置上实现应用，在不同工况下可以生产出硫含量 10~150μg/g 的清洁汽油。工业应用结果表明，在 FCC 汽油原料硫含量较低（小于 300μg/g）或汽油烯烃体积分数较低（小于 25%）情况下，RSDS-Ⅱ技术可以生产硫含量小于 10μg/g 的汽油，且汽油辛烷值损失小于 1.0 个单位。当处理高硫或高烯烃含量 FCC 汽油，脱硫率需要达到 99%左右时，汽油辛烷值损失较大，在此背景下开发了第三代 FCC 汽油选择性加氢脱硫技术 RSDS-Ⅲ。

3.1.1　RSDS-Ⅲ技术路线

根据 FCC 汽油中烯烃主要集中在轻馏分，硫化物主要集中在重馏分这一特点，RIPP 开发的 RSDS-Ⅰ以及 RSDS-Ⅱ技术均采用先将全馏分 FCC 汽油切割为轻馏分（LCN）和重馏分（HCN），LCN 碱抽提脱硫醇，HCN 选择性加氢脱硫这一工艺路线，RSDS-Ⅲ技术继承了这一工艺路线。采用 RSDS-Ⅲ技术生产国Ⅴ汽油（硫含量不大于 10μg/g）时，由于要求全馏分汽油产品总硫含量不大于 10μg/g，产品硫醇硫含量必须不大于 10μg/g，因此 RSDS-Ⅲ技术省去全馏分汽油产品氧化脱硫醇单元，示意流程参见图 3。

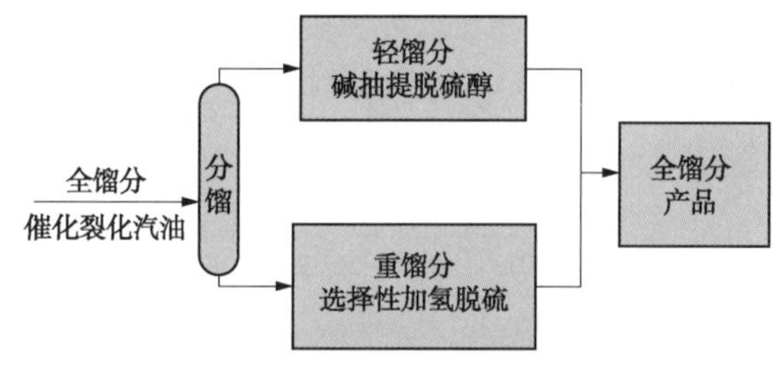

图 3　RSDS-Ⅲ技术工艺流程

3.1.2　RSDS-Ⅲ技术关键

依据上述确定的工艺流程，探索了提高技术选择性的措施。提高技术的选择性包括提高轻汽油碱抽提单元的脱硫醇效果以及提高重汽油加氢单元的脱硫选择性，使产品硫含量在不大于 10μg/g 的同时，尽可能地降低产品辛烷值损失。由于产品辛烷值损失全部来源于重汽油加氢过程中所发生的烯烃加氢饱和反应，因此，提高重汽油加氢单元的选择性，即在进一步提高脱硫率的同时抑制烯烃加氢饱和反应是 RSDS-Ⅲ技术的核心。

RSDS-Ⅲ技术提高选择性的措施包括五个方面：①加氢脱硫催化剂选择性调控技术的开发；②具有更高选择性和脱硫活性的新型催化剂的开发；③有助于抑制硫醇硫生成及烯烃加氢饱和的工艺方法；④碱液固定床深度催化氧化再生技术及高活性的氧化再生催化剂 ARC-01 的开发；⑤碱液深度反抽提脱硫技术及反抽提高效管道混合器 RSM-01 的开发。

3.1.3　RSDS-Ⅲ技术性能

① 生产国Ⅴ汽油时 RSDS-Ⅲ和 RSDS-Ⅱ技术性能对比：由表 2 可以看出，对于原料 A，汽油中硫含量降低至 10μg/g 以下时，RSDS-Ⅲ技术和 RSDS-Ⅱ技术相比，*RON* 损失减少 0.9 个单位；对于原料 B，RSDS-Ⅲ技术与 RSDS-Ⅱ技术相比，*RON* 损失减少 1.1 个单位。RSDS-Ⅲ技术选择性远高于 RSDS-Ⅱ技术，生产国Ⅴ汽油时，产品 *RON* 损失更低。

② RSDS-Ⅲ技术生产国Ⅴ汽油与 RSDS-Ⅱ技术生产国Ⅳ汽油性能对比：由表 3 可见，对于原料 B，采用 RSDS-Ⅱ将汽油中硫含量降低至 46μg/g 时，产品 *RON* 损失为 1.2 个单位；采用 RSDS-Ⅲ技术将汽油中硫含量降低至 9μg/g 时，产品 *RON* 损失为 1.0 个单位；对于原料 C，采用 RSDS-Ⅱ技术将汽油中硫含量降低至 37μg/g 时，产品 *RON* 损失为 0.5 个单

位；采用 RSDS-Ⅲ技术将汽油中硫含量降低至 10μg/g 时，产品 *RON* 损失为 0.6 个单位。由以上试验结果可见，对于相同的原料，采用 RSDS-Ⅲ技术生产国Ⅴ汽油与 RSDS-Ⅱ技术生产国Ⅳ汽油时产品 *RON* 损失相当，这意味着炼厂由 RSDS-Ⅱ技术升级到 RSDS-Ⅲ技术后，生产国Ⅴ汽油时辛烷值损失不再继续增加。RSDS-Ⅲ技术的开发为炼厂以较低成本实现国Ⅴ汽油质量升级提供了技术支撑。

表 2　RSDS-Ⅲ与 RDSD-Ⅱ生产国Ⅴ汽油性能比较

项　目		原料 A			原料 B		
		原料	产品-1	产品-2	原料	产品-1	产品-2
技术			RSDS-Ⅱ	RSDS-Ⅲ		RSDS-Ⅱ	RSDS-Ⅲ
硫含量/(μg/g)		600	10	7	631	9	9
体积族组成/%	饱和烃	48.9	56.6	53.7	50.7	59.3	56.4
	烯烃	26.9	19.0	22.5	28.8	20.3	23.7
	芳烃	24.2	24.4	23.8	20.5	20.4	19.9
RON		94.2	92.4	93.3	90.8	88.7	89.8
脱硫率/%			98.3	98.8		98.6	98.6
RON 损失			1.8	0.9		2.1	1.0

表 3　RSDS-Ⅲ生产国Ⅴ汽油与 RDSD-Ⅱ生产国Ⅳ汽油性能比较

项　目		原料 B			原料 C		
		原料	产品-1	产品-2	原料	产品-1	产品-2
技术			RSDS-Ⅱ	RSDS-Ⅲ		RSDS-Ⅱ	RSDS-Ⅲ
硫含量/(μg/g)		631	46	9	357	37	10
体积族组成/%	饱和烃	50.7	56.5	56.4	53.2	56.1	56.0
	烯烃	28.8	23.8	23.7	22.6	19.9	20.1
	芳烃	20.5	19.7	19.9	24.2	24.0	23.9
RON		90.8	89.6	89.8	91.6	91.1	91.0
脱硫率/%			92.7	98.6		89.6	97.2
RON 损失			1.2	1.0		0.5	0.6

3.1.4　RSDS-Ⅲ技术工业应用

RSDS 系列技术已经有二十余套次的工业应用。表 4 列出了 RSDS-Ⅲ技术在青岛石化和长岭分公司的工业应用标定结果。由表 4 可见，RSDS-Ⅲ技术能够满足国Ⅴ汽油生产的需要。

表 4　原料及产品主要性质(生产国Ⅴ汽油标定)

项　目	青岛石化				长岭分公司			
	2012-11		2014-04		2014-06		2014-11	
	原料	产品	原料	产品	原料	产品	原料	产品
硫含量/(μg/g)	845	8	690	9	304	8.1	306	8

续表

项目		青岛石化				长岭分公司			
		2012-11		2014-04		2014-06		2014-11	
		原料	产品	原料	产品	原料	产品	原料	产品
体积族组成/%	饱和烃	44.9	58.3	56.6	60.5	40.0	50.9	48.6	52.6
	烯烃	27.4	16.4	19.4	13.9	34.8	24.2	21.9	16.7
	芳烃	27.7	25.3	24.0	25.6	25.2	24.9	29.5	30.7
RON		95.0	93.5	93.2	91.7	93.0	91.5	94.2	93.3
MON				82.3	82.3				
脱硫率/%			99.1		98.7		97.3		97.4
RON 损失			1.5		1.5		1.5		0.9
抗爆指数损失					0.8				

上海石化采用RSDS-Ⅲ技术于2014年6月开车运转，标定结果见表5。从表5可以看出，以烯烃体积分数24.9%、硫质量分数126μg/g的FCC汽油为原料，生产硫质量分数小于10μg/g满足国Ⅴ标准的低硫汽油时，*RON*损失0.5个单位，表明RSDS-Ⅲ技术具有较好的脱硫活性及选择性。

表5 原料及产品主要性质(生产国Ⅴ汽油标定)

项目		原料	产品
硫质量分数/(μg/g)		126	9
体积族组成/%	饱和烃	49.1	51.0
	烯烃	24.9	24.0
	芳烃	26.0	25.0
RON		90.2	89.7
脱硫率/%			92.9
RON 损失			0.5

3.2 中国石化抚顺石油化工研究院(简称FRIPP)的FCC汽油选择性加氢脱硫技术

FRIPP开发的OCT-M系列是将FCC汽油预分馏为LCN和HCN、HCN加氢后和LCN混合、混合汽油再进行脱硫醇(简称后脱臭流程)。然而，后脱臭流程工艺仅仅将主要来自LCN中的硫醇转化为二硫化物溶解在汽油中，并不降低脱硫产物总硫质量分数，因此后脱臭流程限制了现有技术的脱硫深度。

为此，FRIPP开发出了OCT-ME催化汽油选择性深度加氢脱硫技术。FRIPP根据研究发现脱臭LCN与催化柴油吸收分馏组合，高沸点的二硫化物易于进入到塔底催化柴油中，能够显著降低塔顶脱硫轻汽油产品的总硫含量。OCT-ME技术原则流程见图4。OCT-ME技术包括：①FCC汽油轻馏分(LCN)、重馏分(HCN)分馏塔，HCN直接进加氢脱硫单元；②LCN经过无碱脱臭装置处理，将LCN中的低沸点硫醇转化成为高沸点的二硫化物；③无碱脱臭LCN与催化柴油混合，通过吸收分馏塔分出塔顶脱硫轻汽油和塔底柴油，塔顶脱硫轻汽油与加氢脱硫重汽油混合为 OCT-ME 产物；④富含二硫化物塔底柴油去柴油加氢装置进行脱硫。

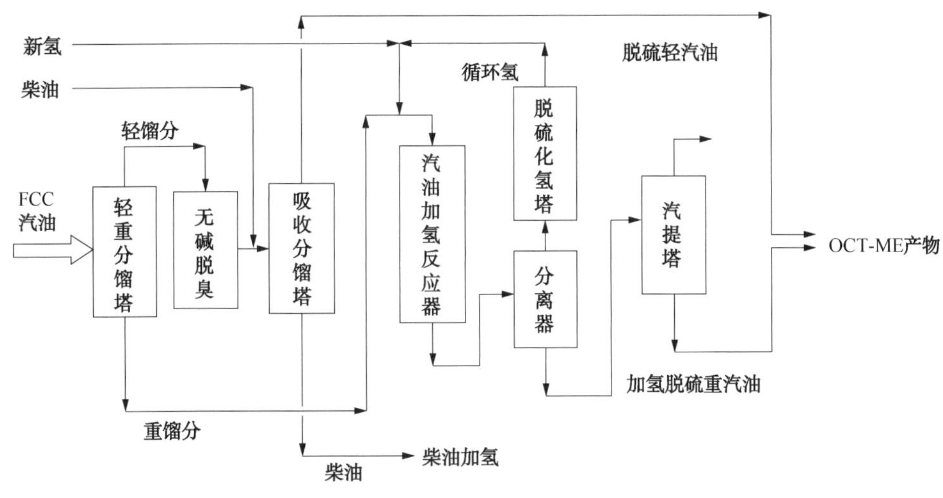

图 4　OCT-ME 技术工艺流程

2012 年 6 月，湛江东兴石油化工有限公司 800kt/a 的 OCT-ME 装置建成投产，2013 年 6 月进行了标定。FCC 汽油原料及 OCT-ME 产物性质见表 6。OCT-ME 产物硫质量分数 9.4~9.9μg/g，与 FCC 汽油原料相比，*RON* 损失 1.6~1.9 个单位，烯烃含量降低 9.5 个百分点。

表 6　湛江 OCT-ME 装置生产“无硫”汽油标定结果

项　目	2013-06-30，9:30		2013-06-30，17:30	
	FCC 汽油	OCT-ME 产物	FCC 汽油	OCT-ME 产物
硫/(μg/g)	475	9.4	455	9.9
RON	93.5	91.9	93.4	91.5
烯烃体积组成/%	30.5	21.0	29.9	20.3

3.3　中国石油的 FCC 汽油加氢脱硫技术

根据不同 FCC 汽油性质及产品目标的差异，中国石油成功开发并应用了两类 FCC 汽油加氢处理工艺：①FCC 汽油选择性加氢脱硫工艺(DSO 技术)，主要适用于以降低 FCC 汽油硫含量为主要需求的炼厂；②FCC 汽油选择性加氢脱硫-加氢改质组合工艺(GARDES、M-DSO 技术)，主要适用于既有脱硫又有降烯烃需求的炼厂。两者均已实现规模化工业应用，成为支撑中国石油国Ⅳ、国Ⅴ汽油质量升级的主体技术。

3.3.1　FCC 汽油加氢脱硫技术工艺过程

（1）FCC 汽油选择性加氢脱硫技术

DSO 技术核心理念是在加氢脱硫的同时尽可能减少烯烃饱和，以最低的辛烷值损失，达到最高的加氢脱硫效率。该技术研制出 PHG 系列高选择性 FCC 汽油加氢脱硫催化剂，构建了“全馏分 FCC 汽油预加氢-轻重汽油切割-重汽油选择性加氢脱硫-加氢后处理”分段加氢脱硫新工艺，实现了 FCC 汽油中不同类型含硫化合物的高选择性脱除，确保深度脱硫的同时有效减少汽油辛烷值损失，具有反应条件缓和、脱硫活性高、辛烷值损失小、能耗低、液收基本不损失等特点。典型工艺流程如图5所示[24,25]。

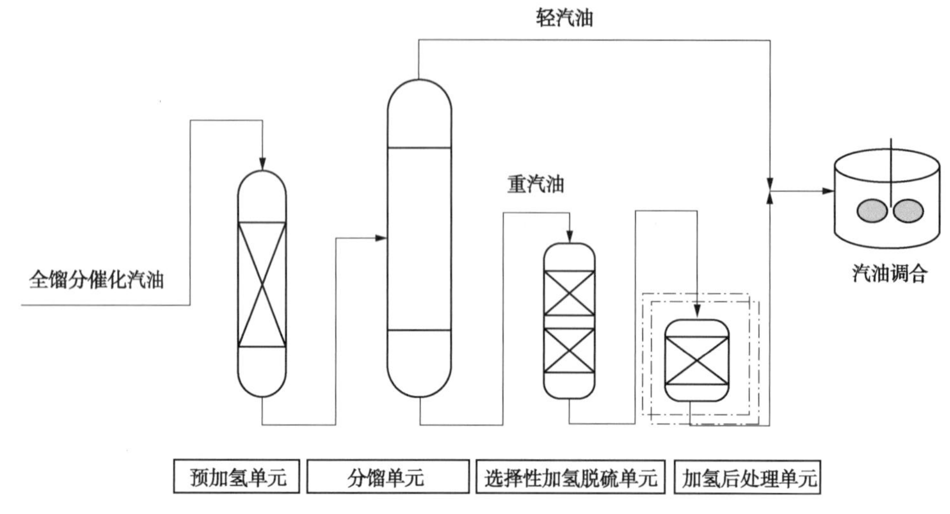

图5 FCC汽油选择性加氢脱硫技术(DSO)工艺流程

该工艺路线特点如下：

①对全馏分FCC汽油进行预加氢处理，将易生焦的二烯烃选择性加氢为单烯烃，保障后续加氢脱硫单元催化剂长周期运行；通过二烯硫醚化反应将轻汽油中低沸点硫醇转移至重汽油中，使得轻汽油硫含量满足调合要求。②根据FCC汽油中硫、烯烃分布特点，将预加氢后全馏分汽油切割为轻、重组分，将硫含量低、烯烃含量高的轻汽油抽出直接调合；将硫含量高、烯烃含量低的重汽油馏分作为加氢脱硫单元进料。③对重汽油馏分进行选择性加氢脱硫，将其中大部分含硫化合物脱除，控制烯烃饱和，减少辛烷值损失。④对重汽油加氢产物进行加氢后处理，在保证烯烃极少被加氢饱和的同时，进一步脱除重汽油在HDS过程中再生成的硫醇、硫醚等残余小分子硫化物，使重汽油产品满足调合要求。

（2）FCC汽油选择性加氢脱硫-加氢改质组合技术

GARDES、M-DSO技术有机地将FCC汽油中含硫化合物的脱除和烯烃的定向转化相结合，在降低FCC汽油硫含量的同时，通过烯烃异构/芳构化等提升辛烷值的反应以弥补加氢脱硫过程中烯烃饱和造成的辛烷值损失，在大幅度脱硫降烯烃的同时显著降低辛烷值损失，具有脱硫活性高、辛烷值保持能力强、操作灵活等特点。典型工艺流程如图6所示。

该工艺流程为“全馏分FCC汽油预加氢-轻重汽油切割-重汽油选择性加氢脱硫-加氢改质”，即采用加氢改质单元代替了FCC汽油选择性加氢脱硫技术中的加氢后处理单元。首先对重汽油馏分选择性加氢脱硫，实现其中较大含硫化合物的高选择性脱除，再通过后续的改质单元完成烯烃的定向转化和小分子含硫化合物的高效脱除，在大幅降烯烃的同时恢复辛烷值。此外，该工艺可灵活选择“重汽油先加氢脱硫再加氢改质”或“重汽油先加氢改质再加氢脱硫”的工艺流程。

3.3.2 工业应用结果

DSO、M-DSO和GARDES技术已在中国石油13家企业推广应用，典型应用结果见表7。

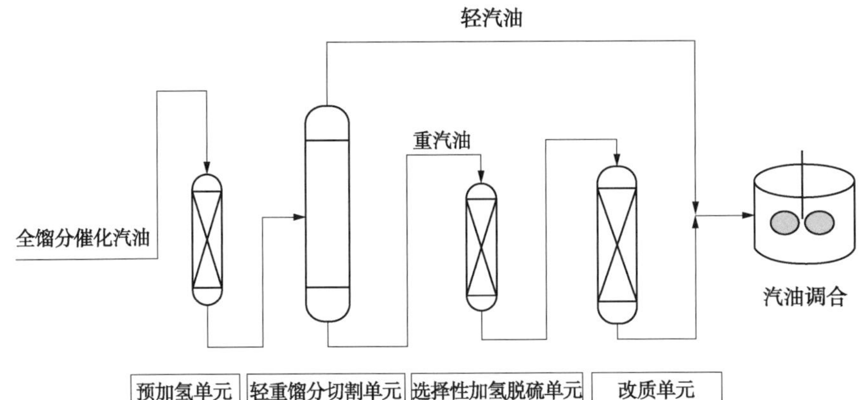

图 6 FCC 汽油加氢脱硫-加氢改质组合技术(GARDES、M-DSO)工艺流程

表 7 中国石油 FCC 汽油选择性加氢脱硫技术典型工业标定结果

企　业		企业 1	企业 2	企业 3	企业 1	企业 4
装置规模/(kt/a)		150	40	80	150	120
标定方案		国Ⅳ			国Ⅴ	
FCC 汽油进料性质	硫含量/(μg/g)	104.0	256.8	540.0	101.0	90.5
	硫醇硫含量/(μg/g)	17	21	103	21	20
	FIA 烯烃体积含量/%	33.3	50.0	42.0	34.6	40.5
标定结果	产品硫含量/(μg/g)	21.0	47.1	48.3	9.0	14.0
	脱硫率/%	79.8	81.7	91.1	91.1	84.5
	研究法辛烷值损失	0.2	0.7	1.0	0.6	1.0

按照国Ⅳ标准清洁汽油生产方案，采用上述技术处理硫含量 104～540μg/g、烯烃体积含量 33.3%～50.0%的 FCC 汽油，产品 *RON* 损失 0.2～1.0 个单位；按照国Ⅴ标准清洁汽油生产方案，采用上述技术处理硫含量为 90.5～101.0μg/g、烯烃体积含量为 34.6%～40.5 %的 FCC 汽油，产品 *RON* 损失 0.6～1.0 个单位。

3.4 中海油的 FCC 汽油选择性加氢脱硫技术

中海油惠州炼化分公司(以下简称惠炼)开发的“全馏分催化汽油选择性加氢脱硫工艺技术(CDOS-FRCN)”，相比国内外其他工艺无分馏系统，因此具有工艺简单、流程短、投资省和能耗低等优势。

3.4.1 CDOS-FRCN 技术工艺过程

CDOS-FRCN 采用全馏分催化汽油脱硫工艺技术，可直接生产 S 含量小于 10μg/g 的汽油产品。CDOS-FRCN 加氢脱硫工艺的流程图见图 7。

①反应部分采用两台反应器串联，第一台为脱二烯烃反应器，第二台为加氢脱硫反应器；②反应炉设在加氢脱硫反应器出口，反应流出物升温后与反应进料换热，间接加热反应进料以减少结焦物进入加氢脱硫反应器，有利于延长装置的运转周期；③设置循环氢脱硫设施保证循环氢中 H_2S 含量小于 50μg/g。

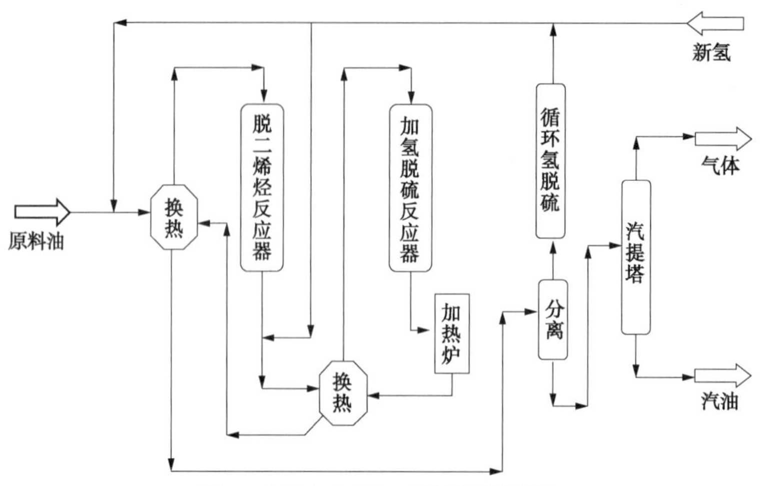

图7 CDOS-FRCN工艺原则流程图

3.4.2 工业应用

目前该技术已经在中海油惠州炼化分公司和中海油东方石化分公司成功应用，工业应用结果表明，在缓和的操作条件下，采用CDOS-FRCN技术可将惠炼FCC汽油(烯烃体积含量23%)硫含量由320~336μg/g降至10μg/g，*RON*损失1.4个单位，液收99.55%，能耗为14.5kg标油/t原料。东方石化DCC汽油(烯烃体积含量32%)硫含量由260~390μg/g降至20μg/g，相应*RON*损失1.0个单位，液收99%，能耗为15.5kg标油/t原料。CDOS-FRCN具有工艺简单、脱硫及降烯烃指标操作灵活，装置投资可节省25%以上，能耗可降低30%~50%等优势。

4 结论

通过FCC汽油选择性加氢脱硫催化剂构效关系研究确认，选择性加氢脱硫催化剂的设计关键为：形成尽可能多的CoMoS活性相；CoMoS活性相要求尺寸更大，层数更高。

中国石化、中国石油及中海油等国内各大石油公司均开发了一系列FCC汽油加氢选择性脱硫技术，这些技术包括RSDS-Ⅲ、OCT-M、DSO、GARDES、M-DSO、CDOS等，均可实现长周期稳定生产国Ⅴ汽油。

参考文献

[1] Krenzke L D, Kennedy J, Baron K, et al. Hydrotreating technology improvements for low emissions fuels [C]//National Petroleum Refiners Association, 94th NPRA meeting, Texas: NPRA, 1996: 67.
[2] 郭莘. 汽油标准与排放法规的发展及我国清洁汽油生产技术趋势[J]. 石油商技，2012(3)：5-13.
[3] 王春娥. 京Ⅴ油品标准发布实施[J]. 中国标准导报，2012(7)：4.
[4] 许友好，张久顺. 生产清洁汽油组分的催化裂化新工艺MIP[J]. 石油炼制与化工，2001，32(8)：1-5.
[5] 许友好，张久顺，马建国，等. 生产清洁汽油组分并增产丙烯的催化裂化工艺[J]. 石油炼制与化工，2004，35(9)：1-4.
[6] 杨健，谢晓东，蔡智，等. MIP-CGP技术的工业试验[J]. 石油炼制与化工，2006，37(8)：54-59.
[7] 杨朝合，山红红，张建芳. 两段提升管催化裂化系列技术[J]. 炼油技术与工程，2005，35(3)：

28-33.
[8] 刘昱．灵活双效催化裂化(FDFCC)工艺的工程设计及工业应用[J]．炼油设计，2002，32(8)：24-28.
[9] 白跃华，高金森．催化裂化汽油辅助提升管降烯烃技术的工业应用[J]．石油炼制与化工，2004，35(10)：17-21.
[10] 李明丰，习远兵，潘光成，等．催化裂化汽油选择性加氢脱硫工艺流程选择[J]．石油炼制与化工，2010，41(5)：1-6.
[11] Nocca J L. The Domino Interaction Of Refinery Processes for Gasoline Quality Attainment[C]. 2000，NPRA AM-00-61.
[12] Greeley J P，et al. Selective cat naphtha hydrofining with minimal octane loss[C]//NPRA，1999，AM-99-31.
[13] Rock K L，et al. Cost effective solutions for reduction of benzene in gasoline[C]//NPRA，1997，AM-97-27.
[14] 赵乐平，周勇，段为宇，等．OCT-M 催化裂化汽油选择性加氢脱硫技术[J]．炼油技术与工程，2004，34(2)：6-8.
[15] 兰玲，鞠雅娜．催化裂化汽油加氢脱硫(DSO)技术开发及工业试验[J]．石油炼制与化工，2010，41(11)：53-56.
[16] 于建忠，张远征，李胜昌，等．CDOS 催化裂化汽油选择加氢脱硫技术的首次工业应用[J]．现代化工，2009，29(11)：65-67.
[17] Martinez N P，Salazar J A，Tejada J，et al. Meetng Sulfur and Octane Targets[J]. Hydrocarbon Engineering，2000：29.
[18] Sarli M S，Fletcher D L，Hilbert T L. OCTGAIN™ a new unique gasoline desulfurization process[C]. 1994，NPRA AM-94-39.
[19] Li Dadong，Shi Yahua，Yang Qingyu. Low sulfur low olefin gasoline production by RIDOS technology[J]. Engineering Science，2003，1(2)：48-55.
[20] 邵春宇，徐俊．DSO-M 催化剂组合工艺在催化裂化汽油加氢装置设计中的首次应用[J]．石化技术与应用，2013，31(1)：41-49.
[21] 王廷海，李淑清，范煜，等．GARDES 工艺在大连石化工业试验[C]//中国石油学会第六届石油炼制学术年会，2010：197-200.
[22] Tucker C A. S-Zorb™ sulfur removal technology-today and tomorrow[C]//NPRA，2003，AM-03-48.
[23] Li Mingfeng，Li Huifeng，Jiang Feng，et al. The relation between morphology of(Co)MoS_2 phases and selective hydrodesulfurization for CoMo catalysts[J]. Catalysis Today，2010，149(1/2)：35-39.
[24] 兰玲，钟海军，鞠雅娜，等．催化裂化汽油选择性加氢脱硫催化剂及工艺技术开发[J]．石油科技论坛，2013，32(1)：53-56.
[25] 兰玲，赵秦峰．中国石油国Ⅳ汽油质量升级技术的研发及应用[M]//炼油与石化工业技术进展．北京：中国石化出版社，2014：199-203.

致谢：本文撰写过程中得到中国石化石油化工科学研究院聂红、习远兵、褚阳、高晓冬、潘光成，中国石化抚顺石油化工研究院尤百玲、段为宇、李扬，中国石油李阳、赵玉中、吴杰、向永生、姚文君，福州大学鲍晓军，中海油吴青、张树广等同志的帮助，在此一并致谢。

管式液相加氢技术

李　华　刘建平　贺晓军

（中国石化长岭分公司）

摘　要：管式液相加氢工艺（FITS）采用微孔分散技术和管式固定床反应器相组合，提升了反应效率，降低了投资、能耗和操作成本，本质安全性高，在重整生成油加氢脱烯烃和喷气燃料加氢领域已成功实现工业应用，在直馏柴油加氢领域已完成了工业侧线试验。

1　前言

随着环保要求的日渐严苛，无论是油品质量升级还是炼厂达标排放的要求，都使得加氢在炼厂的地位日益突出[1-9]。笼统来讲，加氢工艺就是在一定温度、压力下，油品与氢气混合后在催化剂的作用下发生一系列加氢精制或加氢裂化反应[10]。从氢气承载方式上看，现有加氢工艺可分为滴流床加氢和液相（循环）加氢两大类。

滴流床加氢工艺将油品分散成大量微小液滴，分布到作为连续相的氢气中，然后再与催化剂接触反应。滴流床加氢工艺一般采用大氢油比，需要配置大流量氢气回收、洗涤、循环系统，占地、设备等固定投资昂贵，运行成本也高[11]。

相比之下，液相（循环）加氢工艺投资和运行费用则有所降低，其工艺就是将氢气分散并溶解到作为连续相的油品中，然后再与催化剂接触反应。虽然由于氢油比低，液相（循环）加氢工艺不需要氢气回收、洗涤、循环系统，但当溶解氢不能满足氢耗时，需通过大量循环油来补充氢[12-18]。一方面，高温高压循环油系统长周期稳定运行难度高；另一方面，大量循环油降低了催化剂的利用率。

滴流床加氢工艺适用原料广，工艺成熟；液相（循环）加氢工艺处理直馏油效果较好，但对于耗氢高的原料而言受限较多。但是由于循环氢系统或循环油系统，两者均存在投资成本高、催化剂利用率低、空速低、反应器巨大等缺点，限制了加氢工艺的进一步发展。

中国石化长岭分公司（简称长岭分公司）、湖南长岭石化科技开发有限公司、石油化工科学研究院和抚顺石油化工研究院联合开发了管式液相加氢（FITS）工艺，创造性地采用微孔分散技术和管式固定床反应器组合，不需要循环氢或循环油系统，克服了传统加氢工艺投资大、反应效率不高、能耗高、操作成本高和本质安全低等不足，可广泛适用于重整生成油、喷气燃料、直馏柴油等物料的加氢精制。

2　管式液相加氢工艺

管式液相加氢工艺（简称 FITS 加氢工艺，flexible and innovative tube reactor with selective liquid-phase hydrogenation technology）的核心是将微孔分散技术和管式固定床反应器组合，提高加氢反应效率。微孔分散技术是采用微纳米材料将氢气以微纳米气泡的形式分散到原料油中，可大幅提升氢气在油品中的分散、溶解速率，而且有效抑制了未溶解氢气自聚形成大气泡进而阻碍原料油与催化剂相接触。有别于传统的、巨大的反应器中大量返混，管式固定床反应器则是以近似平推流的反应形式提高了反应效率。

2.1 工艺流程

原则上讲，FITS 加氢工艺包括氢气微孔分散及气液混合、管式固定床液相加氢和产物分离 3 个部分，如图 1 所示。氢气通过混氢器内部纳米级的微孔分散成微纳米气泡向原料油中扩散，充分混合后自下而上进入管式固定床反应器，与催化剂接触发生加氢反应，经分离后即得到加氢产品。

2.2 反应原理

2.2.1 微孔分散

液相(循环)加氢工艺中一般采用分布管或静态混合器将氢气分散到原料油中，形成的气泡直径较大，多为毫米级甚至厘米级，如图 2 所示。分散效果差，小气泡容易自聚变成大气泡，进一步影响氢气在原料油中的溶解速率，从而影响液相加氢效果。

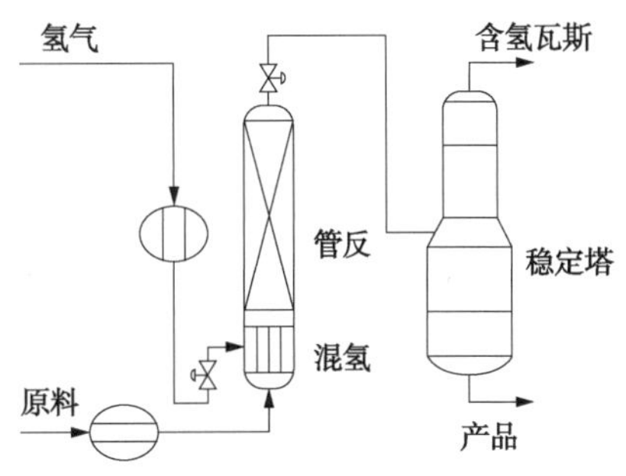

图 1　FITS 加氢工艺流程示意

FITS 加氢工艺自主开发一种微孔分散技术，氢气经过微纳米材料的微孔分散后形成微纳米级气泡，高度分散到原料油中，如图 3 所示。微纳米级气泡可以大幅增加气液接触面积，促进氢气的快速溶解，同时过剩的大量微纳米氢气气泡高度分散在原料油当中[19-22]，随原料油一起以平推流的形式通过管式反应器，一方面不容易自聚变成大气泡，另一方面能够迅速弥补原料油在加氢过程中消耗的溶解氢，维持加氢反应过程的氢驱动力，从而提升反应效率。

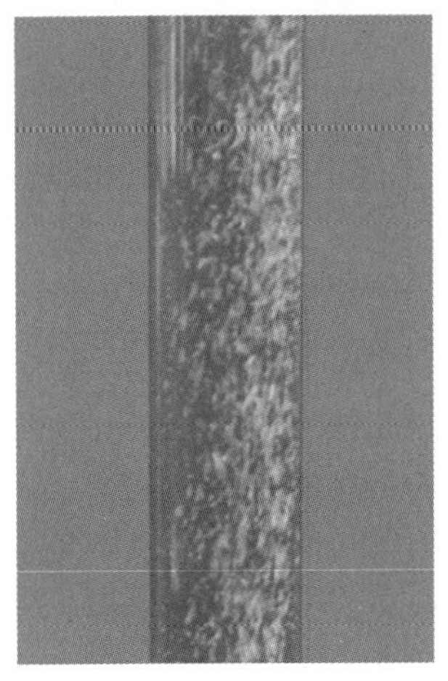

图 2　常规气液混合效果

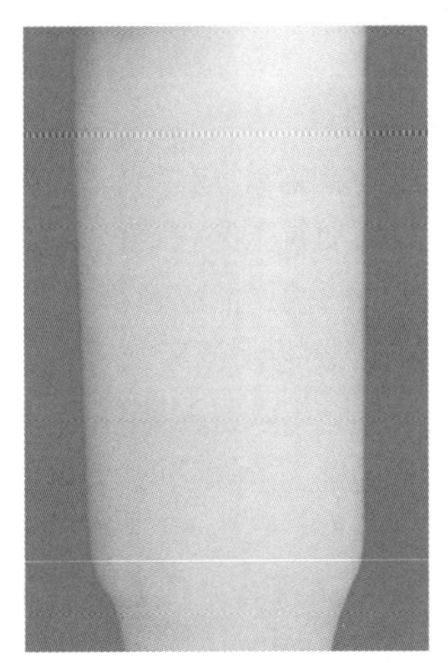

图 3　微孔分散气液混合效果

2.2.2 管式反应器

常规的加氢反应器由于直径大，尽管可以通过分配器进行分散，物流在反应器内易产生返混、短路，形成反应死区，影响反应效率；管式反应器直径小，反应物料自下而上经过反应器床层时近似平推流，返混小，无反应死区，反应效率高。油品加氢需要大量氢气，如前所述，常规的分配管或静态混合器会产生大量的大气泡，在管式反应器内容易造成管涌降低反应效率[23-25]。但是，采用微孔分散技术可以使氢气快速分散并溶解到油品当中，同时过剩的大量微纳米氢气气泡高度分散在原料油中，随原料油一起以平推流的形式通过管式反应器，有效地抑制了管涌的发生，充分发挥了管式反应器的反应效率。

微孔分散技术和管式反应器的相辅相成构成了 FITS 加氢工艺的核心。

2.3 工艺特点

与传统的滴流床加氢工艺和液相循环加氢工艺相比，FITS 加氢工艺具有以下特点：①流程简单、投资省；②反应效率高，同等条件下反应空速可提高 3 倍以上；③无氢循环和油循环系统，能耗低，本质安全性高；④运行成本低；⑤适应范围广，能广泛适用于重整生成油、喷气燃料、直馏柴油等物料的加氢精制。

3 工业应用情况

目前，FITS 加氢工艺在重整生成油加氢脱烯烃和喷气燃料加氢领域已成功实现工业应用，在直馏柴油加氢领域已完成了工业侧线试验。

3.1 重整生成油 FITS 加氢脱烯烃工艺的工业应用

重整生成油富含芳烃组分，既可作为高辛烷值汽油调合组分，也是生产苯、甲苯、二甲苯和 6 号、120 号溶剂油的原料。但在重整转化过程中会产生少量烯烃，这部分烯烃难以通过抽提与芳烃分离，会对溶剂油及 BTX 产品质量造成影响，一般采用白土吸附精制或加氢精制脱除[26-38]。

白土吸附精制是目前国内外装置应用最广泛的选择性脱烯烃方法。烯烃通过白土的酸性活性中心发生吸附和烷基化反应，生成的聚合物被白土吸附而脱除。白土价格低廉，但是流程复杂，能耗较高，失活快而且不能再生，需频繁更换，失活后的白土只能填埋处理从而带来严重的环保问题。

加氢精制则是在临氢条件下，在催化剂的作用下使烯烃饱和，清洁环保是其最大的优势。但是传统的滴流床加氢工艺投资成本高，占地大，运行费用高，是其广泛应用的最大障碍。

长岭分公司原采用“低温选择性加氢精制+白土精制”技术，即 C_6~C_8 组分通过抽提原料加氢工序采用传统的滴流床加氢工艺进行低温选择性加氢精制处理，以生产合格的苯、甲苯、二甲苯和 6 号、120 号溶剂油产品，同时缓解抽提溶剂的老化；C_8 以上的重组分采用白土精制工艺处理，生产满足质量要求的二甲苯和重芳烃产品。抽提原料加氢工序循环氢量超过 10000m^3/h(标准状态)，氢油比(250~300):1，新鲜氢耗约 500m^3/h(标准状态)，固定投资和操作成本均较昂贵。处理重芳烃中烯烃的白土装填量 20t，更换频次约 1 次/月，装卸劳动强度大，效率低，同时由于废剂无法再生产生填埋的环保隐患。

2012 年 7 月 21 日，长岭分公司应用 FITS 加氢技术建成 700kt/a 的重整生成油 FITS 加氢脱烯烃工业装置，一次开车成功，并正常运行至今。

装置原则工艺流程如图 4 所示，采用商用催化剂(HDO-18)，设计空速为 8~12h^{-1}、氢油体积比为(2~4):1。表 1 和表 2 分别列出了工业装置运行数据。从表 1 和表 2 可以看出，与长岭分公司原有的加氢与白土吸附精制组合工艺相比，FITS 加氢工艺空速提高 2.5~3.5 倍，氢耗降低约 200m^3/h(标准状态)，产品各项指标均达到出厂指标，且加氢前后芳烃损失小于 0.2 个百分点。

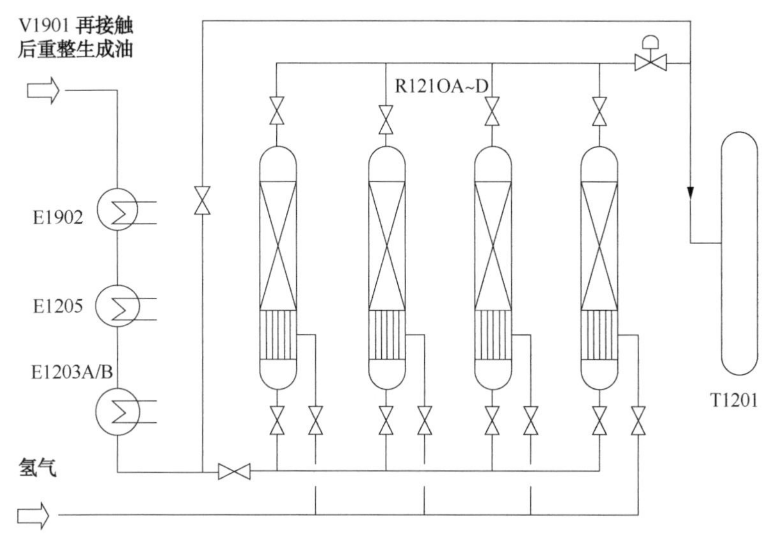

图 4　长岭分公司重整生成油 FITS 加氢装置原则流程

表 1　长岭分公司重整生成油精制前后工艺对比

项　　目	原工艺		FITS 工艺
	加氢部分	白土部分	
操作温度/℃	150	170	150
操作压力/MPa	1.5	1.0	1.5
操作空速/h^{-1}	4.0	1.0	10~14
氢油体积比	300		2~4
芳烃损失/%	0.3		≤0.2
产品溴指数/(mgBr/100g)	<100	150	<100

表 2　长岭分公司重整生成油 FITS 加氢产品质量

项　　目	控制指标	空速 10h^{-1}	空速 14h^{-1}
苯溴指数/(mgBr/100g)	≤20	5	6
甲苯溴指数/(mgBr/100g)	≤45	6	6
二甲苯溴指数/(mgBr/100g)	≤45	5	5
6 号溶剂油溴指数/(mgBr/100g)	≤50	6	6
120 号溶剂油溴值/(gBr/100g)	≤0.29	0.04	0.05

相比原工艺，采用 FITS 加氢工艺选择性脱除重整生成油当中的烯烃，停用抽提原料加氢单元、白土精制单元，降低氢气消耗、电耗、白土消耗等，总经济效益可达 1165.7 万元/年。

迄今为止，装置已平稳运行超过两年，基本消除了填埋废弃白土造成的环境污染，同时避免了白土更换过程中芳烃油气对环境的污染，降低了工人劳动强度。

3.2 喷气燃料 FITS 加氢工艺的工业应用

喷气燃料精制的主要目的有两个方面：一是选择性脱除喷气燃料原料中的硫醇性硫，保留一部分其他含硫物质，这样既能解决喷气燃料腐蚀的问题，又保留了喷气燃料中的部分天然抗磨和抗氧化物质；二是脱除喷气燃料原料中的氮化物和酸性物，解决喷气燃料颜色稳定性的问题[39-41]。

国内外喷气燃料精制的主要工艺路线分为非临氢碱洗和加氢精制两类，加氢精制是目前喷气燃料精制工艺的主流，而条件缓和的低压临氢脱硫醇工艺是加氢工艺的发展趋势。传统的滴流床加氢工艺和液相(循环)加氢工艺在喷气燃料加氢领域均已成熟应用。但两种加氢工艺均存在建设投资、运行成本和操作复杂性均较高的缺点。FITS 加氢工艺则可以很好地解决这些问题。

中国石化北海分公司(简称北海分公司)和长岭分公司应用 FITS 加氢工艺分别建设了一套 500kt/a 和 600kt/a 的喷气燃料 FITS 加氢工业装置，并分别于 2014 年 4 月 21 日和 6 月 12 日一次开车成功，生产出了合格产品。装置原则工艺流程如图 5 所示。

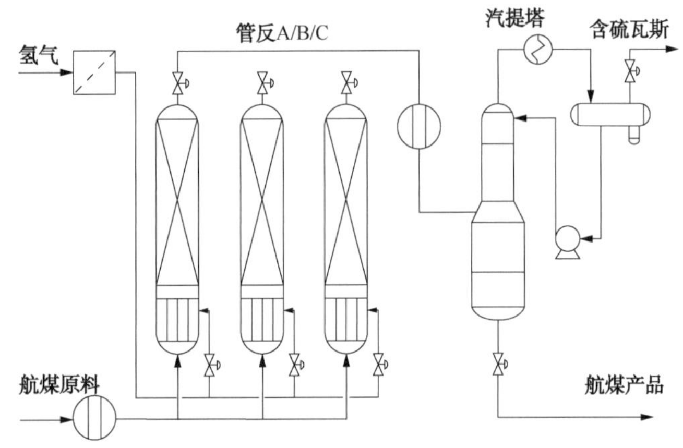

图 5　喷气燃料 FITS 加氢工业装置流程示意

北海分公司 500kt/a 年和长岭分公司 600kt/a 喷气燃料 FITS 加氢装置均采用商用催化剂(RSS-2)，设计开工时数为 8400h/a、空速为 8~10.0h^{-1}、氢油比为(3~5):1。装置操作条件下产品质量分别见表 3 和表 4。

表 3　北海分公司 500kt/a 喷气燃料 FITS 加氢工业装置数据

项　　目	原料	喷气燃料产品	GB 6537—2006
密度/(kg/m^3)	794.9	794.0	775~830
总硫质量分数/(μg/g)	1171	707	≤2000
硫醇质量分数/(μg/g)	122	6.0	≤20
酸值/(mgKOH/g)	0.04	0.001	≤0.015
芳烃体积分数/%	16.6	16.3	≤20
烯烃体积分数/%	0.7	0.3	≤5

① 装置操作条件：反应温度 250℃，反应压力 3.0MPa，体积空速 10h^{-1}，氢油比 5。

② 喷气燃料产品其他性质均符合 GB 6537—2006 标准。

表 4　长岭分公司 600kt/a 喷气燃料 FITS 加氢工业装置数据

项　　目	原料	喷气燃料产品	GB 6537—2006
密度/(kg/m³)	799.3	799.0	775～830
总硫质量分数/(μg/g)	512	230	≤2000
硫醇质量分数/(μg/g)	41	6	≤20
酸值/(mgKOH/g)	0.11	0.01	≤0.015
芳烃体积分数/%	15.8	15.6	≤20
烯烃体积分数/%	0.7	0.5	≤5

① 装置操作条件：反应温度 250℃，反应压力 3.0MPa，体积空速 $10h^{-1}$，氢油比 5。

② 喷气燃料产品其他性质均符合 GB 6537—2006 标准。

两套工业装置的运行数据表明，喷气燃料 FITS 加氢工艺在较缓和的反应条件下能生产出符合国家标准 GB 6537—2006 的精制喷气燃料产品。喷气燃料 FITS 加氢工艺具有低氢油比、高空速、反应器制造安装简单等特点，与传统工艺相比具有流程简单、低耗高效的优点。

3.3　直馏柴油 FITS 加氢工艺的工业侧线试验

重整生成油加氢与喷气燃料加氢均属于氢耗较小的加氢反应，FITS 加氢工艺在这两个领域应用时，氢油体积比均小于 10，氢气在原料油中的分散与溶解相对比较容易。而直馏柴油加氢则不同，由于有着大量的 S、N 需要脱除，理论氢耗高，而且随着车用柴油产品质量升级，脱除 S、N 的要求越来越高，难度也越来越大[42-49]。

中国石化长岭分公司和西安石化分公司，分别以各自的常二线、常三线混合馏分油为原料对直馏柴油 FITS 加氢进行了工业侧线试验。原料性质、FITS 加氢工艺条件、柴油产品质量分别见表 5 和表 6。从馏程上看，西安直馏柴油的初馏点和终馏点均明显高于长岭直馏柴油。从杂质含量上看，西安直馏柴油的氮含量也明显较高。尽管西安直馏柴油的硫含量低，但上述不利因素导致西安直馏柴油加氢脱硫脱氮的难度加大，需要更高的苛刻度。总的来说，通过工艺条件的调整，长岭分公司和西安石化分公司的直馏柴油采用 FITS 加氢工艺进行加氢处理，均可达到军用柴油、国Ⅳ和国Ⅴ排放标准不同柴油产品的质量需求。显然，FITS 加氢工艺的高空速、低氢油比使该工艺在运行成本上具有很大的优势。

表 5　长岭分公司直馏柴油 FITS 加氢侧线试验

项　　目	原料	军用柴油方案	国Ⅳ方案	国Ⅴ方案
反应温度/℃		280	340	360
反应空速/h^{-1}		10	8	7
反应压力/MPa		3.0	4.0	5.0
体积氢油比		7	25	50
馏程/℃	161～313			
硫质量分数/(μg/g)	2088	984	41	6
氮质量分数/(μg/g)	47	25	1.7	0.6
十六烷值	47.1	49.6	51.9	52.4

表 6　西安石化分公司直馏柴油 FITS 加氢侧线试验

项　　目	原料	国Ⅳ方案	国Ⅴ方案
反应温度/℃		341	351
反应空速/h^{-1}		4	4
反应压力/MPa		6	6
体积氢油比		40	40
馏程/℃	220~355		
硫质量分数/(μg/g)	1777	17	6
氮质量分数/(μg/g)	90	7	3
十六烷值	55.1	56.5	57.4

4　结论

管式液相加氢(FITS)新工艺采用微孔分散技术和管式固定床反应器相组合，有效降低了投资和运行成本，降低了能耗，提高了反应效率和本质安全，可广泛适用于重整生成油、喷气燃料、直馏柴油等物料的加氢精制。在重整生成油加氢、喷气燃料加氢领域的工业应用以及在直馏柴油加氢领域的工业侧线试验数据，验证了 FITS 加氢工艺的实施有效性和安全可控性。

参考文献

[1] 李大东.21 世纪的炼油技术与催化[J]. 石油学报(石油加工)，2005，21(3)：17-23.

[2] 曹志涛. 我国炼油工业技术现状及发展趋势[J]. 炼油与化工，2010(2)：1-3.

[3] 张德义. 进一步加快我国加氢工艺技术的发展[J]. 炼油技术与工程，2008，38(5)：1-8.

[4] 边思颖，边钢月，张福琴. 炼油行业发展清洁燃料面临的形势分析[J]. 中外能源，2010(7)：73-77.

[5] Grootjans J，Olivier C. An improved process for the production of environmentally friendly diesel fuels[J]. Studies in Surface Science and Catalysis，1997，106：17-26.

[6] Minderhoud J K，van Veen J A R，Hagan A P. Hydrocracking in the year 2000：A strong interaction between technology development and market requirements[J]. Studies in Surface Science and Catalysis，1999，127：3-20.

[7] Song C. New approaches to deep desulfurization for ultra-clean gasoline and diesel fuels：An overview[J]. Fuel，2002，47(2)：439-445.

[8] Jorge A，Mohan S R，Edward F. Hydroprocessing of heavy petroleum feeds：Tutorial[J]. Catalysis Today，2005，109(1/2/3/4)：3-15.

[9] Ho T C. Hydroprocessing kinetics for oil fractions[J]. Studies in Surface Science and Catalysis，1999，127：179-186.

[10] 李大东. 加氢处理工艺与工程[M]. 北京：中国石化出版社，2004.

[11] 朱炳. 化学反应工程[M]. 第 4 版. 北京：化学工业出版社，2006：285-289.

[12] Ackerson M D，Byars M S. Two phase hydroprocessing：the united states：USP6，123，835[P]. 2000.

[13] Ackerson M D，Byars M S. Two phase hydroprocessing：USP 6，428，686[P]. 2002.

[14] Key R D，Ackerson M D，Byars M S，et al. Iso- therming-A new technology for ultra low sulfur fuels[C]// NPRA Annual Meeting，2003.

[15] Schmitz C, Datsevich L, Jess A. Deepdesulfurization of diesel oil: Kinetic studies and process-improvement by the use of a two-phase reactor with pre-saturator [J]. Chemical Engineering Science, 2004, 59: 2821-2829.
[16] 谢清峰，巢文辉，夏登刚. SRH 液相循环加氢技术工业试验[J]. 炼油技术与工程，2012，42(12)：12-15.
[17] 宋永一，方向晨，刘继华. SRH 液相循环加氢技术的开发及工业应用[J]. 化工进展，2012，31(1)：240-245.
[18] 牛世坤. SRH 液相循环加氢技术的开发及工业应用[C]//中国石油炼制技术大会论文集，2011.
[19] 吴胜军，方为茂，赵红卫，等. 高速剪切流剪切形成微气泡的研究[J]. 水处理技术，2009，35(5)：44-48.
[20] 吴胜军，方为茂，赵红卫，等. 陶瓷微孔膜管制造微气泡的研究[J]. 膜科学与技术，2009，29(6)：61-65.
[21] 徐振华，赵红卫，方为茂，等. 金属微孔管制造微气泡的研究[J]. 环境污染治理技术与设备，2006，7(9)：78-82.
[22] 刘燕，张廷安，赵秋月，等. 气泡细化过程中气含率的实验研究[J]. 过程工程学报，2009(9)：97-101.
[23] 李保峰，蔡连波，盛维武，等. 加氢反应器气液混合分配系统浅析[J]. 炼油技术与工程，2009，39(7)：36-39.
[24] Chowdhury R. Trickle-bed reactor model for desulfurization and dearomatization of diesel[J]. AIChE Journal, 2002, 48(1): 126-135.
[25] 燕林. 加氢反应器向大型化发展[J]. 石油化工腐蚀与防护，2006，22(1)：60.
[26] 徐承恩. 催化重整工艺与工程[M]. 北京：中国石化出版社，2000.
[27] 曹祥. 重整生成油选择加氢脱烯烃[J]. 炼油技术与工程，2010，40(1)：18-21.
[28] 樊红青. HDO-18 选择性加氢催化剂的工业应用[J]. 当代化工，2010，39(1)：51-54.
[29] 叶小舟，顾国璋，徐柏福，等. HDO-18 选择性加氢催化剂的工业应用[J]. 石油炼制与化工，2004，35(8)：26-29.
[30] 陈玉琢，徐远国，杨占全. HDO-18 选择性加氢催化剂的使用性能[J]. 当代化工，2007，36(1)：44-52.
[31] 南军，柴永明，李彦鹏，等. UDO-01 重整生成油选择性加氢催化剂的研制[J]. 石油炼制与化工，2007，38(1)：28-33.
[32] 南军，李梅，刘晨光. 连续重整汽油选择性加氢脱烯烃用贵金属催化剂的研究[J]. 工业催化，2005，13(S)：39-41.
[33] 南军，柴永明，李彦鹏，等. Pd/Al_2O_3 催化剂用于连续重整汽油全馏分加氢的失活分析[J]. 工业催化，2007，15(1)：8-13.
[34] 南军，柴永明，李彦鹏，等. 重整生成油选择性加氢脱烯烃 Pd 基催化剂的研究[J]. 石油学报(石油加工)，2006，22(5)：20-25.
[35] 南军，李歧峰，柴永明，等. 制备条件对重整生成油选择性加氢催化剂性能的影响[J]. 石油与天然气化工，2006，35(5)：371-374.
[36] 葛世培，肖栋然，康秉鑫，等. 贵金属催化剂用于重整后加氢[J]. 燃料化学学报，1988，16(2)：97-103.
[37] 葛世培，肖栋然，康秉鑫，等. 高效钯系催化剂用于重整后加氢[J]. 燃料化学学报，1989，17(2)：126-131.
[38] 臧高山，马爱增. 重整混合芳烃中烯烃的脱除技术现状及发展趋势[J]. 石油炼制与化工，2012，43

(1): 101-106.

[39] 王利. 喷气燃料生产精制技术进展及前景[J]. 现代化工, 2006, 26(2): 14-17.

[40] 杨庆伟. 高空速低压喷气燃料加氢技术的应用[J]. 茂名石油化工, 2004(3): 10-14.

[41] 刘范平. 800kt/a 喷气燃料加氢装置标定[J]. 辽宁化工, 2010, 39(9): 935-938.

[42] Song C. An overview of new approaches to deep desulfurization for ultra-clean gasoline, diesel fuel and jet fuel [J]. Catalysis Today, 2003, 86: 211-263.

[43] Babich IV, Moulijn JA. Science and technology of novel processes for deep desulfurization of oil refinery streams: A review[J]. Fuel, 2003, 82: 607-631.

[44] Tilton J A, Smith W M, Hockberger W G. Production of high cetane number diesel fuels by hydrogenation[J]. Ind Eng Chem, 1948, 40(7): 1269-1273.

[45] Chowdhury R. Trickle-bed reactor model for desulfurization and dearomatization of diesel[J]. AIChE Journal, 2002, 48(1): 126-135.

[46] Chowdhury R, Pedernera E, Reimert R. Trickle-bed reactor model for desulfurization and dearomatization of diesel[J]. AIChE J, 2002, 48(1): 126-135.

[47] Leister M E. Diesel Desulfurization Technologies[C]//2001 DEER Workshop, 2001.

[48] 胡志海. RICH 工艺研究与开发[C]//中国石油学会第四届石油炼制学术年会论文集, 2001: 23-25.

[49] 张毓莹, 胡志海, 辛靖, 等. MHUG 技术生产满足欧V排放标准柴油的研究[J]. 石油炼制与化工, 2009, 40(6): 1-7.

催化柴油(LCO)高效利用技术

曾榕辉[1]　蒋东红[2]　彭　冲[1]　龚剑洪[2]

(1. 中国石化抚顺石油化工研究院；2. 中国石化石油化工科学研究院)

摘　要：介绍了催化裂化柴油(LCO)高效利用系列技术：加氢精制技术可以有效地脱除LCO中的硫、氮等杂质，但产品柴油的十六烷值提高和密度降低幅度有限；加氢改质技术可以有效脱硫、脱氮并大幅度降低密度和提高十六烷值，但副产的石脑油馏分辛烷值低，且由于芳烃大量饱和使得该工艺过程氢耗较高。LCO加氢转化技术以及LCO加氢处理-催化裂化组合技术可以生产高辛烷值汽油或轻芳烃，实现了芳烃的定向选择性转化。

1　前言

催化裂化(FCC)技术是重油轻质化的最主要技术手段之一，在世界各国的炼油企业中都占有重要的地位。目前我国催化裂化装置年总加工能力已经超过170Mt/a，催化裂化柴油(LCO)年产量达到了35Mt/a。在我国汽柴油产品构成中，催化裂化汽油占产品汽油的80%左右，催化裂化柴油占柴油产品的30%左右。近年来，一方面随着原油质量变差，催化裂化所加工的原料也日趋重质化和劣质化，导致催化裂化装置的操作苛刻度提高，催化裂化柴油质量降低；另一方面，为降低汽油烯烃含量同时多产丙烯，许多催化裂化装置选用MIP、MIP-CGP或FDFCC技术，但这些技术在多产丙烯及有效降低汽油烯烃的同时，使催化裂化柴油质量进一步劣质化。目前，催化裂化柴油已成为制约中国高效、低能耗实现柴油质量升级的最主要瓶颈。因此，尽快为催化裂化柴油质量升级找到一条高效、低耗和经济的加工路线，是研究单位亟待解决的技术问题。

表1给出了几种典型催化裂化柴油的性质及烃类组成数据。由表1可见，催化裂化柴油具有芳烃特别是多环芳烃含量高、密度高、十六烷值低的特点，与清洁柴油高饱和烃含量、高十六烷值的要求存在很大矛盾。

表1　典型催化裂化柴油的主要性质

项　　目		催化裂化柴油1	催化裂化柴油2	催化裂化柴油3
密度(20℃)/(g/cm^3)		0.9113	0.9213	0.9440
馏程/℃	IBP/10%	157/224	151/217	136/227
	30%/50%	246/273	235/357	252/275
	70%/90%	306/350	283/319	303/343
	95%/EBP	365/371	332/344	357/371
凝点/℃		-7	-38	-24
十六烷值		27.5	17	15

续表

项目		催化裂化柴油 1	催化裂化柴油 2	催化裂化柴油 3
硫质量分数/%		1.48	1.05	0.81
氮质量分数/(μg/g)		402	860	914
质谱组成/%	链烷烃	23.7	14.8	13.4
	总环烷	11.8	9.9	8.3
	总芳烃	64.5	75.3	78.3
	单环	24.2	29.3	24.0
	双环	35.2	41.7	46.9
	三环	5.1	4.3	7.4

2 生产清洁柴油加氢改质技术

2.1 最大量提高柴油十六烷值技术(MCI/RICH)

针对催化裂化柴油加氢改质，中国石化开发了最大量提高柴油十六烷值的 MCI 技术和 RICH 技术[1-4]。针对不同的原料和技术要求，中国石化抚顺石油化工研究院(简称 FRIPP)开发了最大量提高柴油十六烷值的 MCI 技术，并获得 2001 年国家技术发明二等奖，其推荐的主要操作条件为：加工劣质催化裂化柴油，在总体积空速 0.8~1.5h^{-1}、反应压力 6.0~12.0MPa 的操作条件下，可以生产硫质量分数小于 10μg/g 的清洁柴油，柴油收率可以达到 93%~98%，柴油十六烷值较原料增加 8~20 个单位。MCI 技术专用催化剂为 FC-18，该催化剂具有以下特点：同时兼有加氢精制和开环两种功能；具有较大的孔体积和比表面积，可以提供较多的活性中心；具有适宜的孔分布，在保证中孔集中的同时又有适量的大孔，有利于芳烃、胶质等大分子的扩散；具有适宜的表面酸度及酸分布，促使多环化合物加氢开环而不断链；活性组分高度分散；耐压强度高。

对于在柴油质量升级中柴油十六烷值矛盾不是非常突出，并且对柴油需求量较大的企业而言，最大量提高柴油十六烷值的 MCI 技术是较好的选择。MCI 技术在中国石化某分公司 600kt/a 柴油加氢装置工业应用标定结果见表 2，反应条件为：入口氢分压 6.3MPa，总体积空速 1.0h^{-1}，入口氢油体积比 703:1，平均反应温度 360℃。

表 2 中国石化某分公司 600kt/a MCI 装置运行结果

项目	原料油	精制柴油	项目	原料油	精制柴油
密度(20℃)/(g/cm^3)	0.8962	0.8534	N 质量分数/(μg/g)	882	1.1
馏程范围/℃	189~367	164~357	十六烷值	33.9	44.8
硫质量分数/(μg/g)	7000	5.8	十六烷值增幅		10.9

RICH 技术的特点是可以在保持高柴油收率的前提下，降低密度 0.035g/cm^3 以上，提高十六烷值 8~10 个单位以上。由于 RICH 反应过程转化率较低，相应的石脑油收率较低，氢耗不高，适用于十六烷值缺口不高的炼油厂。中国石化石油化工科学研究院(简称 RIPP)在第一代 RICH 技术的基础上，相继开发了 RICH-Ⅱ技术和 RICH-Ⅲ技术。与第一代 RICH 技

术相比，在保持其他工艺参数一致、产品质量相当的情况下，RICH-Ⅱ/Ⅲ技术反应空速可提高25%左右。

表3给出了RICH技术在中国石化某炼厂工业应用的主要结果，反应条件为：进料量95.70t/h，反应器入口氢分压7.03MPa，RICH催化剂体积空速1.79h^{-1}，精制和改质催化剂床层平均温度分别为341℃和348℃。在缓和的工艺条件下，柴油产品十六烷值可提高10.9个单位，硫质量分数降低到10μg/g以下，满足柴油质量升级的需要。

表3　中国石化某炼厂1.50Mt/a RICH装置工业应用结果

项　目	原料油	精制柴油	项　目	原料油	精制柴油
密度(20℃)/(g/cm^3)	0.8809	0.8389	十六烷值	41.2	52.1
硫质量分数/(μg/g)	5600	<10	十六烷值提高值		10.9
氮质量分数/(μg/g)	336	0.30			

2.2　中压加氢改质技术(MHUG)

针对某些在柴油质量升级中对柴油的十六烷值提高有一定要求且催化重整原料有缺口的企业，FRIPP开发了劣质柴油中压加氢改质MHUG技术[5-7]，并获得了2000年度国家科技进步二等奖。针对不同的原料和技术要求，劣质柴油中压加氢改质MHUG技术推荐的主要操作条件为：加工劣质催化裂化柴油或催化裂化柴油与直馏轻蜡油的混合油，在总体积空速0.8~1.5 h^{-1}、反应压力6.0~12.0MPa的操作条件下，可以生产硫质量分数小于10μg/g的清洁柴油，柴油收率可以达到80%，柴油十六烷值较原料增加10~25个单位，同时副产部分高芳潜的石脑油作为优质的催化重整原料。MHUG技术在某石化公司1.0Mt/a柴油加氢装置工业应用结果见表4。反应原料为大庆减二线油和重油催化裂化柴油的混合油，反应条件为：入口氢分压8.0MPa，精制和裂化段体积空速分别为1.01h^{-1}和1.30h^{-1}，反应温度分别为365℃和360℃。

表4　MHUG技术在某石化公司1.0Mt/a柴油加氢装置的工业应用结果

项　目	原料油	石脑油	轻柴油	尾油
产率/%		18.6	45.1	30.4
密度(20℃)/(g/cm^3)	0.8560			
馏程范围/℃	243~480			
芳潜/%		63.5		
氮质量分数/(μg/g)	810			
硫质量分数/(μg/g)	930	<0.5	<10	<10
十六烷值			47.1	
BMCI值				6.2

2.3　灵活加氢改质(MHUG-Ⅱ)技术

为减少高十六烷值组分在加氢改质过程中的过裂化反应、提高柴油产品收率，RIPP在MHUG技术的基础上，成功开发了分区进料灵活加氢改质MHUG-Ⅱ技术。MHUG-Ⅱ技术从催化裂化柴油和直馏柴油的烃类构成、加氢改质的化学反应历程出发，设计了直馏柴油与催化裂化柴油从不同反应区进料的工艺流程，集成了加氢精制和加氢改质反应过程和工艺工程上的优点，同时避免了直馏柴油在加氢改质反应过程中的过裂化反应。与 MHUG 技术相比，MHUG-Ⅱ技术在加工催化裂化柴油和直馏柴油混合原料时可降低氢耗，提高氢气利用率，降低循环氢压缩机负荷。图 1 给出了 MHUG-Ⅱ技术的工艺流程示意。

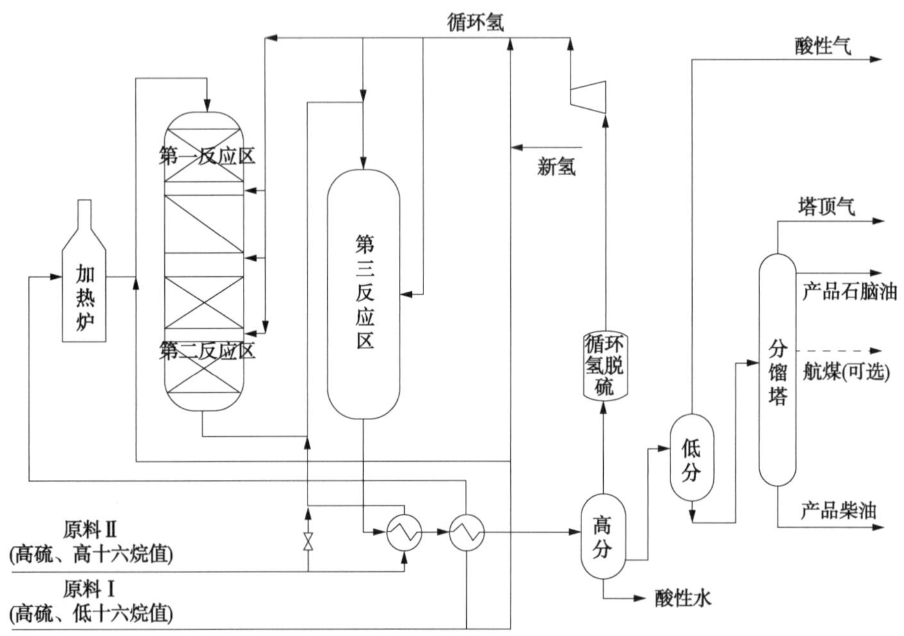

图 1　MHUG-Ⅱ工艺流程示意

表 5 给出了 MHUG-Ⅱ技术在中国石化 H 炼厂工业应用的主要结果。反应条件为：反应器入口氢分压 6.6MPa，总氢油体积比 350，化学氢耗 0.93%。

表 5　MHUG-Ⅱ技术工业应用结果

项　　目	改质进料	精制进料	产品石脑油	产品柴油
收率/%	33.4	66.6	4.21	94.94
密度(20℃)/(g/cm^3)	0.9133	0.8407	0.7395	0.8426
硫质量分数/(μg/g)	3430	3570	<1.0	6.9
氮质量分数/(μg/g)	779	98	<0.5	0.7
十六烷值	27.6	56.3		52.4
芳潜/%			56.3	
双环以上芳烃含量/%				4.9

3　生产高辛烷值汽油或轻芳烃的 FD2G 技术和 RLG 技术

催化裂化柴油富含芳烃尤其是双环及以上的芳烃是导致其密度大、燃烧性能差(十六烷值低)的根本原因。若要大幅改善催化裂化柴油的燃烧性能，则必须通过加氢的手段将催化裂化柴油中的大部分芳烃转化为链烷烃和环烷烃，这就需要较苛刻的工艺条件和较高的加工成本(消耗氢气)，在经济上缺乏竞争优势。

对柴油馏分而言，富含芳烃是不利的，但对于石脑油馏分而言，芳烃含量高的石脑油馏分可以作为高辛烷值汽油调合组分。表 6 是不同烃类辛烷值(*RON*)数据，可以看出芳烃具有较高的辛烷值。因此如果能将催化裂化柴油中的双环、三环的大分子芳烃转化成单环小分子芳烃，并保留在石脑油馏分中，不但可以提高柴油的品质、降低炼化企业出厂柴油产品质量升级的难度，而且还可以生产附加值更高辛烷值汽油组分，从而为高芳烃催化裂化柴油提供一条经济、有效的加工途径[8]。

表 6　不同烃类辛烷值(*RON*)数据

项　　目		*RON*
烷烃	正庚烷	0
	3-甲基己烷	52
	正辛烷	0
环烷烃	环己烷	83
	甲基环己烷	74.8
	1,3-二甲基环己烷	71.7
芳烃	苯	100
	甲苯	115
	间二甲苯	117.5

3.1　FD2G 技术

3.1.1　反应机理

众所周知，加氢裂化工艺技术的特点之一就是通过催化剂和工艺技术的组合，可以按需要控制反应发生和进行的深度。以多环芳烃加氢裂化反应为例，多环芳烃的反应网络包括了逐环加氢、开环(包括异构)和脱烷基等一系列平行、顺序反应。图 2 简明地表示了这些反应之间的关系。由此可见，在这个反应网络中，为了达到在加氢目的产物石脑油中保留芳烃的目的，反应步骤 1、2、3、4 是期望发生并占优的反应，而反应步骤 5、6、7、8、9、10 是期望受到抑制的反应。

当然，催化裂化柴油中的组分要比模型化合物复杂得多，所进行的加氢裂化反应也要比多环芳烃的反应历程复杂得多。但控制芳烃加氢饱和深度，使芳烃适度加氢而抑制芳烃深度加氢转化为环烷烃，是在目的产品中保留芳烃组分的关键，也是开发高芳烃含量催化裂化柴油加氢转化技术催化剂和工艺组合的方向。

3.1.2　专用催化剂和工艺技术开发

(1) 选择(开发)专有加氢转化催化剂

在 FD2G 技术的开发过程中，加氢转化催化剂的选择是很重要的一环。加氢裂化催化剂是双功能催化剂，即具有加氢活性中心和裂化、异构化活性中心。通常加氢裂化催化剂的设计是根据不同原料和对目的产品要求来匹配催化剂的加氢功能和裂化功能的。比如，轻油型加氢裂化催化剂具有强酸性和弱加氢活性，有利于反应物分子进行加氢、脱氢、氢转移和C—C键的断裂以及异构化反应；而中油型裂化催化剂则是具有中等酸性和强加氢活性的双功能催化剂，有利于裂化产物加氢饱和，避免二次裂化，中油选择性好。由此可见，具有弱

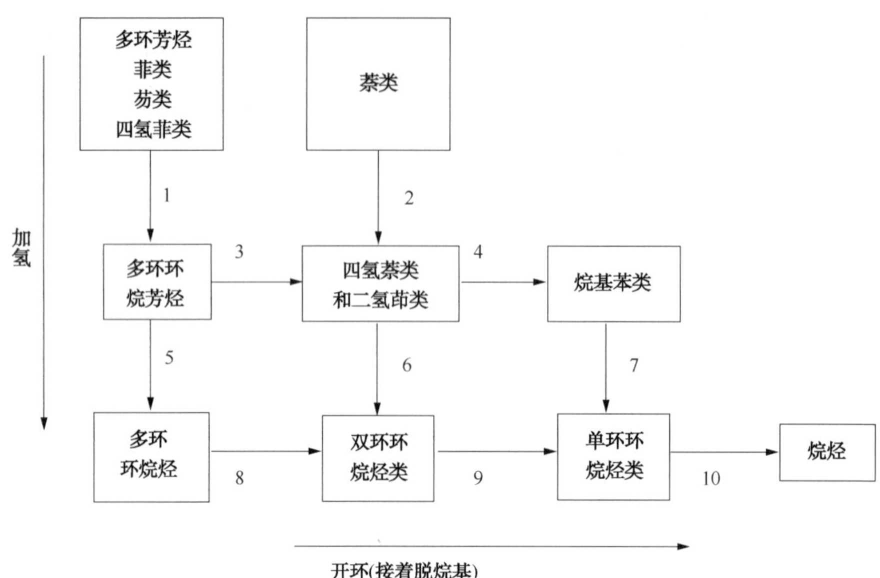

图 2　多环芳烃加氢裂化示意

加氢活性和强酸性的轻油型加氢裂化催化剂比较适合用于 FD2G 技术的开发。工艺试验结果已证明了这一点，具体如图 3 所示。

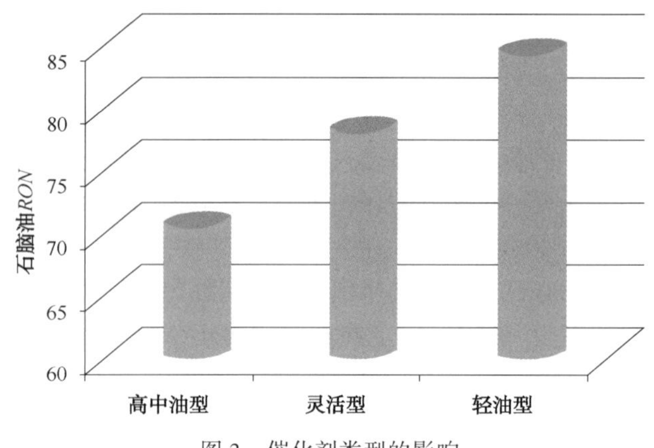

图 3　催化剂类型的影响

在不断进行工艺探索研究的同时，开发了强裂化、弱加氢性能的催化裂化柴油加氢转化专用催化剂 FC-24B。FC-24B 催化剂与轻油型加氢裂化催化剂对比结果见表 7。从表 7 可以看出，FC-24B 催化剂活性与参比剂基本相当，对芳烃转化的选择性有所提高(在基本相当转化深度下，加氢转化所得到的小于 200℃馏分芳烃含量和辛烷值有所增加，化学耗氢有所降低)。

表 7　对比试验结果

项　　目	轻油型加氢裂化催化剂	FC-24B
反应总压/MPa	8.0	8.0
氢油体积比	700 :1	700 :1

续表

项目			轻油型加氢裂化催化剂	FC-24B
总体积空速/h^{-1}			1.0	1.0
裂化反应温度/℃			403	403
产品收率及主要性质	<200℃馏分	收率/%	54.22	53.45
		芳烃含量/%	45.30	46.70
		辛烷值(*RON*)	86.2	88.0
	>200℃馏分	收率/%	40.81	41.86
		十六烷值	30.0	30.0
化学氢耗/%			3.31	3.19

(2) 压力等级的确定

芳烃加氢反应是物质的量减少(耗氢)的可逆放热反应。这就意味着提高反应压力，平衡右移，有利于芳烃加氢反应，尤其是有利于耗氢大的反应。图4为不同压力等级下，以催化裂化柴油为原料加氢转化所得石脑油馏分辛烷值和柴油馏分十六烷值变化趋势。由图4可以看出，随着反应压力由13.7MPa降至8.0MPa，加氢转化产品石脑油中的辛烷值逐步增加，说明馏分中芳烃含量随压力降低而增加；同时柴油馏分中的芳烃含量亦有所增加，十六烷值相应降低。

(3) 反应温度的影响

如上所述，芳烃加氢反应是物质的量减少的可逆放热反应。这意味着正向反应(加氢)的加氢活化能低于其逆反应(脱氢)，因此提高反应温度，脱氢反应速率的增大值大于加氢反应(平衡常数降低)，故随着反应温度的提高，芳烃转化率会出现一个最高点，与此最高点对应的温度就是最优加氢温度。低于这一温度芳烃加氢为动力学控制区，高于这一温度为热力学控制区。即从热力学角度考虑，高温操作不利于芳烃加氢。而技术开发就是要控制芳烃加氢反应，避免芳烃的过度加氢饱和，所以高温操作对本技术开发是有利的，试验结果也验证了这一点。如图5所示，通过提升反应温度，可以显著提高裂化转化深度，提高汽油馏分产品收率；汽油馏分研究法辛烷值随着裂化转化深度的增加而增加，柴油馏分十六烷值随着裂化转化深度的增加先增加后降低。

3.1.3　工业应用情况

高芳烃催化裂化柴油加氢转化FD2G技术于2013年9月在金陵分公司Ⅰ号加氢裂化装置成功应用，表8列出了金陵分公司应用FD2G技术的标定结果。从表8可以看出，在反应总压9.3~10.7MPa、加氢转化催化剂体积空速1.33~1.44h^{-1}和平均反应温度384.7~394.5℃等条件下，处理密度(20℃)0.9210~0.9480g/cm^3、十六烷值15.5~25.5和总芳烃含量62.4%~77.5%的催化裂化柴油，65~210℃汽油收率34.6~44.25%，辛烷值(*RON*)90.7~94.6，硫质量分数2.4~8.0μg/g，BTX含量20.29%~33.07%(其中65~165℃的BTX含量33.4%~42.7%)，可作为国Ⅴ汽油调合组分或直接生产BTX产品；>210℃改质柴油收率33.16%~57.98%、密度0.8706~0.8811g/cm^3、十六烷值较原料提高9.7~14个单位，为28.5~35.0。高芳烃催化裂化柴油加氢转化FD2G技术已达到世界领先水平。

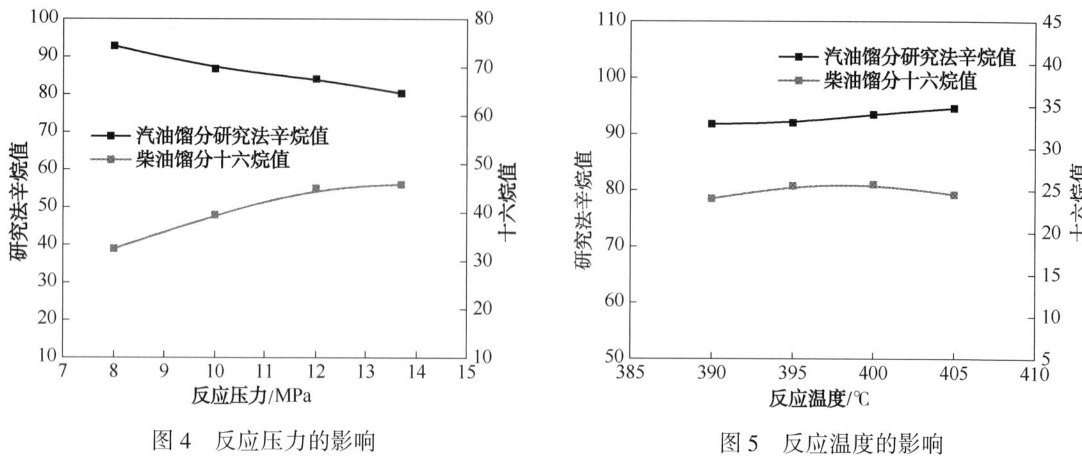

图 4　反应压力的影响　　　　图 5　反应温度的影响

表 8　FD2G 技术金陵分公司标定结果

项　目		标定结果				
原料油	密度(20℃)/(g/cm³)	0.9210				
	馏程范围/℃	209~357				
	硫质量分数/(μg/g)	2991				
	氮质量分数/(μg/g)	117				
	十六烷值	25.3				
质谱组成/%	链烷烃	25.5				
	总环烷	12.1				
	总芳烃	62.4				
主要操作条件	反应入口总压/MPa	9.4				
	加氢转化空速/h^{-1}	1.42				
	平均反应温度/℃	394.5				
	装置氢耗/%	4.26				
馏分		轻石脑油	重石脑油	165~210℃重汽油	65~210℃混合汽油	柴油组分
收率/%			16.69	23.22	39.91	42.72
密度(20℃)/(g/cm³)		0.6781	0.7930	0.8571	0.8248	0.8706
硫质量分数/(μg/g)			8.6	4.3	11.1	15.6
RON		81.7	91.6	96.8	94.3	
十六烷值						35.0
十六烷值增幅						+9.7
BTX 选择性/%			42.57		31.57	

3.2　RLG 技术

RIPP 根据催化裂化柴油高效利用的需要，开发了以催化裂化柴油为原料、通过芳烃的选择性加氢裂化生产高辛烷值汽油或芳烃料的 RLG(RIPP's LCO Hydrocracking Technology for

Producing Gasoline）技术，并实现了工业应用。

3.2.1 RLG 催化剂和工艺技术开发

（1）RLG 的精制催化剂和裂化催化剂

RIPP 为 RLG 技术精制段开发的 RN-411 加氢精制催化剂选择 Ni、Mo 作为活性金属组分，具有良好的加氢脱氮活性，同时对双环以上芳烃加氢饱和性能好，用于 RLG 工艺的加氢精制段，可以为加氢裂化段生产低氮、高总芳烃含量、高单环芳烃含量的精制油。表 9 给出了 RN-411 催化剂在基准反应氢分压、氢油体积比 800、体积空速 2.0h^{-1}时对催化裂化柴油原料的反应效果。

表 9 RN-411 催化剂对催化裂化柴油的加氢精制效果

反应温度/℃	330	350	360	370	380
折射率(20℃)	1.528	1.522	1.523	1.523	1.525
碳质量分数/%	89.43	89.09	89.15	89.20	89.40
氢质量分数/%	10.51	10.82	10.81	10.77	10.52
芳烃质量分数/%	84.9	81.7	81.1	81.3	82.3
氮质量分数/(μg/g)	50.0	3.5	3.2	4.2	8.7

从芳烃加氢裂化的反应路径来看，为得到苯、甲苯、二甲苯等高辛烷值组分，RLG 裂化段催化剂需要有强的开环和断侧链性能以及适中的加氢性能。RIPP 通过优化载体制备和活性金属组元负载技术，优选出匹配于酸性组分的加氢活性金属组元体系，开发了具有较高 BTX 选择性的 RLG 专用加氢裂化催化剂 RHC-100。表 10 列出了 RHC-100 催化剂的反应性能。

表 10 RLG 专用裂化催化剂 RHC-100 的反应性能

项　目		数　据		
工艺条件		基准氢分压、体积空速和氢油比，精制段温度：370℃，裂化段温度：400℃		
产品各馏分		轻石脑油	重石脑油	柴油
产品性质	收率①/%	6.70	27.30	66.00
	密度(20℃)/(g/cm³)	0.6282	0.8206	0.9048
	硫质量分数/(μg/g)	<10	<10	<10
	RON	93.0	93.0	
	MON	81.3	81.3	
	十六烷指数			29.4
	十六烷指数提高值			10.0

① 对液体全馏分收率。

（2）RLG 技术工艺开发

通过工艺条件优化研究，确定了 RLG 技术适宜的精制和裂化催化剂装填比例及反应条件，达到了促进四氢萘类单环芳烃开环、裂化，并促进烷基苯类单环芳烃烷基侧链裂化等目的。根据 LCO 性质的不同以及炼厂生产目标的差异，RLG 技术设计了一次通过流程、集成两段流程和特定馏分部分回炼等 3 种个性化的工艺流程。特定馏分部分回炼工艺流程可进一步提高汽油收率并适度改善其质量，同时可显著改善柴油质量，是 RLG 工艺的优选流程，其流程示意见图 6。

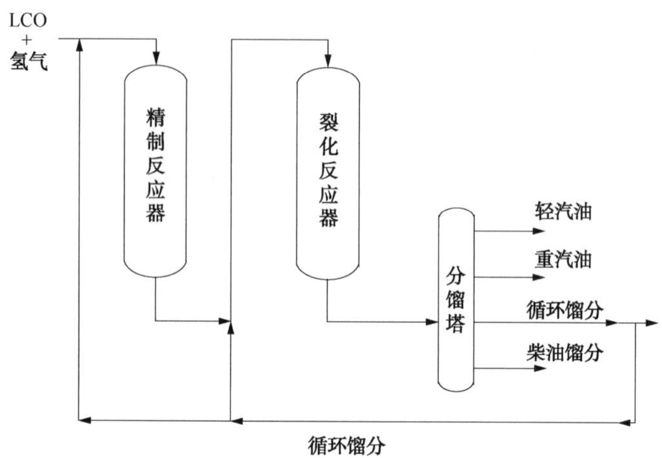

图 6　RLG 技术部分馏分循环工艺流程示意

3.2.2　RLG 技术工业应用

RLG 技术在中国石化燕山分公司实现了首次工业应用，主要工业应用结果见表 11。

表 11　中国石化燕山分公司 500kt/a RLG 工业装置主要应用结果

工艺条件	数据			
反应器入口压力/MPa	7.0			
精制/裂化温度/℃	367/390			
化学氢耗/%	2.25			
$C_1 \sim C_4$气体产率/%	6.80			
原料/产品性质	催化裂化柴油	塔顶汽油	侧线汽油	塔底柴油
收率/%		10.36	28.08	56.17
密度(20℃)/(g/cm^3)	0.9173	0.6657	0.8284	0.8539
硫质量分数/(μg/g)	6160	48.1	4.1	/
氮质量分数/(μg/g)	974	<0.2	1.1	/
RON			93.5	
MON			81.8	
芳烃含量/%	74.0	11.11	65.46	
十六烷值	24.3			37.1
十六烷值提高值	28.0			12.8
馏程/℃		13~110	98~204	194~345

4　LCO 加氢处理-催化裂化组合生产高辛烷值汽油或芳烃料 LTAG 技术

LTAG(LCO To Aromatics and Gasoline)是 RIPP 开发的将劣质催化裂化 LCO 转化为高辛烷值催化裂化汽油或芳烃料(BTX)的技术[9]。其主要是通过加氢单元和催化裂化单元组合，将 LCO 馏分先加氢再进行催化裂化，通过同时优化匹配加氢单元和催化裂化单元的工艺参数，配以专用催化剂，从而实现最大化生产高辛烷值汽油和/或 C_6 ~ C_8 芳烃。LTAG 技术包括多种操作模式，如图 7 所示，如先将 LCO 进行馏分切割，重馏分加氢后和轻馏分一起再单独进行催化裂化(模式 A)；重质原料回炼加氢 LCO(模式 B)；直接将 LCO 全馏分加氢后再单独进行催化裂化(模式 C)等。

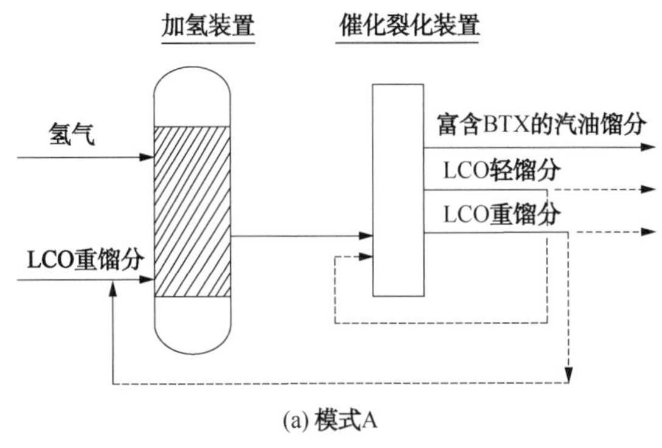

(a) 模式A

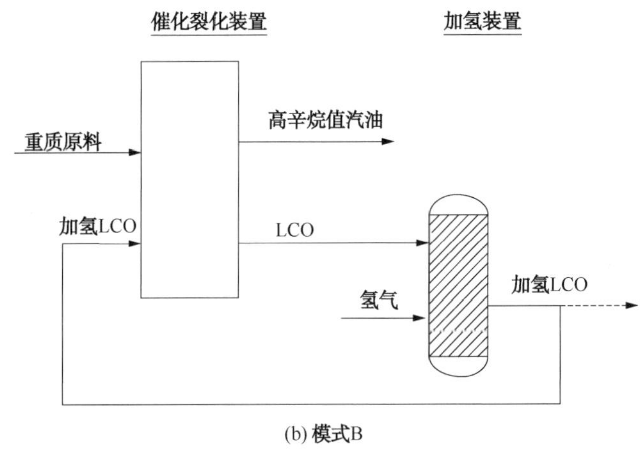

(b) 模式B

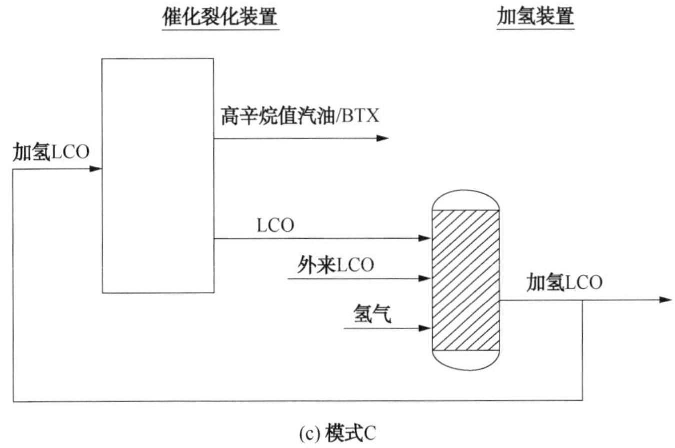

(c) 模式C

图 7　LTAG 技术操作模式

4.1 LTAG 技术特点和反应化学

针对 LCO 的加工利用，UOP 公司很早就提出了 J-Cracking 工艺[10]。20 世纪 80 年代，Ashland Oil Inc. 提出采用加氢和催化裂化组合技术来实现 LCO 生产富含芳烃的汽油，存在的问题是反应温度较低，生产的汽油中芳烃含量低[11]。ExxonMobil Research and Engineering Company[12-14]也提出将 LCO 先加氢，然后进行催化裂化以实现 LCO 生产芳烃和轻烯烃，过程对加氢循环油中芳烃含量等有严格限制。

相比国外的相关技术，LTAG 技术在以下方面具有自身的特点：LCO 加氢过程中的芳烃饱和度控制，加氢 LCO 发生催化裂化的反应器或者反应区的设计，加氢单元和催化裂化单元各操作参数的优化，专用的加氢和催化裂化催化剂。

LTAG 技术中在加氢单元通过对 LCO 中的芳烃进行选择性加氢饱和，将 LCO 中多环芳烃加氢饱和为单环芳烃，得到的富含单环芳烃的加氢 LCO 随后在催化裂化单元通过优化反应器设计、工艺参数优化和专用催化剂等来尽可能减少催化裂化过程中发生的氢转移反应的比例而增加开环裂化反应的比例，最终通过如图 8 中的优选反应途径，实现最大化地将 LCO 转化为富含芳烃的高辛烷值汽油或芳烃料。

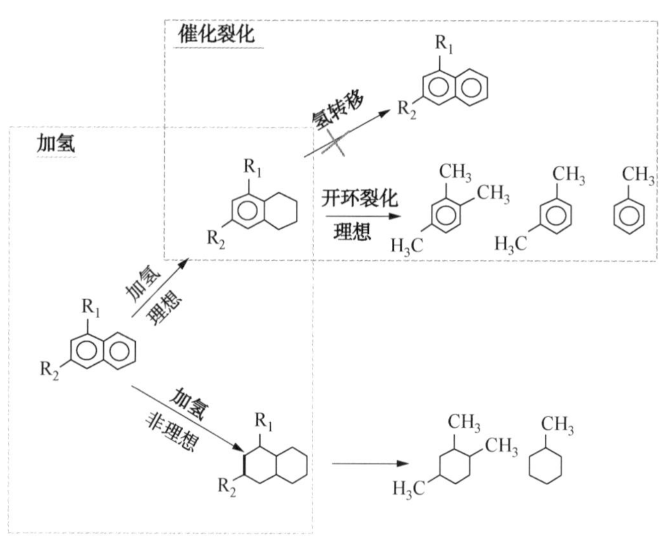

图 8　LTAG 技术中优选反应途径

4.2 LTAG 工业应用

LTAG 技术的两种主要操作模式(模式 B 和模式 C)均成功地进行了工业应用试验。

4.2.1 LCO 加氢后单独进行催化裂化模式(模式 C)

表 12 给出了模式 C 工业试验期间加氢 LCO 性质。由于工业试验期间，柴油加氢装置的催化剂已到使用末期，加氢 LCO 氢含量较低，双环芳烃含量较高，其性质并没有达到 LTAG 技术要求。

工业试验期间采用了专用催化剂。试验结果见表 13。从表 13 可以看出，由于工业试验过程中加氢 LCO 的氢含量较低，双环芳烃含量较高，按照全回炼操作，尽管汽油产率可以达到 55.87%，但焦炭和干气产率分别达到 12.62%和 6.44%。从表 13 还可以看出，在全回炼条件下，$C_6 \sim C_8$ 和 $C_6 \sim C_9$ 芳烃产率分别达到 16.89%和 25.44%。

表 12　LTAG 工艺模式 C 下加氢 LCO 性质

项　　目	数　　据	项　　目	数　　据
密度(20℃)/(g/cm^3)	0.9124	氢质量分数/%	10.6
馏程/℃	189.6~367.7	氮质量分数/(μg/g)	155.6
折射率(20℃)	1.524 3	双环芳烃含量/%	33.8
硫质量分数/(μg/g)	1200	单环芳烃含量/%	36.9
碳质量分数/%	89.29		

表 13　LTAG 工艺模式 C 下的产物分布

项　　目		数　　据
操作模式		全循环回炼
产率/%	干气	6.44
	液化气	22.30
	汽油	55.87
	C_6~C_8 芳烃	16.89
	C_6~C_9 芳烃	25.44
	油浆	2.27
	焦炭	12.62
	损失	0.50
	合计	100.00
转化率①/%		100.00

① 转化率定义为 100%-LCO 的产率。

表 14 给出了 LTAG 技术中催化裂化单元的产物催化裂化汽油性质。从表 14 可以看出，汽油性质为烯烃含量很低，芳烃含量较高，导致相应的密度较高、氢含量偏低；RON 和 MON 分别高达 96.4 和 84.7。

表 14　LTAG 工艺模式 C 下的汽油性质

项　　目		数　　据
密度(20℃)/(g/cm^3)		0.763 9
馏程/℃		26~197
体积族组成(FIA)/%	芳烃	44.5
	烯烃	4.9
碱性氮质量分数/(μg/g)		17
诱导期/min		>1000
折射率(20℃)		1.441 5
硫含量/(mg/L)		44
氮含量/(mg/L)		15
氢质量分数/%		11.66
RON/MON		96.4/84.7

4.2.2 重油催化裂化回炼加氢 LCO 模式(模式 B)

工业试验期间，重质油原料性质、催化剂性质维持稳定。

表 15 列出了采用 LTAG 技术前后催化裂化装置 LCO 的性质以及 LTAG 技术中循环 LCO 经过加氢后得到的加氢 LCO(HLCO)性质。

表 15 LTAG 工艺模式 B 下的 LCO 及加氢 LCO 性质

项　目	FCC	FCC+LTAG	FCC+LTAG
	LCO	LCO	HLCO
密度(20℃)/(g/cm^3)	0.969 0	0.972 6	0.912 1
馏程/℃	135~356	131~354	157~340
十六烷值	17.8	15.8	22.0
折射率(20℃)	1.570 7	1.576 2	1.512 5
硫质量分数/(μg/g)	13300	7010	115.12
氢质量分数/%	8.91	8.69	10.95
单环芳烃质量分数/%	28.1	22.3	63.8
双环芳烃质量分数/%	55.4	61.5	11.8

从表 15 可以看出，与未采用 LTAG 技术的 LCO 性质相比，采用操作模式 B 的 LCO 性质略有降低。该 LCO 循环加氢后，主要是将其中的双环芳烃定向饱和为单环芳烃。

表 16 列出了采用 LTAG 技术前后的产物分布变化。从表 16 可以看出，采用 LTAG 技术基本可以实现将 LCO 转化为催化裂化汽油和液化气，其中近 80%转变为催化裂化汽油。

表 16 工业试验和空白标定的产物分布 %

项　目	FCC	FCC+LTAG
干气	3.46	4.35
液化气	18.32	20.85
催化裂化汽油	42.95	59.03
LCO	21.25	0.94
油浆	4.73	4.61
焦炭	8.79	9.73
损失	0.49	0.48
合计	100	100

表 17 给出了产物汽油性质对比。从表 17 可以看出，采用 LTAG 技术后，汽油性质有所改善，表现在烯烃和硫含量降低，辛烷值增加，诱导期增加。

表 17 汽油性质

项　目	FCC	FCC+LTAG
密度(20℃)/(g/cm^3)	0.7276	0.7382
馏程 /℃	30.5~199.1	30.4~201.7

续表

项　　目		FCC	FCC+LTAG
体积族组成(FIA)/%	芳烃	24.3	28.7
	烯烃	20.3	16.2
诱导期/min		743	>1000
折射率(20℃)		1.4153	1.4211
硫质量分数/(μg/g)		537.4	341.4
氢质量分数/%		13.67	13.41
RON/MON		92.6/82.0	93.2/82.7

RIPP开发的LTAG技术具有多种操作模式，企业可以根据自身需要选择，实现将低价值的LCO转化为高价值的高辛烷值汽油或者芳烃料。装置改造容易，投资少，效益大，操作简单。

5 结论

随着催化裂化加工原料的日益重质化、劣质化以及装置操作苛刻度的提高，催化裂化柴油的质量逐年变差。催化裂化柴油密度大，硫、氮含量和芳烃含量高，燃烧性能差，加氢改质难度较大。对于催化裂化柴油的改质应针对不同企业具体情况，选择最适宜的技术路线，以实现产品质量升级的同时经济效益的最大化。

针对国内炼油企业在柴油质量升级中所面临的问题，中国石化开发了系列催化裂化柴油加氢改质技术。工艺研究和工业应用结果表明，所开发的系列技术各具特点，用户可以根据自身不同的需求选择适宜的相关技术，生产满足清洁燃料标准的高品质油品。

参考文献

[1] 韩崇仁，方向晨，赵玉琢，等．催化裂化柴油一段加氢改质的新技术——MCI[J]．石油炼制与化工，1999，30(9)：1-5.

[2] 赵玉琢，方向晨．提高柴油十六烷值的MCI技术[J]．炼油技术与工程，2008，38(10)：1-4.

[3] 刘谦，李英玉，史振国，等．MCI工艺技术的工业应用[J]．炼油技术与工程，2000，30(1)：6-8.

[4] 靳海燕，张宏庆．MCI柴油加氢改质技术的应用[J]．石油炼制与化工，2002，33(8)：61-62.

[5] 黄新露，石培华，于淼．适应用户需求的催化裂化柴油加氢改质技术[J]．当代化工，2011，40(7)：702-705.

[6] 宋若霞．加工劣质柴油及其与轻蜡油混合油的MHUG及MCI技术[J]．当代化工，2007，36(5)：444-446.

[7] 张英，廖士纲，方向晨．加氢/改质工艺组合满足清洁柴油的多种需求[J]．炼油技术与工程，2003，33(5)：5-10.

[8] 黄新露．重芳烃高效转化生产轻芳烃技术[J]．化工进展，2013，(9)：2263-2266.

[9] 毛安国，龚剑洪．催化裂化轻循环油生产轻质芳烃的分子水平研究[J]．石油炼制与化工，2014，45(7)：1-6.

[10] Stine L O，Springs W，Pohlenz J B，et al. Gasoline producing process：US，USP20070062848[P]. 2007.

[11] Robert E Y，William P H，Russell Jr. Process for the production of aromatic fuel：US，USP4585545[P]. 1986.

[12] ExxonMobil Research and Engineering Company. Cycle oil conversion process: World Intellectual Property Organization, WO 01/78490A2[P]. 2001.

[13] ExxonMobil Research and Engineering Company. Improved cycle oil conversion process: World Intellectual Property Organization, WO 01/79393A2[P]. 2001.

[14] ExxonMobil Research and Engineering Company. Cycle oil conversion process: World Intellectual Property Organization, WO 01/79395A2[P]. 2001.

柴油超深度加氢脱硫 RTS 技术

高晓冬　聂　红　丁　石　龙湘云
（中国石化石油化工科学研究院）

摘　要：通过分析影响柴油超深度脱硫的主要因素，提出并开发了柴油超深度加氢脱硫（RTS）技术。采用 RTS 技术，以柴油馏分为原料，可使催化剂在较高的空速下生产出硫质量分数小于 10μg/g 的超低硫柴油产品，产品颜色水白色。应用结果表明，RTS 技术可以满足工业装置长周期生产满足国Ⅴ排放标准柴油的需要。

1　前言

世界范围内环保要求日趋严格，石油产品的质量标准也越来越苛刻。硫含量是反映柴油产品质量的重要指标之一，2017 年起我国将在全国范围内实施硫质量分数不大于 10μg/g 的国Ⅴ柴油排放标准。

中国石化石油化工科学研究院（简称 RIPP）开发的柴油超深度加氢脱硫（RTS）技术采用非贵金属加氢脱硫催化剂，结合特殊的工艺流程，以柴油馏分为原料生产超低硫柴油（硫质量分数小于 10μg/g），且柴油产品颜色水白色。在得到超低硫产品的条件下，与传统的加氢精制工艺相比，该技术具有空速高、产品质量好的特点。同时，由于操作空速较高，对现有加氢精制装置而言，只需要增加 1 台容积较小的反应器，就可以在不降低处理量的条件下，通过流程改造实现超低硫柴油的生产。长周期生产满足国Ⅴ排放标准柴油的工业应用结果表明，RTS 技术具有原料适应性强、产品颜色浅的特点，为炼油企业柴油质量升级提供了有力的技术支撑。

2　技术开发的思路

2.1　问题的提出

表 1 是一种高硫直馏柴油性质，表 2 是该高硫直馏柴油在 2.6h^{-1}的较高空速下经过常规加氢脱硫工艺的反应条件和产品性质。由表 2 可以看到：①在较高空速下，可以通过大幅度提高反应温度的办法得到超低硫柴油；②随着反应温度的提高，脱硫程度加深，但在将硫质量分数由原料的 1.0%降低至 160μg/g 后，即脱硫率达到 98.4%后，继续超深度脱硫变得更加困难，需要将反应温度继续提高 20℃，才能得到硫质量分数小于 10μg/g 的超低硫柴油；③随着反应温度升高，加氢柴油颜色明显加深，380℃超深度脱硫条件下柴油产品颜色为黄绿色，比未加氢的原料还深。常规加氢脱硫工艺通过高温下生产的柴油产品的颜色差，而且不稳定，在实际生产和销售过程中炼厂和用户都不愿意接受这样的产品。

表 3 为常规加氢脱硫工艺超深度脱硫试验结果。从表 3 可以看到，由于空速很低，可以在

较低反应温度下进行超深度脱硫，得到的柴油产品是优质超低硫柴油，产品颜色水白，这样的产品炼厂和用户都欢迎。但是低空速对于炼厂新建装置来说意味着建设一台较大的反应器；对现有装置来说，意味着需要增加1台较大的反应器或降低装置处理量。无论是增大投资增加1台反应器，还是降低装置处理量，都是炼厂不愿意接受的。因此，如果能够实现在较高空速下得到优质的超低硫柴油产品，那么对炼厂来说就意味着可以降低装置改造费用和生产成本。

表1　中东高硫直馏柴油性质

项　　目	数　　据	项　　目	数　　据
密度(20℃)/(g/cm³)	0.8340	色度(ASTM D-1500)	0.9
硫质量分数/%	1.0	十六烷指数(ASTM D4737)	55.5
氮质量分数/(μg/g)	71	馏程(ASTM D86)/℃	207~400

表2　常规加氢脱硫工艺超深度脱硫的反应条件和产品性质

项　　目		条件1	条件2	条件3
反应条件	氢分压/MPa	4.8	4.8	4.8
	平均反应温度/℃	360	370	380
	体积空速/h^{-1}	2.6	2.6	2.6
产品性质	密度(20℃)/(g/cm³)	0.8176	0.8170	0.8161
	硫质量分数/(μg/g)	161	103	4
	氮质量分数/(μg/g)	0.6	<0.5	<0.5
	色度(ASTM D-1500)(直观颜色)	>0.7(浅绿)	>1.0(深绿)	>1.5(黄绿)
	十六烷指数(ASTM D4737)	60.0	59.7	59.4
	馏程(ASTM D86)/℃	182~389	181~387	166~382

表3　常规加氢脱硫工艺超深度脱硫试验结果

项　　目		数　　据	
反应条件	氢分压/MPa	4.8	
	体积空速/h^{-1}	1.0	
	反应温度/℃	336	
油品		直馏柴油(原料)	加氢柴油
油品性质	密度(20℃)/(g/cm³)	0.8424	0.8244
	硫质量分数/(μg/g)	12500	27
	色度(ASTM D1500)	1.0	0
	十六烷指数(ASTM D4737)	56.7	61.3
	馏程(ASTM D86)/℃	228~371	198~367

2.2　问题分析

2.2.1　柴油馏分的深度脱硫反应路径

当采用加氢处理进一步降低硫含量时，必须从最难脱硫的化合物中脱除硫。已有的研究工作[1,2]表明，柴油馏分中硫原子附近有取代基的二苯并噻吩类化合物是所有硫化物中最难脱硫的。图1是一种硫质量分数为1.38%的中东直馏柴油馏分的加氢脱硫试验结果[3]。该结果表明，当生成油的硫质量分数为0.2%时，苯并噻吩类硫化物已得到完全的脱除，未脱除的硫化物全部是二苯并噻吩类硫化物；当进一步降低生成物的硫质量分数到0.05%时，未脱除的硫化物只有4-甲基二苯并噻吩（4-MDBT）、4，6-二甲基二苯并噻吩（4，6-DMDBT）和二乙基取代的DBT三种。

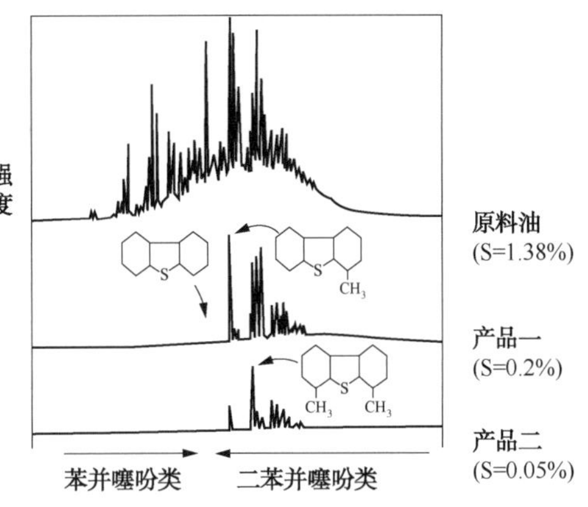

图1　原料油和脱硫产品的硫化物分布

图2是4，6-DMDBT的脱硫反应网络[4]，在此网络中加氢途径的反应速度常数要比氢解反应速度常数大3倍以上，因此对4，6-DMDBT来说，提高催化剂的加氢活性将大幅度提高其深度加氢脱硫效果。

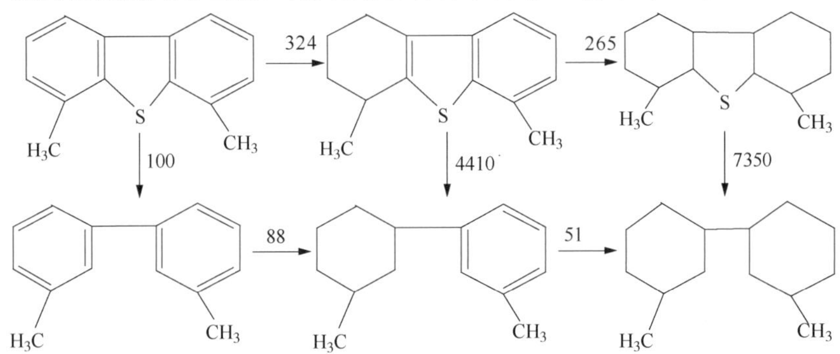

图2　4，6-DMDBT脱硫反应网络

2.2.2　*影响超深度脱硫反应的主要因素*

（1）氮含量对超深度脱硫反应的影响

在实际油品加氢脱硫的反应环境下，油品中不仅含有硫化物，而且含有氮化物、芳烃等物质，这些化合物的存在对柴油超深度加氢脱硫有较大的抑制作用，其中以氮化物的影响最大。

以下试验研究了氮化物对柴油加氢脱硫的影响。将直馏柴油SRGO-A用吸附的方法制备出3种氮含量不同的直馏柴油原料SRGO-B、SRGO-C、SRGO-D，性质见表4，其加氢脱硫活性比较见表5。由表4和表5可知，原料氮质量分数由235μg/g降低至113μg/g时，相对加氢脱硫活性提高了139%。表6是4种原料及其反应产物中4-MDBT和4，6-DMDBT的含量，可以看出，4种原料中4-MDBT和4，6-DMDBT含量基本不变，随着原料中氮含量的降低，相应的反应产物中4-MDBT和4，6-DMDBT含量也相应降低。说明氮含量降低后，有利于4-MDBT和4，6-DMDBT的脱除，尤其可有效脱除4，6-DMDBT。这表明提高反应的脱氮性能有利于柴油的超深度脱硫。

基础研究结果[1,3-9]表明，氮化物对脱硫反应的抑制作用与催化剂活性位上硫化物与氮化物发生竞争吸附有关。因此，原料中氮含量降低后，与硫化物发生竞争吸附的氮化物减少，硫化物会更容易也更多地吸附在催化剂活性位上，促进加氢脱硫反应。

表 4　原料油主要性质

项　　目		SRGO-A	SRGO-B	SRGO-C	SRGO-D
硫质量分数/(μg/g)		13000	13000	13000	13000
氮质量分数/(μg/g)		235	160	148	113
碱性氮质量分数/(μg/g)		95	68	62	43
馏程(ASTM D86)/℃	初馏点	212	212	212	212
	50%	317	317	317	317
	90%	369	369	369	369
	终馏点	394	394	394	394

表 5　4 种原料加氢脱硫活性比较

项　　目	SRGO-A	SRGO-B	SRGO-C	SRGO-D
脱硫率/%	95.3	96.8	97.5	98.5
相对体积脱硫活性/%	100	134	159	239

反应条件：氢分压 4.8MPa，液时空速 2.0h^{-1}。

表 6　4 种原料及其反应产物中 4-MDBT 和 4，6-DMDBT 含量　μg/g

硫化物		SRGO-A	SRGO-B	SRGO-C	SRGO-D
4-MDBT	原料	96	91	92	93
	产物	6.5	6.1	4.8	4.5
4，6-DMDBT	原料	188	182	186	183
	产物	14.5	9.8	5.0	4.7

反应条件：氢分压 4.8MPa，液时空速 2.0h^{-1}。

（2）芳烃对超深度脱硫反应的影响

对 4，6-DMDBT 脱硫反应网络的分析表明，促进多环芳烃加氢饱和是提高 4，6-DMDBT 脱硫效果的有效途径。

已有的研究结果表明，柴油产品颜色及颜色安定性与其芳烃含量，特别是多环芳烃含量有关。由此可见，要使柴油产品既达到超低硫水平，又使产品颜色、安定性合格，关键是如何使受热力学平衡限制而很难继续饱和的双环以上芳烃进一步转化。芳烃的加氢反应是一个体积减小的放热反应。因此，在热力学上，提高操作压力或降低反应温度对芳烃加氢反应来说都是有利的。提高压力意味着增加装置的建设投资，因此降低反应温度是最为简单易行的方法。

由上可见，提高多环芳烃加氢饱和程度是促进超深度脱硫的又一有效途径。

2.3　RTS 技术路线

提高加氢脱氮深度和多环芳烃加氢饱和程度可以促进超深度加氢脱硫效果。据此，提出开发生产超低硫柴油的加氢脱硫的 RTS 技术。RTS 技术采用一种或两种非贵金属加氢精制催化剂，将柴油的超深度加氢脱硫通过两个反应区完成。第一区中完成大部分易脱除硫化物的脱硫和几乎全部氮化物的脱除；在第一个反应区脱除了氮化物的原料，而后在第二个反应区中完成剩余硫化物的彻底脱除和多环芳烃的加氢饱和，并改善油品颜色。柴油馏分在经过上述两个反应区后，柴油产品硫质量分数小于 10μg/g，多环芳烃质量分数小于 11%，色度号(ASTM D1500)小于 0.5，产品为水白色。将现有装置改造成 RTS 技术时，只需增加一台小的反应器，原有反应器流出物通过与原料换热降温至所需的反应温度后进入该新增反应器进行深度脱硫，增加一台反应器后装置运行综合能耗基本不增加。RTS 技术的原则流程见图 3。

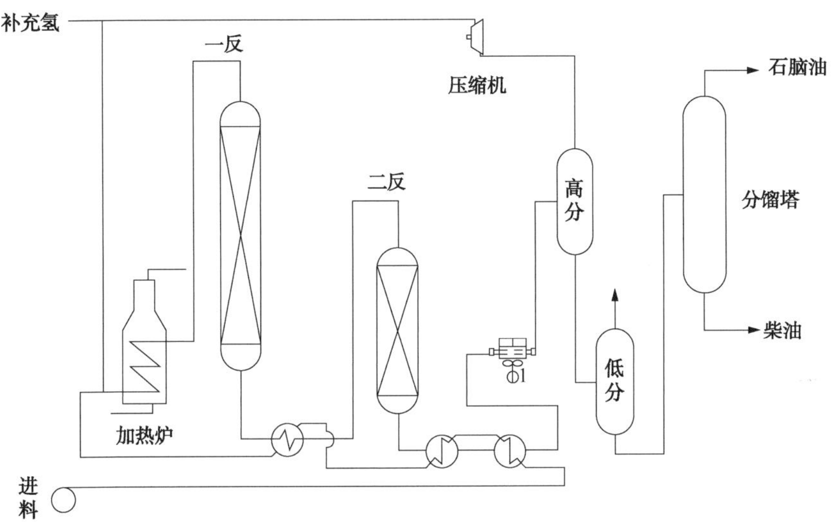

图 3　RTS 技术原则流程

2.4　RTS 技术与常规加氢精制工艺超深度脱硫性能比较

为了比较 RTS 技术和常规加氢精制工艺在生产超低硫柴油时性能的差异，以相同的原料油进行试验研究，结果列于表 7。由表 7 可以看出，以生产满足欧 V 排放标准的柴油为目标，与常规加氢精制工艺相比，采用 RTS 技术后，可以在保证产品质量相同的条件下，将体积空速提高至常规加氢精制的 2.0 倍。

表 7　RTS 技术生产满足欧 V 排放标准柴油时与常规加氢精制工艺的比较

项　　目		原料	RTS	常规精制
工艺条件	氢分压/MPa		6.4	6.4
	总体积空速/h^{-1}		2.0	1.0
柴油产品性质		原料油	加氢柴油	加氢柴油
硫质量分数/(μg/g)		9600	6	9
色度(ASTM D1500)			<0.5	<0.5
馏程(ASTM D86)/℃		182~356	167~344	172~351

2.5　RTS 技术原料适应性

2.5.1　中东高硫直馏柴油超深度加氢脱硫

表 8 是 3 种中东直馏柴油的性质。表 9 是中东直馏柴油采用 RTS 技术进行超深度加氢脱

硫的结果。由表 9 可以看出，RTS 技术对中东高硫直馏柴油的超深度脱硫具有很好的适应性，可以在较高空速（1.6~2.5h^{-1}）下生产出硫质量分数小于 10μg/g 的超低硫柴油，产品颜色接近水白。

表 8　RTS 技术试验用原料油性质

项　　目	直馏柴油 A	直馏柴油 B	直馏柴油 C
密度(20℃)/(g/cm^3)	0.8388	0.8514	0.8449
色度(ASTM D1500)	0.6	0.6	0.6
硫质量分数/%	0.78	1.50	1.10
氮质量分数/(μg/g)	155	100	75
十六烷指数(ASTM D4737)	54.5	56.8	55.6
馏程(ASTM D86)/℃	193~377	206~379	216~369

表 9　RTS 技术超深度脱硫结果

项　　目		直馏柴油 A	直馏柴油 B	直馏柴油 C
操作条件	氢分压/MPa	6.4	6.4	6.4
	总体积空速/h^{-1}	1.6	2.0	2.5
产品性质	密度(20℃)/(g/cm^3)	0.8162	0.8248	0.8188
	色度(ASTM D1500)	0.1	0.1	0.1
	硫质量分数/(μg/g)	8.6	9.5	7.0
	十六烷指数(ASTM D4737)	60.2	61.5	60.5
	馏程(ASTM D86)/℃	169~371	184~373	174~364

2.5.2　中东高硫直馏柴油与催化裂化柴油混合油的超深度脱硫

在炼油厂的实际生产中，有时需要根据生产安排将直馏柴油与催化裂化柴油混合加氢。由于催化裂化柴油中难脱硫的 4，6-DMDBT 类含硫化合物的质量分数比直馏柴油高得多，而且催化柴油中的氮含量和芳烃含量也远高于直馏柴油。因此，直馏柴油掺入催化裂化柴油后的超深度加氢脱硫难度大幅度增加。

表 10 是两种不同的高硫直馏柴油与催化裂化柴油的混合油性质。表 11 是这两种混合油采用 RTS 技术进行超深度加氢脱硫的反应条件和试验结果。由试验结果可以看出，随着催化裂化柴油掺入量的增加，超深度脱硫的难度加大，但 RTS 技术仍表现出了很好的适应性，即使催化裂化柴油的掺入比例达到 30%，在体积空速 1.5h^{-1}的条件下，仍可以通过条件优化生产出硫质量分数小于 10μg/g 的满足国Ⅴ排放标准的柴油，产品的颜色均接近水白色。

表 10　中东直馏柴油与催化裂化柴油的混合油性质

项　　目	混合柴油 A	混合柴油 B
催化裂化柴油比例/%	5	30
密度(20℃)/(g/cm^3)	0.8308	0.8499
色度(ASTM D1500)	4.1	3.5
硫质量分数/%	0.80	0.88

续表

项　　目	混合柴油 A	混合柴油 B
氮质量分数/(μg/g)	141	355
十六烷指数(ASTM D4737)	55.6	48.6
馏程(ASTM D86)/℃	180~385	208~360

表 11　RTS 技术对混合柴油的超深度加氢脱硫结果

项　　目		混合柴油 A	混合柴油 B
氢分压/MPa		4.8	4.8
总体积空速/h^{-1}		1.8	1.5
反应温度/℃		基准	基准+10
产品性质	密度(20℃)/(g/m^3)	0.8124	0.8303
	色度(ASTM D1500)	0.1	0.1
	硫质量分数/(μg/g)	8	9
	十六烷指数(ASTM D4737)	62.8	53.3
	馏程(ASTM D86)/℃	178~383	189~362

3　RTS 技术工业应用结果

中国石化上海高桥分公司 2.60Mt/a 柴油加氢装置和北京燕山分公司 2.60Mt/a 柴油加氢装置都是采用 RTS 技术设计的，两套装置分别于 2013 年 7 月和 9 月开工，生产出满足国Ⅴ排放标准柴油产品。

3.1　RTS 技术在上海高桥分公司的工业应用结果

中国石化上海高桥分公司 2.60Mt/a 柴油加氢装置采用 RTS 技术设计，该装置于 2013 年 7 月 1 日一次开车成功，至 2015 年 6 月已累计运转 23 个月。该装置加工掺炼焦化汽柴油和催化裂化柴油(25%~30%)的直馏柴油，原料硫质量分数 4000~6000μg/g、氮质量分数 300μg/g 左右。该装置每月 10~20d 生产满足国Ⅴ排放标准柴油，其余时间生产满足国Ⅲ和国Ⅳ排放标准柴油，运行期间产品质量合格，装置运行稳定。生产满足国Ⅴ排放标准柴油期间，加氢精制柴油硫质量分数通常在 5μg/g 以下，产品颜色接近水白色。反应器主要参数见表 12。原料和产品硫含量见图 4。

表 12　高桥分公司 2.60Mt/a RTS 装置运行主要参数

项　　目	第 2 个月	第 9 个月	第 14 个月	第 20 个月
处理量/(t/h)	200	230	191	209
总体积空速/h^{-1}	1.0	1.1	0.9	1.0
一反入口压力/MPa	7.76	7.45	7.00	7.24
一反加权平均温度/℃	343	365	360	365
二反平均温度/℃	287	284	273	274

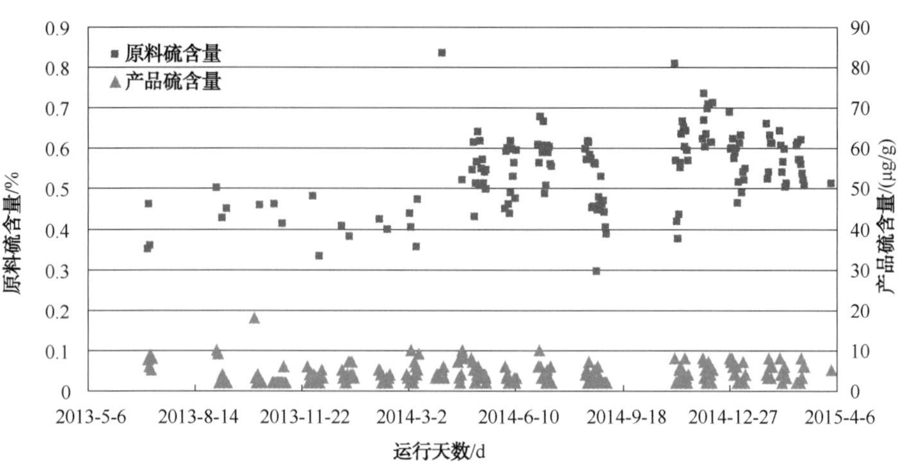

图 4　高桥分公司 2.60Mt/a RTS 装置运行记录

3.2　RTS 技术在北京燕山分公司的工业应用结果

中国石化北京燕山分公司 2.60Mt/a RTS 装置于 2013 年 9 月一次开车成功，至 2015 年 6 月已累计运转 21 个月，装置一直生产满足国Ⅴ排放标准柴油，产品质量合格，装置运行稳定。装置加工直馏柴油、焦化汽柴油和催化裂化柴油(35%左右)的混合原料油，原料硫质量分数 4000~9000μg/g、氮质量分数 400~800μg/g，精制柴油硫质量分数通常为 3~8μg/g。反应器主要参数见表 13。表 14 和表 15 分别是装置原料和柴油产品主要性质的统计结果。

表 13　北京燕山分公司 2.60Mt/a RTS 装置运行主要参数

项　　目	第 2 个月	第 5 个月	第 8 个月	第 13 个月	第 18 个月
处理量/(t/h)	291	205	240	205	217
总体积空速/h^{-1}	1.9	1.3	1.5	1.3	1.4
一反入口压力/MPa	7.96	7.64	7.60	7.61	7.70
一反加权平均温度/℃	355.7	365.4	375.0	377.0	384.7
二反平均温度/℃	291.5	295.0	296.0	317.0	326.5

表 14　北京燕山分公司 2.60Mt/a RTS 装置原料主要性质统计结果

项　　目	平均值	范围	设计值
密度(20℃)/(g/cm^3)	0.865	0.850~0.880	0.835
硫质量分数/(μg/g)	6500	5000~9000	9000
氮质量分数/(μg/g)	500	200~800	120
90%馏出温度/℃	325	310~345	340
十六烷值指数	43	40~45	54
多环芳烃质量分数/%	13.9	8.4~24.1	

表 15　北京燕山分公司 2.60Mt/a RTS 装置柴油产品主要性质统计结果

项　　目	平均值	范围	设计值
密度(20℃)/(g/cm^3)	0.843	0.835~0.850	0.820
硫质量分数/(μg/g)	5	1~9	8
氮质量分数/(μg/g)	0.5	0.4~0.6	<2.0
90%馏出温度/℃	319	306~338	335
十六烷值指数	50	46~57	58
多环芳烃质量分数/%	1.75	0~4.7	<5.0

4　结论

开发的生产满足国Ⅴ排放标准柴油的超深度加氢脱硫 RTS 技术采用单段一次通过流程，用一种或两种非贵金属加氢精制催化剂，通过两个反应器完成柴油的超深度脱硫。与常规加氢精制技术相比，RTS 技术具有优异的超深度脱硫效果，对中东高硫直馏柴油或以直馏柴油为主掺炼部分催化裂化柴油的混合原料油，可以在氢分压 6.4MPa、体积空速 1.0~2.5h^{-1}的条件下生产出硫质量分数小于 10μg/g 的超低硫柴油，产品颜色接近水白色。两年的工业应用结果表明，RTS 技术可以满足炼厂长期稳定生产满足国Ⅴ排放标准柴油的需要。

使用 RTS 技术改造现有装置时，只需增加一台反应器，改造过程简单，投资低。因此采用 RTS 技术对国内炼厂生产超低硫柴油具有普遍适用性。

参 考 文 献

[1] Satterfield C N, Modell M, Wilkens J A. Simultaneous catalytic hydrodenitrogenation of pyridine and hydrodesulfurization of thiophene[J]. IndEngChem Process Des Dev, 1980, 19: 154.

[2] LaVopa V, Satterfield C N. Poisoning of thiophenehydrodesulfurization by nitrogen compounds [J]. JCatal, 1988, 110: 375.

[3] Satterfield C N, Modell M, Mayer J F. Interaction between catalytic hydrodesulfurization of thiophene and hydrodenitrogenation of pyridine [J]. AIChE J, 1975, 21: 1100.

[4] Pérot G. Hydrotreating catalysts containing zeolites and related materials: Mechanistic aspects related to deep desulfurization[J]. Catal Today, 2003, 86: 111-128.

[5] Furimsky E, Massoth F E. Deactivation of hydroprocessing catalysts [J]. Catal Today, 1999, 52: 381.

[6] Laredo G C S, De Los Reyes H J A, Cano D J L, et al. Inhibition effects of nitrogen compounds on the hydrodesulfurization of dibenzothiophene [J]. ApplCatalA: Gen, 2001, 207: 103.

[7] Zeuthen P, Kundsen K G, Whitehurst D D. Organic nitrogen compounds in gas oil blends, their hydrotreated products and the importance to hydrotreatment [J]. Catal Today, 2001, 65: 307.

[8] 王倩，龙湘云，聂红，等．氮化物对 NiW/Al_2O_3上 DBT 和 4，6-DMDBT 加氢脱硫反应活性的影响[J]. 石油炼制与化工，2011，42(4)：30-34.

[9] 邵志才，高晓冬，李皓光，等．氮化物对柴油深度和超深度加氢脱硫的影响．Ⅰ．氮化物含量的影响[J]. 石油学报(石油加工)，2006，22(4)：12-17.

润滑油加氢系列技术

夏国富[1]　郭庆洲[1]　张志华[2]

（1. 中国石化石油化工科学研究院；2. 中国石油石油化工研究院）

摘　要：中国石化石油化工科学研究院（简称 RIPP）针对中间基原油的特点，开发了传统“老三套”与加氢工艺相结合的加氢处理（RLT）工艺技术，并在中国石化荆门分公司、济南分公司成功工业应用；RIPP 针对环烷基原料油的特点，开发了环烷基原油高压加氢处理（RHW）工艺技术，并在中国石油克拉玛依石化公司成功应用。中国石油石油化工研究院针对石蜡基原油特点，开发了溶剂精制同异构降凝相结合（IAC）技术，并在中国石油大庆炼化分公司成功应用。

1　前言

润滑油是由基础油和添加剂组成的，基础油是润滑油中的主要成分，其含量在润滑油中一般为 85%~99%。因此，基础油质量的高低将直接影响到润滑油产品的性能[1]。

当前我国适合生产润滑油基础油的大庆原油供应量不断减少，润滑油基础油生产装置的原料油质量持续变差，但产品品种增多，且对润滑油基础油质量要求在不断提高，产品升级换代速度越来越快。为适应此现状，中国石化石油化工科学研究院（RIPP）、中国石油石油化工研究院（PRI）先后开发并成功应用了从石蜡基、中间基、环烷基等原料油生产的 API Ⅱ类和 API Ⅲ类润滑油基础油的组合工艺技术及相关催化剂。

2　“老三套”与加氢相结合的组合技术及其工业应用

2.1　“老三套”与加氢相结合的 RLT 技术及特点

为了扩大高质量基础油的生产，RIPP 针对中间基原油的特点，开发了与传统“老三套”工艺结合的加氢处理（RLT）技术，RLT 技术的工艺流程见图 1。RLT 技术的特点：可以生产高黏度的 API Ⅱ、API Ⅲ类基础油，同时副产石蜡、微晶蜡等产品。这是“老三套”及全氢型工艺单独所不能达到的，特别适合于采用传统加工流程的炼油厂技术改造。中国石化荆门分公司（简称荆门分公司）、中国石化济南分公司（简称济南分公司）在“老三套”润滑油生产工艺的质量升级改造过程中，均采用 RLT 技术对润滑油生产系统进行改造并成功应用。工业应用结果表明，采用 RLT 技术，增强了原料油的适应性，提高了基础油及副产品的质量，获得了较好的经济效益。

2.1.1　RLT 技术在荆门分公司的工业应用[2]

为了扩大基础油产量，适应市场高质量基础油的需求，1999 年 4 月荆门分公司采用 RLT 技术对其基础油生产系统进行改造。改造过程中除增加一套 200kt/a 润滑油加氢处理装

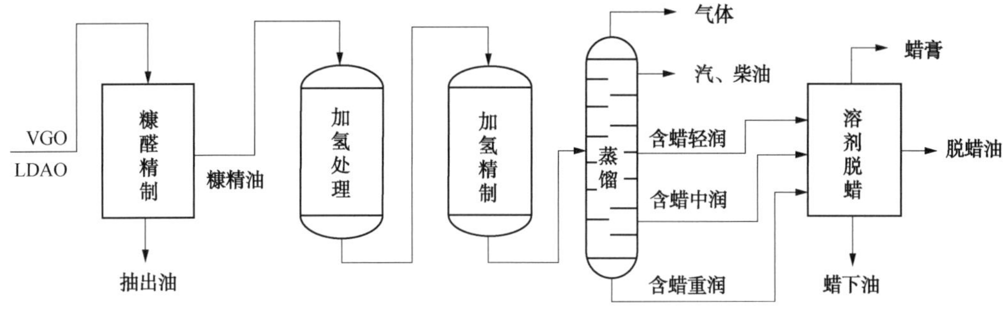

图 1　RLT 技术原则流程

说明：图中轻润、中润、重润分别是轻质润滑油、中质润滑油、重质润滑油的简称

置外，其余均利用现有生产设施。2001 年 6 月 15 日终交，同年 11 月 2 日引入减三线糠醛精制油，开车一次成功。

经过几年不断的市场开发和全系统装置操作优化，自 2006 年起 RLT 技术在荆门分公司实现了长周期连续运转，主要以鲁宁管输油减四线与轻脱沥青油为主要原料，生产满足 API Ⅱ类油规格的 $10mm^2/s$ 与 $26mm^2/s$ 等高黏度的润滑油基础油，同时副产 66 号石蜡及 85 号微晶蜡。

（1）减三线馏分油的加工

2001 年 11 月，在加氢装置完成建设后，引入南阳与鲁宁管输油混合原油（混合比例约 3∶1）减三线糠醛精制油投入试运转并进行了标定，在加氢装置入口压力 11.8MPa、加氢处理段平均反应温度 355℃、加氢处理段体积空速 $0.45h^{-1}$ 的条件下，可生产出符合 API Ⅲ类质量标准的润滑油基础油。主要标定结果见表 1。

表 1　减三线馏分油加氢改质进料及产品典型性质

项　　目	减三线糠醛精制油	脱蜡后 150N 基础油
运动黏度（100℃）/（mm^2/s）	7.285	5.203
黏度指数（脱蜡后）	63	123
凝点/℃	46	-15
硫质量分数/%	0.29	0.0008
饱和烃含量/%		>90

（2）减四线馏分油的加工

为了生产市场上紧缺的高黏度基础油，荆门分公司以鲁宁管输油减四线的糠醛精制油为原料，在加氢装置入口压力 11.4MPa、加氢处理段平均反应温度 365℃、加氢处理段体积空速 $0.46h^{-1}$ 的条件下，可稳定生产市场上紧缺的 API Ⅱ类 $10mm^2/s$ 重质基础油。各工序的原料油性质及主产品性质见表 2 和表 3。

表 2　加工减四线馏分油各工序原料油性质

项　　目	糠醛精制	加氢处理	酮苯脱蜡
运动黏度（100℃）/（mm^2/s）	14.92	11.44	8.889
硫质量分数/%	0.592	0.335	<0.002
馏程（初馏点～90%）/℃	401～503	386～497	407～497

表 3　酮苯脱蜡后 10mm²/s 基础油质量

项　　目	数　　据	项　　目	数　　据
外观	透明	倾点/℃	-12
运动黏度(100℃)/(mm²/s)	10.3	硫质量分数/(μg/g)	<20
黏度指数	105	饱和烃质量分数/%	96.1
色度/号	0.5	氧化安定性(旋转氧弹法，150℃)/min	264
闪点(开)/℃	244		

(3) 轻脱沥青油的加工

荆门分公司以轻脱沥青油的糠醛精制油为原料，在加氢装置入口压力 10.5MPa，加氢处理段平均反应温度 360℃，加氢处理段体积空速 0.41h^{-1} 的条件下，生产出市场上紧缺的 API Ⅱ类 26mm^2/s 光亮油。在典型操作条件下，加氢改质装置重质含蜡油的收率为 71.0%；酮苯脱蜡装置的脱蜡油收率达到 40.1%，脱油蜡的收率为 23.1%，油蜡综合收率达到 63.1%。生产过程中各工序典型原料及产品性质分别见表 4 和表 5。

表 4　26mm²/s 基础油生产各工序原料油典型性质

项　　目	丙烷脱沥青原料油	糠醛精制原料油	加氢处理原料油	酮苯脱蜡原料油
运动黏度(100℃)/(mm²/s)	741.1	32.16	29.86	23.58
色度/号	>8.0	8.0	7.5	0.5
凝点/℃	34	>50	>50	>50
硫质量分数/%	1.393	0.733	0.527	<0.002
碱氮质量分数/(μg/g)		1159	688	<10

表 5　26mm²/s 基础油典型性质分析

项　　目	26mm²/s 基础油	中国石化 2013 协议指标
运动黏度(100℃)/(mm²/s)	25.6	22.0~28.0
倾点/℃	-12	不高于-9
闪点/℃	294	不低于 270
颜色/号	1.5	不高于 1.5
黏度指数	95	不小于 90
饱和烃质量分数/%	92.7	不小于 90

(4) 石蜡的生产

荆门分公司以糠醛精制-加氢处理-加氢精制-酮苯脱蜡(RLT)工艺生产优质高黏度润滑油基础油的同时，还可副产石蜡和微晶蜡产品。减四线原料脱出的蜡膏可生产 66 号石蜡，产品质量满足 GT/T 254—2010 标准中 66 号半精炼石蜡的质量标准。轻脱沥青油脱出的蜡膏可生产 80 号微晶蜡，产品质量满足 SH/T0013—2008 微晶蜡质量标准。表 6 和表 7 分别为 66 号半精炼蜡和 80 号微晶蜡的质量指标。

表 6　66 号半精炼蜡质量指标

项　目	66 号蜡	GT/T 254—2010
熔点/℃	66.2	≥66 和≤68
含油量/%	0.7	≤2.0
针入度(100g，25℃)/(0.1mm)	10	≤23
针入度(100g，35℃)/(0.1mm)		报告
嗅味/号	2	≤2

表 7　80 号微晶蜡质量指标

项　目	80 号微晶蜡	SH/T0013—2008
滴熔点/℃	81.2	≥77 和≤82
含油量/%	1.32	≤3.0
色度/号	0.5	≤3.0
针入度(100g，250℃)/(0.1mm)	11	≤20

荆门分公司利用加氢处理技术改造其润滑油基础油生产系统的成功实践表明，加氢技术与传统“老三套”润滑油加工技术的结合，可以实现油蜡并举，是提高润滑油生产灵活性、扩大原料来源、生产高质量基础油的经济而有效的途径。

2.1.2　RLT 技术在济南分公司的工业应用[3]

在荆门分公司应用 RLT 技术基础上，为了进一步提高原料油的适应性，特别是进一步提高副产品质量，济南分公司采用“老三套”与高压润滑油加氢(设计氢分压 16.0MPa)相结合，加氢处理工艺过程采用 RIPP 开发的第二代 RL-2 加氢处理催化剂及 RLF-2 加氢精制催化剂。济南分公司润滑油系统改造于 2011 年 7 月 28 日开工建设，2012 年 11 月 4 日全流程贯通、一次开车成功，生产出达到 API Ⅱ类标准的优质高黏度 $6mm^2/s$、$10mm^2/s$ 及 $30mm^2/s$ 基础油等产品，同时生产得到 64 号~70 号半/全精炼蜡和 80 号微晶蜡，提高了企业经济效益。原料油性质、加氢处理单元主要操作条件及产品性质见表 8~表 10。

表 8　济南分公司加工原料油性质

项　目	减三线原料油	减四线原料油	轻脱沥青油
密度(20℃)/(kg/m^3)	908.3	910.9	906.1
凝点/℃	46	44	>50
色度/号	4.0	6.5	7.0
开口闪点/℃	250	268	296
硫质量分数/%	0.1771	0.2616	0.3555
氮质量分数/%	0.1378	0.1651	0.2792
芳烃质量分数/%	15.70	20.88	30.91

表 9 润滑油加氢单元主要操作条件

项　　目	减三线 糠醛精制油	减四线 糠醛精制油	轻脱沥青 糠醛精制油
R-101 入口压力/MPa	17.7	17.9	17.7
R-101 平均反应温度/℃	360	361	357
体积空速/h^{-1}	0.41	0.46	0.34
R-102 平均反应温度/℃	280	286	278

表 10 基础油产品主要性质

项　　目	$6mm^2/s$ 基础油	$10mm^2/s$ 基础油	$30mm^2/s$ 基础油
黏度(100℃)/(mm^2/s)	6.19	10.41	28.74
黏度指数	103	99	93
倾点/℃	-14	-12	-12
色度/号	0.5	0.5	0.5
开口闪点/℃	226	254	300
总硫质量分数/(μg/g)	15	20	40
饱和烃质量分数/%	98.2	98.2	98.7

以糠醛精制装置加工量为基数，基础油和脱油蜡综合收率见表 11。

表 11 基础油、蜡综合收率

项　　目	$6mm^2/s$ 基础油	$10mm^2/s$ 基础油	$30mm^2/s$ 基础油
基础油综合收率/%	32.84	28.02	18.14
蜡综合收率/%	12.37	10.78	23.93
油蜡综合收率/%	45.21	40.34	42.07

上述结果表明，采用高压加氢处理和老三套相结合技术加工临商原油，可以生产符合 API Ⅱ质量要求的 $6mm^2/s$、$10mm^2/s$ 和 $30mm^2/s$ 等高黏度基础油，油蜡综合收率达到 40%以上。

2.2 溶剂精制-加氢异构脱蜡组合技术的工业应用[4,5]

中国石油大庆炼化分公司(简称大庆炼化)200kt/a 年润滑油异构脱蜡装置引进 Chevron 公司的 IDW 技术，于 1999 年 10 月正式投产，采用减二线糠醛精制-浅度酮苯脱蜡油(200SN)、减四线糠醛精制油(650SN)、蜡下油以及减三线糠醛精制-浅度酮苯脱蜡油(350SN)作为进料切换生产，主要生产达到 API Ⅱ、API Ⅲ类质量要求的 $2mm^2/s$、$6mm^2/s$、$8mm^2/s$ 和 $10mm^2/s$ 等高档基础油以及石脑油、优质低凝柴油等副产品。装置工艺流程见图 2。

为了积极做好国产技术的开发，中国石油石油化工研究院(PRI)与中国科学院大连化学物理所(DICP)开展合作，成功研发了高档润滑油基础油异构化和非对称裂化(IAC)脱蜡催化剂，以该催化剂为核心，配套预精制催化剂和补充精制催化剂形成加氢预精制(HR)-异构化和非对称裂化(IAC)-补充精制(HF)润滑油基础油三段加氢脱蜡技术。2008 年 10 月在该装置开展了工业试验。2012 年 10 月，在第一代催化剂 PIC-802 基础上，开发了第二代异构脱蜡催化剂 PIC-812 及补充精制催化剂 PHF-301，并在该装置实现成功工业应用。

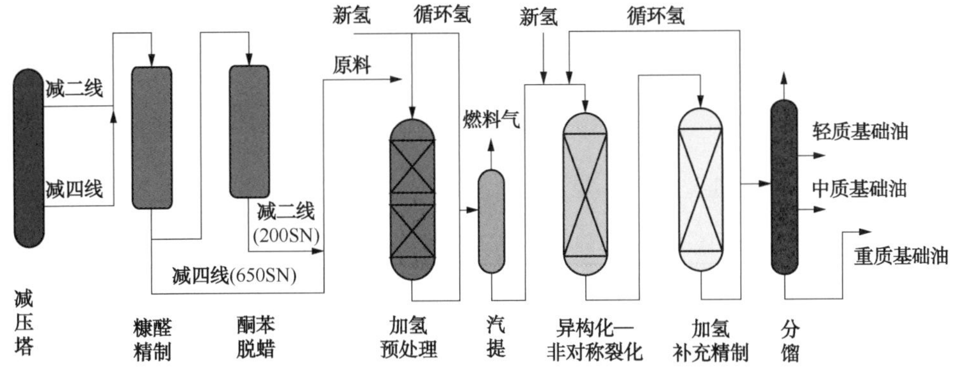

图 2　大庆炼化公司 200kt/a 润滑油异构脱蜡工艺流程

说明：加工加氢裂化尾油等可省去预处理段，根据原料性质，工艺灵活可调

典型原料性质、操作工艺条件、主要产品性质见表 12～表 14。

表 12　大庆炼化 200kt/a 润滑油异构脱蜡装置加工原料性质

项　　目	200SN 脱蜡油	350SN 脱蜡油	650SN 糠醛精制油	蜡下油
运动黏度(100℃)/(mm^2/s)	6.628	7.644	8.588	5.29
黏度指数	103	132		128
倾点/℃	-3	2	63	24
总硫质量分数/(μg/g)	609.7	758.2	561.3	413.4
总氮质量分数/(μg/g)	238.7	339.1	375.3	130.7
馏程(初馏点～90%)/℃	386～483	396～520	385～563	349～469

表 13　IAC 技术在大庆炼化操作主要工艺条件

项　　目	第一代 IAC 技术			第二代 IAC 技术			国外参比技术
原料油	200SN	650SN	蜡下油	200SN	350SN	650SN	650SN
进油量/(t/h)	29	25	20	40	25	25	25
平均温度/℃	346	378	369	358	365	373	384
氢分压/MPa	12.5	12.5	12.5	11.9	11.9	11.9	12.5
体积空速/h^{-1}	0.94	0.80	0.64	1.20	0.76	0.76	0.76

表 14　IAC 技术在大庆炼化应用的主要产品性质

产 品 类 别	APIⅡ 2mm^2/s	APIⅡ 6mm^2/s	APIⅢ 6mm^2/s	APIⅢ 8mm^2/s	APIⅢ 10mm^2/s
运动黏度(100℃)/(mm^2/s)	2.568	6.436	5.543	7.503	9.384
黏度指数	84	108	121	122	135
倾点/℃	-27	-18	-15	-15	-15
开口闪点/℃	156	233	234	252	274
赛波特颜色/号	+30	+30	+30	+30	+30

图 3 以加工相同 650SN 原料对不同技术进行了对比，可以看出，在相同空速的情况下，

与参比技术相比，IAC 技术中异构降凝催化剂活性 PIC-802 比参比催化剂高 6℃，PIC-812 比参比催化剂活性高 11℃。在重质基础油收率方面，应用 PIC-802 催化剂比参比催化剂高 15%，应用 PIC-812 催化剂比参比催化剂高 20%；总基础油收率分别高约 4%和 8%，具体对比见图 3。

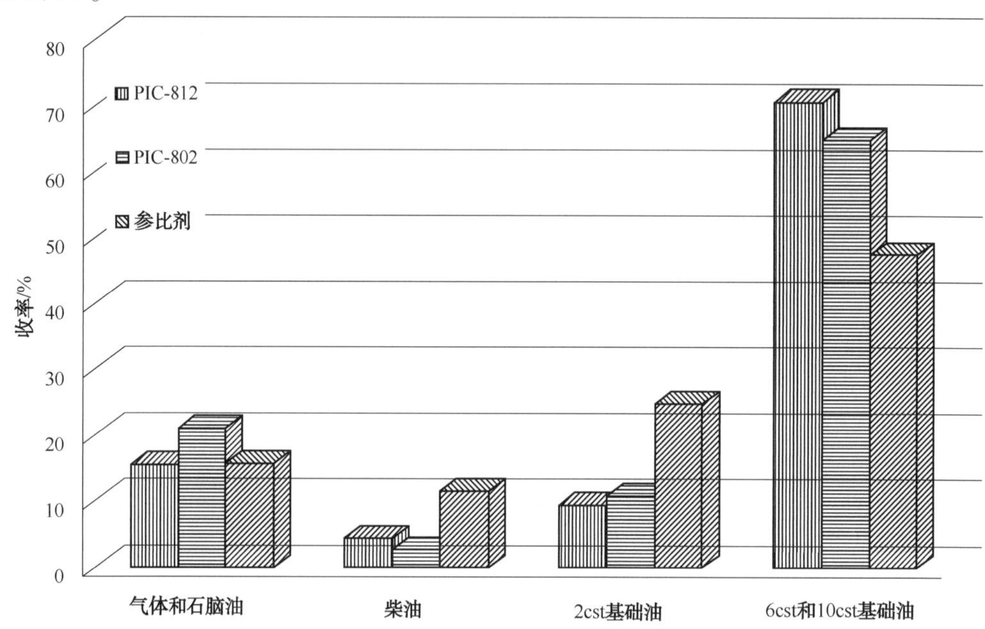

图 3　IAC 两代技术与参比技术产品分布对比

由上述对比可知，IAC 技术在加工重质高含蜡原料方面具有重质基础油收率和总基础油收率高的明显优势。

3　全氢型润滑油基础油加工技术的工业应用[6,7]

环烷基基础油是一类有着特殊性能的基础油，具有溶解性高、低温性能优异、橡胶相溶性好、无毒、无害等特点，应用广泛。但环烷基原油属稀缺资源，储量只占世界已探明石油储量的 2.2%。全球目前只有中国、美国和委内瑞拉等国家拥有环烷基原油资源。环烷基原油具有蜡含量低、酸值高、密度大、黏度大、胶质、残炭含量高以及金属含量高等特点。RIPP 根据环烷基原料油的特点以及市场需求的变化，开发了环烷基原料油高压加氢处理技术(RHW)，用于生产优质环烷基基础油产品，基本工艺流程见图 4。

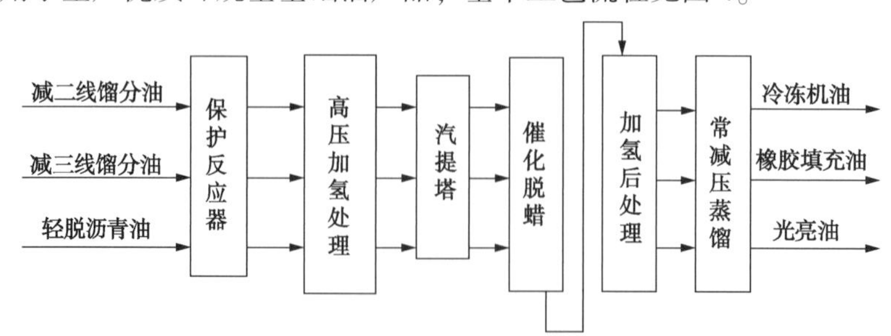

图 4　RHW 技术工艺流程

RHW 技术于 2000 年 12 月在中国石油克拉玛依石化分公司(简称克石化)成功应用。装置的加工能力为300kt/a，设计氢分压为15MPa。经过多年工业应用取得了很好的经济效益和社会效益；生产出23个牌号橡胶油，多环芳烃含量低于欧盟最严格的Ⅰ类限值(<0.2μg/g)，成为知名橡胶企业长期指定用油；生产出满足API Ⅱ类标准的30mm²/s光亮油，广泛用于调合高档润滑油生产的全封闭冷冻机油，在空调压缩机行业得到普遍应用，国内市场占有率达到约70%。

典型原料油性质、工艺条件分别见表15和表16，主要产品性质列于表17。从表17可以看出，采用RHW技术生产的30mm²/s光亮油符合API Ⅱ类质量标准，填补了国内技术空白，成为克石化拳头产品和主要利润来源之一，产品畅销国内外。

克石化的工业生产表明，采用RIPP开发的RHW全氢型加工技术路线，以环烷基油VGO和DAO直接作原料，可以生产优质的环烷基基础油产品，大大提高了环烷基原油深度加工的经济效益，促进了电力、橡胶、交通等行业技术进步。

表15　典型原料油性质

项　　目		减二线馏分油	减三线馏分油	轻脱沥青油
密度(20℃)/(g/cm³)		0.9155	0.9254	0.9165
运动黏度(100℃)/(mm²/s)		7.19	14.65	63.94
黏度指数		2	-49	48
倾点/℃		19	-5	0
闪点(开)/℃		188	214	282
色度/号		5.0	5.0	7.0
酸值/(mgKOH/g)		8.38	8.46	1.41
硫质量分数/(μg/g)		1031	1050	1460
氮质量分数/(μg/g)		1400	1800	2600
金属质量分数/(μg/g)	Fe	3.4	14.2	3.0
	Ca	0.9	1.4	1.8
	Ni+V+Cu	<0.1	<0.1	<0.1

表16　润滑油加氢各段主要工艺条件

项　　目	减二线馏分油	减三线馏分油	轻脱沥青油
体积空速/h⁻¹	0.45	0.45	0.40
处理段平均温度/℃	355	355	381
降凝段平均温度/℃	275	275	280
后精制平均温度/℃	235	235	252

表17　加氢基础油主要产品性质

项　　目	减二线	减三线	轻脱油
运动黏度(100℃)/(mm²/s)	5.59	11.17	25.39
黏度指数	20	-13	82
倾点/℃	-36	-18	-13
色度/号	0	0	0

4 结论

为了满足不断提高的润滑油基础油质量要求，润滑油加氢技术得到更加广泛应用。RIPP 开发了传统“老三套”与加氢工艺相结合的加氢处理(RLT)技术，并在荆门分公司、济南分公司成功工业应用，采用中间基原料油，生产质量符合 API Ⅱ类和 API Ⅲ类要求的 $6mm^2/s$、$10mm^2/s$、$26mm^2/s$ 及 $30mm^2/s$ 等重质高黏度基础油产品，同时副产高质量的石蜡产品。PRI 针对石蜡基原油特点开发了溶剂精制同异构降凝技术相结合(IAC)技术，并在大庆炼化成功应用，生产 API Ⅱ类和 API Ⅲ类基础油，同时充分利用减二及减三线的石蜡，实现油蜡并举。

根据环烷基原料油的特点，中国石化石油化工科学研究院 RIPP 开发了环烷基原油高压加氢处理(RHW)工艺技术，并在克石化成功应用，可以生产质量符合 API Ⅱ类要求的 $30mm^2/s$ 优质环烷基基础油产品及多个牌号优质橡胶填充油产品，取得了很好的经济效益和社会效益。

参考文献

[1] 张德义．含硫含酸原油加工技术[M]．北京：中国石化出版社，2013：4-503.

[2] 蒲祖国，何武章．加氢处理装置生产优质润滑油基础油[J]．润滑油，2003，18(1)：26-30.

[3] 宗军，吴艳萍，夏季祥．高压加氢与“老三套”组合工艺生产重质基础油的工业应用[J]．石油炼制与化工，2015，46(10)：77-82.

[4] 何秀云，孟凡伟，张宗保．异构脱蜡技术的工业应用[J]．石油炼制与化工，2001，32(4)：14-16.

[5] 胡胜，田志坚，辛公华．润滑油基础油异构化和非对称裂化(IAC)脱蜡技术工业应用[J]．石油炼制与化工，2011，42(5)：57-60.

[6] 李国英，范惠明，孙晓瑜．全氢工艺生产优质环烷基润滑油[J]．润滑油，2001，16(6)：23-27.

[7] 刘广元，康小洪，郭庆洲．SBS 橡胶填充油的加氢技术应用[J]．石化技术，2005，12(3)：59-62.

固定床渣油加氢处理技术

戴立顺[1]　杨清河[1]　袁胜华[2]　于双林[3]

（1. 中国石化石油化工科学研究院；2. 中国石化抚顺石化研究院；
3. 中国石油石油化工研究院）

摘　要：介绍了中国自主开发的固定床渣油加氢处理技术及系列渣油加氢催化剂的开发和工业应用情况。采用中国石化开发的固定床渣油加氢处理技术所建设的工业装置已达到12套，总加工能力达26.3Mt/a。研究单位开发的RHT和FZC系列渣油加氢催化剂工业应用已累计76套次，不但在中国大陆得到广泛应用，还多次销往海外市场。中国石化开发的渣油加氢-RFCC双向组合工艺RICP技术可明显提高轻质油收率。

1　概述

渣油中富集了原油中大部分的硫、氮和几乎全部的金属等杂质，固定床渣油加氢处理技术不仅有利于硫、氮等杂质的脱除，减少环境污染，而且渣油加氢与催化裂化工艺相结合，可大幅度提升原油炼制过程中轻质油品的收率，从而实现石油资源的高效、清洁利用，并显著提高企业效益。

据不完全统计，目前全世界投产和在建的固定床渣油加氢处理装置约80套，总加工能力约190Mt/a，占渣油加氢总能力的85%左右。20世纪90年代，中国大陆引进国外技术先后建成投产了2套固定床渣油加氢处理工业装置。在20世纪80年代末90年代初国内的石化科研单位也开始了固定床渣油加氢技术的研究工作。经过多年的努力，中国自主研发的固定床渣油加氢技术日趋成熟，截止到2015年9月，采用自有技术建设的固定床渣油加氢工业装置已达到12套，总加工能力为26.3Mt/a，其中9套已建成投产，3套正在建设。目前，中国能提供固定床渣油加氢技术的专利商有2家，即中国石化的石油化工科学研究院（RIPP）和抚顺石化研究院（FRIPP）。

2　固定床渣油加氢处理技术开发

通过对渣油加氢反应机理的研究可以看出，当完成脱硫、脱氮、脱金属及残炭转化等各种反应时，一是要解决好脱除的金属在催化剂上沉积分布和大容量沉积，二是要更好地抑制生焦反应，这是在工业装置上防止反应器压差急剧升高、出现热点并保持催化剂活性高的两大关键技术。除了工艺条件优化外，不同功能催化剂的级配也十分重要，它是固定床渣油加氢与一般馏分油加氢的主要差别之一。

渣油加氢装置通常使用由保护剂、加氢脱金属（HDM）催化剂、加氢脱金属/加氢脱硫（HDM/HDS）催化剂和加氢脱硫（HDS）催化剂等4种催化剂组成的级配体系。表1简要列出了对4种不同功能催化剂的特性要求。

表 1 渣油加氢催化剂的特性要求

催化剂种类	保护剂	HDM 催化剂	HDM/HDS 催化剂	HDS 催化剂
主要作用	容纳固体颗粒，脱 Fe、Ca、Na	脱 Ni、V	脱 Ni、V 和 S，过渡型	脱 S、N 和残炭转化
颗粒大小	大	小	小	小
平均孔径	最大	大	中	小
表面积	最小	小	中	大
孔体积	最大	大	中	小
活性金属含量	最低	低	中	高
加氢脱金属(Ni+V)活性		高	中	低
HDS/HDN/残炭转化活性	最低	低	中	高
容纳金属(Ni+V)能力		高	中	低

这些催化剂的级配及其比例根据特定的操作条件、原料性质、目标产品性质和各种催化剂的性能而确定。催化剂的级配设计及比例优化对于最大限度地发挥系统性能和满足用户要求是非常重要的。在这种级配体系的设计中，常常需要对催化剂的各种性质(如粒度、孔尺寸、比表面积和活性等)进行权衡。

相对于渣油热裂化工艺，固定床渣油加氢处理与催化裂化组合工艺可以获得更多的轻质油品，并具有环境友好等优势，因此在石油炼制工业得到了较广泛应用。但该组合工艺发展到今天仍有三大技术难题亟待解决：一是石油中的沥青质(富含稠环芳烃)在渣油加氢过程中转化率低，不但影响催化裂化轻质油收率，而且易造成重油加氢催化剂表面积炭使活性降低；二是固定床渣油加氢处理装置运转周期短(通常仅 11 个月左右)，与催化裂化装置运转周期匹配差，对炼油厂整体运转和经济效益影响较大；三是催化裂化产生 5%~20%未转化重油(催化裂化重循环油 HCO)，由于它富含多环芳烃，因此在返回催化裂化反应器进行再裂化时生成很多低价值的干气和焦炭，只得到少量的轻质产品，而这一难题仅靠催化裂化技术自身是无法解决的。针对上述技术难题，中国石化开发了更高效的固定床渣油加氢处理技术及其与催化裂化双向组合新技术(RICP)[1]。更高效的固定床渣油加氢处理技术表现在：①沥青质的加氢转化能力更强；②催化剂加氢脱金属活性和容金属能力更高；③催化剂加氢脱硫和残炭加氢转化能力更高；④催化剂级配技术更优化。这些技术进步可以使固定床渣油加氢处理装置能为催化裂化装置提供更优质的原料，同时其运转周期更长。提高轻质油收率的 RICP 技术在下文有详细介绍。

以下简要介绍中国石化和中国石油的研究院开发的固定床渣油加氢催化剂。

2.1 RHT 系列渣油加氢催化剂[2-5]

2002 年，中国石化石油化工科学研究院(RIPP)开发的渣油加氢 RHT 系列催化剂及成套技术首次工业应用，经过 10 年的技术发明和技术改进以及不断积累的工业应用实践，在第一代和第二代成功应用的基础上，2011 年 RIPP 第三代 RHT 系列渣油加氢催化剂开发成功，并在中国大陆和中国台湾等多家炼厂广泛应用。第三代 RHT 系列催化剂的种类、牌号和主要功能见表 2 和表 3。RHT 技术及 RHT 系列渣油加氢催化剂已在中国石化、台湾中油公司等12套渣油加氢装置上累计工业应用39次，取得了良好的工业应用业绩。工业应用结果表明，RHT渣油加氢系列催化剂具有脱杂质反应活性高、容金属能力强、降低残炭值功效好、加氢反应选择性好和使用寿命长等特点。2009年8月，RHT系列渣油加氢催化剂开始在台湾中油股份有限公司桃园炼油厂750kt/a渣油加氢装置上首次应用，使用后该装置运转周期达到10个月，比国外同类型催化剂多3个月，运转周期延长40%，经济效益明显。目前，RHT系列渣油加氢催化剂已在该装置上应用4次。2012年10月28日至2014年9月30日，第三代RHT系列催化剂在台湾中油公司大林炼厂1.50Mt/a渣油加氢脱硫(RDS)装置累计运行了702d，创造了该装置最长运转周期新纪录，为炼厂创造了显著的经济效益。

表2 第三代RHT系列固定床渣油加氢催化剂的种类、牌号和主要功能[3]

催化剂		组成	形状	直径×长度/(mm×mm)	主要功能
保护剂	RG-30	Al_2O_3-SiO_2	多孔泡沫	30×13	床层空隙率约80%~100%，拦截颗粒物和分散物流
	RG-20	Al_2O_3-SiO_2	蜂窝圆柱	16×10	床层空隙率70%~80%，拦截颗粒物和分散物流
	RG-30E	$NiMo/Al_2O_3$	蜂窝圆柱	10×6	拦截颗粒物，脱Fe、Ca，部分脱Ni+V
	RG-30A	$NiMo/Al_2O_3$	拉西环	6×5	拦截颗粒物，脱Fe、Ca，脱Ni+V性能增强，部分转化沥青质
	RG-30B	$NiMo/Al_2O_3$	拉西环	3×5	脱Fe、Ca，脱Ni+V性能增强，部分转化胶质、沥青质
沥青质转化和脱金属催化剂RDMA-31		$NiMo/Al_2O_3$	蝶形	1.1	沥青质转化功能强，脱金属和容金属功能强，有一定的残炭转化和脱硫能力
脱金属催化剂	RDM-35	$NiMo/Al_2O_3$	蝶形	1.1	脱金属和容金属能力强，脱硫和残炭转化能力增强
	RDM-32	$NiMo/Al_2O_3$	蝶形	1.1	脱金属能力强，脱硫能力和残炭转化能力进一步增强
	RDM-33B	$CoMo/Al_2O_3$	蝶形	1.1	脱金属能力较强，脱硫和残炭转化能力显著增加
脱硫催化剂RMS-30		$CoMo/Al_2O_3$	蝶形	1.1	脱硫和残炭转化功能显著，有较强的抗金属沉积能力
脱残炭脱硫催化剂	RCS-30	$CoMo/Al_2O_3$	蝶形	1.1	加氢功能增强，脱硫和残炭转化能力突出
	RCS-31	$NiMo/Al_2O_3$	蝶形	1.1	加氢功能进一步增强，残炭转化和脱氮能力突出
支撑剂	RDM-32-3b	$NiMo/Al_2O_3$	齿轮椭球形	3.0×3.5	反应器底部支撑催化剂，具有RDM-35催化剂的功能
	RDM-32-5b	$NiMo/Al_2O_3$	中间带孔齿轮椭球形	4.5×5.0	反应器底部支撑催化剂，具有RDM-35催化剂的功能

表 3　第三代 RHT 系列上流式渣油加氢反应器催化剂的种类、牌号和主要功能[3]

催化剂		组成	形状	直径×长度/(mm×mm)	主要功能
保护剂	RG-30E-8b	$NiMo/Al_2O_3$	中间带孔齿轮椭球型	8×8	床层空隙率高，拦截颗粒物，脱除 Fe、Ca 和部分 Ni、V
	RG-30A-5b	$NiMo/Al_2O_3$	中间带孔齿轮椭球型	4.5×5.0	床层空隙率较高，加氢活性增加，拦截颗粒物，脱除 Fe、Ca，脱除部分 Ni、V，加氢转化部分沥青质
	RG-30A-3b	$NiMo/Al_2O_3$	齿轮椭球型	3.0×3.5	脱除部分 Ni 和 V，转化部分胶质
脱金属催化剂	RUF-31	$NiMo/Al_2O_3$	齿轮椭球型	2.5×3.5	脱金属 Ni、V 活性高，容纳 Ni、V 能力强
	RUF-32	$NiMo/Al_2O_3$	齿轮椭球型	2.5×3.5	脱金属 Ni、V 活性及脱硫活性增加
	RUF-33	$NiMo/Al_2O_3$	齿轮椭球型	2.5×3.5	脱金属 Ni、V 活性高，脱硫和残炭转化能力增强

2.2　FZC 系列渣油加氢催化剂[6,7]

1995 年 5 月，FRIPP 开发的 FZC 系列渣油加氢催化剂首次工业应用。FZC 系列渣油加氢催化剂共有 4 大类，即保护剂、加氢脱金属剂、加氢脱硫剂和加氢脱残炭/脱氮剂，先后共有 60 多个牌号，目前主要使用的催化剂牌号及特性见表 4。FZC 系列渣油加氢催化剂已在国内多家炼厂应用近 40 次，结果表明具有很好的活性和稳定性，可为 RFCC 装置提供优质进料，并具有良好的原料适应性。2008 年 3 月，FZC 系列渣油加氢催化剂开始在印尼国家石油公司 3.50Mt/a ARHDM 装置上应用，该装置体积空速较高，达到 $0.3h^{-1}$，加工米纳斯和杜力混合原油的常压渣油，生产硫质量分数小于 200μg/g 加氢常压渣油作为 FCC 原料。装置运转了 21 个月，超出设计预期 7 个月。

表 4　FZC 系列渣油加氢催化剂及功能

催化剂牌号		形状	特性	活性组分
HG	FZC-100B	四叶轮	高空隙率，弱加氢活性，沉积垢物，HDM，脱 Fe、Ca	Mo、Ni
	FZC-11A	四叶轮		Mo、Ni
	FZC-11Q	四叶轮		Mo、Ni
	FZC-12A/B	四叶轮		Mo、Ni
	FZC-12Q	四叶轮		Mo、Ni
	FZC-13A/B	四叶草		Mo、Ni
	FZC-13Q	四叶草		Mo、Ni
	FZC-14A	拉西环	惰性支撑剂	Mo、Ni
	FZC-14Q	拉西环	活性支撑剂	Mo、Ni
	FZC-10U/18MN	球形	高 HDM，HDS，容金属能力强，较高沥青质转化能力	Mo、Ni
	FZC-11U	球形		Mo、Ni
	FZC-10UH/1MN	齿球	高 HDM，适中 HDS，容金属能力强，较高沥青质转化能力	Mo、Ni
	FZC-11UHT/2MN/3MN	齿球		Mo、Ni

续表

催化剂牌号		形状	特性	活性组分
HDM	FZC-24A	四叶草	高 HDM，容金属能力强，稳定性好，沥青质转化能力强	Mo、Ni
	FZC-28B	四叶草		Mo、Ni
	FZC-20	圆柱	高 HDM，适中脱硫活性，容金属能力强，沥青质能力转化	Mo、Ni
	FZC-24	四叶草		Mo、Ni
	FZC-28	四叶草		Mo、Ni
HDS	FZC-30	圆柱	较高容金属能力，高 HDS 和 HDCCR	Mo、Ni
	FZC-33/33B	四叶草		Mo、Ni
	FZC-34A	四叶草		Mo、Co
	FZC-34/34B	四叶草		Mo、Ni
HDCCR	FZC-40	四叶草/圆柱	高 HDS，HDN，HDCCR，稳定性好	Mo、Ni
	FZC-41	四叶草/圆柱		Mo、Ni
	FZC-41A/B	四叶草		Mo、Ni

2.3 中国石油渣油加氢催化剂

2015 年，中国石油石油化工研究院(PRI)研发的 PHR 系列渣油加氢催化剂首次进行工业试验。PHR 系列催化剂包括保护剂、脱金属剂、脱硫剂、脱残炭剂 4 大类共 12 个牌号，负载活性金属均为 Ni-Mo。PHR 系列催化剂物化性质见表 5。

表 5 PHR 系列催化剂物化性质

催化剂	牌号	比表面积/(m^2/g)	孔体积/(mL/g)	机械强度/(N/mm)	堆密度/(g/mL)	形状
保护剂	PHR-401			≥200 N/粒	0.75	七孔球
	PHR-402			≥5.5	0.50	拉西环
	PHR-403			≥4.5	0.50	拉西环
	PHR-404	≥135	≥0.66	≥20 N/粒	0.45	齿球
脱金属剂	PHR-101	≥110	≥0.53	≥12	0.53	四叶草
	PHR-102	≥110	≥0.53	≥12	0.53	
	PHR-103	≥110	≥0.53	≥11	0.53	
	PHR-104	≥125	≥0.56	≥13	0.55	
脱硫剂	PHR-201	≥140	≥0.50	≥15	0.65	四叶草
	PHR-202	≥150	≥0.48	≥15	0.66	
	PHR-203	≥170	≥0.46	≥15	0.68	
脱残炭剂	PHR-301	≥170	≥0.46	≥15	0.69	四叶草

3 固定床渣油加氢处理技术工业应用

表 6 汇总了采用自有技术建设的部分固定床渣油加氢工业装置概况，下面简要介绍其中的 2 套典型装置。

表6　中国大陆采用自有技术建设的部分渣油加氢工业装置概况

装置所在公司	中国石化茂名分公司	中国石化海南炼油化工有限公司	中国石化长岭分公司	中国石化金陵分公司
投产年月/已运行周期数	1999-12/十	2006-09/九	2011-08/四	2012-09/二
技术专利商和技术名称（装置建设）	FRIPP：S-RHT	RIPP/FRIPP：RHT/S-RHT	RIPP：RHT	FRIPP：S-RHT
反应器个数	2×5	2×2	1×4	1×4
反应器系列是否可以单独开停工	不可以	可以		
保护反应器是否可以在线切除	不可以	不可以	不可以	不可以
加工量/（Mt/a）	2.0	3.1	1.7	1.8
一反入口氢分压/MPa	14.7	13.5	15.0	15.7
进料体积空速/h^{-1}	0.20	0.40	0.22	0.20
设计运转周期/h	8000	8400	8000	8000
设计加工原料种类	沙轻减渣/伊朗减渣/VGO=45/26.5/28.5	阿曼原油减渣/常渣=42/58	仪长管输原油减渣、重蜡油、CGO混合油	减压渣油、直馏蜡油混合油
使用过的催化剂	FRIPP：FZC系列 RIPP：RHT系列 Criterion：RM/RN系列	RIPP：RHT系列； FRIPP：FZC系列； ART：ICR系列； Albemarle：KFR系列； Axens：HM/HT系列	RIPP：RHT系列	FRIPP：FZC系列 RIPP：RHT系列

装置所在公司	中国石化上海石化股份公司	中国石化安庆分公司	中国石化扬子石化公司	中国石化石家庄分公司	中国石化九江分公司
投产年月/已运行周期数	2012-11/二	2013-10/二	2014-07/一	2014-09/一	2015-09/一
技术专利商和技术名称（装置建设）	RIPP：RHT	RIPP：RHT	FRIPP：S-RHT	FRIPP：S-RHT	RIPP：RHT
反应器个数	2×5	1×5	1×4	1×5	1×4
反应器系列是否可以单独开停工	可以				
保护反应器是否可以在线切除	不可以	可以	不可以	可以	可以
加工量/（Mt/a）	3.9	2.0	2.0	1.5	1.7
一反入口氢分压/MPa	15.0	15.0	15.7	15.7	15.5
进料体积空速/h^{-1}	0.20	0.23	0.19	0.188	0.205
设计运转周期/h	8400	8400	8000	8400	8000
设计加工原料种类	中东原油渣油、CGO混合油	仪长管输原油减渣、重蜡油、CGO混合油	减压渣油、直馏蜡油混合油	减压渣油、直馏蜡油混合油	仪长管输原油减渣、重蜡油、CGO混合油
使用过的催化剂	RIPP：RHT系列	RIPP：RHT系列	FRIPP：FZC系列	FRIPP：FZC系列	RIPP：RHT系列

3.1　中国石化茂名分公司2Mt/a渣油加氢装置[8-11]

中国石化茂名分公司（简称茂名石化）2Mt/a渣油加氢装置是我国首套采用国内固定床渣油加氢技术建设的工业装置。该装置由中国石化洛阳工程有限公司（LPEC）设计，1999年12

底建成投产。2Mt/a 渣油加氢装置反应部分工艺流程示意见图 1。装置反应部分分为Ⅰ/Ⅱ两个系列，每个系列有 5 台反应器。

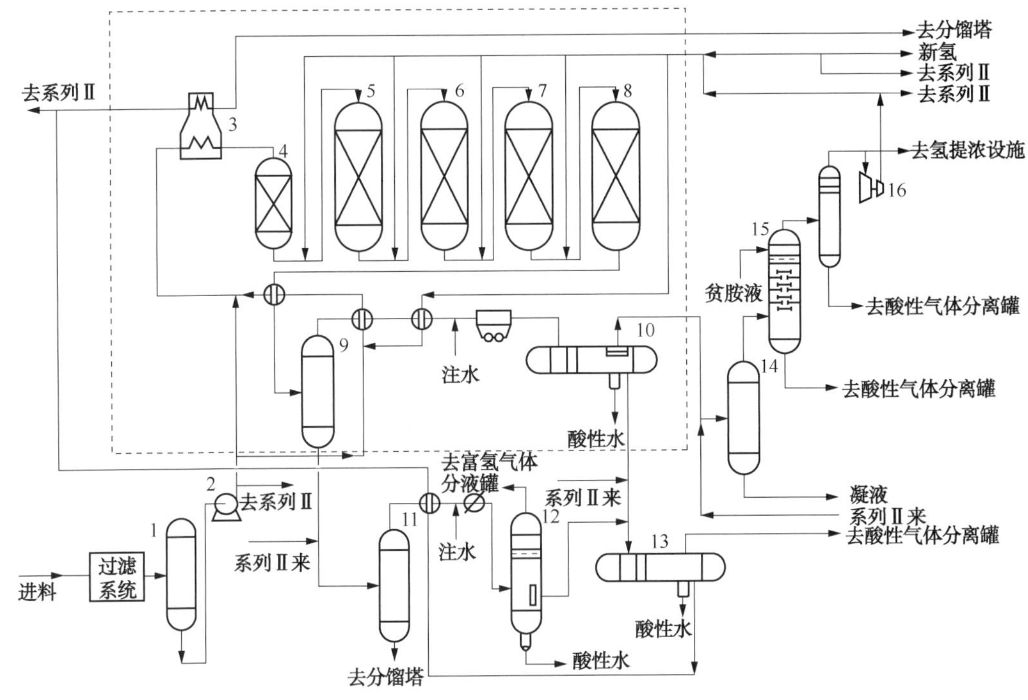

图 1　渣油加氢装置反应部分原则工艺流程

（虚线框内为Ⅰ系列部分）

1—滤后原料缓冲罐；2—原料泵；3—加热炉；4，5，6，7，8—加氢反应器；9—热高压分离器；10—冷高压分离器；11—热低压分离器；12—冷低压闪蒸罐；13—冷低压分离器；14—聚结器；15—循环氢脱硫塔；16—循环氢压缩机

2Mt/a 渣油加氢装置第一至第四周期使用 FRIPP 开发的 FZC 系列渣油加氢催化剂，典型工业运转数据见表 7。该装置第五、第六周期采用 RIPP 开发的 RHT 系列渣油加氢催化剂，第五周期主要运行数据列于表 8。

表 7　2Mt/a 渣油加氢装置第一周期运转数据

项　　目		数　　据	项　　目		数　　据
渣油进料性质	密度(20℃)/(g/cm³)	0.9878	脱硫率/%		88.6
	硫质量分数/%	3.32	脱氮率/%		58.1
	氮质量分数/(μg/g)	2800	脱残炭率/%		57.4
	残炭/%	12.64	脱金属(Ni+V)率/%		77.4
	Ni 含量/(μg/g)	18.9	加氢常渣性质	硫质量分数/%	0.42
	V 含量/(μg/g)	51.9		氮质量分数/(μg/g)	1291
	Fe 含量/(μg/g)	5.7		残炭/%	5.98
	Na 含量/(μg/g)	0.28		Ni+V 质量分数/(μg/g)	17.8
反应条件	氢分压/MPa	15.56	产品分布/%	石脑油	1.83
	体积空速/h^{-1}	0.2		柴油	5.14
	反应温度/℃	356		常压渣油	90.56

表 8　2Mt/a 渣油加氢装置第五周期运转数据

累计运转时间/月		3	6	9	12	16	18
渣油进料性质	密度(20℃)/(g/cm³)	0.9680	0.9733	0.9583	0.9587	0.9675	0.9547
	硫质量分数/%	3.12	3.01	2.94	2.55	3.80	2.56
	氮质量分数/(μg/g)	2510	2900	2730	3050	3700	3230
	残炭/%	11.21	11.38	8.96	10.06	9.05	8.70
	Ni+V 质量分数/(μg/g)	71.9	85.5	50.5	51.2	119.8	46.6
反应条件	一反入口压力/MPa	16.43	16.45	16.52	16.58	16.90	16.89
	体积空速/h^{-1}	0.2	0.2	0.2	0.2	0.2	0.2
	反应温度/℃	370	379	381	382	385	392
脱硫率/%		89.3	88.3	88.1	84.5	88.2	84.5
脱氮率/%		31.1	39.7	45.6	38.9	40.5	45.6
脱残炭率/%		59.2	59.2	56.1	55.4	53.9	55.2
脱金属(Ni+V)率/%		90.9	93.1	90.3	83.1	93.5	82.7
加氢常渣性质	硫质量分数/%	0.37	0.39	0.39	0.44	0.50	0.44
	氮质量分数/(μg/g)	1920	1940	1650	2070	2450	1950
	残炭/%	5.08	5.16	4.37	4.99	4.64	4.33
	Ni+V 质量分数/(μg/g)	7.3	6.5	5.5	9.6	8.6	9.0
产品分布/%	石脑油	0.85	1.53	1.16	1.42	1.49	1.79
	柴油	5.35	6.56	6.40	6.48	6.43	8.96
	常压渣油	90.67	89.06	90.57	89.83	89.39	87.70
能耗/(MJ/t)		728.992	779.152	629.926	659.604	677.996	719.378

3.2　上海石化 3.9Mt/a 渣油加氢装置[12,13]

中国石化上海石油化工股份有限公司(以下简称上海石化)3.9Mt/a 渣油加氢装置是上海石化 16Mt/a 炼油改造工程的核心装置。3.9Mt/a 渣油加氢置采用 RIPP 的渣油加氢处理 RHT 技术数据包，由中国石化工程建设有限公司(SEI)设计，第一周期使用 RIPP 开发的第三代 RHT 系列渣油加氢催化剂。

3.9Mt/a 渣油加氢装置工艺流程示意见图 2。反应进料泵至热、冷低压分离器之前的反应和分离部分设置 A、B 两个独立的系列，每一个系列有 5 台反应器，包括 1 台保护反应器和 4 台主反应器，两个系列可以单独开停工。

上海石化 3.9Mt/a 渣油加氢装置第一周期运行平稳，B 列运行 445d(因高压换热器内漏提前停工检修)，A 列运行 582d。3.9Mt/a 渣油加氢装置第一周期共加工原料油 4.7473Mt，平均负荷为 99.84%。掺渣比为 62.35%，较设计掺渣比 61.44%高 0.91 个百分点。表 9 为第一周期的物料平衡数据。第一周期月平均能耗为 722.429MJ/t。第一周期两系列各反应器径向温差较小且较稳定，即使运转末期也都在 6℃以下，说明反应器物流分布较均匀，反应器分配盘分布效果较好。

3.9Mt/a 渣油加氢装置所使用的 RHT 系列催化剂加氢性能良好，在整个周期都能够为下游的催化裂化装置提供低硫、低金属、低残炭值的加氢重油原料。表 10 列出了装置运转 220 多天时中期标定的数据，表明在较低的反应温度下 RHT 系列渣油加氢催化剂具有较高的杂质脱除活性。

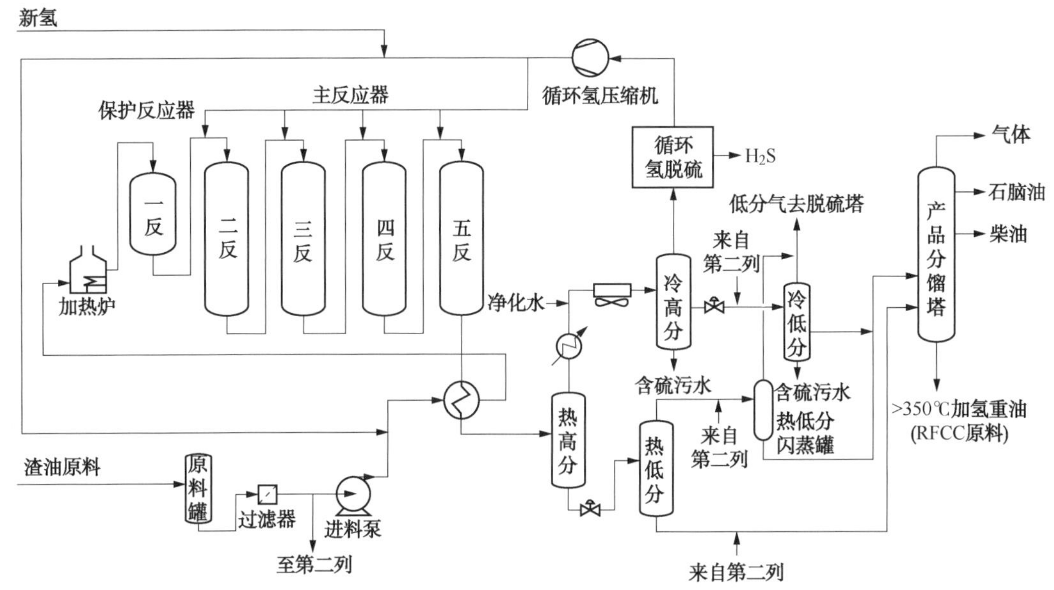

图 2　3.9Mt/a 渣油加氢装置工艺流程示意

表 9　3.9Mt/a 渣油加氢装置第一周期物料平衡

项　　目		流量/kt	收率/%
进料	减压渣油	1605.2	33.81
	常压渣油	2038.6	42.94
	焦化蜡油	172.1	3.63
	减压蜡油	706.4	14.88
	脱沥青油	127.8	2.69
	催化柴油	97.2	2.05
	原料油合计	4747.3	100
	氢气	66.8	1.41
	合计	4814.1	101.41
产出	酸性气	129.8	2.73
	干气	19.7	0.41
	石脑油	27.7	0.59
	柴油	358.	7.55
	加氢渣油	4246.0	89.44
	轻烃	16.7	0.35
	含氢气体	10.4	0.22
	损失	5.8	0.12
	合计	4814.1	101.41

表 10　3.9Mt/a 渣油加氢装置中期标定数据

项　　目		2013-07-11	2013-07-12	2013-07-13	设计值
原料油性质	密度(20℃)/(g/cm^3)	0.9796	0.9764	0.9742	0.9916
	硫质量分数/%	3.74	3.43	3.33	3.91
	氮质量分数/%	0.29	0.27	0.28	0.37
	残炭/%	11.48	11.37	11.22	13.33
	Ni+V 质量分数/(μg/g)	97.1	75.6	76.5	108.9
反应条件	进料量(A 列/B 列)/(t/h/列)	238.69/245.94	232.40/239.45	240.23/240.44	232.14
	一反入口压力(A 列/B 列)/MPa	17.46/17.31	17.29/17.15	17.24/17.09	17.30
	体积空速(A 列/B 列)/h^{-1}	0.20/0.21	0.20/0.20	0.20/0.20	0.20
	平均反应温度(A 列/B 列)/℃	375.2/376.9	375.3/377.1	375.2/376.6	378(SOR)
脱硫率/%		91.1	90.1	88.3	89.5
脱氮率/%		51.7	55.6	46.4	45.9
脱残炭率/%		56.3	57.7	57.8	62.2
脱金属(Ni+V)率/%		89.2	88.3	85.8	90.1
加氢常渣性质	密度(20℃)/(g/cm^3)	0.9317	0.9233	0.9278	0.9380
	硫质量分数/%	0.33	0.34	0.39	0.41
	氮质量分数/%	0.14	0.12	0.15	0.20
	残炭/%	5.58	5.34	5.26	5.60
	Ni+V 质量分数/(μg/g)	11.7	9.8	12.1	12.0

4　渣油加氢-催化裂化双向组合 RICP 技术

在开发渣油加氢脱硫技术的同时，为了更有效利用宝贵的石油资源，使渣油转化为价值更高、需求更大的轻质油品，中国的石化研究单位还开发了一些渣油加工组合工艺技术，其中 RIPP 开发的 RICP 技术是一个典型代表。

在传统的渣油加氢脱硫-RFCC 组合工艺中，渣油经加氢脱硫后作为 RFCC 原料，而 RFCC 的重循环油(HCO)直接返回到 RFCC 装置中加工。由于 HCO 含大量多环芳烃，因而轻油收率低，生焦量大，增加了再生器负荷，降低了 RFCC 装置的处理量及经济效益。为克服上述缺点，RIPP 提出渣油加氢-RFCC 双向组合工艺 RICP 技术[1]，即将 RFCC 装置原本自身回炼的 HCO 改为输送到渣油加氢装置原料罐，经加氢处理后再同加氢渣油一起回到 RFCC 装置进行转化。RICP 技术是解决传统固定床渣油加氢处理与催化裂化组合工艺三大技术难题的有效技术手段。

2006 年 5 月，RICP 技术开始在中国石化齐鲁分公司(简称齐鲁分公司)1.5Mt/a 渣油加氢和 0.8Mt/a 催化裂化装置上工业应用。自采用 RICP 技术后，齐鲁分公司的催化裂化装置总液体收率和轻质油收率明显提高，油浆产率下降，为炼厂带来，可观的经济效益。表 11 列出了 RICP 技术工业应用的技术标定数据。

表 11　RICP 方案与常规方案产品分布数据对比

项　目		RICP	常规组合工艺	差值
新鲜进料量/(t/h)		107.61	103.06	4.55
加氢脱硫渣油掺入比例/%		76.44	72.60	3.84
产品分布/%	干气	2.02	2.14	-0.12
	液化气	13.40	13.53	-0.13
	稳定汽油	40.72	39.13	1.59
	柴油	33.28	32.97	0.30
	油浆	2.45	3.54	-1.09
	焦炭	8.09	8.66	-0.57
	损失	0.04	0.03	
	总计	100	100	
转化率/%		64.27	63.48	0.79
轻质油收率/%		74.00	72.10	1.90
总液收产率/%		87.39	85.63	1.76

从表 11 所列的 RICP 技术与常规工艺对比数据可以看出，采用 RICP 技术催化裂化单元的产品分布明显改善，轻质油收率增加 1.90 个百分点，其中汽油产率增加了约 1.59 个百分点，焦炭产率降低 0.57 个百分点，油浆产率减少 1.09 个百分点。

除齐鲁分公司外，RICP 技术还在中国石化安庆分公司、九江分公司以及中国石油四川石化分公司等得到应用。

5　结论

经过 20 多年的发展，中国石化自主开发的固定床渣油加氢处理技术及系列渣油加氢催化剂不断进步，目前已达到国际先进水平。新一代的固定床渣油加氢处理技术和催化剂特点是大分子(沥青质、胶质等)加氢转化能力增强、小分子(多环芳烃)的加氢饱和程度提升、催化剂容金属能力提高，因此可以提高金属杂质 Ni、V 及 S、N 的脱除率和加氢重油的氢含量，为催化裂化装置提供更优质的原料，同时固定床渣油加氢处理装置的运转周期更长，为客户创造了显著的经济效益。采用中国石化开发的固定床渣油加氢处理技术所建设工业装置已达到 12 套，总加工能力达 26.3Mt/a。RHT 和 FZC 系列渣油加氢催化剂已经累计工业应用 76 套次，不但在中国大陆得到广泛应用，还 6 次销往海外市场。中国石化开发的渣油加氢-RFCC 双向组合工艺 RICP 技术属世界首创的工业化技术，具有明显提高轻质油收率的效果。

参 考 文 献

[1] 聂红，杨清河，戴立顺，等．重油高效转化关键技术的开发及应用[J]．石油炼制与化工，2012，43(1)：1-6.

[2] 胡大为，杨清河，戴立顺，等．RIPP 新一代高效渣油加氢处理 RHT 系列催化剂的开发及工业应用[J].

石油学报(石油加工)，2011，27(2)：162-167.

[3] 胡大为，杨清河，戴立顺，等．第三代渣油加氢RHT系列催化剂的开发及应用[J]．石油炼制与化工，2013，44(1)：11-15.

[4] 李大东．炼油工业：市场的变化与技术对策[J]．石油学报(石油加工)，2015，31(2)：208-216.

[5] 刘涛，邵志才，杨清河，等．延长渣油加氢装置运转周期的RHT技术及其工业应用[J]．石油炼制与化工，2015，46(7)：43-46.

[6] 胡长禄，赵愉生，刘纪端，等．渣油固定床加氢处理技术的研究开发[J]．炼油设计，2001，31(6)：39-43.

[7] 韩崇仁．发展渣油加氢-催化裂化组合工艺增产清洁运输燃料[J]．当代石油石化，2005，13(6)：8-15.

[8] 王强，李志军．加工高含硫原油的渣油加氢脱硫-重油催化裂化组合工艺运行及其改进[J]．石油炼制与化工，2002，33(8)：1-6.

[9] 侯芙生．中国炼油技术[M].3版．北京：中国石化出版社，2011：357-365.

[10] Yin Zhaolin. Operation and optimization of residue hydrotreating unit using new catalyst system[J]. China Petroleum Processing and Petrochemical Technology，2012，14(3)：50-58.

[11] 王明进．第三代RHT系列催化剂在2.0Mt/a渣油加氢装置的工业应用[J]．石油炼制与化工，2014，45(12)：29-33.

[12] 李昊鹏．3.9Mt/a渣油加氢装置运行情况分析[J]．石油炼制与化工，2014，45(5)：77-82.

[13] 陈锴．渣油加氢装置第一周期运行情况分析[J]．石油化工技术与经济，2015，31(1)：39-44.

加氢系列催化剂开发与应用

王继锋[1]　杜艳泽[1]　龙湘云[2]　兰　玲[3]

(1. 中国石化抚顺石油化工研究院；2. 中国石化石油化工科学研究院；
3. 中国石油石油化工研究院)

摘　要： 阐述了我国在加氢系列催化剂开发与应用方面的最新进展情况。重点突出了为满足工业实现清洁生产和产品质量持续升级的需求，我国加氢催化剂技术经历了“实物模仿”到“概念模仿”，再到“技术创新”科学的研发过程，不仅完成了催化剂系列化，还能够能根据用户特定需求“量体裁衣”地进行催化剂设计，在开发探索与应用研究方面均取得了巨大的进步，满足了不同企业的实际生产需要，为国内炼油行业的发展提供有力的技术支撑。

1　概述

在现代炼油工业中，加氢技术包括加氢处理和加氢裂化两大类技术。加氢处理是指在加氢反应过程中有<10%的原料油分子变小的那些加氢技术，通常包括加氢精制和加氢处理技术。就其加工的原料而言，它包括液化气加氢、重整预加氢、重整生成油加氢、焦化汽柴油加氢、航煤加氢、柴油加氢、FCC 原料加氢预处理、特种油品加氢、渣油加氢等技术。加氢裂化是指加氢反应过程中，原料油的烃分子有 10%以上变小的那些加氢技术。就其所加工的原料而言，它包括柴油加氢改质、馏分油加氢裂化、渣油加氢裂化和馏分油加氢脱蜡等工艺技术。

催化加氢是当代最重要的原油二次加工手段，也是最重要的清洁生产工艺之一，它可以加工从气体直至渣油的任何原料。在全世界炼油工业中加氢装置的加工能力约占原油蒸馏能力的 50%以上，远高于其他任何一种原油二次加工装置的能力。另外，加氢是生产清洁运输燃料和环境友好油品的最重要手段，是精制油品或油料提高使用或加工性能的主要方法，是油化结合、生产化工原料的重要技术，是将渣油和重质原油转化为高价值产品的有效途径。在未来的 20 年里，石油仍将是全球最主要的一次能源，然而原油资源获取难度将越来越大，重质化、劣质化趋势日趋明显，提高资源和能源的清洁利用率，大力发展催化加氢技术是未来炼油技术的发展趋势。加氢技术的核心是加氢催化剂，国内外各大石油公司均非常重视加氢催化剂的研发工作。我国从 20 世纪 50 年代开始进行加氢系列技术的研究工作，目前从事加氢工艺及催化剂研究，且能够代表国内加氢技术研发水平的科研院所主要包括中国石油化工股份有限公司(简称中国石化)下属的抚顺石油化工研究院(简称 FRIPP)和石油化工科学研究院(简称 RIPP)以及中国石油天然气股份有限公司(中国石油 CNPC)下属的石油化工研究院(简称 CPI)等。

2　催化材料及制备技术进展

加氢处理催化剂的研究长期以来一直是催化科学、材料科学和炼油技术方面最活跃的领域之一。与20多年前相比，当前国内外主要工业加氢催化剂的活性组元并没有根本性的变化，但催化剂的性能却有了大幅度的提高。一个重要原因在于，随着现代大型先进分析方法的使用，人们对加氢催化剂活性相结构和活性中心本质的认识得以不断加深，对于催化剂构效关系的理解日趋清晰，从而为催化剂载体材料、成型与制备技术的研究提供了更明确的方向，进而推动了催化材料和催化剂制备技术的发展。

在加氢催化剂载体材料的研究和应用方面，主要体现在对常规催化材料的改性和新型载体材料的合成上。加氢处理催化剂最常用的载体是γ-氧化铝，其前驱体主要是拟薄水铝石。氧化铝载体的表面化学性质和孔结构对加氢处理催化剂的性能有着重要影响。通过改进和优化拟薄水铝石的制备方法和制备参数，近年来国内外新开发的氧化铝载体，不仅其表面物化性质和孔结构性质得到进一步优化，而且在降成本和环境友好方面也有很大进步。如用硫酸铝-偏铝酸钠法替代原来的氯化铝-氨水法合成氧化铝[1]，不仅生产效率提高，而且更加环保。近年来，碳化法生产氧化铝引起人们重视[2]，是成本最低的工艺路线，并且解决了温室气体的出路。采用新制备流程开发了RPB系列拟薄水铝石材料[3]，明显提高了加氢催化剂的加氢脱杂质性能。

酸性组分是加氢裂化催化剂中裂解活性的主要来源，其酸性的强弱依次为改性分子筛、无定型硅铝和氧化铝。改性分子筛主要是Y型分子筛，也有少量的β沸石。近些年，为了适应处理更重质、劣质原料需求，对分子筛催化材料的研究主要集中在如何提高原料烃分子与分子筛的活性中心可接近性以及改善生成产物的扩散性能方面。研究成果体现在降低分子筛催化材料的颗粒尺寸和分子筛晶体中引入介孔结构两个方面获得了突破，并成功应用到新一代加氢裂化系列催化剂中，获得了良好的应用效果[4-6]。

与传统负载型加氢处理催化剂相比，体相型加氢催化剂的活性中心密度要高得多，因此其活性得到成倍提高。国内从事加氢研究的主要研究院所均进行了该方面的研究，并取得了可实用化的成果。体相加氢催化剂活性虽然高，但其相对昂贵的成本限制了其广泛应用。针对这一情况，国内也开发了体相催化剂与传统负载型催化剂级配技术，在性能提升的基础上，降低了油品质量升级的成本，拓宽了体相催化剂的应用范围[7-8]。

在催化剂制备技术方面，络合制备技术是制备具有高本征活性的Ⅱ类活性相结构、提高催化剂活性的有效方法，已经在国内外主流的商业加氢处理催化剂制备过程中普遍采用。近年来，国外通过对加氢催化剂活性相的观察和解析，发现并证实了Rim和Edge活性位的存在[9]，并基于这一发现开发了BRIM™催化剂制备技术[10]。在Ⅱ类活性相制备平台技术基础上，开发了以实现活性中心数量最大化为目的的MAS技术平台，在新型柴油超深度脱硫催化剂性能提升中起到了关键性的作用[11]。另外，在多组分加氢催化剂组分粒子混合的均匀度方面，UDRM液体辅助混合技术解决了机械干混带来的粒子颗粒度大、分布不均匀的问题，制备的催化剂催化性能获得了明显的提升[12]。

加氢催化剂技术研发与应用过程中，催化剂异形化是一个重要的研究方向，中国石化在原有常规圆球、三叶草和圆柱条形状的催化剂基础上，先后开发出蝶形、鸟巢型和齿球型加氢催化剂。与常规形状催化剂相比，异形催化剂可以增大催化剂的外表面积和改善外传质扩散速度，在不改变催化剂组成配方的条件下，可以明显改善固定床加氢装置运行性能，如提高催化反应效率、改善滴流床反应器物流分配、增加装置容垢能力、简化催化剂的填装和缓解反应器床层等。这些异形加氢催化剂已经在多种加氢工艺过程中实现了工业应用，取得了良好的应用效果。

综上所述，清洁炼油工业发展的需求促进了加氢催化材料、催化剂制备技术和催化剂异形化的进步。通过深入的研究，催化剂的制备技术不断进步，催化材料的本征活性不断提高。

3 加氢处理催化剂研发与应用进展

3.1 重整预加氢催化剂

随着国民经济的发展，催化重整对原料的需求量越来越大，同时重整原料来源也更为广泛。不同来源和质量的原料对重整预加氢催化剂的活性、选择性及稳定性提出了更高的要求。对于高硫石脑油原料，应优先选择 CoMo 型加氢脱硫催化剂；对于高氮石脑油原料，特别是原料中的氮质量分数>5×10^{-6}时，应首先考虑选择 NiMo 或 NiW 型催化剂；对于硫、氮含量都高的石脑油原料，则以选择 CoMo 型和 NiMo 型(或 NiW)双催化剂级配体系为宜。重整预加氢催化剂总体上向着活性高、适应性强及稳定性好的方向发展。FRIPP 在原有 481-3 和 FDS-4 催化剂的基础上开发出 FH-40A、FH-40B 和 FH-40C 系列催化剂，该系列催化剂以新型改性铝基原料制备的三叶草形氧化铝颗粒为载体，分别以 Mo-Ni、Mo-Co、W-Mo-Ni-Co 为催化剂活性组分。FH-40 系列催化剂具有孔容大、比表面积高、加氢脱硫和加氢脱氮活性好及装填密度小等特点，不仅能满足常规工况条件下的加氢需求，而且满足了苛刻原料(超高氮含量)的重整预加氢要求，已在国内外 100 多套装置工业应用。RIPP 开发了适应各种原料的 RS-1、RS-20 和 RS-30 等系列重整预加氢催化剂。该系列催化剂采用新型的蝶形氧化铝载体，选取加氢活性高的 Ni-W 体系作为主要活性组分，同时引入适量的 Co 进一步优化催化剂的加氢性能。RS 系列催化剂加氢脱硫、加氢脱氮活性高，稳定性好，加工高氮的劣质原料(氮含量 6～8μg/g)时其产品也可满足重整进料要求。自 1994 年首次工业应用以来，RS 系列催化剂已在国内外进行了 63 套次的工业应用。

3.2 催化汽油选择性加氢脱硫催化剂

利用汽油加氢技术，能够脱除催化汽油中的有机硫化物，还能在少损失辛烷值基础上降低汽油中的烯烃含量。国内开发 FCC 汽油选择性脱硫技术，主要有 FRIPP 的 OCT 系列、RIPP 的 RSDS 系列和中国石油石油化工研究院的技术。

FRIPP 针对 OCT 系列技术，配套开发了满足国Ⅲ、国Ⅳ和国Ⅴ标准清洁汽油生产的 FGH 系列专用催化剂，已在国内 17 套次 FCC 汽油选择性加氢装置上工业应用。其中满足国Ⅴ排放标准的 ME-1 催化剂已经在湛江东兴等获得了成功的工业应用。

RSDS 技术至今已经发展至第三代，配套的选择性加氢脱硫催化剂也从 RSDS-1、RSDS-21/RSDS-22 发展到 RSDS-31，可分别满足国Ⅲ、国Ⅳ和国Ⅴ标准汽油的生产要求。RSDS 系列催化剂的特点是加氢脱硫活性高、烯烃饱和活性和芳烃饱和活性低。目前，RSDS 系列催化剂已在国内累计工业应用 22 套次，其中第三代催化剂 RSDS-31 已在 7 套工业装置上成功应用，为中国汽油质量全面升级到国Ⅴ提供了可靠的技术支撑。

为了满足 FCC 汽油清洁化需要，中国石油成功开发了 FCC 汽油加氢脱硫改质系列催化剂，包括预加氢催化剂 PHG-131、GDS-20，选择性加氢脱硫催化剂 PHG-111、GDS-30，加氢后处理催化剂 PHG-151，加氢脱硫改质催化剂 GDS-40、FO-35M。上述催化剂产品已在中国石油 13 套工业装置应用，呈现出优异的脱硫活性和辛烷值保持性能，有力支撑了中国石油国Ⅳ、国Ⅴ标准清洁汽油质量升级。

3.3 直馏航煤加氢精制催化剂

低压航煤加氢技术以直馏常一线油为原料，使用轻质馏分油加氢催化剂，在较为缓和的操作条件下，生产满足 GB 6537—2006 质量规范的 3 号喷气燃料。直馏航煤精制主要目的是脱硫醇、降酸值、改善颜色。航煤加氢精制反应条件可根据原料性质、产品要求及现实条件来确定，一般在氢分压 0.5~4.0MPa、体积空速 2~10h^{-1}、氢油比 50~200、反应温度 200~320℃之间。针对直馏煤油馏分特点及喷气燃料质量要求，FRIPP 开发的 W-Mo-Ni 型 FH-40C 催化剂加氢脱氮和加氢脱硫活性高，Mo-Co 型 FH-40B 催化剂具有加氢脱硫活性选择性好等特点，已在煤油低压加氢和液相加氢装置上广泛应用。RIPP 开发了航煤低压临氢脱硫醇 RHSS 技术[13]和配套的 W-Ni 型 RSS-1A、RSS-2 催化剂。这些催化剂在高空速情况下，具有活性高和稳定性好的特点，在多家企业获得了良好的工业应用效果。

3.4 柴油加氢精制催化剂

1998 年以后，我国相继实行了国Ⅱ、国Ⅲ和国Ⅳ排放标准，并且即将全面执行国Ⅴ排放标准。与环保法规的变化相适应，车用柴油中硫含量的限制从不高于 500μg/g、逐步降低至不高于 350μg/g、50μg/g 和 10μg/g。在这一背景下，超低硫柴油的生产成为当前国内炼油企业面临的主要问题之一。为满足炼油企业生产国Ⅳ、国Ⅴ标准清洁柴油的需要，国内科研院所围绕提高柴油加氢精制催化剂性能进行了大量的研究工作，陆续开发了一系列高性能的柴油加氢精制催化剂，而Ⅱ类活性相制备技术的应用对催化剂性能的提高起到了关键性作用。随着柴油清洁化进程的逐步加快，开发高质量清洁柴油燃料生产技术是石油炼制领域面临的主要问题之一。低硫化是今后车用柴油燃料的发展方向，加氢技术目前仍是生产超低硫柴油的主流技术。研制开发高效稳定的加氢催化剂是清洁柴油研究领域的主要方向，只有这样才能满足未来柴油更新换代的需求。

为满足炼油企业生产国Ⅳ及国Ⅴ标准清洁柴油的需要，FRIPP 通过对直馏柴油、催化柴油及焦化柴油的硫化物分布、硫形态及芳烃等精细组成分析，针对不同原料油性质及其反应途径的不同，通过优化活性金属、制备有利于大分子吸附的高有效孔道比例新型载体、改进活性金属负载方式等多种措施，增加催化剂活性中心数及其本征活性，提高催化剂脱除大分子硫化物的活性，分别开发了适合直馏柴油、二次加工柴油及直馏柴油与二次加工柴油混合油超深度脱硫的 FHUDS 系列催化剂。即：针对直馏柴油及二次加工柴油混合油的深度脱硫，2005 年开发了 W-Mo-Ni-Co 型 FH-UDS 催化剂，2010 年开发了 S-RASSG 催化剂级配技术；针对加工催柴、焦柴等劣质柴油满足生产硫含量<10μg/g 无硫柴油的需要，开发了 W-Mo-Ni 型 FHUDS-2、FHUDS-6 和 FHUDS-8 催化剂；针对直馏柴油的深度脱硫，开发了直接脱硫活性好、氢耗低、具有烷基转移功能的 Mo-Co 型 FHUDS-5 催化剂，可有效减少高温下加氢途径受热力学平衡的影响(催化剂活性关系见图 1)。其中 2006 年开发的 W-Mo-Ni-Co 型 FH-UDS 催化剂先后在齐鲁分公司 2.6Mt/a 柴油加氢、青岛炼化公司 4.1Mt/a 柴油加氢等共计 11 套大型柴油装置工业应用。工业应用结果表明，FH-UDS 催化剂可以满足企业生产硫

含量<50μg/g 低硫柴油和硫含量<10μg/g 无硫柴油的需要，体现了优异的深度加氢脱硫活性。

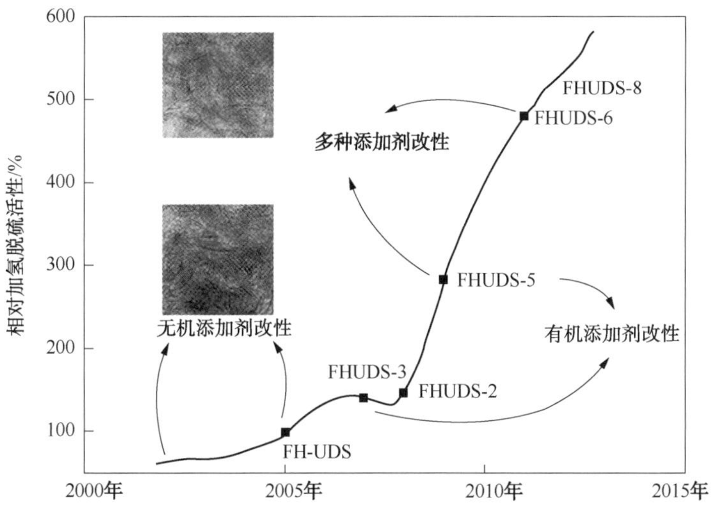

图1　FRIPP 柴油加氢精制催化剂性能的持续进步

尤其是针对不同来源柴油组分加氢精制目的及加氢装置不同反应区域反应条件的差别，为了更充分发挥不同类型催化剂的优点以提高催化剂整体使用效果，FRIPP 开发了有利于发挥不同类型催化剂活性的催化剂技术，比采用单一催化剂具有更好的超深度脱硫活性并对原料油具有更好的适应性。此外，FRIPP 还成功开发了高金属含量和高活性的 FH-FS 和 FTX 体相系列加氢精制催化剂。体相催化剂已在镇海炼化焦化汽油加氢装置、舟山石化加氢改质装置、鑫泰石化加氢裂化装置、扬子石化焦化全馏分加氢装置和扬子石化 3.7Mt/a 柴油加氢装置成功工业应用。

FHUDS-3 和 FHUDS-5 催化剂已经在国外实现了长周期生产欧 IV 和欧 V 标准柴油的工业应用，典型应用结果见表 1 和表 2。FHUDS-6 催化剂自 2011 年首次工业应用以来，已在国内 17 套加氢装置上成功应用，FHUDS-8 催化剂已在金陵、天津、镇海、塔河等多家炼厂工业应用，天津分公司 2Mt/a 柴油加氢装置采用 FHUDS-6 催化剂，加工减一线、直馏柴油、催化柴油及焦化汽柴油混合原料，截至 2015 年 5 月，装置已连续生产国Ⅴ标准车用柴油 8 个月，其运行结果见图 2。

至 2016 年 5 月，FHUDS 系列催化剂已在国内外 45 套柴油加氢装置工业应用。

表1　在印度 IOCL 公司 Panipat 炼厂典型工业应用结果

	生 产 情 况	炼 厂 要 求
原料流量/(m^3/h)	117	113
硫含量/(μg/g)	11700	16500(max)
入口压力/MPa	5.6	6.3
入口温度/℃	338	340
出口温度/℃	355	361
平均温度/℃	351	357

续表

		生产情况	炼厂要求
LHSV/h^{-1}		2.0	1.86
气油比/(m^3/m^3)		289	288
产品密度(15℃)/(g/cm^3)		0.8401	
产品硫含量/(μg/g)		47	150
产品氮含量/(μg/g)		1.32	
馏程/℃	IBP/5%	183/214	159/191
	10%/50%	234/306	210/293
	85%/90%	347/355	-/368
	95%/FBP	366/377	378/398

表 2 FHUDS-5 催化剂在捷克 Paramo 炼厂生产欧Ⅴ标准清洁柴油结果

日　期	2010 年	2011 年
催化剂型号	上周期其他催化剂	FHUDS-5
进料量/(t/h)	29	30
入口压力/MPa	3.8	3.8
入口温度/℃	359	352
出口温度/℃	369	366
床层加权平均温度/℃	364	358
加氢产品硫含量/(μg/g)	8.0	8.0

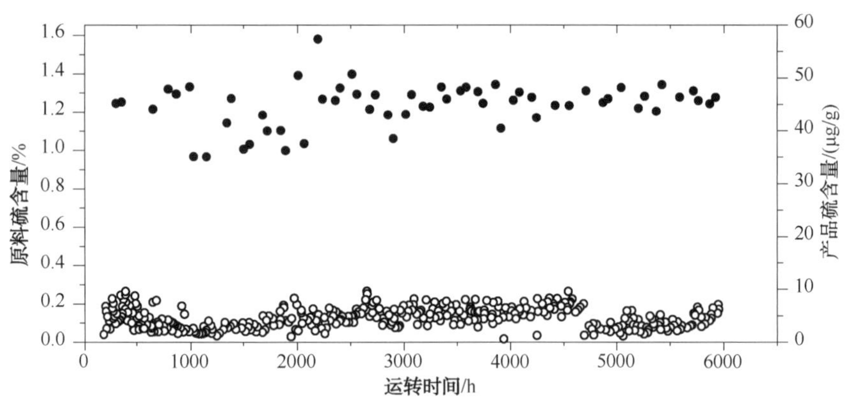

图 2 天津分公司 2Mt/a 柴油加氢装置连续生产国Ⅴ柴油结果

RIPP 早期开发的柴油加氢精制催化剂有 RN-1、RN-10 和 RN-10B 等催化剂，主要用于解决国内柴油的脱氮问题。鉴于柴油加氢精制目的的转变，从 20 世纪 90 年代末期开始，RIPP 启动了柴油深度/超深度加氢脱硫催化剂的研制，在深入认识稠环硫化物加氢脱硫反应机理[14]、加氢脱硫活性相结构[15]和催化剂加氢脱硫性能影响因素[16]的基础上，通过催化剂制备技术的突破，于 2004 年研制成功了第一代具有柴油超深度加氢脱硫能力的 NiMoW 型催化剂 RS-1000[17]。RS-1000 催化剂采用了当时革新性的Ⅱ类活性相制备技术，加氢脱硫活性得以大幅提高，从而具有了生产满足欧Ⅲ、欧Ⅳ甚至欧Ⅴ排放标准柴油产品的能力。

2006年7月，RS-1000催化剂在中国石化广州分公司2Mt/a柴油加氢装置上应用，在运转400多天后，在该装置上进行了长周期生产欧Ⅳ和欧Ⅴ柴油的工业试验，目的是检验国内是否具有生产欧Ⅳ和欧Ⅴ柴油的能力。工业试验期间的结果如图3所示。工业试验结果表明，以高硫直馏柴油掺炼10%催化裂化柴油为原料(硫含量0.5%~1.5%)，在平均反应温度350~370℃和1.7~2.0 h^{-1}的较高空速下，采用RS-1000催化剂，可以长周期稳定生产硫含量小于10μg/g、满足欧Ⅴ排放标准的柴油产品[14]。

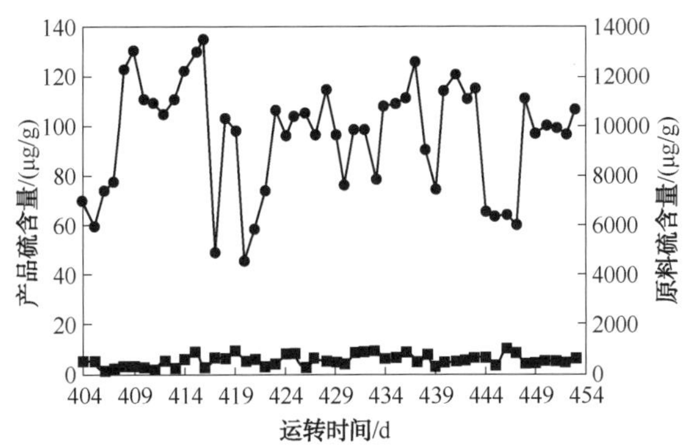

图3 广州分公司长周期生产欧Ⅴ柴油工业试验期间原料和产品硫含量变化[18]

■—产品；●—原料

此后，针对国Ⅴ柴油质量升级目标，RIPP又相继开发了RS-1100、RS-2000、RS-2200和RS-2100等一系列新型柴油超深度脱硫催化剂，目前已形成了包含CoMo、NiMo和NiMoW等各种类型催化剂的完整产品系列，催化剂性能不断提高(见图4)，可以满足由各种柴油原料(直馏柴油、直馏柴油/催化柴油、直馏柴油/焦柴等)、不同装置工况下生产国Ⅴ标准柴油的需要。近期开发的RS-2200、RS-2100催化剂，在保持高脱硫性能的同时，降低了催化剂装填密度，具有更低的失活速率，进一步提高了竞争力，其中RS-2200催化剂已实现工业应用。

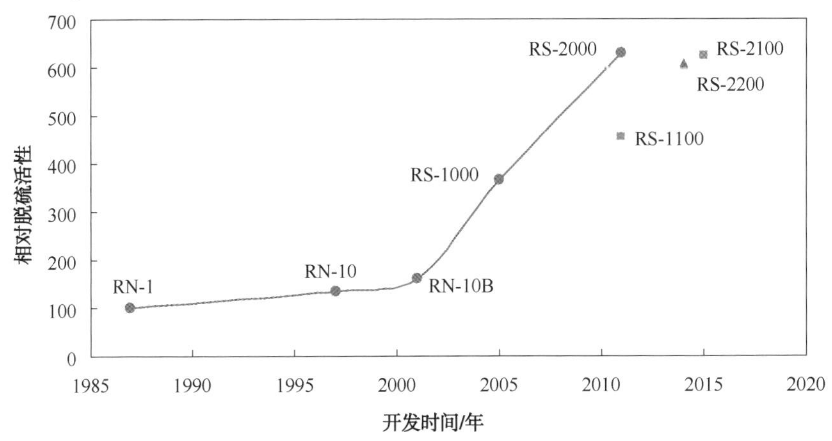

图4 RIPP柴油加氢精制催化剂性能的持续进步[19,20]

●—NiW(NiMoW) ▲—CoMo ■—NiMo

自2005年RS-1000催化剂在中国石化荆门分公司进行首次应用以来，RS系列柴油加氢加氢精制催化剂已经在国内进行了46套次的工业应用，在实现国内柴油质量升级和满足环保要求方面发挥了强有力的支撑作用。

中国石油石油化工研究院和中国石油大学(北京)联合攻关,基于"规整结构载体制备技术"和"催化剂活性中心导向负载技术"的研究,成功开发出 PHF 超低硫柴油加氢精制催化剂,催化剂性能可满足直馏柴油、二次加工柴油以及直馏柴油和二次加工柴油的混合油加氢精制生产硫含量满足国Ⅳ、国Ⅴ标准要求的生产需要。该催化剂已在中国石油所属 9 家炼厂的 10 套柴油加氢精制装置成功进行工业应用,装置加工能力 16.9Mt/a,催化剂累计装填量近 1400t。工业应用结果表明 PHF 催化剂加氢性能优良,完全满足企业清洁柴油生产需要,技术水平国际先进,为 2014 年中国石油柴油质量升级提供重要支撑。

3.5 FCC 原料加氢预处理催化剂

FCC 原料加氢预处理技术的应用始于 20 世纪 70 年代,其主要目的是通过对 FCC 原料进行加氢处理来改善 FCC 装置进料的性质,提高催化裂化过程轻油收率,改善产品性质和产品分布,同时降低 FCC 再生器 SO_x 和 NO_x 排放。随着我国高硫原油加工量大幅攀升,同时减压深拔蜡油、焦化蜡油和脱沥青油(DAO)比例增加,FCC 原料日趋劣质化和重质化,要求加氢预处理催化剂不仅要有更高的脱硫、脱氮和芳烃饱和能力,同时还需具有一定的容金属能力。针对我国炼油和石化工业发展需要,FRIPP 和 RIPP 成功开发了系列加氢预处理催化剂满足不同时代和不同企业的要求。

FRIPP 继开发 CH-20、3926、3936、3996 等 FCC 原料加氢预处理催化剂后,为了满足高 HDS 活性的 FCC 原料预处理催化剂之急需,又成功开发了 FF-14 FCC 原料预处理催化剂[21]。该催化剂在保持高 HDN 活性的同时,HDS 活性明显高于参比催化剂,可以提高 FCC 原料预处理装置脱硫能力,并且不损失脱氮和芳烃饱和能力。考虑到降低 FCC 原料预处理装置操作费用,FRIPP 又开发了 FF-18 催化剂。FF-18 以 W-Ni 为催化剂活性金属组分,在满足 FCC 装置需要的前提下,适当降低催化剂的脱氮活性,以降低装置氢耗,满足不同用户需求。随后,FRIPP 还开发了新一代的 FF-24 催化剂,该催化剂采用合理选择氧化铝载体,通过优化活性相结构,不仅催化剂的反应性能有了大幅度的提高,而且催化剂的成本大幅度下降,装填密度降低 20%以上,具有更好的应用前景和市场竞争力。FRIPP 的蜡油加氢处理催化剂已在镇海、金陵、广州、洛阳、高桥、安庆、福建、乌鲁木齐等工业装置上进行了 40 多套次的工业应用。

RIPP 于 1993 年开发了第一代 FCC 原料加氢预处理催化剂 RN-2,2002 年推出 CoMo 型催化剂 RMS-1。2004 年,采用 II 类活性相制备技术,并通过适度匹配催化剂的加氢功能和表面酸性,RIPP 开发了 NiMoW 型的第二代催化剂 RN-32V。该催化剂的相对脱硫活性和相对脱氮活性分别比 RN-2 高 149%和 26%[22],芳烃饱和能力更强,性能稳定可靠,对各种蜡油原料均有很好的适应性。近年来,RIPP 又推出了脱硫活性比 RMS-1 更高的 CoMo 型催化剂 RVS-420[23]和综合性能优于 RN-32V 的 RN-400(NiMoW)等新型催化剂。图 5 给出了 RIPP 的 FCC 原料加氢预处理催化剂的发展概况。

此外,针对金属含量较高的劣质蜡油原料,RIPP 还开发了 RDM 系列加氢脱金属催化剂和 RG 系列保护剂,可根据原料组成性质的特点以及对产品性质的特定要求,推荐不同的催化剂级配方案[24]。目前,RIPP 的蜡油加氢预处理 RVHT 技术及配套专用催化剂已进行了 20 多套次的工业应用,其共同特点是加氢处理活性高、稳定性好、原料适应性强、装置运转周期长、精制蜡油性质优良，属于优质 FCC 进料。图 6 为中国石化某炼厂蜡油原料硫含量、精制蜡油硫含量与 MIP 汽油硫含量的对应关系。

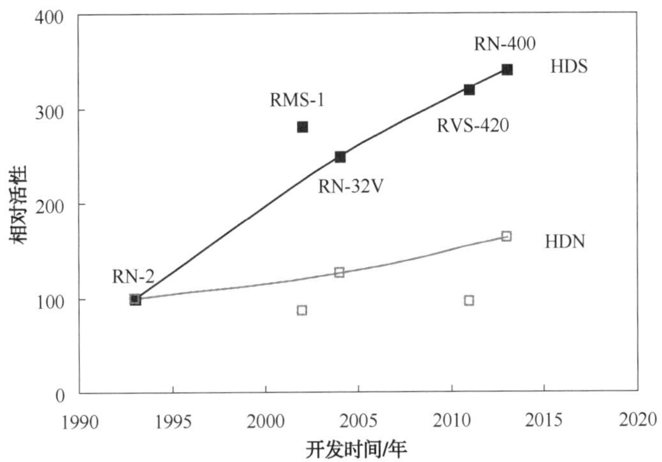

图 5　RIPP 蜡油加氢预处理催化剂的发展概况

■—HDS；□—HDN

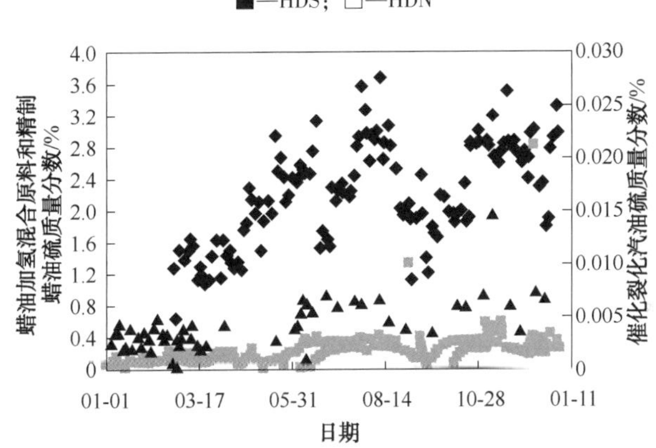

图 6　中国石化某炼厂 2010～2011 年间加氢蜡油硫含量和催化汽油硫含量的变化[25]

◆—蜡油加氢混合原料硫含量；■—精制蜡油硫含量；▲—催化裂化汽油硫含量

该炼厂 1.3Mt/a 蜡油加氢装置采用了 RIPP 的 RMS-1/RN-32V 催化剂组合，原料为减压深拔蜡油与焦化蜡油的混合油，经过加氢处理后，精制蜡油硫含量大幅降低，后续催化裂化 MIP 汽油硫含量因此显著下降。2010 年 1～6 月，该装置精制蜡油的硫质量分数为 0.046%～0.268%，平均硫质量分数为 0.131%；催化裂化汽油硫质量分数为 6～49μg/g，平均硫质量分数为 30μg/g，满足国Ⅳ标准清洁汽油的要求。2010 年下半年，根据市场需求变化，控制精制蜡油硫质量分数在 0.3%～0.4%之间，催化汽油硫质量分数小于 100μg/g，满足国Ⅲ汽油规格要求。

中国石化系列蜡油加氢处理催化剂的开发和应用，有力地支持了国内车用汽油质量的升级。

3.6　固定床渣油加氢催化剂

固定床渣油加氢技术是高效、充分利用石油资源，并增产高品质轻质油品的有效手段。

随着原油日趋劣质化、装置大型化以及装置操作苛刻度的增大，提高催化剂体系对原料的适应性，提升催化剂对沥青质胶质的加氢转化、多环芳烃的加氢饱和和脱除并容纳金属杂质的能力，注重催化剂功能的强化和追求不同功能催化剂之间的最优级配，成为保证装置长周期稳定运转的关键[26,27]。

FRIPP 是国内率先进行固定床渣油加氢技术研究机构，从 1986 年开始进行研发，1999 年采用自主研究的固定床渣油加氢处理技术 S-RHT 在茂名石化公司建成了一套 2Mt/a 的固定床渣油加氢处理装置[28]，因其良好的工业应用效果，于 2002 年获得了国家科学技术进步一等奖。基于“进的去，脱的下，容的下”的研发思路，从改善渣油内扩散传质，提高活性金属利用率入手，FRIPP 开发了新型的低成本 FZC 系列渣油加氢处理催化剂，共四大类催化剂，即保护剂、加氢脱金属剂、加氢脱硫剂和加氢脱残炭/氮剂近 20 个牌号。新型渣油催化剂体系注重初期活性和稳定性的均衡，体系的脱/容金属杂质能力以及胶质、沥青质等大分子转化能力优于上代催化剂。迄今为止，FRIPP 共开发渣油加氢催化剂 60 多个牌号。在国内多家炼厂近 40 次的应用结果表明，渣油加氢催化剂体系在苛刻的条件下，具有很好的活性和稳定性，可为 RFCC 装置提供优质进料，并具有良好的原料适应性。

RIPP 根据当时和目前的实际需要及未来的发展需求，先后开发了三代以系列高性能催化剂和高效级配技术为核心的固定床渣油加氢处理(RHT)技术[29,30]。至第三代 RHT 系列催化剂，RIPP 已经形成了包含固定床和上流式反应器所需要的保护剂、脱沥青剂、脱金属剂、脱硫剂、脱残炭剂、脱氮剂和支撑剂等各类催化剂的迄今最完整的固定床渣油加氢催化剂产品系列。当前在用的第三代催化剂牌号达 24 个。在工业应用中，各代 RHT 系列催化剂的共同特点是渣油经加氢后残炭转化效果好，综合脱杂质率高，生成油质量高，运转周期比国内外同类催化剂运转周期长 20%~40%，并且随着催化剂的升级换代，新一代催化剂的加氢生成油中金属含量、密度、氢含量、饱和烃等指标均较上一代催化剂明显改善，从而可为 FCC 过程提供品质更优的进料。RIPP 开发的各代 RHT 系列催化剂，目前已在 9 套装置上工业应用 35 次，其中有两套在台湾中油的桃园和大林炼厂。

中国石油石油化工研究院以单类催化剂功效发挥最大化、组合性能最优化为目标，从催化剂表面性质和微观结构设计入手，兼顾加工过程绿色清洁，实现了具有定向捕获或脱除铁钙钠、镍钒、硫氮功能的催化剂设计与制备方法，成功开发出性能优异的 PHR 系列(四类 12 个牌号)渣油加氢处理催化剂，填补了中国石油该项技术空白。

3.7 沸腾床渣油加氢催化剂

沸腾床渣油加氢技术在国外 20 世纪 60 年代末期就已实现工业化[31,32]，在国内还处于空白。随着我国进口原油数量增加，一部分劣质减压渣油采用固定床技术很难加工，而沸腾床加氢技术可以很好适应。为了提高重劣质原油加工水平，FRIPP 开发了 STRONG 沸腾床渣油加氢技术。针对 STRONG 工艺特点，FRIPP 开发了具有自主知识产权的 STRONG 微球型催化剂制备工艺，制备出 0.4~0.5mm 的球形催化剂。该催化剂制备工艺流程简便、容易操作、产品收率高、抗磨损性能好、粒度分布容易控制和调整。STRONG 微球型沸腾床渣油催化剂主要包括加氢脱金属催化剂(FEM-10)和加氢脱硫及转化催化剂(FES-30)。催化剂具有良好的扩散性能及较高的容金属能力，具有较高的反应活性和良好的活性稳定性。采用 STRONG 工艺双反应器串联流程，劣质减压渣油经本研究催化剂加氢处理后，生成油性质得到明显改善，可以为 RFCC 提供进料，达到劣质化渣油轻质化的目的。

4 加氢裂化催化剂研发与应用进展

进入 21 世纪，随着经济的高速发展，石油产品的需求快速增长，我国加氢裂化加工能力也获得迅猛的发展，总处理能力已经达到 60.0Mt/a，占原油一次加工能力的近 8%，远高于世界平均水平。然而我国加氢裂化技术应用市场发展与分布不均衡，处理能力主要集中在国有大型炼油企业，采用的工艺流程较为单一，多数尾油产品作为乙烯裂解原料。随着我国加工原油质量逐年变重、变差，高硫原油的加工量逐年增加，环保对炼油工艺本身及石油产品质量要求日趋严格，市场对清洁燃油和优质化工原料需求量的持续增长，加氢裂化技术还将在国内获得更为广泛的应用，市场竞争将日趋激烈，同时也对加氢裂化技术水平提出更高的要求。

4.1 加氢裂化催化剂研发进展

中国石化下属研究院从 20 世纪 50 年代起就一直从事馏分油加氢裂化技术研究开发工作，通过大量的基础研究，积累了丰富的如何提高催化剂的加氢功能和开环裂化选择性的经验，经过几代科技人员长期不懈的协同攻关，现已开发出了种类齐全、系列配套的加氢裂化工艺及催化剂技术，并在工业上得到了广泛应用，很好满足了我国炼油和石化工业发展的需要，整体达到了国际同类技术的先进水平，有些技术甚至处于国际领先地位[33]。图 7 和图 8 分别给出了 FRIPP 和 RIPP 开发的加氢裂化催化剂性能关系图。

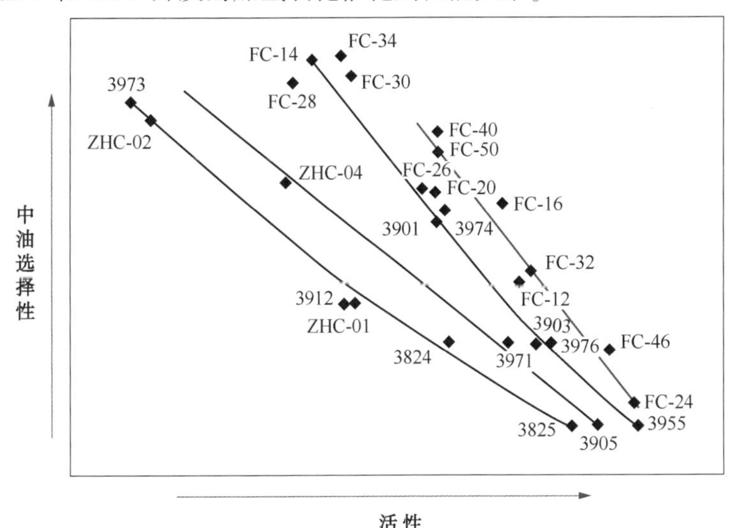

图 7 FRIPP 开发加氢裂化催化剂性能关系图

进入 21 世纪以来，在原有工作的基础上，采用了现代分析和信息技术，重视应用基础理论研究，进一步理解和掌握了加氢裂化过程的反应机理，从分子水平上认识催化剂组成结构等对催化性能的影响，对金属(加氢活性中心)掌控的能力明显增强，对酸性载体性能的认识获得了明显的提高，通过催化新材料开发、新技术和新方法的使用，制备出了加氢活性中心和裂化活性中心匹配更加合理的加氢裂化催化剂，使得新一代加氢裂化催化剂在催化性能上获得了明显的改进。

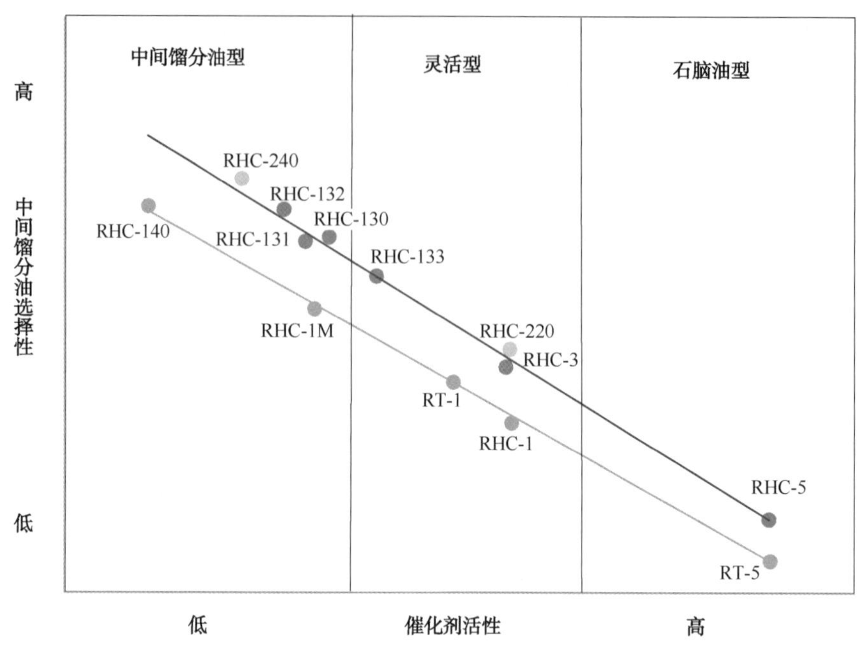

图 8　RIPP 加氢裂化催化剂性能关系图

4.1.1　最大量生产化工原料的轻油型催化剂

为了进一步适应国内化工市场发展的需求，更好地满足我国经济发展的需要，缓解我国化工原料供应紧张的局面，尤其是增产高芳潜重石脑油作为重整原料的市场需求不断增大，在多产化工原料加氢裂化催化剂的开发方面，FRIPP 成功开发和推广应用 3825、3905、3955 等催化剂的基础上，开发了 FC-24 和 FC-52 等新一代多产化工原料加氢裂化催化剂。与上一代 3955 加氢裂化催化剂相比，FC-24 催化剂重石脑油选择性提高 2.5 个百分点，液体产品收率提高 1.5 个百分点，干气产率和氢耗均有所降低，该催化剂已经在扬子石化 2Mt/a 和镇海炼化 1.5Mt/a 加氢裂化装置进行了成功的应用；FC-52 催化剂是 2014 年最新推出的多产优质化工原料催化剂，该催化剂采用富含介孔结构的改性分子筛，可明显增产优质化工原料。

RIPP 在原有 RT-5 催化剂的基础上，开发出新一代轻油型加氢裂化催化剂 RHC-5，2009 年 5 月在齐鲁分公司 1.4Mt/a 加氢裂化装置实现工业应用，满足多产化工原料的需求。应用结果表明，催化剂的原料适应性强，可加工各种劣质 VGO 和掺炼焦化蜡油，在一次通过流程下，化工原料总收率最高可达 85%以上，同时产品石脑油芳潜高，产品尾油富含链烷烃，BMCI 值低，是优质蒸汽裂解制乙烯原料[34]。

4.1.2　强化装置操作弹性的灵活型加氢裂化催化剂

国内炼油和化工市场通常需求呈明显的周期性变化。灵活型加氢裂化催化剂可以在装置运行过程中通过适当调整反应温度，明显改变产品分布，可以很好满足这种市场变化的需求，因此，该类催化剂是国内应用最广泛的类型。FRIPP 在 3824、3903 和 3976 等灵活型加氢裂化催化剂基础上，成功开发了 FC-12、FC-32 和 FC-46 等新一代催化剂。其中，FC-32 催化剂以经过特殊处理的、具有适宜酸性和均匀酸分布的改性 Y 型分子筛为裂化组分，以金属钨-镍为加氢组分，采用均匀混合技术制备，该催化剂在保持高灵活性的基础上，进一步改善了产品质量，可以生产出低 BMCI 值、富含链烷烃的优质尾油裂解制乙烯原料等高价值产品。该催化剂已在吉林石化、上海石化、天津石化、辽阳石化、镇海炼化等 10 多套装置上成功的应用。FC-46 催化剂与 3976 催化剂相比，重石脑油选择性提高 2.8 个百分点，尾油的 BMCI 值降低了 1.2 个单位。该催化剂已经在扬子石化和镇海炼化等装置上进行了成功的工业应用。

RIPP 在原有催化剂的基础上开发了 RHC-1、RHC-3、RHC-133、RHC-131 催化剂，其中 RHC-1 催化剂具有尾油 BMCI 值低，链烷烃含量高等特点；RHC-3 与 RHC-1 催化剂相比在相同转化深度下，尾油 BMCI 值相当，但 RHC-3 链烷烃含量更高；新开发的 RHC-131 和 RHC-133 催化剂在提高尾油链烷烃含量和降低尾油 BMCI 值方面更有优势。目前该系列催化剂已在 4 套工业装置上成功应用。以燕山 2Mt/a 高压加氢裂化装置为例，在氢分压 13.0MPa 下，采用 RN-32V/RHC-3 催化剂组合，可获得 42.49%的优质尾油，尾油 BMCI 值 10.4，是优质裂解制乙烯原料；航煤收率达到 30%左右，烟点高(30mm)；柴油硫含量低于 1μg/g，十六烷指数达到 64[35]。

4.1.3 最大量生产中间馏分油加氢裂化催化剂

最大量生产中间馏分油加氢裂化催化剂主要包括用于一段串联的高中型和用于单段工艺的单段催化剂。在高中油型加氢裂化催化剂开发方面，FRIPP 先后开发了 3901、3974、FC-16、FC-26、FC-40 和 FC-50 等催化剂。其中，FC-26 催化剂活性、选择性完全达到了国际先进催化剂的水平。FC-50 催化剂是一种以高结晶度、高硅铝比的改性 Y 型分子筛为主要酸性组分、钨镍为加氢活性组元、以碳化法硅铝为主载体的高中油型加氢裂化催化剂。该催化剂具有中油选择性高、活性适宜、稳定性好、对原料适应性强等特点。该催化剂已经在镇海炼化和广州石化等装置上进行了成功的应用，很好地满足了客户的实际使用要求。

在高中间馏分油型加氢裂化催化剂方面，RIPP 开发第一代中馏分油型催化剂 RHC-1M，最新一代的高中间馏分油型加氢裂化催化剂为 RHC-131、RHC-132 及 RHC-240。其中，RIPP 开发的兼产优质润滑油基础油生产原料和中间馏分油加氢裂化技术采用单段串联一次通过流程，配套高芳烃饱和性能的 RN-32V 催化剂和高开环裂化性能的第三代加氢裂化催化剂 RHC-131，具有中间馏分油收率高、尾油黏度指数高的特点，可用于生产 API Ⅲ类润滑油基础油。

在单段加氢裂化催化剂开发方面，FRIPP 先后推出了 ZHC-01、ZHC-02、3973、ZHC-04、FC-14、FC-28 和 FC-30 等单段加氢裂化催化剂。其中，FC-14 催化剂不仅活性比无定型催化剂有较大幅度的提高(反应温度降低 12℃以上)，而且中油选择性也比无定型催化剂有所提高(提高 1.5%以上)，同时具有中间馏分油质量好，柴油、尾油低温流动性好等特点，适合生产低凝点的清洁柴油产品和低倾点的润滑油基础油原料等产品。该催化剂已经在金陵石化、海南炼化、辽阳石化和锦州石化等多套加氢装置上进行了成功的工业应用。FC-34 催化剂是近期开发的新一代单段加氢裂化催化剂，在保持 FC-14 催化剂高活性和高中油选择性等性能特点的基础上，重石脑油芳潜和尾油 BMCI 值等性能方面获得了极大地改善，尾油适合作为优质的乙烯裂解原料或高黏度指数润滑油基础油原料。

4.1.4 劣质柴油加氢改质与临氢降凝催化剂

为满足国内柴油产品质量升级的需求，尤其是劣质催化柴油和焦化柴油为原料生产优质清洁柴油产品的需求，FRIPP、RIPP 开发最大量提高劣质柴油十六烷值的 MCI、RICH 技术、中压加氢改质技术(MHUG)等[36]，及与 MCI 工艺配套的 3963 和 FC-18 专用催化剂，与 RICH 配套的 RIC-1、RIC-2 专用催化剂。而 MHUG 工艺通常采用裂化活性和加氢活性均较高的灵活型加氢裂化催化剂，如 FC-12、FC-32、RT-5 等。对于在高寒地区或者冬季生活的人们来说，不仅要关注柴油产品的密度、十六烷值等性能指标，还要重视柴油产品的低温流动性能。FRIPP 为此种要求开发了 FDW 临氢降凝技术和 FHI 加氢改质异构降凝技术，开发了 FDW-3 临氢降凝催化剂以及 FC-14、FC-16 和 FC-20 等 FHI 工艺专用加氢改质催化剂，可以生产出-10 号～-35 号低凝清洁柴油产品。上述催化剂均进行了较为广泛的工业应用。

针对国内部分炼油企业冬季生产低凝柴油的需求，RIPP 也开发了加氢改质降凝技术和加氢精制-临氢降凝组合技术，并开发了相应的配套催化剂 RHC-130、RDW 系列催化剂。加氢改质降凝技术在东北某炼厂工业应用，以焦化汽柴混合油为原料，在较为缓和的条件下，通过调整反应温度，可以灵活生产-35 号、-20 号、-10 号低凝柴油。产品柴油的冷滤点可以分别降至-34℃、-14℃和-9℃，降凝效果明显。同时，柴油产品十六烷值可较原料提高 5.7~7.0 个单位。

4.1.5 高脱氮活性加氢裂化预精制系列催化剂

为了满足加氢裂化装置扩能改造，改善产品质量，与新型加氢裂化催化剂匹配生产清洁燃料以及加工硫、氮等杂质含量越来越高的原料油的需要，国内各研究机构在开发更高活性的加氢裂化预处理催化剂方面取得了一定的进展。FRIPP 在 3936、3996、FF-16、FF-26 和 FF-36 等系列催化剂基础上，又先后开发 FF-46 和 FF-56 具有Ⅱ类活性相的加氢裂化预精制催化剂[37,38]，加氢脱氮活性获得了明显的提高。FF-46 是采用络合技术制备的加氢裂化预处理催化剂，以 Mo-Ni 为催化剂活性金属组分，采用合适的助剂和加入方式对载体进行改性，降低载体表面的强酸含量，生成更多的Ⅱ类活性相中心，催化脱氮活性获得了明显的提高。FF-56 催化剂在 FF-46 催化剂的基础上，通过预浸渍技术，催化剂表面 Ni 的分散度明显提高，改善催化剂孔结构，单位体积催化剂成本下降，催化剂更具有竞争优势。FF-46 和 FF-56 催化剂已经进行了 20 多套次的工业应用。

RIPP 早期开发的加氢裂化预精制催化剂主要有 RN-2 和 RN-20，采用 Ni-W 为活性金属体系，常规技术制备。2004 年前后，RIPP 在新制备技术研究方面取得突破，将 II 类活性相制备技术应用于新型催化剂的研制，并结合载体改性技术，开发了新一代加氢裂化精制段催化剂 RN-32 和 RN-32V。与 RN-2 相比，RN-32/RN-32V 加氢功能大幅提升，加氢功能-酸功能的协同效应增强，因此催化剂的加氢脱氮活性和芳烃饱和活性显著提高。在上述催化剂基础上，RIPP 又开发了 RN-400 和 RN-411 等新型催化剂，在具有高活性的同时性价比进一步提升，目前均已实现工业应用。

4.1.6 中压加氢裂化技术及相关催化剂

高的投资和运行费用是制约加氢裂化技术应用的主要因素，基于此，FRIPP 于 20 世纪 80 年代推出了中压加氢裂化技术，先后 3824、3905、FC-12 和 FC-32 等适用于中压加氢裂化装置的相关催化剂，并成功在荆门石化、燕山石化、大庆石化、吉林石化和抚顺石化等中压加氢裂化装置上工业应用；而 RIPP 在 90 年代中期推出了具有世界先进水平的中压加氢裂化(RMC)技术，该技术先后获得中国石化股份公司科技进步一等奖和国家科技进步二等奖以及中国专利发明金奖。该技术已在 4 套工业装置上进行工业应用并取得了预期的效果[39]。为了加工更劣质原料和产品尾油质量需进一步改善，RIPP 开发了第二代中压加氢裂化(RMC-Ⅱ)技术[40]。RMC-Ⅱ技术采用 RN-32V/RHC-3 催化剂组合，在上海石化 1.5Mt/a 中压加氢裂化装置成功工业应用。与第一代 RMC 技术相比，RMC-Ⅱ技术加工性质更劣的蜡油原料时仍可获得更优质的尾油产品，产品尾油 BMCI 值降低 2.3 个单位、链烷烃含量提高 12.9 个百分点，同时产品柴油质量也有明显改善，其十六烷值提高了 6 个单位，达到 59[41]。

4.2 加氢裂化技术应用进展

进入 21 世纪，随着经济的高速发展，石油产品的需求快速增长，加氢裂化加工能力也获得迅猛的发展。然而我国加氢裂化技术应用市场发展与分布不均衡，处理能力主要集中在国有大型炼油企业，采用的工艺流程较为单一，多数尾油产品作为乙烯裂解原料。随着我国原油质量逐年变重、变差，高硫原油的加工量逐年增加，环保对炼油工艺本身及石油产品质量要求日趋严格，市场对清洁燃油和优质化工原料需求量的持续增长，加氢裂化技术还将在国内获得更为广泛的应用，市场竞争将日趋激烈，同时也对加氢裂化技术水平提出更高的要求。

4.2.1 馏分油加氢裂化技术发展情况

我国在 20 世纪 50 年代就开始了加氢裂化技术的探索，1966 年第一套加氢裂化工业装置投产成功[42]。经过我国科研工作者的努力，采用自主开发的加氢裂化技术设计的加氢裂化装置在镇海炼化公司、辽阳化纤公司、吉林化学工业公司和天津石化公司等炼化企业相继投产运行。进入 21 世纪后，随着国内经济的高速发展，原油重质化、劣质化趋势加重以及市场对清洁油品和优质化工原料需求的增长，国内馏分油加氢裂化技术应用进入了高速发展的阶段。

图 9 和图 10 给出了 1990~2014 年国内馏分油加氢裂化装置套数和处理能力增长情况。从图中可以看出，近二十多年中，我国加氢裂化市场呈现两个特点：一是装置规模趋于大型化。1990 年国内 4 套加氢裂化装置平均处理能力仅为 0.84Mt/a；目前平均加工能力已经达到了 1.59Mt/a。第二个特点是处理能力增长速度快，国内加氢裂化总处理能力保持了强劲的增长势头。

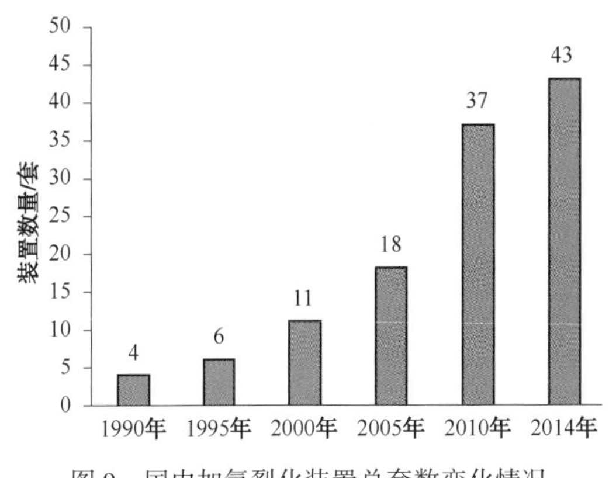

图 9　国内加氢裂化装置总套数变化情况

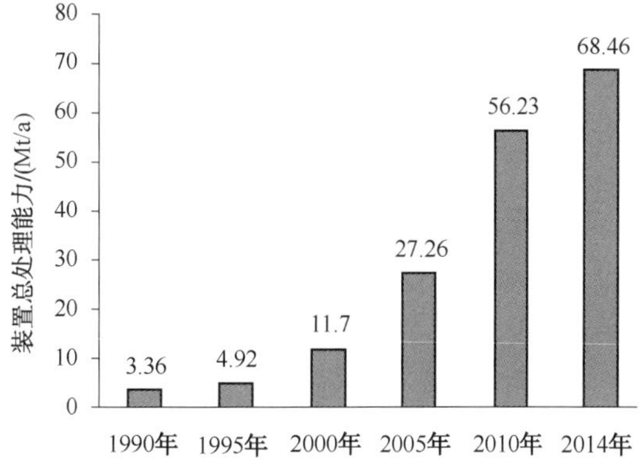

图 10　国内加氢裂化总处理能力变化情况

4.2.2 装置数目与处理能力布局

目前，我国投入运行的以 VGO 馏分油加氢裂化装置分布和处理能力分布情况见图 11 和

图 12。从图 11 和图 12 可以看出，我国加氢裂化装置主要分布在中国石化、中国石油和中国海油三家大型石油公司下属炼油厂。

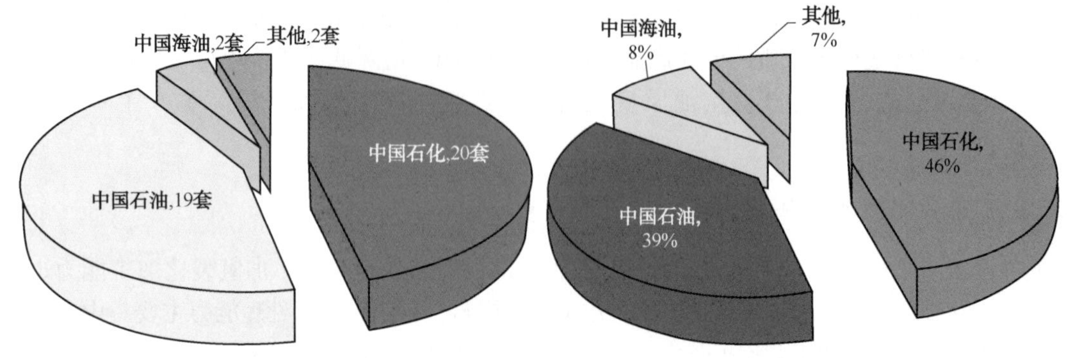

图 11 装置数量分布情况　　图 12 处理能力分布情况

从我国的加氢裂化装置分布情况可以看出，中国石化、中国石油和中国海油三家企业拥有总处理能力的 93%，而石油加工能力超过 100Mt/a 的地方炼油企业(地炼)加氢裂化加工能力比例还很小。因此，国内加氢裂化装置和处理能力布局呈现出不平衡分布状态。

4.2.3 加氢裂化工艺及催化剂技术应用情况

国内加氢裂化技术应用已经实现了市场化运作，技术招标已经成客户选择工艺技术或催化剂体系的标准程序。加氢裂化装置的专利技术主要包括工艺技术专利和催化剂技术专利等两个部分。国内最主要的加氢裂化技术专利商是中国石化，其下属的科研院所和设计单位可以提供完整的加氢裂化工艺包。其中 FRIPP 和 RIPP 等科研院负责工艺及催化剂技术的研发，而中石化洛阳工程有限公司(LPEC)和工程建设有限公司(SEI)则提供装置的基础设计和详细设计。另外，中国石油也投入力量，着手研发自己的加氢裂化技术，部分催化剂技术已经在大庆石化 1.2Mt/a 加氢裂化装置上进行了初步的工业试验。面对国内巨大市场潜力，国外各大加氢裂化专利商纷纷涉足国内加氢裂化市场，部分已经成功进入中国市场，如 UOP、Shell 和 Chevron 等公司。

国内多数加氢裂化装置的工艺设计与催化剂体系均采用相同的专利商，如中国石化下属多套加氢裂化装置采用的工艺技术与催化剂体系均由 FRIPP 提供；有部分装置采用了国外公司提供的工艺技术设计建设，而催化剂体系则实现了国产化，如早期引进的 5 套加氢裂化装置；部分装置采用国内工艺技术设计，而催化剂体系则由国外公司提供，如北方华锦的 1.8Mt/a 加氢裂化装置采用中国石化加氢裂化技术设计，但催化剂体系则由 Shell 公司提供；还有一些装置预精制催化剂和加氢裂化催化剂分别由不同的专利商提供，如锦州石化和辽阳石化三套加氢裂化装置，预精制段选用进口催化剂，而裂化段选用 FRIPP 的催化剂。表 3 和表 4 分别列出了 43 套加氢裂化装置设计建设采用的工艺技术来源和目前使用催化剂体系的专利商相关情况。

表 3 国内加氢裂化装置工艺技术专利商情况

专利商/客户	中国石化	中国石油	中国海油	其他	合计	占有率/%
FRIPP	13	9	1	2	25	58.14
RIPP	2	2			4	9.30

续表

专利商/客户	中国石化	中国石油	中国海油	其他	合计	占有率/%
UnoCal	4				4	9.30
UOP		6			6	13.95
Chevron	1	1		1	3	6.98
Shell			1		1	2.33
合计	20	18	2	2	43	100

表 4　国内加氢裂化装置现使用催化剂专利商情况(裂化催化剂/预精制催化剂)

专利商/客户	中国石化	中国石油	中国海油	其他	合计	占有率/%
FRIPP	17/17	3/7	1/1	1/1	22/26	51.16/60.47
RIPP	3/3				3/3	6.98/6.98
中油院		1/1			1/1	1.59/1.59
UOP		7/7			7/7	16.28/16.28
Albemarle		1/--			1/--	2.33/--
Shell		5/3	1/1	1/1	7/5	16.28/16.28
Chevron		1/1			1/1	1.59/1.59
合计	20/20	19/19	2/2	2/2	43/43	100/100

中国石化不仅是国内最大的加氢裂化技术使用者，也是国内最大的加氢裂化工艺与催化剂技术的专利商。从表 3 和表 4 可以看出，在国内加氢裂化工艺和催化剂市场占有率方面，中国石化下属 FRIPP 均占有最大的市场份额，工艺技术占有率为 58.14%，预精制催化剂和加氢裂化催化剂占有率分别为 51.16%和 60.47%。究其原因主要是 FRIPP 较早开展了加氢裂化工艺及相关催化剂的研发工作，在国内率先完成了加氢裂化相关技术的系列化，技术水平达到了国际先进，并逐渐形成了适应我国炼油特点的加氢裂化技术。此外，地缘优势带来便捷的技术服务，也是重要的原因。

参 考 文 献

[1] 魏登凌，彭绍忠，王刚. FF-36 加氢裂化预处理催化剂的研制[J]. 石油炼制与化工，2006，37(11)：40-43.

[2] 唐国旗，张春富，孙长山，等. 碳化法制备拟薄水铝石技术的研究进展[J]. 2011，19(4)：21-25.

[3] 曾双亲，杨清河，肖成武，等. 干燥方式及老化条件对拟薄水铝石性质的影响[J]. 石油炼制与化工，2012，43(6)：53-57.

[4] 熊江喜. 高岭土原位合成纳米 Y 型分子筛的研究[J]. 石油炼制与化工，2009，4(10)：9-12.

[5] 申宝剑，覃正兴，高雄厚，等. 碱处理脱硅与提高 Y 型分子筛硅铝比-矛盾的对立与统一[J]. 催化学报，2012，33(1)：152-163.

[6] 任亮，毛以朝，聂红. 分子筛孔结构和酸性对正癸烷加氢裂化反应性能的影响[J]. 石油炼制与化工，2009，40(3)：6-10.

[7] 牟银钢，黄维章. 加氢裂化-加氢精制平行进料工艺的首次工业应用[J]. 炼油技术与工程，2011/04，41(4)：6-11.

[8] Zhang Le, Long Xiangyun, Li Dadong, et al. Study on high - performance unsupported Ni - Mo - W

hydrotreating catalyst[J]. Catalysis Communications, 2011, (12): 927-931.

[9] Kogan V M, Nikulshin P A. On the dynamic model of promoted molybdenum sulfide catalysts[J]. Catal. Today, 2010(149): 224-231.

[10] Topsoe H, Knudsen K G, Skyum L, et al. ULSD with BRIM™ catalyst technology[C]//NPRA Annual Meeting, 2005, AM-05-18.

[11] 李大东. 支撑未来炼油工业发展的若干关键技术[J]. 催化学报, 2013, 34(1): 48-60.

[12] 杜艳泽, 黄新露, 关明华. FRIPP 加氢裂化技术研发新进展[J]. 当代石油石化, 2013(7): 34-40.

[13] Xia Guofu. Novel Technology for Mercaptan Removal From Jet Fuel in Hydrogen Atmosphere[C]//NPRA Annual Meeting, 1999, AM-99-52.

[14] 左东华, 谢玉萍, 聂红, 等. 4, 6-二甲基二苯并噻吩加氢脱硫反应机理的研究[J]. 催化学报, 2002, 23(2): 271-275.

[15] 左东华, 聂红, Vrinat M, 等. 硫化态 NiW/Al_2O_3 催化剂加氢脱硫活性相的研究. I XPS 和 HRTEM 表征[J]. 催化学报, 2004, 25(4): 309-314.

[16] 聂红, 王倩, 龙湘云, 等. 影响催化剂超深度脱硫活性的因素[J]. 石油化工, 2004, 33(S1): 686-688.

[17] 龙湘云, 高晓冬, 刘学芬, 等. 柴油超深度加氢脱硫催化剂 RS-1000 的研制开发及工业应用[M]//炼油与石化工业技术进展. 洪定一. 北京: 中国石化出版社, 2010: 235.

[18] 何宗付, 谢刚, 刘学芬, 等. RS-1000 催化剂在生产欧Ⅴ柴油中的应用[J]. 石油炼制与化工, 2009, 40(6): 29-33.

[19] 李大东. 支撑未来炼油工业发展的若干关键技术[J]. 催化学报, 2013, 34(1): 48-60.

[20] 聂红, 李明丰, 高晓冬, 等. 石油炼制中的加氢技术[J]. 石油学报(石油加工), 2010, 38(S1): 77-81.

[21] 王刚, 彭绍忠, 关明华等. FCC 原料加氢预处理催化剂 FF-14 的实验室研究[J]. 石油炼制与化工, 2005, 36(4): 23-26.

[22] 胡志海, 聂红, 石亚华, 等. RIPP 催化裂化原料加氢预处理技术实践与发展[J]. 石油炼制与化工, 2008, 39(8): 5-9.

[23] 蒋东红, 龙湘云, 胡志海, 等. 蜡油加氢预处理 RVHT 技术开发进展及工业应用[J]. 石油炼制与化工, 2012, 43(3): 1-5 .

[24] 胡志海, 聂红, 石亚华, 等. RIPP 催化裂化原料加氢预处理技术实践与发展[J]. 石油炼制与化工, 2008, 39(8): 5-9.

[25] 蒋东红, 龙湘云, 胡志海, 等. 蜡油加氢预处理 RVHT 技术开发进展及工业应用[J]. 石油炼制与化工, 2012, 43(3): 1-5 .

[26] 方向晨. 加氢精制[M]. 北京: 中国石化出版社, 2006: 321-333.

[27] 李大东. 加氢处理工艺与工程[M]. 北京: 中国石化出版社, 2004: 343-370.

[28] 胡长禄, 赵偷生, 刘纪端, 等. 渣油固定床处理技术的研究开发[J]. 炼油设计, 2001, 31(6): 39-43.

[29] 杨清河, 胡大为, 戴立顺, 等. RIPP 新一代高效渣油加氢处理 RHT 系列催化剂的开发及工业应用[J]. 石油学报(石油加工), 2011, 21(4): 162-167.

[30] 聂红, 杨清河, 戴立顺, 等. 重油高效转化关键技术的开发及应用[J]. 石油炼制与化工, 2012, 43(1): 1-6.

[31] 方向晨. 国内外渣油加氢处理技术发展现状及分析[J]. 化工进展, 2011, 30(1): 95-104.

[32] Martinez J, Sanchez J L, Ancheyta J, et al. A review of process aspects and modeling of ebullated bed reactors for hydrocracking of heavy oils [J]. Catalysis Review, 2010(52): 60-105.

[33] 杜艳泽, 汪琦, 黄新露, 等. FRIPP 加氢裂化技术研发新进展[J]. 当代石油石化, 2013, 21(7): 34-40.

[34] 董兆海, 袁永新, 王明传. 加氢裂化装置能耗及节能分析[J]. 齐鲁石油化工, 2011, 39(2): 87-91.

[35] 赵广乐, 赵阳, 毛以朝, 等. 加氢裂化催化剂 RHC-3 在高压下的反应性能研究与工业应用[J]. 石油

炼制与化工，2012，40(7)：8-11.

[36] Shi Yulin，Shi Jianwen，Zhang Xinwei，et al. Mhug Process for Production of low sulfur and low aromatic diesel fuel[C]//NPRA Annual Meeting，1993，AM-93-56.

[37] 杨占林，彭绍忠，姜虹，等. FF-46加氢裂化预处理催化剂的开发与应用[J]. 石油炼制与化工，2012，43(1)：11-15.

[38] 杨占林，姜虹，唐兆吉，等. FF-56加氢裂化预处理催化剂的制备及其性能[J]. 石油化工，2014，43(9)：1008-1013.

[39] 王莉莉，朱玉旭，钱中坚，等. RMC技术加工中东高硫VGO的应用[J]. 石油炼制与化工，2007，38(4)：29~33.

[40] 李毅，毛以朝，胡志海，等. 第二代中压加氢裂化(RMC-Ⅱ)技术开发[J]. 石油化工技术与经济，2008，24(3)：33-36.

[41] 胡志海，熊震霖，聂红，等. 生产蒸汽裂解原料的中压加氢裂化工艺——RMC[J]. 石油炼制与化工，2005，36(1)：1-5.

[42] 杜艳泽，张晓萍，关明华，等. 国内馏分油加氢裂化技术应用现状和发展趋势[J]. 化工进展，2013(10)：2523-2528.

多孔材料在炼油过程中应用新进展

罗一斌　欧阳颖　李明罡　郑金玉　舒兴田
（中国石化石油化工科学研究院）

摘　要：针对催化裂化和催化裂解工艺多产丙烯的需求，将具有脱氢功能的金属封装在ZSM-5分子筛内，以此作为催化剂活性组元可显著提高丙烯产率和丙烯选择性；磷改性β分子筛独特的孔道结构可强化催化裂化过程异构化反应，有利于提高催化裂化产物LPG中异丁烯产率和异丁烯选择性；以通过磷改性的稀土Y型分子筛为活性组元的降烯烃催化裂化催化剂，可使汽油烯烃含量下降8~12个体积百分点（荧光法），同时具有较好的焦炭选择性；低成本、高活性稳定性的介孔硅铝材料，在不增加焦炭产率的情况下，可实现重质油高效转化。

1　前言

经过半个多世纪的发展，我国炼油工业发生了巨大变化，成为支撑国民经济持续健康发展的重要力量。截至2012年年底，我国原油一次加工能力为575Mt/a，截至2014年年底，我国炼油能力已达702Mt/a。[1]。进入21世纪以来，环境因素、资源因素日益制约着炼油工业的发展，本已微利的炼油企业面临更为严峻的挑战。重质低质原油供应比例增大，随着原油的重质化、劣质化，轻重原油价差拉大，对轻质油品需求增长导致轻重油品价差也不断扩大，提高深加工能力和炼油装置适应能力成为全球炼油工业调整发展的主要趋势之一。成品油质量标准不断升级以满足日益严格的环保要求。石化产品需求不均衡，部分石化产品不能满足经济发展的需求，石脑油原料紧缺，丙烯的缺口将越来越大[2]，催化裂化生产丙烯则可以有效缓解丙烯供需矛盾，同时也具有价格优势。市场对炼油工业的发展起导向和推动作用，从市场的需求出发，中国石化石油化工科学研究院（简称石科院）在生产清洁燃料、炼油-化工结合、重油深度转化等方面进行了不懈的努力，作为技术核心的催化材料也取得了突出的进展，为炼油技术的进步提供了有力支撑。

2　金属封装ZSM-5分子筛

我国原油偏重，轻烃和石脑油资源贫乏，靠蒸汽裂解难以满足对丙烯的需求，而且近年来丙烯需求增速超过了乙烯需求增速，蒸汽裂解已无法满足需求的丙烯/乙烯比例平衡。催化裂化生产丙烯技术具有原料重质化、产品中丙烯/乙烯比值高以及生产成本低的优点，因此发展多产丙烯的催化裂化技术是适合我国国情的一条技术路线。

众所周知，在催化裂化反应中烯烃反应速率远高于烷烃[3]。借鉴氧化脱氢的概念，在改性ZSM-5分子筛中引入可变价的过渡金属氧化物，在金属氧化物和分子筛酸中心的协同催化作用下，适当增加汽油馏分中小分子烷烃的选择性脱氢活性功能，促进小分子烷烃向小分子烯烃的转化，强化分子筛对小分子烯烃的裂化，从而达到提高丙烯选择性的目的。同时为了抑制金属组元的生焦等非选择性催化反应，尽量将金属组元封装在分子筛孔内。

2.1 金属封装 ZSM-5 分子筛的性质[4]

选用了具有适度脱氢功能的金属铁对 ZSM-5 分子筛进行了金属孔内封装改性，将改性后的分子筛进行透射电镜表征，结果示于图 1。从电镜照片上可以看到分子筛表面有少量较深的黑色斑，大小在 10~20nm 左右，比较分散。在此样品上选取 A、B 两个区域进行微区分析，其中 A 区为没有黑色斑的洁净区域，B 区为黑色斑区域。首先对这两个区域进行了 EDS 能谱分析，结果如图 2 所示。

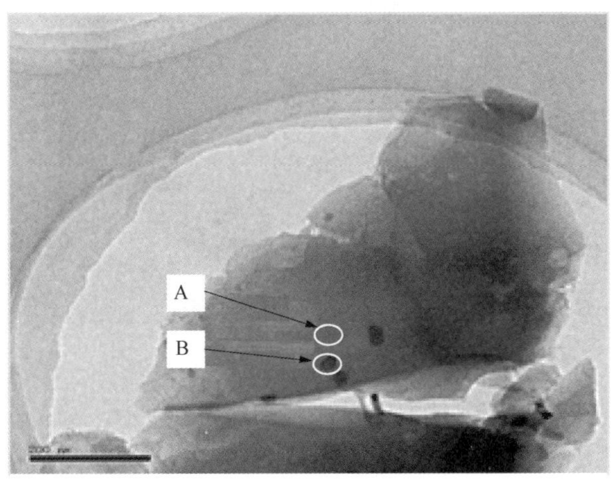

图 1 改性分子筛透射电镜像

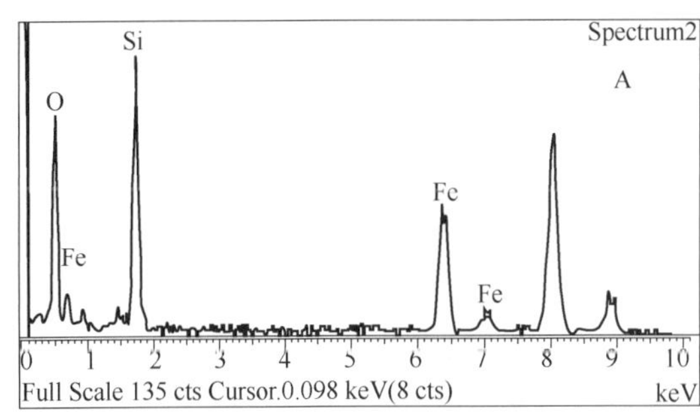

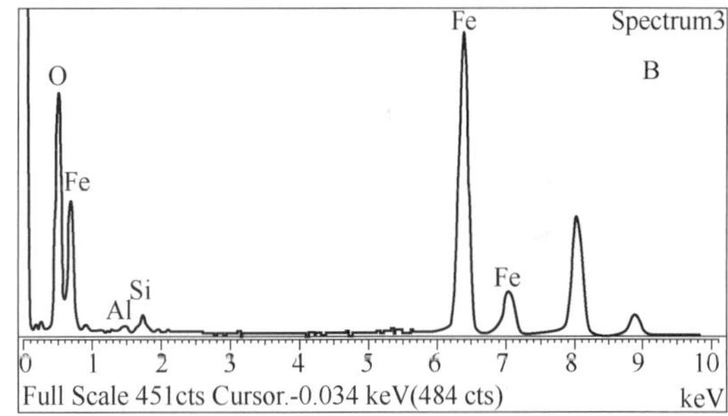

图 2 改性分子筛微区 EDS 能谱

对 B 区黑色斑的 EDS 能谱分析表明，此黑色斑的元素组成主要是金属元素 Fe 和 O，还有极少量的 Si 和 Al，由此可以认定此黑色斑为分子筛表面聚集态的氧化铁，颗粒尺寸为纳米级，有较好的分散度。对 A 区的 EDS 能谱分析表明，此区域 Si 含量相当高，同时也有金属元素 Fe 的存在，但含量相对较低，但是在 TEM 图像上并没有观察到类似于 B 区的黑色斑，因此可以推测，与 B 区相比，A 区中金属元素 Fe 以更小尺寸、更高分散度的状态负载于分子筛上。为了解 A 区中金属元素 Fe 在分子筛中的存在状态和位置，采用高分辨电子显微镜(HREM)对 A 区域进行了微区分析，结果如图 3 所示。从高分辨电镜图像可以清晰地看到规则的分子筛结构，同时可以看到孔洞中间存在亮斑。由于此区域的 EDS 能谱分析表明，此区域 Si 含量相当高，但同时也有金属元素 Fe 的存在，因此可以认定孔洞中间的亮斑为孔道内氧化铁的衬度像。电镜结果表明，金属 Fe 在改性分子筛中一部分以纳米级的氧化铁小颗粒高度分散地负载于分子筛外表面，另一部分则封装到了分子筛孔道内部。

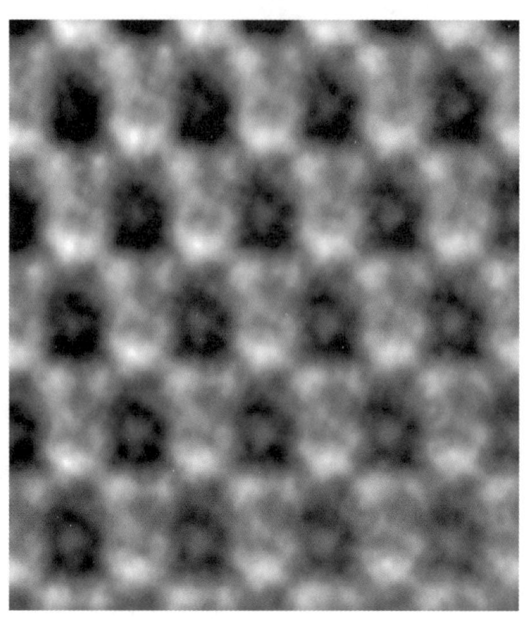

图 3　A 区 HREM 像

存在于分子筛外表面的铁物种将会提供非选择性活性中心。为进一步优化铁封装 ZSM-5 分子筛的性能，对其进行磷封装改性。选用三甲基吡啶作为探针分子对磷封装前后的分子筛进行了 IR 酸性测定，结果如图 4 所示。

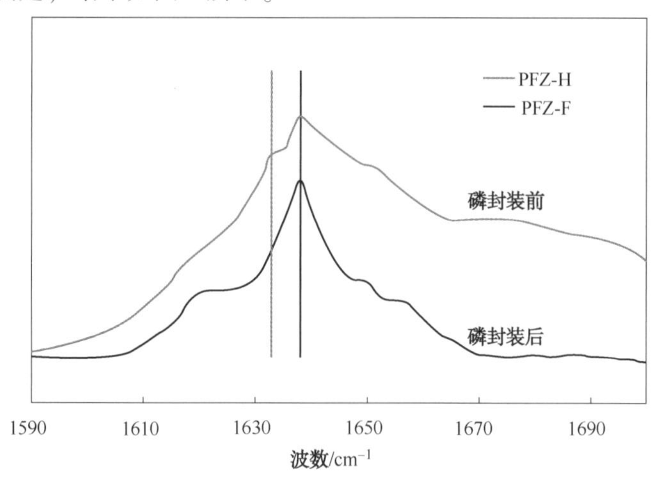

图 4　磷封装含铁 ZSM-5 分子筛的三甲基吡啶 IR 表征谱图

从图 4 可以看出，含铁 ZSM-5 分子筛在 $1633cm^{-1}$ 有较强的振动峰，对应于三甲基吡啶在外表面 L 酸中心的吸附。外表面 L 酸中心是由分子筛外表面的金属物种产生的，经过磷封装技术处理后的分子筛，$1633cm^{-1}$ 振动峰消失，可见分子筛表面的金属氧化物被磷覆盖了。

2.2　金属封装 ZSM-5 分子筛的催化性能

选择正己烷和正己烯作为模型化合物对改性分子筛的烃类裂化性能进行研究。表 1 是金属封装改性前后分子筛对正己烷和正己烯的裂化反应结果[4]。

表 1　改性前后分子筛烃类裂化性能比较

原　　料	正己烷		正己烯	
分子筛	改性前	改性后	改性前	改性后
转化率/%	54.97	65.64	97.89	96.53
$C_3^=$收率/%	12.72	15.54	24.50	24.20
$C_3^=$选择性/%	23.12	23.82	25.03	25.07

从表 1 可以看出，在 ZSM-5 分子筛中封装金属对其烯烃裂化性能影响不大，但是能够有效提高其正己烷转化率、丙烯产率和选择性，这是由于封装在 ZSM-5 分子筛中的金属组元增强了分子筛的脱氢功能，使得小分子烷烃脱氢生成了更容易裂化的小分子烯烃，从而提高了择形分子筛的小分子烷烃裂化能力。

将金属封装 ZSM-5 分子筛与不含金属的对比分子筛分别进行水热老化处理，在重油微反装置上进行重油裂化催化性能的评价，评价结果列于表 2。结果表明，与对比分子筛相比较，金属封装 ZSM-5 分子筛的丙烯产率和选择性提高，同时氢气产率及干气产率增幅不大，焦炭产率也相当，显示出金属封装 ZSM-5 分子筛对产品选择性的良好表现。

表 2　金属封装 ZSM-5 分子筛对生成丙烯的影响

分子筛	金属封装 ZSM-5	对比
转化率/%	75.00	77.13
丙烯收率/%	9.14	11.79
氢气收率/%	0.15	0.16
干气收率/%	2.63	2.70
液化气收率/%	29.38	34.32
焦炭收率/%	2.70	2.72
丙烯选择性/%	12.19	15.29

2.3　工业应用

铁封装 ZSM-5 分子筛在中国石化催化剂分公司成功工业化，商品牌号为 ZSP 分子筛。该分子筛已经在多个催化裂化及催化裂解催化剂品种中得到应用，并取得优异的工业应用结果。以中国石化安庆分公司 DCC 装置为例，应用结果列于表 3。

表 3　中国石化安庆分公司 DCC 装置工业应用结果

催化剂		空白	MMC-2
原料油密度/(g/cm^3)		0.8977	0.8934
产物分布/%	干气	7.82	7.80
	液化气	30.64	33.64
	汽油	28.58	29.32
	柴油	25.18	21.89
	油浆	0.62	0
	焦炭	6.66	6.84
	损失	0.50	0.51
丙烯收率/%		12.87	15.39
液化气中丙烯浓度/%		42.00	45.75

MMC-2为以ZSP分子筛作为主要择形活性组元的催化裂解催化剂。从表3数据可以看出，与空白标定相比较，使用MMC-2催化剂后，重油转化能力略有提高，液化气产率增加，丙烯收率和丙烯选择性显著提高。

3 磷改性β分子筛

催化裂化反应过程中的烃类组成极其复杂，各种不同大小的烃分子共存，而对于不同孔结构的分子筛催化材料，由于它们孔道尺寸和形状不同，使得它们对不同烃分子的可接近性存在差异，从而影响到其对烃分子的裂化反应性能。为ZSM-5分子筛多提供优质前身物$C_5^=$~$C_8^=$是多产丙烯和异丁烯的有效途径，依据孔道匹配原则，我们选择了孔道尺寸介于Y型分子筛和ZSM-5分子筛之间的β分子筛进行研究。β分子筛是具有三维12元环孔道结构的富硅分子筛，由于其独特的结构特征，β分子筛兼具酸催化特性和结构选择性，具有强的中间馏分转化能力及优异的异构化性能[5,6]。但由于其水热稳定性差及高成本等原因，一直未见在催化裂化领域有工业应用报道。为了改善β分子筛的水热稳定性，并进一步优化其催化性能，石科院开发了磷改性β分子筛。

3.1 磷改性β分子筛的技术特征

3.1.1 非骨架铝少，孔道通畅

一般来说，β分子筛合成都需要有机模板剂，在模板剂的脱除过程中，会生成大量的非骨架铝。关于非骨架铝的认识主要有三点：①非骨架铝是L酸中心；②在水热老化过程中诱导分子筛进一步脱除骨架铝，降低分子筛的水热稳定性；③堵塞分子筛孔道，降低活性中心的可接近性。

本技术首先采用有机酸络合反应对H-β分子筛进行脱铝改性处理，在保证分子筛结构完整性的基础上脱除了分子筛上的非骨架铝。图5为磷改性β分子筛的^{27}Al MAS NMR表征结果。

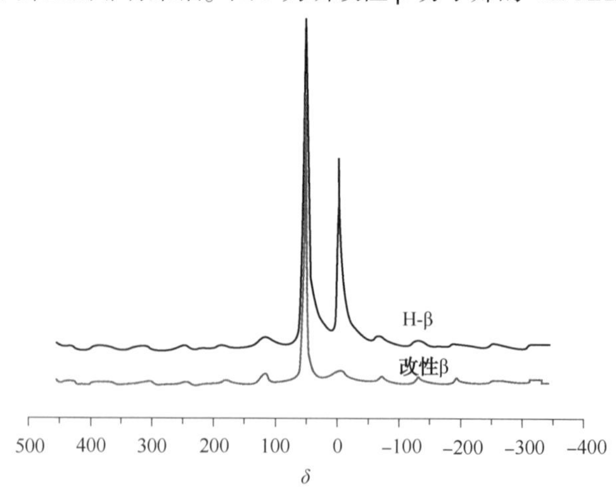

图5 磷改性β分子筛的^{27}Al MAS NMR谱图

从图5可以看出，常规β分子筛在$\delta=0$处有较强的共振峰信号，说明这种分子筛有较多的非骨架铝存在。改性β分子筛在$\delta=0$处的共振峰信号基本消失，说明有机酸把分子筛中的非骨架铝基本清除。

表4给出了改性β分子筛的比表面及结晶度表征结果。从表4数据可以看出，非骨架铝的脱除提高了分子筛的结晶度，疏通了分子筛孔道，分子筛比表面积和孔体积均有所提高。

表4 磷改性β分子筛的物理性质

分子筛	S_{BET}/(m^2/g)	$S_{基质}$/(m^2/g)	$S_{微孔}$/(m^2/g)	$V_{微孔}$/(mL/g)	$V_{孔}$/(mL/g)	结晶度/%
H-β	550	112	438	0.575	0.200	75
改性β	571	116	456	0.604	0.207	82

3.1.2 适宜的酸性分布

将脱铝处理后的β分子筛进行了磷改性，然后与常规H-β分子筛一起进行了红外酸性表征，结果列于表5。

表5 磷改性β分子筛的红外酸性(吸光度) g/cm^2

样品名称	200℃			350℃		
	L酸	B酸	B酸/L酸	L酸	B酸	B酸/L酸
H-β	705.32	431.20	0.61	531.81	436.33	0.82
磷改性β	378.58	280.19	0.74	223.51	295.17	1.32

结果表明，由于酸处理过程脱除了非骨架铝，与常规H-β分子筛相比较，磷改性β分子筛的B酸与L酸酸量均有所降低，尤以L酸更为显著，B酸与L酸酸量之比有所提高，这有利于减少焦炭的生成；同时汽油馏分内的正碳离子减少了在L酸中心上环化氢转移成芳烃的几率，更多地在B酸中心上发生裂化反应，因而可提高C_3~C_4中丙烯和异丁烯的质量分数。酸处理后的分子筛孔道更加通畅，有利于叔正碳离子的生成，可达到提高异丁烯选择性的目的。

3.1.3 优异的水热稳定性

将磷改性β分子筛连同一种USY分子筛(DASY)分别在固定床老化装置上经800℃、4h、100%水蒸气和800℃、17h、100%水蒸气老化处理，然后在WFS-1D自动微反活性装置上测定轻油微活(反应温度460℃)，结果列于表6。从表6可以看出，磷改性β分子筛的水热稳定性有明显的提高，水蒸气老化处理后轻油微反活性与DASY分子筛接近。

表6 几种分子筛的水热活性稳定性

分子筛	MA/%	
	800℃、4h老化	800℃、17h老化
DASY	62	51
β	42	34
磷改性β	60	48

3.1.4 优异的汽油烯烃选择性

将DASY、磷改性β分子筛在轻柴油裂化反应中得到的汽油产物进行烃族组成PONA分析，结果示于图6。从图6可以看出，磷改性β分子筛的汽油烯烃选择性远高于USY分子筛，$C_5^=$~$C_8^=$烯烃选择性尤为突出，这些都是丙烯和异丁烯的优质前身物，由此可以预计磷改性β分子筛将有利于丙烯和异丁烯的生成。

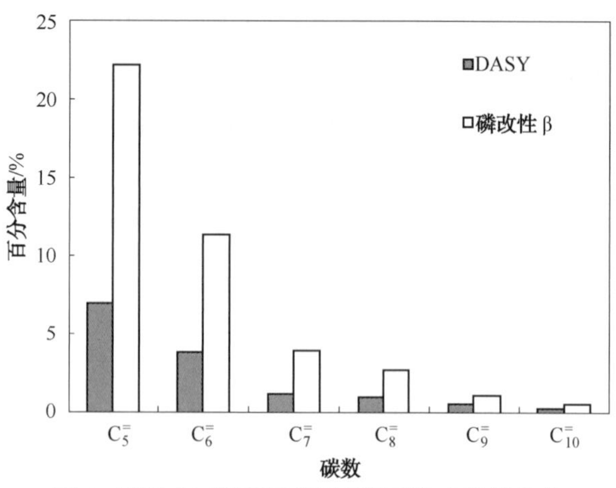

图 6　两种分子筛轻油微反汽油产物中烯烃分布

3.2　工业应用

磷改性β分子筛在中国石化催化剂分公司成功工业化，商品牌号为 HSB 分子筛，该分子筛用于多产丙烯和异丁烯的催化裂化助剂 FLOS 助剂。FLOS 助剂的工业试验在巴陵石化分公司烯烃事业部 MIP-CGP 装置上进行。2012 年 7 月 27 日进行空白标定，并自 2012 年 8 月 7 日开始试用 FLOS 助剂，在助剂加入系统平稳运行 4 个月后，助剂占系统藏量质量分数达到 6%，于 2012 年 12 月 7 日进行总结标定，标定结果列于表 7。结果表明，使用助剂后，液化气产率增加 2.68 个百分点时，丙烯产率增加 1.01 个百分点，异丁烯产率增加 0.54 个百分点；同时，和空白标定相比，产品分布明显改善，质量较差的柴油产率下降了 2.09 个百分点，焦炭产率下降了 0.25 个百分点，总液收增加了 0.17 个百分点，汽油产率和烯烃体积分数有所下降，汽油辛烷值基本相当。

表 7　FLOS 助剂工业试验结果

项　　目		空白标定	总结标定
物料平衡/%	酸性气	0.06	0.05
	干气	2.96	3.10
	液化气	27.79	30.47
	汽油	43.23	42.81
	柴油	12.80	10.71
	油浆	2.82	2.78
	焦炭	9.88	9.63
	损失	0.47	0.45
总液收/%		83.82	83.99
丙烯产率/%		9.10	10.11
异丁烯产率/%		3.43	3.97
汽油体积族组成(FIA 法)/%	饱和烃	41.9	47.7
	烯烃	35.6	31.1
	芳烃	22.5	21.2
汽油 *RON*		94.2	94.6
汽油 *MON*		82.5	82.8

4 磷处理含稀土 Y 型分子筛

为了应对原料重质化和劣质化、环保法规强制性限制车用燃料产品组成以及增产轻烯烃化工原料的挑战，要求对 Y 型分子筛的酸性和孔结构进一步精细调变以改善裂化催化剂的性能，如增强重油转化，保持高辛烷值同时降低汽油烯烃含量等。石科院的研究人员[7]从正碳离子催化裂化反应的单分子和双分子反应路径概念出发，发现促进双分子“选择性氢转移”反应对降低汽油烯烃含量同时保持焦炭选择性非常重要。而双分子氢转移反应与催化剂的酸密度和酸强度密切相关。通常在 Y 分子筛中引入稀土离子并使其定位在方钠石笼中，形成多核结构可以提高稳定性，而且稀土水解形成定位于超笼中的 B 酸中心可以提高酸量。石科院开发的磷处理含稀土 Y 型分子筛以含磷化合物改性含稀土的 Y 分子筛来控制分子筛的酸性，以其作为催化剂活性组元达到降低催化裂化汽油烯烃含量的目的。

4.1 磷改性含稀土 Y 型分子筛的物化性质

不同磷质量分数的 Y 型分子筛的晶胞常数和结晶度分别见图 7 和图 8。从图 7 和图 8 可见，随磷含量的增加，Y 分子筛的晶胞常数减小，结晶度下降。表明引入磷化合物促进了分子筛骨架脱铝。当分子筛上的磷含量继续增加超过 30%时，得到了小比表面积($2m^2/g$)、无裂化活性的无定型物质。这与 Bradley[8]研究 A、Y 分子筛与磷酸二氢铵的固相反应时报道的结果相同。

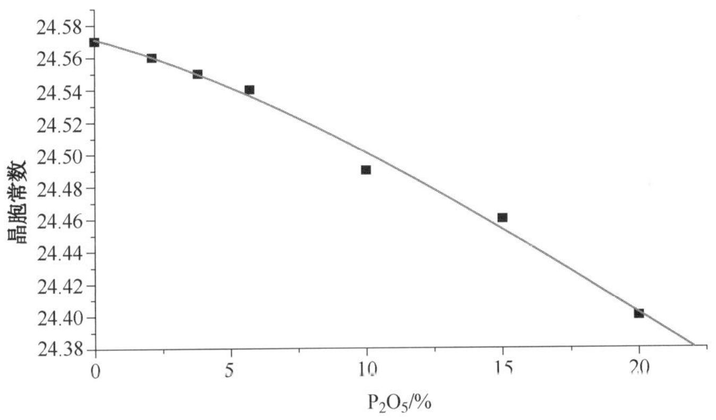

图 7 磷质量分数对 Y 分子筛晶胞常数的影响

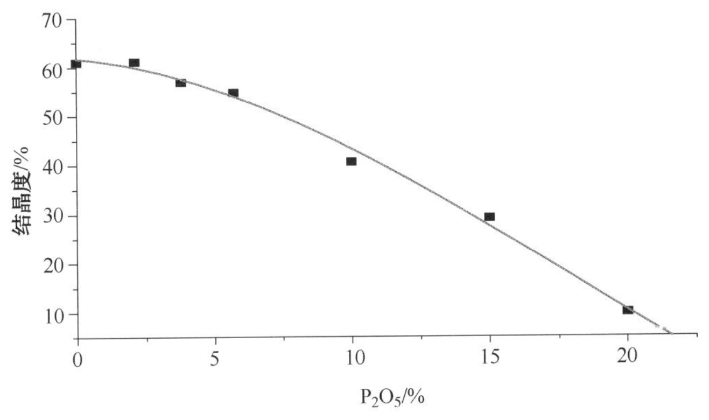

图 8 磷质量分数对 Y 分子筛结晶度的影响

水热老化处理前后的磷质量分数小于10%的分子筛的 N_2 吸附分析结果见表8。

表8　磷改性Y型分子筛的比表面积和孔容

样品	P_2O_5/%	比表面积/(m^2/g)			孔容/(mL/g)		
		总表面积	微孔	中孔	总孔容	微孔	中孔
REUSY	0	633	610	24	0.344	0.284	0.060
PRUSY1	2.1	603	593	10	0.326	0.277	0.049
PRUSY2	3.8	595	579	16	0.323	0.270	0.053
PRUSY3	5.7	589	577	13	0.313	0.270	0.043
REUSY-17①		302	272	30	0.283	0.127	0.156
PRUSY1-17①		389	370	19	0.296	0.172	0.124
PRUSY2-17①		365	347	17	0.284	0.162	0.122
PRUSY3-17①		295	267	28	0.249	0.125	0.124

① 1800℃，100%水蒸气，17h水热处理。

从表8结果可见，新鲜分子筛的比表面积和孔体积均随磷含量的增加而减少，中孔表面积和体积比未经磷改性分子筛低，在适量磷含量范围内基本不变。水热处理后的样品存在同样的规律。表明磷改性促使分子筛骨架脱铝，生成的物质阻塞部分孔道。

用热分析仪测定不同 P_2O_5 含量MOY分子筛吸附一定量氨(NH_3)后，在不同温度下的脱附量，以此来表征其酸性分布的变化，结果列于表9。从表9可以看出，表征弱酸中心的150~250℃的 NH_3 的脱附比例约为34%~37%且变化不大；表征中强酸中心的250~350℃的 NH_3 的脱附比例则随着 P_2O_5 含量的增加而增加，从42.4%增加到55.9%；表征强酸中心的>350℃的 NH_3 的脱附比例随 P_2O_5 含量的增加而减少。一般来讲，焦炭的生成主要由强酸中心引发，强酸中心的减少、中等强酸中心的增加对提高分子筛异构性能和改善焦炭选择性有利。

表9　磷改性Y型分子筛酸分布

样品	酸密度/(mol/m^2)	NH_3 脱附量/%		
		150~250℃	250~350℃	>350℃
REUSY	0.343	37.8	42.4	19.8
PRUSY1	0.381	36.5	48.3	15.2
PRUSY2	0.383	34.9	51.4	13.7
PRUSY3	0.385	34.1	55.9	10.0

4.2　磷改性含稀土Y型分子筛的作用途径

Ar^+ 刻蚀测定的PRUSY3样品及其水热处理样品的磷的纵向分布结果见表10。从表中结果可见，对PRUSY新鲜样，表面P/Al物质的量比为0.68，Ar^+ 刻蚀15min后，P/Al物质的量比下降到0.20，刻蚀30min后，检测不到磷的信号。对于水热处理后样品，表面P/Al物质的量比降低到0.32，这是由于水热处理过程中非骨架铝向分子筛表面迁移[9]，使得表面P/Al比下降。Ar^+ 刻蚀15min后，已经检测不到磷的信号。可见磷改性Y型分子筛的磷主要分布在分子筛表面层。

表 10　PRUSY 分子筛 P/Al 物质的量比随 Ar^+ 刻蚀时间的变化

样　　品	未刻蚀	刻蚀 15min	刻蚀 30min
PRUSY3	0.68	0.20	0
PRUSY3-17	0.32	0	

水热处理前后的 PRUSY 分子筛的 ^{27}Al MAS NMR 谱图分别见图 9 和图 10。新鲜分子筛中主要存在的是硅铝骨架中的四配位骨架铝(化学位移 60 左右)和少量的非骨架铝(化学位移-10~0 和 35~48 左右)。在磷酸铝材料中，四配位铝的化学位移在 35~48 左右，而六配位铝化学位移-6 左右[10]。从图 9 和图 10 可见，随磷含量增加，这些表征磷酸铝物种的非硅铝骨架铝峰增加。在水热处理后样品的谱图中，由于分子筛结晶破坏，谱峰弥散，表征硅铝骨架中四配位骨架铝的谱峰降低，非骨架的磷酸铝物种铝峰随磷含量的增加而增加。水热处理前后的 PRUSY 样品的 ^{31}P MAS NMR 谱图分别见图 11 和图 12。新鲜分子筛 P 的化学位移随磷含量增加，从-12 左右转移到-27 左右。无定型磷酸铝材料缩合不完全，四配位磷信号出现在-10 至-20 范围。而微孔 AlPO 材料中四面体 $P(OAl)_4$的化学位移可以从-19 到-31[10]。Bradley[8]将-9.3 和-20.8 峰归属为反应过程的表面无定型相，可能包括≡$Al(H_2PO_4)$和≡$Al(PO_4)^{2-}$物种，而将-26.4 和-30.0 峰归属为磷酸铝中四配位磷。从图 11 和图 12 可见，随磷含量增加，改性分子筛的磷位移变化，结合的非骨架铝增加，缩合程度提高。水热处理后样品的结果有相近规律，而且与新鲜样相比，磷配位缩合度提高。这是由于水热处理产生非骨架铝迁移至分子筛表面造成的。

从前面的分析可见，适量磷改性分子筛的磷富集在表面层，磷铝结合后形成不完全缩合的结构，类似 $P(OAl)_x(OH)_{4-x}$，磷保持四配位，而铝的配位既可为四配位也可为六配位。形成的磷铝物种沉积在孔道中形成堵塞。但这种不完全缩合磷铝结构含有羟基，表现出弱酸性，使得表面表观酸量增加。随磷含量增加，磷的诱导作用增加，分子筛骨架脱铝增加，晶胞减小，结晶破坏，形成的物种缩合度提高，表观酸量会下降。分子筛表面层酸性增加，提高酸中心的可接近性，增加酸密度，有利于双分子氢转移反应，同时酸强度降低避免强酸中心的生焦和无定型非骨架聚合氧化铝引起的非选择性裂化反应。

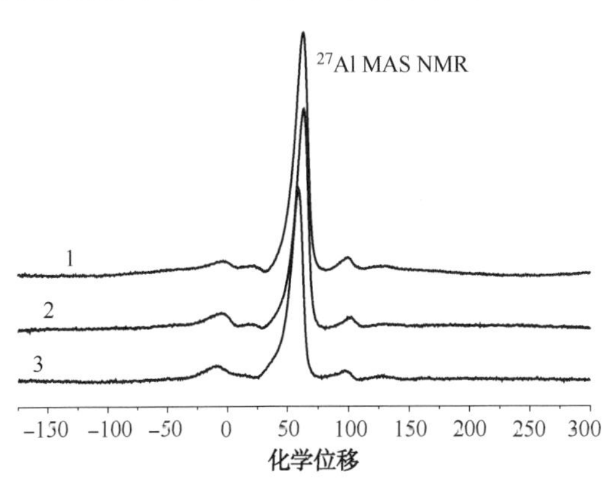

图 9　PRUSY 的 ^{27}Al MAS NMR 谱

1—PRUSY2；2—PRUSY2；3—PRUSY3

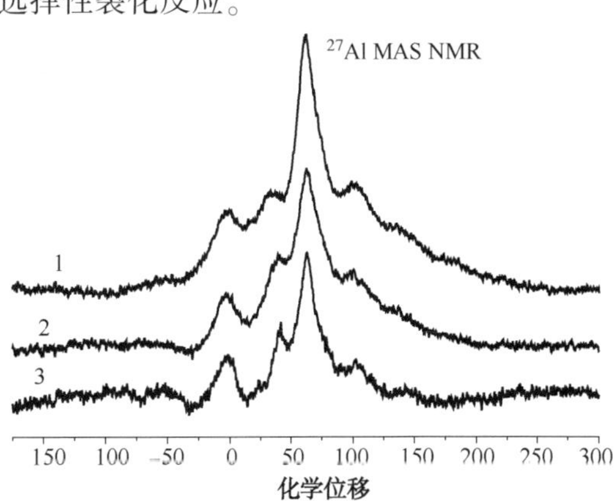

图 10　水热处理 PRUSY 的 ^{27}Al MAS NMR 谱

1—PRUSY2-17；2—PRUSY2-17；3—PRUSY3-17

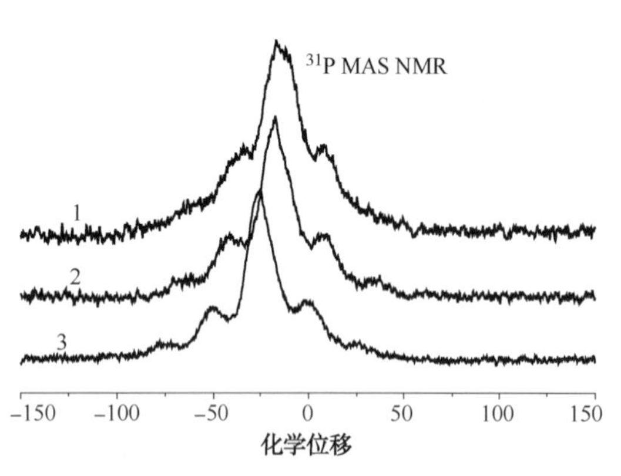

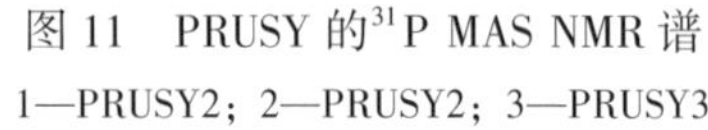
图 11 PRUSY 的 ^{31}P MAS NMR 谱

1—PRUSY2；2—PRUSY2；3—PRUSY3

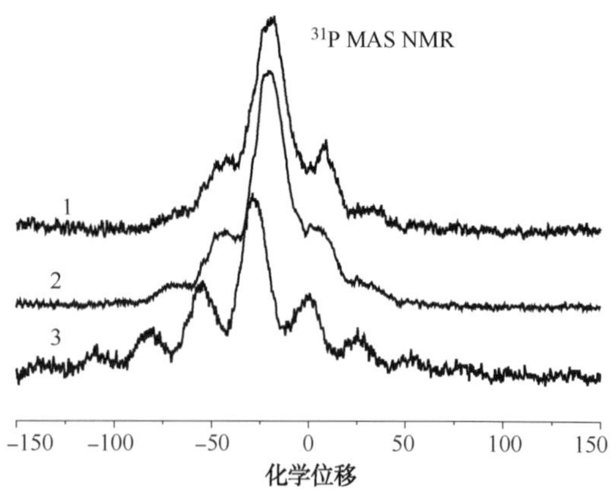

图 12 水热处理 PRUSY 的 ^{31}P MAS NMR 谱

1—PRUSY2-17；2—PRUSY2-17；3—PRUSY3-17

4.3 工业应用

适量磷改性的含稀土 Y 型分子筛由于表面酸密度提高有利于双分子反应，促进汽油馏程中的烯烃转化，已经在中国石化催化剂分公司进行工业生产(商品牌号 MOY 分子筛)，作为主活性组元，与不同分子筛组分和载体组分复配，应用于 GOR 系列降低汽油烯烃含量的裂化催化剂，可以适应不同工况的应用要求。已有很多文献报道工业应用结果，其中两个例子列于表 11。

表 11 GOR-Q 系列催化剂工业应用结果

应用装置	上海高桥石化炼油厂重催		济南炼油厂重催	
催化剂	参比剂 1	GOR-Q	参比剂 2	GOR-II
载体种类		氧化铝		改性氧化铝
转化率/%	72. 79	77. 12	62. 21	65. 44
汽油/%	44. 14	44. 69	35. 79	36. 70
油浆/%	4. 64	1. 73	5. 27	5. 19
焦炭+损失/%	8. 92	9. 00	9. 57	10. 53
总液收/%	82. 15	84. 47	81. 65	80. 41
汽油辛烷值(*RON*)	90. 4	89. 8	92. 5	92. 3
汽油辛烷值(*MON*)	79. 6	80. 4		
汽油烯烃 FIA/%	43. 08	34. 4	44. 5	33. 9
汽油芳烃 FIA/%	17. 56	15. 0	15. 2	16. 7
汽油诱导期/min	639	1005	750	960

从表 11 可见，复配双铝载体的 GOR-Q 催化剂在上海炼油厂重催装置占系统总藏量的 87%时的终期标定，与空白重油裂化催化剂标定相比，转化率增加 4. 33 个百分点，汽油产率增加 0. 55 个百分点，油浆下降 2. 91 个百分点，总液收增加 2. 32 个百分点，焦炭产率略

有增加，精制汽油的荧光法烯烃含量下降了 8.7 个百分点，*MON* 增加了 0.8，诱导期延长。复配改性氧化铝载体的 GOR-II 催化剂在济南炼油厂重催的浓度达 50%时，与空白重油裂化催化剂标定相比，转化率增加 3.23 个百分点，汽油增加 0.91 个百分点，总液收下降 1.24 个百分点，油浆减少，焦炭增加。汽油中烯烃体积分数下降 10.6 个百分点，汽油诱导期延长。可见，采用 GOR 系列降烯烃催化剂可以满足现有环保法规制定的低烯烃、高辛烷值汽油的要求。

5 无序介孔硅铝材料

随着原油重质化、劣质化趋势的加深，重油的高效转化和优化利用成为研究焦点，而适宜重油转化的催化材料的研究开发更是重中之重。在重油大分子的转化过程中，应尽量避免对反应物分子或产物分子的限制扩散作用，而微孔分子筛的孔道相对较小，因此在一定程度上限制了其在大分子催化反应中的应用。1992 年有序介孔材料的出现为大分子催化反应的进行提供了可能[11-17]，介孔材料因其所具有的有序孔道结构及较大的孔径，在大分子反应中显示出优异的催化性能，但由于其孔壁较薄且多为无定型结构，高温水热结构稳定性非常差，极大地限制了其应用，特别是在苛刻的水热条件下的催化裂化过程中的应用。另外，介孔材料制备中使用的模板剂价格相对较高，部分对环境不友好，因此在 FCC 领域至今仍未见有序介孔材料的大规模工业应用。

石科院采用价格相对低廉的工业无机原料，在无模板剂条件下，通过成胶、陈化等较为简单的工艺过程开发出一种高水热结构稳定性和高水热活性稳定性、高重油转化能力的无序介孔硅铝材料，克服了有序介孔材料水热稳定性差、制备成本高、不易工业化的缺点，并通过与微孔分子筛的复配实现了重油高效转化的目的。

5.1 无序介孔硅铝材料的性质

无序介孔硅铝材料具有类似拟薄水铝石晶相结构，初级粒子为 50 nm 左右的球形晶粒，晶粒大小均匀，紧密堆积形成 1 μm 左右的颗粒，进一步聚集后可形成约 2~3 μm 的聚集体，球形晶粒有利于提高材料比表面积，同时也增加了反应原料与酸性中心的接触几率。

无序介孔硅铝材料的介孔特征明显，比表面积 $300m^2/g$ 以上，孔体积超过 $0.7cm^3/g$，可几孔径约 7~8nm 左右，平均孔径约为 8~12nm，该孔径范围非常适宜重油大分子的裂化（见图 13）；BJH 孔径分布曲线显示，JSA 具有相对较宽的孔径分布，此特点成为促进重油转化的另一有利因素，由于重油组成复杂，分子碳数及尺寸不尽相同，较宽的孔径分布反而有利于不同尺度大小的分子在孔中的扩散，因此更加适宜重油大分子的裂化。

吡啶红外吸附法表明，无序介孔硅铝材料同时含有 Lewis 酸中心（L 酸）和 Brönsted 酸中心（B 酸），但主要以 L 酸中心为主，仅含少量 B 酸中心。NH_3-TPD 则显示无序介孔硅铝材料具有较高的总酸量，新鲜样总酸量可达 0.7mmol/g 以上，但主要呈现弱酸性。研究表明，在大分子预裂化过程中，仅需要较弱的酸性中心来满足侧链断裂等初步裂化的要求，若酸性过强易导致过度反应引起焦炭的升高，无序介孔硅铝材料所具有的弱酸性以及适量的 B 酸中心有利于大分子的预裂化，同时较高的总酸量又可促使更多的大分子发生预裂化，为重油高效转化提供酸性基础。

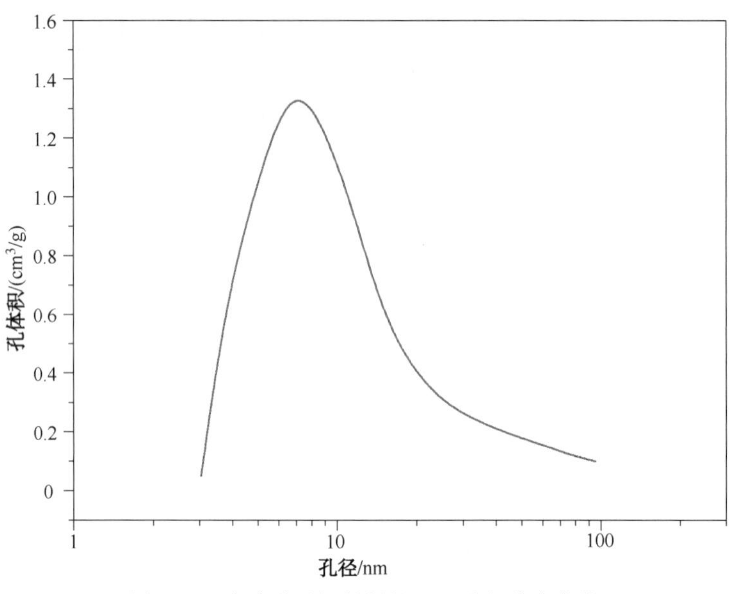

图 13　无序介孔硅铝材料的 BJH 孔径分布曲线

5.2　无序介孔硅铝材料的水热稳定性

在催化裂化反应过程中材料的水热稳定性至关重要，而无序介孔硅铝材料就具有非常优异的水热稳定性。由压汞法测得的孔径分布曲线证实高温水热老化处理未对孔结构造成严重影响，适宜重油转化的 10 nm 左右的孔的保留程度很高，比表面积和孔体积的保留度较高，样品的总酸量也保持在较高水平，表明无序介孔硅铝材料的水热结构稳定性非常好(见图 14)。

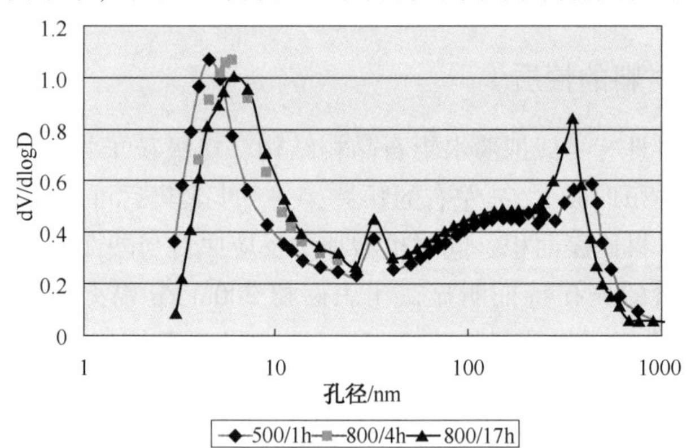

图 14　不同处理条件下无序介孔硅铝材料的压汞法孔径分布曲线

由表 12 所示轻油微反活性指数评价结果发现，随着老化苛刻程度的增加微反活性指数逐渐降低，老化处理 17h 后微反活性指数仍可达到 28%，保留程度超过 80%，证实无序介孔硅铝材料具有非常优异的水热活性稳定性。

表 12　无序介孔硅铝材料的轻油微反活性指数

处理条件	微反活性指数/%	处理条件	微反活性指数/%
500℃，1h	34	800℃，100%H_2O，17h	28
800℃，100%H_2O，4h	32		

5.3 工业应用

无序介孔硅铝材料已在中国石化催化剂分公司成功工业化，商品牌号为JSA，含3%~5%无序介孔硅铝材料的裂化催化剂的商品名为ABC，工业应用结果列于表13。由表13可见，与常规裂化催化剂相比，ABC的重油转化能力更强，焦炭选择性好，产品分布更加优化。这主要归结于JSA与Y型分子筛复配形成的孔道梯度和酸度梯度，尺寸较大的重油大分子可先进入到JSA的介孔孔道中进行预裂化，进而与孔径相对较小的Y型分子筛接触，在其较强的酸性中心作用下进行常规裂化反应，实现重油的高效转化。

表13 含JSA的抗碱氮催化剂ABC的工业应用数据

催化剂		参比剂	ABC
转化率		68.37	70.52
产物分布/%	干气	4.60	4.50
	液化气	14.04	14.58
	汽油	40.94	42.71
	柴油	24.84	23.78
	油浆	6.79	5.70
	焦炭	8.58	8.51
	损失	0.21	0.22
轻质油收率/%		65.78	66.49
总液收/%		79.82	81.07

6 结语

以劣质原油为原料生产更多的清洁燃料和优质化工原料将是今后炼油工业面临的主要挑战和任务。满足市场需求和追求利润最大化是炼油工业的目标，也推动了炼油工业的发展。不断增长和不断细化的市场需求使得炼油过程更加复杂化，因而催化技术的作用越来越关键。炼油技术的发展将更加依赖催化技术的进步与创新。石科院开发的新型催化材料：支撑多产化工原料技术ZSP和HSB分子筛、支撑清洁油品生产技术的MOY分子筛、支撑重质油高效转化的JSA介孔材料将在一定时期内推动炼油技术的进步和发展。

参考文献

[1] 金云，朱和. 中国炼油工业发展现状与趋势[J]. 炼化广角，2013(5)：24-35.

[2] 姚国庆. 世界炼化一体化的新进展及其对我国的启示[J]. 国际石油经济，2009(5)：11-19.

[3] Buchanan J S，Santiesteban J G，Haag W O. Mechanistic considerations in acid-catalyzed cracking of olefins [J]. Journal of Catalysis 1996，158(1)：279-287.

[4] Luo Y B，Ouyang Y，Shu X T，et al. Metal-modified MFI zeolite for enhancing propylene selectivity in FCC process[J]. Studies in Surface Science and Catalysis. 2007，170：600-603.

[5] 沈剑平，李悦，孙铁，等. 酸处理对β沸石结构和酸性的影响[J]. 高等学校化学学报，1995，16(6)：943-947.

[6] 李全芝. 分子筛催化进展[J]. 石油化工，1996，25 (4)：299-305.

[7] He M Y. The development of catalytic cracking catalysts：acidic property related catalytic performance [J]. Catalysis Today，2002，73(1/2)：49~55.

[8] Bradley S M，Howe R F. Reaction of LTA and FAU zeolites with NH4H2PO4 melts yields crystalline $NH_4AlP_2O_7$[J]. Microporous Materials，1997，12(1/3)：13-19.

[9] Fleisch T H，Meyers B L，Ray G J，et al，Hydrothermal dealumination of faujasites[J]. Journal of Catalysis，1986，99(1)：117-125.

[10] Huang Y N. Demko B A，kirby C W，Investigation of the Evolution of Intermediate Phases of $AlPO_4$-18 Molecular Sieve Synthesis [J]. Chem Mater，2003，15(12)：2437-2444.

[11] Wachter W A. Monodispersed mesoporous catalyst matrices and FCC catalysts thereof：US，US 5051385 [P]. 1991.

[12] Murrell L L. Catalysts comprising silica supported on a boehmite-like surface，their preparation and use：US，US 4708945[P]. 1987.

[13] Grenoble D C. Transition metal oxide acid catalysts：US，US 4440872[P]. 1984.

[14] 中国科学院大连化学物理研究所. 一种中孔硅铝催化材料的制备方法：中国，CN 1353008A [P]. 2002.

[15] 吉林大学. 强酸性和高水热稳定性的介孔分子筛材料及其制备方法：中国，CN 1349929A[P]. 2002.

[16] Beck J S，Vartuli J Z，Roth W J，et al. A new family of mesoporous molecular sieves prepared with liquid crystal templates[J]. J. Am. Chem. Comm. Soc.，1992，114：10834-10843.

[17] 姚楠，何鸣元. 硅铝催化材料合成的新进展[J]. 化学进展，2000，12(4)：376-384.

多产异构烷烃的催化裂化 MIP 系列技术

许友好[1]　刘昱[2]　范　声[3]　徐　惠[4]

（1. 中国石化石油化工科学研究院；2. 中国石化洛阳工程有限公司；
3. 中国石化工程建设有限公司；4. 中国石化高桥分公司）

摘　要：针对我国车用汽油以催化裂化汽油为主要成分的实际情况，开发出多产异构烷烃的催化裂化工艺（MIP），以灵活控制汽油烯烃含量，降低硫含量，同时为后续开发的汽油脱硫（RSDS/S-Zorb）技术提供辛烷值损失最小的原料，MIP 与 RSDS/S-Zorb 工艺的组合构成我国车用汽油生产最具有竞争力技术路线，以最小的经济代价完成了国内车用汽油质量升级。在短短的十年内，MIP 装置加工能力已约占国内 FCC 装置总加工能力的 60%，逐步成为新一代 FCC 工艺。

1　前言

我国汽车工业发展极其迅速，到 2015 年底机动车保有量达到 3.1 亿辆，其中汽车保有量突破 1.6 亿辆。汽车保有量大幅度增加刺激了对车用汽油的需求，预计到 2020 年成品油需求量将达到 420Mt，其中汽油 140Mt 以上[1]。

我国车用汽油主要来源于 FCC 工艺所产的汽油馏分，20 世纪末，国内 FCC 汽油约占车用汽油的 80%。由于 FCC 汽油烯烃体积分数约在 45%～60%，而烯烃是生成 VOC、NO_x 和某些有毒物质的主要来源。为此，我国于 1999 年年底颁布车用汽油质量标准，首次限制汽油烯烃体积分数不得大于 35%。随后汽油升级步伐不断加快，国家质量技术监督局于 1999 年 12 月 28 日颁布了《车用无铅汽油标准（GB 17930—1999）》，2006 年 12 月 6 日颁布了《车用汽油标准 GB 17930—2006》，2011 年 5 月 12 日颁布了《车用汽油标准 GB 17930—2011》，2013 年 5 月 12 日颁布了《车用汽油标准 GB 17930—2013（国Ⅴ车用汽油）》，于 2018 年全国范围内实行国Ⅴ车用汽油标准。我国车用汽油标准（GB 17930）主要指标演变列于表 1。

表 1　车用汽油标准（GB 17930）主要指标

项　　目	GB 17930—1999	GB 17930—2006	GB 17930—2006	GB 17930—2011	GB 17930—2013
排放标准		国Ⅱ	国Ⅲ	国Ⅳ	国Ⅴ
硫含量/（μg/g）	≤1000	≤500	≤150	≤50	≤10
烯烃含量/%		≤35	≤30	≤28	≤25
芳烃含量/%	≤40	≤40	≤40	≤40	≤40
苯含量/%	≤2.5	≤2.5	≤1.0	≤1.0	≤1.0
氧含量/%		≤2.7	≤2.7	≤2.7	≤2.7

由于我国炼油厂生产汽油的装置构成与欧美国家明显不同，若按欧美国家模式生产清洁汽油，需斥数千亿巨资新建大量重整、烷基化装置。即使如此，为了提高车用汽油质量，国

内炼油企业也已建成多套催化重整及其他装置[2]，2010 年，FCC 汽油约占车用汽油调合组分的 70%，比国外平均值高出 18.4 个百分点，重整汽油、烷基化油等其他组分所占比例仍然较低[3]。

随着车用汽油质量规格不断提高，使得 FCC 汽油难以直接作为车用汽油调合组分，必须降低其烯烃和硫含量，方能调合到车用汽油池中。中国石化基于自身积累和优势，成功地开发出多产异构烷烃的催化裂化工艺(Maximizing Iso-Paraffins Process，简称 MIP)。MIP 工艺不仅降低 FCC 汽油中的烯烃，增加汽油中的理想组分异构烷烃，而且还促进了重油的转化，提高了液体产品产率，尤其是汽油产率，从而提高了 FCC 装置的经济效益。在短短十多年，MIP 工艺已成功地应用到国内 51 套 FCC 装置上，产生了巨大的社会效益和经济效益，成为我国车用汽油生产关键技术[4,5]。

2 MIP 工艺研究与开发

2.1 MIP 工艺过程反应化学

MIP 工艺从催化裂化过程反应机理出发，独创性地提出将裂化和转化(异构化、氢转移和烷基化)在两个不同的反应区内实现，从而突破了现有的催化裂化工艺对二次反应的限制，实现可控性和选择性地进行裂化反应、氢转移反应和异构化反应，其工艺过程反应化学特点如下。

2.1.1 提出了裂化反应和转化反应(氢转移和异构化反应)两个反应区的概念

催化裂化过程的反应化学主要包括裂化反应、氢转移反应和异构化反应。裂化反应是吸热反应，而氢转移、异构化和烷基化反应是放热反应，随着反应温度升高，对裂化反应是有利的，而对氢转移、异构化和烷基化反应是不利的。因此，降低反应温度对氢转移反应和异构化反应有利，从而有利于烯烃转化为异构烷烃，但异构烷烃的前身物烯烃则需要高温裂化才能得到，这两者是矛盾的。由于生成异构烷烃的前身物烯烃是串联反应的中间体，故可以将烯烃的生成和反应分成 2 个反应区，如图 1 所示。以烯烃为界，烃类裂化生成烯烃为第一反应区，烯烃转化异构烷烃和芳烃为第二反应区。

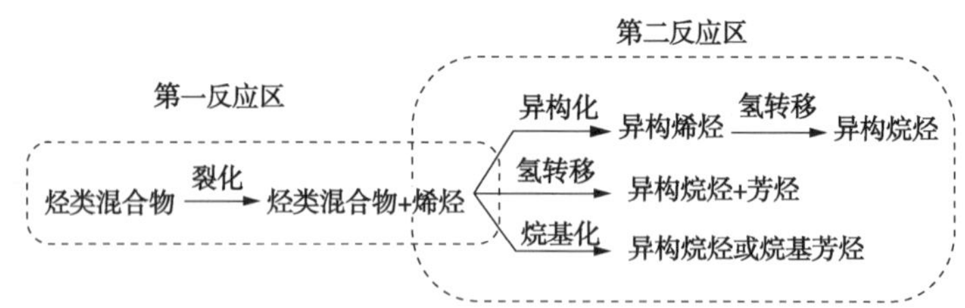

图 1 烃类催化裂化与转化生成异构烷烃和芳烃的反应途径

2.1.2 确定不同类型的氢转移反应环境，实现选择性的氢转移反应

小分子烯烃之间氢转移反应分为下列两种类型[6]。

① 氢转移反应类型Ⅰ：

$$3C_nH_{2n}+C_mH_{2m}\longrightarrow 3C_nH_{2n+2}+C_mH_{2m-6}$$

烯烃　环烷烃(烯烃)　烷烃　芳烃

② 氢转移反应类型Ⅱ：

$$C_nH_{2n-2}\text{(环烯)} + C_mH_{2m-6}\text{(芳烃)} \xrightarrow[\text{缩合反应}]{\text{氢转移}} \text{（多取代苯、多取代萘）} \cdots\cdots \text{多环化合物}$$

焦炭前身物⟶

$$C_nH_{2n} \xrightarrow{\text{吸收负氢}} C_nH_{2n+2}$$

由此可以看出，不同类型的氢转移反应对催化裂化的产物分布，尤其是产品组成的影响起着重要的作用。研究表明：烯烃在硅铝比较高的分子筛催化剂上或在较高的反应温度下或在较低的空速下进行类型Ⅰ的氢转移反应，可以生成较多的芳烃；烯烃在硅铝比较低的分子筛催化剂上或在较低的反应温度下或在较高的空速下进行类型Ⅱ的氢转移反应，可以生成较多的异构烷烃[7]。

2.1.3 提出裂化反应可控性的概念

随着裂化反应的进行，裂化反应进入到反应传递阶段，反应过渡态以经典的正碳离子为主，其中正碳离子和烷烃分子之间发生了负氢离子转移，传递了裂化反应，负氢离子转移起到了双分子裂化反应的二传手作用；同时氢转移反应也按负氢离子转移和失质子两个步骤进行着，也就是说，负氢离子转移在氢转移反应中也是起到二传手作用。降低负氢离子转移反应速度，既降低了双分子裂化反应速度，又降低了氢转移反应。因此，负氢离子转移将氢转移反应和双分子裂化反应联系在一起。

随着裂化反应进行，烃类分子链的长度缩短，活化能增加，裂化反应难度也相应增加。因此，可以有目的地设计工艺条件和选择催化剂活性组元，调控裂化反应深度，为此，提出了对烃类裂化反应进行选择性控制的概念，即裂化反应的可控性[8]。氢转移反应在裂化反应深度和方向上起着重要作用，氢转移反应作用是一方面饱和产品中烯烃，产品质量得到改善；另一方面终止裂化反应，从而保留较多的大相对分子质量的产物，即增加汽油和轻循环油的产率，降低气体产率。因此，利用氢转移反应中止裂化反应特性来实现控制烃类裂化反应深度。在MIP工艺中，通常将烃类裂化反应深度控制在三个层次，即轻质油馏分、汽油馏分或汽油和液化气馏分，如图2所示。

2.2 MIP工艺技术

MIP工艺是基于裂化和转化(异构化和氢转移)两个反应区概念，设计出具有两个反应区的串联提升管反应器。串联提升管反应器是高速流化床和快速流化床的组合，如图3所示。第一反应区操作方式类似常规FCC提升管，即高温、短接触时间和高剂油比，这样可以在短时间内将较重的原料油裂化生成烯烃，同时高反应苛刻度可以减少汽油组成中的低辛烷值组分正构烷烃和环烷烃，对提高汽油的辛烷值非常有利。第一反应区出口的反应油气中富含低碳(C_5~C_7)烯烃，经专用的分布板进入扩径的第二反应区下部，第二反应区通过扩径、补充待生催化剂等措施，降低油气和催化剂的流速，并同时降低反应温度，满足低空速要求，以增加氢转移和异构化反应，使汽油中的烯烃含量大幅度下降，同时辛烷值保持不变或略有增加。因此，第二反应区采用较低反应温度和较长反应时间的操作方式。

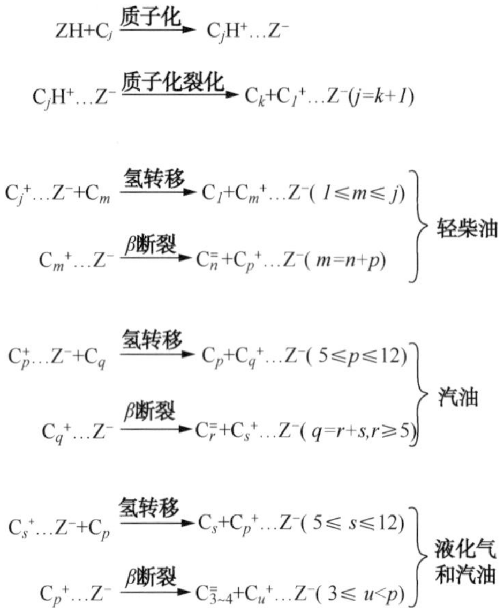

ZH+Cj 质子化 CjH+…Z−
CjH+…Z− 质子化裂化 Ck+Cl+…Z−(j=k+l)
Cj+…Z−+Cm 氢转移 Cl+Cm+…Z−(l≤m≤ j)
Cm+…Z− β断裂 Cn=+Cp+…Z−(m=n+p)
轻柴油
Cp+…Z−+Cq 氢转移 Cp+Cq+…Z−(5≤p≤12)
Cq+…Z− β断裂 Cr=+Cs+…Z−(q=r+s,r≥5)
汽油
Cs+…Z−+Cp 氢转移 Cs+Cp+…Z−(5≤ s≤12)
Cp+…Z− β断裂 C3~4=+Cu+…Z−(3≤ u<p)
液化气
和汽油

图 2　烷烃裂化反应途径示意图

说明：ZH 表示催化剂，C_j、C_m、C_q、C_p 表示烷烃，所有 $C^=$ 表示烯烃，所有 C^+ 表示正碳离子，所有下标表示碳原子数目，其中 $j>m>q>p$

出口
第二反应区
急冷介质
第一反应区
热再生催化剂
进料系统
预提升介质

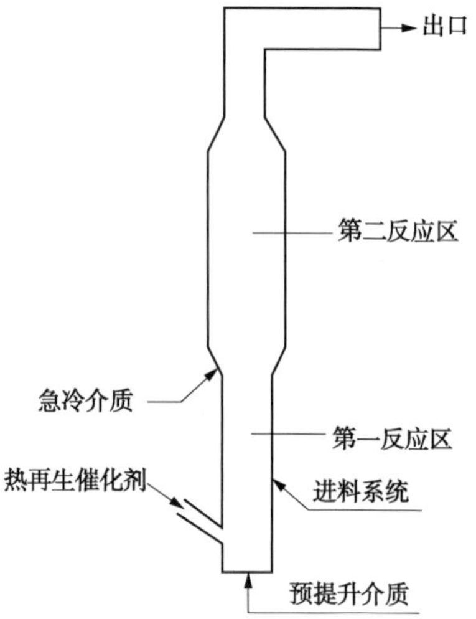

图 3　串联型提升管反应器简图

MIP 工艺在操作参数设置上明显不同于常规 FCC 工艺，两种工艺操作参数差异见图 4。通常，MIP 工艺第一反应区出口温度控制在 500~530℃，油气停留时间一般为 1.2~1.4s；第二反应区温度控制在 490~520℃，重时空速(WHSV)一般为 15~40h^{-1}(油气停留时间 5~6s)。因此，尽管 MIP 工艺反应时间较长，但其热裂化反应效应大幅度降低，从而有利于降低干气产率。

510℃
平均温度
520℃
停留时间
2.3s
530℃
停留时间
1.2s
再生催化剂
进料
预提升介质
传统提升管反应器
平均温度
490℃
停留时间
5.0s
510℃
停留时间
1.2s
再生催化剂
进料
预提升介质
MIP提升管

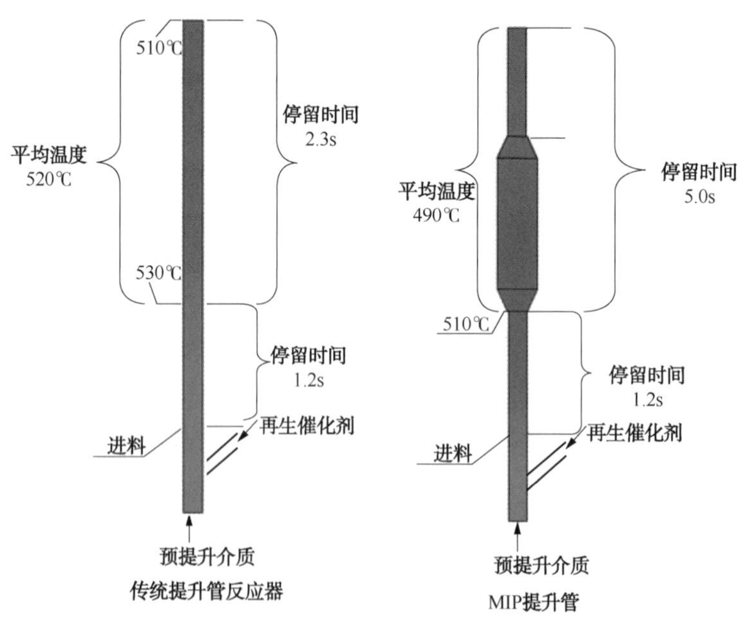

图 4　MIP 反应器与 FCC 反应器操作参数对比

此外，采用了高温催化剂强制冷却并补充到第二反应区的工程技术，冷却的催化剂补充到第二反应器不仅降低第二反应区温度，而且增加第二反应区的催化剂浓度，两者都有利于氢转移反应和异构化反应；在第一反应区和第二反应区之间设置专利分配器；在催化材料的基础研究方面，开发了新型基质，改善孔分布提高容炭性能，复配多活性组元以协调双分子裂化和氢转移反应，由此开发出 MIP 工艺系列专用催化剂。

3 MIP 工艺技术工程开发

3.1 第二反应区设置和外补待生催化剂

MIP 工艺对第二反应区空速要求控制在 15~40h^{-1}，为此可通过第二反应区扩径来提高第二反应区的密度，并适量地补充待生催化剂以提高第二反应区的藏量来实现，但不宜过度。针对各种类型的两器布置，提出了 3 种与之相配套的反应部分工程方案。

① 方案一：外置提升管，提升管顶部采用粗旋，其出口与顶旋软连接。粗旋回收催化剂通过料腿收集后，部分作为第二反应区的补充催化剂，如图 5(a)所示。该方案对原有装置的操作习惯改变最小，改造的工程量不太大，并对压力平衡的影响较小。该方案适用于沉降器高度中等的外提升管装置，如同轴、沉降器较高的并列装置。

② 方案二：外置提升管，提升管末端采用旋流头快分，快分后油气进入沉降器，与顶旋采用软连接，如图 5(b)所示。该方案的优点在于对原沉降器的高度没有要求，适用于停工时间短的改造，虽然操作增加了一路滑阀，但难度基本没有增加。

③ 方案三：对沉降器高度较高的内提升管装置，第二反应区可布置在沉降器的下方，操作难度没有增加，也不会破坏原装置布置的总体形象，如图 5(c)所示。该方案施工难度稍大。

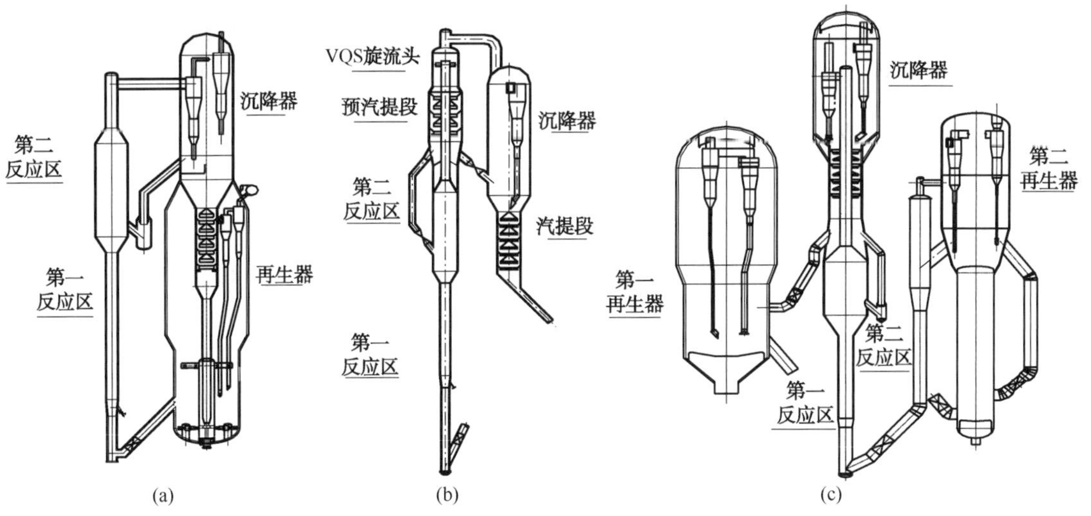

图 5 第二反应区设置位置及补充待生催化剂方式

3.2 开发专利分配器

为了保证第一反应区出来的油气和催化剂在第二反应区有一个稳定的床层，同时还要保证与循环斜管来的催化剂有良好接触，通常在第一反应区出口和第二反应区底部之间设置分配器。早期的分配器由开孔平板和开孔侧圆筒组成，安装陶瓷内芯耐磨管，随后又开发出其他两种型式的分配器，一种为蘑菇头式的分配器，第一反应区的提升管深入到第二反应区的锥形段，深入部分管子四周开有槽口，大部分催化剂和油气从槽口进入到第二反应区，少量的油气和催化剂通过设置在管子顶部蘑菇头分配器上开的圆孔进入到第二反应区，如图 6(a)所示；另一种为凹式分布板型式的分配器，催化剂和油气通过分布板上的圆形开孔和侧面的圆形开孔进入到第二反应区中，如图 6(b)所示。

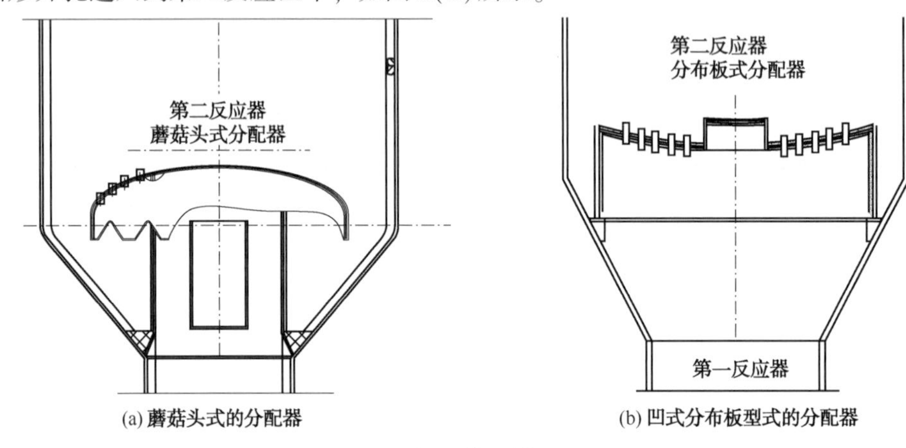

(a)蘑菇头式的分配器　(b)凹式分布板型式的分配器

图 6　分配器

3.3　开发冷热再生催化剂预提升混合器

在变径提升管反应系统上，通过降低再生催化剂和原料油的接触温差，以增加原料油和催化剂的雾化接触面积，减少热裂化反应，实现在维持相同的反应深度下，降低干气和焦炭产率，从而提高目的产品收率。降低再生催化剂和原料油的接触温差技术措施，一是尽可能提高原料油预热温度，二是降低和催化原料油接触前的高温再生催化剂温度。

4　MIP 工艺工业应用

4.1　首次工业试验结果

MIP 工艺于 2002 年在中国石化 GQ 分公司 1.4Mt/a 的 FCC 装置上进行了工业试验，改造后的 MIP 反应再生系统原则流程见图 7(a)，而改造前 FCC 工艺反应再生系统原则流程见图 7(b)。工业试验结果列于表 2。从表 2 可以看出，采用 MIP 工艺之后，汽油的烯烃含量得到大幅度下降，而汽油辛烷值 *RON* 略有降低，*MON* 有所增加，汽油抗爆指数增加 0.2 个百分点；汽油产率增加了 5.14 个百分点，总液体收率增加了近 3.0 个百分点；MIP 汽油硫传递系数 STC(汽油中的硫与原料中的硫之比)仅为 5.80%，而 FCC 硫传递系数为 10.40%。此外，MIP 工艺的 LCO 产率下降，密度增大，十六烷值降低，同时油浆密度增加，芳烃、胶质和沥青质含量增加[9]。

4.2　MIP 工艺系列化

基于串联提升管反应器技术平台，除开发出 MIP 工艺外，先后开发出 MIP-CGP、MIP-

LTG 和 MIP-DCR 工艺，均实现了工业化并得到应用。

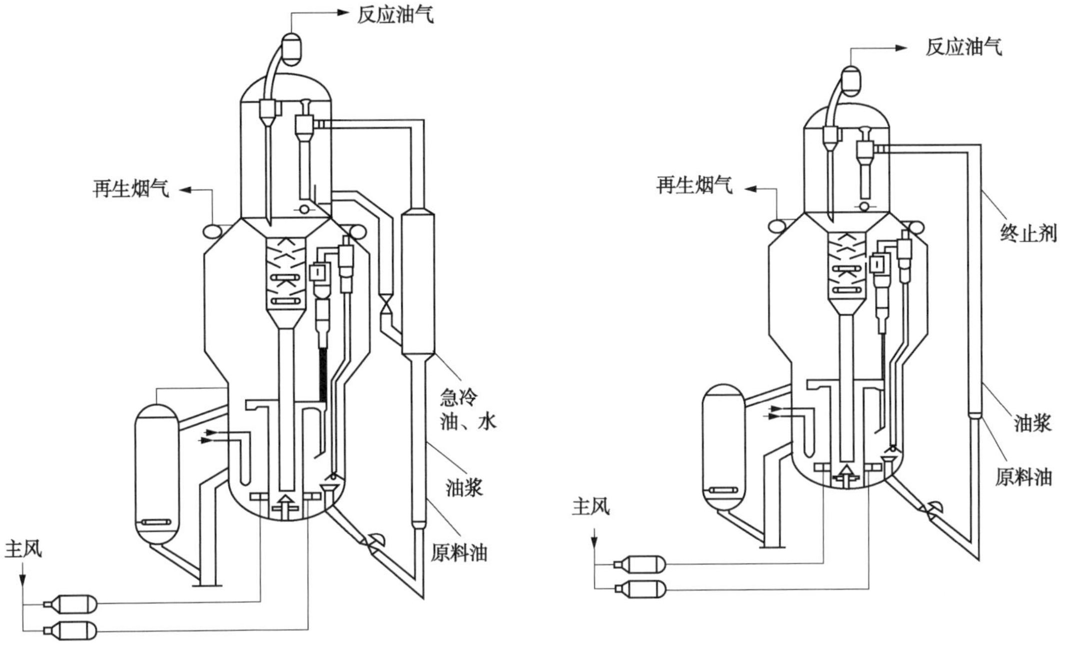

(a) MIP反应再生系统原则流程　　(b) FCC反应再生系统原则流程

图 7　反应再生系统原则流程

MIP-CGP 工艺(MIP for Cleaner Gasoline plus Propylene production)采用专用催化剂和更高的操作苛刻度，使汽油烯烃在裂化反应和氢转移反应双重作用下转化为丙烯和异构烷烃，增产丙烯的同时大幅度降低汽油中的烯烃。MIP-CGP 工艺于 2004 年在中国石化 JJ 分公司 1.0Mt/a FCC 装置上进行试验，结果列于表 2。

MIP-LTG(MIP for LCO To Gasoline production)工艺是将轻循环油分为轻馏分和重馏分，轻馏分直接回炼，而重馏分加氢再回炼，从而可以多产高辛烷值和低烯烃的汽油。MIP-LTG 工艺主要是通过将 LCO 轻馏分中的单环芳烃侧链发生裂化反应，使得单环芳烃转化为汽油馏分中的芳烃分子，从而实现增产高辛烷值汽油。MIP-LTG 工艺于 2009 年在中国石化 BL 炼化公司 1.05Mt/aFCC 装置上进行工业试验，结果列于表 2。

MIP-DCR(MIP for Dry gas and Coke Reduction)工艺是在提升管底部设置催化剂预提升混合器，使得来自再生器的热再生剂与来自外取热器的冷催化剂进行混合，混合后的再生剂上行，再与原料油接触反应，同时原料油预热温度相应提高，这样降低了再生剂与原料油接触的初始温差，减少了热裂化反应，从而降低了干气与焦炭产率。MIP-DCR 工艺于 2011 年在中国石化 JJ 分公司 1.0Mt/a FCC 装置上进行工业试验。试验结果列于表 2。

表 2　典型的 MIP 工艺生产方案的标定数据

工艺		MIP	FCC	MIP-CGP	FCC	MIP-CGP	MIP-DCR	MIP-CGP	MIP-LTG
原料油性质	密度/(g/cm³)	0.8966	0.8967	0.9097	0.8951	0.9205	0.9256	0.8953	0.8953
	残炭值/%	4.68	4.00	4.59	3.86	1.4	1.58	4.8	4.5
	氢含量/%	12.86	12.80	12.58	12.78	12.4	12.4	12.81	12.70

续表

工艺		MIP	FCC	MIP-CGP	FCC	MIP-CGP	MIP-DCR	MIP-CGP	MIP-LTG
产物分布/%	干气	2.88	3.79	3.45	3.72	2.52	2.13	3.18	3.24
	液化气	14.63	15.44	27.37	19.11	14.56	14.94	28.89	28.42
	汽油	49.28	44.14	38.19	40.66	35.23	36.39	42.52	44.03
	轻循环油	21.22	22.57	16.30	21.89	36.08	34.85	12.67	11.74
	油浆	3.04	4.64	5.12	5.22	4.43	4.78	3.26	3.64
	焦炭	8.64	8.92	9.09	8.90	6.59	6.32	9.06	8.51
	损失	0.31	0.50	0.48	0.50	0.59	0.59	0.42	0.42
	合计	100.00	100.00	100.00	100.00	100.00	100.00	100.00	100.00
	总液收	85.13	82.15	81.86	81.66	85.86	86.17	84.07	84.62
汽油性质	烯烃含量/%	34.11	43.10	13.4	41.1	34.4	35.9	28.2	28.7
	RON	88.8	89.4	93.5	91.6	94.4	94.2	94.2	94.5
	MON	80.2	79.2	83.9		80.9	80.9	82.3	82.8
	硫传递系数/%	5.80	10.40	7.30	9.52			5.86	5.97

4.3 串联变径提升管反应器将成为新一代反应器

1936年，第一套固定床催化裂化装置投产，标志着催化裂化工艺开始进入炼油技术的舞台，随后呈现出精彩纷呈的新构思和新设计，移动床、流化床、等直径提升管和变径提升管反应器相继诞生，催化裂化反应器类型演变见图8。串联变径提升管反应器在国际上首创了一种全新反应系统技术，实现了我国催化裂化技术从跟踪模仿创新方式向自主创新方式转变。串联变径提升管已获中国、美国和日本发明专利授权，已应用到50多套催化裂化装置。

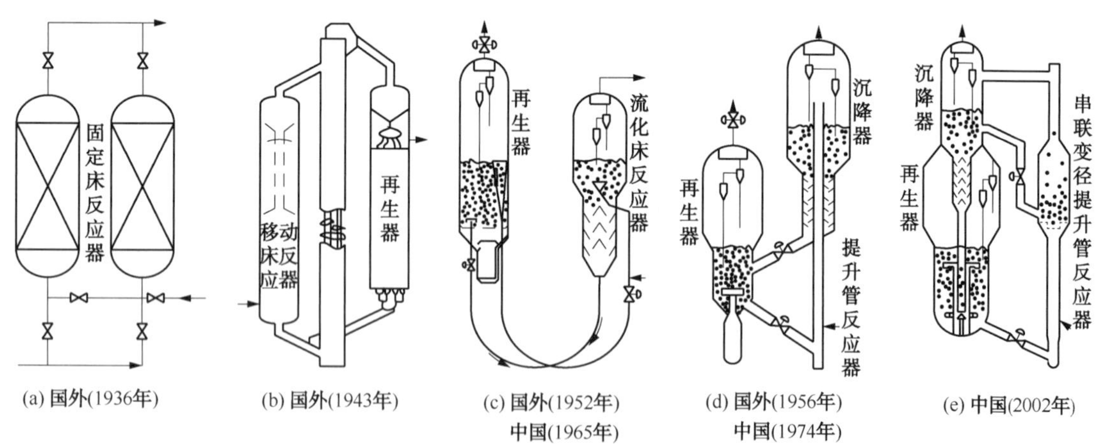

图8 催化裂化工艺80年反应器类型演变图

我国密相流化床FCC装置于1965年建成投产，1974年开发出提升管FCC工艺，两种FCC装置的应用结果列于表3。从表3可以看出，分子筛催化剂-提升管反应器技术进步特征表现为转化率明显提高，LCO产率明显降低，而汽油产率明显增加，液体收率有所增加。

随着催化裂化装置处理原料越来越劣质化，即使采用分子筛催化剂-提升管反应器催化裂化工艺，但原料油转化率降低，汽油产率下降且汽油烯烃含量逐步上升，LCO 产率增加，并外甩大量的油浆，如表 3 所列。以串联变径提升管为反应器的 MIP 工艺在原料油性质与渣油 FCC 工艺基本相同的情况下，表现为转化率增加，干气产率明显降低，汽油产率增加或者汽油和液化气产率之和明显增加，LCO 产率明显降低，油浆产率明显下降，液体收率明显地增加，同时回炼比明显地降低，其技术进步特征与分子筛催化剂-提升管 FCC 工艺进步特征基本一致[10,11]。

表 3　不同类型的催化裂化工艺产物分布及产品性质

工艺类型		蜡油 FCC	蜡油 FCC	变化幅度	渣油 FCC	渣油 MIP	变化幅度
反应器类型		密相流化床	提升管①		提升管②	变径提升管②	
催化剂		无定型硅铝	沸石		沸石	沸石	
反应时间		长	短		短	长	
原料性质	密度(20℃)/(g/cm³)	0.8410	0.8722		0.8967	0.8966	
	残炭/%	0.15	0.13		4.0	4.68	
操作条件	反应(提升管出口)温度/℃	467	493	+26	515	497	
	回炼比/%	100	82	-18	5.5	1.15	-4.35
产率分布/%	干气	1.48	1.42	-0.06	3.79	2.88	-0.91
	液化气	11.6	10.92	-0.68	15.44	14.63	-0.81
	汽油	44.20	49.63	+5.43	44.14	49.28	5.14
	轻循环油	35.50	31.30	-4.20	22.57	21.22	-1.35
	油浆				4.64	3.04	-1.60
	焦炭	6.00	5.35	-0.65	8.92	8.64	-0.28
	损失	1.22	1.38		0.50	0.31	
	合计	100.00	100.00		100.00	100.00	
	转化率	64.50	68.70	+4.20	72.79	75.74	+2.95
	总液收	92.34	92.65	+0.31	82.15	85.13	+2.98
汽油性质	烯烃含量/%	54.8	29.6	-25.2	43.1	34.3	-8.8
	芳烃含量/%	8.4	10.6	2.2		14.8	
	MON	82.2	77.3	-4.9	79.2	80.2	+1.0

① 抚顺二厂第一套装置的标定数据。

② 高桥分公司渣油催化裂化装置标定数据。

4.4　MIP 工艺汽油组成特点

MIP 汽油在烯烃含量大幅度降低的情况下，*RON* 有所增加(除个别装置外)，*MON* 明显增加，尤其以多产丙烯和汽油生产方案时，MIP 汽油的 *RON* 和 *MON* 均增加近 2 个单位；硫传递系数降低约为 30%~50%；苯芳比 R_{BA}(汽油中的苯含量与芳烃含量之比)低(R_{BA}可用于评估苯和烯烃烷基化生成烷基苯反应趋势[1,12])。MIP 汽油性质明显改善的原因在于其组成发生了变化。MIP 和 FCC 汽油组成列于表 4。

表 4　MIP 和 FCC 汽油组成

项　目		MIP	FCC	项　目		MIP	FCC
质量组成/%	正构烷烃	4.93	4.74	烯烃组成/%	直链烯烃-1	1.16	1.93
	异构烷烃	31.18	23.91		直链烯烃-2	6.10	8.68
	烯烃	25.07	40.78		直链烯烃-3^+	1.04	2.94
	环烷烃	7.31	7.31		单支链烯烃	6.05	10.30
	芳烃	29.61	22.24		双支链烯烃	7.30	9.70
	芳烃中苯	0.88	0.78		多支链烯烃	0.09	0.30
RON		92.9	93.0		环状烯烃	2.85	5.89
MON		82.0	81.5		二烯+三烯+炔	0.47	1.03
异构/正构烷烃		6.32	5.04	支链/直链比		1.62	1.48
苯芳比(R_{BA})		2.97	3.51	双支链/单支链		1.20	0.94

从表 4 可以看出，相对于 FCC 汽油组成，MIP 汽油异构烷烃含量高，烯烃含量低，芳烃含量高，苯含量低，苯芳比低，正构烷烃和环烷烃与 FCC 汽油相当，异构烷烃与正构烷烃比较高。此外，在异构烷烃分布中，MIP 汽油的异戊烷和异己烷较高，异庚烷及其以上单支链烷烃以上较低，多甲基异构烷烃也较低；在烯烃分布中，MIP 汽油直链烯烃较低，尤其是直链 1-烯烃，尽管支链烯烃含量较低，但支链烯烃与直链烯烃比较高，同时双支链烯烃与单支链烯烃比也较高。

相对于其他类型烯烃，直链 1-烯烃辛烷值低，且易于加氢饱和，饱和后为正构烷烃，其辛烷值更低，而支链烯烃辛烷值较高，且难以被加氢饱和，即使加氢饱和，其辛烷值损失少，尤其双支链烯烃，加氢饱和后辛烷值反而增加。因此，在相同的烯烃含量情况下，MIP 汽油辛烷值要高于 FCC 汽油，且在相同的加氢条件下，烯烃饱和率低，辛烷值损失少。

4.5　MIP 工艺技术优缺点及其应用

从已运行的 MIP 工业装置标定结果来看，MIP 技术具有以下优势：

① 产物分布更加优化。干气产率下降、汽油产率增加，LCO 和油浆产率降低，液体收率增加；汽油产率高出常规 FCC 工艺约 3 个百分点；与其他同类降低汽油烯烃含量催化裂化工艺相比，MIP 工艺液体产品收率最少高出 2 个百分点。

② 产品质量提高。汽油烯烃体积分数可控制在 15%~35%之间；汽油硫传递系数 STC 为 4.91%~7.30%，比 FCC 汽油硫传递系数低 30%~50%；在汽油烯烃和硫含量大幅降低情况下，辛烷值与 FCC 汽油辛烷值相当。

③ 装置能耗降低。由于反应热大幅减少和高品位再生过剩热量增多，MIP 装置能耗比常规 FCC 工艺降低 330~425MJ/t。

④ 灵活性强。MIP 工艺可根据市场对产品分布要求，形成生产清洁汽油、生产清洁汽油并兼顾轻循环油以及生产清洁汽油并增产丙烯(丙烯产率可达 6%~10%)等技术方案。

⑤ 与其他技术的协同性较好。MIP 汽油是汽油脱硫技术优质原料，脱硫后汽油辛烷值损失少；同时由于液化气中异丁烷含量大幅度增加，可为烷基化装置提供更多的原料。

⑥ 原料适应性强。MIP 工艺所加工的原料包括减压蜡油、焦化蜡油、常压渣油、减压渣油、加氢蜡油、加氢渣油及脱沥青油等。

当 FCC 装置需要增产低烯烃汽油或者同时增产丙烯时，采用 MIP 工艺改造较佳。但 MIP 工艺造成轻循环油和油浆性质更加劣质化，轻循环油十六烷值下降，降低幅度大于 2 个单位以上，油浆密度增加至约 1.1g/cm^3，油浆不宜回炼，同时回炼油密度也有所增加，回炼比小于 0.1。从 MIP 装置运行情况得出，汽油烯烃体积分数虽可降低至 18%以下，但此时焦炭产率上升趋势明显、轻循环油性质更加劣质化。合理的降低汽油烯烃体积分数的目标应确定在 20%~25%之间。

MIP 工艺自 2002 年 2 月 4 日实现工业化以来，到 2015 年 5 月 5 日止已应用到 51 套催化裂化装置上，5 套装置处于建设中，累计加工量约为 90.15 Mt/a，再加上未授权 MIP 装置，其累计加工量达 105.05 Mt/a，另有多套装置正准备采用 MIP 工艺。全国 MIP 和 FCC 装置数和加工量对比列于表 5。

表 5　中国催化裂化装置数量和加工能力统计

企业	FCC 工艺			MIP			总计	
	装置数	加工量/(Mt/a)	加工比例/%	装置数	加工量/(Mt/a)	加工比例/%	装置数	加工量/(Mt/a)
中国石化	27	23.30	30.0	31	54.25	70.0	58	77.55
中国石油	28	30.30	62.0	12	18.60	38.0	40	48.90
中海海油	4	3.70	31.6	4	8.00	68.4	8	11.70
陕西延长	1	1.00	13.5	5	6.40	86.5	6	7.40
中国中化	0	0	0.0	1	3.50	100.0	1	2.50
其他炼厂①				2	1.80		2	1.80
合计				53	90.15			
其他炼厂①	30	14.36	46.2	14②	14.90	53.8	44	29.26
总计	92	75.06	41.7	67	105.05	58.3	159	180.11

① 其他炼厂包括地方炼厂和中国化工，粗略统计，有误差。

② 未授权的 MIP 装置。

5　MIP 技术是车用汽油质量升级关键技术之一

5.1　MIP+RSDS/S Zorb 车用汽油技术路线

MIP 工艺与汽油脱硫工艺具有较好的协同性，MIP 工艺有利于降低汽油烯烃，增加汽油辛烷值和减少汽油中的硫，从而为汽油后处理提供理想的原料。MIP 和 RSDS/S Zorb 工艺组合是我国车用汽油质量升级主要技术途径，且具有较好的经济效益，同时为后续车用汽油升级提供了可靠的基础。实际上，中国石化所有的大型炼油企业生产国Ⅴ车用汽油均采用这条工艺途径。

5.2 车用汽油生产途径探讨

我国车用汽油池中催化裂化汽油约占70%，以催化裂化装置为基础生产车用汽油可分成两条途径，一是MIP、汽油脱硫、烷基化和醚化工艺组合；二是FCC、汽油脱硫、烷基化和醚化工艺组合。以ZH-MIP装置改造前后生产数据来探讨这两条汽油生产途径的优劣，两条生产途径所生产的调合汽油产率和性质列于表6。从表6可以看出，途径一可以直接生产95号国Ⅴ车用汽油，且汽油产率高，而途径二只能生产92号国Ⅴ车用汽油，且汽油产率低。由此可以看出：采用途径一生产国Ⅴ车用汽油具有显著的经济效益。

表6 生产途径一和途径二所生成调合汽油产率和性质

生产途径	途径一(MIP+GDS +ALy+MTBE)				途径二(FCC+GDS +ALy+MTBE)			
	产率/%	*RON*	烯烃体积分数/%	硫含量/(μg/g)	产率/%	*RON*	烯烃体积分数/%	硫含量/(μg/g)
烷基化油	7.61	94.5			6.11	94.5		
汽油	40.76	92.5	29.4	9.0	38.21	90.3	32.0	9.0
调合汽油	48.37	约92.8	<25	<10	44.32	约90.8	约27.5	<10
MTBE	5.40	121			5.01	121		
调合汽油	53.77	95.6	<25	<10	49.33	93.8	约24.7	<10

6 结论与展望

MIP工艺以裂化和转化两个反应区为基础，采用串联变径提升管反应系统，与之相适应的专用催化剂和工程措施，形成灵活多样的生产方案和产品质量可调性，在汽油性质得到改善的情况下，汽油产率、汽油+丙烯产率明显提高，同时液体产品收率也增加，从而不仅具有较好的社会效应，同时具有巨大的经济效益。

MIP工艺已是一项十分成熟、可靠的先进工艺技术，得到了广泛应用，逐步成为新一代催化裂化技术。随着车用汽油中烷基化汽油比例增加，MIP工艺所生产较多的异丁烷可作为烷基化原料，同时MIP工艺仍有降低汽油烯烃含量的余地。因此，MIP工艺在未来车用汽油质量升级过程中仍将发挥更大的作用。

参考文献

[1] 陈俊武，许友好. 催化裂化工艺与工程[M]. 3版. 北京：中国石化出版社，2015.

[2] 张德义. 含硫含酸原油加工技术进展[J]. 炼油技术与工程，2012，42(1)：1-13.

[3] 曹湘洪. 面向未来我国汽油生产技术路线的选择[J]. 石油炼制与化工，2012，43(8)：1-6.

[4] 许友好，张久顺，龙军. 生产清洁汽油组分的催化裂化新工艺MIP[J]. 石油炼制与化工，2001，32(8)：1-5.

[5] 许友好，张久顺，龙军，等. 多产异构烷烃的催化裂化工艺技术开发与工业应用[J]. 中国工程科学，2003，5(5)：55-58.

[6] ScherzerJ. Ocatne-enhancing, zeolitic FCC catalysts: scientific and technical aspects[J]. Catal Rev Sci Eng,

1989，31(3)：215-354.

[7] 许友好. 氢转移反应在烯烃转化中的作用探讨[J]. 石油炼制与化工，2002，33(1)：38-41.

[8] 许友好，张久顺，马建国，等. MIP 工艺反应过程中裂化反应的可控性[J]. 石油学报(石油加工)，2004，20(3)：1-6.

[9] 许友好，张久顺，徐惠，等. 多产异构烷烃的催化裂化工艺的工业应用[J]. 石油炼制与化工，2003，34(11)：1-6.

[10] 许友好. 我国催化裂化工艺技术进展[J]. 中国科学：化学，2014，44(1)：13-24.

[11] 许友好. 催化裂化化学与工艺[M]. 北京：科学出版社，2013.

[12] 许友好，屈锦华，杨永坛，等. MIP 系列技术汽油的组成特点及辛烷值分析[J]. 石油炼制与化工，2009，40(1)：10-14.

重油催化裂解制取低碳烯烃技术的新进展

谢朝钢[1]　魏晓丽[1]　刘宇键[1]　余龙红[2]

(1. 中国石化石油化工科学研究院；2. 中国石化工程建设有限公司)

摘　要：重质油催化裂解生产低碳烯烃(DCC)是中国石化石油化工科学研究院开发的拥有自主知识产权的成套技术。重点阐述了重油催化裂解过程中丙烯生成与转化、乙烯生成反应机理的研究进展；在对催化裂化基础理论的深入理解与认识基础上，根据目标产物的不同，提出了重油催化裂解制取低碳烯烃的催化剂、工艺与工程设计的新理念，由此形成系列的集成创新性技术如DCC-plus、MCP和CPP等技术，并简要介绍了这些技术在国内外的工业应用情况。

1　概述

重油直接制取乙烯、丙烯和丁烯技术的开发一直是各大石油公司和大学研究的热点，中国石化石油化工科学研究院(简称石科院)也一直致力于这方面的研究，并率先开发出最大量生产丙烯的催化裂解(DCC)技术[1-3]。自1990年第一套DCC装置运转以来，重油催化裂解制取低碳烯烃在多产低碳烯烃技术领域仍然保持着世界领先的优势和良好的推广前景。目前，已投入运行的DCC装置共计13套，其中9套在中国，其余4套分别位于泰国、沙特和印度。另有5套DCC装置正在建设或设计中，分别位于中国、印度和泰国。近年来，在对重油催化裂解过程中乙烯和丙烯生成反应化学深入研究的基础上，石科院又相继开发了重油催化热裂解(CPP)[4]、增强型重油催化裂解(DCC-plus)[5]和重油选择性裂解(MCP)[6]等系列重油催化裂解制取低碳烯烃的技术，这些技术均已成功地工业应用，并为企业带来了巨大的经济效益。

2　基础研究

2.1　重油催化裂解生成丙烯的反应机理研究

2.1.1　重油催化裂解过程中丙烯的生成

多数研究者都认为，在催化裂解过程中，丙烯是重质油经汽油馏分二次裂解生成的，汽油中烯烃是丙烯的前身物[7,8]。基于这种认识，现有技术大都将强化汽油馏分的二次裂化反应作为增产丙烯的主要措施。对大庆减压馏分油不同转化深度下丙烯、汽油和汽油中烯烃产率之间的变化关系进行研究，结果见图1[9]。由图1发现，反应转化率低于65.72%时，随转化率升高，三者产率均大体呈线性增加的趋势；转化率由65.72%增加到80.13%时，丙烯产率增加5.78个百分点，汽油产率和汽油中烯烃产率仅分别下降0.88个百分点和2.87个百分点，显然，在该过程中汽油烯烃对丙烯产率增加的贡献值未超过50%；随转化深度进一

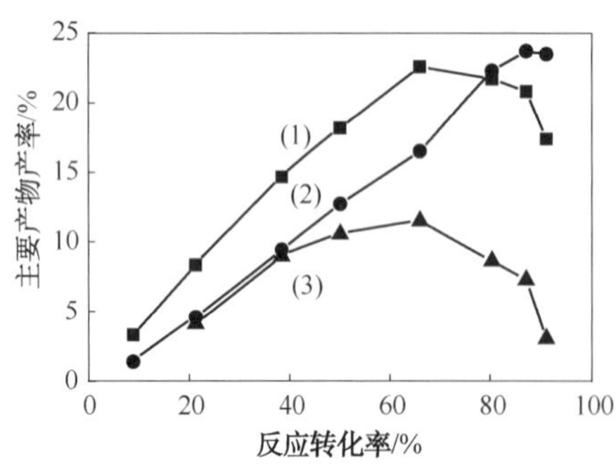

图1　大庆减压馏分油催化裂解主要产物产率与反应转化率的关系反应温度600℃
(1)—汽油；(2)—丙烯；(3)—汽油中烯烃

步增加，转化率由 80.13%增加到 86.89%时，丙烯产率增加了 1.42 个百分点，汽油产率和汽油中烯烃产率仅分别下降了 0.89 个百分点和 1.33 个百分点，丙烯产率的增加同样既未由汽油馏分、也未由汽油中烯烃全部转化而来。由此可见，重油催化裂解反应过程中，丙烯除由重质原料经汽油馏分二次裂化生成外，还可能存在其他不可忽视的生成路径。

根据现有认识，这显然只能由原料直接裂解生成丙烯来解释，即转化率较低时，原料中有大量易裂解的烷烃组分，丙烯生成是原料一次裂解和汽油馏分二次裂解共同作用的结果；随转化率提高，原料中易裂解的烷烃组分明显减少，难裂解的芳烃组分将明显增加，导致此阶段内丙烯主要由汽油馏分二次裂解生成。因此，重油催化裂解生成丙烯的反应路径可能有 2 种(见图 2)：一是原料中烃类大分子经单分子裂化反应或双分子裂化反应生成的活性中间体一步裂化生成丙烯，简称反应路径 I；另一种则是由活性中间体裂化生成的汽油中烯烃等活泼中间产物二次裂解生成丙烯，简称反应路径 Ⅱ，丙烯生成是二者共同作用的结果。

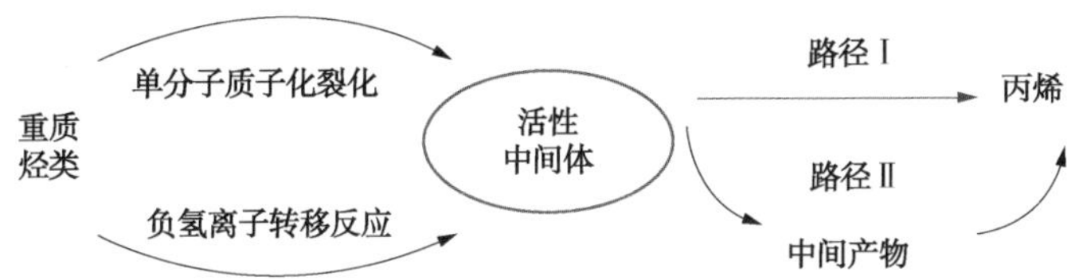

图 2　重油催化裂解反应中丙烯生成反应路径示意图

由于原料一次裂解和汽油馏分二次裂解所需的反应条件不同，因此，提出了提升管反应器和流化床反应器分区控制的增强型催化裂解(DCC-plus)技术的构思[5]。

2.1.2　重油催化裂解过程中丙烯的再转化反应

以纯丙烯为原料，对重油催化裂解反应条件下丙烯的转化反应化学进行了深入研究[10]。表 1 为不同反应条件下丙烯催化裂解反应的转化率。由表 1 可知，在酸性分子筛催化剂存在的条件下，当反应温度 550~650℃、重时空速 2~8h^{-1}时，丙烯转化成其他烃的转化率高达 56%~80%。表 1 中结果表明，在重油催化裂解反应条件及催化剂体系下，丙烯具有非常活泼的化学性质，这一现象与以往催化裂解条件下丙烯的反应性能的认识形成了鲜明的反差。根据上述研究结果，提出重油大分子的一次裂解反应由过去的过裂化操作模式向选择性裂解模式转变，即控制重质原料一次裂解的转化深度，达到多产丙烯和高烯烃含量汽油，为抑制重油一次裂解反应所生成丙烯的再转化，需改变现有反应器结构，使生产的丙烯迅速离开反应系统，即 MCP 技术中重油反应器结构设计的基本理念。

表 1　不同反应条件下丙烯催化裂解反应的转化率

重时空速/h^{-1}	转化率/%				
	550℃	575℃	600℃	625℃	650℃
2	79.55	78.41	76.00	72.28	71.59
4	76.41	73.51	69.02	71.49	70.64
5	70.42	70.00	65.46	62.43	59.08
8	64.89	64.01	62.44	59.56	55.97

注：反应条件：剂油质量比 6；水油比 0.4。

2.2 乙烯生成的反应化学与过程强化

以石英砂为热介质和HZSM-5分子筛催化剂作为裂化催化剂，在固定床重油微型反应装置上分别考察了反应温度650℃时，正十六烷热裂解和催化裂解反应对乙烯产率和选择性的影响，试验结果见表2[11]。从表2中数据可以看出，仅在热介质作用下，乙烯产率和选择性分别为5.19%和12.0%；在高温和固体酸催化剂作用下，乙烯产率和选择性分别提高到8.48%和14.8%，这说明在高温反应环境中，不仅热裂化反应可以生成乙烯，裂化催化剂酸性中心引发的正碳离子反应同样也是可以生成乙烯的，即在催化热裂解反应体系内，乙烯的生成是自由基反应和正碳离子反应双重作用的结果。

表2　大庆蜡油在石英砂和HZSM-5上催化裂解反应

项　　目	石英砂	HZSM-5
转化率/%	43.32	57.40
乙烯产率/%	5.19	8.48
乙烯选择性/%	12.0	14.8

注：反应条件：反应温度650℃；剂油质量比3.2；重时空速16h^{-1}。

通过对自由基和正碳离子基元反应的分析，建立了82个物种、234个基元反应的正碳离子和自由基的双重反应机理网络，并结合线性自由能关系和分子模拟理论计算正十三烷裂解过程中乙烯摩尔分数与反应时间的关系曲线。结果表明，反应时间0.2s时，正十三烷裂解过程中生成的乙烯摩尔浓度存在最大值，这意味着反应时间是乙烯生成反应过程中极其重要的参数，适宜的、较短的反应时间有利于乙烯的生成。根据上述研究结果提出，CPP技术设计理念即采用较高温度和较大剂油比强化自由基反应和正碳离子反应对乙烯生成的贡献。另外，为了满足乙烯生成反应对较短反应时间的要求，CPP技术采用单提升管反应器。

3　催化剂研发

催化剂制备技术的开发工作主要围绕提高原料大分子裂化性能和中间分子对活性中心的可接近性进行，目的在于优化大分子和中间分子的催化裂解反应动力学，简称为OCK催化剂制备技术。催化剂制备技术特点如下：

① 具有适宜大分子裂化的大孔结构的DCC-plus催化剂。大孔结构设计目标是增加孔径为10~70nm甚至更大的催化材料的比例，提高重油裂化能力；改善汽提扩散效果，避免目标产物转化，减少生焦。OCK技术通过操纵结构组元和活性组元成为具有较大尺度的胶粒集团(常规技术催化剂胶粒的平均粒子大小约3~6nm，OCK技术催化剂胶粒大小约50~80nm)，构建出催化剂的大孔结构，通过强化胶粒集团间的相互作用来补偿大孔结构对催化剂抗磨损性能的不利影响。

② 具有高度暴露分子筛表面的MCP催化剂。催化剂表面高度暴露的分子筛有利于强化分子筛的规则裂化特征，抑制无定型材料上的裂化，降低产物在分子筛晶体内的二级扩散，减少过裂化，提高目标产品，减少副产品。OCK技术采取了一系列解决办法，分析、梳理催化剂制备过程不同胶体化学反应所对应的反应条件苛刻度，实现优化有序成胶，减少分子

筛处于苛刻环境中的时间，并在成胶过程中引入保护分子筛结构的试剂，避免让分子筛长时间直接接触苛刻反应环境。

③ 具有创新性催化材料的 CPP 催化剂。根据裂解反应过程与催化材料的关系，OCK 技术通过提高原料大分子和中间分子裂化性能，保证了初期的催化裂解反应得到优化，进一步的深度裂解反应则需要由分子筛来完成，作为主要裂解活性组元的分子筛材料的研究工作包括：①DCC 催化剂分子筛体系：常规 DCC 催化剂采用具有 FAU 结构的 Y 型分子筛和具有 MFI 结构的择形分子筛，复合成二元体系作为实现深度裂解反应的主要活性组元。②ZSP 分子筛升级技术：为了开发新一代 DCC 工艺专用催化剂，石科院开展了核心组元 MFI 的研制工作，通过在 MFI 分子筛上引入磷和过渡金属，研制了 ZSP 系列分子筛。

4　工艺与工程开发

4.1　反应器构型和技术特点

4.1.1　DCC-plus

DCC-plus 工艺采用提升管反应器和流化床反应器组合的结构型式。DCC-plus 工艺第一反应器为提升管，进料为新鲜原料油，以产生汽油组分为目的，同时为第三反应器床层提供原料；第二反应器为补充催化剂提升管，提升介质为装置自产的 C_4 馏分和轻汽油，将热再生催化剂输送至第三反应器床层，为床层反应创造适宜的反应条件；第三反应器为床层反应器，第一反应器和第二反应器的产物以及汽提段的蒸汽一起通过第三反应器，在适宜的反应环境下将轻质烯烃($C_4 \sim C_8$)转化为丙烯。

4.1.2　MCP

MCP 工艺采用提升管反应器与流化床反应器的组合构型，其中第一反应器为提升管，进料为新鲜原料油，原料油高选择性转化为丙烯和高烯烃含量的汽油馏分；第二反应器为提升管反应器，进料为装置自产的回炼油、C_4 馏分和轻汽油，第二反应器提升管中催化剂先与回炼油接触反应，进行催化剂修饰，再与 C_4 馏分和轻汽油接触反应，将轻烯烃($C_4 \sim C_8$)转化为丙烯；第三反应器为床层反应器，仅第二反应器的产物进入第三反应器进一步增产丙烯。

4.1.3　CPP

CPP 工艺采用提升管反应器以及催化剂流化输送的连续反应-再生循环操作方式。CPP 工艺的反应温度较高，约 600~650℃；剂油比较大，约 15~20，需在反应器出口设置油气急冷器和再生催化剂脱气罐，相应地可使反应油气快速冷却和减少带入反应器的烟气量。

4.2　工艺流程

4.2.1　DCC-plus

DCC-pus 装置原则流程见图 3。新鲜原料油预热后与雾化蒸汽混合，进入第一反应器提升管下部的原料喷嘴，与来自再生器的高温再生催化剂接触，立即汽化并在催化剂作用下进行裂化反应。油气携带催化剂沿提升管向上流动，在流动过程中继续进行裂化反应。在第一反应器提升管末端，油气、蒸汽及催化剂通过低压降分布板进入第三反应器密相床层。C_4 馏分和轻汽油经第二反应器提升管下部的 C_4 喷嘴和轻汽油喷嘴，与来自再生器的高温再生催化剂接触，在催化剂作用下进行裂化反应。在第二反应器提升管末端，油气、蒸汽及催化剂通过出口分布器进入第三反应器密相床层。在第三反应器中第一反应器和第二反应器来的油气在密相床层中进一步发生反应。反应后的油气携带少量催化剂进入反应沉降器，经过旋风分离器脱除催化剂后，进入后续分馏、吸收稳定部分处理。反应后的催化剂经汽提后进入再生器烧焦，活性得到恢复，循环回第一反应器提升管和第二反应器提升管底部。

4.2.2 MCP

MCP 装置原则流程见图 4。新鲜原料油预热后进入第一反应器提升管下部的原料油喷嘴，在雾化蒸汽作用下被分散，与来自再生器的高温再生催化剂接触，立即汽化并在催化剂作用下进行裂化反应。在第一反应器提升管出口，油气与催化剂由粗旋风分离器快速分离。分离出的油气通过准直连方式进入沉降器旋风分离器，分离出的催化剂进入第三反应器密相床层。回炼油进入第二反应器提升管底部回炼油喷嘴，与来自再生器的高温再生催化剂接触，在催化剂作用下发生裂化反应，催化剂上覆盖部分焦炭。油气携带催化剂向上流动，积炭催化剂与从第二反应器提升管下部的 C_4 喷嘴和轻汽油喷嘴分别进入的 C_4 馏分和轻汽油接触发生裂化反应。在第二反应器提升管末端，油气通过出口分布器进入第三反应器密相床层进一步发生反应。反应后的油气进入沉降器旋风分离器，分离后进入后续分馏、吸收稳定部分处理。反应后的催化剂经汽提后进入再生器烧焦，活性得到恢复，循环回第一反应器提升管和第二反应器提升管底部。

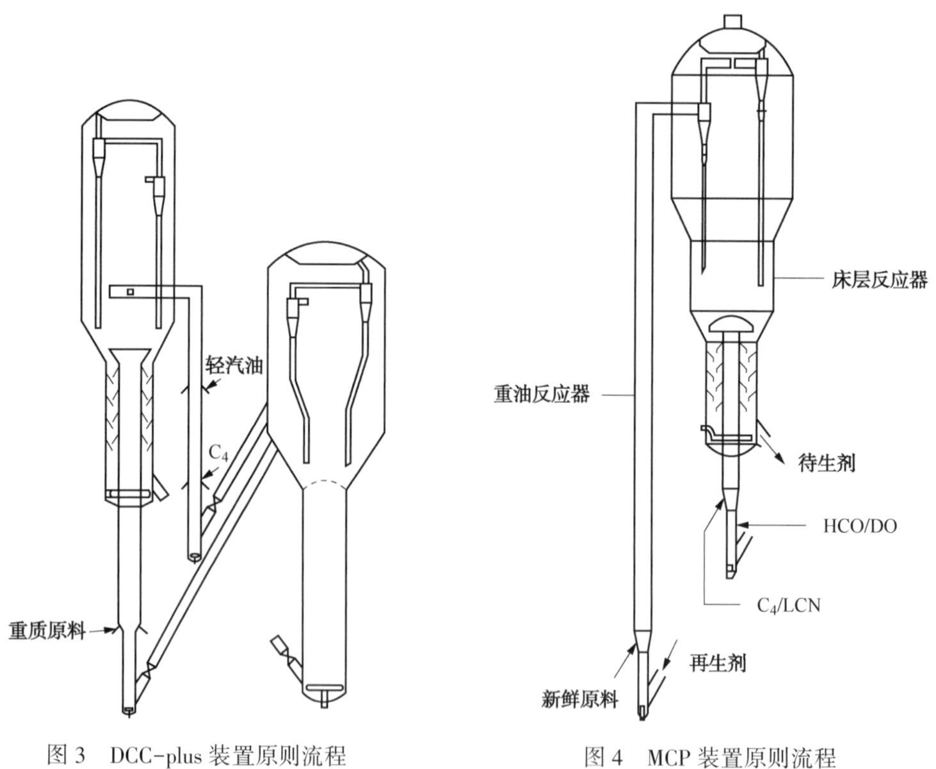

图 3　DCC-plus 装置原则流程　　　图 4　MCP 装置原则流程

4.2.3 CPP

CPP 工艺流程与常规催化裂化相似，主要设备包括反应器、再生器和产物分离回收系统，见图 5。重质原料油经预热炉加热和水蒸气雾化后，通过高效雾化喷嘴注入提升管反应器下部，与再生器来的高温催化剂接触发生反应，在提升管底部注入预提升水蒸气或干气保证催化剂在提升管流化均匀，也可采用 C_4和/或 C_5馏分作为预提升介质，在提升管的上部注入急冷介质，急冷介质可以是水、裂解石脑油或裂解轻油。反应油气在沉降器分离后进入急冷器，与油浆和回炼油直接接触换热，油气冷却后进入分离、回收系统。

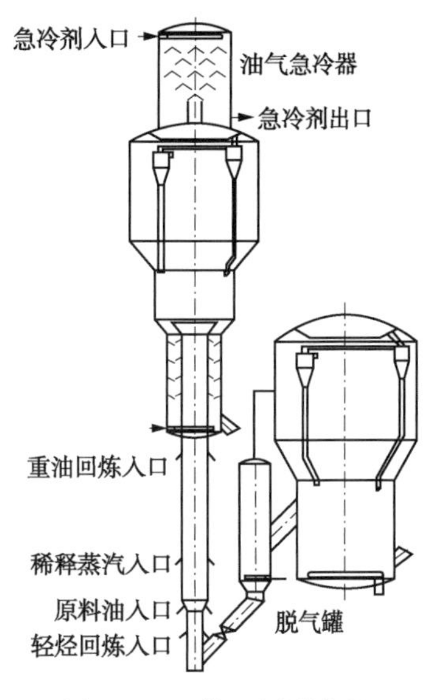

图 5　CPP 装置原则流程

5　工业应用

5.1　DCC 技术

截至 2014 年底，建成投产的 DCC 装置共 13 套，其中 9 套在中国，4 套在国外。在此，仅简述 DCC 技术在海外市场的工业应用情况。2000 以来，海外市场开工并运转中的 DCC 装置有 3 套，分别在沙特阿拉伯 PetroRaigh 公司、印度 HMEL 公司和 MRPL 公司。泰国 IRPC 公司的第二套 DCC 装置和印度 BPCL 公司的 DCC 装置于 2016 年开工。

沙特 PetroRabigh 公司的 DCC 装置设计处理量约 4.6Mt/t，是世界上处理量最大的 DCC 装置。该装置设计加工原料为经加氢处理的沙特轻质原油 VGO 馏分，生产约 20%丙烯和 4%乙烯。DCC 装置优势的充分发挥在于其与乙烯裂解炉的一体化集成，如 DCC 装置产生的乙烯由蒸汽裂解装置回收、产生的乙烷和丙烷循环回乙烯裂解炉，DCC 装置和乙烯裂解装置共用蒸汽发生装置、丙烯精制等装置。DCC 装置于 2009 年 5 月建成开工，至今装置稳定运转中，并于 2011 年 10 月进行了装置性能考核。考核结果表明，装置关键指标如处理量和丙烯产量的设计值分别为 92000bbl/d 和 950kt/a，考核值分别为 93000bbl/d 和 1005.4kt/a，装置性能高于设计指标要求。

印度 HMEL 公司的 DCC 装置处理量约 2.2Mt/a。该装置设计原料为经加氢处理的直馏蜡油和重质焦化蜡油（比例约 80∶20），目标产物为低碳烯烃（聚合级的丙烯和 LPG）和汽油，设计丙烯产率约 20.25%。DCC 装置主要由反应–再生系统、分馏塔、气体分离系统和丙烯回收装置等组成，其中反应–再生系统包括进料系统、提升管反应器、蘑菇型快分器、汽提器、再生器、催化剂输送线和控制系统。为了优化丙烯生成，反应器采用多段进料方式，C_4和 LCN 回炼位置优先设置在反应器底部，然后依次是原料进料位置和回炼油进料位置。该装置于 2012 年 5 月开工，至今装置稳定运转中。

印度 MRPL 的 DCC 装置设计采用两种生产模式：处理量约 2.2Mt/a 的最大化丙烯模式和处理量约 2.0Mt/a 的最小化丙烯生产模式。设计原料为经加氢处理的直馏蜡油和重质焦化蜡油以及低硫蜡油，主要目标产物为低碳烯烃和汽油。DCC 装置由转化单元（反应–再生系统）、分馏塔、气体分离系统和丙烯回收等装置组成。装置主要产品为聚合级丙烯、LPG、炼厂燃料气、轻汽油（LCN）、中间馏分汽油（MCN）和重汽油（HCN）以及 LCO，其中 MCN 作为芳烃单元进料，LCO 作为柴油加氢处理装置进料，C_4、LCN 和油浆可回炼至提升管以维持装置热平衡和最大化生产丙烯。反应系统由进料系统、提升管反应器、蘑菇型快分器、汽提器组成。再生器为一段富氧再生。该装置于2014年2月开工，至今装置稳定运转中。

5.2 DCC-plus技术

1.2Mt/a的DCC-plus装置于2014年2月在海南省东方市建成并投产。装置设计原料为常压渣油，采用专用催化剂OMT-2，目的产物中气体烯烃产率高，产物中乙烯作为乙苯-苯乙烯装置原料，丙烯用于生产丙烯腈等化工产品。DCC-plus装置采用提升管与床层组合反应器，并增设第二提升管向床层反应器补充再生催化剂，这样既可保证床层反应器所需要的反应环境，还可优化混合催化剂的活性，同时可降低主提升管的反应温度和剂油比，有利于提高重油原料裂解反应的选择性，降低干气和焦炭产率；为了进一步提高丙烯产率和改善汽油性质，在第二提升管进行轻汽油和C_4回炼，其反应-再生系统示意图见图3。2014年2月装置开工后，由于后续的乙苯-苯乙烯装置未能同步投入生产，DCC-plus装置采用缓和条件以减少干气产率、提高总液体产品产率。DCC-plus装置自开工以来，表现出良好的产品结构灵活性，通过对操作参数的调整，实现了缓和条件开工，干气产率由原设计值6.80%降低到3.36%，液化气产率由原设计值35.00%降低到25.04%，汽油和柴油产率和由原设计值45.10%增加到57.19%，实现了少产气体、多产液体的目标。另外，裂解汽油辛烷值高、安定性好，裂解柴油的十六烷值指数略高于常规催化裂化柴油。

5.3 MCP技术

处理量250kt/a MCP工业试验装置于2010年8月在江苏省扬州市开工建设，2011年7月一次开车成功，MCP装置原料为常压渣油。该装置采用前置烧焦罐的高低并列式布置，反应器为双提升管与床层相结合的组合式反应器(参见图4)，再生器烧焦采取富氧完全再生模式，其中主提升管为新鲜原料裂解反应器，第二提升管及床层器主要加工回炼油/油浆、轻汽油(LCN)和/或C_4馏分。与常规FCC装置相比，MCP装置增加了轻重汽油切割塔。2013年11月考核了MCP装置性能，以苏北常压渣油为原料，MCP装置的丙烯产率达到17.05%，异丁烯产率达到5.51%，干气产率为4.79%；裂解汽油研究法辛烷值为94.6，裂解柴油十六烷指数为30；装置总液体(液化气+汽油+柴油)收率为80.23%。

5.4 CPP技术

加工量为500kt/a重油的CPP装置于2009年6月在辽宁省沈阳市建成投产，是世界上第一套以常压渣油为原料生产乙烯、兼产丙烯的工业化装置。该装置主要包括反应-再生系统、乙烷丙烷裂解炉系统、裂解气精制与分离系统等(见图5)。2010年3月，进行了CPP装置性能考核。以大庆常压渣油为原料，在兼顾乙烯和丙烯操作模式下，单程操作时，乙烯和丙烯产率分别达到14.84%和22.21%，达到了装置设计的性能指标。

6 结论

以工艺多元化满足原料与市场需求多元化是重油催化裂解制低碳烯烃发展与进步的驱动力。通过对重油催化裂解过程中丙烯生成与转化反应化学、乙烯生成机理与过程优化研究，提出了重油催化裂解制轻烯烃的催化剂、工艺工程设计的新理念，进一步加强技术集成与耦合，在具有自主知识产权的DCC技术基础上，进一步形成了系列创新技术——DCC-plus、

MCP 和 CPP 等。这些技术在国内外市场的成功应用表明，我国自主研发的、以 DCC 为代表的系列重油催化裂解制烯烃技术在多产低碳烯烃领域仍保持着世界领先的技术优势和良好的推广前景。

参 考 文 献

[1] 李再婷，蒋福康．催化裂解技术的工业应用[J]．石油炼制与化工，1991，22(9)：1-6.

[2] 谢朝钢，施文元，蒋福康，等．Ⅱ型催化裂解制取异丁烯和异戊烯的研究及其工业应用[J]．石油炼制与化工，1995，26(5)：1-6.

[3] XIE Chaogang，GAO Yongcan. Advances in DCC process and catalyst for propylene production from heavy oils [J]. China Petroleum Processing and Petrochemical Technology，2008，10(4)：1-5.

[4] 谢朝钢．催化热裂解生产乙烯技术的研究及反应机理的探讨[J]．石油炼制与化工，2000，31(7)：40-44.

[5] 张执刚，谢朝钢，朱根权．增强型催化裂解技术(DCC-PLUS)试验研究[J]．石油炼制与化工，2010，41(6)：39-43.

[6] 谢朝钢，高永灿，姚日远，等．MCP 重油选择性裂解工艺技术及其工业试验[J]．石油炼制与化工，2014，45(11)：65-69.

[7] Buchanan J S. The chemistry of olefins production by ZSM-5 addition to catalytic cracking units[J]. Catalysis Today，2000，55(3)：207-212.

[8] Knight J，Mehlberg R. Maximize propylene from your FCC unit[J]. Hydrocarbon Processing，2011，90(9)：91-95.

[9] 袁起民，龙军，谢朝钢．重油催化裂解过程中丙烯和干气的生成历程[J]．石油学报(石油加工)，2014，30(1)：1-6.

[10] 李正，侯栓弟，谢朝钢，等．重油催化裂解反应条件下丙烯的转化反应 I. 反应性能及反应路径[J]．石油学报(石油加工)，2009，25(2)：139-144.

[11] 侯典国，汪燮卿，谢朝钢，等．催化热裂解工艺机理及影响因素[J]．乙烯工业，2004，25(4)：139-144.

致谢：感谢中国石化石油化工科学研究院鲁维民博士在工艺与工程开发方面的辛勤付出与大力协助。

催化裂化系列催化剂的开发及应用

周灵萍[1]　田辉平[1]　王宝杰[2]　刘宏海[2]

(1. 中国石化石油化工科学研究院；2. 中国石油石油化工研究院)

摘　要：介绍了21世纪以来中国催化裂化催化剂的研究开发及工业应用，主要包括重油裂化能力强、抗金属污染能力强及焦炭选择性好适合重质原料油的重油催化剂，多产柴油、多产汽油及控制汽油的烯烃和硫含量的高轻油收率催化裂化催化剂，与MIP-CGP工艺配套的CGP系列专用催化剂及助剂。此外，简要介绍了催化裂化催化剂的活性组元、基质材料、制备及表征新技术的开发及应用。

1　前言

目前国内催化裂化装置的总加工能力已超过146Mt/a，是我国加工重油的最主要装置。催化剂是催化裂化技术的核心，催化剂性能的好坏直接影响着催化裂化装置的产品分布和经济效益。催化裂化催化剂经过70多年的发展沿革，目前在实践上和认识上都已达到相当水平。当前世界上公布的催化裂化催化剂牌号超过200个，是当前工业用量最大的一种催化剂。进入21世纪以来，中国催化裂化催化剂的研究开发、制备技术及工业应用均取得了很大的进展[1-3]。

2　催化裂化催化剂的研究

2.1　分子筛的研究

2.1.1　直接法合成高硅NaY分子筛成套制备技术

中国石油石油化工研究院(简称中石油石化院)开发了直接法合成高硅NaY分子筛成套制备技术，解决了影响高硅NaY分子筛直接合成的各种关键因素问题，通过采用分段反应、调整硅铝源聚合态和聚合速度等创新技术，发明了一种新的高硅NaY分子筛合成方法，并开发了化学和物理手段相结合的独特合成工艺和配套改性技术，进而形成了直接法合成高硅NaY分子筛成套制备技术，搭建起了新的催化材料技术平台。采用该技术在使用廉价原料和无模板剂的情况下，可以直接合成出相对结晶度在85%以上，硅铝比在5.7以上的高硅NaY分子筛。与常规NaY分子筛相比，在经相同改性工艺处理后，采用改性后的高硅Y分子筛所制催化剂的微反活性提高7个单位以上。2009年11月，直接法合成高硅NaY分子筛成套制备技术在兰州石化催化剂厂实现工业化，在工业上直接合成出硅铝比达5.7以上的高硅NaY分子筛，并根据不同需要形成了两个系列的分子筛产品，已累计生产高硅NaY分子筛超过8200t，生产催化剂22kt，在20余套催化裂化装置得到了推广应用。

2.1.2　稀土离子定向进入Y型分子筛方钠石笼改性技术

常规Y型分子筛改性技术只能使70%左右的稀土离子定位于方钠石笼，而仍有30%的稀土离子位于分子筛超笼和分子筛表面，使分子筛焦炭产率增加的同时，导致稀土离子在后续制备过程中易被铵盐离子反交换，造成 Y 型分子筛制备过程低的稀土利用率和高的铵盐消耗量，增加了成本、浪费了资源。通过控制分子筛改性过程中稀土交换、迁移的微环境，降低稀土离子迁移阻力，有效控制改性离子在交换、焙烧等步骤中离子迁移方向，形成了新型稀土离子定向进入方钠石笼改性技术，同时解决了分子筛重油裂化性能和制备过程稀土利用率等问题。

与常规 Y 型分子筛改性技术相比，采用新型稀土离子定向进入方钠石笼改性技术制备的分子筛可使稀土利用率从目前的 70%提高至 95%以上；分子筛 Na_2O 含量可直接控制在 1.0%以下；同时在相同水热处理条件下，老化后分子筛相对结晶度保留率提高 13 个百分点(800℃、100%水汽老化 2h)；而且在相同分子筛含量的前提下，采用新型分子筛制备的催化剂微反活性(800℃、100%水汽老化 17h)可提高 5 个单位。该技术的成功实施为开发不同系列的重油高效转化催化裂化催化剂提供强有力的支撑平台。

2009 年 6 月，新型稀土离子定向进入方钠石笼改性技术在兰州石化催化剂厂成功实现工业转化(工业牌号：HRSY-3)，分子筛的氧化钠含量降到 1.0%以下，稀土一次利用率达到 95%以上；采用该分子筛制备的催化剂微反活性达到 72%。目前以 HRSY-3 分子筛为平台，已先后开发了 LDO、LDR、LOG、RAIN-1 和 LIP-200T 等 5 个系列 8 个牌号的新型催化裂化催化剂，催化剂累计生产近 30kt。更重要的是以新型 Y 型分子筛作为主活性组分制备的 LDO-75SL、LDR-100AL 和 RAIN-1 等催化剂顺利通过雪佛龙、埃克森美孚、马来西亚公司组织的第三方性能测试，并获订单超过 10kt，提升了中国催化裂化催化剂的国际竞争力。

2.1.3 结构优化分子筛 SOY 制备技术

中国石化石油化工科学研究院(简称石科院)开发了结构优化分子筛(SOY)及其制备新技术，采用化学法分子筛孔道清理改性技术与稀上改性技术协同作用的方法有效地解决了多年来一直未解决的分子筛孔道堵塞难题，在使超稳分子筛孔道畅通的基础上顺利地将稀土离子引入到分子筛的晶体结构中，大大提高了超稳分子筛中的有效稀土含量，从而使分子筛的结构与性能优化。SOY 分子筛自 2006 年工业化以来，广泛用于国内外催化裂化催化剂的活性组元。近十年来，应用 SOY 分子筛为活性组元的催化裂化催化剂累计产量超过 400kt。

2.1.4 高稳定性分子筛 HSY 制备技术

石科院开发了高稳定性分子筛 HSY 及工业生产装置，国际上首次真正实现了 HSY 分子筛连续化稳定工业生产。通过控制分子筛离子交换及超稳改性的程度，开发出 HSY 系列分子筛。该分子筛具有结晶度高、氧化钠含量低、热及水热稳定性好的优良性能，已广泛用于催化裂化催化剂的活性组元。自 2008 年以来，应用 HSY 为活性组元的催化裂化催化剂已推广应用到国内外 30 余套催化裂化装置，为炼油企业实现增产汽油、提高轻质油收率的目标做出了重要贡献。

2.2 基质材料的研究

2.2.1 改性累托土大孔基质材料[4]

石科院开发了具有丰富大孔的层柱累托土作为催化剂的基质材料，有助于重油的深度转化，累托土材料属于规则间层黏土矿物，具有大孔开口结构、优异的水热稳定性、孔径可在常规长廊到超级长廊的大范围内调节，催化活性高，重油转化能力高。开发的累托土新交联方法不仅减化了工艺流程，而且改善了焦炭选择性。与传统的含高岭土担体的催化剂相比，所开发的累托土裂化催化剂具有更强的裂化重油的能力和更高的催化裂化活性，具有高的汽油、柴油收率。通过对累托土的改性处理，可以显著改善催化剂的焦炭选择性。

2.2.2 富硅基质技术[5]

为了达到既能改善催化剂的焦炭选择性又能提高催化剂的裂化活性以更好地满足加工劣质原料油的要求，石科院开辟了一条富硅基质裂化催化剂制备新技术，开发了硅溶胶与胶溶拟薄水铝石相结合的复合黏结剂的新工艺，成功制备出不仅具有好的焦炭选择性而且具有较强的重油裂化能力的富硅基质裂化催化剂。新技术开发了大孔富硅活性基质，增加基质的中大孔比例，进而增加可接近性，同时调节基质的表面酸性，提高基质的酸强度，降低基质的酸密度；并且通过引入活性基质改善催化剂的基质活性，提高催化剂的重油裂化能力。在中国石化催化剂有限公司齐鲁分公司完成了富硅基质裂化催化剂制备新技术的工业试验及试生产。新开发的富硅基质裂化催化剂具有焦炭选择性好、重油裂化能力强、耐磨损性能好等特点。

2.3 催化剂制备技术的研究

石科院开发了高球形度 FCC 催化剂制备技术。通过优化成胶、雾化、干燥等条件、控制催化剂浆液的固含量和黏度、设计新型雾化喷嘴等技术手段，显著提高了 FCC 催化剂的球形度。常规国产 FCC 催化剂的球形度指数为 50 左右，高球形度 FCC 催化剂制备技术所制备 FCC 催化剂球形度≥0.94，球形度指数≥80。在中国石化催化剂有限公司齐鲁分公司进行工业试验，制备出球形度为 0.943，球形度指数为 86 的催化剂，球形度高于国外公司生产的 FCC 催化剂，达到国际先进水平。

2.4 催化剂表征技术的研究

现有报道在分析喷雾干燥条件对产品质量的影响时，表征颗粒形貌的手段只有扫描电镜，对照片进行感官描述，并没有量化的表征颗粒形貌的数据。石科院首次开发了催化裂化催化剂球形度的分析测定方法[6]，可以量化表征催化裂化催化剂颗粒形貌，进而对催化剂喷雾干燥成型工艺做准确指导。

3 催化裂化催化剂的开发与工业应用

3.1 高轻油收率催化裂化催化剂的开发与工业应用

石科院在 2006~2008 年间开发的三大基础技术构成了中国石化新的重油催化剂研制平台，其中结构优化分子筛具有良好的热和水热稳定性、可接近性高的活性中心、良好的汽油选择性；具有丰富大孔的层柱累托土作为催化剂的基质材料，有助于重油的深度转化；控制催化剂微化学环境的制备技术实现了各种催化材料的灵活匹配及分布，优化了催化剂中分子筛和基质的裂化比例，从而改善产品分布及产品质量。基于新的重油催化剂技术平台分别开发了适合不同炼厂需求的具有高轻油收率的系列催化裂化催化剂。该系列催化剂的工业牌号有 MLC-500、GOR、COKC、ABC/CABC、ARC/CARC、HSC、HGY、

VSG 及 SGC 等。该系列催化剂不仅在国内炼厂广泛应用，而且部分催化剂还出口美国、日本及泰国等海外市场。

3.1.1 多产柴油系列催化剂的开发与工业应用[7,8]

为了配合增产柴油工艺技术的开发，石科院开发了多产柴油兼重油裂化的 MLC-500、CC-20D 和多产柴油和液化气兼重油裂化的 RGD 等系列催化剂，并先后在中国石化及中国石油的数十家炼厂的催化裂化装置上进行工业应用。表 1 列出了 MLC-500 催化剂在河北省沧州市的中国石化炼厂的工业应用结果。

工业试验结果表明：在原料油性质相近和重金属污染水平相当的情况下，总结标定的产品分布情况比空白标定有了明显改善。轻质油收率明显提高，增加了 3.25 个百分点，柴油产率增加了 8.62 个百分点，柴汽比提高了 0.44，总液收增加了 4.63 个百分点，油浆产率减少 3.83 个百分点，重油转化能力得到加强。多产柴油系列催化剂主要包括 MLC-500 及 RGD 系列催化剂，该系列催化剂在 1996~2010 年期间在工业上广泛应用，为满足市场多产柴油的需要发挥了重要作用。多产柴油系列催化剂具有更高的柴油和汽油收率、良好的抗金属性、好的水热稳定性、高的重油转化能力及良好的焦炭选择性。该系列催化剂适用于各种重油催化裂化装置，主要工业牌号有 MLC-500、MLC-500ZA、CC-20D 及 RGD-1。

表 1 MLC-500 的工业试验结果

项 目		对 比 剂	MLC-500
占装置藏量/%		~80	~75
处理量/(t/d)		1093.8	1076.5
掺渣比(AR)/%		100	100
原料油性质	密度(20℃)/(g/cm^3)	0.8994	0.9005
	残炭/%	6.3	6.9
物料平衡/%	干气	6.02	5.01
	液化气	10.31	11.69
	汽油	35.15	29.78
	柴油	29.09	37.71
	油浆	6.90	3.07
	焦炭	11.63	11.87
	损失	0.90	0.87
轻质油收率/%		64.24	67.49
总液收/%		74.55	79.18
柴汽比		0.83	1.27
转化率/%		64.01	59.22

3.1.2 HSC 系列多产汽油催化剂的开发与工业应用[9]

石科院开发了 HSC 多产汽油系列重油裂化催化剂，采用了高稳定性 HSY 分子筛、大孔基质材料及抗金属组分。HSC-1 催化剂于 2009 年 7 月在山东省济南市中国石化的炼厂进行了工业应用试验，结果列于表 2 中。

表 2　HSC-1 催化剂的工业应用结果

项　　目		基　础　剂	HSC-1
进料/(t/h)		165	158
回炼油量/(t/h)		12	15
原料油性质	密度(20℃)/(g/cm³)	0.9286	0.9287
	残炭/%	4.95	4.27
产品分布/%	干气	3.20	3.26
	液化气	12.72	13.82
	汽油	41.49	45.15
	柴油	29.43	25.41
	油浆	4.80	3.78
	焦炭	8.25	8.32
	损失	0.11	0.26
转化率/%		65.66	70.55
总液收率/%		83.64	84.38

工业应用结果表明：与基础催化剂相比，HSC-1 催化剂的转化率增加了 4.89%，总液收增加了 0.74 个百分点，油浆收率降低了 1.02%，汽油产率增加了 3.66 个百分点，液化气产率增加了 1.1 个百分点。产品选择性特别是干气、汽油和焦炭的选择性有了一定程度的改善，产品性质相当。催化剂抗磨损性能较好，催化剂剂耗下降，油浆固含量降低。工业应用表明：HSC-1 催化剂具有更高的水、热稳定性和重油裂化能力、更高的汽油选择性以及良好的抗金属能力，主要工业牌号有 HSC-1、HSC-5、HSC-HW1 等。

3.1.3　降低汽油烯烃含量的系列催化剂的开发与工业应用[10,11]

石科院针对不同原料油开发了 GOR-C、GOR-Q、GOR-DQ，GOR-II、GOR-II 和 LGO-20 等降低催化裂化汽油烯烃含量的催化剂。GOR 系列降烯烃催化剂适合催化裂化各种原料，广泛应用于中国石化的数十家炼油企业。其中，在山东省青岛市的中国石化一家炼油厂进行的工业试验结果列于表 3 中。

表 3　GOR 系列催化剂的工业试验结果

项　　目		基　础　剂	GOR
新鲜原料量/(t/h)		115	128
掺渣率/%		38.2	38.5
原料油性质	密度/(g/cm³)	0.9085	0.9223
	残炭/%	5.42	5.81
	Fe/Ni/V/(μg/g)	12.84/13.69/1.1	19.09/11.0/8.6
产品分布/%	干气	3.26	3.45
	液态烃	13.48	14.86
	汽油	45.89	45.68
	轻柴油	22.5	21.42
	油浆	5.87	5.43
	焦炭	8.5	8.66
	损失	0.5	0.5

续表

项　　目	基 础 剂	GOR
总液收/%	81.87	81.96
转化率/%	71.13	72.65
汽油烯烃体积含量/%	45.90	34.60
汽油 *RON*	91.6	90.8

工业试验结果表明，GOR 催化剂能够使催化裂化汽油中烯烃含量降低 10 多个百分点。再加上工艺操作配合，催化裂化汽油中烯烃含量能够稳定地控制在 35%以下，异构烷烃和芳烃含量增加，汽油收率保持在较高的水平。GOR 系列催化剂的特点是具有良好的重油裂化能力和焦炭选择性，可降低汽油烯烃含量 10～15 个百分点，并保持汽油辛烷值不降低，主要工业牌号：GOR-Q、GOR-Ⅱ、GOR-Ⅲ。

中国石油石化院提出了反应源头控制烯烃生成和后转化的新模式，在大幅降低汽油烯烃含量的同时解决了提高目的产品收率和汽油辛烷值的问题。其开发的 LBO 降烯烃系列催化剂，在辛烷值、目的产品收率不损失的前提下，降低汽油烯烃含量 10～20 个百分点，性能优异[12]。LBO 系列催化剂包括深度降烯烃保辛烷值的 LBO-12、深度降烯烃提高汽柴油收率的 LBO-16 及深度降烯烃提高辛烷值的 LBO-A 三个产品。上述产品可以单独或复配使用，以最大限度满足不同炼厂的需求，先后已累计生产超过 200kt，在国内 50 余套催化裂化装置得到了大规模工业应用。LBO 系列产品以低成本的方式为国内众多炼厂汽油质量升级换代提供了技术支撑，加快了我国车用汽油质量与国际燃油标准接轨的步伐，大幅度减少了汽车尾气对环境的污染。

3.2　重油催化裂化催化剂的开发与工业应用

3.2.1　RICC 系列重油催化剂的开发与工业应用[13]

石科院开发了重油裂化能力强、水热稳定性好、抗金属性能优良的 RICC 系列催化剂。RICC-1 剂首次在位于山东省东营市的中国石化一家炼油厂进行工业试验，采用 RICP 工艺技术，工业试验从 2006 年 12 月开始，于 2008 年 10 月结束。工业试验结果列于表 4 中。

表 4　RICC-1 催化剂的工业应用结果

项　　目		基 础 剂	RICC-1
生产能力/(t/d)		2798	2904
掺渣比/%		45.41	55.6
产品分布/%	干气	3.36	3.51
	液化气	12.19	13.05
	汽油	32.88	36.40
	柴油	29.95	29.03
	回炼油	10.79	7.02
	油浆	2.79	3.24
	焦炭	7.82	7.33
	损失	0.36	0.41

续表

项　目	基 础 剂	RICC-1
转化率/%	56.22	60.30
轻质油收率/%	62.83	65.43
总液收/%	75.02	78.48
汽油烯烃含量/%	44.2	41.6

工业应用结果表明，在相似的原料油性质和更高的重金属污染的情况下，与基础剂相比，RICC-1催化剂的轻质油收率增加了2.6个百分点，其中汽油收率增加了3.52个百分点，总液收增加了3.46个百分点，重油和油浆的收率降低了3.32个百分点，重油裂化能力提高，焦炭选择性显著提高，汽油烯烃含量降低。目前RICC系列催化剂已在国内10余套FCC装置上得到应用，主要工业牌号有RICC-1、RICC-2、RICC-3和RICC-5。

3.2.2 DOS/CDOS(ZDOS)系列重油催化剂的开发与工业应用[14]

石科院开发了DOS和CDOS(ZDOS)重油催化裂化催化剂。其中，DOS催化剂在中国石化位于江西省九江市及湖北省武汉市的炼油厂进行了首次工业应用试验。表5列出了DOS催化剂在中国石化位于江西省九江市的炼油厂的工业应用试验结果。

表5　DOS催化剂的工业应用结果

项　目		对 比 剂	DOS
原料油性质	密度(20℃)/(g/cm^3)	0.9456	0.9565
	残炭/%	5.91	5.33
	Fe/Ni/V/(μg/g)	12/13/5	10/16/5
	饱和烃/芳香烃	39.62/47.00	37.9/42.59
	胶质+沥青质	13.38	19.51
	C/H/S/N	87.51/11.61/0.75/0.13	87.43/11.58/0.66/0.33
进料量/(t/h)		116	110
产品分布/%	干气	4.57	4.49
	液化气	17.27	17.89
	汽油	36.07	36.46
	柴油	26.35	26.27
	油浆	6.42	5.74
	焦炭	8.87	8.67
	损失	0.45	0.48
总液收/%		79.69	80.62
汽油烯烃体积分数/%		43.4	35.6
汽油硫含量/%		0.087	0.061
汽油硫/进料硫		0.116	0.0924

工业试验结果表明，DOS催化剂具有重油转化能力增强、汽油烯烃含量降低、汽油硫含量下降的优点。CDOS/ZDOS催化剂的应用厂家有中国石化及中国石油的多家炼油厂。该

系列所包含的牌号有 DOS、CDOS、ZDOS 和 CDOS – P。该系列催化剂还广泛应用在美国、新加坡、马来西亚以及中国台湾等海外市场。

3.2.3 ARC/CARC 系列重油催化剂的开发与工业应用[15]

石科院开发的 ARC/CARC 系列重油催化剂是为高含酸原油直接催化裂化脱酸成套工艺设计的专用催化剂，特别适用于加工高金属含量进料的各类重油裂化装置。该系列催化剂先后在中国石化位于江苏省淮安市及上海市的炼油厂进行了工业应用，结果列于表 6。工业应用结果表明，在平衡剂上金属镍含量高达 25000μg/g，金属总含量超过 40000μg/g 时 CARC-1 催化剂仍表现出良好的催化活性、稳定性和高价值产品选择性。ARC/CARC 催化剂具有活性稳定性高、重油转化能力强、焦炭选择性好和抗重金属污染能力优异的特点，同样适用于掺炼渣油的各类重油裂化装置。该系列所包含的牌号有 ARC-1、CARC-1。

表 6　CARC-1 催化剂的典型应用数据

催　化　剂		对　比　剂	CARC-1
处理量/(t/h)		90.9	92.9
原料油性质	密度(20℃)/(g/cm^3)	0.8994	0.8968
	残炭/%	5.16	5.33
	酸值/(mgKOH/g)	2.87	2.24
	盐/(mgNaCl/L)	3.06	4.93
	硫含量/%	0.30	0.27
	Fe/Ni/V/Na/Ca/(μg/g)	1.9/27.8/2.8/1.0/1.0	3.1/43.0/3.4/1.9/1.8
产品分布/%	干气	3.03	2.38
	液化气	12.80	10.95
	汽油	47.45	46.95
	柴油	23.62	27.30
	油浆	3.51	2.69
	焦炭	9.08	9.25
	损失	0.51	0.48
转化率/%		72.87	70.01
轻油收率/%		71.07	74.25
总液收/%		83.87	85.20
汽油硫含量/%		0.0328	0.0242

3.2.4 抗重金属原位晶化系列催化剂的开发及应用[16]

中国石油石化院利用天然高岭土，通过原位晶化工艺制备出具有孔结构发达、活性组分暴露充分、活性稳定性好、抗重金属能力强的原位晶化催化剂，首次在国内实现了高岭土原位晶化技术制备 FCC 催化剂的工业化，拥有了具有自主知识产权、达到国际先进水平的系列原位晶化重油催化剂(又称全白土催化剂)。

该系列催化剂包括高选择性重油催化剂 LB-2、抗重金属重油催化剂 LB-5、超高活性重油催化剂 LB-6 和高性能重油催化剂 LB-7 等 4 个产品，上述产品制备技术工艺路线先进、质量稳定、产品性能优异，投产以来已累计生产出超过70kt适用于重油转化的原位晶化催化剂产品，共生产300kt以上复合型重油催化剂，产品先后在国内外60多套催化裂化装置上得到了应用，覆盖了国内50%以上的催化裂化装置。实践表明，原位晶化型重油催化剂在中国石油位于甘肃省兰州市的石化公司1.4Mt催化裂化装置上应用时，催化剂能够承受钒含量高达15000μg/g以上的重金属污染，生产装置能够正常运行，这种钒污染的严重程度在国内外极为罕见，催化剂优异的抗重金属性能得到了最直接的证明。在中国石油位于陕西咸阳市的炼油厂的1.4Mt全减压渣油催化裂化装置上原位晶化催化剂同样得到了成功应用，催化剂显示出了极强的重油裂化能力，为实现我国重油高效转化、提高产品收率起到了非常重要的支撑作用。

3.3 MIP-CGP专用催化剂的开发与工业应用[17]

CGP系列催化剂是石科院为MIP-CGP工艺开发的专用催化剂，主要适用于各类重油及蜡油的MIP-CGP装置，生产的汽油组分可以分别满足欧Ⅲ标准并多产丙烯。CGP-1催化剂在中国石化位于江西省九江市的炼油厂进行了工业应用试验，结果列于表7中。

表7 CGP-1催化剂的工业应用结果

催化剂		对比剂	CGP-1
原料油性质	密度(20℃)/(g/cm^3)	0.8951	0.9097
	残炭/%	3.86	4.59
	饱和烃/芳烃/%	60.61/22.22	57.26/30.02
	胶质+沥青/%	17.17	12.72
产品分布/%	干气	3.72	3.45
	液化气	19.11	27.37
	汽油	40.66	38.19
	轻循环油	21.89	16.30
	油浆	5.22	5.12
	焦炭	8.90	9.09
	损失	0.50	0.48
转化率/%		72.89	78.58
丙烯/%		6.29	8.96
总液收/%		81.66	81.86
汽油 *RON*		91.6	93.5
汽油烯烃体积分数/%		41.1	15.0

工业应用结果表明，CGP催化剂具有高的丙烯和汽油收率、良好的汽油性质、好的水热稳定性、高的重油转化能力和良好的焦炭选择性，广泛应用于中国石化及中国石油的20余家炼油厂，主要工业产品牌号有：CGP-1、CGP-2、CGP-S、HCGP-1及HCGP-2。

3.4 催化裂化助催化剂的开发与工业应用

3.4.1 FLOS 系列增产丙烯、异丁烯助剂[18]

石科院开发的 FLOS 是一种选择性提高 FCC 丙烯和异丁烯收率的助剂，可根据炼厂实际情况为其量身定制配方，为多产低碳烯烃提供一种灵活的解决方案。FLOS-1 主要提高丙烯收率，而 FLOS-2 主要提高异丁烯收率，FLOS-3 则同时提高丙烯和异丁烯收率。2012 年 8 月开始在中国石化位于湖南省岳阳市的石化公司的 MIP-CGP 装置上进行了 FLOS-3 的工业试验，2012 年 12 月 FLOS-3 的藏量达到 6%。FOLS 助剂不仅提供丙烯和异丁烯收率方面的优异性能，而且也提高了丙烯和异丁烯的选择性。工业应用数据表明，LPG 收率增加了 2.68%，其中丙烯增加了 1.01%、异丁烯增加了 0.54%，同时汽油烯烃含量减少而辛烷值和十六烷值略有增加，柴油收率下降而总液收保持不变。在长期运行中，FLOS 对装置流化状态无不良影响。该系列产品及牌号：FLOS-1、FLOS-2 和 FLOS-3。

3.4.2 MP 系列增产丙烯助剂[19]

石科院开发的 MP 系列丙烯助剂适用于各种普通的催化裂化装置。其设计理念是提高丙烯选择性的关键技术在于最大化液化气中的 C_3、C_4 比例，使活性组元的丙烯选择性得到进一步提高。MP051 可以选择性增加催化裂化丙烯收率，是新一代提高催化裂化丙烯收率的助剂。工业试验数据表明，与添加 10%辛烷值助剂相比，在添加 4%的 MP051 情况下液化气收率增加了 1.42%~1.5%，丙烯含量增加了 3%~5.89%，丙烯收率增加 0.8%以上，与不添加助剂相比液化气中丙烯含量增加了 5%~7%，丙烯收率增加了 1.35%以上。MP051 在中国石化的多家炼厂及地方炼厂得到应用。该系列产品及牌号有 MP031、MP051 和 P-MAX。

3.4.3 RFS09 降低催化烟气硫转移助剂[20]

RFS09 助剂是石科院开发的一种高性能的降低 FCC 工艺再生器 SO_x 排放的专有助剂，其物理化学性质与普通 FCC 催化剂相似，因此可以直接与 FCC 催化剂掺混，对主催化剂在设备的正常运行、催化裂化产品分布及性质方面没有明显的不良影响。工业试验数据表明，当原料的硫含量在 0.5%~0.7%，并且烟气二氧化硫浓度高于 1000mg/cm^{3}时，通过在催化裂化系统中加入 2.3%的 RFS09 助剂，硫氧化物浓度可以降低 80%以上。RFS09 硫转移助剂已经在中国石化的 10 余家炼厂得到应用。

3.4.4 降低催化汽油硫含量助剂 MS012[21]

MS012 是石科院为降低催化裂化汽油硫含量专门开发的助剂。其物理化学性质和催化剂相似，具有良好的流化性能和合适的裂化活性，因此可与裂化催化剂直接掺混使用，对催化裂化装置运行无不良影响，对催化剂活性和选择性、产品分布及性质同样无不良影响。MS012 助剂先后在中国石化位于湖北省荆门市及河北省石家庄市的炼油厂进行了工业试验，原料均未经过加氢处理，MS012 降硫助剂在荆门市的炼油厂的工业应用表明，当助剂的加入量达到装置催化剂总量的 10%时，稳定汽油的硫含量降低 29%。MS012 降硫助剂对催化装置操作和产物分布无不良影响。在石家庄市的炼油厂应用汽油降硫助剂时，MS012 助剂与高重金属平衡剂(钒含量为 7382μg/g、镍含量为 4091μg/g)一起加入装置。在 MS012 占系统藏量的 10%时，可降低汽油硫含量 16%以上，此外，焦炭收率略有下降，汽油收率增加，对产品收率无不良影响。该系列产品及牌号有 MS011 和 MS012。

4 结语

进入21世纪以来，中国在催化裂化催化剂以及与之相关的分子筛合成改性、基质材料及制备技术等的研发方面取得了较大进展。在重油催化裂化催化剂研发方面，注重对分子筛的高效高硅合成、结构优化改性及高稳定性分子筛的开发、基质抗重金属污染技术、基质孔结构控制技术及催化剂强度及球形度等，在此基础上，开发了具有高轻质油收率及抗污性能强的性能优异的系列重油催化裂化催化剂；为满足MIP-CGP工艺需要而开发了适用于各类重油及蜡油的MIP-CGP装置、生产的汽油组分可以分别满足欧Ⅲ标准并多产丙烯的CGP系列催化剂；为了更好地满足用户的需求，开发了增产丙烯助剂/多产丙烯及丁烯助剂、控制烟气排放的助剂及降低催化汽油硫含量助剂等多种助剂。催化裂化系列新催化剂及助剂的开发与应用为中国催化裂化技术的迅速发展做出了突出贡献。

参考文献

[1] 田辉平．催化裂化催化剂及助剂的现状和发展[J]．炼油技术与工程，2006，36(11)：6-11.

[2] 张春兰，陈淑芬，张远欣．催化裂化催化剂的发展历程及研究进展[J]．石油化工应用，2013，32(2)：5-9.

[3] 魏志朝，陈辉，陆善祥．改性催化裂化催化剂研究进展[J]．现代化工，2007，27(1)：27-31.

[4] 张蔚琳，周灵萍，许明德，等．一种重油裂化催化剂及其应用：中国，CN101767029A[P].2010-07-07.

[5] 严加松，张志民，张剑秋，等．一种制备微球FCC催化剂的方法：中国，CN104549550A[P].2015-04-29.

[6] 郭瑶庆，朱玉霞，严加松，等.Q/SH 3360250—2015 催化裂化催化剂球形度指数测定法[S]．北京：中国石油化工股份有限公司石油化工科学研究院，2015：1-3.

[7] 刘环昌，吴绍金. 多产柴油催化剂 MLC-500 的开发和应用[J]．齐鲁石油化工，1999，27(2)：79-84.

[8] 汪卫华，韦国有.CC-20D 重油催化裂化催化剂的工业应用[J]．广东化工，2010，37(6)：246-247.

[9] 张志民；周灵萍；杨凌，等．新型重油催化裂化催化剂 HSC-1 的研究开发[J]．石油学报(石油加工)，2012，48(S1)：1-6.

[10] 杨凌，王涛，殷喜平．第二代降烯烃催化裂化催化剂 GOR-Ⅱ的工业应用[J]．齐鲁石油化工，2004，32(4)：266-267.

[11] 许明德，田辉平，毛安国．第三代催化裂化汽油降烯烃催化剂 GOR-Ⅲ的研究[J]．石油炼制与化工，2006，37(8)：1-6.

[12] 朱天榆，王子君，宋自力，等. 降烯烃催化剂在重油催化裂化装置上的工业应用[J]．石油炼制与化工，2004，35(2)：5-8.

[13] 侯铁军，孙立军，闫霖，等.RICC-1 型催化裂化催化剂在胜炼Ⅱ催化装置工业应用[J]．齐鲁石油化工，2010，38(3)：187-193.

[14] 侯典国，朱玉霞，黄磊，等．降低催化裂化汽油硫含量的重油裂化催化剂 DOS 的工业应用试验[J]．石油炼制与化工，2007，38(10)：33-36.

[15] 龙军，陈振宇，张蔚琳，等．一种含酸劣质原油转化催化剂及其制备方法 CN101480621A[P]．2009-07-15.

[16] 刘宏海，张永明，郑淑琴，等．加工重油的 LB-2 催化裂化催化剂的性能与工业应用[J]．石油炼制与化工，2001，32(4)：37-40.

[17] 邱中红，龙军，陆友保，等. MIP-CGP 工艺专用催化剂 CGP-1 的开发与应用[J]. 石油炼制与化工，2006，37(5)：1-5.

[18] 曾光乐，陈蓓艳，王中军，等. 多产丙烯和异丁烯催化裂化助剂 FLOS-Ⅲ的工业应用[J]. 石油炼制与化工，2015，46(3)：24-28.

[19] 许明德，田辉平，罗一斌. 提高液化气中丙烯含量助剂 MP031 的开发和应用[J]. 石油炼制与化工，2006，37(9)：23-27.

[20] 邹圣武，陈齐全，杨铁男，等. RFS09 硫转移剂在催化裂化装置上的工业应用[J]. 炼油技术与工程，2012，42(2)：52-55.

[21] 晏晓勇. 降低催化汽油硫含量助剂 MS012 荆门工业应用[J]. 广州化工，2010，38(6)：234-235.

致谢：中国石化石油化工科学研究院的许明德、严加松、蒋文斌等同志参与了本文部分内容的编写工作，在此一并感谢！

焦化炉管外定向反射与管内深度裂解技术

肖家治

（中国石油大学）

摘　要：本文对我国延迟焦化领域在装置节能与提高轻油收率方面的技术进步进行了简要介绍，重点介绍了焦化炉管外定向反射与管内深度裂解技术的基础研究，技术内容与技术特点。该技术基于炉管结焦机理、焦化炉管内外过程模拟和原料评价等基础研究，开发了采用低温长停留时间方式增加焦化炉生焦反应给热量，并有效控制炉管结焦速率的焦化炉技术。与国外先进技术相比，具有焦化炉单程处理能力高、操作周期长、轻油收率高的技术优势。

1　概述

世界原油趋向重质化与劣质化是总体趋势，劣质重油的平衡利用与加工是世界炼油企业普遍关注的重大课题。理论上重油轻质化有加氢、脱碳两种途径，加氢受制于重油残炭和金属含量限制，高金属、高残炭的劣质重油只能通过脱碳工艺处理。延迟焦化作为脱碳最彻底的热裂化工艺，具有轻油收率高、投资费用低的特点，一直是世界重油轻质化的主要途径。世界焦化加工能力预计超过330Mt/a[1]（占原油加工量10%左右），其中中国焦化加工能力仅次于美国，约为世界焦化总加工能力的1/3，2015年中国延迟焦化装置100余套，处理减压渣油约150Mt。

延迟焦化原料是碳氢比、残炭值、重金属含量、硫和氮含量高，难以采用加氢等手段处理的减压渣油、常压渣油、减黏渣油、重质原油、重质燃料油和煤焦油、沥青、催化裂化油浆和污油等。主产品为需要下游装置进一步加工的焦化干气、液化气、汽油、柴油、蜡油，以及直接出厂的低附加值石油焦。

装置能耗与轻油收率是决定装置经济效益的两大关键因素，降低装置能耗、提高装置轻油收率、特别是装置液体收率是延迟焦化工艺存在的经济基础，从20世纪末30余套年加工能力21Mt/a[2]，我国延迟焦化装置数量增加4倍，加工能力增加6倍，逐渐形成了以降低装置能耗、增加装置轻油收率为技术核心内容的延迟焦化高效转化技术。本文将简要介绍我国延迟焦化领域在节能与提高装置轻油收率方面的主要工作，重点介绍焦化炉管外定向反射与管内深度裂解技术的基础研究，技术内容与技术特点。

2　基础研究

2.1　炉管结焦机理[3-5]

炉管结焦是导致操作后期炉管外壁温度上升而损坏的根本原因，直接影响装置操作周期。炉管结焦速率与装置操作、加热炉结构及原料物性有关，焦化炉炉管结焦速率等于结焦前体物在炉管内沉积速率与脱落速率之差。

① 原料最大可裂化度概念：在裂解深度较低时，检测不到结焦前体物的生成，但当裂化深度增加到结焦前体物出现后，结焦前体物产率随裂化深度增加而急速增加；重油胶体体系“笼蔽”效应被破坏，结焦前体物产率随裂化深度增加激增的最小裂化深度为介质“最大可裂化度”。

② 正常延迟状态概念：原有的焦化炉设计规范工艺上只对炉管表面热强度和冷油流速进行校核，没有体现炉管结焦速率与结构、操作及物性之间的相互关系；直接将结焦速率与操作、结构与物性条件相关联的关联式过于复杂且难以获得关联常数，使其工程应用受到限制。我们提出用最高油膜温度、管内两相流流型、焦化炉出口反应深度三参数，将炉出口反应深度控制在介质的最大可裂化度之内，作为判断焦化炉管内介质流动及反应过程是否处于“正常延迟状态”的依据。

③ 生焦反应焦化炉给热量概念：重油在焦炭塔内的生焦反应是一个裂化(吸热)与缩合(放热)反应同时进行的复杂过程，反应所需要的热量全部来自于焦化炉内燃料燃烧。燃料燃烧放出的热量一部分用于介质升温和汽化，另一部分用于介质的热裂化反应；炉管内介质反应所需要的热量往往被忽略，实际上，尽管介质在管内停留时间不长，但反应所需要的热量在总吸热量中占有相当的份额，焦化炉生焦反应给热量越大，反应越彻底，装置焦炭产率越低。

2.2 焦化炉管内外过程模拟[6-7]

生焦反应给热量及炉出口裂化深度不能直接检测，如何通过炉出口温度及注汽量得到生焦反应给热量及描述管内是否属于正常延迟状态的关键工艺参数，必须通过焦化炉管内外过程模拟才能得到；焦化炉管内外工艺过程极为复杂，管外包括燃料燃烧、高温烟气湍流流动及辐射传热，管内包括重油热转化反应及结焦、两相流流动等过程，要得到生焦反应给热量及炉出口裂化深度等关键工艺参数必须开发模型及专门的计算工具。

开发了重油在焦化炉内的多集总产物分布模型[8](图1)，基于以校核管内停留时间、炉出口热转化率和油膜温度三参数影响炉管结焦速率为核心的计算方法，开发了焦化炉管内外过程专用模拟软件，出口热转化率模拟结果通过了动态实验考核，炉膛温度、入口压力等模拟结果同现场标定及操作统计进行了对比并建立了数据库。

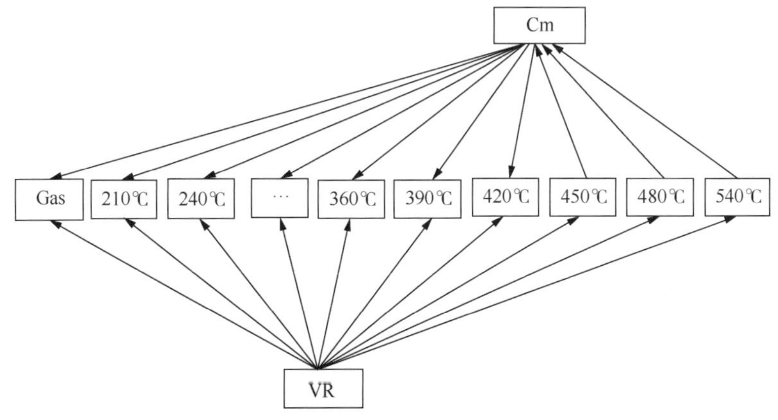

图1 管式动力学模型反应网络

VR，减渣集总(540℃+)；210℃(IBP~210℃)；240℃(210~240℃)；540℃(480~540℃)；Cm，虚拟集总.

2.3 焦化原料结焦倾向定量评价

装置轻质油收率、运行周期及能耗与原料性质有关，焦化炉出口温度、注汽量、循环比需要根据焦化原料性质确定：易结焦原料采用较缓和的操作条件，不易结焦的原料采用苛刻的操作方案，参见图2。过去常用油样中的沥青质含量作为评价渣油结焦倾向的指标，这种评价办法存在以下不足：

（1）未考虑热转化过程中，胶质可以转化成沥青质问题。

（2）未考虑沥青质中侧链的裂化。

（3）未考虑金属及盐含量对结焦的影响。

（4）结焦是热转化反应所形成的产物，沥青质是油样本身所具有的成分。

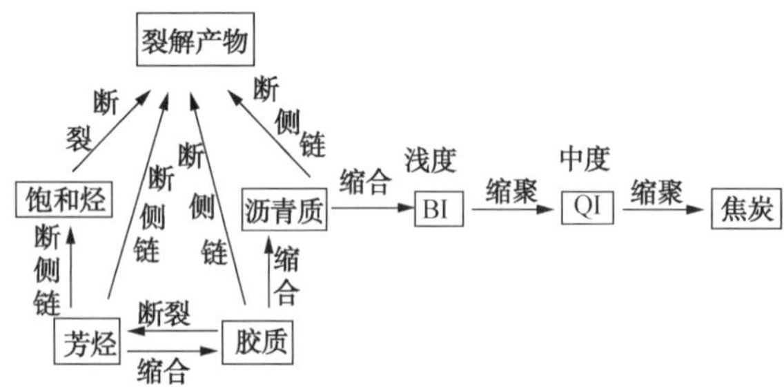

图2 重油生成石油焦的反应机理

鉴于渣油组成复杂，中国石油大学重质油国家重点实验室开发了专门用于评价焦化原料结焦倾向的实验装置(见图3)、评价方法并建立了数据库，为确定现场操作参数奠定了技术基础。

图3 测定重油结焦倾向的专用设备

3 主要技术内容

3.1 降低装置能耗

延迟焦化装置能耗包括焦化炉燃料消耗、蒸汽消耗及机泵电耗。其中，焦化炉燃料消耗在整个装置能耗的2/3左右。

3.1.1 降低焦化炉能耗

① 提高换后终温：尽量利用装置间及装置内低温位余热，采用梯级换热技术，优化换热网络，尽量提高原料换后终温，减少焦化炉单位加工量能耗。

② 降低循环比：循环比增加0.2，加热炉有效负荷将增加10%左右。采用焦化原料结焦倾向精确评价方法和专用设备，对焦化原料的结焦倾向进行定量评价，强化在役加热炉结焦现状诊断及趋势预测。装置采用灵活循环比调节设计，在确保装置运行周期的前提下尽量降低循环比，可减少焦化炉能耗。

③ 减少蒸汽耗量：3.5MPa中压蒸汽单耗大约相当于88kg/t，在控制炉管结焦的基础上，尽量减少单程蒸汽消耗；强化传热，将焦化炉单程处理能力从250kt/a提高到500kt/a，减少装置管程数，降低整个装置蒸汽消耗。

3.1.2 其他节能措施

① 原料输送：所有机泵采用变频技术，减少调节阀无效功耗，其中输送劣质焦化原料的辐射进料泵在焦化炉采用多点注汽及扩管技术以降低加热炉入口压力，采用变频技术，节约用电效果尤为明显。

② 延长装置烧焦周期：对原料结焦倾向进行精确评价，焦化炉采用降低油膜温度的设备措施，加强现场装置结焦现状诊断及趋势预测及时调整操作方案，尽量降低炉管结焦速率，减少排烟散热损失和烧焦过程消耗。

③ 焦炭塔：采用大塔径设计，尽量降低焦炭塔塔壁高温散热面积；鉴于焦炭塔没有固定支撑圈，采用背带式保温模式，保温层与焦炭塔外铁皮紧紧固定在一起以避免外铁皮下坠与变形，与传统保温模式相比焦炭塔表皮温度可提高55℃。

3.2 提高装置轻油收率

延迟焦化是一种利用重油在热转化深度较低时不易出现结焦前体物的特性，在焦化加热炉管内获得重油轻质化所需要的能量，然后在焦炭塔内完成生焦反应的工艺过程。焦化炉是延迟焦化装置的核心单元设备，其地位与催化裂化提升管、乙烯装置裂解炉相当，决定了装置加工能力、操作周期及经济效益。控制焦化炉炉管结焦速率是确保延迟焦化装置长周期运行的基础；减少装置焦炭产率及干气产率，提高汽柴油收率，是该工艺过程获得经济效益的技术关键。

3.2.1 在役装置改造

参见图4，在总体结构不变的条件下，对三炉六塔2号炉实施改造以延长介质在管内的反应停留时间，在原料性质及三操作参数相同条件下，改造前后石油焦碳氢比对比情况参见图5。通过焦高测量，石油焦焦高降低10%以上，装置相对焦炭产率变化参见图6。与常规焦化相比，考虑到不同反应深度石油焦堆密度的差异，反应停留时间对装置焦炭产率的影响大约在 3%~4%。目前已有 40 余套工业装置改造经验，经济效益十分明显[9]。

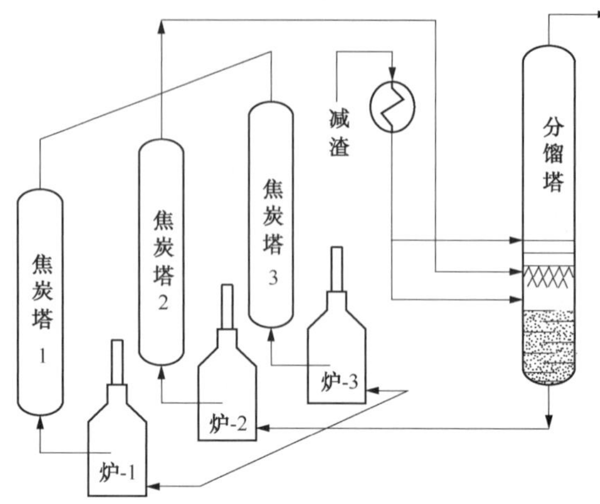

图 4　三炉六塔流程简图

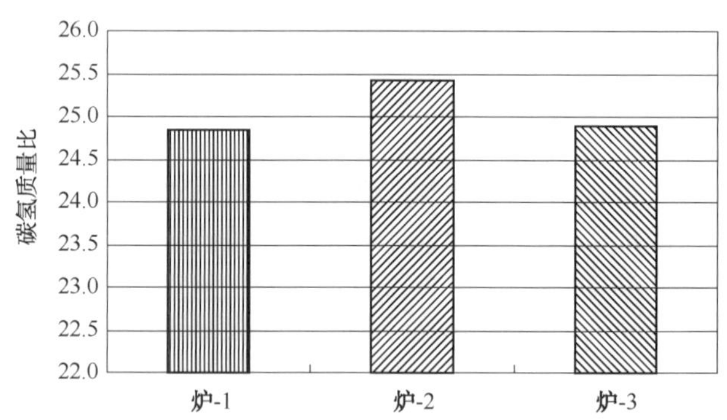

图 5　炉与焦炭塔石油焦中碳氢质量比的对应关系

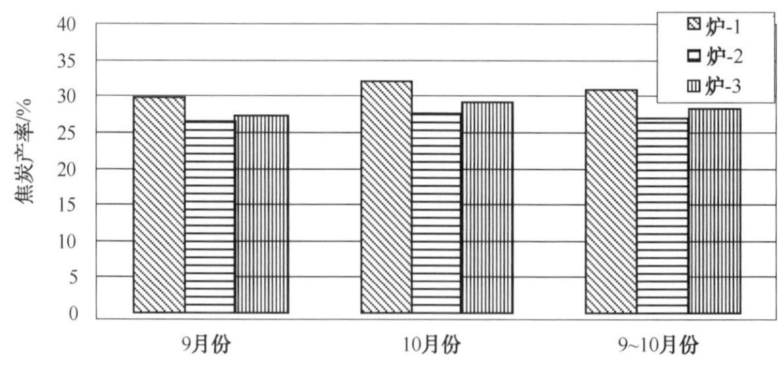

图 6　2 号炉延长介质停留时间后焦炭收率与 1 号，3 号炉对比

3.2.2　新建焦化装置

提高装置轻油收率是提高延迟焦化装置经济效益最有效的手段。理论上，降低焦炭塔操作压力、提高生焦反应焦化炉给热量都能达到提高装置收率的目的。降低焦炭塔操作压力要依靠降低压缩机入口压力及减少分馏塔压降来实现，提高生焦反应给热可通过提高炉出口温度及延长介质在炉管的反应停留时间来实现。但提高生焦反应给热量与控制炉管结焦相互矛

盾：较低的炉出口温度与较短的反应停留时间，对减少炉管结焦有利，但同时减少了生焦反应焦化炉给热量，进而导致焦炭塔内生焦反应不完全，焦炭中低挥发分增多，严重影响液体产物收率。

我们开发了一种匹配管内反应过程的低 NO_x 定向燃烧器参见图 7；在新建焦化炉时我们开发了一种与炉体结构、布管方式优化相互匹配的反射墙，尽量降低焦化炉最高油膜温度及结焦速率，参见图 8。与传统双面辐射技术相比，采用控制辐射室炉管表面热强度分布的定向反射设计，同操作条件最高管外壁温度实测对比结果参见图 9。为精确监控炉管结焦速率，我们还开发了炉管结焦现状诊断及趋势预测系统(图 10)，在确保焦化炉长停留时间操作安全的前提下，最大化的提高装置轻油收率。

图 7　低 NO_x 定向燃烧器

图 8　特制异型砖及定向反射墙

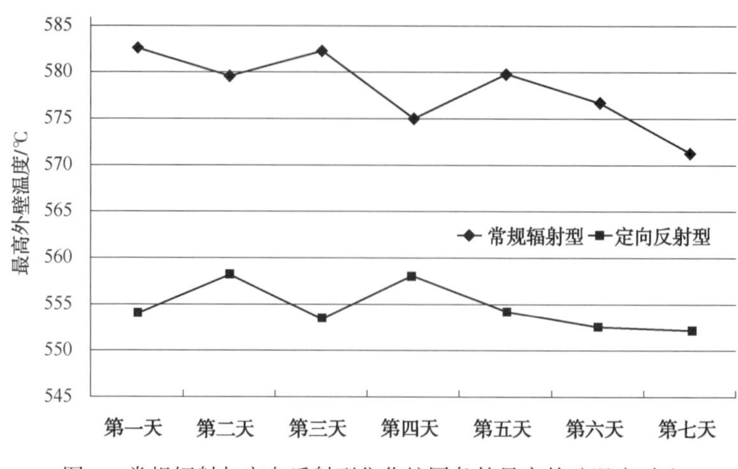

图 9　常规辐射与定向反射型焦化炉同条件最高外壁温度对比

图 10　炉管结焦现状诊断及趋势预测系统

4　总结

以控制焦化炉炉管结焦为核心，采用定向反射技术、通过特制燃烧器、炉管排布与炉膛结构合理分配炉管表面热强度，降低最高油膜温度，在较低的炉出口温度下提高炉出口反应深度，并最大化提供生焦反应给热量。相较于世界上 ABB Lummus，Conoco/Bechtel，Foster Wheeler 等延迟焦化技术专利商，在中国延迟焦化工业快速发展过程中，形成的焦化炉管外定向反射与管内深度裂解技术，具有以下特点：

① 对新建装置，以追求最大单程加工能力为目标，将焦化炉单程处理能力从 250kt/a 提高到 500~600kt/a，减少焦化炉管程数，降低焦化炉注汽量、炉体散热损失等操作费用。

② 装置节能降耗方面，通过利用装置低温余热，提高换后终温；降低装置循环比，减少焦化炉燃料单耗；减少焦化炉注汽量，降低装置蒸汽消耗；以及延长装置烧焦周期等多方

面措施降低装置能耗。

③ 通过采用定向燃烧器，结合与炉体结构、布管方式优化相互匹配的反射墙，合理分配炉管表面热强度，降低炉管内最高油膜温度，减缓炉管结焦速率，延长装置操作周期。

④ 基于现场炉管结焦现状诊断及趋势预测系统和原料结焦倾向定量评价，延长介质在管内的反应停留时间，提高焦化炉生焦反应给热品质。在较低的出口温度下，提高焦化炉出口反应深度，减少二次反应，达到降低装置干气产率，提高轻油收率目的。

参考文献

[1] Phillips G, Liu F. Advances in Resid Upgradation Technologies Offer Refiners Cost-Effective Options for Zero Fuel Oil Production[C]. Proceedings of European Refining Technology Conference, Paris, 2002.

[2] 李出和，李蕾，李卓．国内现有延迟焦化技术状况及优化的探讨[J]. 石油化工设计，2012，29(1)：10-12.

[3] Xiao J. Z., Zhang Y. Z., Wang L. Y. et. al. Study On Correlative Methods For Describing Coking Rate In Furnace Tubes[J]. PETROLEUM SCIENCE AND TECHNOLOGY, 2000, 18(3/4): 305-318.

[4] Wang L. Y., Xiao J. Z., Hu R. B. et al. Technical Design Method of Coking Heater Emphasizing on Coking Rate. [C] 5th International Conference on Refinery Processing &AIChE 2002 Spring National Meeting, 2002,: 275-280.

[5] 楼艰炯，王兰娟，肖家治等．提高生焦反应焦化炉给热方法的研究[J]. 石油大学学报(自然科学版)，2003，27(6)：97-100.

[6] 肖家治，韩树铠，张远征等．焦化炉管内的工艺计算方法[J]. 炼油设计，1994，24(3)：51-56.

[7] Xiao J. Z., Wang L. J., Wei X. J. et al. Process Simulation For a Tubular Coking Heater[J]. PETROLEUM SCIENCE AND TECHNOLOGY. 2000 : 18(3/4): 319-333.

[8] Yang J. W., Chen D. X., Shen G. P. et al. Narrow Fraction Model with Secondary Cracking for Low-Severity Thermal Cracking of Heavy Oil [J], Energy & Fuels, 2012, 26(6): 3628-3633.

[9] 赵日峰．延迟焦化深度裂解技术研究与工业应用[J]. 石油炼制与化工，2012，43(5)：24-28.

连续重整技术

袁忠勋[1]　徐又春[2]

(1. 中国石化工程建设有限公司；2. 中石化洛阳工程有限公司)

摘　要：近年来，随着我国油品质量升级步伐的加快以及对芳烃产品需求量的快速增长，催化重整技术得到迅速发展。中国石化开发出了逆流连续重整(SCCCR)和超低压连续重整(SLCR)两种具有自主知识产权的连续重整成套技术。SCCCR技术具有鲜明的技术特点，为原始创新技术，已于2013年顺利地实现了工业应用，取得了非常好的效果；SLCR技术于2009年成功实现工业化，已推广应用6套装置，各项技术指标均达到国际先进水平。

1　前言

催化重整是以石脑油为原料，采用贵金属催化剂，在氢气环境以及一定的温度和压力条件下，进行烃类分子结构重排反应，生产富含芳烃的重整生成油，同时副产大量氢气的工艺过程。

重整生成油可以用作车用汽油的调合组分，也可以经芳烃抽提或抽提蒸馏工艺分离出苯、甲苯、混合二甲苯和C_9、C_{10}芳烃；甲苯、混合二甲苯和C_9、C_{10}芳烃经转化、分离，可制取对二甲苯(PX)，同时也可制取邻二甲苯(OX)、间二甲苯(MX)。重整副产氢气是炼油厂加氢装置用氢的主要来源之一[1]。

通常，催化重整装置由原料预处理、重整反应和产品分离三个单元组成，连续重整还包括催化剂连续再生部分。原料的预处理单元制备馏程范围和杂质含量均能满足催化剂要求的精制石脑油原料，包括预加氢、预分馏和汽提三个部分。在重整反应单元，精制石脑油原料在一定的温度、压力、临氢和催化剂存在的条件下进行重整反应，生成富含芳烃的重整生成油和含氢气体。产品分离是根据不同的产品需要，将重整反应部分生产的重整生成油进行稳定或分离，并且将含氢气体进行提纯。催化剂连续再生部分是取出反应部分活性降低的部分催化剂进行再生，再生后再送回反应部分。

催化重整工艺按其催化剂再生方式不同通常可分为半再生(固定床)和连续再生(移动床)两种类型。

半再生重整具有工艺流程简单、投资少等优点，但为保持催化剂较长的操作周期，产品辛烷值不能太高，同时重整反应必须维持在较高的反应压力和较高的氢油比下操作，因而重整反应产物液体收率和氢气产率较低。随着运转时间的延长，催化剂活性因积炭逐渐减弱，重整产物C_5^+液体收率及氢气产率也将逐渐降低，需逐步提高反应温度直至停工对催化剂进行再生。

连续重整设有一个催化剂连续再生系统，可将因积炭失活的重整催化剂进行连续再生，从而保持重整催化剂活性稳定。因而重整反应可在低压、低氢油比的苛刻条件下操作，充分发挥催化剂的活性及选择性，使重整产物的 C_5^+液体收率及氢气产率都较高，并且在相当长的时间内催化剂的性能基本保持稳定，装置能维持较长的操作周期。

连续重整因配置催化剂连续再生系统，工艺流程较为复杂，相应投资也高，但产品的辛烷值高，收率高，装置运行周期长，操作灵活性大。通常装置的规模越大，原料越差，对产品的辛烷值要求越高，连续重整的优越性也就越突出，目前新建的大型重整装置基本都采用连续重整技术。

中国石化开发出了逆流连续重整(SCCCR)和超低压连续重整(SLCR)两种工艺技术，分别于 2013 年和 2009 年成功实现工业化。

2 逆流连续重整技术

逆流连续重整(SCCCR，SINOPEC Counter-current Continuous Catalytic Reforming)是由中国石化开发的一种新型连续重整工艺技术。该技术与现有连续重整技术不同，改变了催化剂在反应区的流动方向。现有的连续重整技术催化剂在反应区输送方向与反应物料的流动方向相同，催化剂为“顺流”输送，而逆流连续重整的催化剂输送方向与反应物料的流动方向相反，即催化剂为“逆流”输送。

2.1 SCCCR 技术原理

在各重整反应器中进行的各类化学反应的相对反应速率是不同的，并且差别很大。典型重整化学反应大致的相对反应速率见表 1。

表 1 催化重整相对反应速率

反　　应	相对反应速率①	反　　应	相对反应速率①
环烷脱氢	30	异构化	3
烷烃脱氢环化	1(基准)	裂化	0.5

①压力小于 1.5MPa。

由表 1 可以看出，重整主要反应有难有易，由易到难的顺序为：环烷脱氢>>异构化>烷烃脱氢环化>加氢裂化和脱氢环化。由于原料性质和催化剂装填比例不同，在每个反应器中发生的主要化学反应的深度略有不同，但总的趋势相差不大。容易进行的反应在前面的反应器中进行，相对较难进行的反应在后面的反应器中进行。第一反应器中进行以环烷脱氢为主的反应，而在最后一个反应器中主要进行烷烃脱氢环化和裂解反应。

传统连续重整工艺的催化剂和反应物流在反应区的流动方向是一致的，从再生器来的再生催化剂被提升输送至第一重整反应器，依次通过后续反应器。随着催化剂从第一反应器向最后一个反应器的顺流移动过程，反应不断加深，催化剂积炭量逐渐增加，氯含量逐渐下降，催化剂的活性也就不断下降。这一过程示意如下：

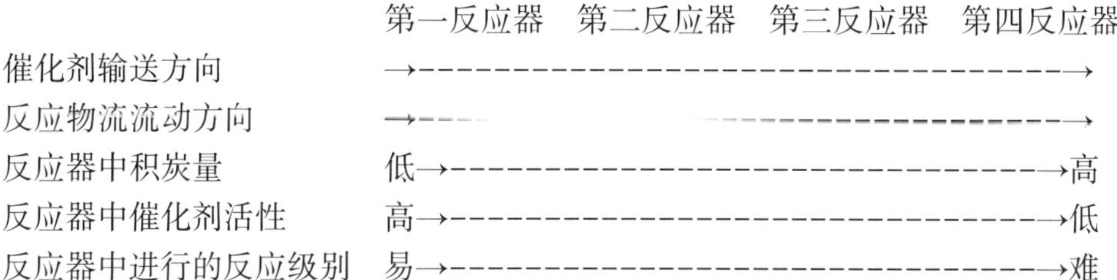

由此可见，传统连续重整工艺过程，相对容易进行的反应在前面催化剂活性相对高的反应器中进行，而难进行的反应在后面催化剂活性相对低的反应器中进行，各反应器中催化剂的活性状态与其进行的反应难易程度不相匹配。

SCCCR 采用了催化剂逆流输送方式，随着催化剂从第四反应器向第一反应器的移动，活性由高到低。该工艺催化剂流动方向、反应物流方向、积炭高低顺序、催化剂活性以及各反应器中反应难易程度的关系示意如下：

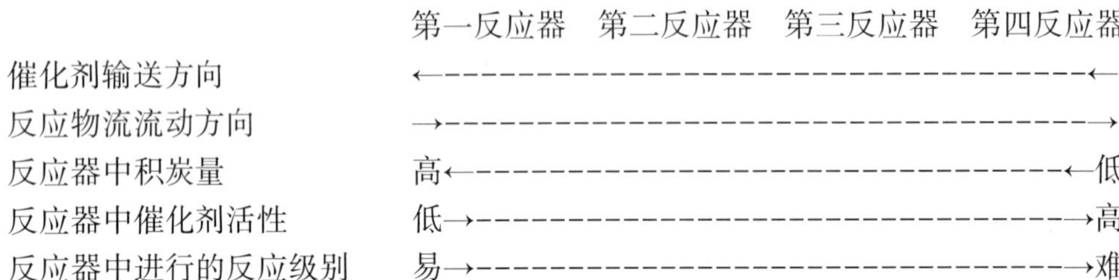

因此，该工艺过程使得相对容易进行的反应在相对低活性的催化剂上进行，而较难进行的反应则是在较高活性的催化剂上进行。

环己烷脱氢代表了在第一重整反应器中进行的反应，表 2 给出了两种催化剂积炭量对环己烷脱氢反应影响的实验结果。

表 2 催化剂不同积炭量下环己烷脱氢反应的实验结果

催化剂积炭量/%	4.3	3.0
反应温度/°C	500	500
LHSV/h^{-1}	15	15
环己烷转化率/%	94.4	96.6
芳烃产率/%	93.2	93.4

当催化剂的积炭量达到 4.3%时，环己烷的转化率仍达 94%以上，与含炭 3.0%的催化剂相比仅降低 2.3%，表明催化剂的积炭量对环己烷脱氢反应，也即对第一反应器中进行的反应影响较小。

正庚烷环化脱氢代表了在最后一个重整反应器中进行的反应，不同催化剂积炭量对正庚烷环化脱氢反应影响的实验结果见表 3。

表 3 催化剂不同积炭量下正庚烷环化脱氢反应的实验结果

催化剂积炭/%	0	1.4	2.7	4.5	6.0
反应温度/℃	520				
转化率/%	95	94	92	88	77
芳烃产率/%	49	44	43	39	30
反应温度/℃	500				
转化率/%	90	85	86	79	69
芳烃产率/%	37	29	27	26	22

随着催化剂积炭量的增加，正庚烷的转化率逐渐降低。当积炭量超过 4.0%后，降低速度加快。随着催化剂积炭量的增加，芳烃产率和正庚烷芳构化选择性迅速下降，积炭量达

4.0%后，下降速度加快。反应温度 520℃比 500℃更明显。由此可见，积炭对正庚烷转化率有较显著的影响，也就是说催化剂的积炭量对最后反应器中进行的反应影响很大。

上述实验结果表明，SCCCR 工艺有其合理性。

2.2 SCCCR 工艺流程

SCCCR 工艺过程包括原料预处理、重整反应及产物分离、催化剂连续再生三个部分。其中，原料预处理包括加氢反应和汽提分离；重整反应及产物分离包括反应器、加热炉、反应产物回收和分离；催化剂循环和连续再生包括催化剂的烧炭、氧氯化、干燥焙烧、冷却和还原等步骤，涉及固体颗粒处理和移动床技术。

SCCCR 工艺的原料预处理及产物分离同常规的连续重整没有大的差别。一般情况下，该工艺设置 3~4 个并列布置的移动床重整反应器和一个再生器。重整反应在移动床反应器中发生，积炭后的待生催化剂从反应器中被移出至再生器中进行再生和循环再利用。催化剂循环和再生的所有操作都是在全自动控制下连续进行的。SCCCR 重整反应物料及催化剂流向见图 1。

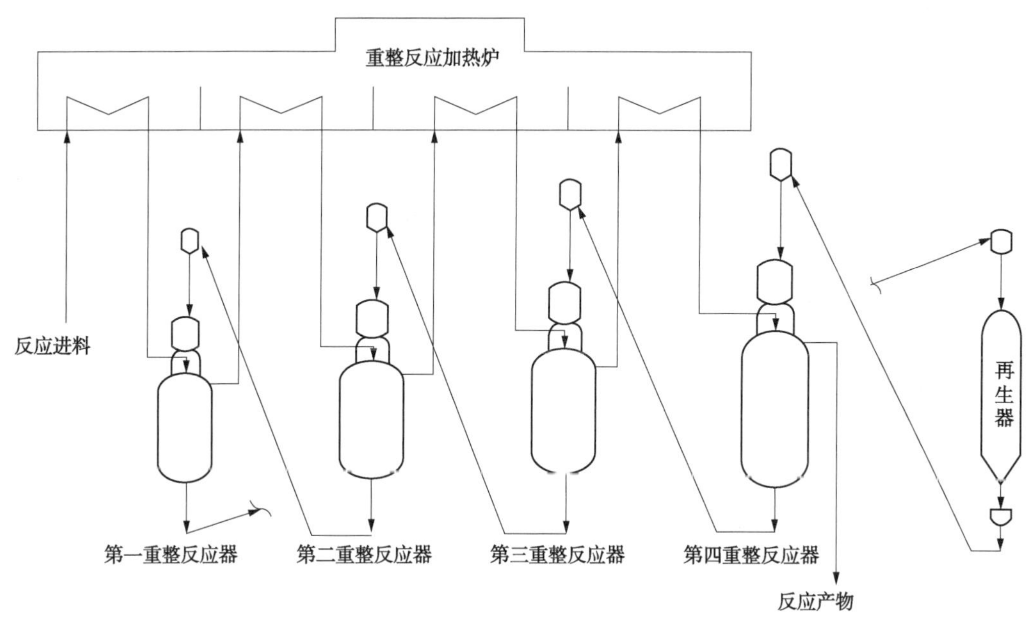

图 1　SCCCR 反应物料和催化剂流向示意图

SCCCR 重整反应采用常用的连续重整催化剂，可在较苛刻的反应条件下操作。物料依次经过各个反应器，每个反应器前面设有加热炉。重整反应流程与常规连续重整基本相同，但催化剂的流动方向与常规连续重整相反，采用了独特的催化剂循环和再生方式。在反应区，反应物料仍依次由第一反应器至最后一个反应器。而再生催化剂先提升输送至最后一个反应器，再依次输送至前面一个反应器。从第一反应器离开的待生催化剂提升至再生器。

SCCCR 工艺的重整反应、催化剂循环和再生的流程见图 2。

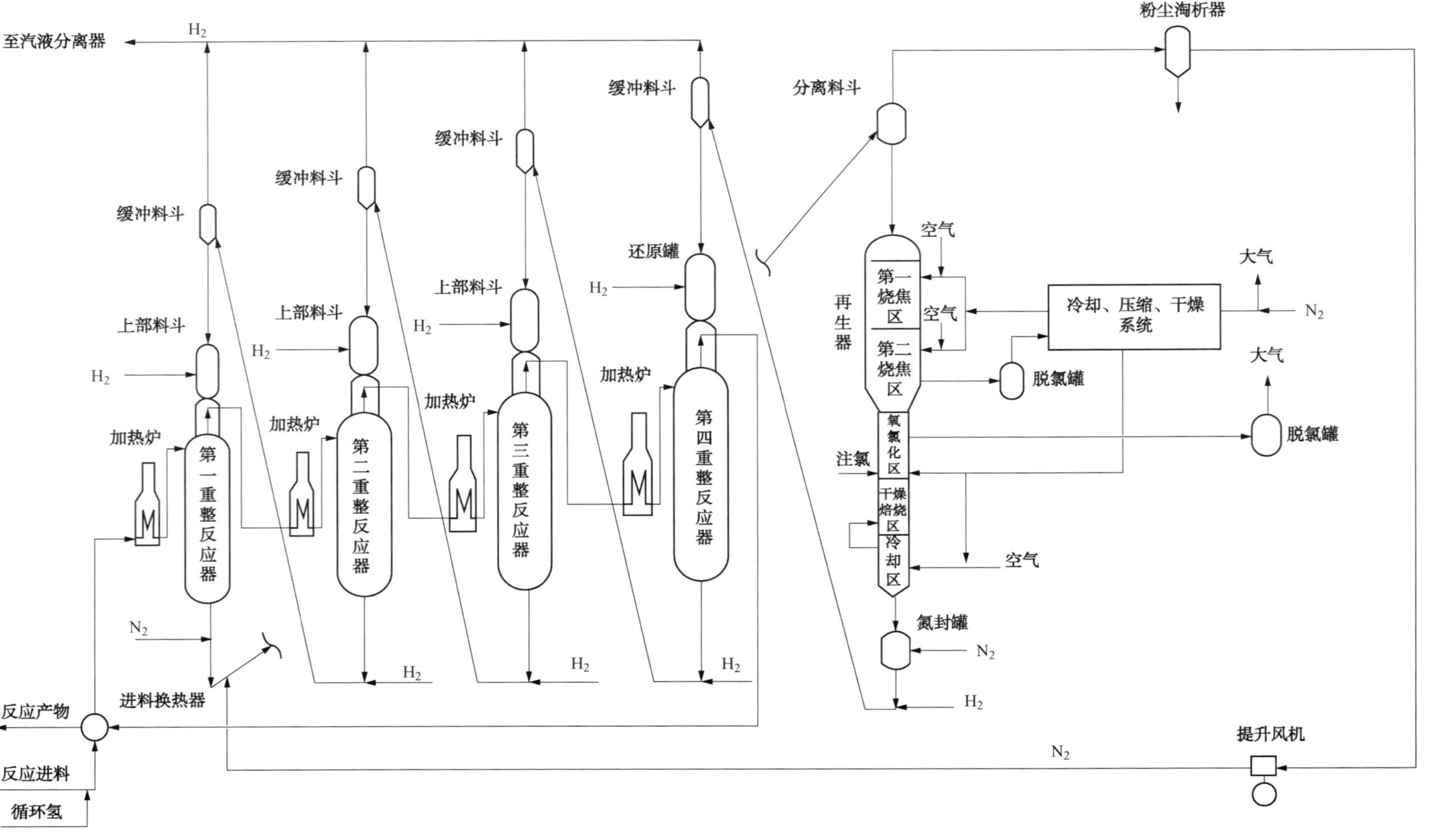

图2 SCCCR工艺反应再生流程示意图

2.2.1 重整反应及产物分离部分

SCCCR 反应及产物分离流程见图 3。

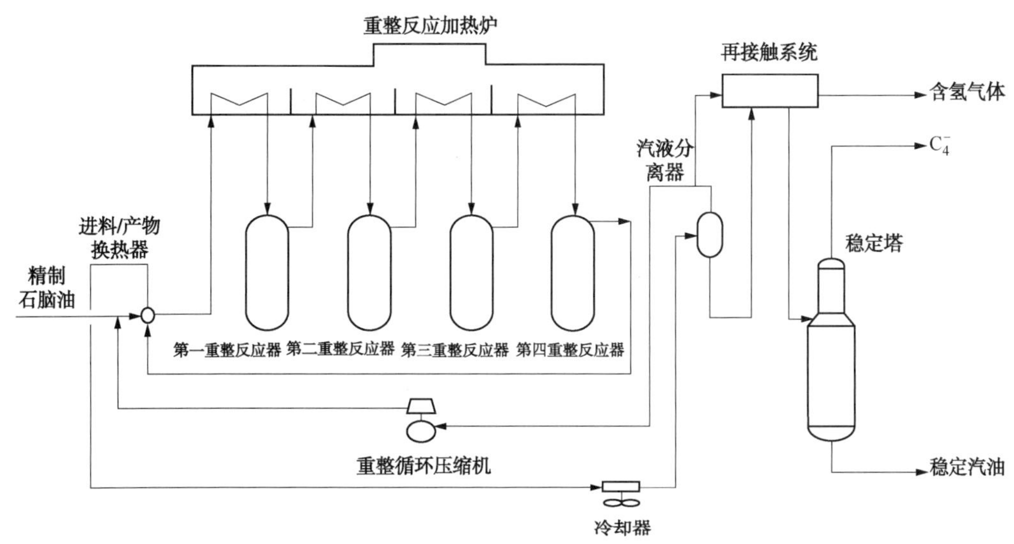

图 3 SCCCR 反应及产物分离流程示意图

从原料预处理单元来的精制石脑油进料与重整循环氢混合后在进料/产物换热器中与重整产物换热。换热后的混合物料进入第一重整反应加热炉，加热到反应器入口温度后进入第一重整反应器。离开第一重整反应器的反应产物再进入到第二重整反应加热炉，依次类推，直到第四重整反应器。

离开第四重整反应器的反应产物经换热、冷却后进入气液分离器。离开气液分离器顶部的含氢气体大部分作为循环氢，经循环压缩机增压并与进料混合后回到反应系统。其余的含氢气体在再接触系统经增压并与重整生成油再接触后作为重整产氢送出装置。从气液分离器底部抽出的重整生成油送入再接触系统，经过与重整产氢再接触后进入稳定塔。稳定塔顶分出燃料气和液化气，直接送出装置。稳定塔底的稳定汽油即可作为高辛烷值汽油调合组分，也可以再送入脱戊烷塔脱出戊烷后送至下游的芳烃装置，作为芳烃生产原料。

SCCCR 采用了新型反应器。反应器与下料斗采用一体化的独特结构，使得催化剂的下料结构简化，省去了多根用于连接反应器与分体下料斗的催化剂料腿。与分体下料斗相比，一体化组合结构和流程大大简化。反应进料和产物采用上进上出的结构，这种优化结构使得反应物料在催化剂床层的上下分布更加均匀。

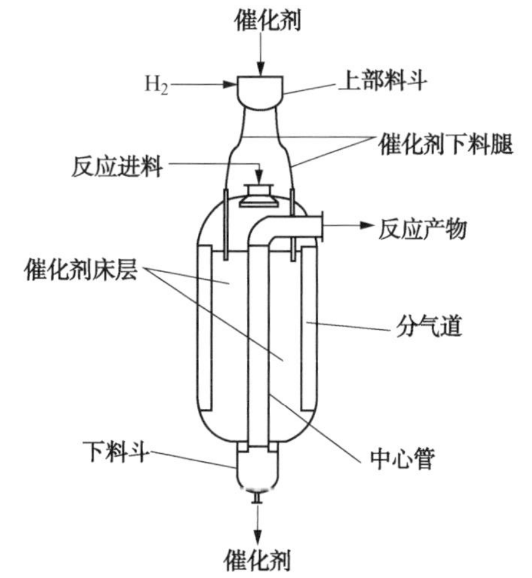

图 4 SCCCR 反应器结构示意图

SCCCR 反应器结构见图 4。

SCCCR 反应部分主要操作条件见表 4。

表 4　SCCCR 反应部分主要操作条件

项　　目	数　　值	备　　注
平均反应压力/MPa	0.35	最后反应器入口压力
汽液分离器压力/MPa	0.24	
质量空速/h^{-1}	1.5~2.8	
氢油比/(mol/mol)	1.6~3.0	
反应器最高入口温度/℃	549	
典型的催化剂装填比/%	22~25/24~25/25~26/25~28	一反/二反/三反/四反

与现有技术相比，SCCCR 后面反应器中催化剂的平均含炭量低，前面反应器平均含炭量高，因此，各反应器的催化剂装填量趋于平均化。

SCCCR 反应部分的特点如下：催化剂逆流输送，优化了反应条件，有利于提高产品收率和延长催化剂寿命；反应压力采用目前连续重整最先进的水平，平均反应压力 0.35MPa；反应器为单个并列布置，结构简单，制造容易，操作维修方便。新一代的技术，各反应器采用相同的反应空速，即采用相同规格尺寸的反应器，减小了反再构架，降低了设计、制造、安装、备品备件、检维修的成本。

2.2.2　催化剂循环

(1) 催化剂的循环输送

SCCCR 的反应器采用并列布置的方式，催化剂在反应器之间采用自流与提升相结合的方式输送。每个反应器都设有缓冲料斗、下部料斗及下部提升器，以便把催化剂用气体从后面的反应器底部提升至前一个反应器的顶部。第一、二和三反应器设有上部料斗，第四反应器上设有还原罐。

SCCCR 催化剂循环流程见图 5。

再生催化剂从再生器提升至第四重整反应器上部的缓冲料斗，然后靠重力进入还原罐，还原后再进入第四重整反应器。用提升器将第四重整反应器的催化剂提升到第三重整反应器的缓冲料斗，再靠重力经过上部料斗进入第三重整反应器，依次类推，直到第一重整反应器。待生催化剂从第一重整反应器底部提升至再生器上部的分离料斗内，在分离料斗完成催化剂的淘析，除去粉尘之后的催化剂靠重力落入再生器内。

在再生器内，催化剂自上而下依次经过一段烧焦区、二段烧焦区、氧氯化区、干燥焙烧区及冷却区。离开再生器的再生催化剂经氮封罐进入再生器提升器，由氢气提升至第四反应器顶的缓冲料斗，至还原罐，经还原后，流入第四反应器，完成再生过程，构成反应-再生循环。

待生催化剂从第一重整反应器到分离料斗用氮气提升；再生催化剂从再生器底部到第四重整反应器缓冲料斗用氢气提升。再生器的压力高于第四重整反应器低于第一重整反应器。从反应区向再生系统和从再生系统向反应区的催化剂输送都是从高压向低压的提升输送。催化剂循环回路不设置闭锁料斗系统，在正常操作情况下，催化剂循环输送管线上没有需要开关的阀门，催化剂的循环输送为真正的“无阀、连续”操作过程。

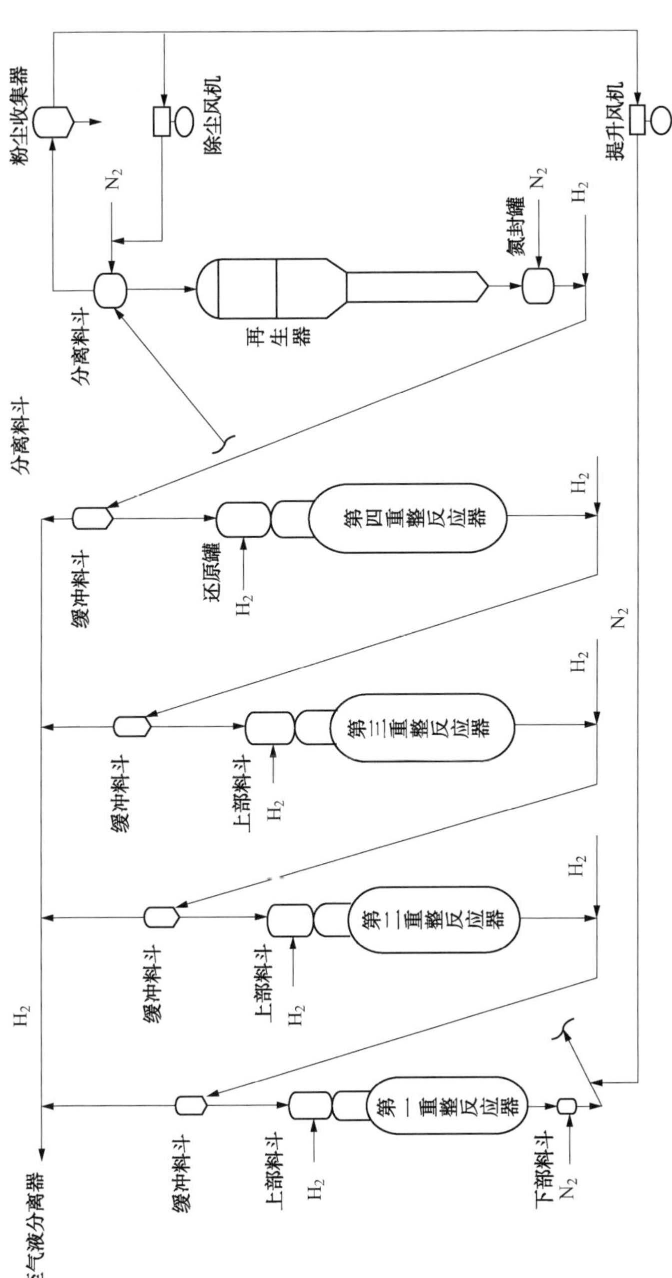

图5 SCCCR催化剂循环流程

催化剂循环回路的压力降被分散在各反应器之间。催化剂从后一个反应器向前一个反应器的提升输送需克服逆压差。在反应器之间催化剂用氢气提升输送。反应器之间催化剂提升时，氢气和被提升的催化剂一起进入前一个反应器的缓冲料斗，氢气从缓冲料斗上部排出，与重整产物一起冷却后循环使用。催化剂则靠重力沿缓冲料斗、料腿、上部料斗流至反应器中。

（2）催化剂的粉尘淘析

催化剂在输送过程中会因摩擦产生粉尘，所以正常操作时要除去这部分粉尘。待生催化剂被提升至再生器上部的分离料斗后，经氮气淘析，携带催化剂粉尘的淘析气经粉尘收集器收集其中的粉尘。从粉尘收集器出来的不带粉尘的氮气经氮气风机和除尘风机升压，然后分别作为待生催化剂的提升气体、密封气体及淘析气体循环使用。

SCCCR 技术不设闭锁料斗和开关阀，大幅度降低了催化剂的磨损，因此仅设置待生催化剂粉尘淘析收集系统，不设再生催化剂粉尘淘析收集系统，流程大幅度简化，投资降低。

（3）催化剂循环流量的计量、催化剂添加和卸料

正常操作时，催化剂的循环流量由再生催化剂提升(由再生器向还原罐的提升)系统进行计量。在分离料斗和再生器之间的催化剂料腿上设置一个小型的计量罐，装置开工时用计量罐对催化剂的流量进行标定，正常操作时计量罐不投入使用。

在催化剂再生正常运转的过程中，可以实现向系统中在线添加催化剂，也可以从系统中卸出催化剂。

SCCCR 催化剂循环部分的特点如下：催化剂由低压向高压的输送采取分散料封提升的方法，取消现有技术采用闭锁料斗的升压方法；没有闭锁料斗和开关阀，大幅度降低了催化剂的磨损，取消了再生催化剂粉尘淘析收集系统；没有繁杂的“闭锁料斗系统”，操作过程十分简单，催化剂循环实现了真正的“无阀、连续”过程，没有影响长周期操作的因素，大幅提高了装置运行周期和稳定性；与现有技术相比，系统大幅度简化，节省投资。

2.2.3 催化剂再生

SCCCR 催化剂的连续再生过程包括烧焦、氧/氯化更新、干燥焙烧、冷却及还原等 5 个步骤。再生器自上而下分为第一烧焦区、第二烧焦区、氧氯化区、焙烧区和冷却区等 5 个部分，在再生器内自上而下完成待生催化剂烧焦、氧氯化、干燥及冷却过程。

催化剂烧焦再生循环气体采用冷循环流程，从第二烧焦区出口来的再生循环气体首先进入脱氯罐进行脱氯。脱氯后的再生循环气经换热、干燥、冷却和升压后分成三部分，第一部分是一段烧焦循环气，经与空气混合后进入再生器的第一烧焦区；第二部分是二段烧焦循环气，与空气混合后进入第二烧焦区；第三部分是氧氯化气体，经电加热器加热后进入氧氯化区。新鲜干燥空气进入再生器最底部的冷却区，从冷却区出来经电加热器加热后进入焙烧区。焙烧区的气体在焙烧区内逆催化剂流动方向上行至氧氯化区，与氧氯化区气体混合后继续向上，从氧氯化区的出口排出并经脱氯罐脱氯后排放。

为延长催化剂的使用寿命，采用低氧浓度、大循环气量的方式实现缓和烧焦。正常情况下进入再生器的待生催化剂含炭量为 3%~8%，离开再生器的再生催化剂含炭量小于 0.2%。

还原罐设置在四反的上部，再生催化剂在还原罐中经还原后进入第四反应器，还原氢是经 PSA 提纯的重整产氢或其他纯度较高的含氢气体。还原区的排放气经与还原进氢和提升气及密封气换热后返回至重整增压机入口。

SCCCR 典型的催化剂再生操作条件见表 5。

表 5 SCCCR 典型的催化剂再生主要操作条件

项 目	数 值	项 目	数 值
再生器压力/MPa	0.35~0.45	第二烧焦区出口氧浓度/%(体积分数)	0.1~0.7
第一烧焦区入口温度/℃	460~480	氧氯化区入口温度/℃	500~530
第二烧焦区入口温度/℃	470~490	干燥焙烧区入口温度/℃	500~530
第一、二烧焦区入口氧浓度/%(体积分数)	0.5~1.0		

SCCCR 催化剂连续再生的特点如下：再生器压力介于第一反应器和第四反应器之间，便于催化剂的循环输送；采用二段移动床烧焦工艺，分别控制两段烧焦区入口氧含量，以优化烧焦条件，保证烧焦更加完全；再生气循环采用固体脱氯、冷却、干燥、压缩、换热及电加热流程，无热风机，对设备要求低；氧氯化区、焙烧区及冷却区采用同心筒式轴向结构，结构简单，安装维修方便；再生放空气体经固体脱氯后放空以除去其中的微量氯，减少对环境的污染，流程简单、操作方便；也可以采用碱洗的方式，以适应多种场合的需求。

2.3 工业应用结果

2013 年 9 月，国内外首套采用 SCCCR 工艺、规模为 600kt/a 的连续重整装置在中国石化建成投产。该装置以直馏及焦化加氢石脑油为原料，采用国产 PS-VI 连续重整催化剂，生产高辛烷值汽油调合组分并副产氢气。该装置一次投产成功，投产后运行平稳。2014 年对装置进行了 100%负荷率的标定考核，标定考核结果见表 6。

表 6 装置标定结果

项 目		标 定 值
装置负荷(重整进料量)/(t/h)		71.4
原料性质	直馏：加氢焦化石脑油/%	82.7：17.3
	ASTM D-86 馏程/℃	81~171
	烷烃/环烷烃/芳烃/%	45.92/45.67/8.41
重整反应条件	一/二/三/四反入口温度/℃	529/529/526/523
	气液分离器压力/MPa	0.24
	氢油分子比	2.7
	体积空速(LHSV)/h^{-1}	1.6
催化剂再生条件	催化剂循环量/(kg/h)	600
	待生催化剂炭含量/%	5.01
	再生催化剂炭含量/%	0.06
	再生催化剂氯含量/%	1.19
产品性质	C_5^+辛烷值(*RON*)	102.3
	C_5^+液收/%	89.72
	C_5^+芳烃含量/%	79.85
	纯氢产率/%	3.99
催化剂粉尘量/(kg/d)		<0.5
能耗/(kg 标油/t 重整进料)		84.16

从标定数据可以看出，该工艺 C_5^+液体收率、芳烃产率和氢产率高，能耗低，催化剂磨损少，主要运行技术指标先进。

2.4 小结

SCCCR 工艺技术在设计理念上不同于传统的顺流移动床连续重整技术，具有自己的独到之处，流程特点鲜明，拥有完全自主知识产权。主要表现在如下几个方面：①反应器间催化剂的流动方向与反应物流的方向相反，从而改善了反应条件，反应更为合理。与现有技术不同，具有鲜明的技术独创性，属于完全自主开发的技术，具有海内外独立商业运作权。②催化剂由低压向高压的输送采取分散料封提升的方法，省去了传统的闭锁料斗的升压方法，简化了催化剂的输送系统，真正实现了无阀连续操作，节约投资。③催化剂磨损量非常低，不用设置再生催化剂粉尘淘析收集系统，流程大幅度简化，投资降低。④采用相同规格尺寸的重整反应器，制造、安装、备品备件、检维修的成本低，投资少。⑤优化再生器操作条件，既有利于催化剂在反再系统之间的输送，又有利于再生。⑥该工艺技术采用的设备全部实现了国产化，装置建设投资较现有技术有所降低。⑦采用该技术的装置开车容易、操作简单、运行平稳可靠。标定和两年的连续运行表明，装置主要技术经济指标先进。

采用最新一代 SCCCR 技术，规模大于 1000kt/a 的多套连续重整装置正在设计和建设过程中。

3 超低压连续重整技术

3.1 概况

超低压连续重整技术(SLCR)是中国石化在总结 50 余年催化重整技术研究及工程开发经验的基础上，通过大量大型冷模试验研究工作而开发出的拥有自主知识产权、代表世界先进水平的连续重整成套技术。

SLCR 技术的前期阶段是低压组合床重整技术，于 2001 年成功工业应用于 500kt/a 重整装置上。低压组合床重整技术因其操作压力比国外组合床重整技术低而得名，其核心是重整一反和二反采用固定床半再生重整工艺，使用铂铼重整催化剂；重整三反和四反采用移动床连续重整工艺，使用铂锡重整催化剂；设置催化剂连续再生系统，对重整三反和四反的催化剂进行连续再生，工艺流程参见图 6。低压组合床重整技术阶段解决了专利申请及保护、闭锁料斗控制、安全连锁与保护等关键技术，为开发 SLCR 技术提供了可靠的技术支撑。

SLCR 技术采用平均反应压力 0.35MPa，高分压力 0.25MPa，再生压力为 0.55MPa，于 2009 年成功应用于 A 厂 1000kt/a 连续重整装置上，再生规模为催化剂循环量 1135kg/h。到 2015 年底，SLCR 技术已推广工业应用 6 套装置，其中最大规模为 1500kt/a，配套的再生能力为催化剂循环量 1600kg/h，总处理能力达 5900kt/a。另外，采用 SLCR 技术正在建设的装置有 6 套。SLCR 技术已完成大型化开发，完成了 2000kt/a 及 2800kt/a 工艺包开发。SLCR 技术工业应用汇总见表 7。

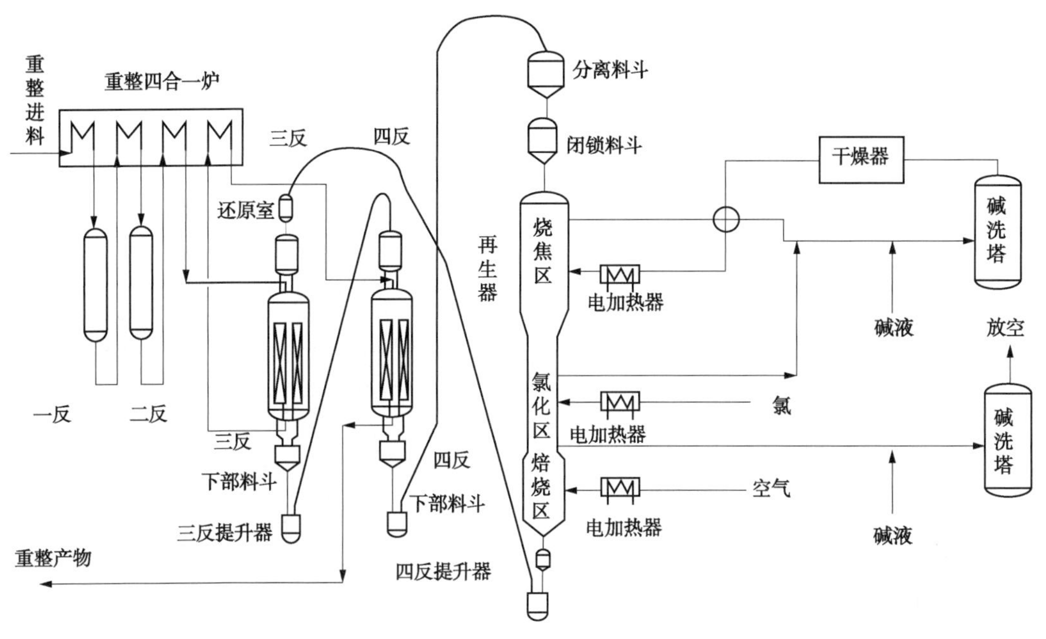

图6　低压组合床重整工艺流程图

表7　SLCR技术工业应用汇总

序号	厂名	采用技术	重整规模/(kt/a)	再生规模/(kg/h)	苛刻度 *RON*	高分压力/MPa	投产日期
1	A	超低压、碱洗除氯	1000	1135	105	0.25	2009-04
2	B	超低压、固相脱氯	600	500	102	0.25	2011-12
3	C	超低压、固相脱氯	1200	1135	104	0.25	2012-07
4	D	超低压、碱洗除氯	1000	1135	104	0.25	2013-04
5	E	超低压、固相脱氯	1500	1600	105	0.25	2014-06
6	F	超低压、固相脱氯	600	500	102	0.25	2014-07

3.2　技术特点

3.2.1　全新结构的重整反应器

SLCR技术采用采用两两重叠布置式重整反应器结构(见图7)，即重整第一和第二反应器重叠、重整第三和第四反应器重叠。两两重叠布置方式与并列方式相比，减少了催化剂提升次数，从而减少了催化剂的磨损；与叠置方式相比，降低了反应器高度，从而降低了设备制造及安装费用。两两重叠布置方式使反应器与再生器框架的高度相当，方便操作及维护。尤其是大型化重整装，重整反应器两两重叠布置的优势更显突出。

SLCR技术中，重整反应器内件采用中心管和扇形筒结构，中心管和扇形筒以及再生器内网和外网均采用轴向条形筛网结构，见图8。条形筛网是由V型截面丝和支持杆或加强筋组成。其开孔率均匀，并可达到较大的开孔率，强度和刚度性能明显优于传统的丝网及冲孔部件。

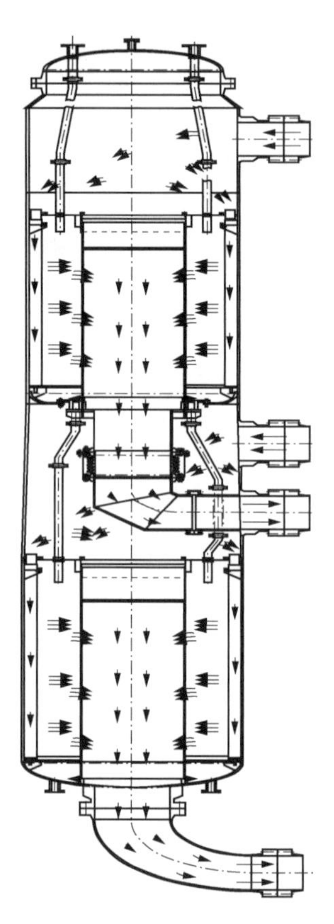

图 7　重整反应器两两重叠布置结构示意图

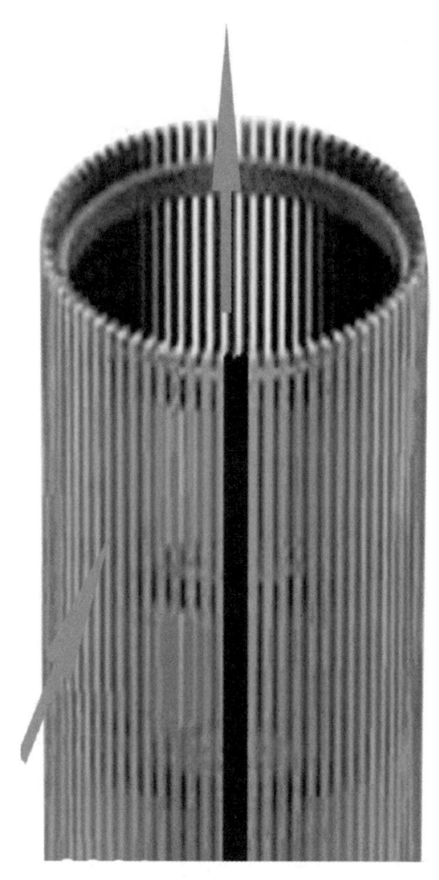

图 8　轴向条形筛网结

重整反应器内件多、装配关系复杂、控制精度要求高：要求扇形筒数量合适；龙门架与楔铁位置相互对应；密封板、盖板组装严密，以防止油气短路及催化剂进入扇形筒以影响装置操作；催化剂输送管精密配合；同时还要求与催化剂接触的表面要平整、光滑、不得有裂纹、毛刺等。SLCR 技术中的新型密封盖板和新型中心管支座等确保了设备大型化后这些复杂内件的制造、安装与应用。新型结构的重整反应器改善了反应器内物流分布及催化剂分布，能有效避免"贴壁"现象的产生。

3.2.2　再生气体"干冷"循环技术

再生气体"干冷"循环即再生气体从再生器烧焦区抽出后，经过换热、冷却、干燥及加热后回到烧焦区。SLRC 技术采用再生气体"干冷"循环技术，与"湿热"循环技术相比，大大降低了再生循环气体中的水含量，有效抑制了催化剂比表面积下降速度，延长催化剂使用寿命；焙烧区及氯化区介质均采用纯空气，保证了催化剂的氯氧化及干燥效果。尽管"干冷"循环技术比"湿热"循环技术电耗略有增加，但其催化剂寿命的延长使装置的经济效益增加非常明显。

3.2.3 闭锁料斗“无阀输送”技术

闭锁料斗的作用之一是完成催化剂从低压到高压的输送，以实现催化剂在反应器-再生器之间的循环；作用之二是对催化剂循环量进行精确计量，以便在原料变化或重整反应参数调整导致再生剂含碳量发生变化时，对再生参数进行及时调整。“无阀输送”的闭锁料斗输送方式能有效降低催化剂的磨损及阀门的磨损。

SLCR 技术采用的“无阀输送”闭锁料斗控制技术，将闭锁料斗布置于再生器上方，利用再生器上部的催化剂缓冲区作为高压区的气体缓冲区，使压力更加稳定；闭锁料斗介质采用独立的氮气系统，与自产氢气作为闭锁料斗介质相比，介质组成及物理性质不会随催化剂初期与末期性能下降而有任何变化，闭锁料斗操作曲线不需要进行任何调整。

3.2.4 两种再生气体脱氯技术

SLCR 技术具有两种再生循环气体脱氯技术：碱洗除氯和固相脱氯。

SLCR 碱洗除氯技术中，对易产生酸碱腐蚀的关键部位设备碱洗冷却器采用新型材质双相钢 2205，在耐腐蚀性能相当的条件下，与哈氏合金（或钛合金）材料相比大大节省投资，见图 9。碱洗除氯适合于处理废碱液容易、处理废固相物困难的炼化企业。

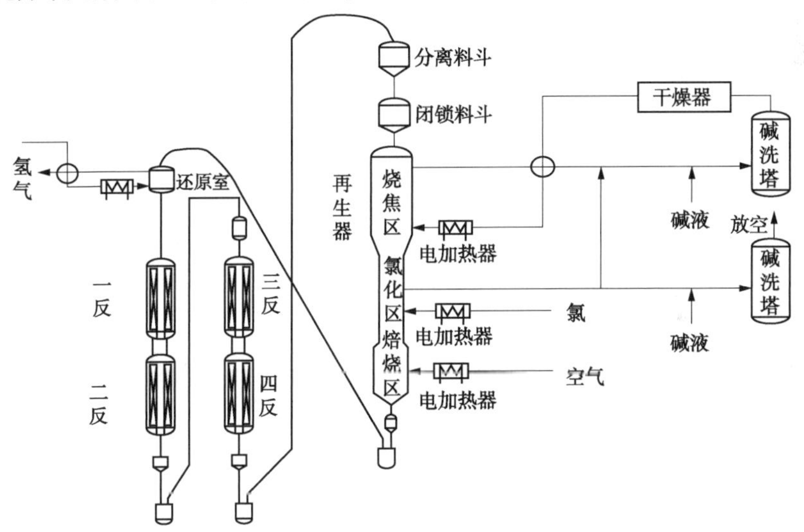

图 9 SLCR 技术催化剂再生（碱洗除氯）工艺流程示意图

SLCR 技术技术中，采用合理的工艺流程及高性能的脱氯剂，在满足高效脱氯要求下，简化了装置开工程序，方便了正常操作。该固相脱氯技术不增加再生循环气体中的水含量，不会加速催化剂比表面积的衰减、不会缩短催化剂总寿命，见图 10。固相脱氯技术适合于处理废固相物容易、处理废碱液困难的炼化企业。

SLCR 固相脱氯技术能够保证再生尾气中氯化氢含量≤1mg/m^3、非甲烷总烃含量远小于《石油炼制工业污染物排放标准 GB31570—2015》中的规定值（氯化氢含量≤10mg/m^3、非甲烷总烃≤30mg/m^3），非常环保。

3.3 工业应用

3.3.1 A 厂 1000kt/a SLCR 装置

SLCR 技术首次成功应用在 A 厂 1000kt/a 重整装置上，采用了再生循环气体碱洗除氯技

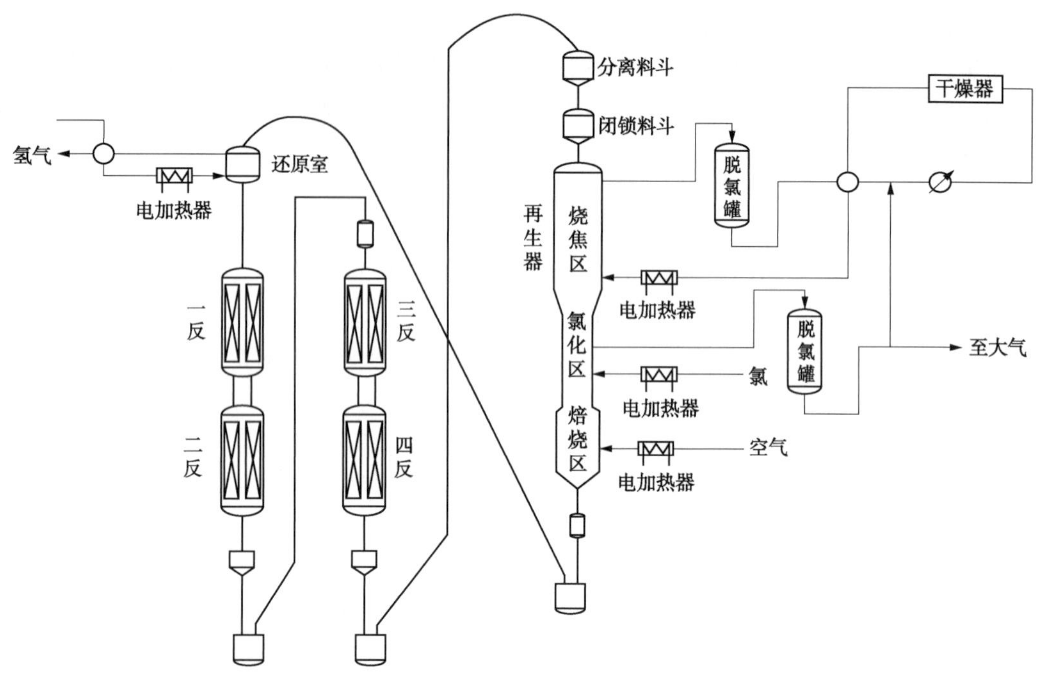

图 10　SLCR 技术催化剂再生(固相脱氯)工艺流程示意图

术。装置于 2009 年建成投产，2010 年进行了 100%负荷标定考核，结果显示各项技术指标(C_5^+重整稳定汽油液收、芳烃产率、氢产率)均达到或超过设计值。尽管重整氢增压机采用了 3.5MPa 蒸汽凝汽式驱动方式，但装置能耗仍然较低，为 88kg 标油/t 重整进料。装置标定考核结果详见表 8。

该装置第一操作周期达到 4.5 年，已平稳运行 6 年，催化剂比表面积仍然保持在 160m²/g 以上。

表 8　A 厂 1000kt/a SLCR 装置标定结果

项　　目		设计值	标定值
装置负荷		100	100
原料性质	恩氏馏程/℃	95~160	80~169
	烷烃/环烷烃/芳烃/%	64.72/22.78/12.50	54.63/32.91/12.47
	芳烃潜含量/%	34.37	44.06
重整反应条件	WAIT/WABT/℃	529/495	525/495
	气液分离器压力/MPa	0.25	0.25
	氢油分子比	2.5	2.4
	WHSV/h^{-1}	1.248	1.243
催化剂再生条件	催化剂循环量/(kg/h)	1135	1135
	待生剂炭含量/%	5.0	3.54
	再生剂炭含量/氯含量/%	<0.1/1.1	<0.05/0.93
	催化剂粉尘量/(kg/d)	5.8	4.5

续表

项　　目		设计值	标定值
产品性质	C_5^+辛烷值(*RON*)	104	104.6
	C_5^+液收/%	87.06	88.87
	芳烃产率/%	72.46	75.19
	纯氢产率/%	3.61	3.99

3.3.2　C 厂 1200kt/a SLCR 装置

C 厂 1200kt/a SLCR 重整装置采用了再生循环气体固相脱氯技术，于 2012 年 7 月建成投产，2015 年 12 月进行了满负荷标定考核。由于受原料限制及全厂汽油平衡的限制，考核期间处理量只能接近设计值、重整苛刻度不能提至设计值，结果显示 C_5^+重整汽油液收比设计值高，氢产率及芳烃产率尚未达到设计值，催化剂磨损及装置能耗等性能均达到设计值。装置标定考核结果详见表 9。

表 9　C 厂 1200kt/a SLCR 装置标定结果

项　　目	设计值	标定值
操作负荷/%	100	99
重整苛刻度 *RON*	104	102
原料初馏点/干点/℃	71/170	68/163
C_5^+液收/%	87.28	90.34
芳烃产率/%	75.23	74.26
纯氢产率/%	3.87	3.69
催化剂损耗/(kg/d)	5.8	3.5
待生剂含碳量/%	5.0	4.0
再生剂含碳量/%	<0.1	0.05
单台脱氯罐寿命/月	6	8
能耗/(kg 标油/t 进料)	98.61	89.99

3.3.3　E 厂 1500kt/a SLCR 装置

E 厂 1500kt/a SLCR 重整装置采用了再生循环气体固相脱氯技术，不含预加氢部分。装置于 2014 年 6 月建成投产，同年 11 月进行了 100%负荷标定考核，结果显示大部分技术指标(C_5^+重整汽油液收、氢产率)均超过设计值，只有芳烃产率略低于设计值，原因是原料偏轻(从原料干点可以看出)。标定考核结果还显示，装置能耗较低(设计值和标定值分别为 74.74kg 标油/t 重整进料和 71.63kg 标油/t 重整进料)。装置标定考核结果见表 10。目前该装置已平稳运行 1 年多，催化剂比表面积保持在 185m^2/g 以上。

表 10　E 厂 1000kt/a SLCR 装置标定结果

项　　目	设计值		标定值
	贫料	富料	
操作负荷/%	100	100	101
重整苛刻度 *RON*	105	105	

续表

项　目	设计值		标定值
	贫料	富料	
原料干点/℃	169	170	165
C_5^+液收/%	85.44	85.36	87.77
芳烃产率/%	76.23	75.38	74.57
纯氢产率/%	3.90	3.96	4.00
催化剂损耗/(kg/d)	7.68	7.68	1.7
待生剂含碳量/%	5.0	3.79	4.63
再生剂含碳量/%	<0.2	<0.2	0.03
能耗/(kg 标油/t 进料)	74.74		71.63

3.4　小结

① 中国石化超低压连续重整技术(SLCR)具有自主知识产权，技术先进、安全、环保、投资省、运行成本低。

② SLCR 技术开工顺利，运行平稳可靠。

③ 经过多套装置的推广应用，SLCR 技术不断改进，积累了丰富的经验。

④ SLCR 技术从无到有、从弱到强，已形成了包括大型化及规模完整的系列技术。

参 考 文 献

[1] 戴厚良 . 芳烃技术[M]. 北京：中国石化出版社，2014：32-33.

芳烃生产技术

戴厚良

（中国石油化工集团公司）

摘　要：芳烃是重要的基本有机原料，其生产技术水平是一个国家石油化工发展水平的重要标志之一。苯、甲苯、二甲苯的传统生产技术主要包括催化重整、芳烃抽提、歧化及烷基转移、异构化、吸附分离或结晶分离等。近年来，传统芳烃生产的各单元技术已取得了较大的发展与进步，轻烃芳构化、重芳烃轻质化、催化裂化 LCO 及裂化汽油转化等增产芳烃技术得到重视和开发。此外，为了拓展芳烃来源，以煤和可再生生物质作为原料来生产芳烃的新技术也在积极的研发过程中。发展原料多样化、产品结构调整灵活、物耗能耗更低的芳烃成套技术，将是我国芳烃技术的发展重点。

1　前言

芳烃是化学工业重要的基础原料，可以广泛用于合成树脂、合成纤维、合成橡胶、合成洗涤剂、增塑剂、染料、医药、香料、农药、专用化学品等，在国民经济的发展中具有重要的地位。芳烃中最重要的是苯、甲苯和二甲苯[包括对二甲苯(PX)、邻二甲苯(OX)、间二甲苯(MX)]，统称为 BTX。BTX 作为一级基本有机原料，其规模仅次于乙烯和丙烯，截至 2015 年年底，世界苯、甲苯和 PX 的产能分别达到 62.33Mt/a、39.04Mt/a、48.18Mt/a。

在我国芳烃市场中，芳烃不但是生产合成纤维的重要原料，也是提高汽油辛烷值的理想组分。受下游衍生物需求增加以及清洁汽油发展的影响，我国 BTX 供需增速远高于世界平均水平，尤其是 PX，2010~2015 年，我国 PX 消费的年均增速高达 16.8%。目前，中国已成为世界最大的苯、甲苯和 PX 的生产国和消费国。2015 年，我国苯、甲苯和 PX 的产能分别达到 13.87Mt/a、4.61Mt/a、13.69Mt/a，表观消费量则分别达到 11.33Mt/a、3.65Mt/a(商品甲苯)、20.68Mt/a。我国 PX 受产能扩张的限制，长期处于供不应求的局面。预计到 2020 年，我国苯、甲苯和 PX 的产能将分别达到 18.3Mt/a、5.2Mt/a 和 20.0Mt/a，市场需求仍将继续以较快速度增长，届时，纯苯和甲苯仍将有所短缺，PX 供应缺口仍较大。

目前，产自催化重整装置和由蒸汽裂解制乙烯装置副产的石油芳烃是芳烃的主要来源，全球来自石油的 BTX 已占到全部 BTX 的 95%以上，此外还有少量产自煤焦油和生物质等其他来源的芳烃。近几年，由于全球汽油需求增速放缓，催化重整能力增长有限，同时，北美及中东地区的蒸汽裂解制乙烯装置加工轻质原料比例增加，从而导致来自催化重整和蒸汽裂解的石油芳烃减少。为了补充芳烃生产，提高炼化一体化资源利用率，可利用石油加工中产生的部分产品，通过轻烃芳构化、重芳烃轻质化、催化裂化 LCO 及裂化汽油转化等不同工艺增产芳烃。此外，为了拓展芳烃来源，以煤和可再生生物质作为原料来生产芳烃的新技术也在积极的研发过程中。

目前，石油芳烃生产主要由芳烃联合装置完成。近年来，芳烃生产的各单元技术已取得了较大的发展与进步，各技术专利商开发了新的催化剂与吸附剂、反应工艺和分离工艺，生产芳烃的物耗、能耗不断下降。提高反应空速、降低氢烃比、提高目标产品选择性和产品结构调整的灵活性、提高重芳烃处理能力以及开发组合工艺等已成为芳烃技术发展的主要方向。

我国芳烃技术经过几十年的发展，在催化重整、芳烃抽提、甲苯歧化与烷基转移、二甲苯异构化、吸附分离等单元形成了多项具有自主知识产权的专项技术。2013 年 12 月，中国石化全部采用自主技术建成投产规模为 600kt/a PX 的芳烃联合装置，成为全球第三个具有完全自主知识产权的大型化芳烃生产技术专利商。高效环保芳烃成套技术开发及应用荣获 2015 年度国家科技进步特等奖。

未来，随着我国经济的快速增长，对基本化工原料的需求仍保持旺盛，芳烃生产技术将是我国需要重点开发的核心技术。加快开发并形成原料多样化、产品结构调整灵活、物耗能耗更低并具有自主知识产权的芳烃成套技术，将对我国芳烃产业的发展起到积极的推进作用。

2　BTX 生产技术

芳烃的工业生产主要以石脑油为原料，通过催化重整—芳烃抽提—歧化及烷基转移—异构化—二甲苯分馏—吸附分离等工艺组成的大型芳烃联合装置完成，典型芳烃联合装置的原则流程见图 1。加氢裂解汽油的 $C_6 \sim C_8$馏分因富含 BTX，也是芳烃联合装置的重要原料。炼油厂副产的 LPG、轻烯烃、芳烃抽余油等轻烷烃原料不宜作重整原料，但可通过芳构化增产芳烃。

2.1　催化重整技术

催化重整技术是生产芳烃的主要工艺，估计全球产自催化重整装置的苯和二甲苯分别占各自市场的 38%和 87%。现有催化重整工艺主要分为固定床半再生、固定床循环再生和移动床连续再生三种类型，连续重整工艺由于可采用超低压(平均反应压力 0.35MPa)、高苛刻度(C_5^+生成油 *RON* 超过 104)的反应条件，能够获得最大化的芳烃产率，逐渐成为生产芳烃的主流技术。近年来，连续重整工艺主要围绕催化剂再生技术进行改进与完善，以满足环境保护对再生气排放的要求，我国还进一步开发了逆流移动床连续重整技术。中国石化于 2009 年实现了 1.0Mt/a 超低压连续重整工艺的工业应用，首套 600kt/a 逆流移动床连续重整装置也于 2013 年 10 月成功投产。

随着重整反应苛刻度的提高，无论是固定床还是移动床重整技术，其催化剂的主要发展方向均是进一步降低积炭速率、提高选择性和再生性能。最新一代催化剂的积炭速率比上一代催化剂降低了 25%以上，推动了催化重整技术的持续进步。在连续重整催化剂的开发上，自 2000 年以来，中国石化在不降低催化剂初始比表面积的基础上，通过引入新助剂调变和优化金属及酸性功能，实现了降低积炭速率、提高选择性的目的，保持了催化剂长寿命、高持氯能力的特点，先后推出了 PS－Ⅵ和 PS－Ⅶ催化剂，并率先实现了高铂型(Pt 含量 0.35%)低积炭催化剂的工业应用[1-7]。

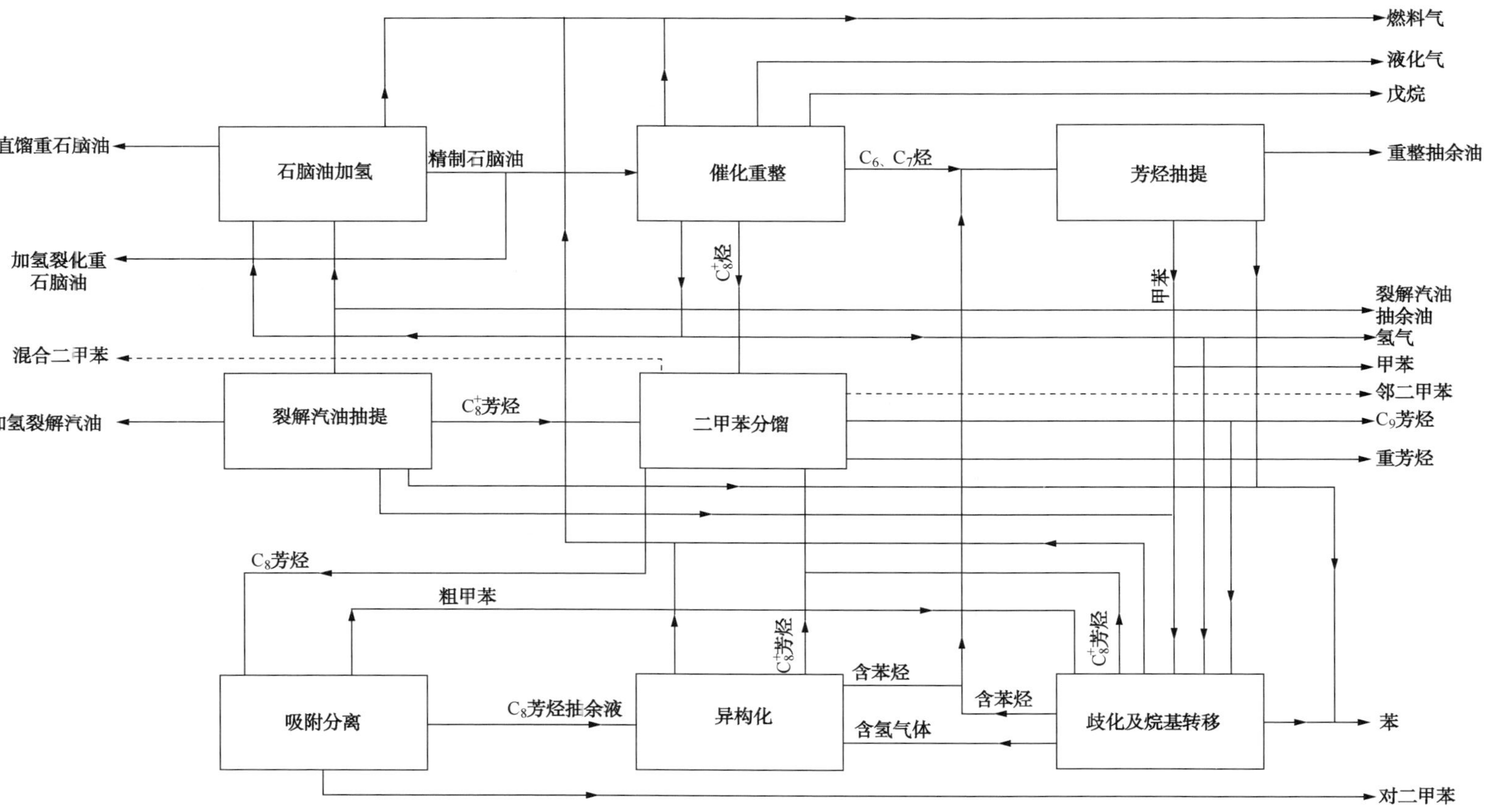

图1 典型芳烃联合装置原则流程图

2.2 裂解汽油生产 BTX

蒸汽裂解制乙烯装置若采用石脑油及重质原料，在生产乙烯、丙烯和丁二烯的同时副产大量的裂解汽油，其中 BTX 含量约 60%。从裂解汽油中回收 BTX 通常需采用两段加氢的工艺路线，加氢后的裂解汽油 C_6 ~ C_8 馏分通过芳烃抽提分离出 BTX。抽余油中环烷烃约占 67%，芳烃潜含量高达 62%左右，是理想的催化重整原料。

在传统的裂解汽油加氢过程中，其中的苯乙烯转化为乙苯，这不仅增加了氢耗，还使得裂解 C_8芳烃中乙苯含量高达 40%~60%。由于乙苯在 PX 生产过程中转化和分离困难，造成能耗和物耗增加。近年来，裂解汽油通过溶剂抽提蒸馏将其中的苯乙烯首先分离回收，再进行加氢精制的工艺技术越来越受到重视。2011 年，中国石化开发的苯乙烯抽提蒸馏 STED 工艺成功工业化，并实现长周期稳定运行[8]，抽余油加氢后得到的裂解 C_8芳烃中乙苯含量降低至 20%左右，其作为 PX 原料的品质显著改善。

近年来，为了充分利用重质裂解汽油并进一步增产 BTX，国内外公司相继开发了多功能催化剂，通过加氢精制、加氢裂化和加氢脱烷基过程的耦合，将重质裂解汽油中 C_9^+芳烃加氢脱烷基转化为 BTX。中国石化开发的重质裂解汽油增产 BTX 技术[9]，以裂解汽油 C_9^+馏分为原料，采用固定床工艺，使用负载贵金属的无粘接剂沸石双功能催化剂，具有较高的 C_9^+转化率和稳定性。

2.3 轻烃芳构化技术

轻烃芳构化可将低分子的烃类直接转化为苯、甲苯和二甲苯等轻芳烃，国外在 20 世纪就已陆续实现工业化。LPG、轻烯烃、重整抽余油等轻烃原料不宜作催化重整原料，但可通过芳构化增产芳烃。芳构化生产芳烃工艺按反应器形式的不同，可分为固定床工艺和移动床工艺两大类。而现有技术按所用催化剂不同又分成两条技术路线：一条是采用改性 ZSM-5 分子筛催化剂，加工原料以 C_2 ~ C_5轻烃组分为主，具有工艺流程简单、原料无需严格精制、建设费用低等优点，芳烃收率可达 60%以上[10]；另一条路线采用 Pt/KL 碱性分子筛催化剂，主要加工 C_6 ~ C_7烷烃，BTX 收率比传统重整工艺高，但对原料精制要求苛刻。

进入 21 世纪后，中国石化成功自主开发出固定床和移动床轻烃芳构化催化剂及工艺技术。2011 年，一套处理能力 200kt/a 的 LHTA-M 移动床芳构化工艺实现工业应用，运行稳定。2013 年，一套加工 70kt/a 轻石脑油的 LHTA-F 固定床芳构化工艺成功工业应用。此外，大连理工大学等开发的采用纳米分子筛催化剂的固定床轻烃芳构化技术也在多套装置上实现了工业应用。

目前绝大多数轻烃芳构化技术采用固定床反应器，但其发展受催化剂运转周期较短的限制，因此采用移动床技术是轻烃芳构化技术的发展趋势。降低轻烃芳构化的干气产率、进一步改进碱性分子筛催化剂的抗硫能力也是该领域未来的发展方向。

3 芳烃转化技术

采用芳烃转化技术可最大程度实现增产二甲苯，尤其是 PX 的目的。芳烃转化技术包括歧化与烷基转移技术、二甲苯异构化技术、甲苯择形歧化技术、重芳烃轻质化技术。

3.1 烷基转移技术

烷基转移技术是以甲苯/苯及 C_9^+芳烃(C_9及以上单环芳烃)为原料，通过烷基转移反应将其转化为二甲苯的技术。根据原料不同可分为两类，一类是甲苯歧化与烷基转移技术，主要以甲苯和 C_9^+芳烃为反应原料，生产二甲苯和少量苯；另一类是苯和 C_9^+芳烃烷基转移技术，以苯和 C_9^+芳烃为原料，生产二甲苯和甲苯。烷基转移单元是芳烃联合装置的重要组成部分，起到增产二甲苯、调整芳烃产品结构、提高装置生产灵活性的作用。

现有的甲苯歧化与烷基转移技术均以分子筛固体酸为催化剂活性主体，在临氢条件下在固定床反应器中进行气固相反应。中国石化开发的甲苯歧化与烷基转移工艺 S-TDT 采用以丝光沸石为活性主体，并负载普通金属的 HAT 系列催化剂，在国内多套装置上成功应用。HAT-099 催化剂可处理 C_{10}单环芳烃含量高达 15%的混合进料，其单程转化率可达 75%。最新开发的 HAT-100 催化剂于 2013 年进行了工业试验，重芳烃处理能力更强，空速高、氢烃比更低，可以实现最大化增产二甲苯及节能降耗的目的。

此外，中国石化开发的采用 BAT-100 催化剂的苯和 C_9^+芳烃烷基转移技术于 2008 年实现了工业应用。该技术以苯和 C_9^+芳烃为原料，通过烷基转移和重芳烃轻质化反应过程，生成甲苯和 C_8芳烃，能够实现芳烃联合装置中苯、甲苯、二甲苯、C_9^+芳烃资源及产品结构的调整。

未来，歧化与烷基转移技术的发展方向主要是进一步提高重芳烃利用率，提高烷基转移和重芳烃转化过程中的甲基保持率以及与其他技术进行组合形成组合工艺，以进一步实现苯、甲苯、二甲苯产品结构的灵活调整，提高装置竞争力。

3.2 二甲苯异构化技术

二甲苯异构化技术以增产 PX 为主要目的，同时可将乙苯异构转化成二甲苯或脱乙基生成苯，通常按此分为乙苯转化型和乙苯脱乙基型两种技术路线。乙苯转化型的优点在于能够利用有限的 C_8芳烃资源最大量地生产 PX，但乙苯的单程转化率较低；脱乙基型的优点是反应空速高、乙苯转化率高，但其 C_8芳烃资源利用率相对较低。此外，苯的价格随市场需求波动较大。

二甲苯异构化工艺发展已非常成熟，近年来，二甲苯异构化技术的进步主要体现在对催化剂的不断改进以提高二甲苯异构化和乙苯转化活性，同时降低反应损失。

中国石化成功开发了 SKI 系列乙苯转化和乙苯脱乙基两种类型的异构化催化剂，并一直占据我国较大市场份额，2010 年又推出了使用新型分子筛的 RIC-200 乙苯转化型催化剂，综合性能达到国外同类产品水平。2013 年，开发的二甲苯异构化工艺成套技术在 600kt/a PX 装置上获得了应用。此外，还掌握了将乙苯转化型催化剂更换为脱乙基型催化剂，以实现 PX 装置扩能的改造技术。

3.3 甲苯择形歧化技术

甲苯择形歧化(又称选择性歧化)工艺的最大特点是以纯甲苯为原料，生产高 PX 浓度(90%左右或更高)的混合二甲苯产品，具有分离简单、能耗低的优点。

甲苯择形歧化技术的关键是催化剂制备技术，尤其是分子筛的选择性改性。中国石化开发的高 PX 收率的 SD-01 型甲苯择形歧化催化剂采用小晶粒分子筛，使用改性剂多次改性焙烧以提高选择性，对二甲苯单程选择性可达 90%以上。该催化剂于 2005 年首次工业应用取得成功，在甲苯转化率为 30%时，PX 选择性达到 90%~93%，苯与二甲苯的物质的量比小于 1.4。2006 年，中国石化甲苯择形歧化成套技术成功实现工业应用。

3.4 重芳烃轻质化技术

重芳烃是蒸汽裂解制乙烯装置、催化重整装置和芳烃间相互转化生产装置的副产品，随着乙烯装置和芳烃联合装置数量的增加、总产能的提高，副产的重芳烃也越来越多。如何有效利用重芳烃，实现增产 BTX 的目的，已成为芳烃技术领域的一个重要课题。

重芳烃轻质化生产 BTX 主要通过直接脱烷基、开环裂化或烷基转移技术来实现。重芳烃轻质化工艺基本都采用临氢固定床反应工艺。重芳烃脱烷基技术分为热脱烷基和催化脱烷基两种工艺，可作为提高重芳烃利用率和调节苯及二甲苯供需平衡的手段。随着 PX 需求不断增大，烷基苯上取代烷基的转化利用变得更具经济性，由于直接脱烷基工艺适用于目标产品是苯而非二甲苯的情况，使其发展受到限制。

烷基转移技术可在实现重芳烃轻质化的同时达到增产 BTX 的目的，国内外都在围绕 C_{10}^{+} 芳烃的利用开展催化剂和工艺的研究开发，但多数技术对 C_{10}^{+}芳烃的利用非常有限。中国石化开发了含贵金属/沸石的 HAL 双功能加氢脱烷基催化剂以及以纳米分子筛为催化剂活性组元的 HAT-plus 重芳烃轻质化技术，可在较缓和的条件下实现重芳烃轻质化，为开发利用重芳烃开辟出一条新路。

4 芳烃分离技术

在芳烃生成以后，根据目标产品的要求可采用不同的分离技术。这些分离技术包括精馏、萃取(抽提)、抽提蒸馏、吸附及结晶等。

工业上通常采用芳烃萃取(习惯性称“芳烃抽提”)工艺从重整生成油或加氢裂解汽油等原料中分离出混合芳烃，然后通过精馏的方法从混合芳烃中分离出苯、甲苯和 C_8^{+}芳烃，C_8^{+}芳烃再与歧化和异构化装置生产的 C_8^{+}芳烃一起通过二甲苯分馏单元分离出 C_8芳烃、C_9芳烃以及 C_{10}^{+}芳烃。C_8芳烃采用吸附分离和结晶分离的方法实现二甲苯异构体的分离提纯，以获得 PX 或 MX 产品，OX 因沸点稍高可通过精馏直接得到产品。

芳烃分离过程的低温热很多，国内开发了热联合低温热回收技术，已经成功用于 600kt/a PX 的芳烃联合装置上，经济效果显著。

4.1 芳烃抽提技术

芳烃抽提技术是芳烃生产中实现芳烃与非芳烃分离的重要方法。芳烃抽提技术按工艺原理分为两大类，一是溶剂萃取工艺，工业上通常称为液-液抽提工艺；另一类是萃取精馏工艺，工业上通常称为抽提蒸馏工艺。提高溶剂对芳烃的溶解性和选择性、简化流程、降低能耗，一直是此类技术发展的方向。

芳烃液-液抽提工艺适用范围宽，尤其适合处理芳烃含量适中(如低于 70%)、宽馏分的原料，同时回收苯、甲苯、二甲苯及 C_9芳烃。工业上以环丁砜为抽提溶剂的液-液抽提工艺应用最为广泛，其次是以甘醇类(包括二甘醇、三甘醇及四甘醇)为溶剂的工艺技术，但多年来该技术及其他液-液抽提工艺未见有新的发展且新的应用很少。

当只需要进行苯或苯、甲苯抽提时，抽提蒸馏工艺具有流程简单、投资省、操作费用低的优势。中国石化同时开发了以*N*-甲酰基吗啉(NFM)为抽提溶剂的芳烃抽提蒸馏技术以及以环丁砜和助溶剂为抽提溶剂的芳烃抽提蒸馏技术(SED)，均于2001年工业化。其中，SED工艺在处理重整生成油和加氢裂解汽油原料时，产品苯和甲苯在纯度均不低于99.9%的情况下，回收率分别达到99.7%和99.9%；2010年针对单苯抽提又改进推出了SED-II工艺，能耗可降低20%以上，目前国内SED工艺加工能力在同类技术中的占比已超过70%。将重整生成油的C_6馏分进行抽提蒸馏回收高纯度苯产品，既满足了清洁汽油生产的需要，又可兼顾化工原料苯的生产，是一条具有我国油化结合加工特色的技术路线。

将抽提蒸馏技术与液-液抽提技术进行组合应用于已有装置的扩能改造，可兼顾两种工艺的优势并减少投资，具有很好的推广前景。

4.2 PX吸附分离技术

模拟移动床吸附分离技术因回收率高、单套装置处理能力大等优点，已成为现有PX生产主要采用的分离技术。中国石化、UOP和Axens等专利商分别采用不同的物料分配及控制系统，并配合使用各自的吸附剂，使PX产品的纯度可达99.9%，收率在97.0%以上。提高装置的处理能力、降低能耗是该技术进一步发展的主要方向。

中国石化第一代RAX-2000A型PX吸附剂于2004年首次工业应用。该吸附剂采用了新的专利技术，一是采用小晶粒分子筛改善传质性能，二是基质小球进行碱处理将黏结剂转晶的工艺方法，其吸附性能尤其是机械强度优于同一代的其他吸附剂产品；在此基础上又改进开发了第二代RAX-3000吸附剂，吸附容量提高幅度超过8%，并可适用于更短的步进时间。2011年，中国石化自主吸附分离成套技术成功进行工业示范试验，使用了RAX-3000吸附剂，开发了程控阀组系统及独特的床层管线冲洗工艺，避免了采用旁路冲洗造成的部分物料经过吸附床层的情况，提高了吸附分离效率。2013年在规模为600kt/a PX的芳烃联合装置上首次实现工业应用。

4.3 PX结晶分离技术

结晶分离技术是现有工业上生产PX的两种工艺方法之一，通过结晶法生产的PX约占全球市场的30%。PX结晶分离技术主要分为悬浮结晶和层式结晶两种类型。悬浮结晶一般采用两级结晶过程，分别为产品段和回收段，可分离不同PX含量的C_8芳烃原料，通常使用离心机作为固液分离设备，能实现连续操作，适合工业大规模生产。层式结晶主要分离高PX含量的C_8芳烃原料，采用间歇操作，无需固液分离，使用两台结晶器进行切换可实现PX的连续生产，适合生产超高纯度的PX产品，但是不适合工业大规模生产。

中国石化开发的PX结晶分离技术属于悬浮结晶类型，目前已经完成5kt/a的工业侧线试验，以甲苯择形歧化的反应产物为原料，在原料中C_9^+组分平均含量为5.8%的条件下，PX产品纯度可达到99.8%以上。

PX结晶分离技术工业化较早，工艺流程相对简单，工艺路线比较成熟，当前的发展重点是结晶分离过程的节能降耗，主要集中在以下3点：①结晶器和离心机的大型化，通过提高单台设备的处理能力，降低结晶过程的能耗；②采用更节能的制冷技术；③使用低能耗的晶体洗涤塔代替高能耗的离心机。

4.4 MX分离技术

由于MX与PX的沸点相近，用常规分馏法很难将其分离，采用的工业分离方法主要包括吸附分离法、络合分离法、磺化法、结晶法等。目前的主要生产技术采用逆流模拟移动床吸附分离技术，世界一半以上的MX产能来自UOP的MX Sorbex工艺。

中国石化开发有OX异构化-气相吸附分离MX工艺。该工艺是以OX为起始原料，经异构化反应生成含MX的混合二甲苯，分馏出OX后的MX和PX混合物再经过气相吸附，分成包含PX和解吸剂的脱附液和包含MX和解吸剂的吸余液，精馏吸余液从塔底获得MX产品。该工艺于1996年首次工业应用[11]，建成5kt/a规模的MX生产装置，MX纯度大于99%，收率大于90%。

5 芳烃组合工艺

为了充分利用不同工艺的技术特点，在芳烃生产过程中，采用不同技术的组合形成新的加工方案，可以拓展和优化芳烃资源，增强联合装置生产和产品结构调整的灵活性，实现节能降耗。

5.1 甲苯择形歧化与烷基转移组合工艺

甲苯择形歧化虽然可以大幅提高C_8芳烃产品中的PX浓度，但同时还联产大量的苯，而且只能以甲苯为原料，不能处理C_9^+芳烃。为此，中国石化开发了甲苯择形歧化工艺与苯和C_9^+芳烃烷基转移工艺的组合工艺(称为SSTDP-SATP组合工艺)以及甲苯择形歧化工艺与甲苯歧化及烷基转移工艺的组合工艺(称为SSTDP-STDT组合工艺)，以充分利用C_9^+芳烃资源，并高效生产富含PX的C_8芳烃。

SSTDP-SATP组合工艺中，根据苯和甲苯的资源情况确定其规模，产品结构调整更具灵活性，同时两个反应单元生成的C_8芳烃混合后PX浓度达50%~70%，可显著提高吸附进料中PX的浓度。

SSTDP-STDT组合工艺中甲苯物料分割成两部分，一部分进行择形歧化反应，另一部分进行烷基转移反应，两部分反应生成的混合C_8芳烃中PX浓度高于热力学平衡值。

甲苯择形歧化与烷基转移组合工艺发展重点是进一步合理匹配择形歧化与烷基转移反应，在产品分离及热回收利用上进行高度集成，降低能耗，减少投资。

5.2 结晶分离与吸附分离组合工艺

结晶分离和吸附分离是先后实现工业规模生产PX的两种工艺方法。结晶分离法的优点是工艺相对简单，容易获得很高纯度的产品；缺点是PX单程回收率较低，需要进行低温制冷结晶，且制冷能耗随着原料中PX含量的降低而显著上升。吸附分离法具有单程回收率高的优点，但工艺、设备相对复杂，需要使用价格相对较高的分子筛吸附剂。

将结晶分离与吸附分离进行组合，其目的是充分发挥结晶分离法产品纯度高和吸附分离法回收率高的优点，降低PX生产过程的能耗；其核心是利用吸附分离法、结晶分离法分别分离低、高 PX 含量的 C_8芳烃原料，并进行两种工艺物流的优化组合。组合工艺还可以与甲苯择形歧化工艺进行组合，分为联合法和耦合法两种类型。联合法是先将来自甲苯择形歧化单元的高 PX 含量 C_8芳烃原料送入结晶单元进行分离，得到一部分 PX 产品，结晶单元的母液与其他来源的低 PX 含量的 C_8芳烃原料一起进入吸附分离单元进行分离，得到剩余的 PX 产品。耦合法是先将低 PX 含量的 C_8芳烃原料送入吸附分离单元进行提浓，得到高 PX 含量的原料，然后单独或与甲苯择形歧化单元的高 PX 含量的 C_8芳烃原料一起进入结晶单元进行分离，最后得到高纯度的 PX 产品。中国石化针对不同 PX 生产装置的实际情况提出了不同的结晶分离与吸附分离组合工艺。

结晶分离与吸附分离组合工艺中各项单元技术比较成熟，当前的发展重点是组合方式的优化与选择。

5.3　深度催化裂化汽油生产芳烃的组合工艺

高苛刻度催化裂化工艺生产的汽油中芳烃含量很高，一般可达 50%以上[12]，随着这类工艺的推广应用，从深度催化裂化汽油（简称催化裂解汽油）中回收轻质芳烃越来越受到关注。

催化裂解汽油分离回收生产 BTX 的加工路线有两种组合方式。一种是加氢处理-抽提组合工艺，即催化裂解汽油先通过加氢脱除烯烃及硫、氮杂质，然后再通过芳烃抽提分离出芳烃。该工艺流程简单，是目前工业上采用的常规流程，但加氢单元规模大、氢耗高，抽余油辛烷值损失大、利用价值低。另一种是抽提—加氢精制—再抽提组合工艺，即催化裂解汽油先通过芳烃抽提得到抽余油和一次抽出油；抽余油富含烯烃，可作为芳构化装置原料进一步增产芳烃；一次抽出油富含芳烃，经加氢精制脱除硫、氮及烯烃后，再经过二次抽提得到合格芳烃产品。该组合工艺加氢单元规模小、耗氢少，抽余油利用价值高，但也存在由于采用两次抽提过程、流程复杂、能耗增加等问题。中国石化设计了催化裂解汽油液-液抽提—加氢精制—抽提蒸馏组合工艺流程，完成了小试研究开发，芳烃收率大于 99%，BTX 产品可以生产满足国家优级品标准，并基于过程模拟完成了催化裂解汽油芳烃抽提部分工艺包设计。

6　资源拓展技术

由于石脑油资源短缺是长期困扰芳烃生产的现实问题，在有效利用炼化一体化资源优势的同时，开拓经济可行的芳烃生产新途径是增产芳烃亟待解决的问题。近几年，以煤、天然气和可再生生物质作为原料来生产芳烃的新技术正在研发中。焦化粗苯和煤焦油可以采用现代先进的炼制技术加工生产高质量的芳烃；煤、天然气和生物质可以经气化合成甲醇，再通过甲醇芳构化制芳烃（MTA）；天然气和生物质还可以通过新的生产技术直接转化成有用的芳烃[13-18]。目前，这些非石油基芳烃生产技术均未得到推广应用。

6.1　催化裂化轻循环油生产 BTX 技术

随着市场需求的变化和环保要求的日益严格，催化裂化轻循环油（LCO）作为柴油调合组分越来越受到限制。LCO 中含有单环、双环和三环芳烃，且芳烃质量分数高达 75%～85%，可作为生产 BTX 产品的补充原料。截至 2015 年年末，我国 FCC 装置总加工能力已达

209.98Mt/a[19]，全国 LCO 总产量达到 40Mt 以上。因此，开发 LCO 生产 BTX 技术是油化结合、资源综合利用增产芳烃的一条途径。

在利用 LCO 生产 BTX 方面，国内外公司均进行了广泛的研究，近年来开发了采用不同路线的工艺技术，主要有通过加氢裂化和芳烃转化增产 PX 的技术路线以及先通过催化加氢再将加氢产生的环烷芳烃裂解开环生产芳烃的技术路线，但均未见工业应用报道[20,21]。

中国石化正在开发加氢处理—加氢裂化(分为 RLG 和 FD2G 两种工艺)、加氢处理—催化转化(LTAG)和加氢处理—芳烃抽提—加氢裂化等 LCO 生产轻芳烃的技术路线。其中，RLG、FD2G 和 LTAG 技术已经完成工业应用试验。

6.2 甲苯与甲醇甲基化技术

由于芳烃产品结构中二甲苯(尤其是 PX)需求大，使得芳烃生产过程芳环上甲基数量相对不足。将甲醇与甲苯进行甲基化反应是向芳烃产品中引入甲基的一种直接有效的方法。随着以煤或天然气为原料的碳一化工的发展，甲醇产能快速增长、生产成本大幅降低，加快了甲苯甲醇甲基化技术的应用开发。这一技术路线能获得高于 85%的 PX 选择性且不产生苯，生产 PX 具有较强的竞争力，可适应未来芳烃市场发展的需求。目前，国内的大连化学物理研究所、大连理工大学、中国石化等均进行甲苯甲醇甲基化技术开发。中国石化开发的 MTX 技术，于 2012 年在全球率先实现了工业转化，甲苯转化率达 35%以上，二甲苯选择性为 81.4%。

甲苯与甲醇甲基化技术的发展将煤化工和石油化工有机结合，拓展了 PX 生产的原料范围，可促进煤化工、天然气化工和石油化工的平衡发展。

6.3 甲醇芳构化制芳烃技术

甲醇芳构化制芳烃(MTA)是全部利用煤或天然气资源增产芳烃的技术路线。MTA 过程涉及氢转移、齐聚、环化、脱氢、烷基化和脱烷基等复杂反应，国外近几年虽有相关研究报道，但尚未见工业化。国内的清华大学、中科院山西煤炭化学研究所、河南煤化集团研究院及北京化工大学等研究机构都进行了 MTA 技术的开发，并取得了阶段性成果。其中，清华大学开发了采用流化床工艺的甲醇制芳烃(FMTA)技术[22]；山西煤化所开发了两段固定床工艺的 MTA 技术[23]，以 MoHZSM-5(离子交换)分子筛为催化剂，甲醇转化率大于 99%，液相产物中芳烃含量大于 60%[24]。2013 年 1 月，中国华电集团公司采用 FMTA 技术建设的 30kt/a 甲醇进料试验装置一次投料试车成功，并连续运行了 443h，甲醇可以实现完全转化，其消耗为 3.07t/t 芳烃，已有计划建设百万吨级 MTA 工业示范装置[25,26]。

7 乙苯及异丙苯生产技术

除 BTX 外，其他芳烃中最重要的是乙苯和异丙苯。此外，很多芳烃衍生物都是精细化工的重要原料，也具有较高的利用价值。

7.1 乙苯

乙苯主要通过苯和乙烯的烷基化生产。现有使用沸石分子筛催化剂的烷基化生产乙苯工艺经过了气相法、液相法和催化蒸馏法等发展历程，已日趋成熟，并几乎完全取代了 $AlCl_3$

催化剂。其中，分子筛液相法因具有反应条件温和、乙苯产品中二甲苯含量低、能耗低、装置运转周期长等优势[27]得到广泛应用。

中国石化于2000年开发成功循环固定床液相烷基化工艺(EBLC工艺)，原料苯直接注入循环物料中，采用相对较低的苯/乙烯物质的量比，降低了能耗，已在国内多套装置上成功应用；2004年，使用β分子筛的新一代AEB-6烷基化催化剂又应用成功，由于将分子筛晶粒进一步减小，提高了催化剂的选择性和稳定性，在苯烯比3.0的条件下，乙烯转化率为100%，乙基化选择性达99.6%，乙苯产品纯度大于99.88%，其中二甲苯和二乙苯含量均小于10μg/g。

对于炼油厂干气中含有10%~25%(体积分数)的稀乙烯，其与苯烷基化反应制取乙苯以气相烷基化法为主。中国石化与中国科学院大连化学物理研究所等合作开发了以稀土-ZSM-5/ZSM-11共结晶分子筛催化剂为核心的气相法催化裂化干气制乙苯技术，最新一代技术于2003年完成工业试验后已在多套装置应用。该技术采用气相烷基化和液相烷基转移工艺，干气无需特殊精制，乙苯产品纯度达到99.6%[28]。

近年来，中国石化在高性能SEB-08稀乙烯制乙苯烷基化催化剂和AEB-1H烷基转移催化剂的基础上，开发了新一代稀乙烯制乙苯成套技术(简称SGEB技术)，乙苯产品中二甲苯含量低于800μg/g，乙苯纯度达到99.8%以上，并已迅速推广至国内多套稀乙烯制乙苯装置。

7.2 异丙苯

与乙苯生产技术类似，目前全球绝大部分异丙苯装置也都采用分子筛液相烷基化法，催化剂酸性组元主要包括丝光沸石、β分子筛及MWW系列分子筛等，取代了原来使用的固体磷酸或$AlCl_3$催化剂。国外多数异丙苯生产技术采用固定床液相反应工艺，流程简单、反应条件温和、低腐蚀、低污染，产品纯度可达99.97%，收率为99.7%[29]。

中国石化与北京化工大学合作开发了以MCM-22分子筛为主要酸性组元的YSBH系列催化剂，并于2001年工业应用，其产品纯度在99.9%以上，收率高于98.7%[30]。中国石化还于2007年成功商业化了S-ACT异丙苯成套工艺，采用SRZ-21分子筛为活性组元的催化剂，产品纯度可达99.95%以上。此外，大连理工大学开发的BPA系列催化剂也取得良好的应用结果。

8 结语

长期以来，芳烃生产技术的进步与创新，始终位于世界石油石化科技创新的前沿，芳烃生产技术也是我国近年加大力度重点开发的核心技术。结合我国国民经济发展的需求，需进一步明确芳烃生产技术的发展方向与趋势；加强基础研究，重点突破化学工程(反应工程、质量传递、热量传递和动量传递)基础理论研究，以强化化工过程，提高装备的利用效率；加快新材料开发，特别是催化材料的研究。重点围绕拓宽原料来源，实现原料多样化；积极推进工艺组合，灵活应对市场；建立芳烃生产运行数据库；开发重芳烃的高价值利用途径以及提高芳烃装置能效等5个方面进行具体研究。

芳烃生产各技术单元在取得较大发展与进步的基础上，将不断开发新型催化剂、吸附剂及溶剂体系，改进优化反应工艺和分离工艺，推进装置、设备、内构件等的大型化，优化设备及换热流程设计，进一步降低生产芳烃的物耗能耗。提高反应空速、降低氢烃比、提高反应转化率和目的产物选择性、提高重芳烃处理能力以及采用不同工艺的组合优化等将成为该领域技术的主要发展方向。

参考文献

[1] Lapinski M P，Moser M D，Proffitt R G. Catalyst innovations in naphtha reforming[J]. Hydrocarbon Engineering，2006，11(11)：59-64.

[2] Ross J. Balancing octane and hydrogen with ULS fuels[J]. PTQ，2004(Q1)：49-59.

[3] Edgar M D. New Reforming Catalysts Help Refiners Cope with Greater Demand for Gasoline[C]//NPRA Annual Meeting，AM-07-68，San Antonio，TX，2007-03-18.

[4] Lapinski M P，Zmich J ，Metro S. Increasing Catalytic Reforming Yields[J]. PTQ Catalysis，2008：23-25.

[5] Young M J. CCR Reforming Reload Economics[C]//AFPM Annual Meeting，AM-12-09，San Diego，CA，2012-03-11.

[6] Ross J，Cook J，Largeteau D，et al. Advances in Naphtha Processing for Reformulated Fuels Production[C]//NPRA Annual Meeting，AM-10-148，Phoenix，AZ，2010-03-21.

[7] Talking shop with Axens[EB/OL]. www. axens. net/document/954/talking-shop-with-axens.../english. html.

[8] 戴厚良．芳烃生产技术展望[J]．石油炼制与化工，2013，44(1)：1-9.

[9] 王德举，刘仲能，宗弘元．不同馏分裂解汽油加氢裂解增产 BTX 芳烃研究[C]//第十六次全国乙烯年会论文集，2010：538-540.

[10] 赵仁殿．芳烃工学[M]．北京：化学工业出版社，2001：3.

[11] 赵毓璋，杨健．二甲苯吸附分离-异构化组合工艺生产高纯度间二甲苯[J]．石油化工，2000，29(1)：32-36.

[12] Gentry J，Jin W. FCC gasoline and C_4 streams for BTX production [J]. Petroleum Technology Quarterly，2009(4Q)：103.

[13] Wang L，Tao L，Xie M，et al. Dehydrogenation and aromatization of methane under non-oxidizing conditions[J]. Catalysis Letters，1993，21(1-2)：35-41.

[14] Ismagilov Z R，Matus E V，Tsikoza L T. Direct conversion of methane on Mo/HZSM-5 catalysts to produce benzene and hydrogen：achievements and perspectives[J]. Energy & Environmental Science，2008(1)：526-541.

[15] 美国 Gevo 公司拟投运全球首套生物基对二甲苯工业化生产装置[J]．石油炼制与化工，2012，43(1)：25.

[16] Brandvold T A. Carbohydrate route to para-xylene and terephthalic acid：United States，US008314267[P]. 2012-11-20.

[17] Jan Deng yang. Process for para-xylene production from light aliphatics：United States，US007439409[P]. 2008-10-21.

[18] Anellotech Poised to Bring Catalytic-BTX Technology to Market[J]. Global Refining & Fuels Today，2012，4(242)：1.

[19] 刘志坚. 中国炼油催化剂发展趋势. 2015 年中国石油炼制科技大会，2015，11：17-19.

[20] Johnson J A. Unlocking High Value Xylenes from Light Cycle Oil[C]//NPRA Annual Meeting，AM-07-40，San Antonio，TX，2007-03-18.

[21] Worldwide Refinery Processing Review，1Q 2012.

[22] 骞伟中，魏飞，魏彤，等．一种连续芳构化与催化剂再生的装置及其方法：中国，CN 101244969A

[P]. 2008-08-20.

[23] 李文怀，张庆庚，胡津仙，等. 甲醇转化制芳烃工艺及催化剂和催化剂制备方法：中国，CN 1880288 [P]. 2006-12-20.

[24] 中国科学院山西煤炭化学研究所. 甲醇制芳烃(MTA)技术[R]. 2009-08-11.

[25] 吕荣洁. 煤制芳烃中国造[J]. 中国石油石化，2013(9)：38-39.

[26] 清华大学网页 http：//www.chemeng.tsinghua.edu.cn/podcast.do? method = newInfo&id = 10432013 - 04-12.

[27] 薛祖源. 乙苯/苯乙烯生产工艺技术进展[J]. 上海化工，2008，33(7)：24-26.

[28] 李淑红，张仲利. 稀乙烯制乙苯技术浅议[J]. 炼油技术与工程，2008，38(3)：24-26.

[29] 张佩君. 合成异丙苯生产现状及技术进展[J]. 石化技术，2005，12(2)：62-68.

[30] 林衍华，白尔铮. 异丙苯生产技术和市场分析[J]. 石油化工技术经济，2005，21(5)：38-42.

炼厂轻烃加工技术

于中伟[1]　张秋平[1]　孔祥冰[2]　王小强[2]

(1. 中国石化石油化工科学研究院；2. 中国石油石油化工研究院)

摘　要：介绍了近年来国内新涌现出的几项炼厂轻烃加工技术的研究开发及工业应用情况，其中包括 C_5/C_6 烷烃的异构化技术、催化轻汽油醚化技术、轻烃芳构化生产高辛烷值汽油组分技术、正丁烯骨架异构化技术、叔丁醇法分离混合碳四中异丁烯技术以及碳四烷基化预加氢技术等。这些技术都在实际工业应用中取得了较为理想的结果。

1　前言

我国的炼化企业每年副产大量的 C_2～C_6 轻烃，主要存在于炼厂干气、炼厂液化气、碳四(C_4)、轻石脑油以及催化裂化轻汽油等组分中。目前炼化企业对这部分轻烃资源的利用得还很不充分，急需新的更有效的加工技术。

C_5/C_6 烷烃异构化技术是生产优质清洁汽油调合组分的重要手段之一。该技术通过特定的异构化催化剂将轻质石脑油中的低辛烷值组分 C_5/C_6 正构烷烃转化为相应的高辛烷值支链异构烷烃，从而提高异构化产品的辛烷值。异构化汽油是一种低硫、无烯烃、无苯和芳烃的环境友好产品，是品质优良的清洁汽油调合组分。随着我国国Ⅴ乃至国Ⅵ车用汽油排放标准的实施，汽油池中烯烃和芳烃的含量会相应下降，而采用 C_5/C_6 烷烃异构化技术可以将轻石脑油的辛烷值 *RON* 提高至 80～90，弥补由于芳烃和烯烃含量降低造成的汽油辛烷值损失，同时又可以改善汽油池辛烷值的分布。中国石化石油化工科学研究院(简称石科院)从 20 世纪 90 年代就开始开展 C_5/C_6 异构化催化剂和工艺的研究工作，第一代以改性复合分子筛载体负载贵金属催化剂及其配套的中温异构化 RISO 工艺于 2001 年首次在湛江东兴 180 kt /a 异构化装置上得到成功应用，这是我国第一套 C_5/C_6 异构化工业装置，填补了我国在该技术领域的空白[1]。到目前已有国内的 5 套工业装置采用了这项技术。

目前，我国成品汽油中催化汽油占 70%，其烯烃含量高、硫含量高、汽油安定性差，成为汽油质量升级碰到的主要难题。国内石化企业降低催化汽油中烯烃含量和硫含量的主要方法是加氢处理、催化降烯烃和轻汽油醚化技术等。采用加氢法可有效降低汽油中的烯烃含量和硫含量，但存在着耗氢高、辛烷值损失大的不足[2]；采用催化降烯烃可有效降低汽油中的烯烃含量，也存在着汽油产品收率低的问题；而采用轻汽油醚化技术是改进催化汽油质量的有效途径之一，醚化轻汽油作为高辛烷值汽油调合组分，可与汽油完全互溶和任意调合掺混。催化轻汽油醚化技术是将催化轻汽油中叔碳烯烃与甲醇进行醚化反应生产相应的醚化物，在降低汽油烯烃含量同时，提高汽油辛烷值，并将甲醇转化为汽油组分，是一个汽油增量的过程，又是一个将低价值甲醇转化为高价值汽油组分的生产过程，可实现企业生产增效。2006 年，中国石油石油化工研究院开始进行催化轻汽油醚化工艺开发研究工作，开发出“两器一塔”催化轻汽油醚化(LNE)技术，在一、二段醚化反应之间分离出醚类化合物，可有效提高叔碳烯烃的醚化转化率。该技术包括 LNE-1、LNE-2 和 LNE-3 三种工艺路线，可满足不同炼厂的需求。2012 和 2013 年，分别采用 LNE-1、LNE-2 工艺的兰州石化 500kt/a、呼和浩特石化 400kt/a 催化轻汽油醚化装置建成投产。

碳四烃主要来自于蒸汽裂解制乙烯装置和催化裂化装置所产的副产物。目前我国缺乏大规模利用碳四液化气的工业技术，除部分利用碳四烃中的异丁烯生产 MTBE 和小部分生产烷基化油外，其余的碳四烃大部分被作为燃料烧掉。中国石油石油化工研究院研究开发的碳四低温芳构化技术，在有效解决低碳烃芳构化催化剂积炭失活快的难题上取得了突破性进展，开发的纳米分子筛芳构化催化剂适用于固定床催化反应工艺及长周期运行，可以使碳四烯烃通过芳构化生产高辛烷值汽油，同时联产乙烯裂解料，是一种最大规模有效利用碳四烃的炼化一体化新技术，并成功实现了工业化应用。

针对目前我国炼油企业普遍存在轻石脑油及混合碳四没有得到充分利用的问题，石科院开发了一种轻石脑油与混合碳四芳构化技术。该技术通过选择性裂解、异构、齐聚和脱氢环化等一系列催化反应，把辛烷值较低的石脑油和混合碳四转化为烯烃含量很低、芳烃含量适中、硫含量较低的高辛烷值清洁汽油调合组分，同时副产烯烃含量较低的高品质液化气。2003 年该技术首次在扬州石化 20kt/a 工业装置上得到应用，到目前为止已有 30 余套工业装置采用了这项技术。

目前国内开发的轻烃芳构化技术大多采用固定床工艺的，但由于轻烃芳构化反应条件苛刻，催化剂积炭失活快，采用固定床工艺需要频繁切换再生，不但影响产品质量的稳定，而且也限制了装置规模的扩大。为解决这些问题，石科院开发了轻烃移动床芳构化技术，实现了催化剂的连续再生。2011 年，采用石科院开发的移动床芳构化技术的 200kt/a 碳四芳构化装置在山东华龙公司建成投产，超 4 年的工业运转结果表明，该技术成熟可靠，装置运行连续平稳，可以生产满足国 V 标准的 93 号汽油产品，到目前国内已有 3 套装置采用了这项新技术。

异丁烯是重要的有机化工原料，主要用于生产甲基叔丁基醚(MTBE)、丁基橡胶、聚异丁烯和甲基丙烯酸甲酯等。石科院开发的正丁烯骨架异构化技术可以将醚后碳四中的正丁烯通过骨架异构化反应转化成异丁烯，增产 MTBE，提高企业的经济效益，截止到目前，国内已有十余套装置采用了石科院的这项技术。

混合碳四中异丁烯和 1-丁烯沸点极为接近(相差 0.65℃)，相对挥发度基本相同，很难用常规精馏分离方法得到高纯异丁烯。中国石油石油化工研究院采用叔丁醇法，可以从混合碳四中分离制得高纯异丁烯，技术路线分两步进行，第一步是混合碳四中异丁烯通过催化逆流水合制叔丁醇的反应萃取耦合技术，第二步是叔丁醇通过催化精馏工艺催化脱水得到异丁烯。该技术目前已实现工业化，在国内建成 4 套工业生产装置，工业装置生产能力最大为 6.0kt/a，具有很好的经济效益。

碳四烷基化是生产高辛烷值清洁汽油的重要手段，对碳四原料的加氢预处理是实现烷基化低能耗、高质量生产的关键之一。中国石油石油化工研究院于 2004 年开发出了碳四选择性加氢异构技术，即 LY-DB^{iso}-03 加氢异构催化剂及工艺技术，也称碳四烷基化预加氢技术。该技术通过选择性加氢脱除碳四原料中的丁二烯，可以大幅降低烷基化的酸耗，同时将 1-丁烯异构化为 2-丁烯，有利于提高烷基化汽油质量，烷基化汽油辛烷值可以提高 2~3 个单位。

2 C_5/C_6烷烃异构化技术

2.1 C_5/C_6异构化过程的化学反应

C_5/C_6异构化过程中发生的化学反应主要有异构化反应和加氢裂解反应，其中 C_5、C_6的异构化反应是主反应，是希望发生的反应，C_5、C_6正构烷烃通过异构化反应生成异构烷烃，辛烷值可以得到显著提高。C_5、C_6加氢裂解反应会生成 C_1~C_4组分，导致液体收率降低，是不希望发生的副反应。

正戊烷的异构化反应见式(1)：

$$CH_3—CH_2—CH_2—CH_2—CH_3 \rightleftharpoons CH_3—CH_2—\underset{}{\overset{CH_3}{\overset{|}{CH}}}—CH_3 \tag{1}$$

$RON=61.7$　　　　$RON=93.5$

正己烷的异构化反应见式(2)~式(5)：

$$CH_3—CH_2—CH_2—CH_2—CH_2—CH_3 \rightleftharpoons CH_3—\overset{CH_3}{\overset{|}{CH}}—CH_2—CH_2—CH_3 \tag{2}$$

$RON=30$　　　　$RON=74.4$

$$CH_3—CH_2—CH_2—CH_2—CH_2—CH_3 \rightleftharpoons CH_3—CH_2—\overset{CH_3}{\overset{|}{CH}}—CH_2—CH_3 \tag{3}$$

$RON=30$　　　　$RON=75.5$

$$CH_3—CH_2—CH_2—CH_2—CH_2—CH_3 \rightleftharpoons CH_3—\underset{\underset{CH_3}{|}}{\overset{CH_3}{\overset{|}{C}}}—CH_2—CH_3 \tag{4}$$

$RON=30$　　　　$RON=94$

$$CH_3—CH_2—CH_2—CH_2—CH_2—CH_3 \rightleftharpoons CH_3—\overset{CH_3}{\overset{|}{CH_2}}—\overset{CH_3}{\overset{|}{CH}}—CH_3 \tag{5}$$

$RON=30$　　　　$RON=105$

加氢裂化反应见式(6)：

$$C_7H_{16}+H_2 \rightleftharpoons C_3H_8+C_4H_{10} \tag{6}$$

2.2 石科院 RISO C_5/C_6异构化技术的工业应用

湛江东兴石油企业有限公司 180kt/a 的 C_5/C_6烷烃异构化装置采用石科院专利技术及成套工艺包，于 2001 年 2 月建成投产。这是我国第一套 C_5/C_6异构化工业装置，装置采用脱异戊烷+异构化一次通过的流程，见图 1 。

异构化装置在运转了 7 个多月后，于 2002 年 10 月中旬进行了催化剂的中期标定，标定结果列于表 1。

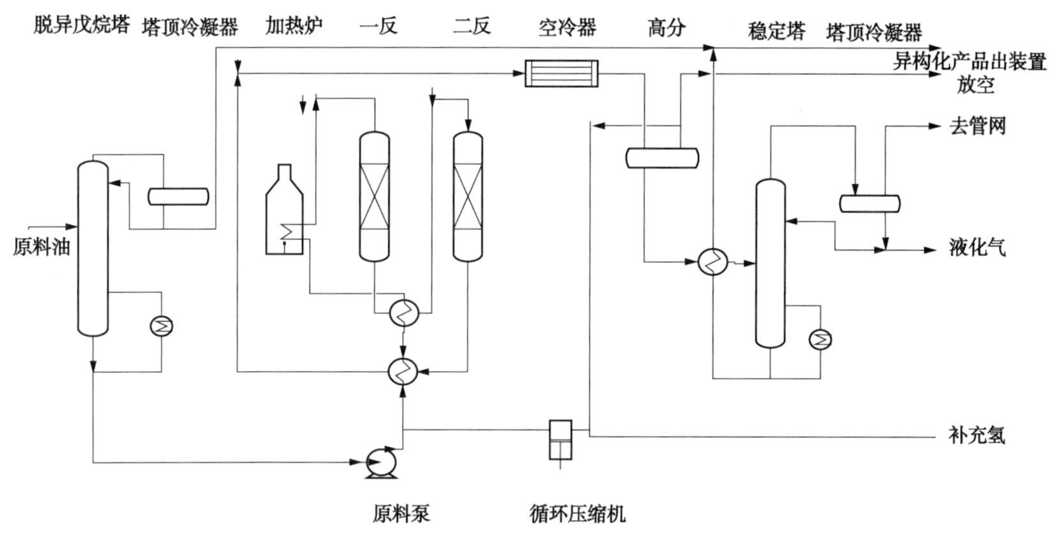

图 1　异构化流程示意图

表 1　异构化装置中期标定结果

项　　目		标Ⅱ-a	标Ⅱ-b
标定日期		2001-10-16~2001-10-17	2001-10-17~2001-10-18
加权平均入口温度/℃		260	263
平均反应压力/MPa		1.76	1.76
重量空速/h^{-1}		0.98	1.19
氢油体积比		625	500
异构化原料辛烷值(*MON*)		70.9	70.1
异构化反应进料辛烷值(*MON*)		70.0	67.3
标定结果	产品液体收率/%	97.36	98.41
	稳定塔底油(*RON/MON*)	79.5/78.7	79.9/78.7
	产品辛烷值(*RON/MON*)	80.2/79.1	80.2/79.5
	C_5异构化率/%	65.16	63.24
	C_6异构化率/%	81.28	80.48
	氢纯度/%	87.05	86.57

从标Ⅱ-a 数据可以看出，反应的异构化率分别达到了 65.16%(C_5)和 81.28%(C_6)，产品的总液收达到了 97.36%。结果表明，异构化催化剂经过 7 个多月的运转，其异构化性能仍处于较高的水平。

从标Ⅱ-b 数据可以看出，在高负荷(设计能力的 119%)下操作，产品的辛烷值(*MON*)由 70.1 提高到 79.5，提高了 9.4 个单位，异构化反应部分的辛烷值(*MON*)由 67.3 提高到 78.7，提高了 11.4 个单位，反应的异构化率分别达到了 63.24%(C_5)和 80.48%(C_6)，产品的总液收达到了 98.41%。与标Ⅱ-a 相比，在负荷增加了 20%时，产品辛烷值和产品收率保持不变。

工业标定结果数据说明，石科院开发的 RISO C_5/C_6异构化技术达到了国外同类技术的水平。

2.3 生产高辛烷值的 RISO C_5/C_6异构化工艺流程

由于受热力学平衡的限制，一次通过流程不可能将正构烃全部转化为异构烃。如果要进一步提高产品的辛烷值，需要采用循环的异构化工艺，即将一次反应产物中的异构烷烃分离，正构烷烃返回到反应器中重新进行异构化反应以获得更多的异构烷烃，从而提高异构化产物的辛烷值[3]。

石科院开发的 RISO C_5/C_6异构化技术成熟并且已经工业化，达到了国外同类技术的水平，配合不同的正、异构烷烃分离工艺，可以生产辛烷值 *RON* 从 80~90 的异构化汽油。具体见表 2。

表 2 RISO 异构化分离技术的异构化产物辛烷值

工艺流程	异构化产物 *RON/MON*①	工艺流程	异构化产物 *RON/MON*①
一次通过	80/78	n-C_5、n-C_6循环(精馏塔组合流程)	88/86
脱异戊烷+一次通过	82/80	分子筛模拟移动床吸附分离技术	90/88
脱异己烷+n-C_6 循环	86/84		

① 异构化原料组成：C_5/C_6质量比 50∶50。

3 催化轻汽油醚化技术

目前国外催化轻汽油醚化工艺有 Neste 工艺[3]、CDTech 工艺[4]、UOP 公司的醚化工艺[5]等。为了开发拥有自己知识产权的催化汽油醚化工业技术，2006 年中国石油石油化工研究院开展催化轻汽油醚化工艺开发研究工作，开发出“两器一塔”催化轻汽油醚化(LNE)技术。

3.1 反应原理

催化裂化汽油含有 C_4~C_{11}多种活性烯烃，低碳活性烯烃容易与甲醇进行醚化反应，生成醚类化合物。但随着碳数的增加，活性烯烃的含量也逐渐降低，C_8以上活性烯烃含量就很少，其总量在 0.3%以下，而且高碳数活性烯烃与甲醇进行醚化反应时，反应速度慢，反应条件也较苛刻；醚化反应转化率随着碳数的增加而降低。因此将试验原料选择切割催化裂化汽油 70℃前的轻汽油组分，它集中了全馏分汽油中绝大部分 C_5、C_6的活性烯烃。以此为醚化原料，既可成倍降低醚化原料的处理量，又不会降低汽油的醚化效果，在经济上更具合理性[6]。

FCC 轻汽油中，C_5组分有 2 个活性烯烃，C_6组分有 8 个活性烯烃。典型的反应如下：

① C_5叔碳烯烃醚化反应生成甲基叔戊基醚，见式(7)：

$$CH_2{=}C(CH_3)CH_2CH_3 \rightleftharpoons (CH_3)_2C{=}CHCH_3$$
$$CH_2{=}C(CH_3)CH_2CH_3 + H_3C{-}OH \rightleftharpoons (CH_3)_2C(OCH_3)CH_2CH_3 \rightleftharpoons (CH_3)_2C{=}CHCH_3 + H_3C{-}OH \quad (7)$$

② C_6叔碳烯烃醚化反应生成甲基叔己基醚，见式(8)：

$$H_2C=C(CH_3)CH_2CH_2CH_3 \rightleftharpoons H_3C-C(CH_3)=CHCH_2CH_3$$
$$+ H_3C-OH \qquad + H_3C-OH$$
$$\rightleftharpoons (H_3C)_2C(CH_2CH_2CH_3)-O-CH_3 \tag{8}$$

3.2 工业应用结果

兰州石化500kt/a催化轻汽油醚化装置采用LNE-1工艺。该装置由醚化单元、醚化产物分离单元及甲醇回收单元组成，于2012年3月开始建设，2012年11月19日投料生产。装置设计加工能力为504kt/a(轻汽油)，消耗甲醇46kt/a。运行结果见表3。

表3　催化轻汽油醚化装置运行结果汇总

项　　目	24 h	48 h	72 h	平均	设计指标
进料负荷/%	100.90	103.67	100.20	101.59	60~110
轻汽油进料量/(t/h)	63.06	64.80	62.63	63.50	
甲醇消耗量/(t/h)	4.57	4.56	4.58	4.57	
C_5叔碳烯烃转化率/%	72.97	70.93	72.46	72.12	≥67
C_6叔碳烯烃转化率/%	57.60	67.15	59.56	61.44	≥46
叔碳烯烃总转化率/%	69.25	70.21	69.98	69.81	
轻汽油烯烃减少量/百分点	18.02	18.86	19.52	18.80	
醚化轻汽油收率/%	37.12	35.16	38.14	36.81	
醚化轻汽油总醚含量/%	48.19	61.67	55.12	54.99	≥45
醚化轻汽油 *RON*	98.9	100.0	99.8	99.6	
装置能耗为/(kg标油/t)				30.38	35.60

呼和浩特石化400kt/a催化轻汽油醚化装置采用LNE-2工艺。该装置由轻汽油水洗与甲醇净化醚化单元、醚化反应与产物分离、甲醇回收单元组成，于2014年3月开工建设，2014年11月6日中交，2014年11月23日投料生产。运行结果见表4。

表4　催化轻汽油醚化装置运行结果汇总

项　　目	24 h	48 h	72 h	平均	设计指标
进料负荷/%	98.95	99.05	98.95	98.98	
甲醇消耗量/(t/h)	4.15	4.20	4.20	4.18	
C_5叔碳烯烃含量/%	16.30	19.93	16.47	17.57	
C_6叔碳烯烃含量/%	3.46	2.47	3.96	3.30	
总叔碳烯烃含量/%	19.76	19.40	20.43	19.86	
C_5叔碳烯烃一反转化率/%	70.73	75.20	70.69	72.21	
C_6叔碳烯烃一反转化率/%	51.67	58.62	53.99	54.76	
C_5叔碳烯烃总转化率/%	90.38	90.62	93.23	91.41	≥86

续表

项目	24 h	48 h	72 h	平均	设计指标
C_6叔碳烯烃总转化率/%	54.25	58.88	54.43	55.85	≥50
轻汽油烯烃减少量/百分点	20.57	20.69	20.84	20.70	
醚化轻汽油中烯烃含量/%	21.05	20.78	20.07	20.63	≤30
醚化轻汽油中醚化物含/%	23.40	23.95	21.98	23.11	≥20

中国石油石油化工研究院开发出“两器一塔”催化轻汽油醚化(LNE)技术，在一、二段醚化反应之间分离出醚类化合物，可有效提高叔碳烯烃的醚化转化率。催化轻汽油醚化采用本工艺技术，可使催化裂化汽油烯烃含量降低 8.03~11.68 个百分点，*RON* 辛烷值增加 0.8~1.2 个单位，从而有效降低催化裂化汽油烯烃含量，提高催化裂化汽油 *RON* 辛烷值。工业试验结果表明，C_5 和 C_6 叔碳烯烃总转化率分别为 90.38%~93.23% 和 54.25%~58.88%。轻汽油中烯烃含量减少 20.57~20.84 个百分点，醚化轻汽油烯烃含量为 20.07%~21.05%，总醚化物含量为 21.98%~23.95%。醚化轻汽油与重汽油调合后，使催化汽油研究法辛烷值从 89.5 提高到 90.6，增加 1.1 个单位。装置甲醇消耗量为 4.18 t/h，醚化轻汽油收率为 108.8%，醚化效果明显。

4 轻烃芳构化生产高辛烷值汽油组分技术

4.1 碳四芳构化生产高辛烷值汽油组分联产乙烯裂解料技术

中国石油石油化工研究院研究开发的碳四低温芳构化技术，采用纳米分子筛芳构化催化剂，适用于固定床催化反应工艺，可以使碳四烯烃通过芳构化反应生产高辛烷值汽油，同时联产乙烯裂解料，是一条有效利用碳四烃的炼化一体化新技术，并已成功实现工业化应用。

碳四烃芳构化生产高辛烷值汽油的反应机理主要是利用混合碳四中的碳四烯烃，碳四烯烃经过叠合-氢转移、烯烃-芳烃烷基化、烯烃-烷烃烷基化等反应[7]，生成芳构化产物。在低温反应条件下，以芳构化反应为主并伴随有烷基化反应，反应为放热过程；高温反应条件下主要是发生脱氢环化芳构化反应，为脱氢吸热和烷基化放热共存的过程。碳四烃低温芳构化化学反应网络见图 2。

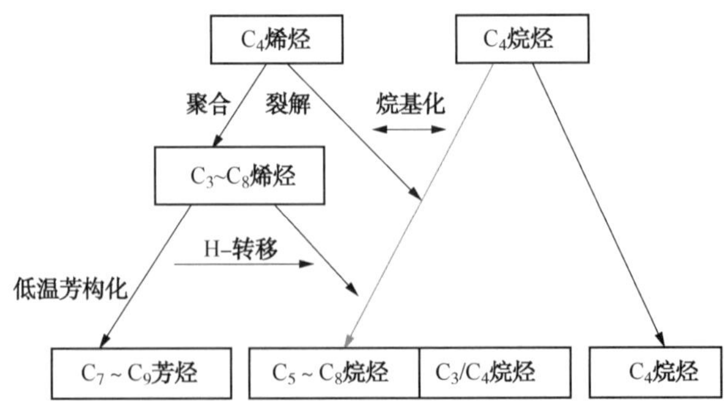

图 2　混合碳四烃芳构化生成汽油馏分反应网络图

采用碳四芳构化技术建成 200kt/a 碳四芳构化工业装置。芳构化技术工业应用结果显示，在碳四烯烃含量 41.46%、反应温度 260～410 ℃、反应压力 1.9MPa、进料空速 1.0h^{-1} 临氢操作条件下，碳四烯烃转化率达 98.0%，生成油收率为 32%，汽油馏程分析为 36～204.5℃，汽油中烯烃含量 2.0%～2.85%，芳烃含量 40%～55%，汽油辛烷值(*RON*)达 96 以上。碳四芳构化工业生产装置运行结果表明碳四烯烃转化率、芳烃生成率、汽油辛烷值均达到设计值，芳构化工业装置生产技术指标完全达到预期效果。

4.2 轻石脑油与混合碳四芳构化改质技术

针对目前我国炼油企业普遍存在诸如重整拔头油和芳烃抽余石脑油等轻石脑油资源以及混合碳四没有得到充分利用的问题，石科院开发了一种轻石脑油与混合碳四芳构化改质技术，并在扬州石化厂应用。

扬州石化厂 20kt/a 芳构化改质装置于 2003 年 8 月建成开工[8]，装置的原则流程见图 3。

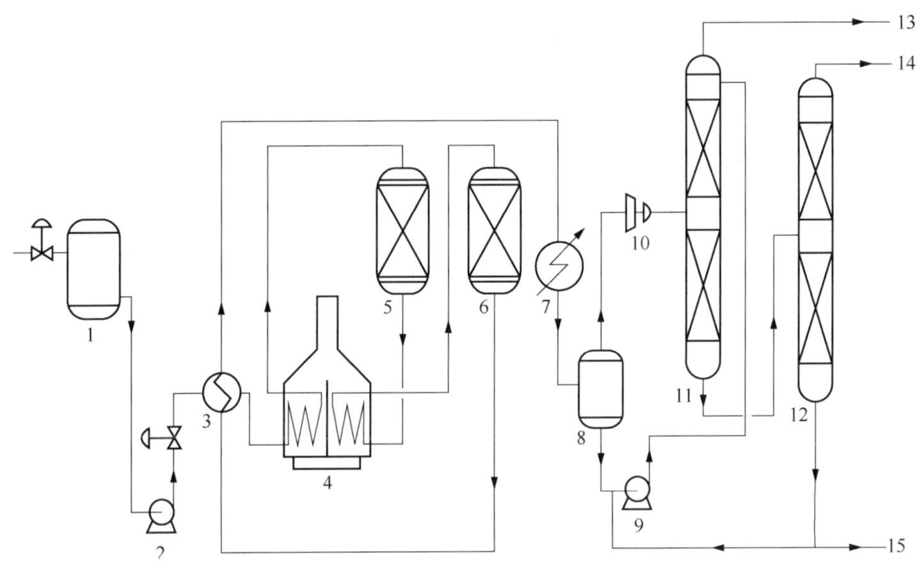

图 3　扬州石化厂芳构化改质装置原则流程

1—原料缓冲罐；2—原料输送泵；3—换热器；4—加热炉；5—反应器 A；6—反应器 B；7—产物冷却器；8—分离罐；9—粗汽油泵；10—富气压缩机；11—吸收解吸塔；12—稳定塔；13—干气；14—液化气；15—稳定汽油

表 5 比较了扬州石化厂改质装置反应原料和汽油产品的性质。由表 5 可见，直馏汽油经过改质反应后，*RON* 提高了 30 个单位以上，*MON* 提高了 24 个单位以上，总硫含量降低。从汽油组成来看，改质后汽油主要组分为高辛烷值的芳烃、环烷烃和异构烷烃，低辛烷值的正构烷烃含量大幅度下降。汽油的烯烃含量 0.5%，芳烃含量 25.7%，苯含量 1.07%，可以作为品质优良的清洁汽油调合组分。

表 5　扬州改质反应原料和汽油产品性质比较

项　　目	直馏汽油原料	直汽改质产品
RON	54.0	86.3
MON	54.8	79.1

续表

项目		直馏汽油原料	直汽改质产品
馏程/℃	初馏点	36	38
	10%	62	53
	50%	108	111
	90%	142	154
	干点	158	216
胶质/(mg/(100mL))		<2	3
诱导期/min		>1000	>1000
硫含量/%		0.022	0.005
博士试验		不通过	通过
铜片腐蚀(50℃, 3h)/级		3c	1b
蒸气压/kPa			58
密度/(kg/m^3)		717	730
色谱分析汽油族组成/%	芳烃	4.9	25.7
	烯烃	0	0.5
	环烷烃	36.5	29.7
	正构烷烃	38.1	14.9
	异构烷烃	20.5	29.2
	合计	100.0	100.0
汽油中苯含量/%		0.54	1.07

表6为扬州石化厂芳构化改质装置的反应产物分布。

表6　扬州芳构化改质装置的产物分布

原料名称及组成	直馏石脑油改质	直馏石脑油掺碳四改质
直馏汽油/%	100	84.22
碳四/%	0	15.78
$H_2+C_1+C_2$/%	0.64	1.06
C_3+C_4/%	25.15	23.83
C_5+汽油/%	74.21	75.11
总液收/%	99.36	98.94
以直馏石脑油为基准的汽油收率/%	74.21	89.18

在改质反应中，C_5^+汽油产率约75%，干气($H_2+C_1+C_2$)的产率只有总进料量的0.64%~1.0%。当原料中掺入碳四后，以直馏石脑油的进料量为基准计算的改质汽油产率大幅度提高。这主要是由于碳四烯烃在反应中转化成高辛烷值汽油的结果，因此掺炼碳四不仅能提高汽油产品辛烷值，同时还可以大幅度增加汽油收率。

4.3　移动床芳构化技术

移动床芳构化工艺流程如图4所示。轻烃原料经泵升压并由加热炉升温后进入反应器，反应产物经换热器、气液分离罐分离为气相组分和液相组分，气相组分用压缩机送入吸收稳定系统，液相组分用泵送入吸收稳定系统，最后分离为干气、液化气和稳定汽油。反应过程中球形芳构化催化剂由反应器上端进入反应器，在重力作用下自上而下移动，反应器底部的催化剂积炭量较高，由提升器提升至再生器进行烧炭再生，再生后的催化剂再提升返回至反应器的顶端，从而实现催化剂的循环。

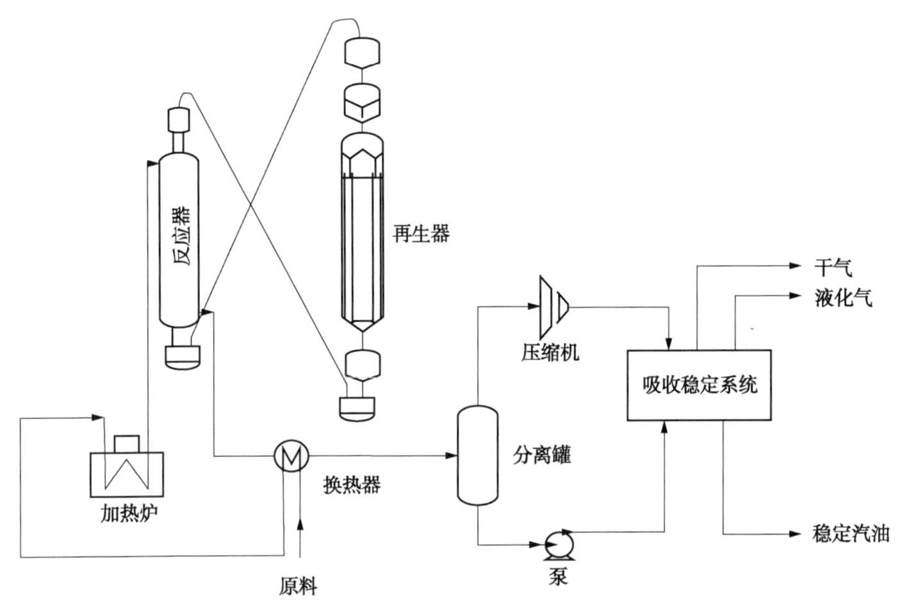

图 4　移动床芳构化工艺流程

移动床芳构化工艺的典型操作条件为：反应温度为 350～380 ℃（汽油方案），反应温度为 480～520℃（芳烃方案），反应压力 0.2～0.5 MPa，空速 0.5～0.7 h^{-1}。移动床轻烃芳构化催化剂的单程运转周期为 4～7d，可以承受 200 次以上再生，催化剂总使用寿命大于 3 年。

采用醚后碳四为原料，如果采用汽油生产方案，汽油收率一般为 30%～40%，干气收率小于 2%，汽油辛烷值 *RON* 为 92～94；如果采用芳烃生产方案，芳烃收率为 50%～55%，芳烃中 BTX 含量 90%，氢气产率 3%。

5　正丁烯骨架异构化技术

目前，正丁烯异构化生产异丁烯技术已在国内得到了广泛应用，石科院开发的正丁烯异构化技术采用分子筛型催化剂和固定床反应工艺，具有异丁烯选择性好、运转周期长、工艺流程简单、能耗低等优点，在市场上应用较多。

石科院开发的正丁烯异构化生产异丁烯技术在具体生产工艺流程中可以选择采用一次通过流程或者循环流程。一次通过流程如图 5 所示，含有正丁烯的碳四原料通过异构化反应器，在反应器中发生骨架异构化反应，生成富含异丁烯的反应产物和轻烃副产物，富含异丁烯的反应产物去 MTBE 装置生产 MTBE，也可用于异丁烯二聚生产异辛烯。一次通过流程过程简单，投资费用和操作费用少，装置能耗低，可以将原料中 40%～45%的正丁烯转化为异丁烯。

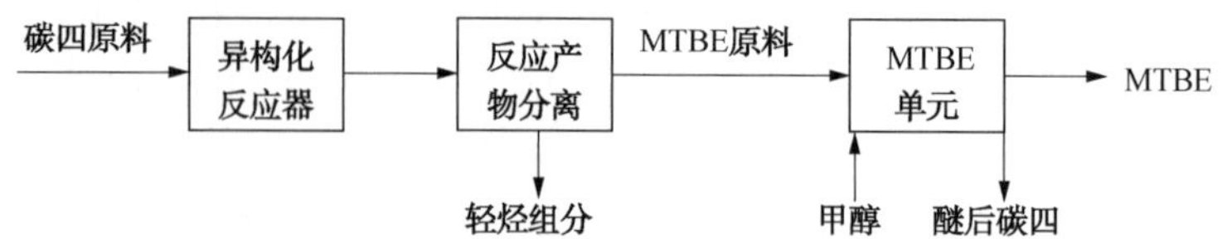

图5　正丁烯异构化生产异丁烯一次通过流程简图

循环流程如图6所示，新鲜原料和循环原料混合后提浓，分离出部分丁烷组分后，进入异构化反应部分，在反应器中部分正丁烯转化为异丁烯，并副产少量的轻烃组分；含异丁烯的反应产物作为MTBE原料，和甲醇反应生成MTBE，未转化的醚后碳四作为循环原料，再循环回异构化反应器，循环流程可以将原料中85%～90%的正丁烯转化为异丁烯和MTBE。

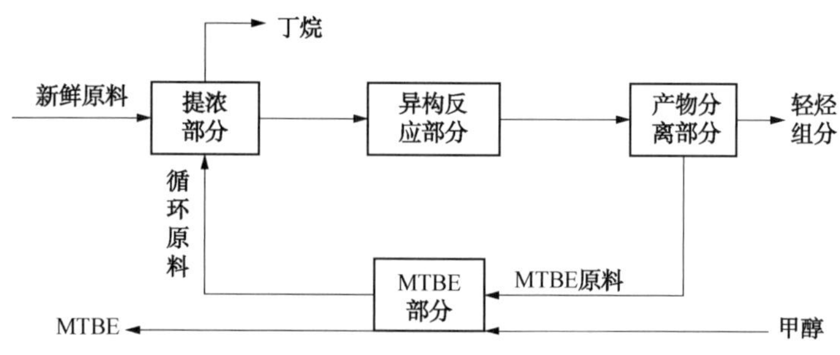

图6　正丁烯异构化生产异丁烯循环流程简图

6　叔丁醇法分离混合碳四中异丁烯技术

中国石油石油化工研究院采用叔丁醇法从混合碳四中分离制得高纯异丁烯，技术路线分两步进行。第一步是碳四中异丁烯催化逆流水合制叔丁醇的反应萃取耦合技术。研究开发出与逆流水合工艺相适应的ϕ5mm×5mm圆柱状大颗粒树脂催化剂，该催化剂具有装填方便、床层空隙率高、流体通过能力大、床层阻力降小的特点。碳四中异丁烯催化逆流水合制叔丁醇技术，利用水既是反应物，又是产物叔丁醇的萃取剂，在异丁烯逆流水合中起到了克服化学反应平衡、抑制可逆反应和及时带出反应热的作用，有效提高了异丁烯转化率和叔丁醇收率。研究结果表明，异丁烯水合转化率达88.8%，较之并流水合工艺的异丁烯转化率提高30个百分点以上。第二步是叔丁醇催化脱水得到异丁烯。叔丁醇催化脱水制异丁烯采用催化精馏工艺，在装填自主研制的大颗粒树脂催化剂的叔丁醇催化精馏脱水中试装置上，使叔丁醇进行催化脱水反应的同时，通过精馏分离工艺过程使水、异丁烯与叔丁醇及时分离，使叔丁醇始终在较高浓度下进行分解反应，从而有效提高反应速度和叔丁醇催化脱水转化率。叔丁醇的单程转化率达到98.12%，催化精馏塔塔顶采出的粗异丁烯产品再进入精馏塔分离，能够得到异丁烯纯度为99.83%的产品。

采用碳四中异丁烯逆流水合制叔丁醇工艺技术建成的兰州翔鑫公司3kt/a叔丁醇装置自投产以来，产品质量均优于设计指标。树脂催化剂使用寿命可达2年以上，工业装置运行结果见表7。

表 7 碳四中异丁烯逆流水合制叔丁醇工业装置运行数据

项　　目	装置运行数据	项　　目	装置运行数据
催化剂体积/m^3	13.6	$V(H_2O)/V(C_4)$	4~5
反应温度/℃	83~90	异丁烯转化率/%	75.2~85.3
反应压力/MPa	2.0~2.1	叔丁醇选择性/%	≈100

异丁烯催化逆流水合制叔丁醇工业装置运行数据表明，异丁烯转化率可达 75%以上，树脂催化剂使用寿命可达 2 年以上。该技术具有工艺技术先进、流程短、能耗低、设备腐蚀小、投资省、叔丁醇产品杂质含量低等特点，与叔丁醇催化精馏脱水制异丁烯技术相衔接，形成从混合碳四中分离异丁烯成套工艺技术，有很好的应用前景。

7 碳四烷基化预加氢技术

中国石油石油化工研究院于 2004 年开发出了碳四选择性加氢异构技术，即 LY-DB^{iso}-03 加氢异构催化剂及工艺技术，也称碳四烷基化预加氢技术。该加氢技术由同一催化剂经两段加氢完成，加氢反应器由两个同样结构的反应器串联组成，且催化剂床层之上都装填催化剂保护剂以吸附水等杂质。LY-DB^{iso}-03 催化剂以改性 Al_2O_3 为载体，钯为主活性组分，同时引入改性助剂，具有加氢及异构双功能。

2004 年以前，烷基化预加氢装置丁二烯加氢率低、1-丁烯异构化为 2-丁烯的异构化率低、使用寿命短的问题一直困扰着兰州石化。2005 年 5 月~2010 年 8 月，LY-DB˙-03 催化剂在兰州石化 230kt/a 烷基化预加氢装置稳定运转 60 个月以上，加氢活性、选择性、稳定性能优异。催化剂寿命到期后，继续使用 LY-DB˙-03 催化剂，目前装置运转平稳，产品丁二烯含量<50 μL/L，1-丁烯异构化为 2-丁烯的异构化率>80%，完全满足装置加氢要求。

2012 年，LY-DB˙-03 催化剂成功中标国内最大规模碳四烷基化预加氢装置——宁波海越新材料有限公司 840kt/a 烷基化预加氢装置，2014 年 7 月完成了催化剂的装填、投油开车。截至目前，装置运行稳定，丁二烯加氢率>99%，丁烯损失率<1.0%，1-丁烯异构化为 2-丁烯的异构化率>45%，满足装置加氢要求。

参 考 文 献

[1] 张秋平，濮仲英. RISO 型 C_5、C_6烷烃异构化催化剂的工业生产及应用[J]. 石油炼制与化工，2005，36(28)：1-4.

[2] Koskinen M，Lindqvist p，Jarvinen H，et al. Production of Fuel Components：US，0065574AI[P]. 2006-03 -30.

[3] O'Keefe L F，Holcombe TC，SLoss J R. Total Isomerization Process(TIP) Innovations[C]. AM-88-48.

[4] Luehke C P，Vora B V，Wegerer D A，et al. Etherification with Skeletal Olefin Isomerization：US，5283373IP[P]. 1994-02-01.

[5] Boyer CC. Loescher ME. Groten MA et al. Method of Producing Tertiary Amyl Ethyl Ether：US，0069608 AI [P]. 2009-03-12.

[6] 李吉春，胡劲松，黄新亮，等. FCC 轻汽油临氢醚化催化剂反应特性的研究[J]. 石油炼制与化工，2003，34(5)：23-28.

[7] 叶娜，孙琳，王刃. 纳米 ZSM-5 沸石上丁烯的芳构化反应[J]. 化工学报，2007，58(4)：913-918.

[8] 林洁，姚日远，等. 直馏汽油和碳四非临氢改质技术的工业应用[J]. 石油炼制与化工，2004，36(3)：

11-17.

致谢：中国石化石油化工科学研究院孔令江同志，中国石油石油化工研究院周金波、胡晓丽、李长明、李吉春等同志参与了部分内容的编写工作，在此一并表示感谢！

复合离子液体碳四烷基化技术

徐春明　刘植昌　张　睿　孟祥海

（中国石油大学（北京））

摘　要：碳四烷基化油是生产超清洁汽油不可缺少的调组分。中国石油大学（北京）开展了离子液体催化碳四烷基化研究，开发了兼具高活性和选择性的复合离子液体催化剂以及复合离子液体碳四烷基化新工艺，发明了催化剂活性监测方法和再生技术，建成了世界首套10复合离子液体碳四烷基化工业装置。该技术烯烃转化率100%，烷基化油研究法辛烷值高达98，具有自主知识产权，工艺先进合理、成熟可靠、清洁安全。

1　前言

碳四烷基化是强酸催化碳四烃原料生产高辛烷值汽油的过程，烷基化油的研究法辛烷值可达95以上，且组成几乎全部为高辛烷值的异构烷烃，不含硫、烯烃和芳烃，是汽油最理想的调合组分。伴随汽油质量的不断升级，烷基化油的需求越来越大。

碳四烷基化工艺的传统催化剂为浓硫酸或氢氟酸，二者均存在严重的设备腐蚀。氢氟酸还存在潜在的环境污染与人身危害等问题，必须建设严格的安全防护设施；考虑到烷基化生产历史上氢氟酸泄漏带来严重的生态灾难等问题，一些国家禁止新建氢氟酸烷基化装置，且要求离城市较近的氢氟酸烷基化装置必须搬迁或改造。浓硫酸烷基化过程产生大量废酸，且废酸后续处理工艺过程复杂，处理成本高。以浓硫酸或氢氟酸为催化剂的碳四烷基化受到了越来越大的挑战。环境友好的新型烷基化催化剂及相应工艺技术的开发一直是世界炼油工业的焦点。

离子液体具有几乎不挥发、腐蚀性小、环境友好、酸性可调等优点，显示出催化碳四烷基化的潜力。中国石油大学（北京）自2000年开始在早期固体酸烷基化研究的基础上，转向离子液体催化碳四烷基化的研究，发现要实现离子液体催化碳四烷基化的工业应用，必须解决3个关键技术问题：①兼具高催化活性和高选择性的功能化离子液体催化剂的开发；②离子液体催化剂的再生方式以及碳四烷基化过程中催化剂活性的稳定维持；③适合离子液体催化碳四烷基化反应器、分离器等专业设备的开发与集成应用。

2　常规氯铝酸离子液体催化碳四烷基化

氯铝酸离子液体在其$AlCl_3$/阳离子盐物质的量比大于1时，由于$Al_2Cl_7^-$阴离子的存在，具有较强的Lewis酸性；而当反应体系中有HCl存在时，$Al_2Cl_7^-$阴离子还可以通过式（1）赋予离子液体超强的Brønsted酸性（式中的B代表反应体系中存在的弱碱）。

$$[Al_2Cl_7]^- + B + HCl \rightleftharpoons BH^+ + 2[AlCl_4]^- \tag{1}$$

与浓硫酸或氢氟酸相比，酸性氯铝酸离子液体具有可相匹敌的强酸性，且腐蚀性极低，具有较高的碳四烷基化催化活性，丁烯转化率可达100%。因此确定以氯铝酸离子液体作为碳四烷基化的催化剂开展进一步研究(为与其他离子液体区分，将阴离子仅仅来源于$AlCl_3$的离子液体称为常规氯铝酸离子液体)。

合成出不同酸性的常规氯铝酸离子液体，并用于催化碳四烷基化反应，通过优化反应条件，实现了室温条件下丁烯转化率100%且产物全部为异构烷烃的良好结果(见表1)。常规氯铝酸离子液体烷基化与工业硫酸法相比，除烯烃全部转化且烷基化油收率相近外，在烷基化油组分的选择性上还存在较大差距：产品中C_8组分的含量为46.5%，比硫酸法烷基化油中C_8组分含量(72%左右)低了接近30个百分点；反映产物选择性和辛烷值高低的TMP/DMH(三甲基戊烷/二甲基己烷)比值仅为2.2左右，远低于硫酸法的7.7；C_9^+组分含量过高，从而导致产品分布宽、辛烷值低。

表1　常规氯铝酸离子液体与浓硫酸催化碳四烷基化反应结果

产物分布/%	$C_5 \sim C_7$	C_8	C_9^+	TMP/DMH
$Et_3NHCl-1.0AlCl_3$	0	0	0	0
$Et_3NHCl-1.2AlCl_3$	24.2	39.8	36.0	2.1
$Et_3NHCl-1.8AlCl_3$	35.7	46.5	17.8	2.2
$Et_3NHCl-2.0AlCl_3$	30.4	43.5	26.1	2.2
浓硫酸	12.2	72.1	15.7	7.7

注：烷基化反应所用的丁烯原料为2-丁烯。氯铝酸离子液体可以表示为：阳离子盐-$xAlCl_3$，如$Et_3NHCl-xAlCl_3$，其中x为$AlCl_3$/阳离子盐物质的量比。

对上述常规氯铝酸离子液体，通过改变阳离子结构(包括咪唑、吡啶、胺等合成的阳离子以及含有不同碳链长度的烷基取代基)与改变阴离子中$AlCl_3$的摩尔分数等方法，虽然能部分调整离子液体对烃类的溶解性能和酸强度等物理化学性质，进而改善其催化碳四烷基化的选择性，但常规氯铝酸离子液体催化碳四烷基化活性高而产品选择性差这一关键问题难以得到根本性转变。

3　复合离子液体的研制及其催化碳四烷基化反应

针对上述问题，深入研究了碳四烷基化过程中同时存在的烷基化、聚合、氢转移、异构化和分解等反应，认识到催化剂的酸强度和酸类型对上述几类反应的相互竞争存在较大的影响：强Brønsted酸和强Lewis酸具有碳四烷基化催化活性，但强Brønsted酸有利于分解反应和异构化反应，而强Lewis酸有利于聚合反应；中强或弱Lewis酸能够活化双键并有利于氢转移及碳正离子的生成。所以理想的碳四烷基化催化剂应该具有以下性质：①具有适宜强度的强Brønsted酸或强Lewis酸中心，以促使碳四烷基化反应，有利于C_8异构化，控制分解反应和聚合反应深度；②具有中等强度的Lewis酸中心，以促进氢转移反应，并利于碳正离子和C_8烷烃的生成。

常规氯铝酸离子液体存在Lewis酸和Brønsted酸两种强酸中心。$Al_2Cl_7^-$阴离子具有强Lewis酸酸性。当有水或HCl存在时，常规氯铝酸离子液体还具有超强Brønsted酸酸性，其哈密特指数H_0可以达到-15.1[见式(1)]。

正是由于常规氯铝酸离子液体的超强Brønsted酸和强Lewis酸酸性，使其具有较高碳四烷基化活性的同时，却也导致了分解和聚合反应增多，烷基化油产品中分解的 $C_5\sim C_7$组分和聚合的 C_9^+组分增多，C_8组分选择性下降。常规氯铝酸离子液体阳离子对其酸性影响甚小，而其 $AlCl_3$摩尔分数的改变没有改变阴离子的种类，只是改变了离子液体中强酸的量。因此，要改变常规氯铝酸离子液体的酸强度，只有引入新的酸性中心或者对现有酸中心结构进行调整。

通过文献调研和理论分析，认识到过渡金属存在着空的 d 轨道，如果在酸性氯铝酸离子液体中引入过渡金属卤化物，那么可以在离子液体中引入弱的 Lewis 酸性中心，同时过渡金属卤化物可以与 $Al_2Cl_7^-$和 $AlCl_4^-$等阴离子配位形成新的酸性中心，从而对离子液体的酸性进行有效调控。基于这一思想，通过在氯铝酸离子液体中引入 CuCl，设计合成了同时含有 Al 和 Cu 两种金属配位中心结构的复合阴离子 $AlCuCl_5^-$的新型离子液体，并将这种具有两种或两种以上金属配位中心复合阴离子的离子液体定义为“复合离子液体”。傅里叶变换离子回旋共振质谱和铝核磁共振结果证明了复合阴离子 $AlCuCl_5^-$的存在。正是由于 $AlCuCl_5^-$阴离子的存在，使得复合离子液体的催化性能与常规氯铝酸离子液体及其与 CuCl 的机械混合物相比，反应产物中 C_8组分和 TMP 的选择性大幅度提高(见表 2)。进一步实验表明这种新阴离子 $AlCuCl_5^-$的量与催化性能的改善程度存在良好的对应关系，即阴离子中 $AlCuCl_5^-$越多，反应的选择性越好。

表 2　离子液体阴离子组成与碳四烷基化性能相关性

产品分布/%	$C_5\sim C_7$	C_8	C_9^+	TMP/DMH
常规氯铝酸离子液体	35.7	46.5	17.8	2.2
CuCl 离子液体	0	0	0	0
常规氯铝酸离子液体+无水 CuCl	16.4	69.3	14.3	2.0
复合离子液体	3.2	95.8	1.0	16.7

分析复合离子液体中复合阴离子 $AlCuCl_5^-$的配位结构和电荷分布，并结合烷基化反应的碳正离子机理可知，复合阴离子 $AlCuCl_5^-$中的空配位点首先与反应体系中的烯烃发生配位，从而起到稳定丁烯的作用，使其不易发生聚合副反应；同时叔碳正离子优先与 $AlCuCl_5^-$配位，继而与原空配位点上配位的丁烯进行烷基化反应生成 TMP；而仲碳正离子由于在与 $AlCuCl_5^-$复合阴离子配位时处于劣势而使其与丁烯加成生成 DMH 的反应受到抑制。因此，复合离子液体通过双金属或多金属配位中心自身以及与 $Al_2Cl_7^-$阴离子的协同作用，抑制了聚合和分解副反应，实现了对碳四烷基化选择性的精确调控。

通过对复合离子液体结构与其催化碳四烷基化选择性和活性相关性的深入研究，最终开发出碳四烷基化催化活性和选择性优异的复合离子液体催化剂在实验室优化的条件(搅拌速率 1500r/min，反应温度 15℃，酸烃体积比 1∶1，烷烯比 15∶1，反应时间 15min)下，使用 2-丁烯或异丁烯原料，所得烷基化油 *RON* 可达 98 以上，TMP/DMH 可达 16.7(见表 2)，C_8选择性达 95.8%。

4　复合离子液体碳四烷基化中试试验及工艺开发

在成功开发出兼具高催化活性和高选择性的复合离子液体催化剂之后，为进一步考察复合离子液体催化碳四烷基化长周期反应性能，自行研制建造了20t/a的离子液体烷基化中试装置(见图1)，包含了原料干燥、烷基化反应、酸烃分离、异丁烷循环、离子液体再生等关键流程。上述条件保证了复合离子液体碳四烷基化中试装置的长周期运转，实现了对不同反应器型式、不同碳四原料、不同反应条件、离子液体的腐蚀性能等连续长周期的考察。

中型试验结果完全再现了实验室小试结果：在优化条件下，以2-丁烯为原料时，复合离子液体烷基化时烯烃的转化率大于99%，C_8组分的选择性接近97%，烷基化油的研究法辛烷值高达100以上。

根据碳四烷基化快速反应的特点，重点研究了反应时间的影响，结果表明，10~20s的反应时间就可以获得高质量的烷基化油产品。这为烷基化中试过程管道式反应器的选型提供了参考依据。

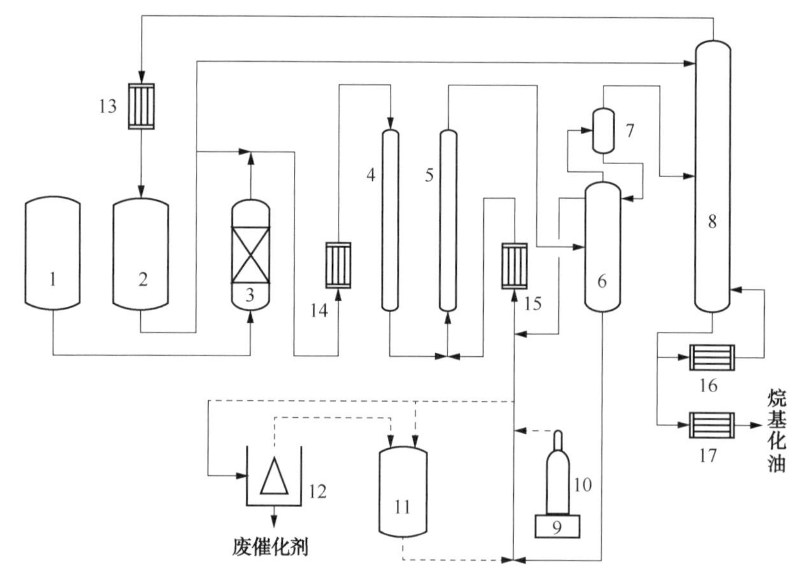

图1　复合离子液体催化碳四烷基化中试流程

1—原料罐；2—异丁烷罐；3—干燥罐；4—烃类混合器；5—烷基化反应器；
6—一级沉降罐；7—二级沉降罐；8—分馏塔；9—天平；10—HCl气瓶；11—离子液体缓冲罐；
12—离心机；13—冷凝冷却器；14，15，17—冷却器；16—再沸器
说明：图中虚线为改造部分

针对炼厂碳四原料的来源，系统考察了原料杂质对复合离子液体碳四烷基化的影响，发现水和甲醇能够直接导致离子液体结构的破坏；二甲醚、甲基叔丁基醚和含硫化合物等分子中O和S原子的孤对电子易与复合离子液体的Al或Cu形成配位从而影响其催化活性和选择性。通过系统地定量研究并综合考虑，现有工业相关技术和经济性，设定了复合离子液体碳四烷基化原料关键杂质的控制指标(见表3)。据此确定了原料预处理的干燥、脱硫、脱氧化物的工艺流程。

在中试装置上，考察了不同1-丁烯含量的原料对烷基化油产品质量的影响。发现为获得高质量的烷基化油，烷基化原料中1-丁烯占总进料烯烃的比例不应超过10%。因此，如

果烷基化原料中含有较大量的1-丁烯则必须进行原料选择性加氢异构预处理，使1-丁烯异构为2-丁烯。

表3　复合离子液体碳四烷基化原料杂质控制指标　mg/kg

水	甲醇	总硫	二甲醚	甲基叔丁基醚
<10	<10	<20	<100	<50

在上述工作基础上，选择工业典型碳四原料进行了复合离子液体碳四烷基化中试，获得了高质量的烷基化油产品，原料及烷基化油分析结果见表4。

表4　工业典型碳四原料的复合离子液体碳四烷基化中试结果

原料组成/%	丙烷及其他	正丁烷	异丁烷	2-丁烯	1-丁烯	异丁烯
	1.5	1.7	86.1	8.7	0.9	1.1
烷基化油组成及辛烷值	$C_5\sim C_7$	C_8	C_9^+	TMP/DMH	*RON*	*MON*
	2.18%	96.30%	1.52%	7.4	98.0	95.6

通过中试过程的挂片腐蚀试验，得到了复合离子液体的腐蚀数据：80℃时对碳钢的腐蚀速率小于0.01mm/a，40℃时对碳钢腐蚀速率小于0.001mm/a。证明复合离子液体碳四烷基化可以利用全碳钢设备，从而可以大大降低装置的投资。

中型试验再现了实验室的小试结果，复合离子液体碳四烷基化同时具备高催化活性和优异的C_8及TMP选择性。但发现随着烷基化长周期进行，复合离子液体的催化活性会不断降低直至完全丧失。因此，探究离子液体的失活机理，获得离子液体的再生方法，是离子液体碳四烷基化推向工业化必须解决的难题。

研究表明，复合离子液体存在两个阶段的失活：首先出现的是Brønsted酸的失活；第二阶段的失活是Lewis酸的失活。

Brønsted酸的失活：如前所述，复合离子液体的Brønsted酸是通过式(1)产生的，是生成碳正离子、引发烷基化反应的关键。式(1)中的B在本反应体系中主要为烯烃，若烯烃不按式(1)方式反应而与体系中的HCl加成生产卤代烃，则会不断消耗HCl从而使离子液体丧失Brønsted酸性。对Brønsted酸失活的复合离子液体进行质谱和核磁分析发现：其阴离子组成没有变化，$Al_2Cl_7^-$及$AlCuCl_5^-$依然存在，因此其Lewis酸性没有丧失。根据上述分析，通过连续定量补充HCl可使第一阶段失活的复合离子液体活性得以恢复。

Lewis酸的失活：不断通入HCl至复合离子液体再次出现失活，发现此时其阴离子结构发生了变化，即为Lewis酸失活。Lewis酸的失活是由于原料中含有氧化物和硫化物等杂质，这些化合物中O和S原子的孤电子对可以与复合离子液体的Al或Cu形成稳定的配合物，从而破坏$Al_2Cl_7^-$和$AlCuCl_5^-$的结构。Lewis酸的失活只能通过补充Lewis酸的活性组分得以恢复。由此亦证明，只有复合离子液体同时具有Brønsted酸和Lewis酸活性才能催化碳四烷基化反应。

碳四烷基化过程的一些副反应及原料中的杂质(如硫化物、氧化物、二烯烃等)与复合离子液体作用会造成其活性组分的流失并生成微量固渣，因此需要定期对复合离子液体的活性组分进行补充再生，以维持其稳定的催化活性并连续脱除生成的固渣。然而由于复合离子液体是一种新型催化材料，缺乏对其活性的有效表征方法，就难以确定活性组分的添加量和添加时机，会导致复合离子液体催化剂的活性难以在连续烷基化生产过程中精确掌控，甚至会阻碍复合离子液体碳四烷基化工艺的顺利实施。

通过对复合离子液体酸性的表征和活性来源的研究，发现复合离子液体的酸性阴离子与指示剂(含有 N、O、S 等元素的有机化合物)作用存在红外特征峰，并且特征峰的强度与复合离子液体 Lewis 酸性阴离子的浓度存在较好的定量关系，这种定量关系通过烷基化寿命试验进行了验证。

基于此，开发了一种定量监测复合离子液体 Lewis 酸活性的方法：原位红外-配位滴定法。该方法以含有 N、O、S 等元素的有机化合物为滴定剂，以原位红外实时检测滴定剂的特征官能团与活性组分配位作用后红外特征吸收峰的强度变化，以红外特征峰强度出现最大值时为滴定终点(见图 2)，并定义了复合离子液体的活性指数，用 AI_{IL}来表示，其定义如式(2)所示。

AI_{IL}定量反映了复合离子液体的 Lewis 酸活性。

$$AI_{IL} = \frac{1000 \cdot m_{IN}}{m_{IL} \cdot M_{IN}} \tag{2}$$

式中，AI_{IL}为待测离子液体的活性指数，mol/kg；m_{IN}为到达滴定终点时消耗滴定剂的质量，g；M_{IN}为滴定剂的摩尔质量，g/mol；m_{IL}为待测离子液体的质量(g)。

复合离子液体再生工艺和催化活性定量监测方法的建立实现了复合离子液体催化剂活性的适时恢复和稳定维持，为复合离子液体碳四烷基化反应的长周期运行提供了保证。

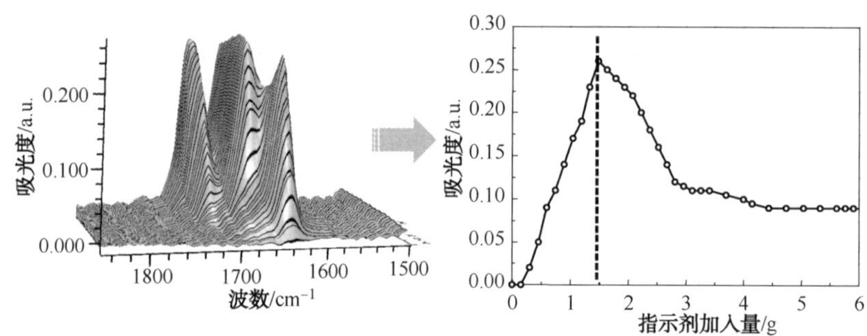

图 2　滴定离子液体时原位红外特征峰变化趋势

上述方法首先在改造的中试装置上实施，见图 1 中虚线部分。通过连续补充 HCl 和定期间歇补充活性组分使复合离子液体的催化活性在整个长周期的中试过程中维持恒定；通过离心机间歇脱除失活催化剂生成的固渣使装置中的复合离子液体催化剂流动性质维持恒定。

5　复合离子液体碳四烷基化工业化生产

在大量离子液体基础物性研究的基础上，结合复合离子液体的结构特征，通过系统的拟合与关联研究，建立了离子液体烷基化工艺的物性数据集，并在 Aspen 平台上开展了烷基化工艺的稳态流程模拟计算，开发了复合离子液体催化碳四烷基化工艺(CILA)，其工艺原理流程如图 3 所示。

该工艺括四个重要系统：①原料预处理系统：包括脱甲醇、脱硫、选择性加氢异构和脱水干燥单元，既能充分增强装置对市场原料的适应性又保证为离子液体烷基化工艺提供优质原料。②反应系统：确定了静态混合器作为反应器，并辅以多点进料，以保证反应器内部较高的烷烯比，专门研制了新型旋液分离器以保证反应后复合离子液体和烃相的快速高效分离。③再生系统：在深入研究固渣颗粒尺寸分布、密度等特性的基础上，结合体相复合离子液体的组成特性，确定了密封卧螺沉降离心机方案以及氯代烃补充和活性组分补充的离子液体活性再生方案。④分离系统：设计了特殊的氯代烃侧线抽出和常规的异丁烷循环，保证了烷基化油产品的质量。

中国石油大学(北京)与山东德阳化工有限公司于2011年签署合作协议，合作建设世界首套100kt/a复合离子液体碳四烷基化的工业装置，流程见图1。该工业装置材质全部为碳钢，于2013年建成并一次开车成功。

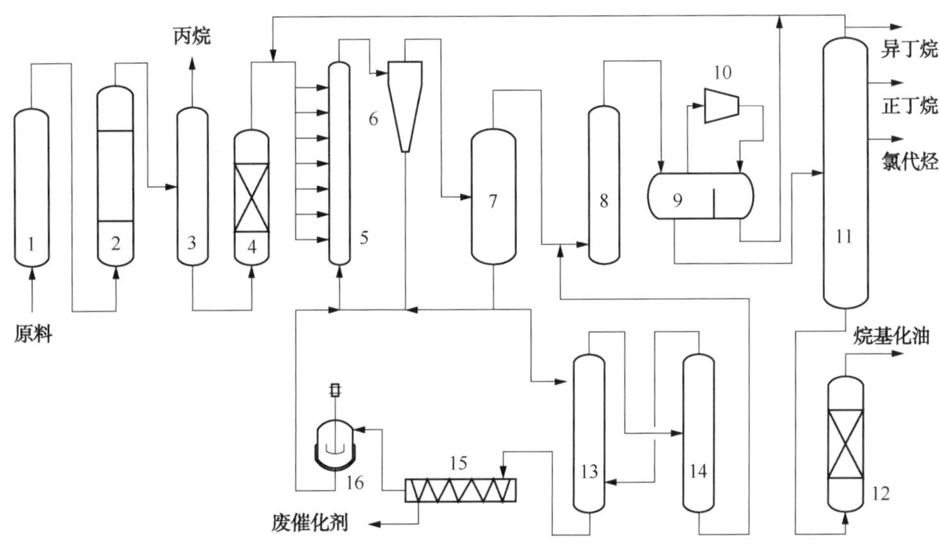

图3 复合离子液体催化碳四烷基化工艺流程示意图

1—原料处理塔；2—加氢反应器；3—脱丙烷塔；4—干燥塔；5—烷基化反应器；6—旋液分离器；7—沉降罐；8—碱洗水洗塔；9—气液分离器；10—压缩机；11—主分馏塔；12—脱氯塔；13—萃取塔；14—溶剂回收塔；15—液固分离器；16—再生器

该工业装置建成投产后平稳运行2年多，负荷率达100%，对市场购得的碳四原料表现出优异的适应性，烯烃转化率达100%。该装置的主要操作参数与技术经济指标如下。

① 操作条件：反应器进料口烷烯比平均为10∶1；反应器内酸烃体积比不小于1∶1；碳四进料温度约11℃循环离子液体温度约23℃；反应器出口温度约26℃。

② 烷基化油品质：初馏点介于24~40℃，终馏点介于187~198℃；研究法辛烷值可达98.0以上；密度平均为0.696kg/m^3；饱和蒸气压平均为41.6kPa；氯含量在5mg/L以下；铜片腐蚀1年。

③ 催化剂消耗：复合离子液体催化剂初始填装150t，为维持催化剂的活性，在生产过程中需要不断补充活性剂，吨烷基化油的新鲜催化剂当量消耗约4kg。

④ 能耗：吨烷基化油的平均能耗约130~150kg标油(1kg标油=41.8MJ)，包括燃煤、用电、蒸汽能耗等。该能耗数值为厂区整体能耗，包括烷基化装置、甲醇重整制氢装置、分析室、气分车间、除盐水站、灌区及装卸区等。

⑤ 公用工程消耗：吨烷基化油的工程消耗包括制氢单元消耗甲醇8.2kg，碱洗单元(原料、产品、锅炉烟气)消耗碱液(30%)8.7kg，厂区新鲜水(碱洗水洗用水、制除盐水、循环

水）消耗 0. 5t。

⑥ 三废排放与处理：吨烷基化油产生污水（水洗塔）约 54kg、产生碱水（碱洗塔）约 54kg，可直接纳入工业园区（或炼油厂）污水处理系统。废催化剂通过碱洗及碱水中和以固渣的形式排出，吨烷基化油约产生固渣 6. 8kg。固渣可回收其中的催化剂活性组分，或者无害化处理后填埋。该技术几乎不产生废气排放。针对产生的污水与固渣，开发了撬装式专有设备，处理后可达标排放。

复合离子液体碳四烷基化技术获授权中国发明专利 13 项、国际发明专利 19 项；荣获 2014 年中国石油和化学工业联合会技术发明奖特等奖，2015 年教育部技术发明一等奖，并入选 2014 年度中国高等学校十大科技进展。

6 结论

复合离子液体催化剂几乎没有腐蚀性，毒性很低，且废酸生成量少。CILA 可在较低的原料烷烯比、温和的反应温度和较短的反应时间下，得到高品质的烷基化油。CILA 在工艺设备投资、安全防护措施投资和环保处理措施投资等方面相比浓硫酸和氢氟酸烷基化工艺具有优势。与氢氟酸和浓硫酸烷基化工艺相比，CILA 工艺清洁、安全和环保。随社会和广大民众环保意识的不断增强，国家环保法规的逐渐升级以及国家、社会和企业对安全生产的日益重视，CILA 具有优异的社会效益和市场竞争力。

特种沥青产品技术

李志军[1] 程国香[1] 王金凤[2] 熊良铨[3]

（1. 中国石化抚顺石油化工研究院；2. 中海油气开发利用公司；
3. 中国石油克拉玛依石化公司）

摘 要：综述了中国石化、中国石油、中国海油三大石油公司在道路沥青和特种沥青产品的研究开发、生产工艺技术及其工程应用方面取得的最新进展，主要包括重质稠油道路沥青、硬质道路沥青、温拌沥青、高速铁路专用乳化沥青、彩色沥青、阻燃沥青、钻井液用高软化点沥青、水工沥青、跨海大桥桥面沥青、橡胶沥青灌缝胶等。

1 前言

石油沥青作为石油炼制过程的重要产品之一，广泛应用于国民经济各个领域，特别是在沥青混凝土路面铺装和建筑防水等方面，具有不可缺少的地位[1]。2015 年，中国石油沥青表观消费量达到 26.6Mt，其中 85%以上用于道路建设和养护。在生产方面，主要以中国石油化工股份有限公司(中国石化)、中国石油天然气股份有限公司(中国石油)、中国海洋石油总公司(中国海油)三大公司为主，还包括一些地方炼油厂等。三大石油公司的产量分别占中国沥青总产量的 33%、29%、13%，地方炼油厂占 25%。中国每年还要进口相当数量的沥青，约占表观消费量的 17%。

中国适合生产沥青的原油资源不多，能够生产高质量道路沥青的稠油资源主要集中在新疆、辽河、渤海三大油田。中国石油以克拉玛依九区稠油和辽河欢喜岭稠油为主要原油，把优势资源集中到沥青生产上，保证了原油资源的连续性，生产的道路沥青质量稳定[2,3]。中国海油利用渤海绥中 36-1 原油，保证原油的单一性和产品的高质量，生产的道路沥青质量指标满足国内优质道路沥青技术要求[4]。中国石化主要利用中东原油生产优质沥青产品，这些原油的渣油组分芳香分含量高，饱和分含量低，不仅是国际上公认生产高质量沥青的好原料，而且原油资源供应稳定可靠[5]。

在沥青质量和技术标准方面，道路沥青主要质量标准为交通运输部 2004 年颁布的交通运输行业标准——《公路沥青路面施工技术规范》(JTG F40)及 GB/T 15180 重交通道路石油沥青国家标准[6]。生产符合以上标准的大宗道路沥青产品技术比较成熟，主要包括蒸馏法、氧化法、调合法和溶剂脱沥青法等传统工艺技术。随着国民经济发展对沥青产品需求的不断变化，一些特种需要的沥青产品或采用特殊工艺生产的沥青产品不断增加。国内三大石油公司都在特种沥青生产技术上做了大量的研究和开发工作，大大提升了中国石油沥青产品生产技术。本文主要介绍中国在特种沥青产品研究开发和生产应用方面取得的最新进展。

2 重质稠油生产道路沥青技术

2.1 高沥青质塔河原油生产道路沥青技术

塔河原油属于重质稠油或超稠油，蜡含量低、重金属、沥青质含量高，加工成轻质燃料要求的生产工艺复杂、经济性差，生产优质道路沥青却具有天然的优势。但是也存在着直馏沥青延伸度低、抗老化性能差、闪点低、薄膜烘箱试验质量损失大、针入度小等缺陷，达不到高等级道路沥青的质量标准[7]。

在利用塔河原油生产道路沥青技术研究中，通过轻度聚合物改性和抗老化添加剂技术，改善沥青的低温延度和抗老化性能，采用专利技术解决了橡胶在溶剂油中快速均匀分散溶解的难题，利用强化蒸馏技术，提高蒸馏塔分离精度，提高了沥青的闪点[8]。生产的道路沥青符合 JTG F40 中的 A 级沥青技术要求。沥青混合料的马歇尔试验稳定度和车辙动稳定度指标均满足不同地区高速公路和一级公路的规范要求，具有非常好的高温稳定性能，浸水马歇尔残留稳定度和冻融劈裂强度比满足规范要求，具有较好的抗水损害能力。塔河沥青产品在贯穿塔克拉玛干沙漠的阿拉尔—和田沙漠公路等高等级公路得到应用，有效地支持了西北地区的公路建设。

2.2 辽河超稠油生产道路沥青技术

辽河油田的超稠油资源全部集中在曙光油区，超稠油的黏度大、密度大，开采、集输困难，同时油水密度差小，造成油水乳化严重，给其加工带来一定的难度。由于超稠油的黏度大、密度大、胶质沥青质含量高，采用直接蒸馏或氧化工艺生产的沥青闪点低、薄膜烘箱试验质量损失大、针入度小，达不到重交通道路沥青的质量标准。通过在原油中调入馏分油方式，或者将原油进行预处理，使其部分重组分轻质化，所含沥青质的组分更趋合理，可以提高沥青产品的质量。实际生产表明，由于蒸馏的拔出温度提高，使其中的轻馏分油含量减少，沥青的闪点提高，薄膜烘箱试验的损失减少，沥青产品的质量可以达到 GB/T 15180 重交通道路石油沥青技术要求[9]。

2.3 克拉玛依稠油生产道路沥青技术

克拉玛依的稠油主要集中在九区和红浅油区，具有胶质含量高、蜡含量低的天然优势，采用丙烷溶剂脱沥青和渣油调合工艺生产的高等级道路沥青具有优良的高温抗车辙、低温抗开裂性能，低温延度大，完全达到交通运输部 JTG F40 公路沥青路面施工技术规范中 A 级道路石油沥青的技术要求。

3 硬质道路沥青

3.1 技术背景

石油沥青属于黏弹性材料，在较高的路面环境温度下，沥青由弹性体向塑性体转化，劲度模量大幅度降低，抗变形能力下降。在道路交通量剧增、轴载增加、超载严重等因素的综合作用下，沥青路面不可避免的会出现塑性流动，发生永久性变形，进而产生车辙病害，致使路面的使用寿命大幅下降。如何提高沥青路面的高温稳定性，防止车辙的产生，成为建设长寿命或永久性路面的重要环节。

SBS、PE 等聚合物改性沥青劲度模量高，是提高沥青路面抗车辙性能的重要手段，但是会增加公路建设的成本。硬质道路沥青是一种针入度小、软化点高、黏度大、劲度模量高的道路沥青，成为解决道路车辙问题的重要材料。中国石化和中国石油根据路面材料需求，开发了各自的硬质沥青生产技术。从产品质量和标准来看，基本是按照 JTG F40 标准中的 30 号、50 号道路沥青技术要求进行开发的。中国石油 2014 年还进行了硬质道路沥青企业标准的制订工作。

3.2 硬质道路沥青生产工艺

重质原油的轻组分收率低，沥青质含量高，可以通过常减压蒸馏工艺直接生产硬质沥青。由于硬质沥青的针入度小，受原油特性及装置设计能力的限制，通常需要减压深拔至 550℃以上才能得到符合标准要求的产品。该工艺适合的原油品种包括国内的辽河曙光和欢喜岭原油、新疆克拉玛依和塔河原油、渤海 SZ36-1 原油等，进口原油如阿拉伯中质原油、阿拉伯重质原油、科威特原油、伊朗重质原油等。有些原油虽然具有生产硬质道路沥青的潜力，但是用一般的减压蒸馏得不到符合针入度要求的沥青产品。将溶剂脱沥青与调合工艺组合，是调节沥青组成的有效手段，在硬质道路沥青生产中具有重要作用。中国石化和中国石油下属企业通过选择合适的原油，采用蒸馏、溶剂脱沥青和调合等组合工艺，可以生产满足 JTG F40 标准的 50 号和 30 号 A 级道路沥青产品。

3.3 硬质道路沥青添加剂

中国石化利用塔河原油具有的高沥青质特点，采用减压蒸馏、溶剂脱沥青、氧化工艺生产了性能类似于天然沥青的硬质道路沥青添加剂[10]。其主要性能指标见表 1。

表 1 中国石化生产的硬质沥青添加剂技术指标

项　　目	技术要求	试验方法
针入度(25℃)/(0.1mm)	≥5	GB/T 4509
软化点/℃	105~120	GB/T 4507
颗粒含量(<8mm)/%	≥90	Q/SH 3210 049
灰分/%	<1.0	SH/T 0029
溶解度/%	≥99.5	GB/T 11148

以 90 号道路沥青为基质沥青，掺加不同比例的硬质道路沥青添加剂，结果见表 2。随着添加剂加入比例的增加，沥青针入度下降，软化点和脆点升高。添加剂加入量由 10%增加到 40%时，沥青软化点由 50℃上升到 60℃，满足 50 号硬质道路沥青高温性能要求；脆点由-17℃上升为-14℃，仍然具有一定的抗低温性能；按照美国性能分级标准进行评价，基质沥青在低温性能不变的情况下，高温性能提高了 3 个等级。

表 2　硬质沥青添加剂对沥青性能的影响

加入比例/%	0	10	20	30	40	45
针入度(25℃)/(0.1mm)	82	64	56	49	41	36
软化点/℃	46	50	53	56	60	64
脆点/℃	-17	-16	-14	-15	-14	-14
PG 等级	PG58-22	PG64-22	PG70-22	PG70-22	PG76-22	PG76-22

3.4　硬质道路沥青的应用

用硬质道路沥青设计的沥青路面具有高模量、抗车辙能力强的优点，可以明显提高路面的耐久性和高温稳定性。按照《公路工程沥青及沥青混合料试验规程》(JTG E20)的要求，采用马歇尔试验配合比设计方法，对生产的50号硬质道路沥青进行AC-13型混合料性能评价。结果表明，50号硬质道路沥青混合料的高低温性能符合规范要求，特别是高温性能方面，具有明显优势，而且生产成本低，是一种性价比非常高的硬质沥青材料。

通过对硬质道路沥青应用技术的研究，先后采用不同原油生产的50号硬质道路沥青进行了铺路试验，分别在河北、陕西、上海、江西、四川等地区进行了实体工程应用。路面应用表明，50号硬质道路沥青混合料的高温稳定性优势明显，具有广阔的应用价值[11]。

4　温拌沥青

传统的热拌沥青混合料是一种热拌热铺材料，施工过程的拌合、摊铺及碾压温度高，不仅要消耗较多的能源，还会排放大量的废气和粉尘，污染公路沿线环境，危害施工人员身体健康。此外，沥青在高温拌合条件下发生严重热老化，缩短了路面使用寿命。温拌沥青混合料技术可以在不降低路面使用性能的前提下，降低沥青混合料的拌合和摊铺温度，从而显著降低路面施工过程中的能源消耗、减少毒害性烟气和二氧化碳的排放量，是一种环境友好型施工技术，近年来受到欧美国家的高度重视。温拌沥青技术主要有泡沫沥青、合成沸石、基于表面活性的温拌技术及温拌改性沥青等几种实现形式。国内除了公路部门致力于发展温拌沥青混合料技术外，道路沥青产品供应商也从温拌沥青胶结料方面为使用和推广温拌沥青提供可行的沥青原料和相关技术。中国石化和中国石油从道路沥青产品供应角度，开发了各自的温拌沥青胶结料及其混合料生产技术。

中国石化和中国石油开发了基于表面活性的温拌沥青生产和应用技术，利用表面活性剂在沥青中形成特殊的胶团，胶团内部的亲水基团强力俘获混合料内部的微量水分，形成独特的细微润滑结构。在不降低混合料性能的前提下，实现沥青混合料生产、摊铺及压实温度下降30℃以上。温拌沥青及沥青混合料性能指标见表3和表4。数据表明，温拌沥青混合料在同等条件下，能够达到相应热拌沥青混合料性能，部分指标还有较大程度的提高，如冻融劈裂残留稳定度比和车辙试验动稳定度等[12]。

表3 70号温拌沥青与原样沥青主要性能指标对比

项　　目	原样沥青	温拌沥青
针入度(25℃)/(0.1mm)	64	65
软化点/℃	44.4	45.3
延度(15℃)/cm	37.4	36.2
薄膜烘箱后延度(15℃)/cm	13.1	14.5
黏度(135℃)/(Pa·s)	0.52	0.52

表4 温拌沥青混合料与热拌沥青混合料主要性能指标对比

项　　目	温拌 AC13	热拌 AC13	JTG F40 规范要求
马歇尔稳定度/kN	9.8	11.2	≥8
浸水残留稳定度比/%	86.3	84.5	≥80
冻融劈裂残留稳定度比/%	88.9	82.6	≥75
动稳定度/(次/mm)	1785	1376	≥1000
低温弯曲破坏应变/με	2431	2227	≥2000

温拌沥青在北京、河北、上海、新疆等地区十多个公路工程项目上得到应用。除了生产普通温拌道路沥青外，还开发了温拌 SBS 聚合物改性沥青，使温拌沥青向高端产品发展。实际路面应用表明，使用温拌沥青可以节省燃料油，减少温室气体排放。表5为拌合过程中使用温拌沥青混合料与使用热拌沥青混合料温室气体排放比较，表6为路面摊铺施工过程中有害气体排放比较。施工现场看不见明显的烟气和粉尘排放，说明所开发的沥青混合料温拌技术在降耗、减排、改善施工环境方面效果显著。

表5 拌合过程中两种沥青混合料温室气体排放比较

项　　目	热拌沥青混合料	温拌沥青混合料	降低幅度/%
二氧化碳浓度/(mg/m^3)	2.6	1	61.5
一氧化碳浓度/(mg/m^3)	104	91.3	12.2
氮氧化合物浓度/(mg/m^3)	151	40	73.5
二氧化硫浓度/(g/m^3)	130	33	74.6
烟尘浓度/(mg/m^3)	5.6	2.59	53.8

表6 路面摊铺过程中两种沥青混合料有害气体排放比较

项　　目	热拌沥青混合料	温拌沥青混合料	降低幅度/%
沥青烟浓度/(mg/m^3)	21.1	2.06	90.2
苯可溶物浓度/(mg/m^3)	19.5	0.58	97.0
苯并芘浓度/(mg/m^3)	0.094	0.019	79.8

5 高速铁路专用乳化沥青

近年来，中国的高速铁路建设进入了快速发展阶段。高速铁路采用的板式无碴轨道技术需要在混凝土底座和轨道板之间填充具有特殊弹性和强度的结构材料，有效支撑轨道板并减少噪声和振动。由水泥、乳化沥青、细砂、添加剂混合而成的水泥沥青砂浆，兼具水泥砂浆的高强度、耐候性和沥青的黏弹性，是理想的高铁轨道填充材料。其中，乳化沥青是决定水泥沥青砂浆性能及轨道应用成败的关键。

板式无碴轨道主要有日本单元板和德国博格板两种，两种轨道结构设计和材料性能的差异使其对水泥沥青砂浆的性能要求也不一样，主要的区别在于砂浆的静态弹性模量，日本单元板采用低强度、低弹性模量的砂浆，德国博格板采用高强度、高弹性模量的砂浆。我国分别引进了日本、德国板式无碴轨道技术，在消化吸收的基础上，结合我国铁路建设的实际情况，研发出具有自主知识产权的CRTS Ⅰ型、CRTS Ⅱ型两种轨道结构，分别采用阳离子、阴离子型的乳化沥青进行水泥沥青砂浆的配制[13]。

2007年，中国石化与原铁道部合作开展高速铁路专用乳化沥青研究，要求开发的乳化沥青具备稳定性好、固含量高、与水泥相容性好、黏度大、破乳及水泥砂浆凝结速率适中、抗冻性和耐热性优良等特性，以适合中国不同地理条件和气候环境的高速铁路工程应用。中国石化分别制定了高速铁路专用基质沥青、高速铁路专用乳化沥青企业标准(见表7)，来规范高铁乳化沥青的生产。通过对沥青原料组成和结构进行研究，优选芳香分含量高、沥青质含量适中的进口中东原油作为基质沥青，在定点生产企业实行专储、专输、专炼，保证了基质沥青的质量稳定。采用多种阳离子型、非离子型乳化剂复配使用的方法，有效降低了沥青相与水相的界面张力，减小了乳化沥青颗粒尺寸，并在低级脂肪醇的协同作用下，使乳化沥青冻结温度降低到-25℃，改善了水泥沥青砂浆的耐候性，避免了冬季发生开裂或冻融松散现象。开发了正压急冷式乳化沥青生产工艺，通过在升高压力的条件下对基质沥青进行乳化，提高乳化温度的同时减小乳化沥青的平均粒径及其分布范围，配合快速冷却设备对乳化沥青进行迅速降温，避免了水分的过量蒸发，提高了乳化沥青的储存稳定性。开发的高铁乳化沥青具有黏度适宜、粒径分布合理、储存稳定性好、与水泥配伍性强、抗冻性好等优点，具有优异的温度适应性和施工友好性，综合性能达到国际先进水平。中国石化累计生产、供应高铁专用乳化沥青超过300kt，为京沪、武广、哈大等高铁建设做出了贡献。

表7　高速铁路专用乳化沥青技术要求(Q/SH PRD284—2009)

项　目	阴离子型	阳离子型
破乳速率	中裂或慢裂	中裂或慢裂
外观	浅褐色液体、均匀、无机械杂质	浅褐色液体、均匀、无机械杂质
颗粒电荷	阴(-)	阳(+)
恩氏黏度(25℃)		5~15
粒径/μm	平均粒径不大于7 模数粒径不大于5	
筛上剩余量(1.18mm)/%	≤0.1	≤0.1
贮存稳定性(1d)/%	≤1.0	≤1.0
贮存稳定性(5d)/%	≤5.0	≤5.0
低温贮存稳定性(-5℃)/%	无粗颗粒或块状物	无粗颗粒或块状物
水泥拌合性/%		≤1.0
水泥适应性/mL	20s内至少流出70mL	

续表

项　　目		阴离子型	阳离子型
蒸发残留物性质	残留物含量/%	60~63	58~63
	针入度(25℃)/(0.1mm)	40~120	60~120
	软化点/℃	≥42	≥42
	溶解度/%	≥99	≥97
	延度(25℃)/cm	≥100	
	延度(15℃)/cm		≥50
	延度①(5℃)/cm	≥20	

① 改性乳化沥青测试延度(5℃)。

6 彩色沥青及彩铺胶结料

城市道路交通是城市总体规划的重要组成部分，是城市发展必不可少的基础设施。城市道路铺装与一般公路建设相比，更加强调增加路面的景观功能，以促进城市交通与空间环境的协调发展。彩色沥青或彩铺胶结料不仅具有产生彩色景观、美化环境的功能，而且具有与柔性路面一样的特点，既适用于人行步道，也可用于行车路面[14]。

中国石化和中国石油组织相关研究和生产机构，进行了彩铺胶结料的应用研究工作，研究成果分别获国家发明专利，具有自主知识产权，产品主要用于城市道路及地面美化铺装。彩铺胶结料的主要生产原料为石油树脂和脱色沥青组分，同时加入一定量的改性剂和相应的着色剂。在一定温度条件下，按原料的种类及配比范围，依次将脱色沥青组分、石油树脂加热预混合，然后投入聚合物改性剂，通过高速剪切机或胶体磨研磨，最终形成均相混合物，再依据要求进行着色处理。

彩铺胶结料技术指标参考国标重交通道路沥青的技术要求制定。混合料性能评价表明，彩铺胶结料的马歇尔稳定度高于同牌号的重交通道路沥青指标，可以满足重交通道路的要求，具有较高的高温稳定性和抗流动变形能力。低温劈裂试验过程中，随着温度下降，彩铺胶结料的变形能力相对稳定，具有优越的高温、低温性能。彩铺胶结料的生产与摊铺施工过程，是将彩铺胶结料与矿料及着色剂等按一定比例拌合均匀后，采用一般铺路方法进行摊铺、碾压操作，无需特殊设备。产品经过在北京、广东等地应用表明，彩色路面色彩柔和协调、无老化褪色现象，路用效果较好。

7 阻燃沥青

随着我国高等级公路建设的发展，公路隧道的数量不断增加，但隧道内路面铺装材料仍主要局限于水泥混凝土，存在行车舒适度和安全性差等问题。沥青路面具有噪声低、抗滑性好、易维修、行车舒适等优点，但是沥青具有易燃的特点，用做隧道路面铺装时一旦发生火灾，会产生有毒烟雾，造成人员伤亡。阻燃沥青在满足路面使用性能的前提下，具有良好的阻燃性能，是进行公路隧道施工的理想材料。

除需满足一般道路沥青的使用性能要求外，阻燃沥青还要具有阻燃、抑烟等功能性要求，分别用氧指数和烟密度两个指标来衡量。氧指数是指在规定条件下，试样在氧、氮混合气流中维持平衡燃烧所需的最低氧气浓度，以氧气所占的体积分数表示，是衡量物质燃烧难易程度的度量，反映了材料的着火性能和扑救的难易程度，氧指数高，材料燃烧需氧量大，不易燃烧。烟密度是对材料燃烧时发烟量的评定，主要以材料在一定条件下燃烧所产生的最大烟密度为衡量标准，试验方法按照建筑材料燃烧或分解的烟密度试验方法进行检测。

传统的阻燃沥青生产方法是向沥青中加入阻燃剂、抑烟剂等添加剂，其中卤系和磷系阻燃剂由于优良的阻燃性能而被广泛应用。但是，含卤系和磷系阻燃剂的阻燃沥青在燃烧的时候会放出大量有毒气体和烟雾，严重污染空气环境，危害人员的身体健康，而且添加剂的加入会降低沥青的物理性能[15]。中国石化通过对阻燃沥青产品制备技术的研究，形成了两项专利技术。主要工艺过程为将沥青原料加热至一定温度，加入阻燃剂、抑烟剂等进行强力混合后，加入高分子改性剂，经过剪切机等高速剪切设备搅拌研磨后，使其均匀分散在沥青中，形成理化性能稳定的阻燃沥青产品，并且创造性地将改性季戊四醇聚醚引入无卤阻燃体系，通过阻燃剂中醚键官能团在无机与有机界面产生的耦合作用，改善了沥青与骨料的亲和性。阻燃沥青产品的氧指数为26.5%，烟密度为35.5，烟气毒性等级达到准安全Ⅰ级，燃点大于300℃，在空气中难以燃烧、产烟浓度低、烟气毒性小。产品在浙江、辽宁、新疆、贵州等地区高速公路隧道的应用实践表明，阻燃沥青有很好的阻燃效果，可大幅度降低有毒气体的排放量，明显改善隧道施工环境，减少对施工人员健康的影响。试验路段与SBS改性沥青对比路段相比，没有发现路用性能异常现象，使用性能良好。

8　钻井液用高软化点沥青

钻井液是指油气钻井过程中以其多种功能满足钻井工作需要的各种循环流体的总称，其组成主要包括原材料及各种处理剂。沥青类产品在钻井液处理剂中占有很大比重，是钻井工程不可缺少的重要材料，具有良好的防塌、润滑、乳化、降低滤失和高温稳定等综合效能[16]。目前，沥青类钻井液处理剂主要是把天然沥青或煤沥青等经过碱化、磺化等工艺改性后，根据不同的软化点、分散性、抑制性等使用要求，添加功能性助剂配制而成，沥青软化点多在120℃以下，抗高温能力差，难以满足深层钻井的使用要求。随着深层油气层的钻探大量增加，适合深井、超深井的抗高温高压的钻井液处理剂逐渐受到重视，开发环境友好、经济合理的高效钻井液处理剂成为发展趋势。中国石化开发了软化点高、感温性小、在高温条件下具有良好封堵性、降滤失性能的沥青类钻井液处理剂，可以满足高温钻井作业要求。

普通沥青类钻井液处理剂多以天然沥青、磺化沥青为主，这些产品只能满足一般的钻井作业要求，还没有适合于高温条件下使用的钻井液用高软化点沥青。该项技术通过添加催化剂的特殊氧化工艺，不仅大大缩短氧化时间、节省能源、提高生产效率，而且使产品具有软化点高、感温性小、在高温条件下流变性能稳定和降滤失效果好的特点。

生产钻井液用高软化点沥青的关键技术之一是原料的选择。该项技术以高沥青质塔河原油为原料，首先通过减压蒸馏和溶剂脱沥青工艺制备氧化原料，再经过特殊的催化氧化过程，制备了软化点分别为120℃、150℃和180℃ 等3个等级的钻井液用高软化点沥青，沥青油溶物含量≥80%。同时，配套自主研发了专用沥青粉碎设备，解决了高软化点沥青难以粉碎的问题，粉碎后的沥青平均粒径可以达到100目以上，在钻井液中易于实现均匀分散，保证了钻井液性能稳定，满足钻井液使用要求。

在中原油田、新疆和田油田等地区多口油井进行的油基钻井液现场试验结果表明，高软化点沥青与现场油基钻井液处理剂配伍性良好，能有效增加钻井液黏切，提高动塑比，改善钻井液携带岩屑的能力，在钻井过程中起到了很好的润滑和降滤失效果，与天然沥青、磺化沥青等传统沥青类处理剂相比，具有抗高温能力强、感温性小、价格经济等优势，可以在深井、超深井下使用，具有广阔的应用前景。

9　水工沥青

除主要用于道路工程外，石油沥青独特的性能使其在水电站、防洪、灌溉、航运等水利水电工程中也得到广泛应用。沥青混凝土抗渗透能力强，具有良好的变形适应性和损害自我修复性能，对在水压和自重流变的作用下产生的坝体变形和裂缝具有良好的适应性，在地震等冲击荷载作用下，具有良好的抗剪切强度和抗疲劳损害性能，抗化学侵蚀能力强，造价低廉，易于施工。1954 年，我国江西上犹江水电站首次应用沥青混凝土。近 30 年，随着在天荒坪抽水蓄能电站、三峡工程茅坪溪防护土石坝、冶勒水电站、尼尔基水利枢纽等大型水电水利工程的成功应用，水工沥青技术取得了长足进步。

从技术上来说，水工沥青与道路沥青并没有本质上的差别，但由于两种沥青工作环境不同，对技术指标有不同的要求。水工沥青混凝土由于不受汽车等载荷的反复碾压作用，其裂缝的自愈能力不及道路沥青混凝土强，而且作为水坝的防渗材料，微小的表面裂缝将会造成严重的后果，再加上坝体常出现下沉变形等因素，要求水工沥青具有更好的防渗性、抗裂性、感温性、柔性及耐久性等性能。为了规范水工沥青的生产和应用，国家颁布实施了电力行业标准“水工沥青混凝土试验规程”(DL/T 5362—2006)和石油化工行业标准“水工石油沥青”(SH/T 0799—2007)，为水工沥青的大规模应用创造了良好条件。

中国石油克拉玛依石化公司与长江科学院材料研究所、陕西机械学院合作，开展了三峡工程水工沥青研究开发。依托蜡含量低的克拉玛依九区低凝稠油为原料，采用溶剂脱沥青和组分调合工艺，开发的水工沥青具有优良的高低温性能，特别是低温延度大，4℃延度大于8cm，成功应用于长江三峡茅坪溪土石坝沥青混凝土心墙第一期工程。

中国石化利用其水工沥青生产专有技术，将调合与半氧化、蒸馏与半氧化工艺进行巧妙结合，优选渣油原料以及缓和的工艺条件，控制氧化缩合反应深度，使渣油组成中的芳香分适度转化为胶质、胶质适度转化为沥青质，适当减少芳香分含量和增加沥青质含量，使氧化沥青中既保留了较多的塑性组分，从而具有更好的低温性能，又适当增加了感温性和高温性能好的沥青质，使沥青具有更好的抵抗变形能力和耐老化性能。评价结果表明，水工沥青混合料具有良好的抗弯曲性能、抗老化性能、抗渗透性能和耐水性能。该技术在中国海油泰州石油化工总厂得到应用，生产的水工沥青经长江三峡工程有关单位检测，完全满足茅坪溪防护土石坝沥青混凝土用沥青技术要求[17]。

10　跨海大桥桥面沥青

桥面铺装是桥梁建设的重要组成部分，它的好坏直接影响到行车的安全性、舒适性、桥梁耐久性以及投资效益和社会效益。由于桥面铺装直接铺设在水泥混凝土或正交异性钢板上，在行车荷载、风载、温度变化以及地震等因素的影响下，受力和变形远比普通沥青路面复杂，对其强度、稳定性、疲劳耐久性等均有较高要求。跨海大桥相对于一般桥梁来说，更具有桥梁跨度大、紫外线辐射强烈、空气湿度大、重载车辆多、维修养护困难等特殊性，因而对沥青的性能和质量具有更高要求：高温时应具有足够的稳定性和抗车辙性能，低温时应具有塑性或保持足够的张力以防止产生低温开裂和疲劳开裂，粘附性良好以保证不同铺装层之间粘接完整，提供足够的抗刹车性能。东海大桥是连接上海洋山深水港与陆地交通的唯一通道，全长 32.5km，宽 31.5m。2005 年，中国石化为国内当时最长的跨海大桥——东海大桥的建设，研发并生产了近万吨跨海大桥沥青，满足了桥面铺装需求[18]。

桥梁设计和施工方针对东海大桥特殊的交通条件和气候环境，参照交通运输行业 SBS 改性沥青标准 I-D 类技术指标，对桥面沥青的针入度、延度、软化点提出了更高的要求。技术人员在对基质沥青的化学组成和路用性能进行充分考察的基础上，优选出与 SBS 相容性好的阿拉伯中质原油和伊朗轻质原油的减压渣油作为沥青改性的基质沥青。针对桥面沥青聚合物含量高、产品容易发生离析的问题，研究了样品制备过程中聚合物颗粒在沥青中的分散过程以及改性沥青在高温储存过程中的相态变化情况，开发出改善其储存稳定性的高性能添加剂，并运用反应性改性工艺解决了产品的离析问题。对改性沥青的生产工艺进行优化，通过提高胶体磨的操作温度和压力，改善了对聚合物改性剂的剪切和研磨效率，使 SBS 颗粒的粒径分布处于 2~5μm 之间，更加均匀、微细，再通过对改性沥青溶胀、稳定发育时间的优化，使产品的延度达到最大化。表 8 为跨海大桥桥面沥青技术要求和产品性质。

表 8　跨海大桥桥面沥青技术要求和产品性质

项　目		产　品	东海大桥设计指标要求	SBS 改性沥青 I-D 技术要求
针入度(25℃)/(0.1mm)		61	50~70	40~60
针入度指数 PI		0.11	≥0	≥0
软化点/℃		84.5	≥65	≥60
延度(5℃)/cm		32.5	≥25	≥20
弹性恢复(25℃)/%		94	≥70	≥75
旋转黏度(135℃)/Pa·s		1.84	≤3.0	≤3.0
离析试验/℃		1.0	≤2.5	≤2.5
闪点/℃		>300	≥230	≥230
溶解度/%		99.9	≥99.0	≥99.0
旋转薄膜烘箱试验	质量变化/%	0.09	≤1.0	≤1.0
	针入度比/%	76	≥65	≥65
	延度(5℃)/cm	21	≥15	≥15

11　橡胶沥青灌缝胶

沥青路面使用过程中受自然因素与车辆载荷的作用导致了大量裂缝的产生，进而造成公路表面功能性衰减和结构性破坏。目前有效的解决方法是在裂缝产生初期采用橡胶沥青灌缝胶进行修补，降低路面养护、维修总成本，延长公路服务周期。沥青灌缝胶在使用过程中应考虑熔胶条件、施工和易性、养护条件、粘结性、柔性、弹性、抗老化性以及流动性等多方面因素。为此，国内外相关部门制定了多部标准对其技术指标进行规范[19-21]。AASHTO

M324 和 ASTM D6690 按照使用地区气候将沥青灌缝胶划分为 4 种类型，我国交通运输行业标准 JT/T 740—2009 对路面裂缝修补材料进行了规范，性能指标包括锥入度、软化点、流动性、低温拉伸、弹性恢复试验等，具体指标见表 9。

表 9　路面橡胶沥青灌缝胶技术要求(JT/T 740—2009)

项　　目	高温型	普通型	低温型	严寒型
低温拉伸(50%拉伸量、三次循环)/℃	0	-10	-20	-30
锥入度(25℃)/(0.1mm)	<50	30~70	50~90	70~150
软化点/℃	≥80	≥80	≥80	≥80
流动值(60℃)/mm	≤3	≤5	≤5	≤5
弹性恢复/%	30~70	30~70	30~70	30~70

橡胶沥青灌缝胶的生产是以一定比例的石油沥青为原料，按配比加入聚合物改性剂、相容剂、软化剂以及增强剂等组分，经高速剪切、搅拌溶胀后，形成稳定的橡胶沥青体系。生产工艺及加工设备与聚合物改性沥青的生产相似。由中国海油开发并生产的“中海油 36-1 橡胶沥青灌缝胶”(见表 10)利用聚合物复配的方法，使得产品的低温黏结性能由现有规范值 50%提高到 100%，提高了灌缝胶与路面的黏结性，有效地减缓了路面病害的发展，在北京、吉林、辽宁、四川等多个地区的实体工程应用表明，产品具有良好的施工和易性、抗老化性以及黏结性能。

表 10　中海油 36-1 橡胶沥青灌缝胶产品性质

项　　目	高温型	普通型	低温型	严寒型
低温拉伸(100%拉伸量、三次循环)/℃	0	-10	-20	-30
锥入度(25℃)/(0.1mm)	43	54	74	124
软化点/℃	102.0	95.0	93.0	91.0
流动值(60℃)/mm	0	0	0	0
弹性恢复/%	35	47	52	56

12　结语

过去三十几年，伴随道路工程建设的跨越式发展，我国石油沥青产品在产量快速提高的同时，生产和应用技术也逐步与国际接轨，达到了世界先进水平。随着国家高等级公路网络系统的全面建成，未来对沥青产品的需求将从快速增长期逐步进入平稳发展阶段。沥青产品的研发和生产仍将面向道路工程产业需求为主，兼顾建筑防水、水利水电等行业，提供性能更高、针对性更强、更加绿色环保的特种产品。

参　考　文　献

[1] 张德勤，范耀华，师洪俊．石油沥青的生产与应用[M]．北京：中国石化出版社，2006.

[2] 黄鹤．立足特色资源倾力公路建设辽河石化着力打造世界级沥青生产基地[J]．交通标准化，2012，(4)：12-15.

[3] 李剑新，张洪．新疆重质原油生产道路沥青状况及生产工艺方案探讨[J]．石油沥青，2004，18(1)：

55-59.

[4] 张瑞虎，曲涛，戴承远．充分利用 SZ36-1 原油资源生产优质沥青[J]. 石油沥青，2002，16(3)：46 -49.

[5] 黄婉利，刘慧敏，沈家永，等．中国石化东海牌沥青产品质量及目标市场定位[J]. 石油沥青，2006，20(6)：10-13.

[6] 中华人民共和国交通部．公路沥青路面施工技术规范[S]. 北京：人民交通出版社，2004.

[7] 程国香，沈本贤，郭皎河．高沥青质塔河原油制备道路沥青的工艺及性能评价[J]. 华东理工大学学报，2006，32(8)：911-915.

[8] 陈丽萍，刘树华．沥青添加剂在道路石油沥青制备中的应用[J]. 石油沥青，2005，19(5)：40-44.

[9] 汪太龙，杨敏，叶朋．超稠油生产重交通道路石油沥青工艺探讨[J]. 石油沥青，2007，21(1)：33-36.

[10] 韩青英，黄婉利，沈家永，等．中石化抗车辙沥青母粒性能研究[J]. 石油沥青，2013，27(5)：11 -14.

[11] 丁青，林毅，林汀，等．50 号硬质沥青在石吉高速公路中的应用[J]. 公路交通科技，2010，(7)：143 -145.

[12] 梁亚军，黄婉利，麻旭荣，等．一种成品温拌沥青的热存储耐久性[J]. 同济大学学报(自然科学版)，2011，39(12)：1816-1819.

[13] 刘维帅．高速铁路 CRTS Ⅱ 型板用乳化沥青及砂浆的制备和应用[J]. 石油沥青，2012，26(3)：26 -33.

[14] 程国香，宁爱民．城市道路铺装用彩色胶结料的研究与应用[J]. 昆明理工大学学报，2003，28(4)：282-285.

[15] 徐青柏，范思远，宁爱民，等．阻燃沥青主要性能研究[J]. 石油沥青，2008，22(4)：23-25.

[16] 杨玉良，李跃明，马世昌，等．沥青在石油钻井中的研究与应用[J]. 新疆石油天然气，2010，6(4)：59-62.

[17] 曲涛，郭皎河，王仁辉．利用进口原油生产水工沥青的研究[J]. 石油沥青，2002，16(3)：41-43.

[18] 黄婉利，罗望群，刘慧敏．东海大桥桥面改性沥青生产与应用研究[J]. 石油沥青，2006，20(5)：43 -46.

[19] Standard Test Methods forSealants and Fillers, Hot-Appliedfor Joints and Cracks inAsphaltic and Portland Cement Concrete Pavements[C]. ASTMD5329-2009.

[20] Standard Specification for Joint and Crack Sealants, Hot-Applied, for Concrete and Asphalt Pavements [C]. ASTM D6690-2012.

[21] 中华人民共和国交通运输部．JT/T 740—2009 路面橡胶沥青灌缝胶[S]. 中华人民共和国交通行业标准，2009.

致谢：本文撰写过程中还得到辽河石化公司黄鹤、中石油燃料油公司李剑新、克拉玛依石化公司王金勤和彭煜等同志的帮助，在此一并表示感谢。

新型炼油设备的开发

朱华兴　张国信　杨成炯　陈崇刚

（中石化洛阳工程有限公司）

摘　要：概述了近5年来中国石化在炼油领域新型炼油设备的国产化开发和关键工艺内件技术的研究与应用。重点介绍大型加氢反应器、烟气轮机，高效延迟焦化塔底(顶)阀、新型液相加氢循环油泵等关键设备以及加氢反应器用新型内件、催化装置用旋风分离器等。

1　前言

炼油技术装备的国产化工作一直是中国石化在炼油领域长期着力推进的重点任务，经过30多年的自行研制和引进吸收国外先进技术，石油化工重大装备技术得到了快速提升，千万吨炼油、百万吨乙烯重大装备基本实现了国产化。特别是近5年来按照国家装备制造业“自主研发、创新高端、走向世界”的政策方针，一批技术先进、拥有自主知识产权的炼油新装备和关键工艺内件技术得到了广泛应用，创造了可观的经济效益，并通过研制掌握了设计、制造等核心技术，解决了千万吨级炼油装置的大型化重大装备问题，部分炼油设备的制造技术及装备条件已达到或接近世界先进水平。

2　超大、超厚加氢反应器

30多年来，中国石化持续推进我国炼油加氢反应器的开发和研制。自20世纪80年代初，中国石化总公司组织科研、设计、制造和使用单位开展2.25Cr-1Mo热壁加氢反应器的国产化研究起，经过多年努力，在反应器综合技术方面取得了巨大的进步，满足了我国炼油工业发展对加氢反应器的需求。1989～2010年，我国自行设计、研究并采用国产材料2.25Cr-1Mo、3Cr-1Mo-0.25V、2.25Cr-1Mo-0.25V钢加堆焊层(TP309L+TP347)制造的220t、400t、560t、1000t级锻焊结构热壁加氢反应器相继投入工程运行，填补了我国炼油行业加氢反应器材料生产、设备制造的技术空白。为进一步适应炼油行业装置大型化的需求，2012年中石化洛阳工程有限公司、中国石化工程建设有限公司、中国第一重型机械有限公司、中国第二重型机械有限公司联合中国石化的使用单位，内径5400mm、壁厚340mm、材料为2.25Cr-1Mo-0.25V钢+堆焊(TP309L+TP347)的超大、超厚渣油加氢反应器研制成功并投入运行。

近年来，随着国内制造企业大型卷板机等装备的改善，为节约工程投资、缩短设备交货期，中国石化积极推动国内板焊式热壁加氢反应器研制和应用，积极扶持国内钢厂以加氢反应器用途为代表的厚钢板的开发，形成了厚度200mm级以下的2.25Cr-1Mo、1.25Cr-0.5Mo材料的实际生产能力，实现了特厚钢板的国产化。

加氢反应器材料生产、制造技术得到全面发展，主要体现在：①各种加氢设备用钢，除少数如2.25Cr-1Mo-0.25V厚钢板还需引进外，其余加氢用钢板、锻件均实现了国产化。②加氢反应器的大型化和锻件、钢板材料的厚重化。近年国内纷纷投用大型水压机和大型卷板机，目前国内可提供最大外径达近6800~7500mm、最大重量约250t的锻件，大型卷板机的投用使国内具备了生产250mm或更厚2.25Cr-1Mo钢板焊加氢反应器的能力，同时钢板的国产化也取得了很大进步，使我国成为国际上能提供200mm厚度的加氢厚钢板的少数几个国家之一。③以单重2044t神华煤制油反应器、1700t广西石化加氢裂化反应器为标志的2000t级加氢反应器，可根据用户所在地区的运输条件，灵活确定是采用工厂制造还是采用现场组焊，解决了内陆地区建设大型石化装置时遇到的大型设备的运输困难，同时开发了世界一流的材料加工、内壁堆焊、主焊缝焊接、热处理、无损检测等一系列制造技术，且骨干制造企业建造的加氢反应器基本实现了100%的自动焊，有效保证了焊缝的质量。在无损检测方面，普遍应用TOFD检测技术对部分主焊缝实现了灵敏、高效、绿色检测。④大型加氢反应器由于高温、高压和临氢的苛刻条件，一般均采用了以应力分析为基础的设计方法。⑤目前加氢反应器大多采用国内自主开发的内构件，通过与催化剂技术的匹配，经实际装置应用考核，大型加氢裂化反应器床层截面温差都能满足≤3℃的要求，从产品质量和催化剂的使用寿命等方面反映出国内加氢内构件基本达到国外同类反应器所用内构件的技术水平，满足了工艺要求，有效保障了装置的正常运行。

3 新型高效加氢反应器内构件技术

随着加氢装置的大型化，对反应器内构件的反应物流分配效果及冷氢的混合效果要求越来越高，反应器径向温差大、压降升高快是目前缩短装置运转周期的关键问题。反应器径向温差主要由物料分布状态和催化剂床层表面堵塞程度所决定。径向温差会引起催化剂板结，导致物料偏流、床层压降的升高。10年前固定床加氢反应器所使用的内构件结构型式大部分为20年前国外引进技术，近年来随着国内对反应器内构件技术的深入研究，具备高效分配效果及良好冷氢混合能力、床层压降低的新型反应器内构件成功应用于装置中，自主研制的新型内构件具有以下优点：①整体物流混合及分配性能优异，催化剂床层顶部物流分配不均匀度小于0.1；②原料适应性强、塔盘敏感性低，能有效解决原料劣质化及装置大型化催化剂床层物流易偏流的难题；③催化剂床层径向温差低(最大径向温差≤3℃，对于劣质重油加氢装置可以控制在6℃以内)，温度调整空间大；④操作弹性大，在装置设计负荷60%~120%范围内均能正常工作。

中国石化洛阳工程有限公司根据多年来在加氢领域的设计经验，成功开发了适应装置大型化的新型反应器内构件技术。新型反应器内构件通过流体力学计算、冷热态模型试验以及工业化考核，完全达到设计要求，成功应用于超低硫国V柴油生产、蜡油及渣油等劣质化重油加氢处理多套工业装置。

3.1 新型加氢反应器内构件技术

中国石化自主开发的可生产国Ⅳ、国Ⅴ柴油的新一代加氢装置，其加氢反应器内构件由中国石化洛阳工程有限公司创新研发并已申请实用新型专利[1]，且成功应用于中国石化九江分公司、湛江分公司等6套加氢装置，结构简图见图1，该内构件具有下述技术特点：①分布器结构简单，制造方便，检修容易；②通过3根气液混合分布器及分布管的联合作用，气液均匀分配在整个催化剂床层，分配效率高；③新型分布器结构尺寸紧凑，占用空间小，催化剂可装填容积达到87%以上；④通过模拟计算和实际装置工艺标定，采用新型分布器其反应器轴向温差小于20℃，径向温差小于3℃。

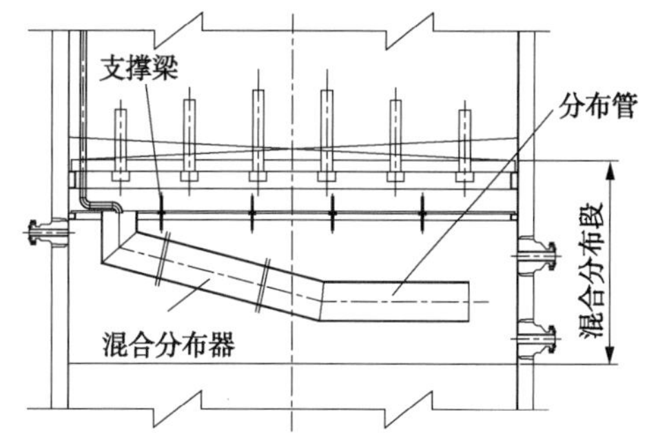

图1　液相加氢反应器新型内构件

3.2　新型高喷射型气液分配器

在加氢反应器内构件系统中，分配器和分配系统为重要的内构件，分配器使与气相混合的液体原料均匀喷洒到催化剂表面，以充分发挥整个床层的催化作用，从而保证反应产物的质量和收率以及床层径向温差的均匀性。目前，国内外在加氢工业装置上使用的分配器主要有泡罩型、垂直管和喷射型分配器等3种。这3种分配器各有优缺点。为适应装置大型化和生产超低硫燃料，中石化洛阳工程有限公司开发了分布效果好、压降小、安装尺寸小、安装精度要求低、可将气液两相分散更加均匀的新一代分配器[2]。其结构简图见图2，其技术特点为：①结构简单，制造方便，安装精度低；②分配盘上分配器布置数量远高于泡帽型，气液分配由泡罩型的点分配改变为面分配，使催化剂表面的分配均匀度增加8%~10%以上；③通过模拟计算及实验验证，每个分配器流过的液相量与气体体积基本相同，保证了物料对催化剂床层的“均匀”覆盖；④操作时分配盘上液相波动范围与分配盘安装偏差影响较小；⑤通过模拟试验及计算验证，与泡罩型分配器相比，新一代分配器气相对液相的剪切和破碎作用更明显，进一步提升了气液分配的均匀性；⑥装置的负荷变化对新一代分配器的气液分配影响较小，在最大和最低负荷情况下均能保证气液分配效果；⑦新一代分配器对催化剂和分配盘的安装间距与分配效果的影响较小，提升了催化剂的装填量。

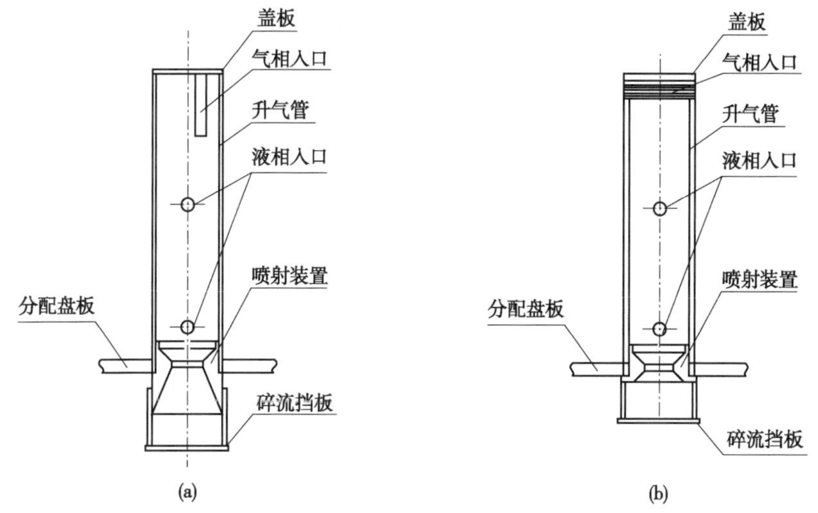

图2　新型反应器内构件简图

3.3 其他加氢反应器内构件

中国石化石油化工科学研究院开发了 RFDS-HR 及新型高效物流分配系统 RQMS-HR 加氢反应器内构件。该内构件应用于某炼厂 2.3Mt/a 蜡油加氢装置。改造后催化剂床层平均径向温差却大幅降低，始终保持在 6℃以内，主催化剂床层最高温度降低 10℃以上。中国石化抚顺石油化工研究院(FRIPP)开发的新型内置积垢器、喷嘴式分配器、旋叶式冷氢盘(见图 3 和图 4)同样也成功应用于工程装置。

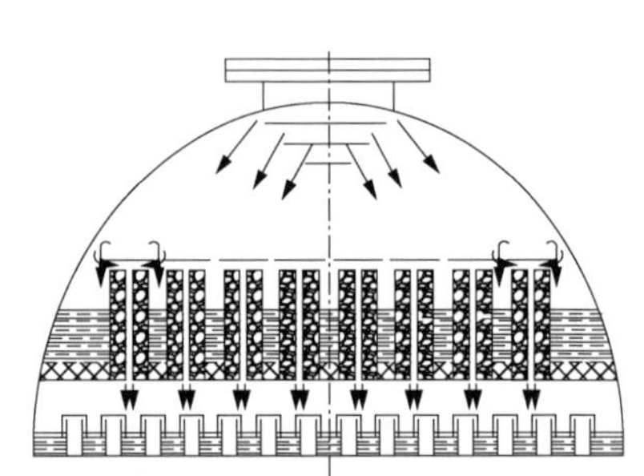

图 3　新型集垢盘结构及安装位置示意图

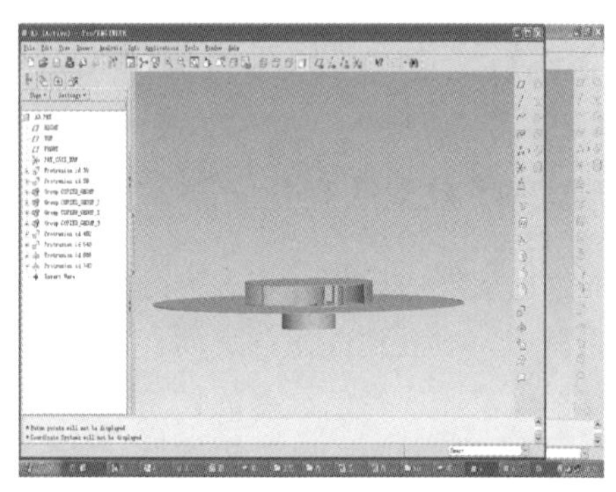

图 4　新型旋叶式冷氢箱模型

4　缠绕管换热器

缠绕管式换热器属于管-壳式换热器，类似于普通固定管板换热器。管束是由采用每层之间缠绕方向相反的螺旋状的盘管构成。层与层之间由垫条控制间距，管与管之间由隔条控制间距。缠绕管式换热器的主要特点是：①单位容积具有的传热面积是普通换热器的 2 倍以上。对管径为 8~21mm 的传热管，每 $1m^3$容积的传热面积可达 100~$170m^2$；而普通列管式换热器，每 $1m^3$容积的传热面积只有 54~$77m^2$，是绕管式换热器的 45%左右。②缠绕管式换热器实现了管程与壳程的纯逆流传热，层与层之间换热管反向缠绕，这种特殊结构极大地改变了流体流动状态，形成强烈的湍流效果，提高了传热系数，减小了传热面积。或者同样的换热面积和流动压降下，可以实现更深的换热深度，使介质的温度端差更低，回收更多的热量。③缠绕管式换热器由于换热管绕制为螺旋盘管状，管端存在一定长度的自由弯曲段，因而换热管具有很好的挠性，管束与壳体间的热膨胀差可通过换热管的变形可自行补偿。层间反向绕制的换热管与垫条/管箍组合形成一个紧密结构，既紧凑又抗振。④管内介质以螺旋方式通过，壳程介质逆流横向交叉通过绕管，避免了折流板结构换热器在折流板背面存在的换热死区和垢物积聚沉淀；同时流体在相邻管之间、层与层之间不断地分离和汇合，使壳层侧流体的湍流加强，减少层流，降低了壁面附着的可能性、换热器结垢倾向低。⑤管束不能抽芯清洗、检查，如要对管束外表面清洗只能采用化学清洗方式；对壳体的检测，可采用从外壁超声检测的方式进行。

目前国外应用于液化天然气(LNG)领域的缠绕管式换热器最大直径约 4500mm、最大换热面积约 $50000m^2$，国产缠绕管式换热器应用于 LNG 的最大直径约 3800mm、最大换热面积约 $45000m^2$。在加氢裂化等炼油加氢装置已交付使用的高压加氢缠绕管式换热器的最大直径约 2600mm、最大换热面积约 $4000m^2$。

5 加氢循环油泵

加氢工艺循环油泵为循环提供动力，在装置中起着至关重要的作用，有装置"心脏"之称，中国石化研发的加氢循环油泵与加氢工艺融为一体，该加氢循环油泵(图 5)具有结构简单、可靠性高、维修方便等优点。主要技术参数见表 1。

图 5 液相循环加氢泵

根据循环油泵的操作工艺参数，其主要技术特点：①满足较高的进出口压力和高温的要求，入口压力为 9.9 MPa(G)，温度为 392℃；②高温循环油泵采用双吸、双支撑、双壳体结构，解决了低汽蚀、高温、高吸入压力、高硫化氢工况下泵的安全稳定运行问题；③结合加氢装置的工艺特点，泵密封腔泄压直接进入装置低压分离系统的方案，将传统的密封系统设计理念中"封堵"变为"疏通"，在泵设计中实现了密封腔压力远低于泵入口压力，从本质上提高了密封的安全可靠性；④具有完全自主知识产权[3]，价格约为进口设备的 1/3，交货周期约缩短一半，且维修方便。

表 1 加氢循环油泵主要技术参数

项 目	主要操作参数
介质	柴油、H_2S、溶解 H_2、微量催化剂粉末
操作温度/℃	392
相对密度(操作温度下)	0.567
黏度(操作温度下)/mPa·s	0.102
正常流量/(m^3/h)	798
额定流量/(m^3/h)	958
入口压力 (G)/MPa	9.9
出口压力 (G)/MPa	10.35
扬程(额定点)/m	81
NPSH (a)/m	7

6 连续重整反应器新型内构件

连续重整采用移动床反应器和再生器，催化剂在反应器和再生器之间连续移动反应过程是在一径向移动床内进行，催化剂自上而下通过由扇形筒(或外网)和中心管所形成的环形空间，物料自扇形筒(或外网)径向通过催化剂床层，反应后产物通过中心管与催化剂进行分离，如图 6 所示。反应中产生的焦炭沉积在催化剂表面上，使催化剂活性下降，需经过再生使催化剂恢复活性，再生用再生气体(含氧氮气)烧除催化剂上沉积的焦炭，同时带走燃烧放出的热量。反应也是在径向移动床内进行，待生催化剂在再生器上部外网、内网组成的环形空间内依靠重力缓慢向下移动，再生气体沿径向依次通过外网、到达催化剂床层进行烧焦、烧焦后气体通过内网与催化剂进行分离。图 7 是再生器的烧焦部分示意。

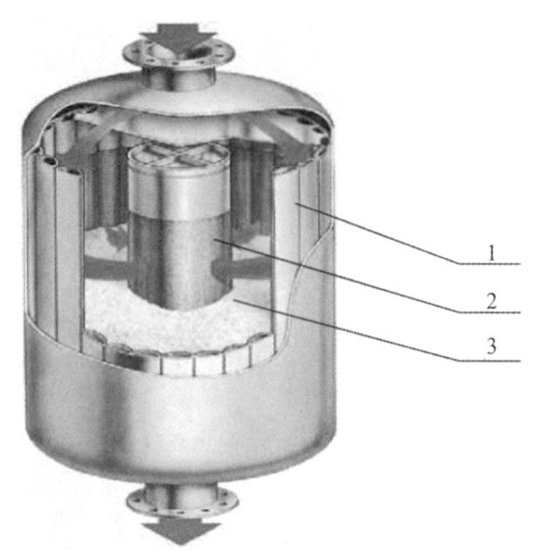

图 6　反应器示意图

1—扇形筒；2—中心管；3—催化剂

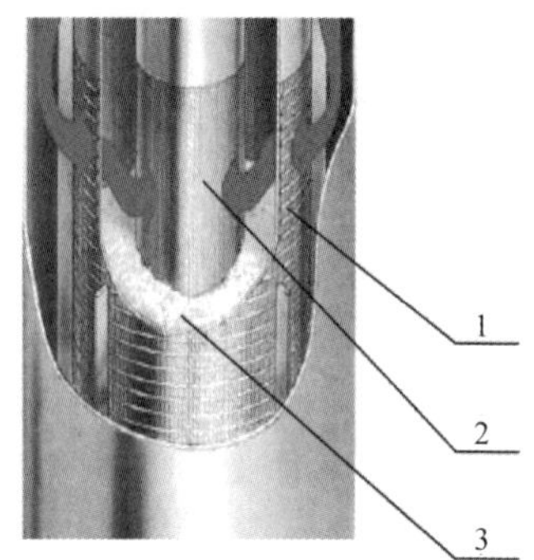

图 7　再生器的烧焦部分示意图

1—外网；2—内网；3—催化剂

6.1　连续重整反应器内构件简介

连续重整反应器及再生器主要内构件有扇形筒、中心管、催化剂输送管、密封盖板组件、中心管支座、内网、外网等，这些内件一般采用奥氏体不锈钢制造。反应器中心管如图 8 所示，反应器中心管主要由盲筒段、开孔段(分配段)和支座段组成，其中开孔段是其主要组成部分。开孔段一般由冲孔内筒、轴向条形筛网等组成。

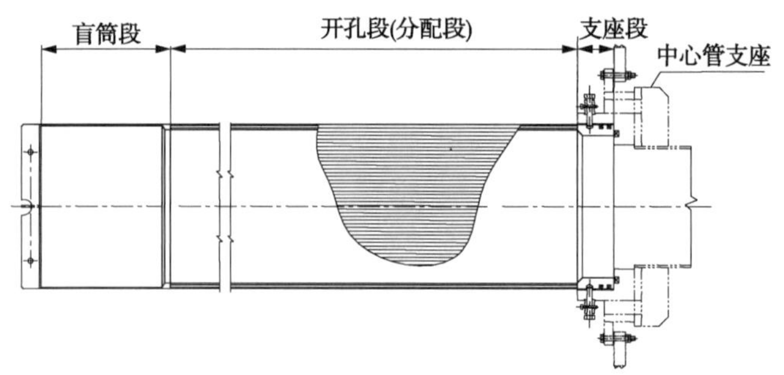

图 8　反应器内构件图

再生器的内网、外网主要组成部件为轴向条形筛网。与反应器中心管所处的操作条件相比，再生器内网所处的操作条件更苛刻，不但绝对温度要更高，更重要的是沿其轴向还有较大的温度梯度，同时由于催化剂表面所携带的碳的分布不均匀性，从而使得在沿其周向也有不确定的温度梯度，因而再生器内网在实际生产运行中有与中心管相比更多的失效案例发生[4]。

中心管和内外网不但受到高温的作用，同时沿轴向还有较大的温度梯度。并且在操作过程中极易产生快速升温和快速降温，在此过程中，由于各元件升降温速度不一样，从而使各元件之间也易出现较大的温度梯度，使之产生变形不协调，从而导致构件温差应力水平很高，容易在筛条纵向连接、筛条与顶部盲筒环向连接等结构不连续处发生扭曲变形、甚至开裂等严重失效形式，导致昂贵的重整催化剂的跑损，同时也导致装置的非正常停工。中石化洛阳工程有限公司开发的新型密封盖板[5]、新型中心管支座[6]以及新型结构的轴向条形筛网[7-8]制造的中心管和内外网等确保了设备大型化后这些复杂内件的制造、安装与应用，并确保了重整装置的安全平稳长周期运行。

6.2 新型内构件技术特点

与常规轴向条形筛网内件相比，新型结构的轴向条形筛网(见图9)，具有以下特点：①该型筛网一次成型，V型截面丝与支撑杆的焊点不经过多次变形，焊点可靠；②新型结构在保证V型截面丝间距的前提下，取消了纵向焊接接头，避免了其结构不连续和结构突变，使其抵抗温差应力和高温的能力大大提高，从而大大提高了其运行的可靠性；③新型结构没有纵向焊接接头，使得其抵抗温度变化的能力显著提高；④由于取消了焊接接头，不存在流动死区，使得气流分布更趋均匀，减少了结焦和积炭以及局部过烧所引起的超温风险；⑤V型截面丝完全垂直，能最大限度减少催化剂磨损；⑥由于制造工艺的改变，使得在制造大直径的轴向条形筛网更加容易，能够适应装置规模大型化的需要。

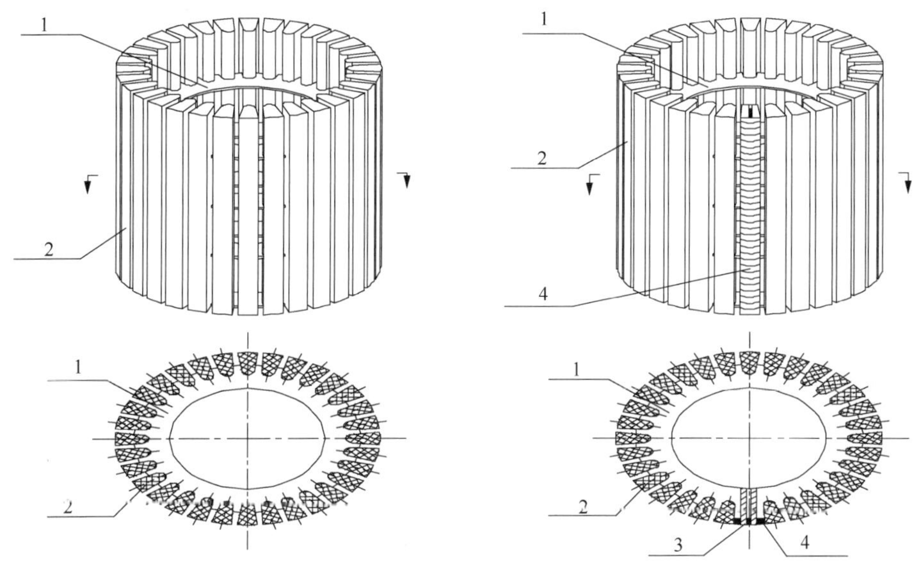

图9　新型轴向条形筛网

1—支持杆或加强筋；2—V型截面丝

新型轴向条形筛网由于其结构的连续性和开孔的均匀性，使其克服了传统结构的缺点，从而使其在承受高温以及温差应力方面更具有优势。通过采用新型轴向条形筛网制造的内件可以提高这些内件运行的可靠性，对于装置大型化和提高装置长期安全运行具有十分重要的意义。

采用新结构制造的中心管、再生器内网、外网已在国内多套工业装置中得到成功应用。新型轴向条形筛网由于其结构方面的优势，在其他的移动床等反应过程中也将得到广泛应用。

7 旋分分离器

7.1 一、二级旋风分离器

目前在国内的催化裂化装置上，常用的一、二级旋风分离器主要由中石化洛阳工程有限公司开发，如 PLY 型。PLY 型旋风分离器结构简图见图 10。

PLY 型旋风分离器的特点如下：分离效率高、压降适中、体积较小，在结构尺寸比例关系上，其显著的特点就是旋分筒体稍长于或等于锥体长度（PV 型旋分筒体短锥体长），且取消了入口内侧板倾斜一个角度的要求，使制造及检修更简单。通过实际生产装置考核，第一再生器一、二级旋分器的总分离效率为 99.996%。装置催化剂自然跑损率约 0.38kg/t 原料油。

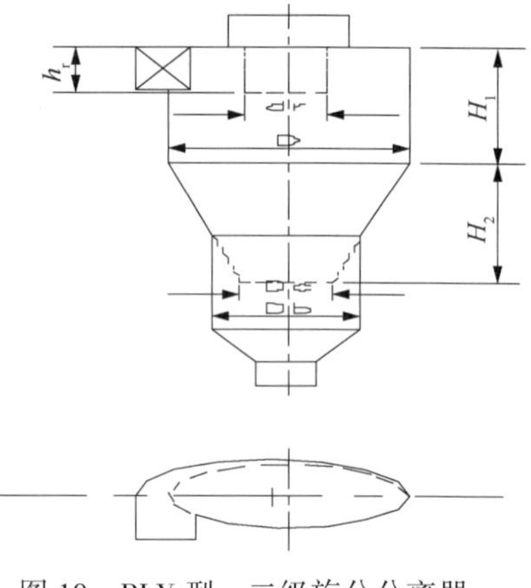

图 10　PLY 型一二级旋分分离器

7.2　第三级旋风分离器

第三级旋风分离器的作用是将再生器顶部出来的高温烟气进一步净化，减少催化剂微粒对烟机的冲蚀磨损，延长烟机的操作寿命，减少粉尘对大气的污染。图 11 右侧所示的为新开发并得以成功应用的大立管三级旋风分离器，适用于处理量较大的催化裂化装置，稍大一些处理量的催化裂化装置也适合应用卧管式三级旋风分离器。一般立管三级旋风分离器适用于较小处理量的催化裂化装置（如小于 1Mt/a）。

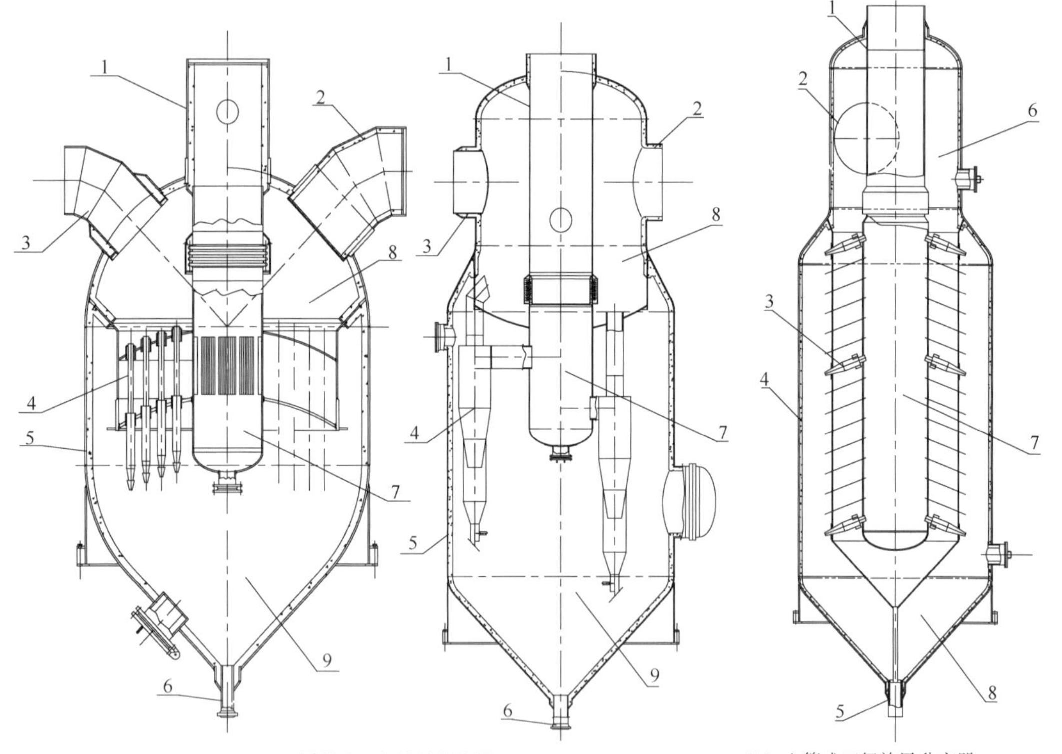

(a) 卧管式三级旋风分离器
1—进气口；2，3—排气口；4—分离单元；5—壳体；6—排尘口；7—进气腔；8—排气腔；9—排尘腔

(b) 立管式三级旋风分离器
1—出气口；2—进气口；3—分离单元；4—壳体；5—排尘口；6—进气腔；7—排气腔；8—排尘室

图 11　三级旋风分离器

第三级旋风分离器是由多根分离单管组成的，分离单管是第三级旋风分离器的核心部

分，它的性能优劣对分离效果具有决定性作用。多年来我国科研、设计与制造单位一起研究开发了多种立管式或卧管式的分离单管，以适应催化裂化装置规模的不断扩大。

目前常用的立管式分离单管见图 12。

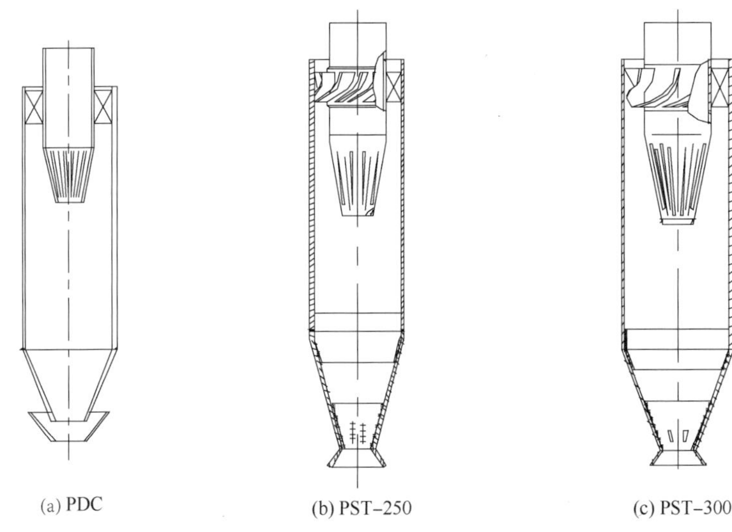

(a) PDC　(b) PST-250　(c) PST-300

图 12　各种立管式分离单管

目前常用的卧管式分离单管见图 13。

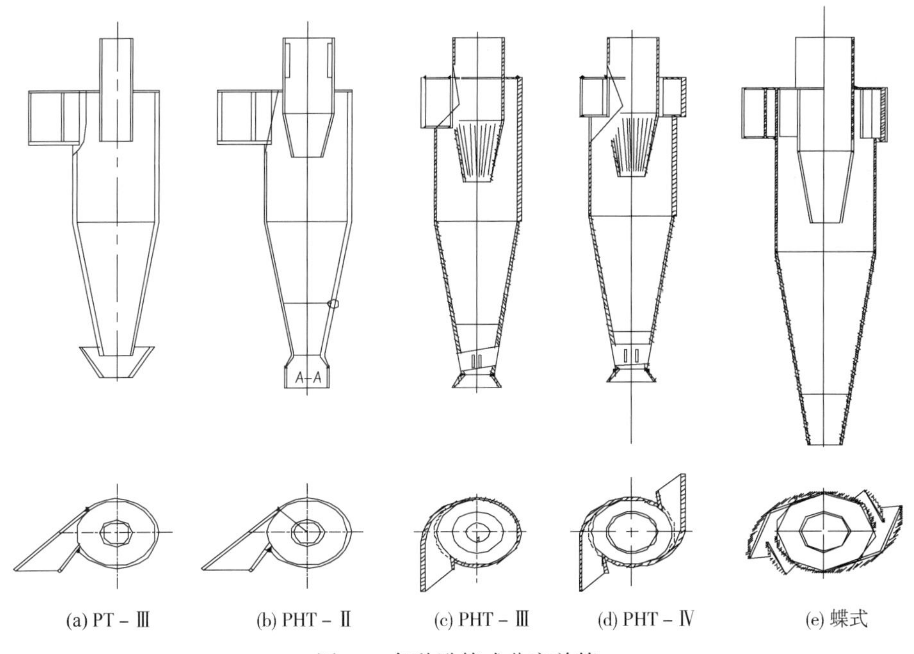

(a) PT－Ⅲ　(b) PHT－Ⅱ　(c) PHT－Ⅲ　(d) PHT－Ⅳ　(e) 蝶式

图 13　各种卧管式分离单管

这些分离单管结构合理，利用颗粒的惯性作用，能有效提高除尘效率。立管式分离单管和卧管式分离单管的分离效率可分别达到 96% 和 98%。其中立管式分离单管适用于立管式第三级旋风分离器，卧管式分离单管适用于卧管式第三级旋风分离器。分离单管的冷态效率和第三级旋风分离器的工业实验数据见表 2。

表 2　第三级旋风分离器性能

三旋型号	冷态分离效率/%		工业热态标定结果		
	单管	多管	出口粉尘浓度/(mg/m^3)	出口粉尘浓度/%	
				≥8μm	≥10μm
立管式三旋	95~96		160	≤8.4	2~3
卧管式三旋	约 98	≤98	42~100	0.3~0.9	0

8　延迟焦化塔底(顶)阀

延迟焦化塔底(顶)阀是炼油厂延迟焦化装置的关键设备，包括塔底阀和塔顶阀两种类型，分别应用于焦炭塔的底部和顶部，适用于各种规模的焦化装置，可以完全取代目前焦化装置使用的塔底(顶)盲盖及塔底(顶)盖机。

延迟焦化塔底(顶)阀规格为 *DN*900 和 *DN*1500，设计温度为 550℃，设计压力为 1.0MPa。其技术特点如下：①*DN*1500 型焦化塔底阀采用浮动金属硬密封加蒸汽辅助密封技术，适合于含固流体、高低温交变的工艺场合，密封可靠，可实现介质零泄漏，有效避免了火灾隐患；研发的“大功率电液执行机构及逻辑联锁控制系统”操作可靠，可实现远程精准控制；②*DN*900 型焦化塔顶阀采用波纹管自动补偿金属硬密封、蒸汽辅助密封等专利结构，提升密封等级，实现介质零泄漏，避免了高温油气的泄漏。

焦化塔底阀和塔顶阀配套联合投用，全面提升了焦炭塔清焦系统的自动化操作水平，减轻了工人的劳动强度，有效缩短生产循环周期，提升了装置的生产能力和安全性，具有良好的社会效益和经济效益。该项目已在克拉玛依石化公司、锦州石化公司、兰州石化公司等单位推广应用。

9　焦炭塔自动底盖机

平板闸阀结构的自动底盖机技术在操作过程中无需装卸底盖，仅开关闸阀移动阀板即可完成，避免了焦炭外漏的风险，保证了人员安全，解决了操作平台环境污染的问题，操作时间仅需 3min 左右，可有效缩短生产周期，提高装置生产能力。

9.1　主要设计参数

阀体主要设计参数见表 3。

表 3　阀体主要设计参数

项目		参数
设计压力/MPa		阀体：0.7，阀盖：1.0
设计温度/℃		阀体：520，阀盖：300
规格、外形尺寸及重量	公称直径	*DN*1500
	底盖机外形尺寸	10222mm×2300mm×700mm
	底盖机重量/kg	约 36100
	自动底盖机总重/kg	约 40000(包括进料段、排焦套筒)

续表

设计压力/MPa		阀体：0.7，阀盖：1.0
电液执行机构	额定油压/MPa	16
	最大油压/MPa	21
	额定推力/t	126
	额定拉力/t	102
	防爆等级	dⅡBT4
	电机功率/kW	15
电气控制系统	电压	380V/50Hz/三相
	控制电源	24V/DC
	控制方式	电液联控并设有开关安全联锁
蒸汽耗量	蒸汽条件	1.0MPa，230℃
	蒸汽耗量	100~300kg/h

9.2 主要结构特点

焦炭塔自动底盖机由阀体部分(含有进料段)、中间支架、动力油缸、电液控制柜和蒸汽辅助密封系统组成，见图14。

图14 焦炭塔自动底盖机

① 阀体部分：阀体部分为扁平结构，由中间阀体、前、后阀盖等组成，均采用铸造结构，前、后阀盖与中间阀体的连接采用唇形密封结构，确保密封可靠不泄漏。阀体上端通过锥形进料段与焦炭塔下端法兰连接(仅旧装置改造时用)。阀体下端通过排焦套筒直接伸入焦炭溜槽，排焦套筒与溜槽入口设有专门密封设施，排焦套筒可自由伸缩，保证除焦系统密闭和操作平台的环境清洁。

② 中间支架：中间支架位于阀体部分和动力油缸之间，由支架体、动力油缸杆和底盖机阀杆连接块、机械锁位机构、行程指示等组成。该支架的设置可使动力油缸杆不必进入阀体高温区内，有利于保证动力油缸长期使用寿命，便于油缸维修和更换阀杆填料，并有利于行程指示和机械锁位机构的设置。

③ 阀板与座圈密封形式：阀板与座圈采用浮动阀座双重金属硬密封形式，确保介质不会外泄，主要由上座圈、下座圈和阀板组成。下座圈采用固定结构，上座圈采用浮动座圈，由耐高温弹性元件和密封元件组合而成，以适应阀板与座圈的热胀冷缩和微量变形，保证密封可靠。阀板为带导流孔的单闸板结构，在全开全关位置阀座密封面均不外露，可有效保护座圈，并在开关过程中对阀板有自洁作用。

④ 阀板和阀座密封面表面硬化处理：为了提高密封性能和使用寿命，阀板和上、下阀座密封面均进行硬化处理。

⑤ 蒸汽辅助密封：为了确保密封可靠，无外泄，在浮动阀座双重密封的基础上，再增加一道蒸汽辅助密封，就是向阀体内通入密封蒸汽(蒸汽压力高于焦炭塔操作压力0.07~

0.14MPa)，可完全防止油气外泄，密封蒸汽设有定压控制和低压报警功能。

⑥ 内部焦块的隔离及屏蔽：为防止开阀过程中焦块落入阀体内腔，影响底盖机正常工作，阀腔内设有焦炭屏蔽罩，在阀门开关过程中起到隔离焦块及冷焦水落入阀体内腔的作用。

⑦ 驱动机构：底盖机的驱动机构采用大功率电液执行机构，采用一对一的配置方案，驱动力冗余按 3 倍设计，以满足各种工况的驱动要求。电气控制箱为 dⅡBT4 防爆型结构，可实现电液联控，并带有允许开关联锁保护可防止误动作，确保操作安全可靠。

⑧ 安全联锁控制：底盖机的控制系统与焦炭塔的温度或压力联锁，确保安全程序操作。

焦化塔自动底盖机其性能指标均达到了设计要求，填补了国内焦炭塔密闭式自动卸底盖技术的空白，且有多项创新点，具有独立自主的知识产权。其可替代进口及国内现有底盖机的更新换代，完全可满足国内延迟焦化装置的使用要求，也为实现焦炭密闭输送技术提供了保证，并已逐步得到推广应用。

10 YL 型烟气轮机

YL 型烟气轮机经过近 40 年的不断进步，已经实现了从设计研制、试验、应用、发展、提高直至系列化的目标。它在催化裂化装置的广泛应用不仅降低了装置的能耗，为用户带来了可观的经济效益，同时也促进了与之相关的气固分离技术、高温合金材料、耐磨涂层材料、机组控制、监测及在线诊断专家系统等领域的科学研究及生产应用的发展，促进了炼油厂旋转机械领域的先进技术、新型材料、机组在线监测及计划维修等的广泛应用和深度发展。

YL 系列烟气轮机具有技术特点：①结构及气动设计合理，兼顾烟气轮机的长周期安全稳定运行和较高的回收效率；②采用轴向进气和径向排气结构，使用新型高效弯扭动静叶片和高效排气壳体，单级运行效率不低于 82%；③采用了新型轮盘密封结构和防结垢流道设计，保证回收效率的同时缓解了催化剂的结垢；④转子采用刚性设计，轴径及测振带部位采用毫克能光整技术，径向及推力轴承采用 LEG 强制供油型轴承，转子动力学性能稳定；⑤半刚性壳体，导向膨胀，承载管线力和力矩的能力强；⑥垂直剖分，冷热部件的完全分离，适合高温；⑦采用性能最好的长城系列烟机耐磨涂层，延长了叶片使用寿命。

截至 2014 年底，YL 系列烟气轮机已经生产交付用户 230 台，总功率为 207.1×10^4kW，其中单级烟气轮机最大轮盘直径为 1380mm，功率为 3.3×10^4kW，双级烟气轮机最大轮盘直径为 970mm，功率为 1.8×10^4kW。截至目前，生产的台数已占到全球总量的 60%，占国内烟机总量的 95%以上。

目前已经形成了轮盘直径分别为 ϕ500mm、ϕ600mm、ϕ700mm、ϕ830mm、ϕ900mm 和 ϕ970mm 单双级及直径为 ϕ1120mm、ϕ1250mm 和 ϕ1380mm 单级共 15 个系列的烟气轮机，能够满足国内各炼厂不同规模装置的需求。

11 电液冷壁滑阀

滑阀是炼油化工行业催化裂化装置上的关键设备之一。按照用途可分为单动滑阀和双动滑阀。单动滑阀一般安装于催化剂循环管道上，主要作用是防止在开停工及发生事故时催化剂倒流，在开工初期调节催化剂循环量。双动滑阀一般安装于再生器顶部出口的烟气管道上，主要作用是控制再生器的压力，使之与反应器的压力保持基本平衡。

目前，国内滑阀大多采用电液控制系统，具有运行平稳、耐高温、无卡阻、无泄漏、手动操作自如、自动操作精度高等特点。

冷壁单动滑阀规格覆盖 *DN*200～*DN*1700，冷壁双动滑阀规格覆盖 *DN*500～*DN*2360，冷壁滑阀设计温度为 350～900℃，设计压力 0.4MPa 以上。其结构特点如下：①阀门壳体内壁衬制隔热、耐磨双层衬里，在保证隔热性能的基础上，表层的耐磨衬里大大提高了阀体内部的抗磨损、抗冲刷性能；②采用单填料压盖、双填料串联密封结构；③采用阀座圈及导轨防螺栓断裂结构；④壳体表面喷丸工艺提高了表面质量；⑤滑阀高温区螺柱的螺纹采用滚压工艺，延长了螺柱使用寿命；⑥CMT 冷焊工艺代替传统堆焊技术，提高了焊接质量；⑦滑阀配套用电液执行机构采用智能化设计，具有遥控调试、数据备份与恢复、油泵自动启停、油源自加热、防雷电等新功能。

12　三偏心硬密封高温蝶阀

三偏心硬密封高温蝶阀主要应用于炼油化工行业催化裂化装置高温管线，具有耐高温、耐磨蚀、零泄漏的特点。三偏心硬密封高温蝶阀设计温度为 650～750℃，设计压力为 0.3～0.5MPa，泄漏量可达到 ANSI B16.104 CLASS V 级的密封要求。

三偏心硬密封高温蝶阀配套电液执行机构具有事故状态紧急关断功能，关断瞬间具有缓冲功能以保护密封面不会受到猛烈冲击导致损坏。

阀体采用双筒体热态同步膨胀结构和快速带缓冲电液执行机构的三偏心硬密封高温蝶阀已经在扬州实友化工、山东齐润化工等 6 家化工企业催化裂化装置成功投用。

13　超重力技术

超重力技术的核心是超重机，英文缩写 HIGEE(High Gravity)，又称旋转床，英文缩写 RPB(Rotating Packed Bed)，是 20 世纪 70 年代发展起来的一项新兴的工程技术，是利用超重力场(离心力场)强化“三传一反”化工过程的新型设备与技术。

13.1　超重机的特点

超重机既可用于传质分离过程，又可用于复相反应过程。它所处理的介质多种多样，根据不同需要可以是气-液两相也可以是液-液两相，还可以是气-液-固三相，操作方式可以是并流、逆流或错流操作。与传统的塔式设备相比超重机显示出其独特的优势：①传质强度高，可大幅减小设备体积，降低设备投资，并且易于橇装；②停留时间短，适用于热敏性物料的处理和选择性吸收；③不怕震动和倾斜，适用于在活动场所如海上石油平台上使用；④不易起泡以及较高的离心力，适用于处理表面活性物质和高黏性物质；⑤持液量小，适用于处理贵重物质；⑥泛点高，适用于大气量、高气速的场合；⑦填料不易堵塞，适用于处理含固体颗粒或杂质的体系；⑧维修方便，填料也易于更换；⑨用于处理腐蚀性介质时，可大大节省价格昂贵的耐腐蚀材料；⑩开停车容易，可在数分钟内达到稳定状态。

13.2　工业应用

中国石油化工股份有限公司北京化工研究院针对带压系统开发了磁力驱动超重力技术。

该超重机的特点是无动密封点，因此无泄漏，特别适用于中、高压、易燃易爆的生产场合，优化设计后提高了设备的运转周期。

① 超重机用于炼厂干气脱硫化氢，操作压力 1.1MPa，与吸收塔脱硫的相关参数对比见表 4。

表 4　超重机脱硫与吸收塔脱硫的对比

项　目	设计值		超重机	吸收塔
气量/(Nm^3/h)	8000		5000~10000	
压力/MPa	1.6		1.1	
硫化氢含量/(mg / Nm^3)	入口	23000	5000~33200	
	出口	<20	<3	<3
二氧化碳共吸率/%			9.8	79.9
胺液循环量/(t/h)	20~24		15~20	20
空塔体积/m^3			2.2	23.8
高/m			2.89	32
填料体积/m^3			0.31	14
综合能耗/(kg 标油/t)			-0.184	基准

② 超重力技术用于煤制甲醇变换气脱硫化氢，操作压力 4.0MPa，应用结果见表 5。

表 5　年产 100kt 甲醇装置中变换气脱硫化氢工业应用结果

项　目		设计值	超重机	吸收塔	超重机/塔的优点
气量/(Nm^3/h)		48000	65000		操作弹性高
压力/MPa		4.0	2.9		
硫化氢含量/(mg / Nm^3)	入口	2000	900~1700		脱硫效果好
	出口	<20	10 左右	<20	
变换气中二氧化碳含量(体积分数)/%	入口	34~35	34~35		脱硫选择高，胺液解析能耗低
	出口		33~34	17	
二氧化碳共吸率/%			2	50 左右	
胺液循环量/(t/h)			85	120	能耗明显降低
直径/m			2	2.2	91%
高/m			4.4	22.8	19.3%
空塔体积/m^3			10	110	9.1%
填料体积/m^3			0.53	56	0.94%

另外，超重机在油田伴生气脱硫、克劳斯尾气选择性脱硫、催化剂载体制备、含油废水处理等方面都有很好的工业应用实例。

14　微旋流器

微旋流器是利用流体旋转产生的离心力场、速度梯度场和剪切力场实现场分离、反应性分离、微萃取、选择性吸收、脱附等单元操作的静设备，具有紧凑、高效和节能的特点。

微旋流器及其核心分离单元微旋流芯管利用旋转流能够将气体中硫化氢浓度从小于100μg/g 降低到 1μg/g 以下，气体和液体中颗粒物有效去除精度达到 2.5μm，油相中钠离子浓度从小于 10μg/g 降低到 2μg/g 以下等。

14.1 液–固微旋流器

液–固微旋流器中旋流芯管的公称直径为 25mm，在额定压力降为约为 0.1MPa 的条件下，能够有效去除粒径为 2μm 的颗粒，应用于水、油中脱除焦粉、催化剂微粒、砂粒等[9-19]。图 15 为柴油脱焦粉的微旋流器示意图。

14.2 液–液微旋流器

液–液微旋流器采用公称直径为 17.5mm 的微旋流芯管，可在额定压力降约为 0.20MPa、入口分散相浓度小于 1000mg/L 条件下，实现净化相出口中分散相浓度小于 60mg/L。液–液微旋流器可用于含油污水、环己烷氧化液、含硫污水(酸性水)和脱硫溶剂等的脱油，液化石油气脱胺，环己酮氧化液脱碱，原油、汽油、柴油等脱水[20,21]。图 16 为含油污水脱油微旋流器示意图。

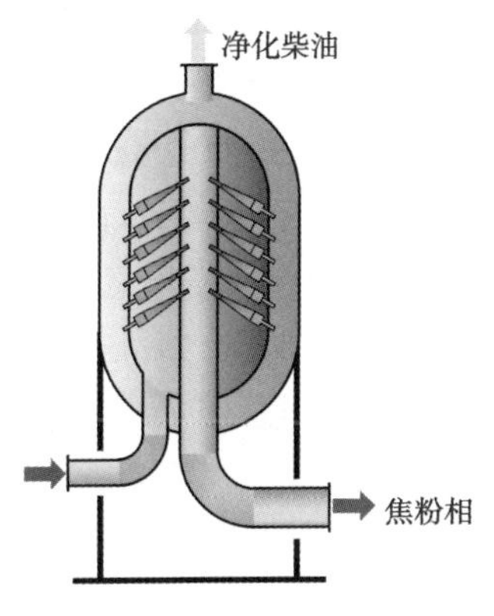

图 15　柴油脱焦粉微旋流器

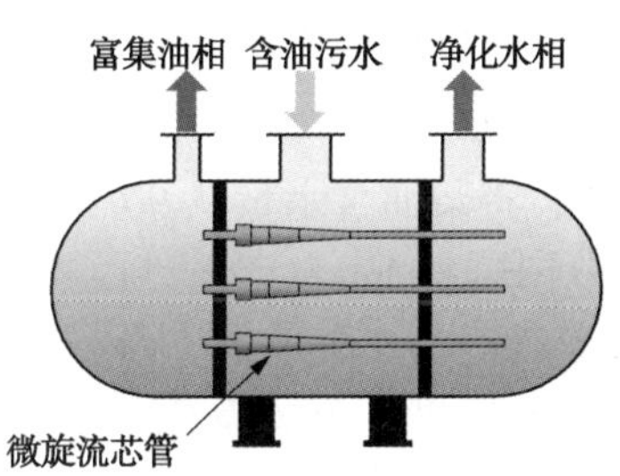

图 16　含油污水脱油微旋流器

14.3 气–液微旋流器

气–液微旋流器中旋流芯管的公称直径为 75mm，在额定压力降约为 30mmH_2O 条件下，能够使气体中的含液量由 500mg/kg 降至 25mg/kg、气相出口中 2.5μm 粒级的颗粒物脱除率达到 90%。气–液微旋流器可作为独立设备或内置式于反应器、精馏塔和吸收塔使用，用于天然气、循环氢气、低分气、干气、燃料气等介质的脱烃、脱胺[22-26]。图 17 为脱烃微旋流器及脱硫塔顶内置的微旋流器示意图。

14.4 微旋流器应用效果

① 在延迟焦化装置中的应用。基于微旋流器开发的石油焦化冷焦污水密闭循环处理工艺技术应用在中国石化 1Mt/a 的焦化装置中，使冷焦污水焦粉浓度从 200mg/L 降至 50mg/L 以下，含油浓度从 2000mg/L 降至 100mg/L 以下，装置区内臭气浓度从 2000 降至 30 以下

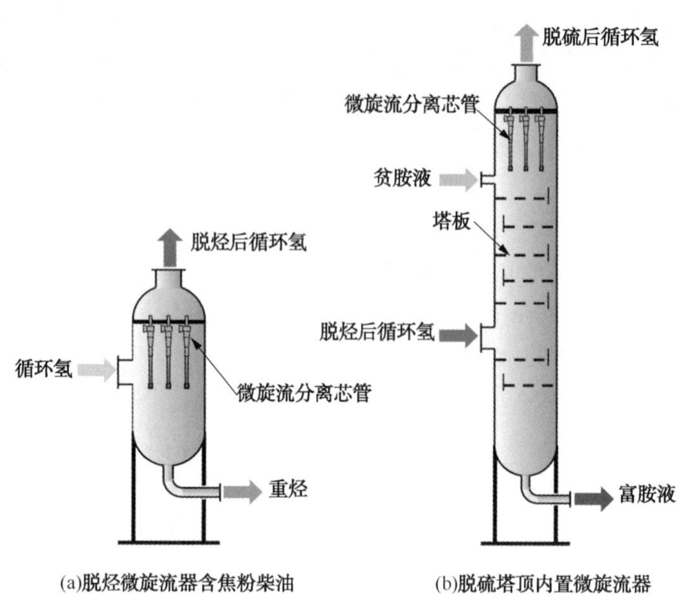

图 17　脱烃微旋流器、脱硫塔顶内置微旋流器

(装置本底的臭气浓度)，达到国家规定的作业环境工业卫生标准。

② 在加氢裂化装置中的应用。基于微旋流器开发的非均相分离强化系统在中国石化 1.5Mt/a 加氢裂化装置中实施，使循环氢中 C_5^+ 以上的含量从 1.58~50.08g/Nm^3 降至 0.22~4.67 g/Nm^3，水含量从平均 6.5g/Nm^3 降至 1.6g/Nm^3，循环氢分子量从平均 4.62 降至 3.81，循环氢纯度提高 1%以上，使循环氢脱硫系统脱硫剂消耗降低 64%，循环氢压缩机透平蒸汽耗量降低 1t/h；将柴油含水量从 90.21~ 314.69mg/L 降至 33.08~56.71mg/L；将液化石油气富胺含量从 105~323mg/L 降至 31~89mg/L；将低分气富胺含量从 377~792mg/L 降至 76~123mg/L。

③ 在催化裂化装置中的应用。基于微旋流器开发的废水中细颗粒物控制系统应用在 1.8Mt/a 甲醇制 0.6Mt/a 烯烃的催化裂化系统，能够保障装置的连续稳定运转、去除回收平均粒径 1.8μm 的催化剂微粉、水密闭循环使用，废热回收率超过 90%。

参　考　文　献

[1] 朱华兴，张国信，王昕．一种用于液相加氢反应器内的混合器：中国，CN 203710999U[P]. 2014-07-16.

[2] 张国信，朱华兴，赵勇，等．一种气液分配器：中国，CN 205216809U[P]. 2016-05-11.

[3] 杨成炯，朱华兴．一种降低泵密封腔压力的方法：中国，CN 102269177A[P]. 2011-12-07.

[4] 胡庆均．连续重整装置再生器内网失效案例及分析[J]. 炼油技术与工程，2012，42(6)：33-36.

[5] 胡庆均，王冕，张盈满，一种中心管支座：中国，CN 201940216U[P]. 2011-08-24.

[6] 张盈满，王冕，胡庆均，等．一种中心管密封盖板：中国，CN 202015609U[P]. 2011-10-26.

[7] 胡庆均，桑国平．新型轴向条形筛网在连续重整装置中的应用[J]. 石油化工设备，2012. 41(4)：64-67.

[8] 胡庆均，王冕，王繁华，等．一种隔离网筒：中国，CN201899917U[P]. 2011-07-20.

[9] Wang Hualin, Qian Zhuoqun, Wang Jianwen, et al. A Methodand an Equipment for Cooling Coke Wastewater:

US, US 11/748, 829[P]. 2008-09-02.

[10] Yang Q, Wang H L, Liu Y, et al. Solid/Liquid Separation Performance of Hydrocyclones with Different Cone Combinations[J]. Separation and Purification Technolupy, 2010, 74(3): 271-279.

[11] Yang Q, Wang H L, Wang J G, et al. The Coordinated Relationship Between Vortex Finder Parameters and Performance of Hydrocyclones For Separating Light Dispersed Phase[J]. Separation and Purification Technology, 2011, 79(3): 310-320.

[12] Wang Hualin, Zhang Yanhong, Yang Qiang, et al. Method For Purifying Quench Water and Scrubbing Water from MTO by Mini-Hydrocyclone and Apparatus Used For Same: US, US 12/427, 578[P]. 2011-12-27.

[13] Yang Q, Lv W J, Ma L, et al. CFD Study on Separation Enhancement of Mini-Hydrocyclone by Particulate Arrangement[J]. Separation and Purification Technology, 2013, 102(4): 15-25.

[14] Yang Q, Li Z M, Lv W J, et al. On The Laboratory and Field Studies of Removing Fine Particles Suspended in Wastewater Using Mini-Hydrocyclone[J]. Separation and Purification Technology, 2013, 110(7): 93-100.

[15] Ma L, Yang Q, Huang Y, et al. Pilot Test on the Removal of Coke Powder from Quench Oil Using a Hydrocyclone[J]. Chemical Engineering and Technology, 2013(36): 696-702.

[16] 汪华林，师敬伟，张帆，等. 脱除原料油中焦粉的方法及装置：中国，ZL200810207831.0[P]. 2013-03-27.

[17] Yang Q, Lv W J, Shi L, et al. Treating Methanol-to-Olefin Quench Water by Minihydrocyclone Clarification and Steam Stripper Purification[J]. Chem. Eng. Technol., 2015(38): 547-552.

[18] Lv W J, Yang Q, Ma L, et al. Application of Minihydrocyclones in Methanol-to-Olefin Process Wastewater Treatment[J]. Chem. Eng. Technol, 2015(38) 504-510.

[19] 戴宝华，胡江青，汪华林，等. 一种催化裂化装置外甩油浆净化处理方法及其专用装置：中国，ZL200410016965.6[P]. 2005-09-14.

[20] 汪华林，钱卓群，王建文. 含硫污水的旋流除油方法：中国，ZL200310108476.9[P]. 2006-06-14.

[21] Bai Zhishan, Qian Zhuoqun, Ma Ji, et al. Process and Apparatus for Separating and Recovering Waste Alkali from Cyclohexane Oxidation Solution: US，等 US 12/358, 004[P]. 2012-07-17.

[22] 马良，朱焕军，汪华林，等. 连续重整工艺气体中氯化物的旋流捕集方法与装置：中国，ZL201110425310.4[P]. 2013-10-30.

[23] 钱鹏，汪华林，许德建，等. 胺液液滴选择性脱出气体中硫化氢的方法及装置：中国，201210339524.4[P]. 2014-09-24.

[24] Wang Hualin, Ma Ji, Qian Zhuoqun, et al. Short-Flow Process for Desulfurization of Circulating Hydrogen and Device For The Same: RU, RU2010120884[P]. 2011-12-27.

[25] Ma L, Wu J P, Zhang Y H, et al. Study and Application of a Cyclone for Removing Amine Droplet From Recycled Hydrogen in a Hydrogenation Unit[J]. Aerosol and Air Quality Research, 2014(14): 1675-1684.

[26] Ma L, Shen Q S, Li J P, et al. Experiment and Industrial Application of An Efficient Cyclone De-Liquid Device for Recycled Hydrogen in Hydrogenation Unit[J]. Chemical Engineering and Technology, 2014(37) 1072-1078.

致谢：参加本章编写的还有：中石化洛阳工程有限公司的胡庆均、张士诚、中国石化石油化工科学研究院的毛俊义、中国石化抚顺石油化工研究院的彭德强、华东理工大学的汪华林、渤海装备兰州石油化工厂的王亚青，在此一并致射。

炼油控制系统与关键设备

金建祥[1]　裴炳安[2]　黄文君[1]　俞文光[1]

(1. 浙江中控技术股份有限公司；2. 中国石化洛阳工程有限公司)

摘　要：围绕大型炼油装置的工艺特色和企业管理需求，结合当代控制理论、计算机网络、智能仪表等技术，开展了管控一体化的架构设计，详细介绍了主要典型控制系统的组成及功能，重点阐述了大规模控制系统网络设计、全系统冗余、在线下载、系统工业设计、现场总线集成与智能设备管理等核心技术，同时阐述了两个大型炼油装置的工程设计与现场实施，并对控制系统的未来发展趋势进行了展望。

1　概述

随着世界范围内石油化工生产技术的不断进步，炼油企业正朝着大型化、一体化、智能化和清洁化等方向发展[1]。这些趋势要求控制系统应具有开放性、高可靠性、互操作性和易维护性等性能，同时要求炼油行业原先的设计和应用理念与时俱进。除 DCS、SIS、OTS、AMS、APC 等技术在过程自动化领域得到了广泛应用外，智能仪表技术、过程控制系统集成化技术、现场总线技术、管控一体化技术等日益发展成熟，已成为目前炼油领域的热点应用技术[2]。通过以上这些技术的应用，实现了生产管理与过程控制管控一体化、供应链协同一体化、设计运营维护一体化，实现了企业从原油选择、采购、加工到产品出厂全过程的智能化生产及管理，从而使企业的利润最大化。

2　炼油装置典型控制系统[3-7]

炼油装置典型控制系统主要有以下几种：过程控制系统(PCS，通常指 DCS/FCS)、安全仪表系统(SIS)、可燃气体和有毒气体检测报警系统(GDS)、压缩机控制系统(CCS)、转动设备状态监视系统(MMS)、设备包控制系统(EPCS)、分析数据采集系统(ADAS)、罐区数据采集系统(TDAS)、储运自动化系统(MAS)、仪表设备管理系统(AMS)、操作数据管理系统(ODS)、先进控制(APC)、操作培训仿真系统(OTS)等，其结构如图 1 所示，其核心为 DCS 系统及工业网络。

2.1　过程控制系统(DCS/FCS)

DCS 是实现生产过程控制、监视、报警、报表打印及生产管理的核心。DCS 的操作站、打印机、工程师站及辅助操作台等设在中心控制室(CCR)；数据采集和过程控制单元等设在现场机柜室(FAR)。中心控制室与现场机柜室之间用双重冗余的光纤电缆连接。

FCS 采用现场总线技术，现场总线通信模件冗余，与 FCS 连接的现场变送器和阀门定位器带现场总线协议。通过 AMS 系统可对仪表的组态数据和性能进行维护和管理。

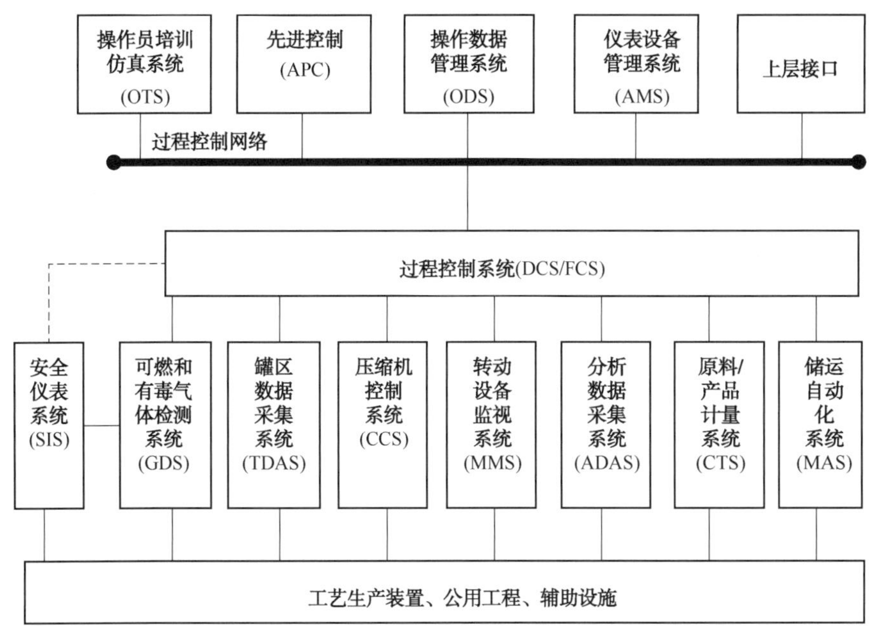

图 1　炼油装置典型控制系统结构框图

2.2　安全仪表系统(SIS)

SIS 系统独立于 DCS 系统和其他子系统单独设置，独立完成紧急停车功能。根据 IEC61511 和 ANSI/ISA 84.00.01 的安全等级要求，SIS 系统采用经国际安全认证机构认证的可编程逻辑控制器系统，选用双重化、三重化或四重化结构。

SIS 与 DCS 的设计方式相同，控制器或远程 I/O 机架安装在现场机柜室内，通过光缆接入中心控制室操作站。根据需要在较远的现场机柜室设置辅助操作台，用于就地监控、机组试车和装置开停工时使用。中心控制室内的 SIS 系统与现场机柜室内的 SIS 系统冗余通信。SIS 系统与 DCS 系统通信，在 DCS 操作站 CRT 上监视。

2.3　可燃气体和有毒气体检测报警系统(GDS)

GDS 包括各工艺装置、公用工程、油品储运等区域的可燃气体、有毒气体检测系统，完成生产区及储运区内的可燃气体/有毒气体的检测报警，通过信息网络实现消防联动。GDS 发出可燃气体或有毒气体报警时，同时触发安装在现场相应区域的声光警报器。同时与自动灭火等系统实现数据联网，将 GDS 故障信息和气体报警信号通过管理信息网提供给消防队、环安等部门。GDS 独立于 DCS 系统、SIS 系统和其他子系统单独设置。GDS 系统与 DCS 系统通信，在 DCS 操作站 CRT 上监视。

2.4　压缩机控制系统(CCS)

CCS 完成压缩机的防喘振调节和安全联锁保护。CCS 系统根据工艺过程的要求，使压缩机系统在最小流量喘振曲线下维持压缩机最佳的性能和功效。

CCS 系统采用三重化或双重化的冗余、容错系统。CCS 系统的硬件设置在现场机柜室中。CCS 系统与 DCS 系统通信，在 DCS 操作站 CRT 上监视。

2.5 转动设备状态监测系统(MMS)

MMS 系统完成透平机、压缩机和泵等主要转动设备参数的在线监控，对转动设备的性能进行分析和诊断，支持转动设备的故障预维护。重要运行参数(轴振动、轴位移、转速等)直接传动到 MMS 系统，操作人员在管理站上直接读取转动设备运行参数，在线诊断分析结果。

MMS 系统的信息数据采用通信方式传送至 DCS/FCS 系统。用于安全联锁保护的 I/O 信号，通过硬接线方式接入至 SIS 系统。

2.6 罐区数据采集系统(TDAS)

TDAS 系统监视储罐物料的液位、压力、温度和密度信息，并通过计算将测量物料的液位自动转换为体积值或质量值。

TDAS 系统在现场机柜室内设有过程接口单元，在中心控制室内设置工程师站和服务器。TDAS 系统与 DCS 系统通信，在 DCS 操作站 CRT 上监视。

2.7 分析数据采集系统(ADAS)

ADAS 系统用于在线分析仪表的数据采集、管理和维护。ADAS 系统服务器设在中心控制室，数据采集单元设在现场机柜室或现场分析小屋，通过内部局域网进行连接。ADAS 系统与 DCS 系统通信，在 DCS 操作站或管理站 CRT 上监视。

2.8 原料和产品计量系统(CTS)

CTS 系统是进出工厂原料和产品的独立计量系统，计量的数据是国际和国内贸易结算的依据。CTS 系统包括现场的流量计和流量计算机系统，流量计算机系统设在现场机柜室，工程师站设在中心控制室。CTS 系统与 DCS 系统通信，在 DCS 操作站 CRT 上监视。

2.9 储运自动化系统(MAS)

MAS 系统用于物料储存、运输控制和管理，包括码头原料和产品的装卸；火车、汽车装卸站原料和产品的装卸；聚合物产品的包装码垛及仓库信息管理等。MAS 系统与 DCS 系统通信，在 DCS 操作站 CRT 上监视。

2.10 仪表设备管理系统(AMS)

AMS 系统用于对现场仪表、调节阀进行维护、校验和故障诊断的管理，用于制订仪表维护和测试计划。AMS 系统的数据处理服务器设在中心控制室，与 DCS 系统通信，在管理站 CRT 上监视。

2.11 操作数据管理系统(ODS)

ODS 系统用于工厂生产、操作数据信息的集中管理，提供操作数据的自动采集、长周期存储、管理分析等功能。ODS 系统的服务器设在中心控制室，与 DCS 系统通信。ODS 客户终端通过工厂网络对系统的服务器进行登录使用，在管理站 CRT 上监视。

2.12 操作员培训仿真系统(OTS)

OTS 系统通过仿真模拟工厂的开车、停车、正常运行和各种事故过程的现象和操作来培训操作人员，并对操作人员的操作技能给予评估。OTS 系统使用独立的内部局域网，包括仿真计算机、教学工作站、培训操作站和外围设备等，并与 DCS 系统通信。教学工作站软件可以建立表格、画面和趋势显示，并能跟随模型的仿真变量进行变化。

3 控制系统架构设计与关键技术

千万吨级大型炼油企业具有装置规模大、地域分布广、控制系统种类多等特性，对控制系统的可靠性、工程管理、维护工作都提出了较高要求，需要各类自动化技术的支撑，具体要求见表 1[8]。

表 1 大型炼油企业特点及相关自动化技术

大型炼油企业特点		相关自动化技术
规模大	装置种类多， I/O 点数规模大(几万)	大规模网络技术
系统多	各类子系统达十多个， 系统通信接口多达数十个	总线集成技术，管控一体化技术
分布广	占地面积达几个平方公里， 网络布局复杂	实时网络技术，信息安全技术、 大规模组网技术，计算机生产调度技术
高可靠性	投资巨大(达几百亿元)， 开车成本高(上千万)， 运转周期长(几年)	可靠性技术 (冗余技术、工业设计)， 在线维护技术
工程管理复杂	联调、投运工作量大； 协同工作(上百名工程师)	协同组态技术
维护工作方便、容易	日常维护不能导致停车	系统诊断技术，在线下载技术

3.1 管控一体化的架构设计[9]

大型炼油企业管控一体化系统由三层组成，包括过程控制层(PCS)、生产运行管理层(MES)和企业资源管理层(ERP)。过程控制层实时监控生产操作、原料及产品储运、公用工程和产品质量等全过程。

管控一体化系统在纵向上要求过程控制层、生产运行管理层和企业资源管理层所在的三层网络无缝连接，在横向上要求生产各装置网络无缝连接和信息一体化，包括原料输入、产品输出、罐区存储和辅助工程等装置。其结构示意图如图 2 所示。在 PCS 内部，同样要求各子系统管控一体化，如 DCS、SIS、MAS 等。

3.2 大规模控制系统网络设计[10]

大规模控制系统的网络架构可分为信息管理网、过程控制网、I/O 总线以及现场总线网络，其结构如图 3 所示。过程信息网、过程控制网、I/O 总线的基础网络统一采用双重冗余

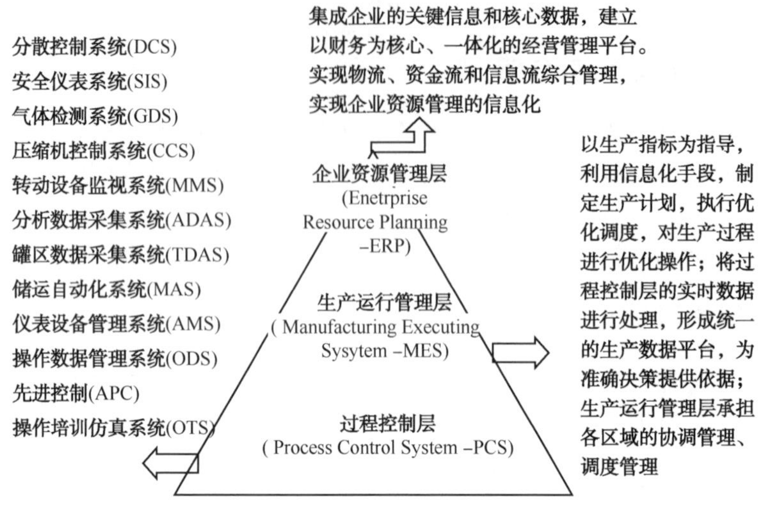

图 2　管控一体化系统结构示意图

的高速工业以太网，实现过程参数、控制数据的高效安全传输。

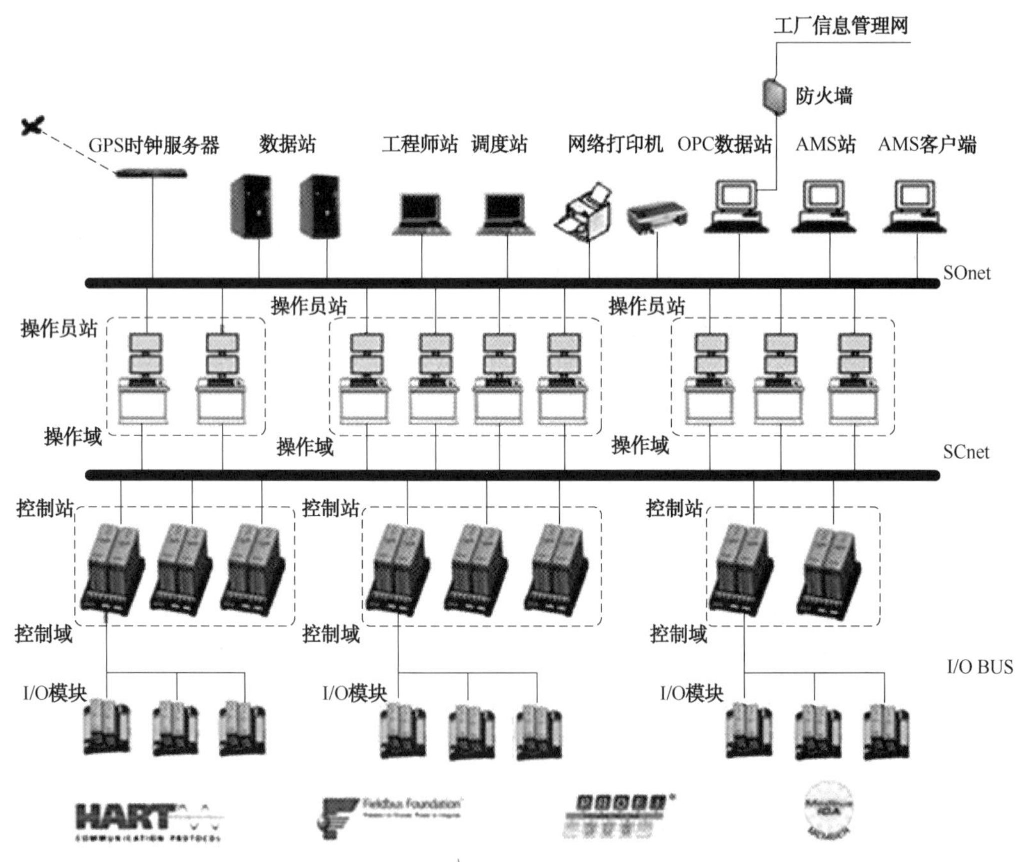

图 3　大规模控制系统的网络结构

以 WebField ECS-700 DCS 为例，其具备良好的扩展性和开放性，可通过增加控制节点、操作节点、系统位号等方便地扩大系统规模。系统支持通过 PROFIBUS、Modbus、OPC 多种方式与第三方系统连接，并支持标准以太网连接信息管理网，共享数据。系统支持 16 个控制域和 16 个操作域，每个控制域支持 60 个控制站，每个操作域支持 60 个操作站，单域支持位号数量为 65000 点。

3.3 全系统冗余技术

冗余是一种高级的可靠性设计技术，1 : 1 热冗余是其中一种有效的冗余方式。冗余不是两个部件简单的并联运行，而是需要硬件、软件、通信等协同工作来实现。将互为冗余的两个部件构成一个有机的整体，通常需要以下技术的有力支撑与保证：信息同步技术、故障检测技术、故障仲裁技术和切换技术、热插拔技术、故障隔离技术。

控制系统的可用性在很大程度上取决于那些平均故障间隔时间(MTBF)值较低而能对系统正常运行造成重大影响的部件，如主控制卡、网络、电源、通信转发卡等。在设计中对关键部件进行冗余设计，可以大大提高控制系统的可用性。

3.4 在线下载技术

炼油装置一旦投运，长时间不能停车，否则将造成很大的经济损失。控制系统应有专门的技术措施来应对投运期的组态变更，实现连续运行的能力。

DCS 通常采用组态关联检测、增量编译和下载、在线下载统一管理、非关键参数在线发布等方法来解决装置生命周期内的变更导致的在线下载需求。

① 组态关联检测。控制站中组态信息是一个有机整体，如程序中的用户功能块、I/O 信息中的硬件地址信息、用户程序中的 I/O 位号。各部分可以各自修改并下载，但可能影响其他组态内容的正确性。因此系统必须对控制站各部分组态信息进行关联检测，软件根据组态内在关系编译检查修改项，智能判断组态变更引起的下载内容。

② 增量编译和下载。系统可以识别出组态更改的内容，并只将更改的内容进行编译和下载，不影响其他部分的独立运行，确保组态变更工作的高效与安全。

③ 下载管理。在线下载时统一下载管理，集中监视各部分组态的下载过程。自动生成下载报告，并可追溯历史下载记录。

④ 非关键参数在线发布。组态变更中非关键参数通常包括工艺报警参数上下限的修改、流程图画面的修改等方面，这些组态信息的变更不影响主控制器的程序、数据的变化，无需重新启动监控程序进行调整，可以在线发布。

⑤ 支持单参数下载、整体下载。DCS 系统通常采用固定地址技术开展内存管理，允许一次一个组态对象(可细化到组态内容)并对其实施在线下载，或一次完成对多个组态对象(组态内容)的修改与在线下载。同时在增删 I/O 时不会引起已分配内存的重新排序，确保了在线下载时数据的安全。

3.5 系统工业设计

3.5.1 防腐设计

炼油企业处于腐蚀环境，控制系统应具有较高的防腐能力。DCS 防腐设计主要包括机柜防腐、卡件防腐、计算机与交换机防腐及其他措施等。

采取了上述几项防腐设计的 DCS，能够满足国家标准 GB/T 17214.4—2005 标准 3 级(工业环境严重污染等级）的环境使用要求（此 3 级标准的腐蚀性气态物质浓度≥ANSI/ISA S71.04 标准 G3 等级列出的参数）。

系统能够安装在具有含悬浮细磨料、导电颗粒和腐蚀性液体和气体的现场，能经受住腐蚀、冲洗和长时间的盐碱尘土覆盖。

3.5.2　宽温设计

宽温设计是控制系统可靠性设计中的一个考虑重点。宽温设计的主要内容包括工业级元器件选型、低温启动设计、高温保护与散热设计、高温寿命设计、空气循环散热设计。在系统模块设计方面，必须保证合理散热，如通风路径、散热器；防止控制系统温度集聚，局部发热。

采取了上述几项宽温设计的 DCS，能够适应环境温度使用要求。以 WebField ECS-700 DCS 为例，元器件选型、风路设计、干净空气对流等措施确保了控制系统各部件在合理的温度范围内运行；模块采用无风扇设计，通过自身外壳格栅进行散热，减少了模块内部粉尘的进入。

3.5.3　抗干扰设计

DCS 是专门为工业生产环境而设计的控制装置，在设计和制造过程中采用了多层次抗干扰和精选元件措施，故具有较强的适应恶劣工业环境的能力、运行稳定性和可靠性都有较好表现。控制系统抗干扰主要从控制室位置及外部环境、控制室设计、机柜合理排布、机柜设计、供电、接地、屏蔽、布线、控制系统本身软硬件设计等方面进行全方位设计。

以 WebField ECS-700DCS 为例，系统已通过控制系统的 CE 认证和 EMC 认证，抗电磁干扰性能达到工业现场 EMC3A 级标准，具有较高抗干扰能力，各项抗干扰指标，如共模抑制比、差模抑制比、耐压能力等都处于国际先进水平。主要抗电磁干扰指标见表 2。

表 2　抗电磁干扰指标

指　　标	技术参数	备注
脉冲群	信号线±1kV、电源±2kV	GB/T 17626—1998；(idt IEC 61000)
浪　涌	线对地±2kV、线对线±1kV	
静电放电	接触放电±6k V、空气放电±8kV	
电压暂降	中断 100%持续时间 1 个周期的	

DCS 通常采用现代大规模集成电路技术，采用严格的生产工艺制造，内部电路采取集成电路的光电耦合设计、Watchdog 和交流口两种保护电路的设置、I/O 通道的点点光电隔离的设计、I/O 子系统接地采用浮置式等先进的抗干扰技术，具有很高的可靠性，故障率比较低。

3.6　现场总线集成与智能设备管理

大型炼油联合生产装置之间的协调与控制是装置正常运行的关键基础，需要将生产过程控制、安全管理、储运监管、视频监控以及信息集成等综合起来形成统一的管控平台。平台中软硬件涉及几十家供货商，设备种类达几百，所涉及的网络结构复杂，通信协议众多（HART、PROFIBUS、FF、MODBUS、OPC 等类），要求控制系统具备良好的开放性来支持厂级管理的综合管理自动化，同时要求智能设备管理系统具备设备智能管理功能。

4 大型炼油装置中的实际应用

4.1 中国石化长岭分公司千万吨炼油项目

4.1.1 项目概况

该项目共新建 8 套和异地改造 2 套装置，包括 8Mt/a 常减压、2.8Mt/a 催化裂化、500kt/a 气体分馏装置、700kt/a 产品精制、1.7Mt/a 渣油加氢处理、50Nm^3/h 制氢装置、2.4Mt/a 汽柴油加氢、1.2Mt/a 催化汽油吸附脱硫、60kt/a 硫黄回收联合装置、120kt/a 催化干气制乙苯装置等；同时对原油罐区、成品油罐区、污水处理等配套装置也进行相应改扩建，以满足安全环保要求，为周边地区提供达到欧 IV 标准的高品质油。

4.1.2 控制系统配置

长岭炼油项目控制系统包括 DCS、SIS、GDS、CCS、MMS、PECS、ADAS、TDAS、AMS、APC 等系统。DCS 控制系统采用浙江中控技术股份有限公司的 WebField ECS-700 DCS。13 套生产装置 I/O 点数达 14696 点，DCS 系统硬件配置见表 3 所列。

表 3 长岭炼油联合装置系统配置表

机柜间	装置名称	控制器对数	模块数	I/O 点数
FCR01	50000m^3 制氢装置	2	158	1352
	1.7Mt 渣油加氢处理装置	3	322	2600
	公共部分	1	34	320
FCR02	2.4Mt 汽柴油加氢装置	3	173	1400
	120kt 乙苯装置	2	209	1672
FCR04	8Mt 常减压装置	2	170	1360
	2.8Mt 催化裂化装置	3	228	1840
	500kt 气体分馏装置	1	57	424
	产品精制	1	27	216
	公共部分	1	37	344
FCR05	1.2Mt 催化汽油吸附脱硫装置	2	144	1248
	酸性水汽提及溶剂再生	1	79	608
	60kt 硫黄回收装置	3	154	1312
合计		25	1792	14696

其结构如图 4 所示。通过设置 4 个控制域、5 个操作域实现分域管理，将全厂的工艺装置通过过程控制网络有机的连接成一个整体，实现数据共享；同时，各装置的 DCS 控制单元又相互独立，互不影响，以保证装置正常生产和开停工过程的需要，并且有效地减少了系统网络负荷，保证了在大规模系统构建下过程控制网系统的安全可靠运行。

4.1.3 应用效果

2010 年 1~4 月，各个装置的 DCS 设备陆续通过 FAT 测试，2010 年 9 月 30 日前完成上电安装静态调试。2010 年 10 月开始，长岭分公司陆续开始各装置的试压、水运、循环等开车准备工作，并在 2010 年 11 月 18 日一次性开工成功，直至 2015 年 02 月 28 日，新建大型

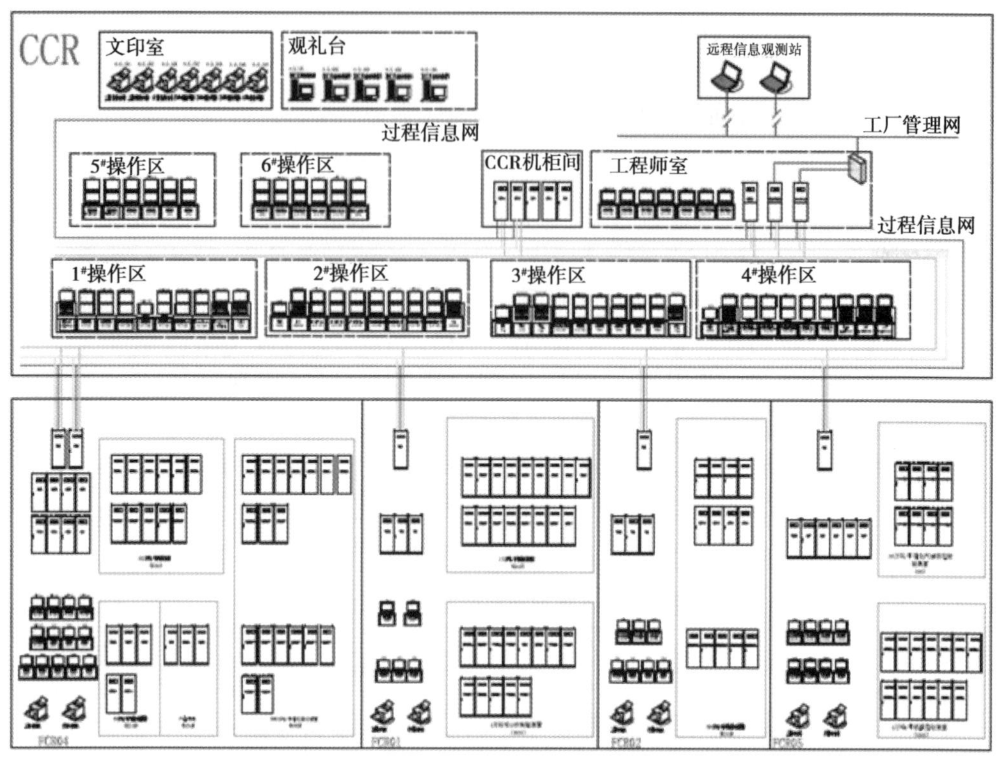

图4　长岭炼油装置系统拓扑图

炼化联合装置一直连续、安全、稳定运行。各装置的能效指标也比较稳定，根据2011年9月数据，常减压装置的能耗为10.41kg标油/t，催化装置能耗为47.38kg标油/t，S Zorb装置能耗为6.59kg标油/t，硫磺装置能耗为-148.9kg标油/t，均达到同业领先水平。

4.2　中海石油宁波大榭石化8Mt炼油

4.2.1　项目概况

中海石油宁波大榭石化现有两套沥青加工装置，原油年加工能力为8Mt，主要以生产沥青、燃料油和蜡油为主。本项目分为新区与老区，包括600kt/a裂解石脑油加氢装置、400kt/a芳烃抽提装置、1.5Mt/a连续重整装置、550kt/a芳烃抽提装置、80000m^3/h PSA、60000m^3/h制氢装置、2Mt/a工业燃料油加氢改质装置、280kt/a苯乙烯装置、2.4Mt/a汽柴油加氢、2.1Mt/a原料加氢处理装置、1.2Mt/a催化汽油吸附脱硫、280kt/a苯乙烯装置、30kt/a硫黄回收装置、300kt/a乙苯装置、2.2Mt/a催化裂解、1.39Mt/a产品精制装置、1Mt/a气体分馏装置、150kt/a MTBE装置等装置；老区部分主要是对罐区、污水处理、常减压等配套装置进行相应扩建、升级，以满足安全环保要求。

4.2.2　系统配置及规模

大榭炼油项目控制系统包括DCS、SIS、GDS、CCS、PECS、AMS、TDAS等系统。DCS控制系统采用浙江中控技术股份有限公司的WebField ECS-700 DCS。21套生产装置I/O点数达25872点，DCS系统硬件配置见表4。

表 4　大榭炼油联合装置系统配置表

机柜间	装置名称	控制器	模块数量	I/O 点数
FCR01	600kt 裂解石脑油加氢	2	79	1136
	400kt 芳烃抽提	1	64	768
	1.5Mt 连续重整	3	249	2736
	550kt 芳烃重提	2	97	1232
	80000m³ PSA	1	18	368
FCR02	2.1M 原料加氢	4	264	3584
	2Mt 柴油加氢	2	137	1728
FCR03	300kt 乙苯	2	94	1088
	280kt 苯乙烯	2	139	1952
	硫黄回收	2	102	1088
FCR04	60000m³ 制氢	1	53	672
	60000m³ PSA	1	16	352
FCR05	2.2Mt 催化裂解	3	188	2432
	1.39Mt 产品精制	1	41	576
	1Mt 气体分馏	1	43	640
	150kt MTBE	1	50	720
FCR06	公用工程	4	323	4800
合计		33	1972	25872

项目设置6个FCR、1个CCR，各工艺装置或辅助单元的DCS控制站，安装在各现场机柜室。从现场机柜室到中心控制室的控制网络用冗余铠装光缆(电缆)连接。各主要装置在现场机柜室(外操室)内设置一台只读显示操作站，供现场操作人员使用；在现场机柜室内按装置设置一台现场工程师站，用于正常的系统维护和数据库组态。

整个DCS控制系统由控制站、操作站、工程师站、网络设备、工厂网络接口和应用服务器等设备组成。各装置的DCS控制单元独立设置，减少关联影响，以保证装置正常生产和开停工过程的需要。

按全厂总流程和总平面布置，中心控制室根据装置和系统需求设置操作站，每站设若干操作台、打印机和辅助操作台等设备。

4.2.3　应用效果

WebField ECS-700 DCS控制系统自投运以来，运行可靠稳定，操作简单方便，得到了厂方人员的一致好评，其应用效果完全满足装置的控制要求。

5　炼油控制系统的发展趋势

炼油控制系统的发展涉及到自动化技术、通信技术、传感器技术、智能技术、电子技术、材料技术、功能安全技术等多个学科，是一门综合性的应用技术。生产的需求是控制系统技术发展的动力，应用要求的提升和商业竞争的要求将推动控制系统技术的发展。以下趋势是我们认为最有可能发生的：

5.1 智能工厂技术

当前世界各国十分重视发展炼油企业的智能化生产与管理，部分大企业已开始对业务流程进行变革，注重员工的持续培训，关注基于知识和模型的企业管理，对企业信息化进行了全面整合，实现了设计、生产管理和经营的一体化。"智能工厂"是解决上述问题的重要手段之一，是集流程、人员和技术三位一体的综合管理。智能工厂建设内容包括：①供应链管理一体化：实现实时洞察、业务协同、整体优化、动态改进的供应链管理。②生产管控一体化：实现生产运行的全流程管控和多层次优化。③资产管理一体化：实现资产运行管理及资产规范性管理的一体化。④HSE 管控一体化：结合新技术应用，实现 HSE 与生产、供应链的一体化管理。⑤能源管理一体化：实现能源运行和节能减排的全业务流程的精细化和规范化管理。⑥生产经营分析与决策环境：实现基于角色的实时生产经营监控与决策分析和业务事件推送。⑦智能工厂集成体系建设：通过一体化技术平台构建实现应用集成、服务共享、业务协同的智能工厂集成体系。⑧智能工厂知识管理系统：建立知识收集、分析、管理、应用、展示等全面的支持平台，实现在企业运营、生产管理、工厂操作各层面的支持。⑨移动业务管理系统：基于核心业务系统，建设移动应用，提供安全、可靠、无缝连接的移动平台服务。⑩IT 资源管理中心：对基础设施进行虚拟化集中管理，提供高效的 IT 服务能力，提高资产利用率，从而降低运营成本[11]。

5.2 虚拟化技术的发展(云技术)

目前部分炼油企业生产装置仍在使用 10 多年前生产的控制系统，而操作站的硬件与软件更新换代非常快，以前系统运行的软硬件环境无法满足，现在有了虚拟技术，一些专用任务计算机的工作转移到虚拟化物理服务器设备上，能在 Windows 系统上虚拟出多个计算机，虚拟机技术可以很好地处理软件对运行平台的依赖问题，实现软件脱离于独立的硬件系统而运行。以前老的系统能够在新的硬件环境下把它虚拟成一个计算机，让这台计算机可以继续使用。

5.3 智能 I/O 技术的发展

DCS 中的 I/O 模块与现场检测仪表 、控制阀、电磁阀等仪表设备直接相连，I/O 模块是 DCS 实现输入信号采集和执行控制信号输出的直接环节。由于检测与控制参数多样、异构，每类参数都需要有相应的方法，对 I/O 模块的智能化提出了迫切要求。目前部分 DCS 制造商已开发出了软件可组态的通用 I/O 模块，通过软件在 I/O 模块实现量程转换、特殊滤波、多协议支持等。通用 I/O 模块可满足不同用途的检测和控制的要求，可以进一步减少与第三方设备的通信 ，进一步提高系统集成的能力。

5.4 无线技术的发展

如 WirelessHART 协议栈，其支持通过 HART IP 技术实现 Wireless HART 无线网关通过以太网接入 AMS 设备管理系统，和各家的现场无线设备实现互联。

5.5 现场总线技术的发展

现场总线技术有很多优点，最大的优点是可以节省很多的接线，并且数字化现场设备信息可以很好实现设备故障预测维护，这是用户目前比较倾向的一种技术 。

5.6 信息安全技术

信息安全技术是目前企业最为关心的一个技术，也是当前和下一步重点要考虑开发的一个技术，这里包括深度防护网络安全策略考虑，合理划分工控系统的域和层，并在层间和域间加网关和防火墙等隔离设备，用白名单方式保护 PC 机安全，通过辅助管理和技术手段对移动存储设备的使用进行限制等。新技术发展方面标准商业化设备应用（COTS-Commercial Off-The- Shelf Systems ）成了 DCS 控制系统最主要的设备选择依据，自动化和 IT 之间的界限开始模糊，DCS 的网络基础设施和工厂信息网络体系结构变得越来越相似，各种标准化的 IT 设备被广泛应用，如 PC 机、服务器、路由器、交换机，防火墙等。

5.7 多技术融合，多技术跨界融合和渗透

目前 DCS 的发展趋势是多技术融合，多技术跨界融合和渗透。自动化技术、计算机和网络技术、信息化技术、电子技术、生产工艺技术相互融合渗透，提出综合技术解决方案，给用户提供有价值的方案产品等。多技术融合使得控制系统不再那么单一，不再像过去那么简单，集成一体化的解决方案技术使得自动化技术应用对生产创造的价值更大更多。

参 考 文 献

[1] 侯芙生．中国炼油技术[M]．第 3 版．北京：中国石化出版社，2011：967
[2] 叶向东．现代化石油加工厂自动化系统工程设计和建设[J]．石油化工自动化，2012，48(4)：1-6.
[3] 黄步余，范宗海．石油化工企业自动化和信息化集成网络安全[J]．电气时代，2013(3)：40-42.
[4] 林融．智能化生产技术在炼化一体化项目上的应用策略探讨[J]．乙烯工业，2005，17(4)：1-7.
[5] 叶向东，冯欣．现代化炼油厂自动化系统工程设计[J]．石油化工自动化，2010，46(4)：1-8.
[6] 叶向东．炼油厂自动控制系统概念设计[J]．石油化工自动化，2003，39(1)：1-3.
[7] 侯凯锋，叶向东．大型炼油厂的自动化和信息集成[J]．石油化工自动化，2002，38(5)：1-4.
[8] 刘齐忠，吴文信，孙晓晓．以 DCS 为基础的过程控制系统集成[J]．石油化工自动化，2010，26(6)：36-39.
[9] 黄步余，贾铁虎．关于石油化工自动化的新发展[J]．自动化博览，2003(S1)：85-90.
[10] 沈辉，杨根木，黄文君．面向大型炼油装置的控制系统的研制与应用[J]．石油化工自动化，2010，26(1)：42-46.
[11] 蕾奥，邵泽宇．智能工厂之谜：工厂与智能化[J]．中国信息界：E 制造，2012(7)：22-36.

炼油安全技术

刘小辉　施洪勋　王春利

（中国石化安全工程研究院）

摘　要：介绍了设备防腐蚀技术和过程安全管理技术在装置长周期安全运行方面取得的成果。设备防腐蚀方面简述了加工劣质原油设备的腐蚀现状以及存在的腐蚀风险和表现，详述了基于风险的腐蚀适应性评估技术、设防值评估技术、基于风险的劣质原油加工主要装置的选材技术、腐蚀失效分析和停工装置腐蚀检测专项技术等。过程安全管理方面提出了一种实时与周期相结合的过程安全管控架构和技术路线，给出了基于异常工况识别预警的实时安全运行指导系统和过程安全管理评估系统，并在延迟焦化、催化裂化、乙烯等装置上进行了试用。上述技术的应用有助于装置安全稳定运行和安全管理水平的提高。

1　前言

随着原油硫含量和酸值的升高，加工原油引起的设备腐蚀日益严重，非计划停车次数不断增加，严重影响装置的长周期运行。为此，在劣质原油加工腐蚀防护技术和过程安全管理技术等方面加大了研究开发力度，取得了一些经验和成果。下面分别从设备防腐技术和过程安全管理技术两方面进行介绍。

2　加工劣质原油设备腐蚀防护技术

2.1　劣质原油加工设备腐蚀现状

① 腐蚀部位分布广。加工劣质原油发生腐蚀的部位分布范围广，各类生产装置均出现不同程度的腐蚀，而且辅助生产装置、公用工程腐蚀泄漏比主要生产装置严重。

② 非计划停车次数多。原油劣质化趋势造成设备腐蚀趋势加剧、跑冒滴漏现象常见，非计划停工明显增多，给炼油装置长周期安全运行带来了严重影响。调研结果显示，加工高（含）硫的进口原油及高酸值稠油的炼油装置设备腐蚀比加工其他原油的设备腐蚀严重。如2008年中国石化上半年炼油主要装置21次非计划停工中，设备腐蚀造成非计划停工10次。

③ 长期超设防值，腐蚀严重。一方面由于企业大量加工劣质原油，常减压装置加工原油超设防值的情况普遍；另一方面，大部分企业二次加工装置没有制定控制标准，使得加工劣质原油的常减压蒸馏装置和主要二次加工装置产生严重的腐蚀。

2.2　加工劣质原油的腐蚀风险及表现

① 原油预处理难度增加。随着原油重质化和劣质化，原油乳化问题日益严重，原油预处理难度大大增加。原油不断变稠、变重、含盐量增加，加重了脱盐难度；原油开采过程中加入的各种助剂使得原油与水的乳化程度增加，原油破乳脱水困难。

② 高温硫腐蚀加重。原油中硫含量的增加造成了高温部位严重的高温硫腐蚀。调查表明：高温硫腐蚀比较普遍，重油高温部位的腐蚀平均速率为0.5~1mm/a，在流速流态交变的部位，腐蚀速率达到1~3mm/a。目前，部分企业高温部位的管线和设备材料没有达到加工高硫原油的标准，存在设备腐蚀风险，会导致安全生产事故。

③ 环烷酸腐蚀严重。原油酸值增加使得环烷酸引起的设备和管线腐蚀严重。环烷酸引起的腐蚀主要发生在常减压装置，尤其是减压塔高温部位及附属管线。如某厂仅使用10个月加工高硫高酸原油的常减压装置，检修发现减压转油线部位环烷酸腐蚀严重，1Cr18Ni9Ti热偶套管冲刷减薄。

④ 有机氯引起腐蚀。油田在采输过程中使用含氯助剂，导致进入炼厂的原油含大量有机氯，给常减压装置塔顶低温系统以及二次加工装置带来氯化铵结盐及腐蚀等问题[1]。如某企业在停工检修时，常压塔顶部及上五层塔盘、衬里腐蚀严重，局部塔壁出现穿孔。经分析，HCl腐蚀是导致塔体穿孔和衬里腐蚀的直接原因，而电脱盐处理后原油盐含量不高，氯离子主要来源于劣质原油中的有机氯。

2.3 腐蚀防护措施

为了应对劣质原油加工对炼油装置带来的安全威胁，需要采取全方位的防护措施，才能实现装置安全。现有的腐蚀防护措施可分为4个层次：原油预处理，将劣质原油对装置的威胁阻挡在装置外；材质防腐、工艺防腐和涂料防腐，是在第一层防护措施无法完全实现目标的情况下需要采取的主动预防措施；腐蚀监测，是对装置状况和第一、二层防护措施的有效监测；腐蚀检查和失效分析，一方面要对前三层防护措施进行检查和消缺，另一方面是对整体防护工作的综合评估。

2.3.1 基于风险的腐蚀适应性评估技术

腐蚀评估包含腐蚀检测与评价以及风险分析两部分。腐蚀检测与评价是识别腐蚀失效模式及发生概率的基础，包括炼油设备主要损伤模式、机理、形态、影响因素、敏感材料、易发腐蚀的装置和设备、主要预防措施、检测方法等研究成果以及McConomy曲线、Copper曲线、API RP571等成熟的工程曲线，核算图表和标准[2-4]。风险分析是量化腐蚀风险，合理分配资源，对腐蚀风险进行管理控制的基础，包含定性、半定量和定量三个层次的评估方法，如HAZOP、LOAP、RBI、SIL、RCM等风险评估方法。

腐蚀评估一般分为两部分：低温部位的工艺防腐评估以及高温部位的材料腐蚀适应性评估。

低温部位的工艺防腐评估主要针对原油劣质化背景下，原油中的酸、硫、盐、氯等有害杂质含量增加，使原油电脱盐困难、塔顶系统出现$HCl-H_2S-H_2O$腐蚀、NH_4Cl结盐等问题，通过评估对"一脱三注"等工艺操作进行改进，再结合选材导则及腐蚀监测结果，实现对装置低温腐蚀的控制。

高温部位(220℃以上)的主要腐蚀为高温硫腐蚀与环烷酸腐蚀，控制手段以材料防腐为主。高温部位腐蚀评估的首要目的是确定材质的适应性。因此以材质的腐蚀速率作为目标变量，对高温部位材质的适应性做定量评估。通过建立腐蚀预测模型，计算得到高温部位的理论腐蚀速率及腐蚀失效概率作为材质适应性的判据，并结合各部位腐蚀失效后果评估结果，给出相应的材质升级及腐蚀监测建议。

腐蚀评估的结果可以应用于腐蚀风险管理控制的全过程，包括装置的设计选材、腐蚀监测技术的优化及检维修策略优化（RBI）、操作过程中的腐蚀介质含量及操作参数的控制（IOW）。腐蚀评估技术是对炼油装置风险评估技术的深化，尤其在工艺防腐评估方面是对炼油装置风险评估技术的有益补充。

该技术已在20多家企业的80多套炼油装置上应用，涵盖了常减压、催化裂化、焦化、重整、加氢裂化和加氢精制等主要炼油装置。

2.3.2　设防值评估技术

炼油装置设防值评估是腐蚀适应性评估的延伸，其目的是确定装置在现有状况下所能承受的原料劣质化程度。

设防值评估首先是根据原油评价数据、硫分布和酸分布情况确定装置关键部位腐蚀介质含量，其次是结合高温部位进行腐蚀速率理论计算，然后根据现场监测数据计算实际腐蚀速率，并与理论腐蚀速率对比。综合考虑以上三方面因素给出装置腐蚀薄弱部位清单，核算这些薄弱部位所能承受的腐蚀介质最高含量，得出装置加工原料中允许的最大硫含量和酸值[5,6]。

设防值指标主要以原油硫含量、酸值为第一设防指标，原油中的有机氯和氮化物为设防重要指标，原油中的重金属含量为参考指标。

应用该项技术可以合理确定装置安全生产警戒线，给生产中的原油调配提供依据。该技术已经在中国石化、中国石油等10多家企业的50余套炼油装置上得到应用。

2.3.3　基于风险的加工劣质原油主要装置选材技术

劣质原油加工中的设备选材要充分考虑在各种情况下腐蚀性杂质的最大含量，考虑加工流程对腐蚀性的影响，参照相关标准规范和最新研究成果，结合材料腐蚀性试验结果、实际工程经验及高温、低温环境其他损伤因素，进行材料的合理选择，以保证装置安全稳定长周期运行[7,8]。

2.3.4　腐蚀失效分析技术

运用腐蚀失效技术可判断失效的模式，查找失效原因，研究失效机理，提出处理方法和预防措施，具体内容包括：

① 调查研究。向操作者了解腐蚀失效的过程，并观察现场，了解失效发生的部位和工况；生产工艺历史和工艺参数；构件的设计过程和设计计算；外观检查，观察外形特征；服役条件综合分析。

② 断口分析、破面分析和变形量测定。根据失效类型采用不同的分析方法，对断裂构件进行断口分析，对表面损伤构件进行破面分析，过量变形构件进行变形量的测定。

③ 内在质量的检验。主要检查夹杂、气孔，分析金相组织、材料的化学成分，测定机械性能等。

④ 失效原因判断。根据调查研究和实验测试结果，综合分析造成失效的原因。

⑤ 提出改进措施。根据判明的失效原因，提出有针对性、有效的防治措施。

⑥ 实际运行考验。防治措施是否有效，要依靠实际运行的考验。

2.3.5　腐蚀监检测及优化技术

腐蚀监测就是利用各种仪器工具和分析方法，确定材料在工艺介质环境中的腐蚀速度，及时为工程技术人员反馈设备腐蚀信息，从而采取有效措施减缓腐蚀，避免腐蚀事故的发生。

腐蚀监测方法种类繁多，按腐蚀结果是否直接获得可以分为直接监测和间接监测两种。直接腐蚀监测技术包括腐蚀挂片、电阻探针、线性极化电阻探针、交流阻抗探针、电化学噪声探针等，间接腐蚀监测技术包括超声波检测(测厚)、射线照片、红外线温度分布图等。炼油厂常采用的腐蚀监测方法有定点测厚、在线腐蚀监测、腐蚀介质分析、腐蚀产物分析、装置停工腐蚀检查、腐蚀挂片等。

腐蚀监测优化技术是根据腐蚀评估确定的装置重点腐蚀部位的腐蚀机理、腐蚀速率与腐蚀敏感性等数据，通过对装置现有监测措施有效性进行评估，提出适合的监测措施，从而降低装置的腐蚀风险。腐蚀监测优化包括定点测厚选点和频次、在线腐蚀监测系统选点、腐蚀介质分析项目及频次等内容。

2.3.6　停工装置腐蚀检查专项技术

通过腐蚀检查，全面了解设备的腐蚀环境和腐蚀情况，及时发现并处理腐蚀严重或存在安全隐患的设备、管道，对腐蚀原因和腐蚀规律进行综合分析，掌握装置的腐蚀趋势与动态，以判断腐蚀控制技术措施的实施效果，为下周期防腐蚀管理与防腐蚀技术的选择提供支持。

腐蚀检查是对腐蚀适应性评估、设防值评估、腐蚀监测技术的验证和提升，是劣质原油加工安全保障技术重要的一环，是对上周期防腐蚀工作的总结，也是下一周期防腐工作的起点。

这些防护措施是相互关联的，形成了评估—实施—监测—再评估的闭路循环，通过不断改进和提高，提升炼油装置安全生产水平。

3　过程安全管理技术

3.1　过程安全管控架构技术路线

实时与周期相结合的过程安全管控架构技术路线见图1，主要以装置风险数据库和专家

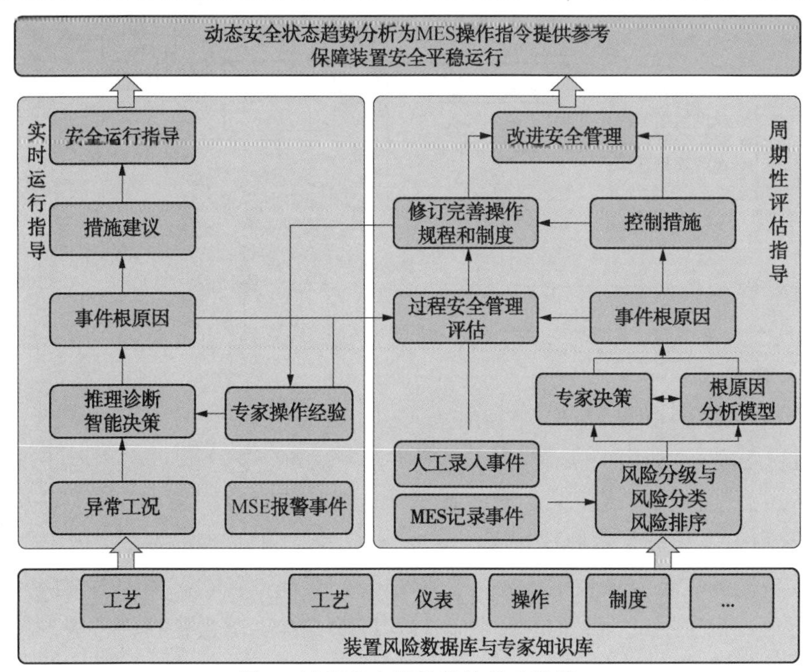

图1　过程安全管控架构技术路线

知识库为基础，利用 MES 实时报警事件和工况监测数据，结合异常工况智能分析与预警技术，实现对设备、单元、装置的安全运行状态监测与预警以及为其安全运行提供实时操作指导；利用 MES 日常记录事件和人工录入事件，结合风险注册数据库和根原因分析模型，查找事件根原因，并给出防控措施和实施计划；同时还可利用过程安全管理评估模型开展周期性评估，评估结果可为修订过程安全管理制度、指导操作管理改进提供依据。该管控架构实现了实时运行指导与周期性评估指导相结合的动态循环改进，能降低人员操作失误率，确保石化装置安全平稳运行。

3.2 基于异常工况识别预警的实时安全运行指导系统

3.2.1 系统设计思路

以 DCS 控制系统实时数据为主的各类生产数据，分别引入到机理模型和数据驱动模型中，进行石化装置的在线监测，实现异常状态下的操作指导[9,10]。机理模型主要由解析模型、专家系统、故障树分析构成，针对反应器、再生器、分馏塔、容器等进行监测与诊断；数据驱动模型主要由灰度模型、聚类分析模型、超球模型等构成，针对仪表、工艺过程、设备进行状态监测。两者的监测结果由专家知识进行评判，得到最终的装置异常工况监测预警结果，见图 2。

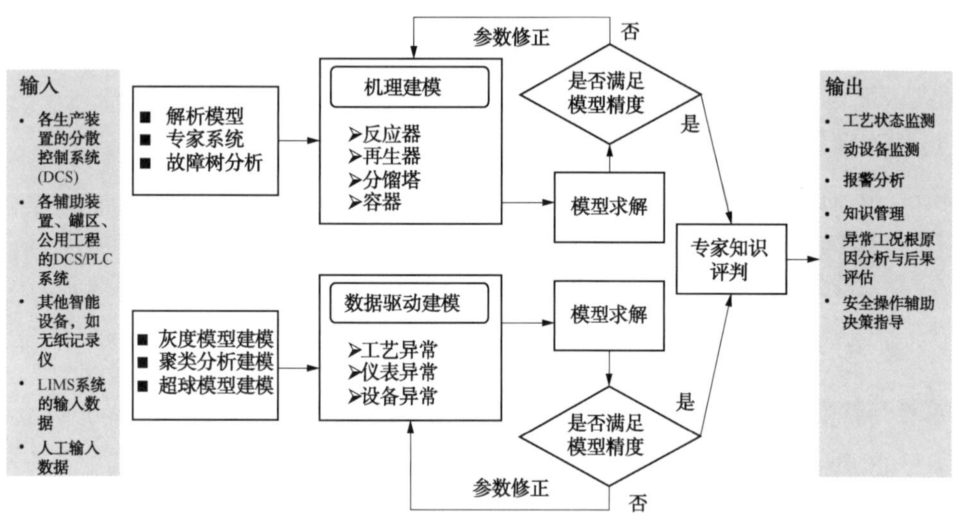

图 2　实时安全运行指导系统设计思路

3.2.2 系统功能要求

安全运行指导系统功能架构如图 3 所示。

① 组态建模。主要利用 FTA 和 SDG 建模方法对关键工艺、设备和异常工况进行基于实时数据采集的组态建模，实现工艺、设备和异常工况的实时数据采集和计算分析。

② 实时监测。工艺监测主要实现关键工艺参数的监测预警分析，实现工艺监测的实时预警展示。设备监测主要实现关键设备的监测预警，实现设备状态的实时故障预警展示。报警分析主要实现异常工况的实时监测预警，对发现的异常工况报警事件进行预警展示，并给出原因分析和操作建议。

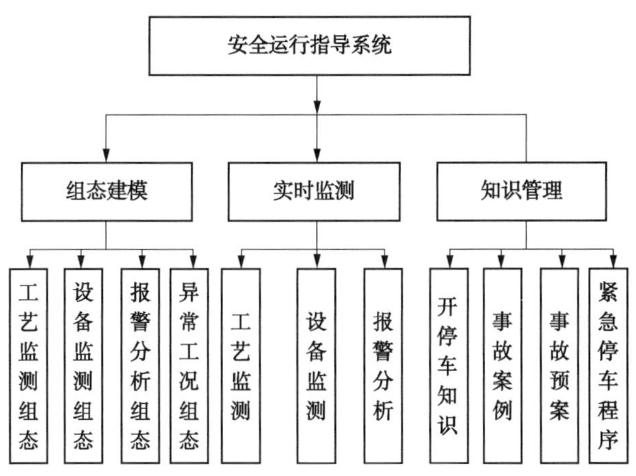

图3　安全运行指导系统功能

③ 知识管理。知识管理主要利用已有的工艺、事故案例、应急预案、HAZOP 分析结果等知识，建立专家知识经验库，为异常工况的原因分析和操作处置建议提供支持。

3.3　基于过程安全管理的装置周期性评估系统

3.3.1　系统设计思路

针对石化装置过程安全管理要求，在综合分析 CCPS 过程安全管理体系、AQ/T 3034—2010《化工企业工艺安全管理导则》、API 754《石油化工企业工艺安全绩效指标》等规范标准的基础上[11,12]，结合石化企业装置运行过程中对工艺、设备和管理的要求，综合考虑装置工艺、设备的复杂程度和固有危险性，提出了石化装置过程安全管理评估指标和评估模型，见图4。以此设计开发了石化装置过程安全管理评估软件系统，定期(每月)自动生成装置过程安全管理评估报告，实现企业生产装置过程安全管理绩效的量化评估和对比分析。通过趋势分析图表，分析装置过程安全管理绩效趋势，并将表现较差的指标标示出来，为企业改进装置过程安全管理提供参考。

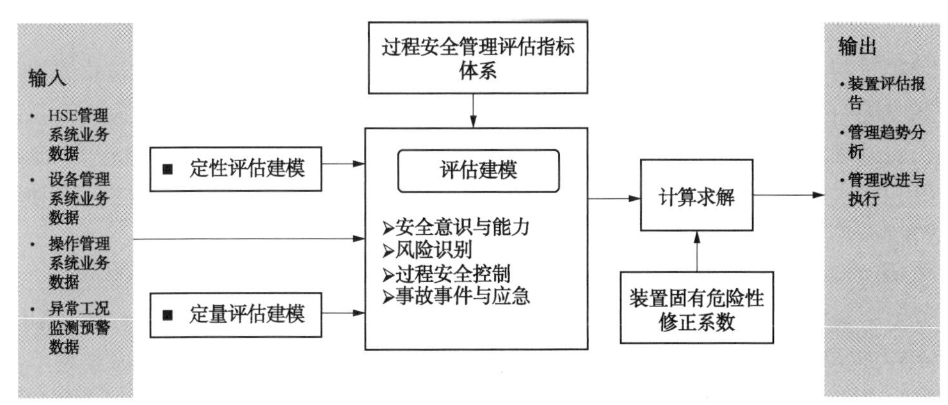

图4　装置周期性评估系统设计思路

3.3.2　系统功能要求

装置过程安全管理评估系统功能架构如图5所示。

① 评估指标配置。评估指标维护主要实现过程安全管理评估指标的维护；指标数据提

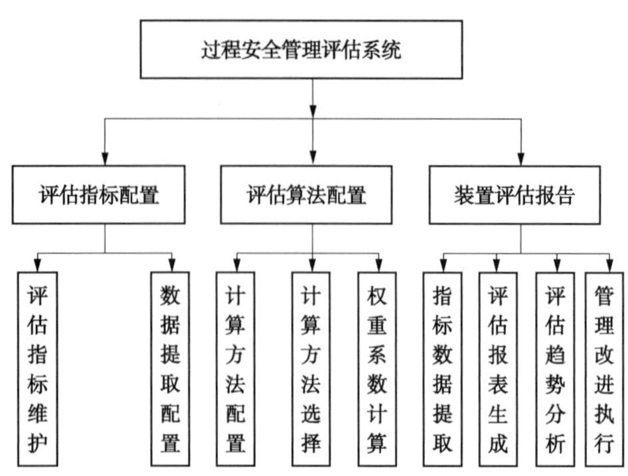

图 5　过程安全管理评估系统功能架构

取配置主要是根据指标维护中当前有效指标，对该指标数据的提取规则进行配置。

② 评估计算方法配置。计算方法配置主要是实现计算方法的配置；计算方法选择主要是实现计算方法的选择，确定当前评估计算的模型；权重系数计算主要是根据当前选择的计算方法，计算各指标的权重系数。

③ 装置评估报告。指标数据提取主要是根据指标数据提取配置服务，根据设定的指标数据提取区间，实现各指标数据的自动提取；评估报告生成主要是根据指标数据提取结果，结合当前选择的计算方法和权重系数，实现评估报告各类指标的自动计算，并生成装置当前时期内的过程安全管理评估报告；管理评估趋势分析主要是根据不同时期评估报告的评估结果，生成过程安全管理评估结果的趋势分析图表，同时针对变化率较大的重点指标进行对比分析，为管理改进提供支持。管理改进执行主要是工艺、设备、安全等相关管理人员根据管理评估趋势分析图表，制定相关的管理改进策略，并发送相关工作任务给具体执行人员，实现管理改进与执行的闭环管理。

3.4　企业应用

基于实时与周期相结合的过程安全管控架构研发的安全运行指导系统与过程安全管理评估系统在中国石化某炼化企业的延迟焦化、催化裂化和乙烯装置开展了试点应用。系统自投用以来，通过现场测试，各项功能指标达到了预期目标。累计发现关键参数报警 47 次，异常工况报警 9 次，提供有效操作指导和管理改进建议 35 次，起到了事故预防预警和管理改进的作用。

从系统应用情况看，实现了实时运行指导和周期性评估指导相结合的动态循环管控，实现了装置安全运行状态监测与预警以及过程安全管理改进，为装置安全平稳运行提供指导。过程安全管理评估系统每月自动从 HSE 管理系统、操作管理系统、设备管理系统中提取指标相关数据，自动评估计算装置过程安全管理绩效，实现了装置过程安全管理绩效的趋势分析、指标评估结果的多维度分析以及展示功能，直观反映过程安全管理的薄弱环节，为装置改进管理薄弱环节提供改进方向。

3.5 结论

过程安全管理评估系统实现了关键工艺参数、关键设备和异常工况的实时监测分析，一旦出现报警，实时显示报警的原因、后果以及安全操作建议等，为安全操作提供在线分析和指导；周期性过程安全管理评估系统建立了安全意识与能力、风险识别、过程安全控制、事故事件与应急四方面的评估指标，初步实现了装置过程安全管理绩效的量化评估，根据各指标评估等级和装置整体评估结果，为装置改进四方面的薄弱环节提供改进方向。安全运行指导系统改变了传统的异常工况仅由操作人员人工判断分析的模式，变为计算机全程实时自动分析评判，提高了操作人员处理问题的准确性与及时性，避免由于对问题延误或是处理不当而引发对生产过程较大的扰动甚至非计划停工，使对装置的安全监控从事后被动干预型变为事中、事前主动预防型，有助于石化企业生产装置异常工况的监测预警分析和过程安全管理能力提升，对于保障装置安全稳定运行、提升装置风险智能化管控水平具有十分重要意义。

参 考 文 献

[1] Mahajan P. Effect of Nonextractable Chlorides on Refinery Corrosion and Fouling[C]//NACE International. August 2005.

[2] APIRP 571—2009. Damage Mechanisms Affecting Fixed Equipment in the Refining Industry[S].

[3] API 581—2009. RISK-Based Ispection[S].

[4] 黄贤滨，李延渊，兰正贵．新一代设备管理技术——基于风险的检验[J]．石油和化工设备，2004，7(3)：73-77.

[5] 刘小辉，李贵军，兰正贵，等．炼油装置防腐蚀设防值研究[J]．石油化工设备技术，2012，33(2)：61-65.

[6] 陈崇刚，张国信，顾月章，等．SH/T 2139—2012. 高酸原油加工装置设备和管道设计导则[S]．北京：中华人民共和国工业和信息化部，2012.

[7] 赵建新，郑其祥，徐耀康．SH/T 3096—2001. 加工高硫原油重点装置主要设备设计选材导则[S]．北京：中华人民共和国国家经济贸易委员会，2002.

[8] 刘洪福，陈跃双，岳进才，等．SH/T 3129—2002. 加工高硫原油重点装置主要管道设计选材导则[S]．北京：中华人民共和国国家经济贸易委员会，2003.

[9] Karvonen I, Heino P, Suokas J. Knowledge based approach to support HAZOP studies[R]. Technical Research Center of Finland, 1990.

[10] 潘明清，周晓军，吴瑞明，等．基于主元分析的支持向量数据描述机械故障诊断[J]．传感技术学报，2006，19(1)：128-131.

[11] Center for Chemical Process Safety (CCPS). Guidelines for Auditing Process Safety Management Systems[M]. 2nd Edition. Wiley-AICHE, 2011.

[12] Kim J H. Process safety management(PSM) in Korea[C]//Proceedings "Coordinated Development of Occupational Safety & Health with Society and Economy" 2004：177-180.

炼油环保技术

刘忠生[1]　滕宗礼[2]　王学海[1]　胡建东[2]

（1. 中国石化抚顺石油化工研究院；2. 中石化洛阳工程有限公司）

摘　要：介绍了中国炼油环保技术在过去15年的新进展，如污水分质处理、低浓度(含油)污水回用、臭氧氧化、处理后污水超滤-反渗透脱盐回用、催化裂化烟气除尘脱硫脱硝、恶臭和VOC废气柴油低温(临界)吸收、石化污水处理场废气催化燃烧处理、设备和管阀件泄漏检测和修复程序(LDAR)、污泥处理技术等。应用上述技术，炼厂外排污水和废气中的主要污染物指标(*COD*、氨氮、SO_2、NO_x、非甲烷总烃、粉尘等)显著降低，固废处置更加合理规范。

1　前言

近15年，中国炼油环保技术取得很大进步，开发应用的重要技术有污水分质处理、低浓度(含油)污水回用处理、高浓度(含盐)污水稳定达标处理、曝气生物滤池、臭氧氧化、处理后污水超滤-反渗透脱盐回用、催化裂化烟气除尘脱硫脱硝、汽油装车活性炭吸附油气回收、汽油氧化脱硫醇尾气冷凝-蓄热燃烧处理、恶臭和VOC废气柴油低温(临界)吸收-加热炉焚烧处理、石化污水处理场废气催化燃烧处理、设备和管阀件泄漏检测和修复程序(LDAR)以及含油污泥处理技术等。在一些炼油企业，外排污水$COD<60mg/L$，氨氮$<5mg/L$，污水回用率>70%；催化裂化净化烟气粉尘$<30mg/m^3$，$SO_2<40mg/m^3$，$NO_x<50mg/m^3$；汽油装车油气回收率>98%；酸性水罐区废气经过温柴油吸收-碱液脱硫-进加热炉焚烧处理，油气回收率97%以上，焚烧烟气总烃浓度$<10mg/m^3$；污水处理场隔油池、气浮池废气经过催化燃烧处理，非甲烷总烃$<100mg/m^3$；含油污泥馏分油热萃取、含油污泥除油以及污泥干化处理，实现了资源化无害化。

2　炼油污水深度处理和处理后污水回用技术

2.1　炼油污水特性和处理技术发展概况

炼油企业是用水和污水排放大户，排放污水种类多、组成复杂，典型污水及其特性见表1。

从2000年至今，中国在炼油污水深度处理和处理后污水回用上开发应用的主要技术有：汽提净化水回用作电脱盐注水、催化富气水洗水、焦化装置补充水、加氢型脱硫净化水回用于加氢精制和加氢裂化装置等技术[1,2]，污水分质处理系统设计[3]，高浓度(含盐)污水稳定达标处理技术，臭氧氧化技术[4]；曝气生物滤池(BAF)技术[5-7]，超滤(UF)和反渗透(RO)技术，含氨污水同步硝化反硝化技术。这些技术的开发应用使中国炼油企业汽提净化水回用率达到60%~80%，吨原油加工新鲜水消耗由2000年的平均2.44m^3降到2010年的0.8m^3以下[1,8]；在一些先进的炼油污水处理场，处理后污水 *COD*<50mg/L，氨氮<5mg/L，总氮<35mg/L，基本达到了新的环保标准(GB 31570—2015 石油炼制工业污染物排放标准)要求。有关技术和应用实例简述如下。

表 1　典型炼油企业污水及特性

污水种类	污水特征	污水组成
低浓度(含油)污水	含油污水	是炼油企业排水量最大的一种生产污水，约占全厂工业废水量的 50%～75% 以上，主要来自装置的油水分离器排水、机泵轴封冷却水、地面冲洗水、油罐的切水及清洗水、初期雨水、化验室排水等，还有装置检修时设备的排空、吹扫、清洗时的排水，其特征污染物：石油类为 500～1000mg/L、*COD* 为 1000mg/L 左右，氨氮 25～40mg/L
	脱硫净化水	主要来自加工装置的轻质油油水分离罐、富气水洗罐、液态烃水洗罐等，这部分污水经过汽提处理，其特征污染物主要是硫化物、氨氮、氰化物、酚类化合物、石油类等，浓度较高，一般约占全厂污水中硫化物、氨氮总量的 90%以上
	生活污水	主要来自炼油企业内生活辅助设施的排水，如办公楼卫生间、食堂等，这部分污水水量很少、污染物浓度低，其特征污染物主要是 *COD* 及悬浮物
高浓度(含盐)污水	电脱盐污水	电脱盐污水水量相对较大，一般约占全厂污水总量的 10%～20%左右，污水中盐的含量取决于原油的含盐量和电脱盐注水率，主要污染物是 *TDS*、*COD*、石油类，石油类乳化比较严重，最好单独除油
	碱渣污水	碱渣污水 *COD* 约在 100000mg/L 左右，酚约在 10000mg/L，硫化物约在 10000mg/L，一般经过湿式氧化、生物脱硫进行预处理，难生物降解的有机物浓度高
	回用水作为补充水的循环水排污水	主要来自炼油企业循环水场的排水，由于采用适度处理的含油污水作为循环水系统的补充水，有机污染物浓度增加，其特征污染物：*COD* 约在 120～180mg/L，电导率 2500～6000μS/cm
	烟气脱硫污水	主要污染物是无机盐
	原油(罐)脱出水	主要污染物是无机盐盐以及石油类
	煤制氢含氨污水	主要来自煤气化和不同原料的合成氨装置的排水，污水中特征污染物：*COD* 为 600～1000mg/L、氨氮为 300～550mg/L、SS 约为 20mg/L、硫化物为 1～15mg/L、氰化物为 5～25mg/L
清净废水	除盐水站排水	主要污染物是无机盐
	循环水场排污水	主要污染物是无机盐

2.2　污水分质处理系统设计

不同种类的污水混合一起处理，处理后污水的电导率达到 1600～2200μS/cm，不利于 *COD*、氨氮的深度去除和处理后污水回用；燕山石化、齐鲁石化等企业为了节水减排，采用超滤反渗透技术进行除盐处理，回收的水回用，但存在投资大、运行费用高、膜污堵以及浓盐水不能有效处理等问题。因此，中石化洛阳工程有限公司(LPEC)、中国石化抚顺石油化工研究院(FRIPP)等都提出了污水分质处理技术，包括对装置排水进行分级控制、对高浓度污水进行预处理[8]，低浓度(含油)污水经过适度处理回用于循环水补水，清净废水经过处理除盐回用于锅炉给水等工艺。图 1 是炼油污水分质处理工艺流程示意图。2008 年中国石化湛江东兴石油化工有限公司首先建成低浓度(含油)污水适度处理回用、高浓度(含盐)污水深度处理稳定达标排放示范项目，污水的回收利用率大于70%，外排污水 *COD* 为40～60mg/L，氨氮小于5mg/L[3]。

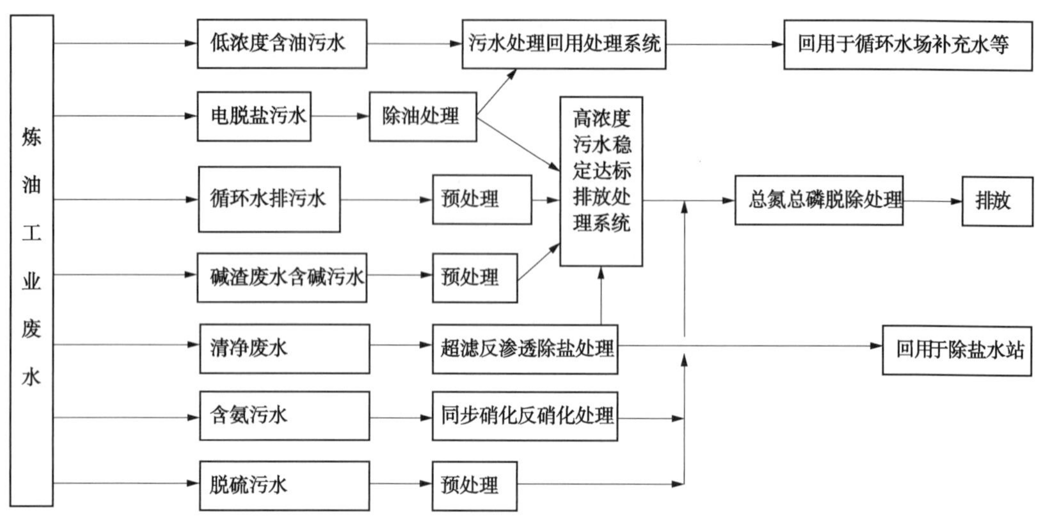

图1 炼油污水分质处理工艺示意图

2.3 低浓度(含油)污水净化回用

目前，采用分质处理工艺，低浓度(含油)污水经过传统处理工艺调节均质-隔油-气浮-一级生化-二级生化-过滤处理，*COD* 可降到50mg/L以下，氨氮5mg/L以下，再经过杀菌处理即可回用作循环水补充水。其中，一级生化包括A/O、氧化沟、活性污泥法、生物膜法等工艺，二级生化包括曝气生物滤池(BAF)、移动床生物膜反应器(MBBR)、膜生物反应器(MBR)等工艺。中国石化湛江东兴低浓度(含油)污水经过处理后回用作循环水补充水，电导率约为600～900μS/cm，*COD* 约为40～50mg/L。

2.4 高浓度(含盐)污水稳定达标处理技术

高含盐污水由于难生物降解的有机物浓度高，传统的生物处理技术很难达标处理。在碱渣湿式氧化、电脱盐污水隔油-气浮-二级生物处理的基础上，逐渐形成以"臭氧催化氧化+BAF"为核心的高浓度含盐污水处理技术。2008年，湛江东兴公司、洛阳工程有限公司与石油化工科学研究院共同开发的双氧水芬顿(Feton)催化氧化+BAF技术进行工业应用，高浓度污水出水 *COD* 小于50mg/L；大连西太平洋石化、扬子石化、塔河石化、北海石化等相继采用臭氧氧化+BAF技术处理高浓度污水，均取得较好的效果。

2012年，茂名分公司与洛阳工程有限公司开发的臭氧(固体催化剂)催化氧化+BAF技术处理高浓度污水投入工业应用，处理工艺见图2，A/O工艺采用活性污泥法，出水水质 *COD* 约为120～160mg/L，经过臭氧催化氧化，出水水质 *COD* 约为90～120mg/L，经过BAF生物处理，出水 *COD* 约为50～60mg/L，氨氮2mg/L，总氮20～35mg/L，悬浮物小于40mg/L。

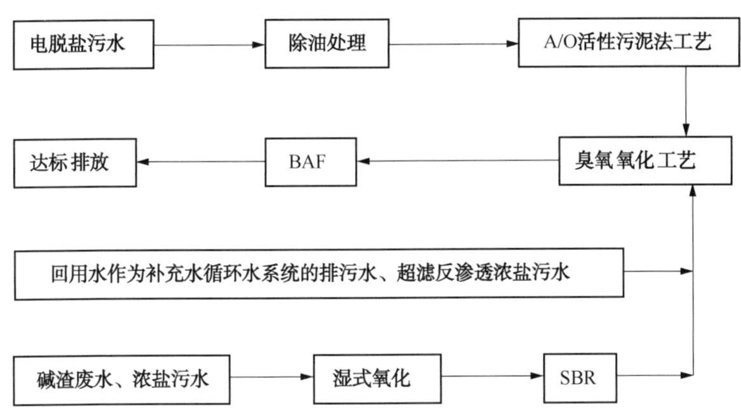

图 2　高浓度污水稳定达标处理排放典型工艺流程图

2.5　清净废水双膜(UF+RO)除盐再生利用技术

在炼油污水分质处理工艺中，根据企业减排要求，清净废水经过双膜脱盐进除盐水站，用于锅炉给水，广州分公司早期进行工业化应用，建成 200m³/h 工业化装置，反渗透出水 pH 值为 6~7，COD≤2mg/L，硬度≤10mg/L，电导率≤80μS/cm。见图 3。

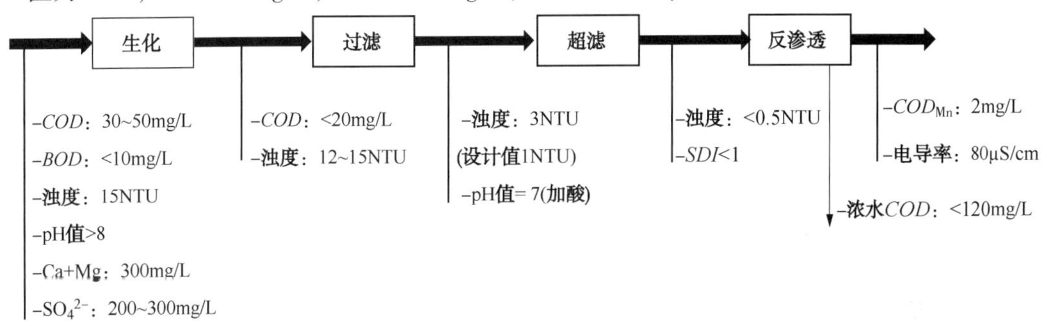

图 3　清净废水再生利用处理典型工艺流程图

2.6　含油污泥处理

炼油企业污泥处理涉及污泥资源化、减量化和无害化处理等问题，气浮产生的浮渣进焦化塔处理，活性污泥进煤炉焚烧处理，一定程度上实现了污泥的资源化、减量化，取得了一定的社会效益、环保效益，但随着国家环保政策的不断完善，这些方法在无害化处理方面的问题日益显现，因此新的污泥处理技术被开发利用。污泥资源化主要是回收含油污泥中的污油，同时也实现了无害化处理；污泥的减量化包括污泥脱水、污泥干化、污泥焚烧处理和无害化填埋，就中国石化整个行业来看，企业进行污泥脱水、污泥干化处理，焚烧处理和无害化填埋由行业统一规划、统一组织实施。

① 含油污泥除油后与活性污泥混合脱水、干化技术：污水处理场调节设施、隔油池中的底油泥和污水气浮处理环节的浮渣，在含油污泥调节罐中进行混合和调节，含油污泥定量提升至油泥分离装置中，在破乳剂的作用下，使油泥中的污油实现与污泥和水的分离，对含油污泥中污油的回收率在 98% 以上。将除油后的含油污泥与生化池的剩余活性污泥混合，在搅拌的条件下，投加调理剂，一并进行调理处理，再进行离心脱水处理，脱水后的污泥进

行干化处理。该技术在湛江东兴股份公司首次使用，中石化洛阳工程有限公司在九江分公司首次采用该技术开展环境合同管理，外运污泥含水率30%，与传统的离心脱水机脱水处理技术相比，污泥减量化率80%。

② 热萃取技术：以炼油企业馏分油作为萃取剂，以低压蒸汽为热源，通过加热萃取、沉降分离将污泥中水全部脱出，通过汽提脱油形成粉状固体，最终将含油污泥分离成油、水、固体物等3种产物。污泥经前述全流程处理后，油得到回收，水中油小于100mg/L，粉状固体物热值在15~20MJ/kg，可作锅炉燃料利用，实现了污泥减量化、资源化处理和利用。该技术已经在洛阳分公司、广州分公司、金陵分公司、安庆分公司、大连分公司实现工业化应用。

3 炼油企业无组织恶臭和VOC排放综合治理技术

3.1 汽油装车活性炭吸附油气回收技术

2007年颁布的GB 20950《储油库大气污染物排放标准》要求汽油装车油气处理效率95%以上，油气排放浓度≤25000mg/m^3。该标准实施以来，活性炭吸附法油气回收技术在汽油装车、装船过程中获得广泛应用[9-12]。中国石化安全工程研究院研制的汽油油气活性炭吸附装置有两个活性炭吸附罐交替进行吸附与再生，饱和活性炭抽真空再生，再生油气用汽油吸收，吸收塔尾气返回活性炭罐再被吸附处理。在北京沙河油库，该装置单罐吸附能力为100m^3/h，解吸时间25min，设备功率21kW·h，净化气平均油气浓度小于1100mg/m^3，油气净化效率可达99.7%[10]。

3.2 汽油氧化脱硫醇尾气冷凝-蓄热燃烧技术

汽油氧化脱硫醇尾气中含有机硫化物、氧气、氮气、水蒸气和油气，油气体积浓度20%~40%，一般通过15m以下排气筒排放，属于无组织恶臭排放源。2007年，应用抚顺石油化工研究院开发的冷凝-蓄热燃烧技术，中国石化沧州分公司建成投产氧化脱硫醇尾气处理装置[13]，设计尾气处理量150Nm^3/h，总功率70kW，制冷机组冷却水20t/h，蓄热燃烧室燃料气5Nm^3/h。有关情况如下：

① 冷凝单元。装置采用机械制冷，气态制冷剂经过机械压缩—冷却液化—节流膨胀—吸热蒸发汽化，再到机械压缩，如此循环，实现制冷。冷凝单元入口总烃30000~450000mg/Nm^3，冷凝单元出口总烃浓度20000~60000mg/Nm^3，油气回收率最高可达90%。

② 蓄热燃烧单元。蓄热燃烧单元有A、B两个蓄热体床层。在工作时，尾气先进入A床层，从蓄热体上吸收热量升温到600℃以上，进入燃烧室燃烧去除尾气中的有机物，气体温度进一步升高，然后进入B床层，向B床层上的蓄热体释放热量，低温气体排放。经过一段时间，尾气进口切换到B床层，燃烧后从A床层排出。如此循环。从冷凝单元排出的尾气中含有约20000~60000mg/Nm^{3}的有机物，需要用空气稀释到有机物爆炸下限(L.E.L)的25%以下，才能进入蓄热燃烧反应器。蓄热燃烧单元进口总烃浓度1500~3000mg/m^3，燃烧室温度750~820℃，出口总烃浓度36.3~61.5mg/m^3，总烃燃烧去除率97%以上。

3.3 恶臭和VOC废气柴油低温(临界)吸收-加热炉焚烧技术

抚顺石油化工研究院开发的柴油低温临界吸收油气回收技术是利用柴油温度越低挥发性

越小、对汽油等油气吸收能力越强的特性，在接近并高于所用柴油凝固点 5～10℃（一般吸收温度在-5～15℃），用柴油吸收汽油、石脑油等油气的工艺。低温柴油对有机硫化物的吸收率接近 100%，对硫化氢和氨的吸收率为 60%～90%，因此该技术特别适用于含高浓度油气、有机硫化物、硫化氢的废气处理，有几十套装置用于酸性水罐、粗汽油罐、粗柴油罐、污油罐区等废气处理[14-16]。

青岛石化酸性水罐区废气低温柴油吸收装置废气处理量 150Nm^3/h，采用常二线柴油馏分作为吸收剂，操作温度 8～12℃，压力 0.1MPa(G)，油气比 70～100L/m^3，吸收塔进口废气中总烃浓度 200000～700000mg/m^3，硫化氢浓度 30000～50000mg/m^3，氨 3000～5000mg/m^3；吸收塔出口总烃浓度 5000～20000mg/m^3，硫化氢 500～3000mg/m^3，氨 200～600mg/m^3，油气回收率可达 97%以上。柴油吸收塔排放气体再进氢氧化钠碱液吸收反应器，脱除硫化氢，净化气硫化氢浓度小于 5mg/m^3，硫化氢去除率 99%以上。净化气符合 GB 31570—2015《石油炼制工业污染物排放标准》。

2015 年 4 月，为应对更加严格的排放标准，抚顺石油化工研究院和青岛石化合作将酸性水罐区废气低温柴油吸收装置排放气体，直接送入催化裂化 CO 锅炉焚烧处理，焚烧后的烟气中总烃浓度低于 10mg/Nm^3，达到目前最严的 VOC 排放标准（天津市 DB 12/524—2014 工业企业挥发性有机物排放控制标准）要求。

3.4　石化污水处理场废气催化燃烧等治理技术

石化企业污水处理场散发的恶臭气体中主要含烷烃、环烷烃、芳烃等烃类污染物和硫化氢、有机硫等恶臭污染物，污染物的浓度和废气量波动很大。抚顺石油化工研究院开发了“脱硫及总烃浓度均化-催化燃烧”处理技术[17-19]。2003 年，世界首套污水处理场废气“脱硫及总烃浓度均化-催化燃烧”装置在中国石化广州分公司建成投产[17]，废气处理量 2000～3000m^3/h，反应器进口：非甲烷总烃 1966～4263mg/m^3，苯和甲苯一般在 300mg/m^{3}以上，二甲苯“未检出”或 100mg/m^3；反应器出口：非甲烷总烃小于 100mg/m^3，苯、甲苯、二甲苯基本上“未检出”，净化气体达到 GB 16297—1996《大气污染物综合排放标准》要求。2006 年，抚顺石油化工研究院研制的 WSH 1 蜂窝状 Pt/Pd 催化燃烧催化剂获得工业应用[18]。目前，该技术已在 20 多家企业应用。

3.5　设备和管阀件泄漏检测和修复程序（LDAR）

设备和管阀件泄漏在炼油企业 VOC 排放上占有较大比例。2008～2012 年，中国石化金陵分公司和抚顺石油化工研究院参照美国 EPA 方法 21，根据中国炼油企业人员结构和管理特点，创立了以“无泄漏管理信息系统”和“全员查漏堵漏”为核心的设备和管阀件泄漏检维修（LDAR）管理体系，其应用可使金陵分公司减少 85%泄漏量，每年减排 VOC 约 1530t，并在中国石化镇海炼化等 10 多家分公司应用。近两年，中国石化在炼油企业设备和管阀件泄漏检维修（LDAR）检测方法、检测频率、维修程序和信息化管理等方面又取得了较大技术进步，原计划在 2015 年底，在下属所有炼化企业完成第一轮设备和管阀件泄漏检维修（LDAR）。

4　催化裂化烟气除尘脱硫脱硝技术

催化裂化（FCC）是炼油企业最大的 SO_2、NO_x、粉尘排放源，GB 31570—2015《石油炼制工业污染物排放标准》规定，从2017年7月1日起，在污染严重地区，催化裂化催化剂再生烟气执行特别排放限值：颗粒物≤30mg/m³，镍及其混合物≤0.3mg/m³，SO_2≤50mg/m³，NO_x≤100mg/m³。

2012年，抚顺石油化工研究院、宁波工程公司、镇海炼化、洛阳工程有限公司共同开发建成国内首套催化裂化烟气除尘脱硫脱硝联合装置，它采用氨选择性催化还原(SCR)脱硝-钠碱洗涤除尘脱硫组合工艺[20]。简介如下：

4.1 催化裂化烟气SCR脱硝工艺

SCR脱硝通常使用气态氨或液态氨为还原剂，液态氨在蒸发器蒸发汽化，然后与稀释空气混合，通过喷氨格栅喷入SCR反应器上游的烟道中与烟气均匀充分地混合，然后通过300～420℃脱硝催化剂床层，在催化剂作用下，NO_x与NH_3发生反应，生成N_2和H_2O。SCR工艺脱硝率可达80%～95%，净化烟气中NO_x<100mg/Nm³，保证烟气的稳定达标排放。

4.2 钠碱洗涤除尘脱硫工艺

钠碱洗涤除尘脱硫处理系统主要由急冷预除尘脱硫塔和综合塔构成。急冷预除尘脱硫塔内顺序安装有文丘里格栅和湍冲逆喷喷头；综合塔内顺序有气液分离段、消泡器、人字形除雾器等。废水处理单元顺序安装有胀鼓过滤器、上清液氧化罐和过滤浓缩液真空带式脱水机。

镇海炼化1.8Mt/a重油催化裂化装置，入口烟气约190000Nm³/h，280～350℃，粉尘200～600(平均523.3)mg/m³、SO_2 700～1800(平均1459.7)mg/m³、NO_x120～300(平均148.2)mg/m³；通过脱硝单元、脱硫单元和脱硫废液处理系统，净化烟气粉尘<30mg/m³、SO_2<40mg/m³、NO_x<50mg/m³(最小20mg/m³以下)，逃逸氨浓度<2.0mg/m³，脱硫废液*COD*<30mg/L，悬浮物<20mg/L；烟气粉尘去除率可达90%以上；SO_2去除率98%以上；NO_x去除率50%～70%，最高可达90%以上。目前，该技术已在国内20多套催化裂化装置上推广应用。

5 结语

近15年，中国炼油环保技术取得很大进步。开发应用的污水处理技术有污水分质处理、低浓度(含油)污水净化回用、高浓度(含盐)污水稳定达标处理、曝气生物滤池、臭氧氧化、处理后污水超滤-反渗透脱盐回用、含氨污水同步硝化反硝化处理；在一些炼油企业，外排污水*COD*<60mg/L，氨氮<5mg/L，总氮20～35mg/L；污水回用率达到70%；回用于循环水水质电导率600～900μS/cm，*COD*约40～50mg/L；反渗透出水水质pH值为6～7，*COD*≤2mg/L，硬度≤10mg/L，电导率≤80μS/cm。

开发应用了催化裂化烟气氨SCR脱硝-钠碱洗涤除尘脱硫工艺、汽油装车活性炭吸附油气回收、汽油氧化脱硫醇尾气冷凝-蓄热燃烧处理、恶臭和VOC废气柴油低温(临界)吸收-加热炉焚烧处理、石化污水处理场废气催化燃烧处理、设备和管阀件泄漏检测和修复程序(LDAR)等技术，催化裂化净化烟气粉尘<30mg/m³、SO_2<40mg/m³、NO_x<50mg/m³；汽油装车活性炭吸附油气回收率>98%，净化气油气浓度<1100mg/m³；汽油氧化脱硫醇尾气冷凝油气回收率85%～90%，不凝气蓄热燃烧处理后总烃浓度36.3～61.5mg/m³；酸性水罐区废气经过低温柴油吸收，油气浓度从200000～700000mg/m³降到5000～20000mg/m³，硫化氢浓

度从 30000~50000mg/m^{3}降到 500~3000mg/m^3，油气回收率 97%以上，柴油吸收尾气再经过氢氧化钠碱液吸收进加热炉焚烧处理，烟气总烃浓度小于 10mg/m^3；污水处理场隔油池、气浮池等废气经过催化燃烧处理，非甲烷总烃<100mg/m^3。

展望未来，中国炼油企业仍然面临很大的环保压力，需要在处理后污水盐含量和总氮控制、脱硫烟气消除白烟、城市型炼油企业卫生防护距离、土壤和地下水污染控制等方面取得新的技术进步。

参 考 文 献

[1] 郭宏山，林大泉，许谦. 炼油厂用水与节水[J]. 石油炼制与化工，2002，33(3)：61-65.

[2] 李勇，刘忠生. 炼厂酸性水汽提的上下游技术[J]. 当代化工，2006，35(6)：429-432.

[3] 滕宗礼，胡建东，王化远. 炼油污水分质处理工艺技术应用[J]. 工业用水与废水，2012，43(4)：69-71.

[4] 刘铁民，王铁汉，王春芝，等. 臭氧-活性炭技术在炼油厂污水深度处理及回用中的应用[J]. 辽宁城乡环境科技，2003，23(4)：43-44.

[5] 冯景晓，朱元臣，邢希运，等. BAF 工艺在炼油污水处理工程中的应用[J]. 工业用水与废水，2012，35(6)：70-72.

[6] 陈桂芹，朱炜. BAF 工艺用于炼油废水的深度处理[J]. 茂名学院学报，2007，17(1)：28-30.

[7] 张文艺，翟建平，郑俊，等. 曝气生物滤池污水处理工艺与设计[J]. 环境工程，2006，24(1)：9-13.

[8] 郭宏山. 炼油废水处理的现状、问题及对策[J]. 化工环保，2010，30(2)：93-99.

[9] 张宏，孙禾. 活性炭吸附法油气回收系统在石油库的应用[J]. 安全、健康和环境，2004，4(7)：14-15.

[10] 姜春明，李俊杰，张卫华，等. 吸附法油气回收装置的研发与应用[J]. 安全、健康和环境，2006，6(2)：3-5.

[11] 卞菊英，宫中昊，李俊杰. 吸附法油气回收系统在成品油库中的应用[J]. 储运安全，2013，13(12)：37-40.

[12] 郭飞鸿，张健中，李俊杰，等. 吸附法油气回收装置油气吸附量的计量方式[J]. 油气储运，2013，32(11)：1213-1216.

[13] 王海波，宋安泰，刘忠生. 汽油氧化脱硫醇尾气冷凝-蓄热燃烧技术[J]. 炼油技术与工程，2010，40(9)：58-61.

[14] 方向晨，刘忠生，郭兵兵，等. 炼油厂酸性水罐区气体减排和治理新技术[J]. 炼油技术与工程，2012，42(3)：58-62.

[15] 王海波，廖昌建，刘忠生，等. 炼油厂酸性水罐排放气恶臭治理技术工业应用[J]. 当代化工，2013，42(4)：490-492.

[16] 郭兵兵，刘璐，刘忠生，等. 炼油厂储罐排放气综合治理及回收技术[J]. 安全、健康和环境，2012，12(8)：31-33.

[17] 陈玉香，刘忠生，王新，等. 石化污水处理场废气催化燃烧工业化应用[J]. 当代化工，2006，35(6)：425-428.

[18] 陈玉香，刘忠生，王新，等. WSH-1 催化剂在炼厂污水场废气治理中的应用[J]. 石油化工安全环保技术，2009，25(3)：48-51.

[19] 刘永斌，程俊梅，程彬彬. 催化燃烧技术在炼油污水处理场恶臭治理中的应用[J]. 炼油技术与工程，2011，41(11)：54-57.

[20] 刘忠生，王学海，齐慧敏，等. 催化裂化烟气除尘脱硫脱硝技术[J]. 化工环保，2014，34(S)：1-8.

直接法煤制油技术

吴秀章

（中国神华煤制油化工有限公司）

摘　要：煤在高温、高压和催化剂作用下直接加氢转化的过程称之为煤直接液化，受原料煤、溶剂、催化剂和过程参数等影响。神华集团1Mt/a煤炭直接液化示范工程的工艺装置包括煤制氢、煤直接液化和产品精制三大系统。煤炭直接液化过程消耗的大量氢气来自于煤制氢装置、氢气回收系统和干气制氢系统。煤炭液化系统是该示范工程的核心系统，包括备煤单元、催化剂制备单元、煤浆制备单元、煤液化单元和加氢稳定单元。产品精制部分包括轻质液化油品的加氢改质、轻烃回收、液化气脱硫等几个单元。

1　前言

以我国相对丰富的煤炭资源适度发展石油替代能源、生产关系国民经济命脉的液体油品，符合我国能源安全和经济安全的战略。神华集团公司从1997年就开始了煤炭液化生产液体运输燃料的方案研究工作，2004年开始在内蒙古自治区鄂尔多斯市开工建设世界上采用先进工艺技术的首条百万吨煤炭直接液化工业示范项目生产线，2008年建成投产[1,2]。

2　煤直接液化概述

神华集团年产油品1Mt的第一条生产线——煤直接液化示范工程流程示意图如图1所示。该示范工程的工艺装置总体上由煤制氢、煤直接液化（含催化剂制备）、产品精制三大部分组成。

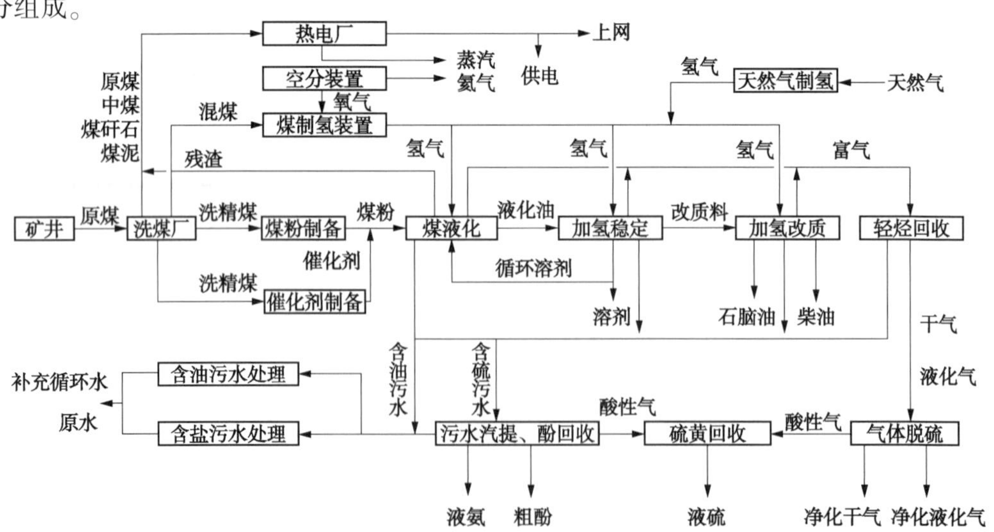

图1　神华集团1Mt/a煤直接液化示范工程流程示意图

煤制氢部分是采用煤为原料，煤气化生产粗合成气，粗合成气与水蒸气发生 CO 变换反应，变换合成气经低温甲醇洗净化单元脱除 CO_2 和 H_2S，再经变压吸附单元生产纯度大于 99.5%(体积)的氢气。煤直接液化工厂副产的富余瓦斯气送干气蒸汽转化装置生产氢气。

煤液化部分是该示范工程的最核心部分，包括催化剂制备、备煤和煤浆制备、煤炭液化以及溶剂加氢等 4 个单元。催化剂制备是连续为煤炭液化提供催化剂的单元；备煤和煤浆制备是将洗精煤通过中速磨磨细、再利用热空气将煤干燥，并与溶剂混合制备成油煤浆并输送到煤液化单元；煤液化单元是将煤炭转化为液体产品；加氢稳定单元的作用是对煤液化来的粗油进行加氢处理，以生产满足密度、馏分、组成、供氢性等煤液化要求的循环溶剂，同时将轻质液化油进行初步加氢稳定后送加氢改质装置进一步精制。

产品精制部分包括轻质液化油品的加氢改质、轻烃回收、液化气脱硫等几个单元。加氢改质装置的作用是对煤液化油品进行深度加氢处理，生产合格石脑油、煤油和柴油馏分。轻烃回收单元是利用自产的石脑油为吸收剂对产自煤液化、加氢稳定和加氢改质单元的轻烃进行吸收，以生产合格的液化气产品。液化气脱硫单元是利用 MDEA 为溶剂脱除液化气中无机硫的单元。

环境保护部分包括对产自示范工程各工艺装置的气体进行脱硫、对煤液化等 3 套装置生产的酸性水进行汽提脱硫、脱氨、对煤液化污水进行萃取脱酚，对全厂的酸性气进行硫黄回收及尾气处理以及对全厂污水进行处理、回收利用等。神华集团煤炭直接液化示范项目的生产废水按“近零排放”进行设计、建设和运转。

3　煤直接液化化学

煤在高温、高压和催化剂作用下直接加氢转化的过程称之为煤直接液化，主要产品是液态油品，并副产一部分气体产品和煤液化残渣等。影响煤液化过程主要因素有原料煤、溶剂、催化剂和过程参数等。

3.1　煤液化基本原理

从煤和油的组成结构可以清楚地认识煤为什么可以转化成油，煤和石油都是古生物经过漫长和复杂的生物化学、物理化学和地球化学作用演变而成，它们的主要组成都是碳和氢，兼有一些氧、氮、硫等杂原子。和石油不同的是，煤的氢含量低、碳含量高，具有较大分子量，且分子结构以芳香环为主。煤大分子在加热条件下，生成分子量较小的自由基，并在供氢条件下生成分子量较小的烃类物质——油。煤直接液化的过程就是煤通过加氢裂化，使烃类相对分子质量变小生成类似石油产品的过程。如果供氢不足，这些自由基将聚合成分子量更大的焦炭。图 2 比较直观地描述了煤直接液化过程[3]。

3.2　原料煤的影响

按煤阶，我国煤可以分为褐煤、烟煤和无烟煤。其中，烟煤分为长焰煤、不黏煤、弱黏煤、1/2 中黏煤、气煤、气肥煤、肥煤、1/3 焦煤、焦煤、瘦煤、贫瘦煤、贫煤。国外通常分为褐煤、次烟煤、高挥发分烟煤、低挥发分烟煤和无烟煤。一般来说，褐煤和煤阶比较低

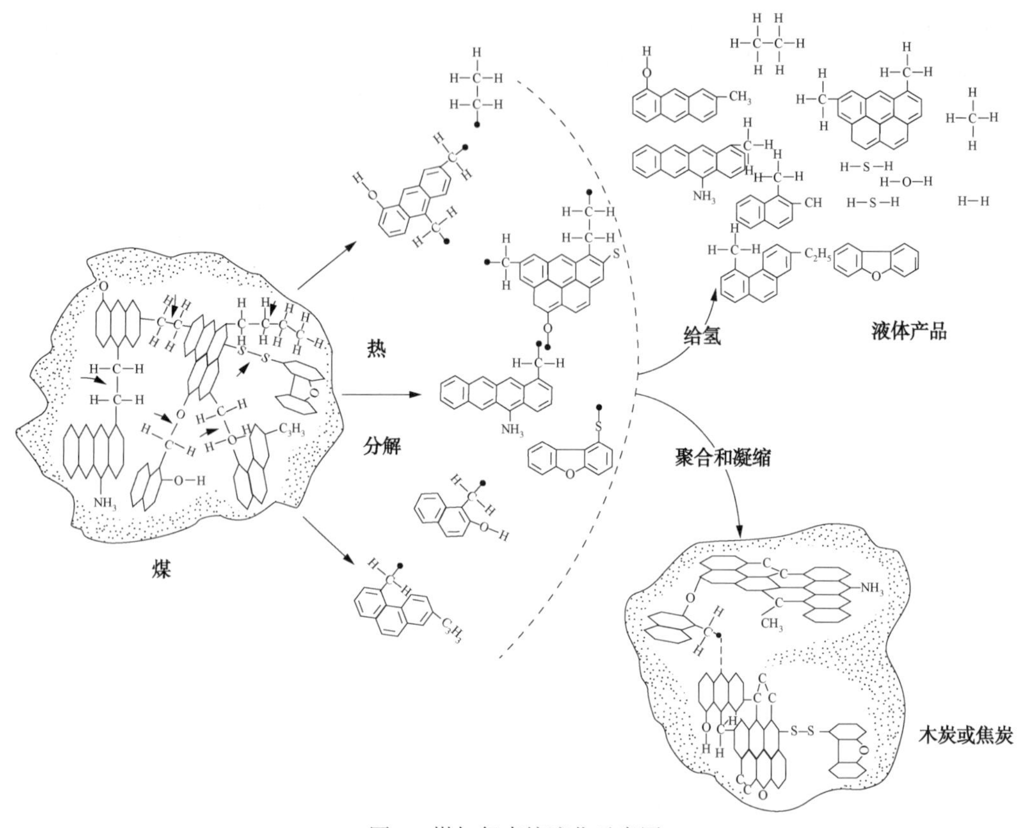

图 2　煤加氢直接液化示意图

的烟煤是适宜用作直接液化的原料煤。如图 3 所示，褐煤、次烟煤和高挥发分烟煤拥有比较丰富的侧链和桥键。煤在加热过程中，首先侧链和桥键断裂产生一定数量的自由基，在供氢条件下自由基稳定成为低分子油气。而煤阶较高的煤，相对分子质量大，侧链和桥键都比较少，有较高的热稳定性，在较低的稳定下不易生成一定数量的自由基，所以不适合作为液化原料煤。结合我国实际情况，在褐煤至气煤范围选择液化原料煤比较合适[4]。

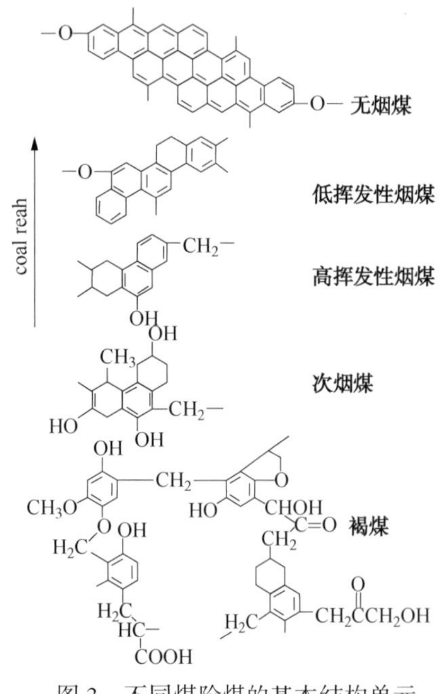

图 3　不同煤阶煤的基本结构单元

除了煤阶之外，影响煤液化另一个重要的煤质指标是煤的显微组成。煤岩学是借用研究岩石的方法来研究煤炭的一门学科。煤的显微组成是指煤在显微镜下能够识别和辨别的基本组成成分。煤的有机显微组分包括镜质组、惰质组和壳质组。

由于成煤原始物质和成煤环境的差异，相同的煤其岩相显微组成往往是不均一的。许多研究结果表明，显微组成中的镜质组和壳质组是煤液化高活性组分，而惰质组比较难以液化。

中国神华煤制油化工有限公司上海研究院蔺华林博士专门就神东煤中镜质组和惰质组的化学结构进行了研

究。对神东上湾煤进行了岩相分离，得到镜质组和惰质组富集物，进行了^{13}C-NMR、傅里叶红外(FTIR)、X射线衍射(XRD)、热重-质谱(TG-MS)、X光电子能谱(XPS)等分析表征，得到镜质组、惰质组和原煤等3个煤样的结构单元信息和结构参数，并与元素分析相结合构建煤样的分子结构模型，用ACD/CNMR Predictor软件对结构模型进行了预测，用Materials Studio软件对原煤结构模型进行了分子模拟计算，得到煤样的键长、键级和Mulliken电荷布居数，探讨了同一种煤不同显微组分组成结构、煤液化反应路径以及反应活性位置[5,6]。表1是用镜质组富集物为82%神东煤和惰质组富集物为81%神东煤的高压釜加氢液化试验，结果验证了镜质组与惰质组煤液化性能差异的例证。

表1　神东上湾煤惰质组和镜质组富集煤的液化特性

反应时间/min	惰质组(SDI)			镜质组(SDV)		
	转化率/%	油收率/%	气产率/%	转化率/%	油收率/%	气产率/%
0	71.82	43.03	7.45	93.26	53.75	6.51
20	77.5	50.21	9.14	94.84	68.05	7.18
40	80.84	57.43	9.76	95.23	73.61	9.31
60	84.26	58.95	10.23	95.85	74.05	12.95

煤中矿物质总体对煤液化的负面作用大于某些组分的催化作用，主要表现在矿物质的增加降低了煤液化反应器的实际处理煤炭的能力，降低了反应器的效率。煤中矿物质的存在还加剧了矿物质在反应器、热高分和管道中沉积的风险。另外，煤中矿物质在液化加工过程中对关键设备高差压减压阀造成的磨损伤害也是致命的。所以液化原料煤一定要经过洗选，保证煤的灰含量控制在限值以内。

煤中硫，尤其是黄铁矿硫的存在对煤液化具有一定的促进作用，高硫煤用作液化原料煤有益无害。

3.3　溶剂的影响

煤液化过程中，经过洗选、干燥和破碎后的煤粉与溶剂制成可泵送的煤浆，通常溶剂与煤的比例大约在1：1~1：3。溶剂的性质对煤浆特性和煤加氢液化效果均有明显影响[7]。

为了使煤粉制成可泵送的煤浆，使用的溶剂与煤要有很好的溶解能力，根据相似相溶的原理，用作煤液化的溶剂必须是与煤的性质相似且含有较高芳烃的物质。煤焦油中的蒽油、洗油和石油催化裂化过程的芳烃萃取油含有较多的芳烃，通常被用作煤液化过程的起始溶剂。

溶剂的供氢能力是溶剂质量优劣的一个重要指标。研究表明，适度氢化芳烃具有较强的供氢能力，几种氢化芳烃的供氢能力强弱顺序为9,10-二氢菲>四氢萘>杂酚油。在煤液化过程中，为了提高溶剂的供氢能力，通常对煤液化过程的循环溶剂在配制煤浆前进行预加氢。加氢后的溶剂不但有较强的供氢能力，还可降低煤浆黏度改善煤浆输送性能。加氢溶剂的使用促进了煤液化油收率和转化率的提高。溶剂的改善还可以降低煤液化加热炉的强度，降低煤浆在加热炉中结焦的风险[8]。

煤液化溶剂还应具备较高的沸点。溶剂在液化反应温度下不至于产生过多的汽化，保持溶剂在反应条件下对煤液化产物和中间产物以及未反应的煤有较好的溶解性能，保持较小的固液相密度差，防止固相物在反应器和管道中的沉积。

3.4 催化剂的影响

煤液化加氢反应通常在催化剂作用下完成。煤液化催化剂可分为三大类：第一类是石油加氢精制类催化剂，如钴(Co)、钼(Mo)、镍(Ni)为活性金属的催化剂；第二类是金属卤化物催化剂，如 $ZnCl_2$、$SnCl_2$等；第三类是铁系催化剂，包括含铁的天然矿石、含铁的工业残渣和各种纯态铁的化合物(如铁的氧化物、硫化物和氢氧化物)；另一类铁系催化剂则是人工合成高分散纳米级催化剂，如煤炭科学研究总院与神华集团共同研发并成功用于百万吨示范工程的 863 催化剂[9]。铁系催化剂活性适中，具有较高的性价比，一次使用不用回收，这类催化剂又称可弃性催化剂，是煤炭直接液化催化剂研究的重点和方向。

3.5 过程参数的影响

煤液化过程参数包括煤液化反应温度、反应压力和反应停留时间。

研究表明，适宜的煤直接液化温度为 440~470℃，对比较容易液化的褐煤通常选择比较低的煤液化温度，较高的温度会导致煤过度裂解产生较多气体，从而降低煤液化油收率。所以褐煤的液化温度不宜过高，通常不高于 450℃。对烟煤而言，可以选择较高一些的液化温度促使煤的热解和加氢液化反应，同样过高的反应温度也会使煤液化气体产率增加，油收率降低，甚至导致煤在反应过程中结焦，通常烟煤液化温度在 460℃左右。如果选择较高的系统压力和氢分压，适度提高温度可以增加煤液化油收率并缩短煤在反应器里的停留时间，从而增加了煤液化装置的处理能力。

根据煤液化反应原理，压力越高或者说氢分压越高越有利于煤加氢反应。降低煤液化压力是现代煤液化工艺技术的发展方向之一，德国煤液化工艺已经从 70MPa 降低到 30MPa，美国和日本现代煤直接液化工艺普遍采用 20MPa 左右的操作压力，神华煤直接液化工艺采用 19MPa 操作压力。

煤在液化反应器里的停留时间对煤液化结果有显著的影响，足够的停留时间可以为煤在反应器中充分反应提供保证。

4 煤液化示范工程制氢系统

煤直接液化过程要消耗大量的氢气，后续的产品精制提质过程也需要消耗一定量的氢气。神华煤直接液化示范工程第一条生产线煤直接液化、加氢稳定和加氢改质三套生产装置的化学耗氢量就达到 20.836t/h[10]。神华煤直接液化示范工程第一条生产线氢气系统如图 4 所示。

4.1 煤制氢系统

煤气化制氢是煤炭和氧化剂(一般是氧气)在气化炉中发生部分氧化反应，生产以 CO 和 H_2为有效组分的合成气；合成气再经过深度 CO 变换，在催化剂的催化作用下合成气中的 CO 与水蒸气发生反应生成 CO_2和 H_2；然后进入净化单元脱除 CO_2和 H_2S；净化后的富氢气体再经 PSA 等纯化手段生产符合加氢要求规格的氢气。

从对氢气数量和规格要求、气化原料煤的性质以及能源利用效率等角度综合考虑，神华煤直接液化示范工程第一条生产线采用了两套处理干煤能力为 2000t/d 的 Shell 干煤粉气化炉，Shell 干煤粉气化工艺流程如图 5 所示[11]。

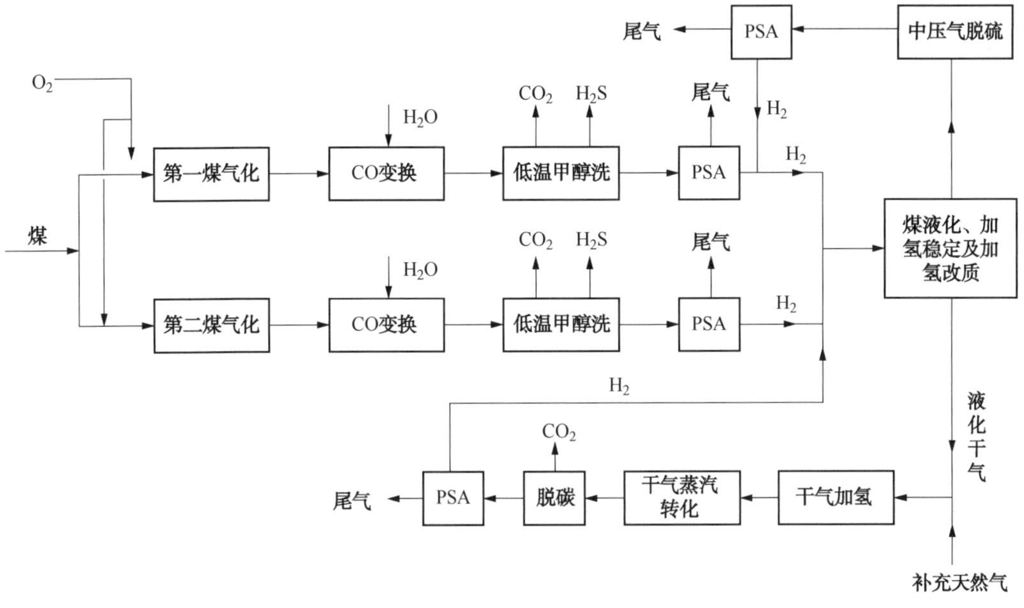

图 4 神华煤直接液化示范工程氢气系统示意图

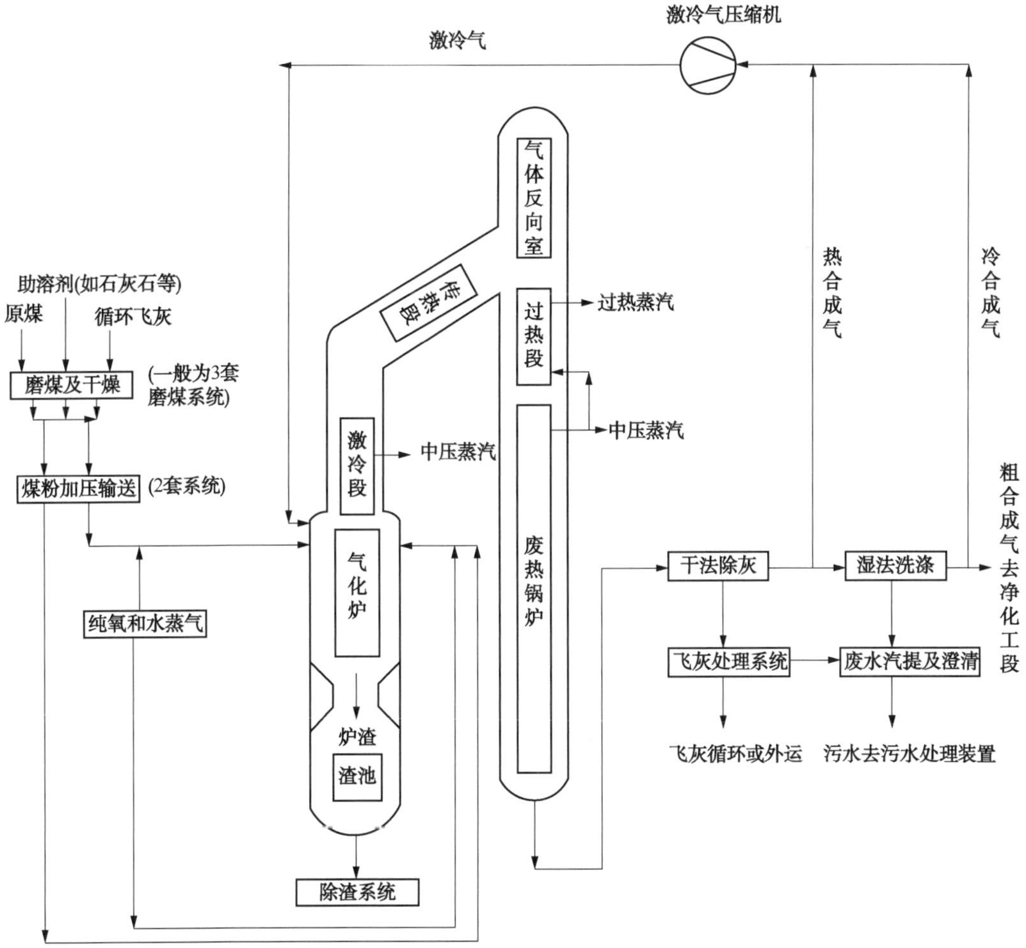

图 5 Shell 干煤粉气化工艺流程简图

基于粗合成气具有 CO 体积含量>60%(干基)的特点，采用了两段宽温串联一段低温变换工艺，选用 Co-Mo 系耐硫变换催化剂，流程如图 6 所示：第一变换炉的入口、出口温度分别为 260℃和 456℃，第二变换炉的入口、出口温度分别为 240℃和 354℃，第三变换炉的入口、出口温度分别为 230℃和 262℃，第三变换炉出口 CO 体积含量低于 0.7%(湿基)[12]。

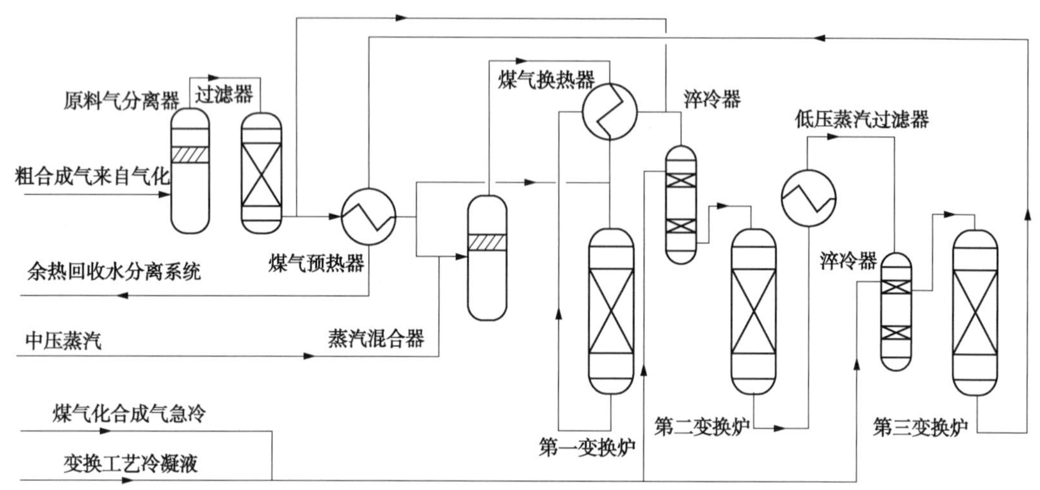

图 6　神华煤制氢 CO 变换工艺流程简图

神华煤制氢装置的酸性气脱除采用了低温甲醇洗工艺，其工艺流程如图 7 所示[13]。

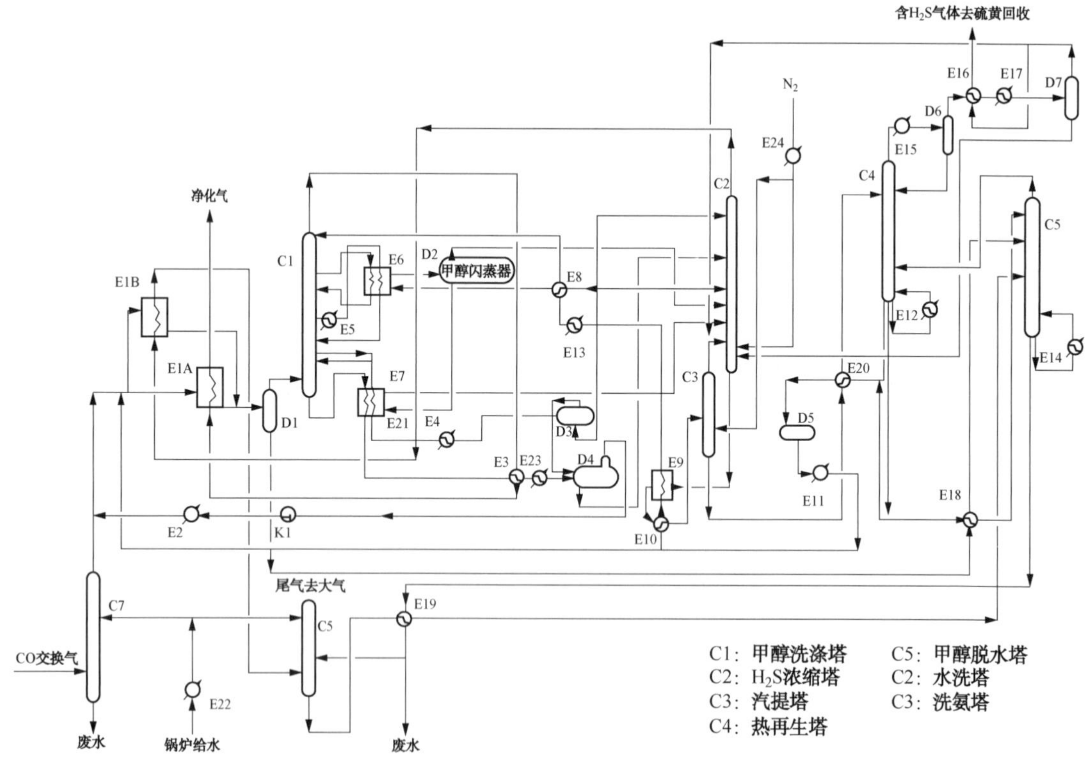

图 7　低温甲醇洗工艺流程简图

PSA 单元的作用是对来自低温甲醇洗的净化气体进行变压吸附以生产纯度大于 99.5%(体积)的氢气，单套 PSA 装置处理原料气 168805Nm^3/h，生产氢气 134803Nm^3/h，氢气的回收率大于 90%。

两套煤制氢装置正常生产时可以生产压力 2.90MPa(G)、流量为 269600Nm^3/h 的氢气。

4.2　氢气回收系统

煤液化、液化油加氢稳定和加氢改质装置产生的中压气体以及液化装置二级膜分离装置产生的富氢气体中的氢气含量较高，这些气体的含氢量达到 4.473t/h。为了实现全厂氢气的梯级利用，神华煤直接液化项目先将这些气体汇合，经 MDEA 脱硫后再应用变压吸附装置回收其中的氢气，轻烃回收装置的 PSA 单元回收了上述气体中 89.8%的氢气[10]。

4.3　干气制氢系统

煤直接液化项目正常生产时产生的副产品干气约为 35000~50000Nm^3/h，在满足工艺加热炉需求外还出现富余，其中 H_2 含量约 60%、甲烷 17%、乙烷 9%左右。为了减少资源浪费，将富余的干气引入气制氢装置经加氢脱硫(硫化物低于 0.2μL/L)后，至轻烃蒸气转化单元，通过脱炭、PSA 净化后，可以生产约 20000~35000Nm^3/h 的氢气，供煤直接液化、液化油加氢稳定和加氢改质装置使用。

5　煤直接液化系统

煤液化系统是神华煤直接液化示范工程的核心系统，来自洗煤厂的洗精煤就是在该系统通过一系列反应生成液体产品的。

本系统包括备煤单元、催化剂制备单元、煤浆制备单元、煤液化单元和加氢稳定单元。神华煤直接液化工艺具有如下技术特点[7]：①采用超细水合氧化铁(FeOOH)作为液化催化剂；以 Fe^{2+} 为原料，以部分液化原料煤为载体，制成的超细水合氧化铁粒径小、催化活性高。②过程溶剂采用催化预加氢的供氢溶剂，可以制备浓度为 45%~50%、流动性好的油煤浆，供氢性强的溶剂可以防止油煤浆在预热器加热过程中结焦，供氢溶剂还可以提高煤液化过程的转化率和油收率。③采用强制循环悬浮床反应器，液化反应器轴向和径向温度分布均匀，反应温度容易控制；强制循环反应器气体滞留系数低、反应器的液相利用率高；煤液化物料在反应器中有较高的液速，可以有效阻止煤中矿物质和外加催化剂在反应器内沉积。④减压蒸馏固液分离：减压蒸馏是一种成熟有效的脱除沥青和固体的分离方法，减压蒸馏的馏出物中几乎不含沥青，是循环溶剂催化加氢的合格原料，减压蒸馏的残渣含固体 50%左右。⑤循环溶剂和煤液化初级产品采用强制循环沸腾床加氢，沸腾床反应器可以使催化剂的活性保持恒定，延长了稳定加氢的操作周期，同时也避免了固定床反应器由于催化剂积炭压差增大的风险，经稳定加氢的煤液化初级产品性质稳定，便于加工。与固定床相比，沸腾床操作更加稳定、操作周期更长、原料适应性更广。

5.1　备煤单元

为了提高煤液化油品的收率，原料洗精煤的灰分含量控制在 5.32%(干基)以下。

备煤单元的作用就是将洗精煤制备成能够用于制备油煤浆的煤粉。煤粉制备就是使用中速磨对原料煤进行磨细，来自热风炉的加热介质通过中速磨将粒度合适的煤粉携带至布袋过滤器进行气固分离，在携带过程中完成煤粉的干燥。为了保证备煤系统的安全，通过采用向系统中补充氮气的方法，将系统中气体的氧体积含量控制在8%以内，通过调节气体的排空量来调节产品煤粉的水含量。产品干煤粉要求是粒度90%可以通过200目(平均粒径约80μm)、水分含量小于4%。

神华煤直接液化示范工程第一条生产线采用6套磨煤系统(5开1备)，生产煤粉1.58Mt/a(干基)。

5.2 催化剂制备

催化剂制备装置就是以煤液化洗精煤原料为载体，在线生产煤液化装置所需要的高效催化剂(简称863催化剂)，催化剂制备的原料主要是七水硫酸亚铁。

催化剂制备装置的催化剂产量(含煤)为42.426t/h(干基)，其粒度和水含量要求与备煤装置制备的干煤粉一致。催化剂的电镜图片如图8所示，催化剂活性组分直径约30nm、长度约120nm。

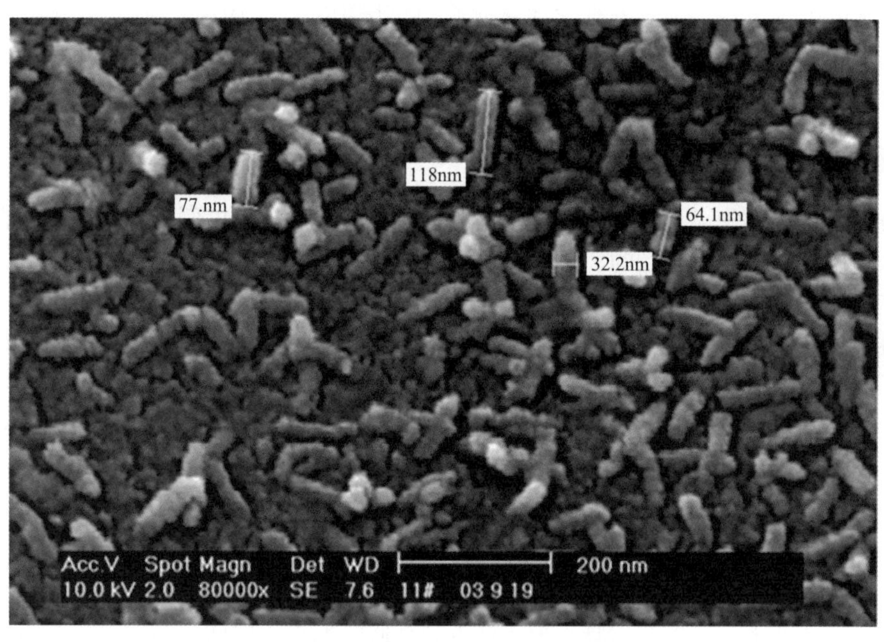

图8 煤液化催化剂电镜照片(放大8万倍)

5.3 油煤浆制备单元

煤浆制备单元的主要作用就是将备煤单元和催化剂单元制备的干煤粉与加氢稳定装置来的溶剂油混合，制备成可以使用泵进行输送的液体产品。目前神华鄂尔多斯煤直接液化示范工程油煤浆的固体物含量按45%控制；根据试验结果，神华新疆黑山煤的油煤浆浓度可以提高到50%[14]。

神华煤直接液化示范工程第一条生产线设置了4条油煤浆制备生产线，1条用于制备催化剂油煤浆，3条制备油煤浆。为了除去煤粉(及催化剂粉)带的水，煤浆制备罐带有低压蒸汽夹套将罐内的油煤浆加热到160℃左右；提高油煤浆的温度也有利于降低黏度，并能降低油煤浆加热炉的负荷。在油煤浆加热和混合过程中，水蒸发和轻油气化会夹带少量煤粉离开油煤浆制备罐，因此设置了利用溶剂油进行洗涤的洗涤塔。

油煤浆制备单元设置了6台高压进料泵，将油煤浆压力提高到约19MPa与氢气混合后送油煤浆加热炉预热。

5.4 煤直接液化单元

来自油煤浆制备单元的高压油煤浆、升压后的氢气(含新氢与循环氢)先在加热炉中进行预热，设1台氢气加热炉和3台油煤浆加热炉。高压油煤浆与液硫、部分氢气混合后按控制的流量进入油煤浆预热炉加热至365℃左右、其余的氢气经过氢气预热炉加热到530℃左右，预热后的油煤浆和氢气混合温度在375℃左右，从下部进入第一液化反应器。

神华煤直接液化单元采用了2台结构相同且串联的带强制内循环的悬浮床反应器，采用带强制内循环悬浮床反应器有六大优点[8]：①反应器内径向温度均匀；②反应器内物流不会出现偏流，径向温度均匀；③反应器内物料混合强度大、混合均匀，可以充分利用反应热，无需从侧面向反应器内注冷氢来控制反应温度；④反应器内液体流速大，可以有效防止矿物质在反应器内的沉积；⑤反应器内的气体滞留系数低，单系列反应器的处理能力大；⑥气体产率低。油煤浆、氢气和内循环的油煤浆在第一反应器下部混合通过带帽罩的分布板进入反应器，大约70%的煤炭在第一反应器中反应，反应器的压力约19MPa、加权平均反应温度为455℃。在反应器上部设置了液体收集杯，收集的液体通过降液管进入位于反应器下部的循环泵升压后再从底部进入反应器。中间反应产物从第一反应器顶部流出后再混入部分氢气，利用冷油将温度控制在420℃左右，进入第二液化反应器，第二煤液化反应器的压力约19MPa、加权平均反应温度为455℃，反应产物离开第二反应器后利用急冷油将温度控制在420℃以下(主要目的是防止结焦)后进入高温高压分离器。

从第二煤液化反应器流出的反应产物进入气液分离系统，气液分离系统包括高压系统和中压系统两部分。先使用高压急冷油将反应产物温度控制在420℃以下(以防止高温高压分离器内发生结焦现象)，后进入高温高压分离器进行气液分离，分离器顶分离出的高温气体与氢气、加氢稳定进料换热至255℃后进入中温高压分离器进行气液分离；中温高压分离器顶分离出的中温气体与除盐水混合后进入空冷器冷却至45℃以下进入冷高压分离器；冷高分顶部分离出的氢体积含量约86.6%的富氢气体进入膜分离装置进行氢气提浓，一级膜分离分离出的96.9%的氢气经压缩机压缩后返回到反应器循环使用，二级膜分离分离出的90.03%副氢气送PSA装置对氢气进一步提浓后利用，二级膜分离的尾气进入干气系统[15]。高温高压分离器底部的高温液体经液控阀减压后进入压力约2.7MPa的中压分离系统，先进入高温中压分离器进行气液分离，高温中压分离器顶部405℃气体经蒸汽发生器冷却至210℃左右进入温中压分离器进行气液分离；温中压分离器顶部的气体与除盐水混合经空冷冷却后，与来自冷高分底部的液体一起进入冷中分进行气液分离，冷中分顶部的气体送气体脱硫装置净化。高温中压分离器、温中压分离器、冷中压分离器底部分离出的液体产物送常减压单元进行液固分离；冷中分底部分离的酸性水送酸性水汽提装置进行脱硫、脱氨处理。

气液分离系统中压分离器底部分离出的液体先进入常压塔进行分馏，得到轻质液化油品，常压塔压力约0.13MPa(G)、塔顶温度约110℃、塔底温度约360℃。常压塔底的含固油煤浆经减压加热炉加热至约410℃后进入减压塔进一步分馏，减压塔顶利用蒸汽喷射器将减压塔压力维持在1kPa左右，可蒸馏的液化油品从减压塔侧线抽出，减压塔底含有固体(灰分及未反应的煤)约50%的物料送至成型装置固化成固体产品。

神华煤直接液化工艺具有如下优势：①单系列处理量大：由于采用高效煤液化催化剂、全部供氢性循环溶剂以及强制循环的悬浮床反应器，神华煤直接液化工艺单系列处理液化煤量为6000t/d，而国外大部分煤直接液化采用鼓泡床反应器的煤直接液化工艺，单系列最大处理液化煤量为2500~3000t/d。②油收率高：神华煤直接液化工艺由于采用高活性的液化催化剂，催化剂添加量少，蒸馏油收率高。③稳定性好：神华煤直接液化工艺采用经过加氢的供氢性循环溶剂，溶剂性质稳定，煤浆具有较好的输送性和较高的稳定性，提高了神华煤直接液化工艺的整体稳定性。④反应条件缓和：神华煤直接液化工艺中溶剂采用全部加氢的供氢性能好的循环溶剂以及高活性、高分散性合成铁基煤液化催化剂，降低了煤液化反应的苛刻条件，同时可以保证煤液化的高转化率。

5.5 液化油加氢稳定单元

采用加氢稳定的方法可以改善煤直接液化粗油的性质，提高稳定性，同时使液化粗油中的双环及多环芳烃部分饱和，以便提供煤液化所需要的活性氢。加氢稳定的作用首先是为煤液化单元提供所需的供氢性溶剂油，其次对轻质液化油进行初步的脱硫、脱氮、脱氧及芳烃饱和处理[16,17]。

神华煤液化油加氢稳定单元包括原料升压和预热、反应和分馏等三部分，工艺流程如图9所示。原料油经泵升压至16.8MPa(G)后先到煤液化单元与热高分气相物流进行换热，之后与氢气混合进入原料预热炉加热至280℃左右，进入反应器在催化剂的作用下发生加氢脱硫、加氢脱氮、加氢脱氧及芳烃部分饱和反应。加氢稳定反应器采用1台带强制内循环的沸腾床反应器，与煤液化反应器不同的是加氢稳定反应器分布板上部装填了加氢稳定催化剂。与固定床加氢反应器相比，采用沸腾床反应器还有另外2个优点：一是催化剂可以在线置换，催化剂的活性和选择性能够保持稳定；二是可以长周期地加工含有少量固体的煤液化粗油。神华煤液化油加氢稳定反应条件的选择主要是控制溶剂油组分的芳碳率降幅、密度的变化，反应温度控制在380℃、反应压力13.5MPa(G)。反应产物通过一系列气液分离，高压循环氢返回反应器循环使用，低压气体送脱硫净化、PSA装置处理；酸性水送汽提装置处理。分离出的液体产物送分馏系统进行蒸馏处理，分馏塔底部的重质加氢稳定油品和部分侧线抽出的中质油品作为供氢性溶剂油送煤液化装置作为溶剂使用；剩余的中质和轻质加氢稳定液化油送加氢改质进一步加氢处理生产石脑油和柴油产品。

6 煤液化产品精制系统

产品精制部分包括轻质液化油品的加氢改质、轻烃回收、液化气脱硫等几个单元。

6.1 加氢改质单元

加氢改质装置的作用是对经过加氢稳定处理的煤液化轻质油品进行深度加氢处理，深度脱氮、脱硫和脱氧，最大程度地芳烃饱和和裂化，提高柴油馏分的十六烷值，以生产合格石脑油、煤油和柴油馏分。

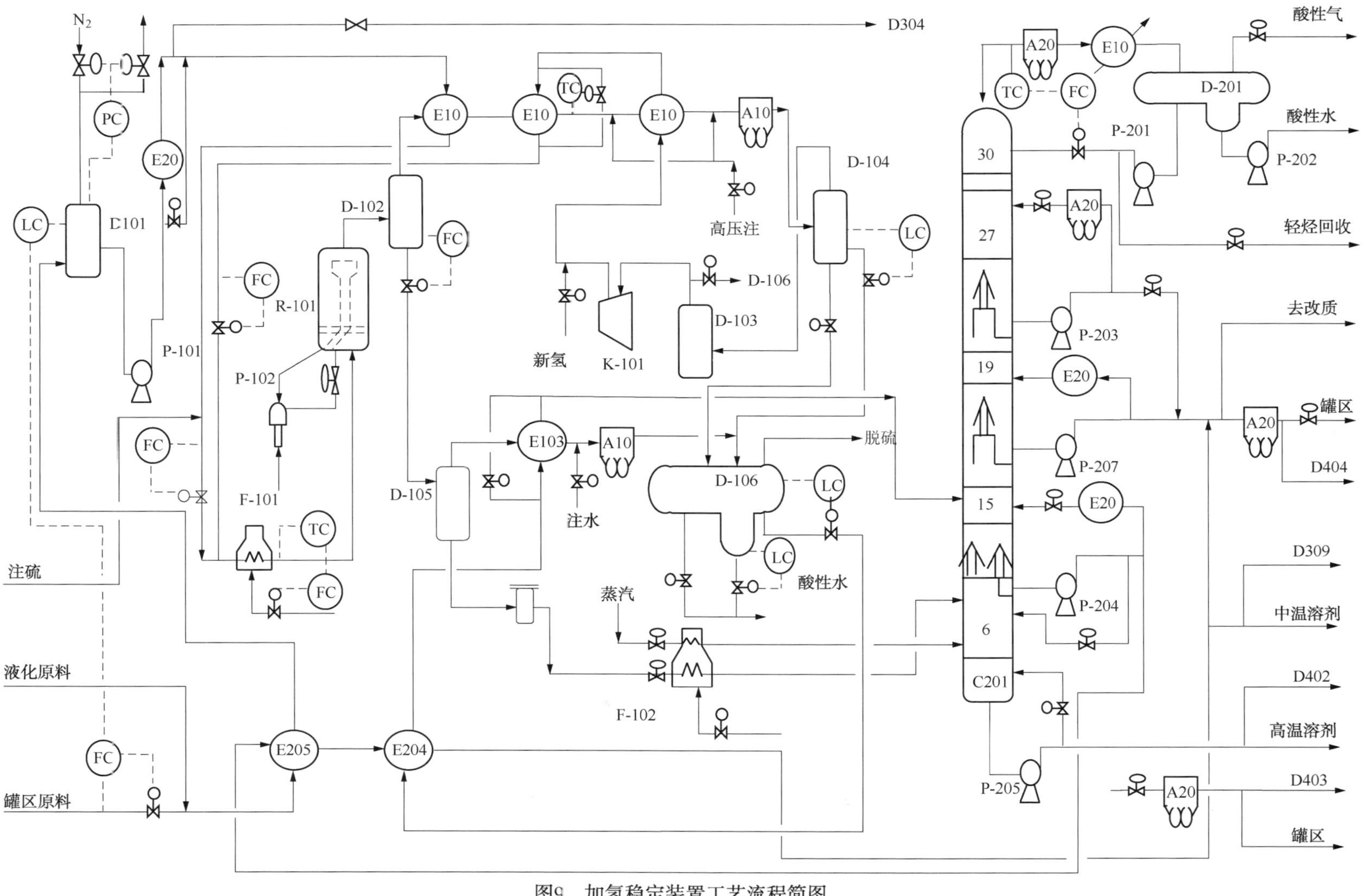

图9　加氢稳定装置工艺流程简图

神华煤直接液化示范工程第一条生产线加氢改质装置流程图如图10所示。来自加氢稳定装置的轻质液化油经过滤和升压后，与氢气混合后经换热和余热后进入加氢精制反应器反应，加氢精制反应器出口物料进入加氢改质反应器，出口物料先与原料进行换热，之后冷却至45℃以下进入冷高分进行气液分离，循环氢升压后循环回反应器循环利用，冷高分液相进入冷低分进行闪蒸和油水分离，分离器顶部气体送脱硫装置处理，酸性水送汽提装置处理；冷低分油相进入分馏塔进行分馏，分馏塔顶得到石脑油馏分、分馏塔侧线抽出航煤馏分、分馏塔底得到柴油馏分。

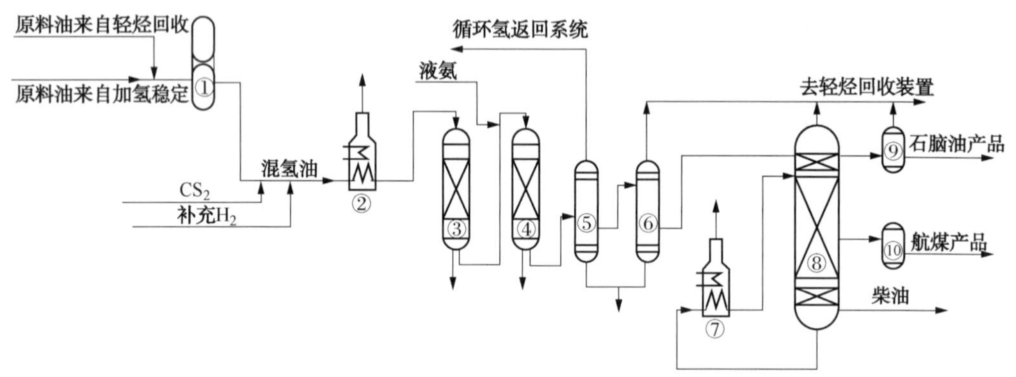

图10　煤液化轻油加氢改质工艺流程简图

1—原料油缓冲罐；2—混氢油加热炉；3—加氢精制反应器；4—加氢改质反应器；5—高压分离器；6—低压分离器；7—分馏塔底重沸炉；8—产品分馏塔；9—石脑油稳定塔；10—航煤汽提塔

加氢改质石脑油馏分的芳潜含量高达70%以上，硫含量和氮含量均小于0.5μg/g，是良好的催化重整原料；加氢改质柴油馏分的硫含量小于5μg/g、十六烷值达到45左右，是环境友好的优质柴油馏分[18]。

6.2　轻烃回收单元

轻烃回收单元是利用自产的石脑油为吸收剂，对产自煤液化、加氢稳定和加氢改质单元的轻烃进行吸收，以生产组分合格的液化气产品。

神华煤直接液化示范工程第一条生产线轻烃回收装置工艺流程示意如图12所示。气体经压缩机将压力提高至1.35MPa(G)左右，通过冷却、油洗、氨冷后进入气液平衡罐；气液平衡罐顶气体进入吸收塔下部，与石脑油在吸收塔中逆流接触，气体中C_2以上组分溶解在石脑油中；平衡罐底的富吸收油进入解吸塔，将富吸收油中溶解的甲烷、乙烷等轻组分汽提出来；解吸塔底的油品进入稳定塔，液化气组分从塔顶流出、冷凝，塔底得到稳定的石脑油馏分。

吸收稳定装置干气中C_2以上组分控制最低，液化气的蒸气压(37.8℃)控制在1380kPa以内，C_5^+组分控制在3%以内。

6.3　产品脱硫净化单元

液化气脱硫单元一是利用MDEA为溶剂脱除液化气中无机硫，二是采用纤维膜脱硫的催化氧化工艺脱除硫醇。精制液化气的H_2S含量控制在≤40mg/Nm^3，总硫≤343mg/Nm^3，铜片腐蚀≥1级。

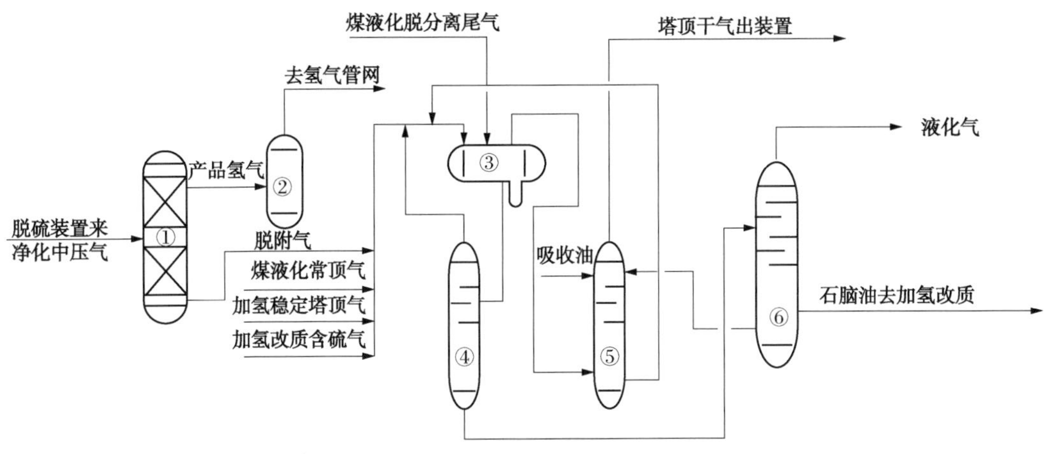

图 11　轻烃回收单元工艺流程示意图

1—变压吸附罐/再生罐；2—氢气分液罐；3—气液平衡罐；4—解吸塔；5—吸收塔；6—稳定塔

参 考 文 献

[1] 张玉卓. 洁净煤转化工程[M]. 北京：煤炭工业出版社，2011.

[2] 李克健，吴秀章，舒歌平. 煤直接液化技术在中国的发展[J]. 洁净煤技术，2014，20(2)：39-43.

[3] Ullmann's encyclopedia of industry chemistry[M]. Weinheim：Wiley-VCH，2011.

[4] 史士东，等. 煤加氢液化工程学基础[M]. 北京：化学工业出版社，2012.

[5] 蔺华林，李克健，章序文. 上湾煤及其惰质组富集物的结构表征与模型构建[J]. 燃料化学学报，2013，41(6)：541-648.

[6] 蔺华林，李克健，章序文. 吡啶抽提对不同显微组分煤结构特性的影响[J]. 煤炭转化，2014，37(2)：1-5.

[7] 马墁，曹敏，谷小虎. 煤直接液化用溶剂研究现状[J]. 洁净煤技术，2008，14(6)：36-38.

[8] 吴秀章，舒歌平. 煤炭直接液化起始溶剂油的研究[J]. 石油炼制与化工，2007，38(8)：19-21.

[9] 舒歌平，史士东，李克健. 煤炭液化技术[M]. 北京：煤炭工业出版社，2003：105-107.

[10] 吴秀章. 神华煤炭直接液化项目氢气系统优化[J]. 石油炼制与化工，2008，39(6)：26-29.

[11] 吴秀章，吴国祥，赵宗凯. 低灰熔性神华煤干煤粉气化[J]. 洁净煤技术，2012，18(4)：44-48.

[12] 郭振东，王方亮. 壳牌煤气化制氢变换装置开车运行分析[J]. 广州化工，2013，41(15)：211-213.

[13] 常彬杰. 低温甲醇洗技术在神华煤制氢装置中的应用[J]. 神华科技，2009，7(3)：80-83.

[14] 吴秀章，李克建，李文博. 新疆黑山煤直接液化性能研究[J]. 煤炭转化，2009，32(1)：40-43.

[15] 吴秀章，舒歌平. 强制内循环反应器在煤直接液化工艺中的应用[J]. 炼油技术与工程，2009，39(8)：31-35.

[16] 朱方明. 煤直接液化粗油加氢稳定试验研究[J]. 湘潭大学学报，2012，34(1)：73-76.

[17] 吴秀章，石玉林，马辉. 煤炭直接液化油品加氢稳定和加氢改质的试验研究[J]. 石油炼制与化工，2009，40(5)：1-5.

[18] 吴秀章，石玉林，徐春明. 煤炭直接液化油品加氢改质中试研究[J]. 石油学报(石油加工)，2009，25(2)：156-161.

煤制油加氢提质技术

吴　昊[1]　胡志海[1]　王鲁强[1]　彭绍忠[2]

(1. 中国石化石油化工科学研究院；2. 中国石化抚顺石油化工研究院)

摘　要：以煤直接液化和煤间接液化为代表的煤制油技术在我国均已实现工业化运行。煤直接液化油具有密度高、高含氧、硫低氮高、芳烃含量高等特点，加氢提质产品以石脑油馏分和柴油馏分为主，产品石脑油馏分芳烃潜含量较高，产品柴油馏分十六烷值可提高 18 个单位，达 41 以上。煤间接液化油具有密度低、无硫氮、无芳烃等特点，烃类组成以链烷烃为主，加氢提质柴油馏分十六烷值可达 75，润滑油基础油黏度指数可达 145。

1　前言

煤直接液化制油和间接液化制油技术均源自于德国。煤直接液化是指将煤磨碎成细粉后，与循环溶剂油混合制成煤浆，然后在高温、高压和催化剂存在的条件下，通过加氢使煤直接转化为液体燃料和其他化学产品的过程[1]。煤间接液化是指将煤先气化为合成气，然后通过费-托合成生产液体烃类的过程。

我国自 1993 年成为石油净进口国以来，石油供需缺口逐年扩大，原油对外依存度逐年升高，2014 年原油对外依存度高达 59.6%。国际石油市场的变化直接影响着我国经济的发展。通过非石油路线解决液体燃料供需问题，不仅可满足国家能源战略安全要求，而且对国民经济的可持续发展具有重要的作用。与石油相比，我国煤炭资源相对丰富，因而煤炭液化技术受到了越来越多的关注。

煤直接液化和间接液化所获得的产物性质相差很大，且均不能直接作为燃料使用，需要进一步加氢提质才能得到所需产品。

2　煤直接液化油加氢提质技术

2.1　煤直接液化油性质特点

煤液化粗油是煤液化的初级产物，是一种以芳烃、环烷烃为主，含有硫、氮、氧等杂原子的组成非常复杂的混合物。不同的煤种和不同的液化工艺得到的煤液化油的组成也不同，表 1 列出了两种煤液化粗油的性质[2]。

表 1　煤液化粗油性质

项　　目	油样 1	油样 2
20℃密度/(g/cm^3)	0.8995	0.9427
残炭/%	0.29	0.70
溴价/(gBr/100g)	42	70

续表

项　目		油样 1	油样 2
H 含量/%		11.39	10.46
氧含量/%		1.80	3.79
S 含量/%		0.32	0.29
N 含量/%		0.46	0.85
馏程/℃	初馏点	13	13
	50%	207	218
	99%	407	438

煤液化粗油中的硫含量范围为 0.05%~2.5%，通常为 0.3%~0.7%，主要为苯并噻吩和二苯并噻吩衍生物。氮含量范围为 0.2%~2.0%，通常为 0.9%~1.1%，主要以咔唑、喹啉、氮杂菲、氮蒽、氮杂芘和氮杂萤蒽的形式存在。随着馏分变重，硫和氮的含量升高。煤液化粗油中的氧含量范围为 1.5%~7%，通常为 4%~5%，主要取决于煤种和液化工艺，氧元素主要以苯酚和萘酚及其衍生物的形式存在。煤液化粗油的烃类构成中，芳烃含量为 65%~75%，主要为 1~5 环，环烷烃含量为 10%~20%，还有不到 10%的环烯烃[2]。

2.2　煤直接液化油加氢提质路线

煤直接液化粗油的加工通常包含两个步骤：稳定加氢和加氢改质。稳定加氢主要是改善煤直接液化粗油的性质，提高其稳定性，同时使煤液化粗油中双环及多环芳烃部分氢化以便提供煤液化过程所需的活性氢[3,4]，稳定加氢处理后的重质油馏分循环回煤直接液化装置作为循环供氢溶剂。另外，通过对煤液化粗油的稳定加氢，可以为后续加氢改质提供较为稳定的原料[5,6]。加氢改质主要是对原料油进行深度加氢处理和改质，其目的是脱除原料中的硫、氮、氧杂原子，同时提高柴油的十六烷值。

2.2.1　稳定加氢技术

煤液化粗油稳定加氢的目的主要是使其中的双环及多环芳烃加氢以便提供煤液化过程所需的活性氢。另外将液化粗油中的硫、氮等杂质进行部分脱除、提高其稳定性，为后续加氢改质单元提供性质相对较好的原料。

中国石化石油化工科学研究院(RIPP)以煤液化油加氢脱氮(HDN)性能及加氢前后的氢质量分数差(ΔH)为研究目标，系统考察了反应温度、氢分压、空速、氢油体积比对稳定加氢反应性能的影响规律。操作条件对稳定加氢反应性能的影响见图 1~图 4。

由图 1~图 4 可见，在试验条件范围内，ΔH 和 HDN 率都随着反应温度的升高而增大，但两者的增大趋势都较为缓慢，提高反应温度有利于芳烃加氢和加氢脱氮反应。ΔH 和 HDN 率随着氢分压的升高而增大，在氢分压大于 12MPa 后，ΔH 和 HDN 率的增大趋势都较为明显。ΔH 和 HDN 率都随体积空速的增大而降低，其中 HDN 率基本呈线性降低，可见体积空速对 HDN 活性影响较大。ΔH 和 HDN 率都随氢油体积比的增大先增加后减小，在氢油体积比 600 时，ΔH 和 HDN 率达到最大值。

稳定加氢所生产供氢溶剂的供氢能力除了取决于其氢含量外，还取决于其活泼氢比例，供氢溶剂的活泼氢比例是指环烷基芳烃上位于环烷基上的芳环 β 位氢累计强度和总氢累计强度的比值，该比值可以用供氢指数 P 来描述。

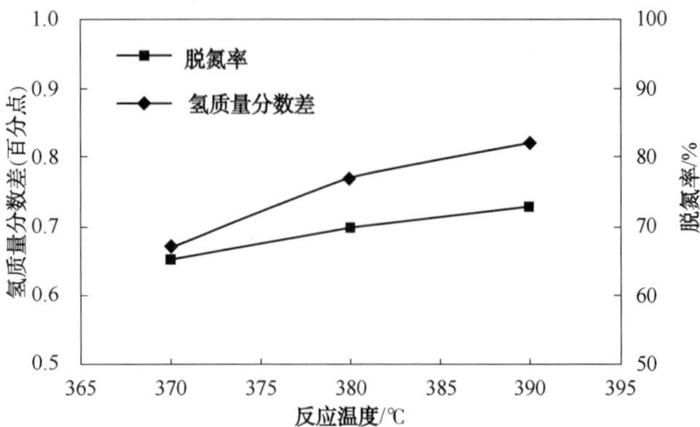

图 1 反应温度对煤液化粗油稳定加氢的影响
(p=12.0MPa，LHSV=1.5h^{-1})

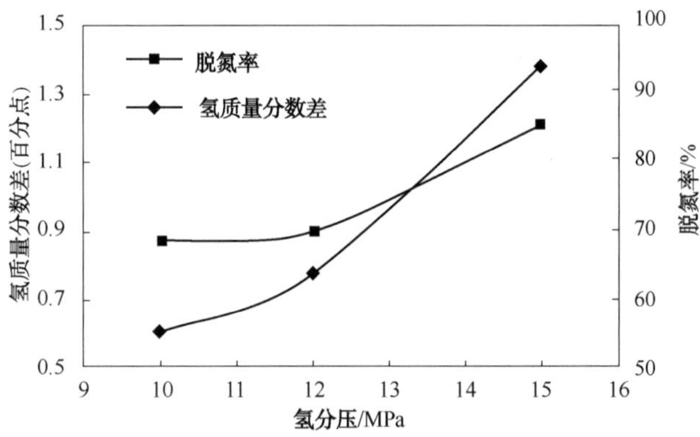

图 2 氢分压对煤液化粗油稳定加氢的影响
(T=380℃，LHSV=1.5h^{-1})

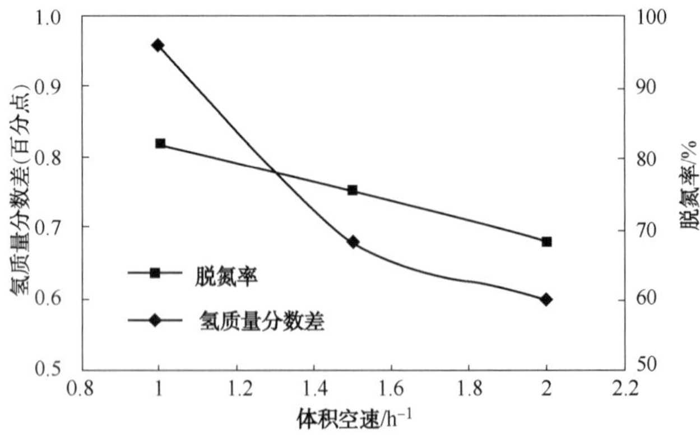

图 3 体积空速对煤液化粗油稳定加氢的影响
(T=380℃，p=12.0MPa)

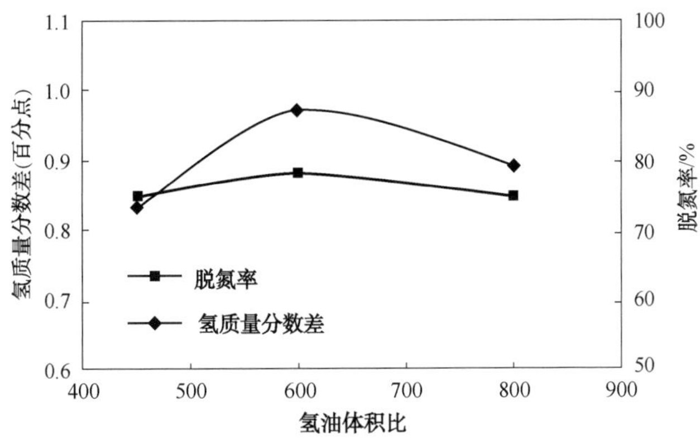

图 4　氢油体积比对煤液化粗油稳定加氢的影响

(T=380℃，p=12.0MPa)

RIPP 在反应温度 380℃、氢分压 12MPa、体积空速 1.5h^{-1}的评价条件下，以自主开发的稳定加氢催化剂为基础进行了供氢溶剂性能考察。煤液化油原料、加氢生成油、对加氢生成油进行切割得到的全馏分供氢溶剂性质见表 2。由表 2 可见，全馏分供氢溶剂的供氢指数 P 高达 19.35，是一种优异的供氢溶剂。另外，溶剂中的部分氢化芳烃含量也可以较好地描述其供氢性能[7]。

表 2　煤液化油稳定加氢产品及供氢溶剂的性质

项　　目	煤液化油原料	加氢生成油	全馏分供氢溶剂
20℃密度/(g/cm^3)	0.9742	0.9324	0.9599
H 含量/%	9.83	11.12	10.62
供氢指数 P			19.35

稳定加氢产品石脑油馏分和柴油馏分的性质见表 3。由表 3 可见，石脑油馏分辛烷值较低，芳烃潜含量高达 75.58%，经过进一步脱硫脱氮后是非常优质的催化重整原料。柴油馏分密度较高，十六烷值很低，仅为 20.1，需要进一步深度加氢改质后才能满足车用柴油标准。

表 3　煤液化粗油稳定加氢石脑油和柴油的性质

项　　目		石脑油	柴油
20℃密度/(g/cm^3)		0.7670	0.8867
S 含量/(μg/g)		57.5	120.8
N 含量/(μg/g)		7.9	346.7
RON/MON		66.4/65.7	
芳烃潜含量/%		75.58	
十六烷值			20.1
凝点/℃			-20
实际胶质/(mg/100mL)			21
ASTMD-86 馏程/℃	初馏点	73	178
	50%	107	271
	终馏点	176	359

2.2.2 加氢改质技术

加氢改质的主要目的是对煤液化粗油或稳定加氢产品油中除供氢溶剂之外的液体产物进行质量提升，降低硫、氮等杂质含量，同时降低柴油密度、提高柴油的十六烷值，生产合格的石脑油、柴油等产品。

工业上，煤液化粗油通常先经过稳定加氢，之后再进行深度加氢改质，因此对煤液化粗油稳定加氢产品除供氢溶剂外的馏分进行加氢改质更具实际意义。

表4是RIPP采用煤液化粗油稳定加氢所得汽柴油宽馏分为原料所获得的加氢改质中试数据。由表4可见，稳定加氢产品汽柴油馏分经加氢改质后可以得到硫、氮含量均小于0.5μg/g的石脑油和柴油馏分，石脑油芳烃潜含量可达66.5%，是非常好的催化重整原料；柴油馏分十六烷值达到46.1，除密度稍高外，其余指标满足-35号车用柴油标准。

表5给出了加氢改质全馏分原料、原料>150℃馏分和加氢改质柴油馏分的烃类组成数据。与原料相比，改质柴油的芳烃含量大大降低、链烷烃含量大幅度增加、双环和三环烃类得到一定程度的降低。说明原料经过加氢改质后，除芳烃饱和外，还发生了一定的开环裂化反应，这也从反应途径上说明了柴油十六烷值得到大幅提高的原因。

表4 稳定加氢汽柴油宽馏分加氢改质中试数据

催化剂	RNC-1/RCC-1		
反应温度/℃	360		
反应压力/MPa	12.5		
空速/h^{-1}	0.74		
油　　品	原料宽馏分	改质石脑油	改质柴油
馏程范围/℃	90~323	<180	>180
密度(20℃)/(g/cm^3)	0.860	0.754	0.8599
S含量/(μg/g)	464	<0.5	<0.5
N含量/(μg/g)	539	<0.5	<0.5
芳烃潜含量/%		66.5	
芳烃含量/%			2.4
凝点/℃			-44
十六烷值			46.1

表5 加氢改质原料和产品的烃类组成 %

项　　目	改质全馏分原料	原料>150℃馏分	改质柴油
链烷烃	10.4	7.0	12.1
总环烷烃	39.9	32.2	85.2
一环烷烃	31.7	20.7	63.4
二环烷烃	6.7	8.4	19.1
三环烷烃	1.5	3.1	2.7
总芳烃	49.7	60.8	2.7
单环芳烃	43.1	49.9	2.7
双环芳烃	6.3	9.9	0
三环芳烃	0.3	1.0	0
合计	100	100	100

2.3 工艺技术及工业应用

全球目前唯一一座在运煤直接液化工厂为中国神华煤制油分公司在鄂尔多斯的 1Mt/a 煤直接液化厂。该厂于 2005 年开始建设，2008 年建成投产。稳定加氢单元采用 AXENS 公司的 T-star 技术设计建设，加氢改质单元采用 RIPP 的 RCHU 技术设计建设。其中稳定加氢单元于 2011~2014 年运行期间部分使用了中国石化抚顺石油化工研究院(FRIPP)开发的 FFT-1B 催化剂。

FRIPP 的 FFT-1B 催化剂在一定程度上解决了沸腾床工艺用于制备煤直接液化循环供氢溶剂时存在的催化剂活性不足、催化剂强度和耐磨损性能差、在线添加氧化态催化剂导致利用率低等问题。与 2011 年 9 月换剂前相比，在工况相近的条件下，氢耗和反应温升对比分别见图 5 和图 6。由图 5 和图 6 可见，更换催化剂后反应温升增大、氢耗提高，表明 FFT-1B 催化剂具有高的芳烃加氢饱和能力。FFT-1B 催化剂的在线置换率为 0.6t/d，与换剂之前相比，催化剂在线置换率降低 50%。

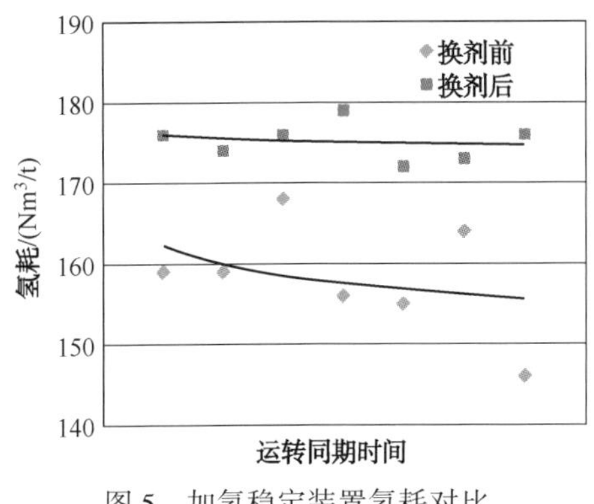

图 5 加氢稳定装置氢耗对比

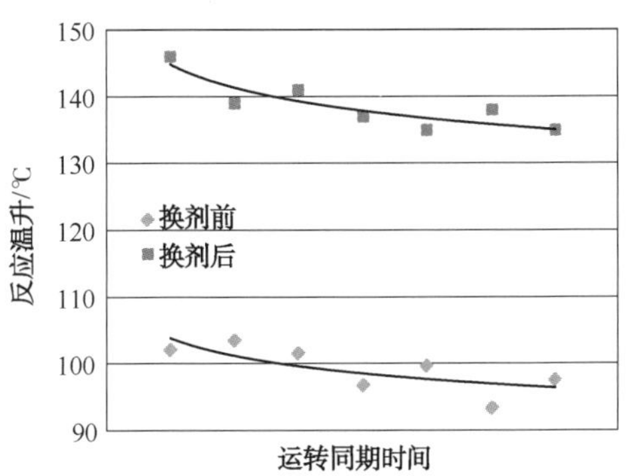

图 6 加氢稳定装置反应温升对比

RIPP 的煤液化油加氢改质技术(RCHU 技术)于 2008 年成功应用于神华鄂尔多斯 1Mt/a 工业装置。该技术首先采用加氢精制催化剂脱除原料油中的 S、N、O 等杂原子，并将芳烃尤其是双环以上的芳烃深度加氢饱和，然后再用加氢改质催化剂对双环以上的环烷烃进行选择性开环，以降低产品柴油密度、提高十六烷值。该技术可在较为缓和的工艺条件下运行，具有如下特点：①采用高脱氮活性的 RNC 系列精制催化剂和高开环选择性的 RCC 改质催化剂，柴油收率较高；②对柴油馏分进行选择性开环，在保证柴油收率的同时，最大限度提高柴油十六烷值；③产品石脑油芳烃潜含量高于 65%，是优质重整原料。

神华煤制油公司加氢改质单元于 2008 年开工投产至今均采用 RCHU 技术运行，其加氢改质装置产品性质见表 6[8]。由表 6 可见，产品柴油馏分十六烷值达 41，较原料提高 18.1 个单位，硫含量低于 1μg/g，可作清洁柴油调合组分；石脑油馏分硫氮含量很低，环烷烃+芳烃含量达 70%，是优质的催化重整原料。

表 6 神华煤直接液化油 1Mt/a 加氢改质装置产品性质

项　　目	原料柴油馏分	石脑油产品	柴油产品
20℃密度/(g/cm³)	0.9221	0.7473	0.8483
S 含量/(μg/g)	100	2.4	0.9
凝点/℃			<-50
十六烷值	22.9		41
(环烷烃+芳烃)含量/%		70	

3 煤间接液化油加氢提质技术

3.1 煤间接液化油性质特点

煤间接液化油是指以煤为原料，经费-托合成得到的液体烃类，也称为费-托合成油。费-托合成油具有硫氮含量极低、富含氧的特点，其碳数分布遵循 ASF 分布规律。根据费-托合成反应温度的不同，费-托合成油分为高温法合成油和低温法合成油，其中以油品为主的生产路线通常采用低温法费-托合成。

低温法合成油具有正构烷烃含量高的特点，具有一定的氧含量，氧的存在形式主要以醇类为主，其性质见表 7 和表 8。

表 7 低温法费-托合成油性质

项　　目	合成轻油	合成蜡
20℃密度/(g/cm^3)	0.712	0.854
酸值/(mgKOH/g)	0.29	/
氧含量/%	1.07	0.60
S 含量/(μg/g)	1.2	<2
N 含量/(μg/g)	<0.2	<1
馏程/℃	D-86	D-1160
初馏点	51	166
50%	150	376
95%	264	544

表 8 低温法合成轻油中含氧化合物含量

项　　目	含量/%	项　　目	含量/%
醇类	7.22	酸类	0.03
醛类	0.13		

3.2 煤间接液化油加氢提质路线

基于费-托合成油的特点，通常采用的加氢技术有加氢处理、异构加氢裂化、异构降凝。加氢处理主要是脱除费-托合成油中的氧并饱和烯烃，为后续加氢裂化或异构降凝提供优质的原料。异构加氢裂化主要是将大分子的烃类转化为小分子的烃类，同时实现烃类分子的异构化，以改善产品的低温流动性，主要生产低凝柴油，同时副产石脑油、石油醚、溶剂油等产品。异构降凝主要是将大分子的直链烷烃转化为异构烷烃，改善产品的低温流动性，同时伴随有部分裂化反应。该工艺主要用于生产润滑油基础油。

3.2.1 稳定加氢技术

与石油基油料脱硫和脱氮相比，费-托合成油的加氢脱氧和烯烃饱和的反应条件较为缓和。RIPP 采用 RTF-1 催化剂进行试验，考察操作温度的影响，结果见表 9。在反应氢分压 6.4MPa、体积空速 3.0h^{-1}的操作条件下，反应温度 260℃时即可将费-托合成油中的烯烃完全饱和并脱除氧。

费-托合成油加氢处理所得石脑油辛烷值很低，但由于其含有较高的正构烷烃，是优质的乙烯裂解原料，其裂解的三烯收率可达 65%以上；柴油馏分具有较高的十六烷值和极低的硫含量，可作为优质的柴油调合组分；蜡产品滴熔点高。加氢处理石脑油、柴油和蜡产品的性质见表 10~表 12。

表 9　反应温度对费-托合成轻油加氢处理的影响

项　　目	原料费-托轻油	产品油性质		
反应温度/℃		220	240	260
密度(20℃)/(g/cm^3)	0.7120	0.7145	0.7113	0.7109
氧含量/%	1.07	0.55	0.19	检测不出
溴价/(gBr/100g)	7.2	<0.1	<0.1	<0.1

表 10　加氢处理石脑油性质

项　　目	数　　值	项　　目	数　　值
馏程范围/℃	<150	*RON/MON*	<40/<40
密度(20℃)/(g/cm^3)	约 0.70	正构烷烃体积分数/%	>90
S 含量/(μg/g)	<1	(环烷烃+芳烃)体积分数/%	<3
N 含量/(μg/g)	<1		

表 11　加氢处理柴油性质

项　　目	数　　值	项　　目	数　　值
馏程范围/℃	150~320	正构烷烃体积分数/%	>90
密度(20℃)/(g/cm^3)	0.76	十六烷值	>85
凝点/℃	-5	润滑性，磨痕直径/μm	700
S 含量/(μg/g)	<5		

表 12　加氢处理蜡产品性质

项　　目	数　　值	项　　目	数　　值
密度(20℃)/(g/cm^3)	0.8535	水溶性酸或碱	无
滴熔点/℃	93.6	正构烷烃体积分数/%	>90
针入度(25℃，100g)/(0.1mm)	3	芳烃含量/%	无
油含量/%	<1		

3.2.2　异构加氢裂化技术

异构加氢裂化和异构降凝均采用双功能(加氢活性和酸性活性)催化剂，发生的反应有裂化、异构化及少量的环化反应[9]。Coonradt 和 Garwood[10]提出的正碳离子机理可以用来解释双功能催化剂的作用及产品的分布情况。

与石油基蜡油加氢裂化相比，费-托合成蜡异构加氢裂化操作条件较为缓和，见表 13。

表 13　费-托合成蜡异构加氢裂化操作条件

项　　目	数　　值	项　　目	数　　值
反应温度/℃	335~375	体积空速/h^{-1}	0.5~3.0
氢分压/MPa	3.5~7.0	单程转化率/%	20~100

采用RIPP低温法费-托合成蜡异构加氢裂化技术（CFH^L）对费-托合成蜡进行异构加氢裂化，其液体产品分布见表14。费-托合成蜡异构加氢裂化产品中异构烷烃含量较高，还含有一定量的正构烷烃，在石脑油中由于小分子烃的环化反应还会有少量的环烷烃及芳烃。产品石脑油仍是优质的乙烯裂解原料，其裂解的总三烯收率可达56%以上；煤油馏分烟点高于40mm，是较好的喷气燃料调合组分；柴油馏分的十六烷值高达70~75，是优质的柴油调合组分。具体性质见表15~表17。

费-托合成蜡不含硫，若采用硫化态催化剂，则需向反应系统补入一定量的硫来维持催化剂活性和选择性，通常控制循环氢中的硫化氢浓度为100~200μL/L[11]。

表14　CFH^L技术液体产物分布

项　　目	收率/%	项　　目	收率/%
<150℃石脑油	18.18	230~370℃柴油馏分	62.12
150~230℃喷气燃料馏分	19.70		

表15　异构加氢裂化石脑油性质

项　　目	数　　值	项　　目	数　　值
馏程范围/℃	<150	异构烷烃体积分数/%	65.6
密度(20℃)/(g/cm³)	0.70	正构烷烃体积分数/%	26.7
S含量/(μg/g)	<1	环烷烃体积分数/%	6.5
N含量/(μg/g)	<1	芳烃体积分数/%	1.2

表16　异构加氢裂化煤油性质

项　　目	数　　值	项　　目	数　　值
馏程范围/℃	150~230	烟点/mm	>40
密度(20℃)/(g/cm³)	0.74	异构烷烃体积分数/%	85.3
冰点/℃	-60	正构烷烃体积分数/%	14.7
S含量/(μg/g)	<1		

表17　异构加氢裂化柴油馏分性质

项　　目	数　　值		项　　目	数　　值	
馏程范围/℃	150~370	230~370	十六烷值	70	75
密度(20℃)/(g/cm³)	0.77	0.79	异构烷烃体积分数/%	85.2	85.0
凝点/℃	-11	-4	正构烷烃体积分数/%	14.8	15.0
S含量/(μg/g)	<1	<1			

3.2.3　异构降凝技术

异构降凝工艺的主要目的是生产润滑油基础油。费-托合成蜡异构降凝之前，首先需要通过加氢处理将其中的氧、烯烃脱除，加氢后的费-托合成蜡主要由正构烷烃组成。表18列出了采用RIPP异构降凝技术对费-托合成蜡进行加工得到的不同牌号的基础油性质，可以看出所得4号和6号基础油的黏度指数可达145，与PAO性能相当。

表 18　费-托合成蜡异构降凝润滑油基础油性质

项　　目		2 号基础油	4 号基础油	6 号基础油
密度/(g/cm^3)		0.842	0.851	0.852
运动黏度/(mm^2/s)	100℃	2.1	4.3	5.9
	40℃	7.2	18.5	29.0
黏度指数		82	145	145
倾点/℃		-46	-40	-54

3.3　工艺技术及工业应用

目前国内已投产的费-托合成油加氢提质装置有内蒙古伊泰集团、山西潞安集团和神华集团等 3 套 160~180kt/a 费-托合成油示范装置和陕西未来能源化工有限公司的 1Mt/a 费-托合成油加氢提质装置。3 套示范装置由 FRIPP 提供设计基础数据、FRIPP 与中国寰球辽宁分公司合作提供工艺包；未来能源公司 1Mt/a 工业装置采用 RIPP 的 CFH^L 技术工艺包、由 SEI 进行装置设计。

3 套示范装置规模较小，为了节省投资、占地，费-托合成油加氢精制和精制蜡异构裂化共用新氢、循环氢、低分和产品分馏系统。以伊泰集团 160kt/a 费-托合成油示范装置为例，在反应器入口压力 7.0MPa、加氢脱酸空速 1.0h^{-1}、反应温度 220℃以及加氢精制空速 1.0h^{-1}、反应温度 260℃和裂化空速 1.5^{-1}、反应温度 340℃的条件下，进行了装置运行标定。标定原料性质见表 19，标定装置物料平衡数据见表 20，标定产品石脑油馏分和柴油馏分性质见表 21。

表 19　原料性质

项　　目		合成轻油	合成重油	合成蜡	油洗石脑油
密度(20℃)/(g/cm^3)		0.7411	0.7989	0.8395	0.6620
氧含量/%		0.76	0.47	0.28	
硫含量/(μg/g)		0.3	1.2		
馏程/℃	初馏点	68	227	268	42
	50%	193	361	548	66
	95%	335	442	693	155(终馏点)

表 20　伊泰合成油加氢装置物料平衡数据

项　　目		数　　值
入方/%	合成轻油	36.39
	合成重油	32.12
	合成蜡	28.03
	油洗石脑油	3.46
	氢气	1.60
	合计	101.60

续表

项目		数值
出方/%	低分气	0.29
	加氢富气	4.36
	石脑油	36.28
	柴油	60.49
	损失	0.19
	合计	101.60

表 21　伊泰合成油加氢装置产品性质

项目		石脑油	柴油馏分
密度(20℃)/(g/cm^3)		0.6649	0.7593
凝固点/℃			-12
闪点/℃			61
馏程/℃	50%	90	236
	终馏点	140	324

陕西未来能源化工有限公司1Mt/a的0号合成油加氢提质装置于2015年8月投入运行，包含稳定加氢和异构加氢裂化两个反应单元，两个单元拥有独立的分离和分馏系统。该工艺流程可以灵活的生产0号柴油、-10号柴油，还可以由异构裂化单元抽出喷气燃料馏分。该装置运转初期总氢耗为1.33%，异构加氢裂化单元在单程转化率50%左右的工况下，石脑油选择性为17.8%，柴油选择性为82.2%。表22给出了装置运行初期混合石脑油、稳定加氢柴油和异构裂化柴油的主要性质。

表 22　未来能源合成油加氢装置产品性质

项目		混合石脑油	稳定加氢柴油	异构裂化柴油
密度/(g/cm^3)		0.6783	0.7667	0.7611
硫含量/(μg/g)		0.52	0.01	0.01
闭口闪点/℃			65.2	67.2
凝点/℃			-49	-53
十六烷值			81	76
馏程/℃	50%	115	233	258
	90%	146	297	317
	95%	154	310	330

4　结语

以煤直接液化和煤间接液化为代表的煤制油技术在我国均已实现工业化运行，煤直接液化油和间接液化油的加氢提质技术也均已实现国产化应用。

煤直接液化油具有密度高、高含氧、硫低氮高、芳烃含量高等特点，加氢提质产品以石脑油馏分和柴油馏分为主。工业运行结果显示，煤液化油经加氢改质后产品柴油馏分十六烷值达41，较原料提高18.1个单位，硫含量低于1μg/g，可作清洁柴油调合组分；石脑油馏分硫氮含量很低，环烷烃+芳烃含量达70%，是优质的催化重整原料。

煤间接液化油具有密度低、无硫、无氮、无芳烃等特点，烃类组成以链烷烃为主。工业运行结果显示，煤间接液化油经加氢提质后可得到以柴油为主的产品，所得到的柴油馏分十六烷值可达75以上、硫含量低于1μg/g，是非常好的柴油调合组分。

参考文献

[1] 唐宏青. 现代煤化工新技术[M]. 北京：化学工业出版社，2009：267.

[2] 舒歌平，史士东，李克健. 煤炭液化技术[M]. 北京：煤炭工业出版社，2003.

[3] Sivakumar V. Clean liquid fuels from direct coal liquefaction：chemistry，catalysis，technological status and challenges[J]. Energy Environ Sci，2011(4)：311-345.

[4] Shui H，Cai Z，Xu C. Recent advances in direct coal liquefaction[J]. Energies，2010，3(2)：155-170.

[5] Lei Z P. Hydrotreatment of heavy oil from coal liquefaction on sulfided Ni-W catalysts[J]. J BrazChem Soc，2011，22(6)：52-54.

[6] Liu Z Y. Principal chemistry and chemical engineering challenges in direct coal liquefaction technology[J]. Chemical Industry and Engineering Progress，2010(2)：41-44.

[7] 朱方明. 煤直接液化粗油加氢稳定试验研究[J]. 湘潭大学自然科学学报，2012，34(1)：73-76.

[8] 韩来喜. 煤直接液化工业示范装置运行情况及前景分析[J]. 石油炼制与化工，2011，42(8)：47-51.

[9] 侯芙生. 中国炼油技术[M]. 北京：中国石化出版社，2011.

[10] Coonradt H L，Garwood W E. Mechanism of Hydrocracking[J]. Ind Eng Chem Proc Design Dev，1964，3(1)：38-45.

[11] Leckel D. H_2S Effects in Base-Metal-Catalyzed Hydrocracking of Fischer-Tropsch Wax[J]. Energy & Fuels，2009，23(5)：2370-2375.

生物柴油和生物航煤技术的开发进展

杜泽学[1] 渠红亮[1] 张庆英[2]

(1. 中国石化石油化工科学研究院；2. 中海油东方石化有限公司)

摘　要：中国石化石油化工科学研究院开发的SRCA生物柴油工艺和SRJET生物航煤工艺原料适应性广，生产过程清洁。采用非食用废弃油脂为原料工业化生产得到的生物柴油的产品质量满足国标GB/T 20828—2007的要求，生产的生物航煤通过了中国民航局的适航审定，并成功进行了商业飞行。

1 前言

生物柴油和生物航煤是典型的生物液体交通运输燃料，可替代化石柴油和航煤，并具有明显的减排温室气体的效应，已受到世界各国的重视，其产业规模和产量迅速发展。2014年，全球已建成和在建的生物柴油装置产能超过了30Mt，产量达到21.6Mt；生物航煤的产能超过1.0Mt/a。据国际航空运输协会预测，到2020年全球生物航煤的需求量约为8Mt/a。中国高度重视生物能源的发展，在《国民经济和社会发展第十一个五年规划纲要》中明确提出："实行优惠的财税、投资政策和强制性市场份额政策，鼓励生产与消费可再生能源，提高在一次能源消费中的比重"，同时制订了《可再生能源中长期发展规划》，明确了生物能源的发展目标。

生物柴油和生物航煤发展的关键在于油脂原料。当前，国外普遍采用转基因大豆油、双低菜籽油和棕榈油等作为生产原料，导致成本居高不下[1]。中国由于食用油供求缺口大，不提倡采用可食用性油脂大规模生产生物柴油和生物航煤，鼓励使用废弃油脂作为生产原料。

废弃油脂是食用油和肉类食品在生产加工和消费过程中产生的不可食用油脂，包括餐饮废油(俗称地沟油)、存放过期的食用油、酸化油和非食用的动物脂肪等。废弃油脂全球每年的产出量约30Mt，其中约1/3在中国。

废弃油脂来源广泛，初加工水平低，混入了不少杂质。大豆油、菜籽油、棕榈油和一些废弃油脂的质量指标分析结果见表1。从表1可以看出，与优质大豆油等相比，废弃油脂的酸值高，胶质含量高，含有固体杂质(机械杂质)，其可皂化物含量比大豆油、棕榈油等优质油脂低，最多的要低约20个百分点。

油脂的品质决定了生物柴油和生物航煤技术开发的方向。对于高酸值、高胶杂含量的废弃油脂原料，中国石化石油化工科学研究院(简称石科院)通过系统地研究，成功开发出近临界甲醇醇解油脂的生物柴油新工艺(简称SRCA工艺)[2]和生物航煤工艺(简称SRJET工艺)[3]，建成了工业化示范装置并实现运行生产，产品质量满足标准要求，进行了商业化应用。

表 1 各种油脂质量指标的检测结果

项　目	酸值/(mgKOH/g)	组成/%			
		可皂化物	水分	固体杂质	胶质
大豆油	0.10	99.78	0.05		0.17
双低菜籽油	0.12	99.83	0.04		0.13
棕榈油	0.08	99.87	0.02		0.11
棉籽油	0.22	99.65	0.11		0.24
大豆酸化油	139.7	93.6	1.9	0.3	4.2
棉籽酸化油	126.4	83.7	2.2	0.6	13.5
菜籽酸化油	108.3	89.2	2.5	0.5	7.8
棕榈酸化油	129.6	95.3	1.8	0.2	2.7
棕榈煎炸余油	6.5	97.8	0.2	0.5	1.5
棉籽煎炸余油	7.6	95.5	0.3	0.5	3.7
氢化油煎炸余油	4.5	98.5	0.2	0.7	0.6
餐厨油 1	28.4	93.9	2.3	1.0	2.8
餐厨油 2	78.9	94.3	3.2	0.4	2.1
棕榈油酸	177.6	99.1	0.6		0.3
大豆油脱臭馏出油	90.7	82.1	1.1		16.8
米糠酸化油	119.5	78.4	1.8	1.9	17.9

2 生物柴油技术(SRCA)的开发

废弃油脂生产生物柴油的传统技术是酸碱催化法。通常先采用酸催化剂催化酯化降酸，酸值达到要求后，洗脱酸催化剂，再用强碱催化剂催化酯交换反应，得到生物柴油。酸催化剂多用硫酸，碱催化剂多用氢氧化钠。该工艺对原料品质要求不高，操作比较灵活，但使用的硫酸催化剂诱发了副反应，降低了选择性，加剧了腐蚀，引发了更多的设备故障；使用的碱催化剂诱发皂化副反应，水洗操作易出现乳化，导致收率降低。因此，不用酸碱催化剂的超临界甲醇醇解油脂生产生物柴油新技术受到了重视。但从文献[4，5]报道的结果看，高温(350℃)、高压(19MPa)和高醇油比(42 以上)是其特征。压力高意味着增加设备的投资，温度高意味着增加了操作难度，醇油比高意味着大量过量的甲醇回收循环利用需要消耗大量能量。为此，中国石化开发了 SRCA 生物柴油新工艺，与酸碱法和超临界法生物柴油工艺相比，SRCA 生物柴油工艺的技术特点表现为：①反应温度、压力降低到甲醇近临界状态下，使脂肪酸酯化与甘油三酸酯的酯交换反应同时进行，提高了反应转化率，生物柴油产品收率不低于 95%(按可皂化物计)；②原料适应性强，各类油脂原料不需要进行脱酸精制处理，只需脱除固体杂质即可直接作为生产进料；③采用先进的产品精制技术，使产品与重组分杂质得以充分分离，产品质量高，能满足装置建设所在地的国家或地区标准的要求；④不采用液体酸碱催化剂，避免了设备腐蚀和“三废”的排放，保证了生产过程的清洁性；⑤装置一体化设计，自控水平高，连续化操作，能耗较低；⑥具有知识产权和自主运作权。

2.1 反应条件的优化

废弃油脂中所含的能够转化为生物柴油产品的组分是游离脂肪酸(简写为 FFA)和三脂

肪酸甘油酯(简写为TG)。工艺开发的关键是在同一反应条件下同时实现FFA酯化和TG酯交换的深度反应，以获得高的收率。以大豆酸化油、棕榈酸化油、棕榈煎炸余油、氢化油煎炸余油、餐厨油1、餐厨油2、棕榈油酸(PFAD)为原料，以反应温度300℃、反应压力12MPa、醇油质量比0.66、反应时间30min为基准，分别考察温度、压力和醇油比对油脂转化的影响。考察结果分别示于图1、图2和图3。

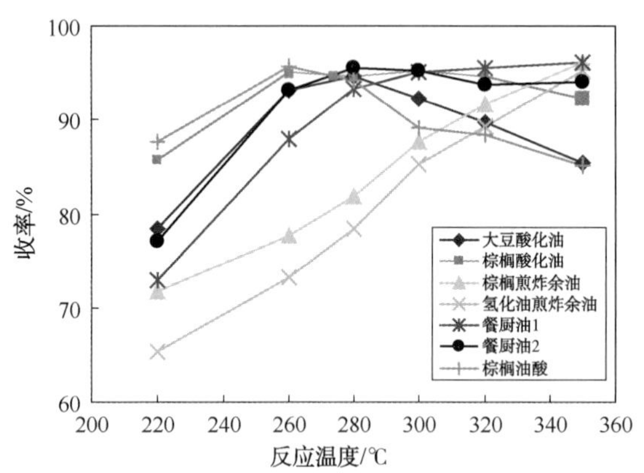

图1 反应温度对油脂转化的影响

反应条件：反应压力12MPa，醇油质量比0.66，反应时间30min

从图1可以看出，反应温度对不同原料的油脂转化表现出不同的影响。采用酸值较低的棕榈煎炸余油和氢化油煎炸余油，其生物柴油的收率随温度的升高而增加，从220℃的70%左右增加到350℃的90%以上；采用其他酸值较高的原料油，生物柴油的收率先是随温度的升高而增加，到达峰值(介于260~300℃之间)后开始下降。其中，酸值相对较高的大豆酸化油和棕榈油酸表现得最明显，生物柴油收率从峰值的95%左右降低到90%以下。

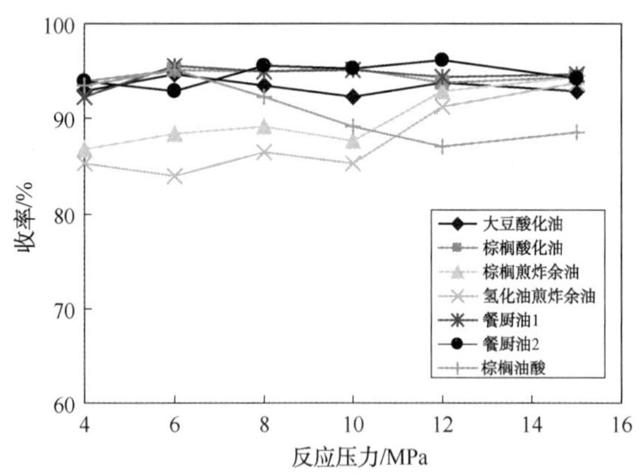

图2 反应压力对油脂转化的影响

反应条件：反应温度300℃，醇油质量比0.66，反应时间30min

从图2可以看出，总体而言，反应压力对油脂转化的影响不大，但对不同原料的影响还是略有不同。对于酸值较低的棕榈煎炸余油和氢化油煎炸余油，当反应压力低于10MPa时，压力的增加对其生物柴油的收率基本没有影响；高于10MPa时，生物柴油的收率随压力的升高而有所增加。对于其他酸值较高的原料油，压力的变化对生物柴油收率的影响较弱；唯独对于酸值最高的棕榈油酸，当反应压力超过 8MPa 时，生物柴油的收率随压力的升高而降低。

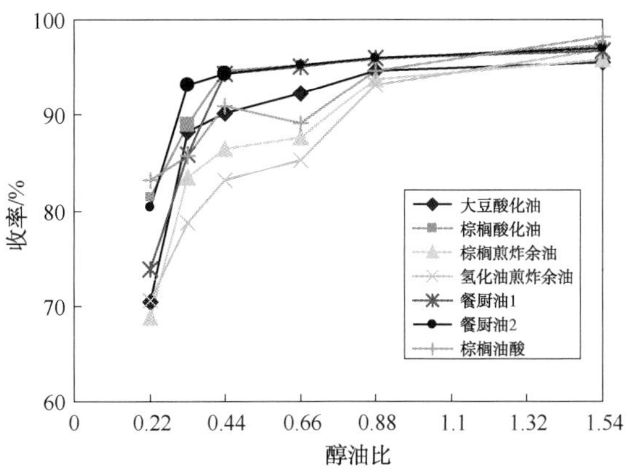

图 3　醇油比对油脂转化的影响

反应条件：反应温度 300℃，反应压力 12MPa，反应时间 30min

从图 3 可以看出，醇油比对不同油脂转化的影响规律基本一致，即随着醇油比的增加，生物柴油的收率增加。但当醇油质量比达到 0.88 以后，继续增加甲醇的用量，生物柴油的收率仅小幅增加。

将温度、压力和醇油比对油脂转化影响的考察结果与表 1 原料油质量指标数据进行对照，可以发现，在所考察的条件范围内，提高温度和压力仅对酸值低的棕榈煎炸余油、氢化油煎炸余油有利；而对于其他酸值较高的油，生物柴油的收率会呈现一个峰值，达到峰值以后，进一步提高温度和压力反而对反应不利，尤其是对酸值最高的棕榈油酸的影响表现得更为突出。这说明更高的温度和压力并不是反应所必须的，原料的酸值对油脂转化也产生很大的影响，只要控制好原料的酸值，就能在相对缓和的反应条件下达到油脂深度转化的目的，从而提高原料的转化率。

因此，在温度 260℃、压力 6MPa、醇油质量比 0.66 的相对缓和条件下，使 50%棕榈油酸+50%棕榈煎炸余油的混合油与甲醇进行反应，分别考察三脂肪酸甘油酯(TG)和游离脂肪酸(FFA)的转化与反应时间的关系，结果见图 4，同时图 4 中也列入了棕榈煎炸余油的考察结果。

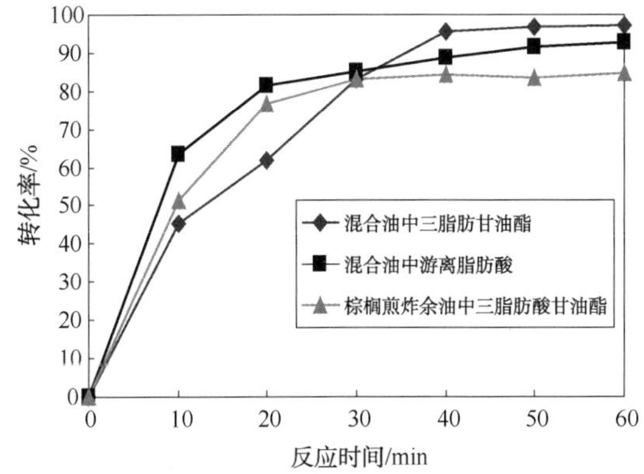

图 4　反应时间对油脂中 TG 和 FFA 转化的影响

反应条件：反应温度 260℃，反应压力 6MPa、醇油质量比 0.66

从图 4 可见，对于单一的棕榈煎炸余油，反应 30min 时已接近平衡，再延长反应时间，TG 基本不再转化；而对于棕榈煎炸余油与棕榈油酸的混合油，反应到 30min 时，FFA 的转化接近平衡，TG 的转化也接近单一棕榈煎炸余油的水平；但延长反应时间后，进料中的 TG 进一步转化，而且 FFA 的转化也得到相应改善。对比单一的棕榈煎炸余油和它与棕榈油酸的混合油所发生的反应，二者的区别在于混合油中 TG 发生酯交换反应的同时还发生了 FFA 的酯化反应，这说明混合油中 FFA 的酯化反应对 TG 的进一步转化具有促进作用。

2.2 原料的适应性

在温度 260~280℃、压力 6~8MPa、醇油质量比 0.44~0.88、反应时间 30~60min 的条件下对多种进料进行反应评价，结果见表 2。从表 2 可见，低酸值原料油的收率相对较低，不到 90%；但通过将它们与高酸值的油按比例混合提高酸值后，收率得到很大的改善。这就拓宽了工艺的原料适应性。

表 2　多种进料的反应评价结果

原料油	酸值/(mgKOH/g)	收率/%
大豆酸化油	139.7	95.7
棕榈酸油	129.6	96.8
棕榈油煎炸余油	6.5	83.4
氢化牛油煎炸余油	4.5	73.2
餐饮废油 1	28.4	85.9
餐饮废油 2	78.9	94.6
蒸馏棕榈油酸	177.6	97.4
菜籽油酸化油	108.3	90.6
50%大豆酸化油+50%氢化牛油煎炸余油	72.1	96.0
30%PFAD+70%氢化牛油煎炸余油	56.4	94.9
10%PFAD+90%氢化牛油煎炸余油	18.2	83.1
50%PFAD+50%氢化牛油煎炸余油	92.1	95.7
60%餐饮废油 1+40%餐饮废油 2	52.6	93.7
60%大豆酸化油+40%餐饮废油 1	95.2	95.1

2.3 工业化应用开发和示范装置的运行效果

第一套 SRCA 工艺生物柴油工业化应用示范装置由中国海洋石油总公司投资建设，于 2009 年 12 月建成投产，产能为 60kt/a 生物柴油。成套装置包括 4 个单元，即罐区储运单元、主流程单元、公共设施和公用工程单元。其中主流程单元包括原料预备、反应系统、甲醇回收与循环、粗甲酯分离与精制、副产甘油提浓等工序。装置建成调试满足运行要求后，运行生产。反应系统的操作条件为：反应温度 260℃，压力 7MPa，醇油质量比 0.5，停留时间(对油脂)约 1h。来源于江门、漳州和深圳的 3 个批次酸化油的试运行生产结果见表 3。

装置满足标定条件后，建设单位和工艺开发单位采用大豆酸化油共同对装置进行了为期 72h 的工艺标定。标定原料的质量指标为：相对密度 0.91g/cm^3，酸值 65.17mgKOH/g，可皂化物质量分数 93.25%，水及挥发物质量分数 0.62%，油不溶性杂质质量分数 0.76%，胶质质量分数 5.37%。标定结果如下：物料平衡相对误差为-0.24%，标定负荷为设计值的 106.76%，生物柴油产率(按原料中可皂化物计)为 96.98%。装置能耗的标定结果见表 4。

表 3　示范装置试运行生产的原料性质及收率

项　　目		酸化油质量指标		
		广东江门	福建漳州	广东深圳
原料性质	酸值/(mgKOH/g)	121.36	129.21	114.5
	水分及挥发物/%	1.28	2.37	1.05
	非皂化胶杂/%	11.54	10.74	9.38
	油不溶性杂质/%	0.38	0.69	0.49
	可皂化物含量/%	86.8	86.2	89.08
收率(以可皂化物计)/%		95.3	96.7	94.7

表 4　示范装置能耗标定结果

项　　目	吨产品单耗量	折合产品能耗/(MJ/t)
新鲜水	0.0428t	0.3042
循环水①	53.3162t	0
除盐水	0.1705t	16.4151
电	109.766kW·h	395.1489
蒸汽	0.8498t	3024.3655
净化风①(标准状态)	2.7464m^3	0
仪表风①(标准状态)	5.1655m^3	0
氮气(标准状态)	0.1370m^3	0.8603
重质燃料油	0.0172t	677.1792
污水量	0.2152t	9.9088
能耗合计		4124.1821

①循环水、净化风、仪表风为自产，能耗已包含在电耗中，故计为 0。

从表 4 可以看出，生产 1t 生物柴油的折合产品能耗为 4124.18MJ，折合标油 98.50kg，折合标煤 140.72kg。

示范装置生产的生物柴油产品质量检验结果见表 5。从表 5 可以看出，生物柴油产品质量满足国家标准《柴油机燃料调合用生物柴油(BD100)国家标准(GB/T 28028—2007)》S50 牌号的要求。

表 5　示范装置生物柴油产品质量指标

项　　目	BD100 指标①		标定值	试验方法
	S500	S50		
密度(20℃)/(kg/m^3)	820~900		876	GB/T 2540—1988
运动黏度(40℃)/(mm^2/s)	1.9~6.0		4.449	GB/T 265—1988

续表

项　　目	BD100 指标①		标定值	试验方法
	S500	S50		
闪点(闭口)/℃	≥130		168	GB/T 261—1991
冷滤点/℃	报告		8	SH/T 0248—1992
硫含量/%	0.05	0.005	0.0002	GB/T 0689
10%蒸余物残炭/%	≤0.3		0.10	GB/T 17144
硫酸盐灰分质量分数/%	≤0.020		0.005	GB/T 2433—2001
水质量分数/%	≤0.05		0.009	SH/T 0246—1992(2004)
机械杂质	无		无	GB/T 511—1988
铜片腐蚀(50℃，3h)/级	≤1		1a	GB/T 5096—1991
十六烷值	≥49		54.7	GB/T 386
氧化安定性(110℃)/h	≥6.0		17.1②	EN 14112
酸值/(mgKOH/g)	≤0.80		0.68	GB/T 264
游离甘油质量分数/%	≤0.020		0.014	ASTM D 6584
总甘油质量分数/%	≤0.240		0.13	ASTM D 6584
90%回收温度/℃	≤360		343	GB/T 6536

① GB/T 20828—2007。

② 添加 300μg/g 抗氧剂的测定结果。

3　生物航煤技术(SRJET)的开发

油脂加氢法生产生物航煤的技术主要包括加氢处理和加氢转化 2 个步骤。加氢处理过程主要包含双键饱和、加氢脱氧、加氢脱羧基和加氢脱羰基反应，副反应有裂化、异构化和甲烷化等反应[6,7]，如图 5 所示。动植物油脂加氢处理一般使用负载型硫化态金属催化剂，在比较缓和的条件下将动植物油脂加氢处理转化成长链正构烷烃。

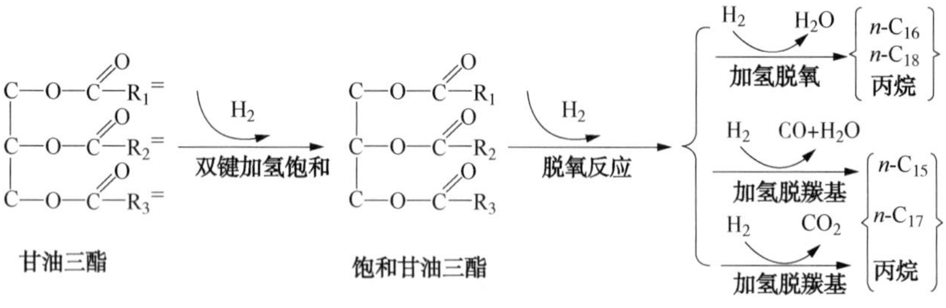

图 5　甘油三酯转化为烷烃的反应路径

加氢转化是对加氢处理得到的正构烷烃进行选择性裂化，以便使冰点和碳数分布符合喷气燃料的要求。正构烷烃异构化过程通常伴有裂化反应，正构烷烃首先异构化生成单支链异构体，单支链异构体在扩散过程中进一步异构化生成多支链异构体。异构烷烃可能来源于 2 种方式：一是多支链异构产物的裂解；二是正构烷烃裂解产物的异构化。随着转化率的提高，多支链异构产物的裂解反应和正构烷烃裂解产物的异构化反应将发生得更多[8]。

中国石化石油化工科学研究院采用分子炼油的理念，通过对原料和产品的分子结构分析以及对反应化学网络的深入认识，优选出适合的反应途径，并进行了催化剂、工艺和反应工程的创新，成功开发出油脂类原料加氢生产生物航煤的成套技术(简称 SRJET 技术)。其工艺流程简图如图 6 所示。

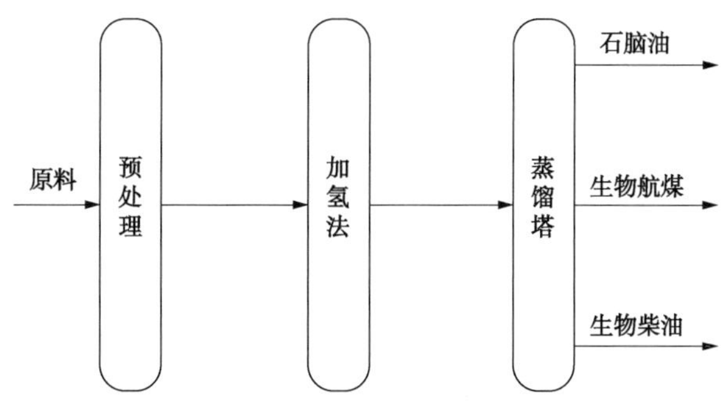

图 6　SRJET 技术的工艺流程简图

当以动植物油脂、微藻油、餐饮废油为原料时，原料首先需进行预处理脱除其中的金属、氯等杂质，以降低这些杂质对加氢催化剂和反应设备的危害，实现催化剂的长寿命和装置的长周期稳定运转；然后进行加氢处理和加氢转化，最后分离得到石脑油、生物航煤和柴油产品。根据原料和目标产物的不同，加氢法的催化剂级配和操作条件也有所不同。

3.1　原料预处理

草本植物油、木本植物油、藻类油脂和动物油脂均可作为加氢法生产生物航煤的原料。此外，餐饮废油经过净化处理后也可以用作加氢法生产生物航煤的原料。油脂中脂肪酸的碳数主要是 C_{16}和 C_{18}，某些微藻油品中的脂肪酸碳数可以达到 C_{22}。表 6 列出了试验所用油脂的脂肪酸分布，其主要理化性质见表 7。

表 6　试验用几种植物油的脂肪酸分布　　%

脂肪酸碳数①	椰子油	棕榈油	大豆油	菜籽油	乌桕油	微藻油
$C_{8,0}$	7.8					
$C_{10,0}$	6.7					
$C_{12,0}$	47.5					
$C_{14,0}$	18.1	1.1				4.8
$C_{16,0}$	8.8	45.3	11.3	8.6	60.9	50.3
$C_{16,1}$				0.1	0.3	
$C_{18,0}$	2.6	3.4	3.4	3.1	1.3	1.7
$C_{18,1}$	6.2	38.8	23.1	24.5	32.7	4.8
$C_{18,2}$	1.6	9.8	55.8	44.2	3.0	10.2
$C_{18,3}$			6.4	7.3	1.4	1.5
$C_{20,0}$		1.6		0.3		

续表

脂肪酸碳数①	椰子油	棕榈油	大豆油	菜籽油	乌桕油	微藻油
$C_{20,1}$				3.4		
$C_{22,0}$				0.1		
$C_{22,1}$				7.9		
$C_{22,5}$						5.4
$C_{22,6}$						21.3

①$C_{x,y}$：x 表示脂肪酸碳链的碳数；y 表示脂肪酸碳链上不饱和碳碳双键个数。

表 7　试验用几种原料的主要性质

项　　目		椰子油	棕榈油	乌桕油	餐饮废油	微藻油
密度(20℃)/(kg/m³)		921.2	915.1	908.8	918.6	926.9
凝点/℃		22	24	45	22	32
总酸值/(mgKOH/g)		0.15	0.19	52	5.53	0.50
氧质量分数/%		14.4	11.4	11.7	12.0	11.3
其他杂质质量分数/(μg/g)	S	<2.0	<2.0	3.2	5.5	<10.0
	N	<2.0	<2.0	27.0	59.0	35.0
	Cl	<2.0	<2.0	<2.0	14.4	44
	金属	<2.0	<2.0	19.0	12.0	5.0

未精制的油脂中含有游离脂肪酸、金属离子、磷脂、胶质等，对加氢处理设备和催化剂有影响，需要进行预处理。油脂精炼过程主要包括脱胶、碱炼、脱臭等步骤。原料油中的游离脂肪酸也会影响加氢处理催化剂的活性，如果植物油中游离脂肪酸质量分数高于5%，在长时间运转的情况下，加氢处理催化剂的活性就会降低，因此需要进一步进行脱酸处理。

3.2　SRJET 生物航煤技术的中试研究

针对动植物油脂的分子结构和加氢处理反应的特性，开发出适用于多种动植物油脂的加氢处理催化剂。该催化剂可在缓和的条件下对动植物油脂进行加氢处理使其生成长链正构烷烃，而且耐水性良好，稳定性好。采用该催化剂对对棕榈油、大豆油、菜籽油、乌桕油、椰子油、微藻油、餐饮废油等原料进行加氢处理，所得精制油的收率和馏程见表 8。棕榈油、大豆油、菜籽油、乌桕油、微藻油、餐饮废油经加氢处理得到的精制油主要由 C_{15}～C_{18}正构烷烃组成，椰子油经加氢处理得到的精制油主要由 C_{11}～C_{14}正构烷烃组成。对催化剂进行近2000h 的稳定性试验表明，催化剂活性稳定。

针对植物油的加氢处理油品即加氢脱氧精制油，开发出专用的异构裂化催化剂，该催化剂可将加氢脱氧精制油转化为喷气燃料。采用异构裂化催化剂对棕榈油、大豆油、菜籽油、乌桕油、微藻油、餐饮废油等原料经加氢处理的精制油进行加氢转化，液态烃收率可达到90%～94%；相对于初始原料油，生物航煤质量收率可达到 35%～45%。以餐饮废油、棕榈油、微藻油和椰子油为原料制备出的生物航煤调合产品的部分性质见表 9。

表 8 经加氢处理得到的精制油收率和馏程

项　　目	精制油收率/%	精制油馏程/℃
棕榈油	85.2	65～376
大豆油	86.1	80～452
乌桕油	87.2	269～323
菜籽油	89.8	91～391
微藻油	84.0	233～521
椰子油	77.2	20～317
餐饮废油	80.9	195～459

表 9 几种油脂通过加氢法制备的生物航煤调合产品的性质

项　　目		餐饮废油	棕榈油	微藻油	椰子油	ASTM D7566 (HEFA-SPK)
闪点(闭口)/℃		61.9	63.3	55.0	61.0	≥38
密度(15℃)/(kg/m^3)		767	768	765	747	730～770
冰点/℃		-50.4	-48.0	-45.9	-57.1	≤-40
馏程/℃	IBP	172.9	184.2	174.2	179.8	
	10%	200.4	202.9	197.9	188.4	≤205
	FBP	291.2	288.5	281.4	236.2	≤300

由表 9 可知，采用 SRJET 技术，无论是具有典型脂肪酸碳数的棕榈油、微藻油、餐饮废油等原料，还是脂肪酸碳数低的椰子油原料，均可制备出密度、闪点、冰点和沸程皆满足 ASTM D7566 标准要求的生物航煤调合产品。

3.3 生物航煤生产技术的工业示范应用

根据 SRJET 技术要求，中国石化将杭州石化的一套工业加氢装置改造为生物航煤工业示范生产装置，先后以棕榈油和餐饮废油为原料，生产出满足 ASTM D7566 标准中有关源自加氢的酯和脂肪酸的合成石蜡煤油(HEFA-SPK)标准要求的生物航煤。该工业示范装置生产所用原料的主要性质见表 7。工业生产的生物航煤调合组分的主要性质和组成见表 10。

表 10 工业示范装置生产的生物航煤的主要性质

项　　目		HEFA-SPK	棕榈油基	餐饮废油基
总酸值/(mgKOH/g)		≤0.015	<0.001	<0.001
闪点/℃		≥38	55.0	49.0
密度(15℃)/(kg/m^3)		730～770	767.3	767.7
冰点/℃		≤-40	-55.2	-59.3
实际胶质质量浓度/(mg/100mL)		≤7	2	1
脂肪酸甲酯/(μg/g)		≤5	<4.5	<4.5
热安定性(325℃, 2.5h)	压力降/kPa	≤3.3	0	0
	管壁评级/级	≤3	0	0

续表

项目		HEFA-SPK	棕榈油基	餐饮废油基
烃类组成/%	环烷烃	≤15	1.5	2.8
	芳烃	≤0.5	0	0
	碳和氢	≥99.5	99.97	99.87
非烃类组成/(mg/kg)	氮	≤2	<0.3	<0.3
	水	≤75	8	10
	硫	≤15	0.3	0.6
金属①/(mg/kg)		≤0.1	<0.1	<0.1
卤素/(mg/kg)		≤1	<0.5	<0.5

① 以下每种金属含量：铝，钙，钴，铬，铜，铁，钾，镁，锰，钼，钠，镍，磷，铅，钯，铂，锡，锶，钛，钒，锌。

从表10可以看出，采用SRJET技术，以棕榈油和餐饮废油为原料生产的生物航煤调合组分达到ASTM D7566标准的要求。

采用SRJET生物航煤工艺示范装置生产的生物航煤调合组分与镇海炼化分公司生产的石油基3号喷气燃料按体积比50∶50调合生产的生物航煤被命名为中国石化1号生物航煤。1号生物航煤各项理化性质满足3号喷气燃料规格要求(GB 6537—2006)，符合ASTM D7566和中国民航局颁布的《含合成烃的民用航空喷气燃料(CTSO-2C701)》的技术标准规定要求。

3.4 中国生物航煤的适航审定

为了推动生物航煤的商业应用，美国材料与试验协会(American Society for Testing and Materials，ASTM)颁布了含合成烃的航空涡轮燃料规范(ASTM D7566)。2011年7月，ASTM D7566-11增加了源自加氢的酯和脂肪酸的合成石蜡煤油的规格要求，多达50%的生物航煤组分可调合到传统的喷气燃料中。2005年，中国民用航空局(简称CAAC)颁布了《航空油料适航管理规定》(CCAR-55)，规范了航油的适航管理，保证加注到飞机上的油品符合标准要求。

2011年12月，中国石化向中国民航局提交了生物航煤的适航审定申请。2012年2月28日，民航局正式受理了中国石化的适航审定申请，将生物航煤命名为中国石化1号生物航煤。审查组按照国际通行惯例，按照不低于国际技术标准的条件制定了中国特色的技术标准规定CTSO-2C701作为本次审查的审定基础。审查包括设计和生产两个部分，历时两年，分别对生物航煤的工艺、产品理化性能、特定性能试验以及生产质量体系进行了评审，并进行了发动机台架验证和试飞验证。

2013年4月24日，加注了中国石化1号生物航煤的东方航空空客320型飞机圆满完成了85min的飞行验证。2014年2月12日，中国民用航空局正式向中国石化颁发了1号生物航煤技术标准规定项目批准书(CTSOA)。2015年3月21日，中国石化以餐饮废油为原料生产的生物航煤完成了第一次商业飞行。由此，我国生物航煤正式迈入产业化和商业化阶段。

4 结论

中国石化石油化工科学研究院开发的SRCA生物柴油技术和SRJET生物航煤技术，原料适应性广，生产过程清洁。采用废弃油脂为原料工业化生产得到的生物柴油的产品质量满足国标 GB/T 20828-2007 的要求，收率高达 96.8%；生产的生物航煤通过了中国民航局的适航审定，取得了中国第一张生物航煤生产许可证，并成功进行了商业飞行。我国的生物柴油和生物航煤已正式迈入产业化和商业化阶段。

参 考 文 献

[1] Ragit S S，Mohapatra S K，Kundu K，et al. Optimization of neem methyl ester from transesterification process and fuel characterization as a diesel substitute[J]. Biomass Bioenergy，2011，(35)：1138-1144.

[2] 杜泽学，唐忠，王海京，等. 废弃油脂原料 SRCA 生物柴油技术的研发与工业应用示范[J]. 催化学报，2013，34(1)：101-115.

[3] 聂红，孟祥堃，张哲民，等. 适应多种原料的生物航煤生产技术的开发[J]. 中国科学：化学，2014，44(1)：46-54.

[4] Tan K T，Lee K T. A review on supercritical fluids (SCF) technology in sustainable biodiesel production：Potential and challenges[J]. Renewable and Sustainable Energy Reviews，2011，(15)：2452-2456.

[5] Tan K T，Lee K T，Mohamed A R. Prospects of non-catalytic supercritical methyl acetate process in biodiesel production[J]. Fuel Processing Technology，2011(92)：1905-1909.

[6] Laurent E，Delmon B. Study of the hydrodeoxygenation of carbonyl，carboxylic and guaiacyl groups over sulfide CoMo/γ-Al_2O_3 and NiMo/γ-Al_2O_3 catalysts I catalytic reaction schemes[J]. Applied Catalysis，1994(1)：77-96.

[7] 赵阳，孟祥堃. 硫对植物油加氢处理过程催化剂活性及化学反应的影响[J]. 石油炼制与化工，2013，44(9)：6-10.

[8] 黄卫国，李大东，石亚华，等. 分子筛催化剂上正十六烷的临氢异构化反应[J]. 催化学报，2003，24(9)：651-657.

炼油厂工艺远程诊断平台开发与应用

曹东学[1]　宫向阳[2]　曾榕辉[3]　臧高山[4]

（1. 中国石化炼油事业部；2. 中国石化信息化管理部；
3. 中国石化抚顺石油化工研究院；4. 中国石化石油化工科学研究院）

摘　要：基于炼油企业已有MES、LIMS、DCS、实时数据库等信息系统，利用中国石化30年发展过程中积累的专有技术、专家知识，建成炼油技术分析及远程诊断平台。该平台实现常减压、催化裂化、延迟焦化、催化重整、加氢裂化、加氢精制、汽油吸附脱硫、硫黄回收等325套炼油主生产装置60类约3250个工艺模型的在线运行，实现了中国石化总部对炼厂生产装置的远程在线工艺技术管理、分析与事故诊断。

1　概述

2015年，中国石化在《财富》全球500强中排名第二，石油炼制能力位居世界第二，是中国最大的石油炼制商，成品油市场份额占国内市场56%以上。中国石化愿景是："建设成为世界一流能源化工公司"。炼油板块要率先实现世界一流，其中积极推进信息化和炼油业务的融合，是率先实现世界一流的重要举措。中国石化下属31家炼油企业共1000余套生产装置，分布在全国17个省市自治区，同时随着近些年原油劣质化和产品质量升级，大量新工艺、新技术、新型催化剂、新装置不断涌现。应对生产过程中的技术难题，以往采用技术专家现场服务的方式，而中国石化科研院所及设计院专家资源总数不足100人，面对庞大的技术服务需求，传统的方式已难以为继。急需开发一个信息平台，整合中国石化炼油专家资源、数据资源、模型资源，实现对炼厂进行远程工艺技术分析、事故诊断，提升中国石化炼油板块的精细化管理水平。

2008年，中国石化首先启动了加氢装置的炼油工艺远程诊断平台建设，随后在2010年启动了常减压、催化裂化、延迟焦化、催化重整、S Zorb装置的炼油工艺远程诊断平台建设[1]。截至2015年年底，中国石化325套（见表1）炼油主要生产装置全部实现上线运行。

表1　实现上线运行的炼油主生产装置及数量　　套

装置类型	装置数量		
	试点装置数量	推广装置数量	合　计
加氢	7	125	132
常减压	14	41	55
催化裂化	12	36	48
延迟焦化	8	28	36
催化重整	8	23	31

续表

装置类型	装置数量		
	试点装置数量	推广装置数量	合　计
S Zorb	3	10	13
硫黄回收	10		10
合计	62	258	325

2 炼油工艺远程诊断平台的开发

中国石化炼厂已普遍完成DCS、LIMS、MES、实时数据库等系统的建设，为炼油工艺远程诊断平台的构建提供了基础条件。

2.1 技术架构

为了保证炼油工艺远程诊断平台的高内聚、松耦合，技术架构采用“纵向分层、横向扩展”的架构体系。根据炼油工艺远程诊断应用的要求，技术架构划分为5层，从下至上分别是数据源、数据集成、数据管理、应用服务和信息展示，如图1所示。

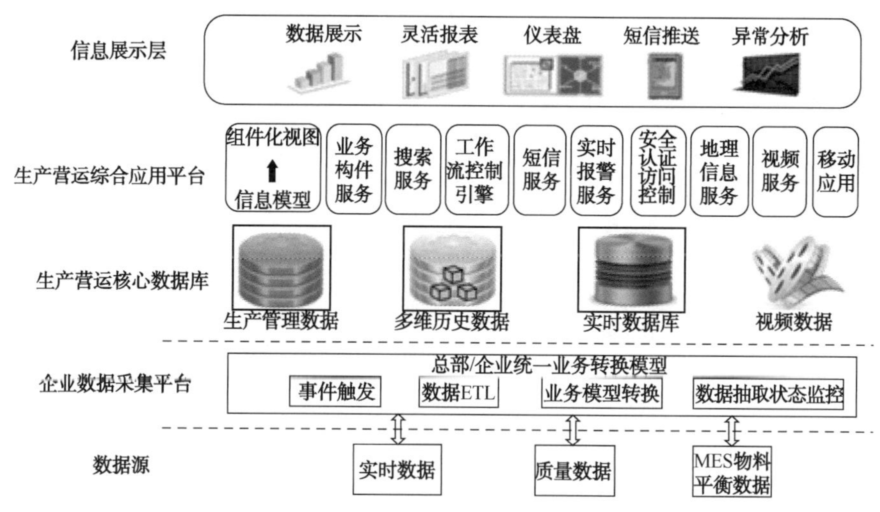

图1　炼油工艺远程诊断平台技术架构

数据源主要指位于中国石化下属企业的装置生产实时数据、质量数据以及MES物料平衡数据。数据集成主要承担企业数据的定义、抽取、转换与清洗和加载的工作，实现企业数据到总部生产营运平台的汇聚。数据管理层将集成的数据划分为生产实时数据、生产管理数据、历史数据和专业知识分类存储，为炼油工艺远程诊断平台提供业务数据管理。应用服务层提供不同类别的应用组件，包括业务构件服务、专业知识搜索服务、实时报警服务等，使用这些应用组件，能够根据用户提出的新需求，便捷地开发出分析应用功能，满足用户的使用要求。信息展示层提供了支持数据、监控和报表的展示控件，为用户呈现出直观、丰富的界面展现风格。

2.2 主要功能

由于不同的炼油装置具有完全不同的特性，因此该平台按照装置类别分为了“7+1”个子系统，如图 2 所示，包括 7 个装置子系统(常减压子系统、催化裂化子系统、延迟焦化子系统、催化重整子系统、S Zorb 子系统、加氢子系统、硫黄回收子系统)和 1 个综合运行子系统。

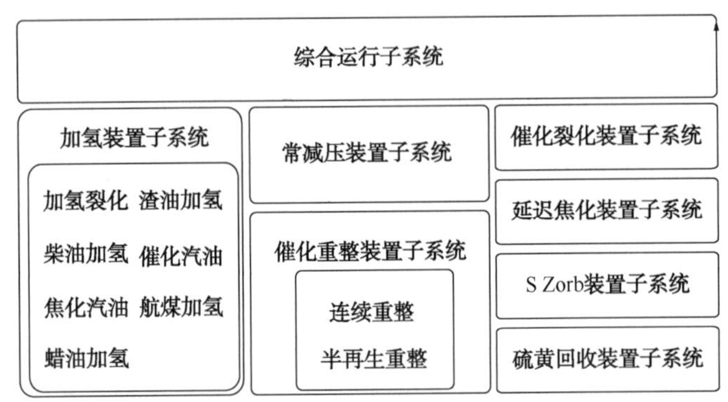

图 2 炼油工艺远程诊断平台功能架构

各装置子系统包含相同的功能模块，分为装置运行监控、装置技术分析、工艺学习、科研设计分析、巡检及诊断、技术报告、系统管理等 7 大模块。但各模块的具体内容按照每类装置的特点及业务应用重点进行分别设计，图 3 为催化裂化装置子系统的功能图。

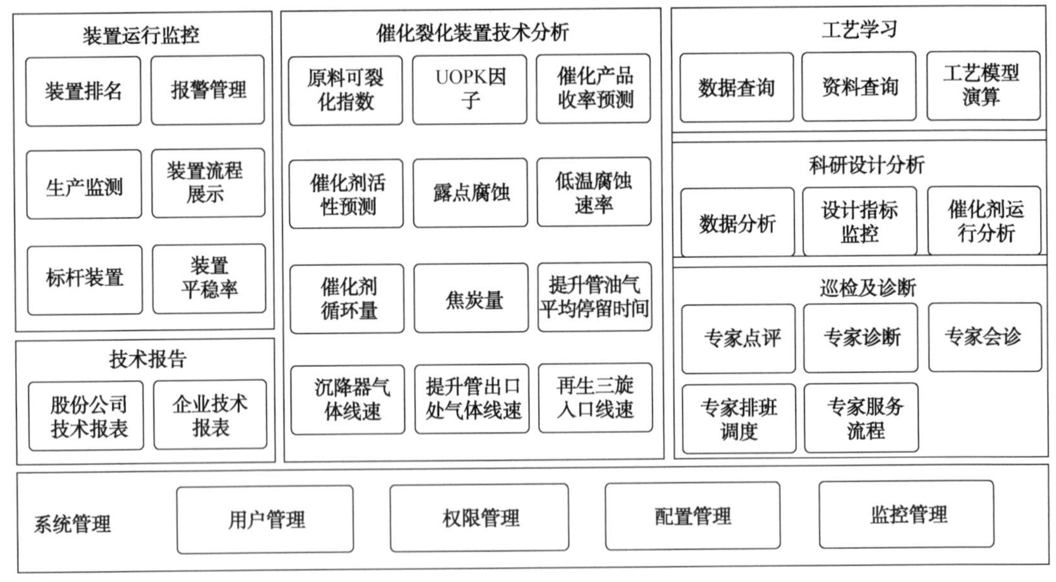

图 3 催化裂化装置子系统功能

各类装置的功能设计重点如下：

① 常减压装置。常减压装置是炼油企业的龙头装置，其工艺管理的核心是加热炉、换热器、装置腐蚀等方面。该装置子系统开发了加热炉效率监控、装置换热终温预测、装置腐蚀关键部位的腐蚀评估、三顶水的监控等功能。

② 催化裂化装置。该装置是炼厂生产汽柴油的主力装置，其核心是反再系统。该装置子系统开发了产品收率预测、反再工艺核算、原料裂化性能评估、催化剂活性评估等功能。

③ 催化重整装置。催化重整装置是炼厂氢气的重要来源，其催化剂为贵金属催化剂，在其子系统中开发了催化剂积炭、原料芳潜、氢气产率、产品芳烃、生成油收率等功能。

④ 焦化装置。焦化装置主要处理渣油，其加热炉是装置的核心，在其子系统中开发了加热炉炉管温度监控、加热炉管介质停留时间计算、弹丸焦生成预判、产品收率预测等功能。

⑤ 加氢装置。加氢装置主要采用固定床反应器，其催化剂的寿命对装置生产影响很大。在加氢类装置子系统中，设计开发了催化剂剩余寿命预测功能，实时预测催化剂的剩余寿命，指导企业生产；同时系统还对装置的反应温度、原料油性质、精制油性质等参数进行监测。加氢还面临着高压空冷的腐蚀问题，在系统中开发了装置的氢化胺浓度、K_p 值、酸性水监测等功能，实现对装置腐蚀情况的分析评估。

⑥ S Zorb 装置。S Zorb 装置是炼厂生产国Ⅴ汽油的关键装置，在该装置子系统中围绕吸附剂、汽油辛烷值等开发相应的系统功能，包括监测 ΔRON 实际值，并与模型测算值进行对比和趋势分析，指导生产；开发了吸附剂活性预测模型，通过监测待生吸附剂的硫及硅酸锌含量的实际值，实时指导企业吸附剂置换。

⑦ 硫黄回收。硫黄回收装置是炼厂的关键环保装置，在硫黄回收装置子系统中设计开发了催化剂剩余寿命预测和催化剂转化率计算功能，实时预测催化剂的剩余寿命并计算催化剂的转化率，指导企业生产，同时系统还对装置的原料性质、工艺防腐等参数进行监测。由于硫黄回收装置为环保装置，系统中还开发了烟气二氧化硫排放情况的监测功能，实现对装置烟气排放情况的分析评估。

2.3 主要模型

在平台开发建设中，对 325 套炼油主要生产装置开发了 3250 个工艺数理模型。这些模型可实时对催化剂剩余寿命进行预估，对产品收率进行在线预测，评估装置的腐蚀风险等。

① 装置运行评估模型。针对各类装置的运行状况进行评估，包括常减压换热终温预测、常减压装置能耗分析、催化装置能耗分析、催化劣化原料裂化指数、重整装置反应温度预测等模型。

② 工艺核算模型。针对常减压、催化裂化、焦化、重整等装置日常进行的工艺计算开发了工艺核算模型，如催化裂化装置的反再工艺核算模型，可以根据每天的化验分析数据及生产操作参数，进行反应器、再生器的工艺计算，实现动态的催化裂化两器热平衡计算和压力平衡计算，包括剂油比、提升管油气平均停留时间、提升管出口处气体线速、提升再生三旋入口线速、提升沉降器气体线速、提升大油气管线气速等。

③ 动力学模型。针对各类装置开发的机理模型，实现了机理模型的在线运行，包括催化裂化产品收率预测、焦化产品收率预测、焦化加热炉介质停留时间等模型。催化裂化产品收率预测模型是一个六集总的动力学模型，该模型将物料分为 6 个集总，共 15 个参数，通过与生产实时数据结合，动态预测生产装置的产品分布，提供操作方向指导。

④ 催化剂评估模型。针对加氢、半再生重整等固定床反应器的装置开发了催化剂剩余寿命模型。该类模型根据装置运行参数，实时评估催化剂的使用情况，帮助科研设计单位、企业合理安排装置检修换剂或进行催化剂再生。

⑤ 质量评估模型。针对原料、产品质量开发了质量预测模型，包括催化裂化原料可裂化指数、重整生成油辛烷值预测、S Zorb 装置辛烷值损失预测、抗爆指数损失预测等模型，帮助企业及时评估装置原料和产品的性质，保证生产出合格产品。

⑥ 装置腐蚀评估模型。装置腐蚀是造成非计划停工的重要原因，在平台中针对各类装置的腐蚀问题，开发了相关的腐蚀评估模型，如常减压高温腐蚀速率、常减压低温腐蚀速率、常减压露点腐蚀、催化裂化低温腐蚀速率、催化裂化露点腐蚀、焦化低温腐蚀趋势、焦化高温腐蚀趋势、焦化露点腐蚀等模型，实时评估装置腐蚀状况，帮助企业及时避免因装置腐蚀造成的非计划停工。

3 炼油工艺远程诊断平台的应用方向

炼油工艺远程诊断平台的建设遵循中国石化信息化建设“统一规划、统一标准、统一设计、统一投资、统一建设、统一管理”原则，利用中国石化 30 年发展过程中积累的专有技术、专家知识，开发各种工艺、数学模型及管理规则，建立中国石化炼油工艺远程诊断平台，实现对装置的实时监测、动态评估及精细化管理。

通过中国石化总部层面的炼油工艺远程诊断数据平台的建设，实现对 31 家炼厂生产实时数据、LIMS 数据及 MES 数据共 16 万点数据的综合管理；形成企业和总部两层平台的架构模式，建设了企业与总部数据传输的通道，保证 16 万点分钟级数据的正常传输；在平台中建立了数据整定机制，对异常数据实时发现、即时处理，保证数据传输的准确。

平台整合了中国石化专家资源，通过搭建生产营运诊断平台，进行网上巡检及远程事故诊断；同时建成了炼油知识管理平台，可以自动生成企业及总部级的装置技术分析报告，积累专家诊断案例，沉淀专家知识和经验，指导企业工艺生产操作，提升企业工艺技术管理水平。

3.1 装置运行远程监控

利用炼油工艺远程诊断平台，在中国石化总部可以同步获得 31 家炼油企业 325 套生产装置实时运行工况及指标完成情况，可以实现对装置生产过程的动态监控，细化工艺管理粒度；在平台中实现了装置动态竞赛，通过采用一致的竞赛规则，根据各企业装置的实时工艺数据、产品质量数据等进行综合评判，实时刷新各炼油企业装置的竞赛排名(见图 4)；通过开发出的一系列模型与计算公式，可随时分析掌握装置的运行情况，并提出生产指导；通过该平台可以自动生成各装置的技术日报、周报、月报、年报及基础数据表 6300 多份，帮助技术人员完成常规工作，解放他们的劳动力，使他们有更大的精力投入到生产优化管理中。

项目	常减压	催化	焦化	连续	半再生	加裂	渣油	蜡油	柴油	航煤	催汽	焦汽	S Zorb	硫黄
	茂名2	沧州	金陵1	洛阳	塔河	海南	金陵	青炼	北海	茂名	青石	镇海	济南	茂名5
	东兴	清江2	镇海2	茂名	石炼	镇海1	长岭	洛阳	镇海6	高桥	武汉	齐鲁	洛阳	镇海5
	镇海3	济南2	镇海1	上海2	西安	天津2	海南	天津	高桥5	石炼	北海	金陵	茂名	镇海6
	茂名3	武汉2	金陵2	九江	西安	金陵2	茂名	茂名	扬子2	长岭	上海	茂名	上海	青炼
	燕山2	安庆2	燕山	广州2	沧州	上海2	上海	安庆	天津50	武汉	清江	广州	扬子	镇海7
	燕山1	高桥3	塔河2	安庆	武汉	扬子1	齐鲁	荆门	青石1	九江	东兴	安庆	沧州	齐鲁3
	齐鲁4	荆门2	齐鲁3	燕山	沧州	茂名	茂名	天津	长岭2	上海	九江	茂名	齐鲁	齐鲁2

图 4 炼油企业装置实时竞赛排名

该平台设立了工艺参数、原料及产品质量、操作波动报警等约 16000 余个。平台实时监控并及时捕获装置发生的超标报警情况以及非计划停工等异常情况，并对报警情况进行实时的统计分析，总部可以即时获取各装置的报警汇总，做到对装置生产状态的实时掌握。

3.2 工艺模型在线计算

本平台开发的工艺模型主要分为六大类：①12 类装置运行评估预测模型，如常减压装置换热终温、各类装置基准能耗模型等；②16 类装置运行工艺核算模型，如催化裂化反再热平衡及压力平衡计算模型、常/减压塔取热比例计算模型等；③9 类动力学模型，如催化产品收率预测模型、焦化加热炉结焦趋势预测模型等；④7 类催化剂评估模型，如加氢装置催化剂剩余寿命模型、催化裂化装置催化剂活性评估模型等；⑤8 类原料及产品质量评估及预测，如催化裂化原料可裂化指数、半再生重整生成油辛烷值预测模型等；⑥8 类装置腐蚀预测模型，如常减压高温腐蚀速率、常减压露点腐蚀预测等。通过按需插拔式管理，实现了这些工艺模型的在线化。这些数学模型的实时计算可以帮助装置工艺技术管理人员对本装置运行工况进行深入分析、指导优化生产，帮助专家更好地分析问题、帮助管理人员更好地进行技术管理。

3.3 报警及风险评估

平台可以及时捕获装置发生的工艺参数、原料及产品质量、操作波动等超标报警情况以及非计划停工等异常报警，并对报警情况进行实时的统计分析及并主动推送，总部可以即时获取各装置的报警汇总，做到对装置生产状态的实时掌握。

在平台中运用大数据分析技术，自动提炼主要的报警点清单，提取并分析标准报警指标，进行报警原因关联与推导分析，扩展报警监控指标维度，提出操作改进意见，同步动态指导工厂操作。

系统对装置生产运行风险开发了在线评估功能，特别是对装置腐蚀风险评估。在平台中实现了对装置主要腐蚀部位的全面监控及实时评估，帮助企业及时掌握设备腐蚀情况，及时对装置生产进行调整，对腐蚀设备进行更换，有利于延长装置的安全稳定运行时间。如在平台中实现了快速、准确计算各塔器高温部位、低温部位的腐蚀速率，及时评估炼油装置腐蚀风险，提出腐蚀预警。

3.4 专家网上巡检、事故远程诊断

该平台率先提出并实现了专家网上巡检的理念与功能，设计并提供了辅助专家网上巡检的工具，专家对其负责的装置运行状况进行网上检查，并给出运行评估意见及指导，企业技术人员可以参照专家的指导及现场情况进行生产的调整；通过专家的巡检，还可以及时发现装置运行的问题，防患于未然。

以往在装置出现问题时，多采用现场服务的方式，但是成本高、周期长、专家资源紧张等因素限制了技术服务高效的进行。本项目开发了远程诊断的模式，设置了装置的诊断流程，明确了装置问题提出、任务分配、诊断结论、诊断结果审核等诊断步骤，保证了远程诊断的质量；同时也明确了专家对问题的响应时间要求，保证了装置问题诊断的及时性。

专家还可以通过平台实时共享企业的生产运行数据。这些数据是科研设计单位实验数

据、设计数据的延伸和补充，为进一步改善催化剂制备工艺、完善工艺流程、改进工程设计提供了数据支撑，增强了生产、设计、科研结合的紧密度。

3.5 实现炼油知识管理

中国石化炼油工艺远程诊断平台整合了中国石化所属科研院所、设计院及生产企业等单位的上百位专家，建立了专家库，将专家作为诊断资源，满足企业装置诊断的需求。平台存储的装置历史数据量达到了55TB，且以每年增长18TB的速度不断增加，利用大数据挖掘分析技术从数据中挖掘知识，形成数据知识沉淀，帮助企业技术人员进行装置运行分析。平台中建立了案例库，积累专家诊断案例，沉淀专家知识和经验，帮助技术人员分析问题，解决问题。平台中还建立了炼油工艺知识库，存储装置各类技术报告、设计方案、操作规程、工艺卡片及用户交流经验，指导企业工艺生产操作，提升企业工艺技术管理水平。

4 炼油工艺远程诊断平台应用效果

炼油工艺远程诊断平台已成功应用在燕山、齐鲁、茂名、镇海、青岛等31家企业的325套装置上，取得了良好应用效果。

4.1 炼油工艺技术管理在线化

对31家炼油企业生产实时数据、LIMS数据、MES数据进行集成，对装置运行发生的报警信息进行分类统计分析、主动实时推送，对企业级和集团公司级的各类装置运行技术报表定期、自动地生成，对装置运行竞赛设立标杆装置，每日动态更新，实现在线的工艺技术管理，增强工艺技术管理的时效性。

4.2 动态解决生产热点问题

在系统应用过程中，炼油事业部、科研单位及生产企业相互配合，通过系统跟踪并解决生产热点问题。截至2015年年底，已连续开展了加氢裂化超温诊断、加氢裂化生成油氮含量超标、催化多产汽油、减少原油氯超标影响、常一线增产航煤、改善催化原料裂化性能、焦化炉管有效除焦等多项生产热点问题的分析研究，制定并实施了相应问题解决方案。

如2013年下半年，胜利原油出现高有机氯问题，对华北和沿江地区10家炼油企业的安全生产造成严重影响，其中加氢装置受到的冲击最大，集中表现为换热系统结盐、换热器腐蚀，进而造成济南、胜利、齐鲁、沧州、金陵、荆门多家企业加氢装置停工，造成重大损失。面对这一问题，系统及时发布了加氢类装置氯化铵结晶温度测算模型和原油氯超标解决方案，可以在线计算加氢装置换热器氯化铵结晶风险，并给出操作条件底限值指导操作，使装置运行处于受控状态。

4.3 工艺模型实时指导生产

炼油技术分析及远程诊断系统实现了60类工艺模型的在线实时计算，指导生产，在生产优化、平稳操作、降本增效中取得良好的效果。

面向加氢装置，系统实现了催化剂剩余寿命的实时预测，可以根据催化剂的特性、装置的生产条件变化实时预测加氢催化剂的剩余使用时间。企业根据计算结果优化操作，延长催化剂使用寿命，合理安排换剂工作，同时系统从床层最高温度、床层压降、装置能耗、液收、氢气利用率、负荷率等多个维度建设了加氢同类装置比对模型，以优化装置操作。系统建设了加热炉露点腐蚀的实时评估模型，能够实时计算加热炉的露点腐蚀温度，用于指导企业在加热炉操作，保持合理的排烟温度，一方面实现加热炉的节能降耗，另一方面规避加热炉的腐蚀风险。如镇海石化根据系统内部比较后，对重整加热炉进行对流室改造，加热炉热效率提高 0.5 个百分点，年效益增加 436 万元。茂名石化对重整加热炉进行对流室改造，排烟温度降低 45℃，余热锅炉产汽量增加 6t/h，年效益增加 595 万元。面向常减压系统实现了换热终温预测模型，通过实时夹点计算，给出原油最佳换热终温，开发了基准能耗计算模型，用于实时评估装置当前能耗与理论能耗的差距，帮助企业找出节能潜力。系统开发了焦化装置加热炉结焦评估系列模型，2012 年 6 月，中国石化炼油事业部组织相关单位利用该模型对焦化加热炉两种除焦模式(机械清焦法、烧焦法)进行了比对分析，发现燕山焦化加热炉机械清焦后，管壁温度下降 121℃，而茂名、齐鲁焦化装置采用烧焦法除焦后，管壁温度下降仅 30℃左右，随后向系统内推广了机械清焦法，取得了良好的应用效果。

4.4 网上巡检提升技术服务响应速度

整合科研院专家资源，开展网上巡检和远程诊断，及时发现并解决企业生产运行存在的隐患。通过专家网上工作室在企业技术人员与专家之间建立紧密联系，及时反馈问题，研究讨论并快速解决。目前中国石化石油化工科学研究院和抚顺石油化工研究院已经成立了远程诊断服务团队，利用系统进行装置网上巡检及远程诊断分析工作。专家每月开展网上装置巡检或专项诊断约 600 人次，平均每月解决企业生产问题 50 余项，提高了服务效率，缩短响应时间。

4.5 网上练兵提升操作人员知识技能

2013~2016 年，炼油事业部分别开展了加氢精制操作工、S Zorb 操作工及催化重整技能竞赛，这 3 次技能竞赛都利用本平台进行支撑，分别在网上开展网上练兵、网上培训等活动。针对技能竞赛，在该平台中专门开辟了每周一题、仿真模拟、专家在线答疑等专区，帮助操作人员提高技能知识，熟悉现场考试环境，支持了技能竞赛的顺利开展。专家每周发布一道工艺操作热点问题，竞赛选手踊跃参与解答，同专家给出的参考答案对照后，找出存在的差距，从而不断提高自身操作技能。在对加氢精制操作工技能竞赛的支撑中，每周一题访问量就达 7000 余次，荆门加氢专家陆明发布的“加氢装置日常生产监控要点有哪些?”问题，访问量达 465 人次；利用系统提供的在线仿真功能，帮助操作人员熟悉考试环境，参加仿真模拟的访问量达 1306 人次。

5 结论

该平台是国内首次应用信息化手段实现特大型石化企业集团总部在线远程工艺管理、技术分析和诊断，是炼油管理手段的重大创新，也是世界首创。平台率先实现了炼油行业在线技术分析、远程诊断和技术服务，技术服务工作由事后变成了事中、事前，为装置长周期平稳运行保驾护航；平台实现了知识的共享，将中国石化炼油工艺的科研成果、专家知识转化为可插拔的信息模型，在炼油板块企业之间共享。

参 考 文 献

[1] 李鹏，郑晓军. 中国石化炼油技术分析及远程诊断系统的开发与实践[J]. 炼油技术与工程，2012，42（10）：49-53.

致谢：在本文的编写过程中，中国石化石油化工科学研究院的朱根全、马爱增，中国石化抚顺石油化工研究院的赵玉琢，石化盈科的郑晓军等人给予了大力支持和帮助，在此一并感谢。

炼油技术集成化应用

魏志强　祖　超

(中国石化工程建设有限公司 北京 100101)

摘　要：综述了我国炼厂大型化与油品质量升级过程中的炼油技术集成与应用情况。炼厂新技术集成部分，重点介绍了重油加工技术集成、清洁产品生产技术集成、工艺装置集成、环保装置集成、轻烃与氢气系统集成等内容。其中，重油加工技术集成重点介绍了延迟焦化/催化裂化组合工艺、渣油加氢/重油催化裂化组合工艺、渣油溶剂脱沥青/沥青汽化/脱沥青油加氢处理/催化裂化组合工艺等；清洁产品生产技术集成重点介绍汽油、柴油清洁生产技术集成。典型炼厂总加工工艺流程部分，介绍了燃料型炼厂、燃料-润滑油型炼厂、炼化一体化工厂的主要特点、总加工工艺流程或物料互供流程。最后，分别以海南炼化、青岛炼化、泉州石化、北海炼厂为例，介绍了新建炼厂的炼油技术集成化应用情况；以福建联合石化、茂名分公司、济南分公司为例，介绍了炼厂改(扩)建过程的炼油技术集成化应用情况。

1　概述

经过半个多世纪的发展，中国已建成了较为完整的炼油工业产业体系，进入了世界炼油大国前列，同时在产业集中度、技术集成化等方面取得了明显成效[1-3]。如我国千万吨级炼厂总数从2010年的20座增加到2015年的28座，合计炼油能力从260Mt/a增加到364Mt/a。进入本世纪以来，我国炼油技术水平显著提高，主要技术达到国际先进水平，拥有了一批具有自主知识产权的炼油核心技术和专有技术，形成了完整的自主创新体系，建成了一批具有极强竞争力的大型炼油、炼化一体化基地，开启了我国炼油工业大型化、现代化的新时代。

与此同时，随着国内成品油需求的快速增长和环保法规的日趋严格，油品质量升级步伐大大加快。2016年1月1日起，我国东部11省实施国Ⅴ车用汽柴油质量标准；2017年1月1日起，全国实施国Ⅴ车用汽油与车用柴油质量标准；2017年7月1日起，全国范围实施普通柴油国Ⅳ标准；2018年1月1日起，在全国实施普通柴油国Ⅴ标准。同时，国家计划2016年公布第Ⅵ阶段油品质量标准，拟于2019年实施。以清洁化、低排放的工艺生产优质成品油，成为炼油企业的广泛关注并着力推进的热点问题。

根据具体应用背景，炼油技术集成与应用集中体现在两个方面：一是新建千万吨级炼厂的炼油技术集成化应用，主要包括2006年投产的8Mt/a海南炼化、2008年投产的12Mt/a青岛炼化、2009年投产的12Mt/a惠州炼化、2010年投产的10Mt/a广西石化、2014年投产的10Mt/a四川石化、2015年投产的12Mt/a泉州石化等；二是炼厂改(扩)建过程的炼油技术集成化应用，主要体现在镇海炼化、茂名石化、金陵石化、扬子石化、大连西太、石家庄炼化、安庆石化等企业的改(扩)建与油品质量升级过程。炼油技术集成的具体应用，在高效利用石油资源，推动炼油工业转型升级和结构调整，推进油品质量升级，助力炼油企业节能减排、绿色发展，提升我国炼油工业整体竞争力等方面都起到了积极的作用。

2 炼厂新技术集成

2.1 重油加工技术集成

据统计[4]，全球石油产量中含硫原油占 10%以上，高硫原油约占 60%。高硫原油主要产于中东、美洲地区和部分欧洲国家，其中中东原油中高硫原油占 89.2%，美洲原油中高硫原油占 58.4%。因此，高硫原油是国际原油资源中的主要资源，且伴随我国原油对外依存度的逐年提高，加工劣质高硫原油时国内炼油企业需要长期面对的现实。一般地，原油中的硫主要集中在渣油部分，所以劣质原油加工的关键就是渣油的清洁化加工问题以及生产高附加值的轻质油品。基于此，形成了若干重油加工组合工艺[5,6]。

2.1.1 延迟焦化/催化裂化组合工艺

延迟焦化/催化裂化组合工艺是将高硫渣油先进焦化装置，高硫蜡油和焦化蜡油加氢脱硫、脱氮后作为催化裂化原料，催化裂化装置所产生的油浆作为延迟焦化的进料。焦化石脑油进催化裂化加工或加氢后作为乙烯裂解原料。延迟焦化所产高硫焦可以作为 CFB 锅炉原料，为全厂提供蒸汽和电，如图 1 所示。组合工艺通过延迟焦化(脱碳工艺)脱除渣油中的绝大部分重金属、沥青质等，轻质油品收率相对较高，但产生的油品必须要经过后精制才能作为产品出厂，同时高硫石油焦的清洁化利用问题也很突出，后续的投资和清洁化生产问题要妥善解决。如高硫石油焦做 CFB 锅炉燃料时要增加烟气脱硫设施。

延迟焦化/催化裂化组合工艺一般用来处理高硫、高金属(>300μg/g)、高残炭等劣质的渣油。其工艺特点为操作压力低、温度高，转化率随原料油中的残炭含量的增加而减少，其转化率一般介于 50%~70%之间。当炼厂加工伊朗重油、沙特重油、科威特原油和伊拉克原油时，通常选择这种组合工艺。青岛炼化采用的是类似的渣油加工组合工艺。

2.1.2 渣油加氢/重油催化裂化组合工艺

渣油加氢/重油催化裂化组合工艺是将劣质渣油经过渣油加氢处理后，生产部分轻质油品。加氢后的常压重油作为重油催化裂化的原料，重油催化裂化装置所产生的重循环油又可作为渣油加氢的进料。重循环油中的高含量芳烃可以有效地提高渣油中胶质和沥青质的溶解性，从而提高了渣油的转化率，减少催化剂的积炭，延长催化剂的寿命。渣油加氢/重油催化裂化组合工艺示意图见图 2。

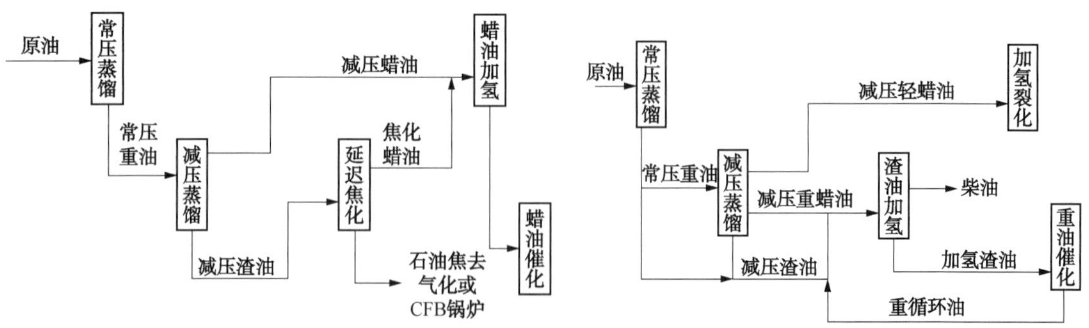

图 1 延迟焦化/催化裂化组合工艺示意图

图 2 渣油加氢/重油催化裂化组合工艺

固定床渣油加氢工艺可以处理高硫、相对中等金属含量和残炭的原料油，适用范围为重金属(V+Ni)含量<200μg/g，残炭<20%。该工艺操作压力高、温度也高，渣油加氢装置的转化率一般介于30%~50%之间。康氏残炭质量分数比较容易降到6%以下，有害金属含量也能降到催化裂化催化剂允许的水平。因此，经渣油加氢工艺处理的常压重油、减压重蜡油或减压渣油可以直接作为催化裂化装置的原料，避免了其他工艺所带来的二次环境污染，是环境友好型工艺。由于氢气消耗量大、催化剂需定期更换等原因，渣油加氢工艺加工费用相对较高，但由于轻油收率较焦化工艺高，使得全厂的经济效益较好。因此，近年来渣油加氢/催化裂化组合工艺的工业应用方面有了较大进展，大连西太平洋、齐鲁石化、茂名石化和海南炼化的重油加工均采用类似的组合工艺，部分沿江和内陆炼油企业(如安庆石化、石家庄炼化等)在升级改造中，也采用类似的组合工艺以提高对劣质原油的加工适应性。

2.1.3　渣油溶剂脱沥青/沥青汽化/脱沥青油加氢处理/催化裂化组合工艺

渣油溶剂脱沥青/沥青汽化/脱沥青油加氢处理/催化裂化组合工艺(图3)是利用溶剂脱沥青工艺，“浓缩”劣质渣油中的金属、硫和残炭等，然后脱油劣质沥青去汽化装置生产电、水蒸气和合成气，脱沥青油经加氢处理后进催化裂化进一步转化。这种组合工艺可以处理高硫、高金属和高残炭渣油。福建联合石化采用的是这种渣油加工组合工艺。

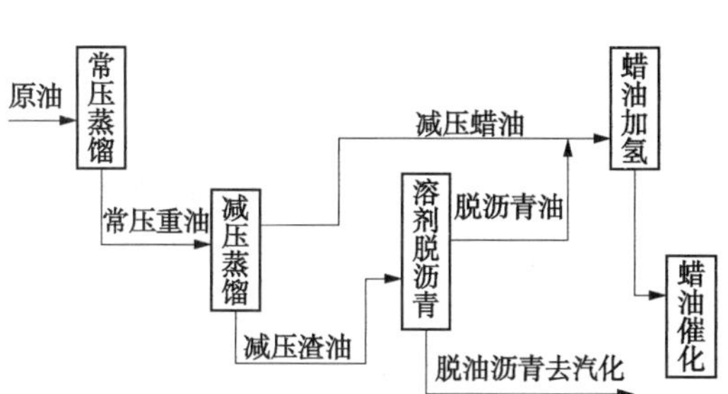

图3　渣油溶剂脱沥青/沥青汽化/脱沥青油加氢处理/催化裂化组合工艺

该组合工艺的另外一个应用是在流程中全部或部分渣油和脱油沥青至延迟焦化装置，进一步“浓缩”原料油的硫、金属、残炭等。脱沥青油和焦化蜡油经加氢处理后可以满足催化裂化的催化剂和工艺操作要求，以便生产所需要的轻质产品。由于采用了更进一步的“浓缩”工艺，故产生的石油焦的量更低，因此，这种组合工艺较前者具有更高的渣油转化率和轻油收率。据初步核算，炼厂采用该组合工艺后轻油收率可以提高1%~2%。

综上所述，虽然劣质渣油加工组合工艺很多，但不同组合工艺的特点差异较人，除了炼厂的原油加工灵活性不同外，其轻油收率、产品柴汽比、一次性投资、加工成本及经济效益也有很大的差别。因此，在选择组合工艺时，需要结合原油性质和产品要求，以及企业的实际情况，从技术和经济可行性两个方面进行具体分析。

2.2　清洁产品生产技术集成

油品质量升级已经成为炼油企业近年来最为关注的课题之一[7-9]。一般地，清洁油品主要是指汽油、柴油、煤油。本节重点介绍清洁汽油和清洁柴油的生产技术集成。

2.2.1　清洁汽油生产

国内汽油产品几乎全部用于车用燃料，柴油产品约30%~50%为车用燃料。因此，汽油质量的升级的需求更为迫切、压力更大。从表1中数据可以看出，欧美汽油组成中重整汽油所占比例较高，国内汽油调和组分中催化裂化汽油占74%左右，重整汽油所占比例不到20%，使得国内汽油硫和烯烃含量高，同时缺少高辛烷值调和组分。生产清洁汽油产品的途径是：降低硫含量，降低烯烃含量，提高辛烷值。

表 1　中国与欧美汽油池组分对比表

<table>
<tr><th>汽油组分</th><th>欧盟/%</th><th>美国/%</th><th>中国/%</th></tr>
<tr><td>直馏汽油</td><td>8</td><td></td><td>1.1</td></tr>
<tr><td>丁烷组分</td><td>6</td><td></td><td rowspan="2">6.4</td></tr>
<tr><td>异构化汽油</td><td>5</td><td></td></tr>
<tr><td>MTBE 汽油组分</td><td>2</td><td></td><td>2.0</td></tr>
<tr><td>催化裂化汽油</td><td>27</td><td>35</td><td>73.8</td></tr>
<tr><td>烷基化汽油组分</td><td>4</td><td>30</td><td>0.4</td></tr>
<tr><td>重整汽油</td><td>47</td><td>35</td><td>16.4</td></tr>
</table>

考虑国内汽油调和组分中催化裂化汽油占 74%左右，一般认为，降低成品汽油中硫含量大致有三个途径：一是对催化裂化原料进行加氢预处理，通过改善催化裂化原料性质源头降低催化裂化汽油产品中的硫含量；二是对催化裂化汽油进行脱硫处理；三是适度扩大连续重整装置的加工能力，通过提高重整汽油比例进一步降低汽油产品的硫含量。

为满足清洁汽油生产，中国石化在整体收购原 S Zorb 技术的基础上进行全面的技术创新，形成新一代 S Zorb 催化加氢转化脱硫技术，新一代 S Zorb 技术已建成 31 套工业装置，在建装置 5 套，总加工能力超过 40Mt/a，约占催化汽油总处理量的 50%以上，新一代 S Zorb 技术已经成为国内汽油质量升级的主要技术措施。图 4 给出了生产满足国Ⅴ排放标准要求的催化裂化汽油加工流程示意图。

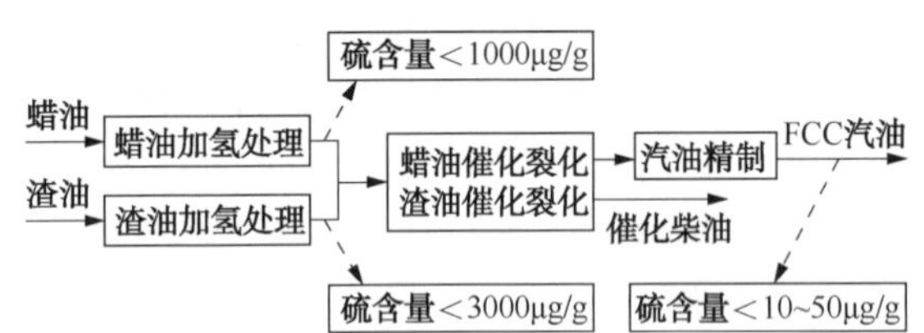

图 4　满足国Ⅴ排放标准要求的催化裂化汽油加工流程示意图

国内还开发了一系列催化裂化汽油加氢选择性脱硫技术，主要包括 RSDS-Ⅲ、OCT-M/MD/ME、DSO、GARDES、M-DSO、CDOS 等，且开发出选择型加氢脱硫催化剂，辅助保证了国Ⅴ汽油的长周期稳定生产。

同时，中国石化开发的超低压连续重整(SLCR)和逆流连续重整(SCCCR)两种具有自主知识产权的连续重整成套技术，分别于 2009 年和 2013 年实现工业化应用，有效助力了油品质量升级。

2.2.2　清洁柴油生产

国内柴油池组分构成见表 2，国内柴油组成中约三分之一是质量较差的催化裂化柴油，催化裂化柴油十六烷值平均只有 28，导致柴油十六烷值资源紧张。同时，近年来乙烯等化工装置消耗优质直馏柴油组分的比例也在增加，降低了柴油产品的整体质量。柴油产品质量总体表现为：硫、氮、芳烃含量较高，密度大而十六烷值低。因此，实现车用柴油清洁化生产的关键途径是劣质催化裂化柴油改质，包括增产其他清洁产品，降低柴油池中催化柴油的比例。

表 2 国内柴油池组分构成表

柴油组分名称	所占比例/%	柴油组分名称	所占比例/%
加氢裂化柴油	5	催化裂化柴油	30
焦化柴油	15	直馏柴油	50

针对国内炼油企业在柴油质量升级和产品结构调整中所面临的问题，开发了系列柴油加氢改质技术，如最大限度提高柴油十六烷值技术(MCI/RICH)，生产高辛烷值汽油或轻芳烃的 FD2G 和 RLG 技术，生产高辛烷值汽油或芳烃料 LTAG 技术，生产低凝清洁柴油的 FHI、FHDW、FHUG-DW 技术，从直馏柴油生产喷气燃料和石脑油及尾油化工原料的 FDHC 技术，从直馏柴油生产喷气燃料和低凝柴油的 FD2J 技术等。工艺研究和工业应用结果表明所开发的系列技术各具特点，用户可以根据自身不同的需求选择适宜的相关技术，生产满足清洁燃料标准的高品质油品。同时，开发了柴油超深度加氢脱硫(S-RASSG 和 RTS)技术，以柴油馏分为原料，在比较高的空速下生产出硫含量小于 10μg/g 的超低硫柴油产品，为炼油企业柴油质量升级提供了技术支撑。

上述技术是清洁产品生产技术的典型代表，篇幅所限，不再一一枚举。这些技术的成功开发与工业化应用，极大支撑了我国的油品质量升级，为全面开启国V油品时代奠定了良好的基础。

3.3 工艺装置联合与集成

为满足资源合理利用和节能降耗的需求，工艺装置联合与集成布置的理念要从传统的少数装置的联合转变为整个炼厂作为一个“大联合装置”考虑。近年来，特别是新建千万吨级炼厂在设计过程中就将所有工艺装置、公用工程及辅助生产系统、单元作为一个整体进行联合与集成优化布置，装置之间的物料实现了热物料直接互供或热物料交叉往返互供，使热量的综合利用实现最优化，取消了大量冷却过程，同时也大幅度降低了机械能的消耗。

以某 10Mt/a 炼厂设计过程为例，工艺装置实行紧密联合设计，将 15 套主要工艺装置分为重油加工、馏分油加工、气体加工、环境保护等 4 个装置功能区，相对集中布置，以利于大物料输送，减少管道输送距离，从而减少机械能和散热的损失。在功能区合理划分后，充分研究了装置之间的热量互供，将其组合为 7 套联合装置，联合装置内部装置之间实现物料交叉往返互供，在实现区域优化的基础上，能量系统全局综合利用水平极大提高。图 5 给出了某炼厂常减压蒸馏-渣油加氢-催化裂化联合装置间的热量集成示意图，常压渣油、减压

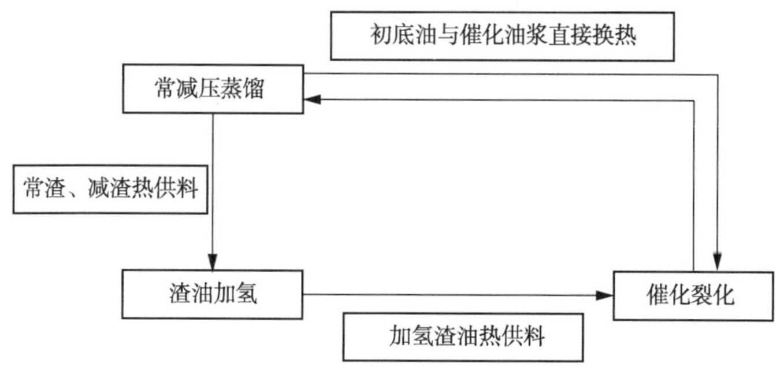

图 5 常减压蒸馏-渣油加氢-催化裂化装置热量集成示意图

渣油以较高温度送至渣油加氢装置，加氢渣油以较高温度送至催化裂化装置，增设催化裂化循环油浆与常减压蒸馏初底油换热，降低了常减压蒸馏、渣油加氢装置燃料消耗，提高了装置、全厂的能量利用效率。

3.4 环保装置集成

炼厂环保装置一般包括酸性水汽提、溶剂再生、硫黄回收以及污水处理等装置，传统炼厂的环保装置多是分散布置，既不利于节能降耗，也增加了潜在的安全风险。

酸性水汽提装置的集成布置主要考虑加氢型和非加氢型装置产生的酸性水中含有不同种类和数量的氨、酚类和氰化物等杂质，将其分别处理，一是减少了彼此间的水质污染，二是降低了因混合加工增加的额外能耗。更利于保证炼厂各装置酸性水处理后能够满足各个装置的回用水指标，一般可实现污水回用率达85%以上。

溶剂再生装置的集成布置也需要考虑加氢型和非加氢型两类装置的富胺液分别再生处理，再生后分别送到各装置使用。实现统一管理，集中分别再生，一是降低了能耗，二是避免了高浓度的酸性气在厂区内的长距离输送和压力损失，减少管线的腐蚀危险等。溶剂再生装置的集成布置还需要考虑两套再生塔的加工能力相互匹配，两套溶剂系统互相连通，互为备用，便于实现事故状态时分别检修。

集中设置硫黄回收装置，装置设计可以采用“两头一尾”方式，保证工厂长周期操作的安全性和对加工原油的灵活性。环保装置集成布置流程示意图见图6。

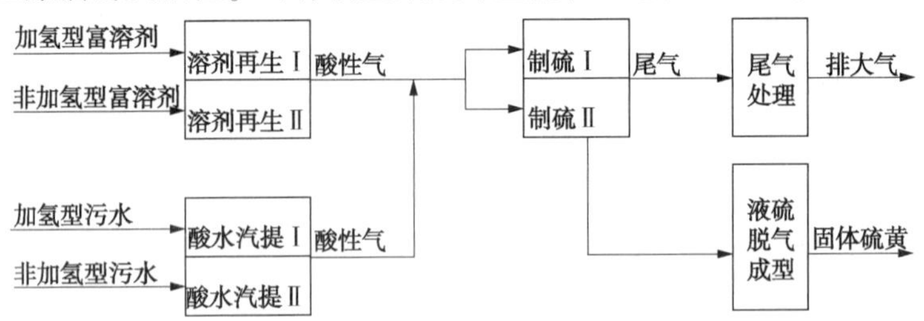

图6 环保装置集成布置流程示意图

进一步的，强化环保装置集成布置，还应按照“清污分流、污污分流”的原则，将含油污水与含油雨水分别处理。除原油罐区外的其他罐区，含油污水均密闭重力流排入污水处理场；原油罐区、装置及其他单元的含油污水经含油污水提升泵站加压后，送往污水处理场。同时，含碱污水、含盐污水、含硫污水、废油、有机溶剂分别进行处理。此外，设置事故监控池，当发生火灾或泄漏等事故时，突发的受污染的雨水、消防水以及泄漏物料在装置罐区内无法就地消纳时，事故水通过全厂雨水管网收集到事故监控池，事故后根据水质情况送往污水处理厂或外排，防止危险化学品和消防水严重污染水体。

3.5 轻烃及氢气系统集成

原油在炼油装置加工过程中，会产生大量气体，其组成一般包括氢气、$C_1 \sim C_4$烷烃、$C_2 \sim C_4$烯烃及少量的C_5组分。传统炼厂轻烃与氢气资源不合理利用主要表现在两个方面：一是大量含氢气体被当作燃料烧掉，同时又用大量的石脑油、丙烷和丁烷轻烃等宝贵的化工原料烃类去制氢；二是炼厂副产的乙烷、丙烷和丁烷、液化石油气等可作为乙烯原料的轻烃资源主要用作工业或民用燃料，之后采用石脑油、煤油、柴油、加氢尾油裂解生产乙烯，使得资源利用率不高。

轻烃集成回收要求采取合理、有效的回收手段，如吸附、吸收、冷冻、分离等，采用集成化的技术，在消耗较少的能量基础上回收轻烃资源。如在总加工流程中可以设置轻烃回收装置，干气回收乙烯和回收氢气设施，回收液化气、氢气、乙烯、乙烷等组分。设置气体分馏、MTBE、烷基化等装置，将液化气中的丙烷、丙烯分离出来作为化工原料，同时利用液化气中的异丁烯、异丁烷等组分生产 MTBE、烷基化油等汽油调和组分。图 7 给出了典型轻烃及氢气回收集成加工流程。

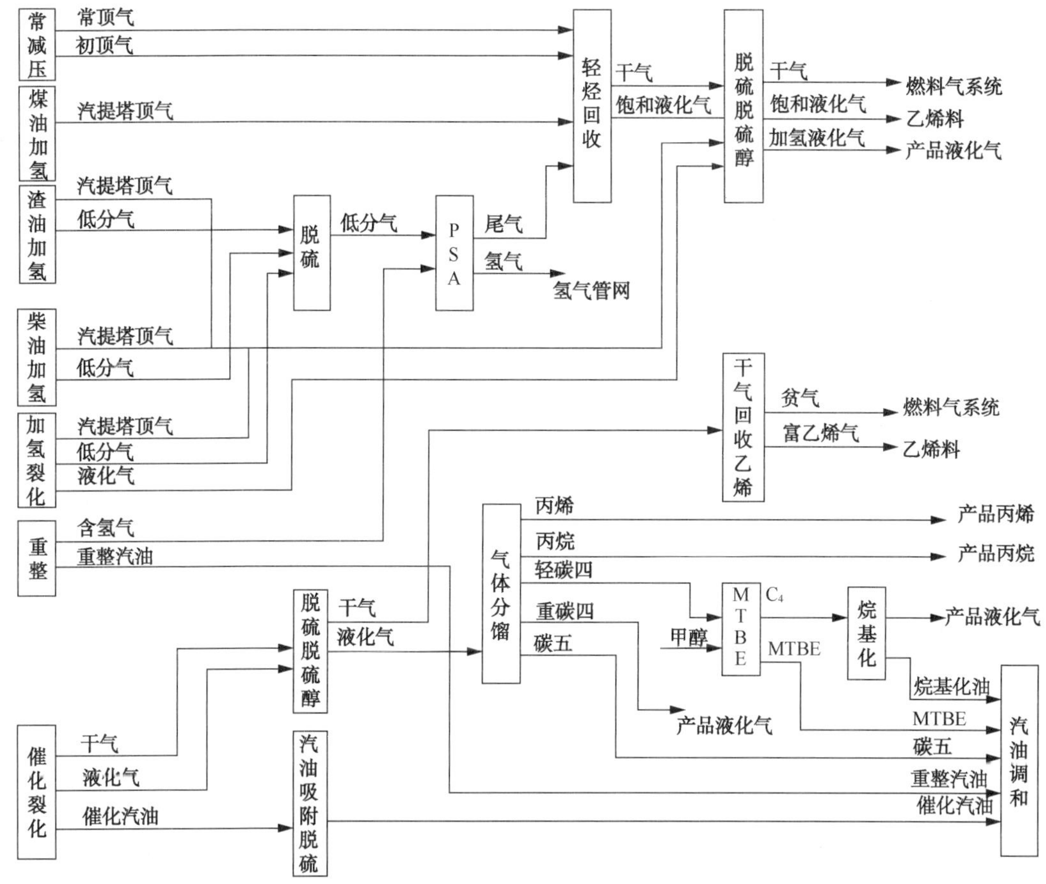

图 7　典型轻烃及氢气回收集成加工流程示意图

同时，应注重氢气资源的管理与安全利用。加氢型炼厂中氢气的用量很大，可根据不同装置对氢气条件要求的差异，借助氢夹点网络优化技术，综合权衡考虑炼厂氢气的浓度、压力约束，合理规划、平衡炼厂氢气系统，综合利用氢气资源，避免氢气系统的降压、升压而造成的能量浪费，提高氢气的利用率，降低用氢成本。

3　典型炼厂总加工工艺流程

3.1　燃料型炼厂

燃料型炼厂以生产发动机燃料(汽、煤、柴油)为主[6]，其特点为：直馏的石脑油馏分、加氢裂化重石脑油经连续重整，重整拔头油经异构化生产高辛烷值汽油组分；直馏的航煤、柴油经精制后生产航空煤油和柴油组分；减压馏分油(或称减压蜡油)进加氢裂化生产轻重石脑油、航空煤油和柴油组分；常压渣油、减压渣油经渣油加氢为催化裂化装置生产原料；或者减压渣油进延迟焦化，焦化蜡油、减压馏分油经蜡油加氢为催化裂化装置生产原料；催化裂化汽油经 S Zorb 或汽油加氢处理后，调和汽油，催化裂化柴油经柴油加氢装置处理后，调和柴油；催化裂化液化气经气体分馏后，可分别经叠合或烷基化处理后，调和汽油。这类炼厂的典型总流程示意见图 8(a)、8(b)。

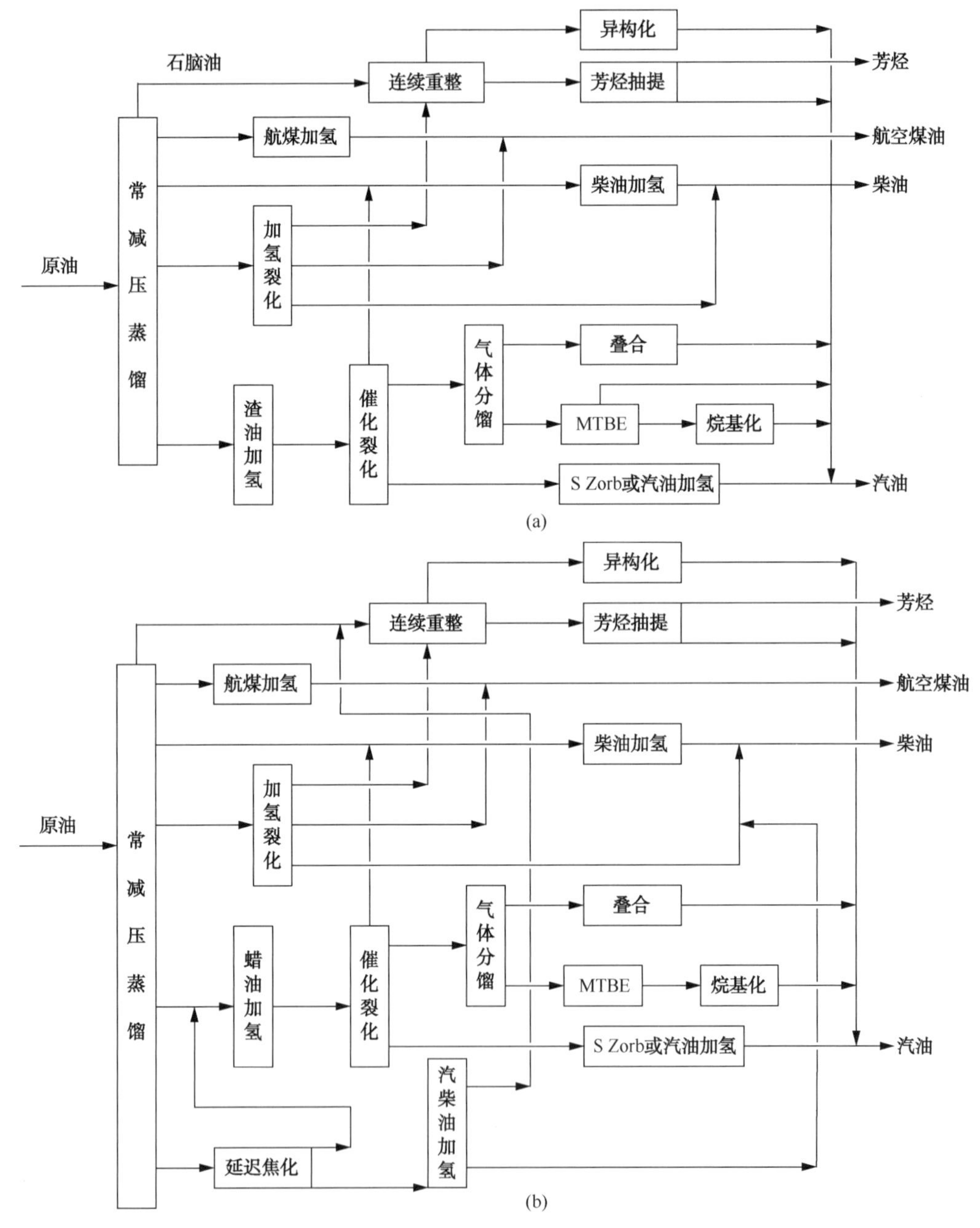

图 8　燃料油型炼厂总流程示意图

3.2 燃料-润滑油型炼厂

燃料-润滑油型炼厂是根据原油的性质，在生产发动机燃料的同时，也生产一部分润滑油料(润滑油基础油)[6]。这种类型炼厂的汽、煤、柴油加工方案与燃料型炼厂相似，主要区别在于润滑油部分的加工。一般地，通过“老三套”的糠醛精制、酮苯脱蜡、白土精制生产线，生产满足 API Ⅰ类润滑油基础油；通过全加氢生产线，生产满足 API Ⅱ/Ⅲ类的润滑油基础油。这类炼厂的润滑油生产部分的典型总流程示意见图 9。

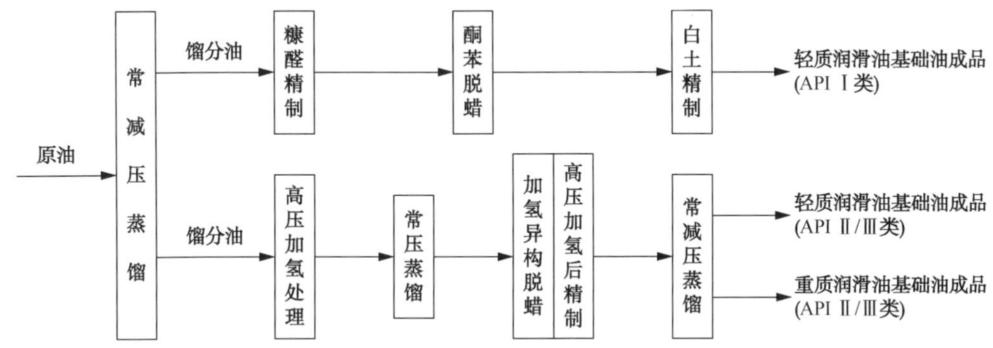

图 9　典型润滑油生产总流程

3.3 炼化一体化工厂

炼化一体化工厂有三类[6]，第一类是生产汽、煤、柴等发动机燃料的同时，利用液化气和燃料气中的丙烯和乙烯，生产聚丙烯和苯乙烯。第二类是生产汽、煤、柴等发动机燃料的同时，生产乙烯裂解原料，该流程的主要特点是：将一部分直馏石脑油作为乙烯裂解原料；调整加氢裂化的操作条件和流程，生产一部分加氢裂化尾油作为乙烯裂解原料；将炼油过程中生产的适合作乙烯裂解原料的中间油品，如催化重整的抽余油、延迟焦化的石脑油、饱和的液化气等，作为乙烯裂解原料。第三类是燃料-芳烃型炼厂总加工工艺流程，其特点是生产汽、煤、柴等发动机燃料的同时，生产苯、甲苯、二甲苯等芳烃产品。

炼化一体化工厂的汽、煤、柴油加工方案与燃料型炼厂相似，由于生产的化工产品不同，总加工流程差别较大，鉴于此，本文提供了炼化一体化工厂的物料互供流程图，具体总加工工艺流程，可参考物料互供关系，设置相应加工装置。炼化一体化工厂典型的物料互供流程图示意见图 10。

4 新建炼厂的技术集成创新与应用

海南炼化是中国炼油企业新建、现代化炼厂的里程碑和分水岭，从海南炼化之后，单系列大型化、千万吨级、国产化、技术集成、技术创新等词汇逐步成为中国炼油企业新建、现代化炼厂的关键词与主题词。本节以海南炼化为例，介绍新建炼厂的技术集成创新与应用。

海南炼化设计加工 8.0Mt/a 进口含硫原油，硫含量为 1.0%左右，设计总加工流程为：石脑油馏分作为异构化、重整原料，主要生产优质汽油调和组分；煤油馏分精制后，与加氢裂化煤油产品一起作为航空煤油产品；直馏柴油馏分和催化裂化柴油混合加氢精制，生产符合排放标准的柴油产品；重油加工选择“渣油加氢处理+重油催化裂化”组合工艺，以实现

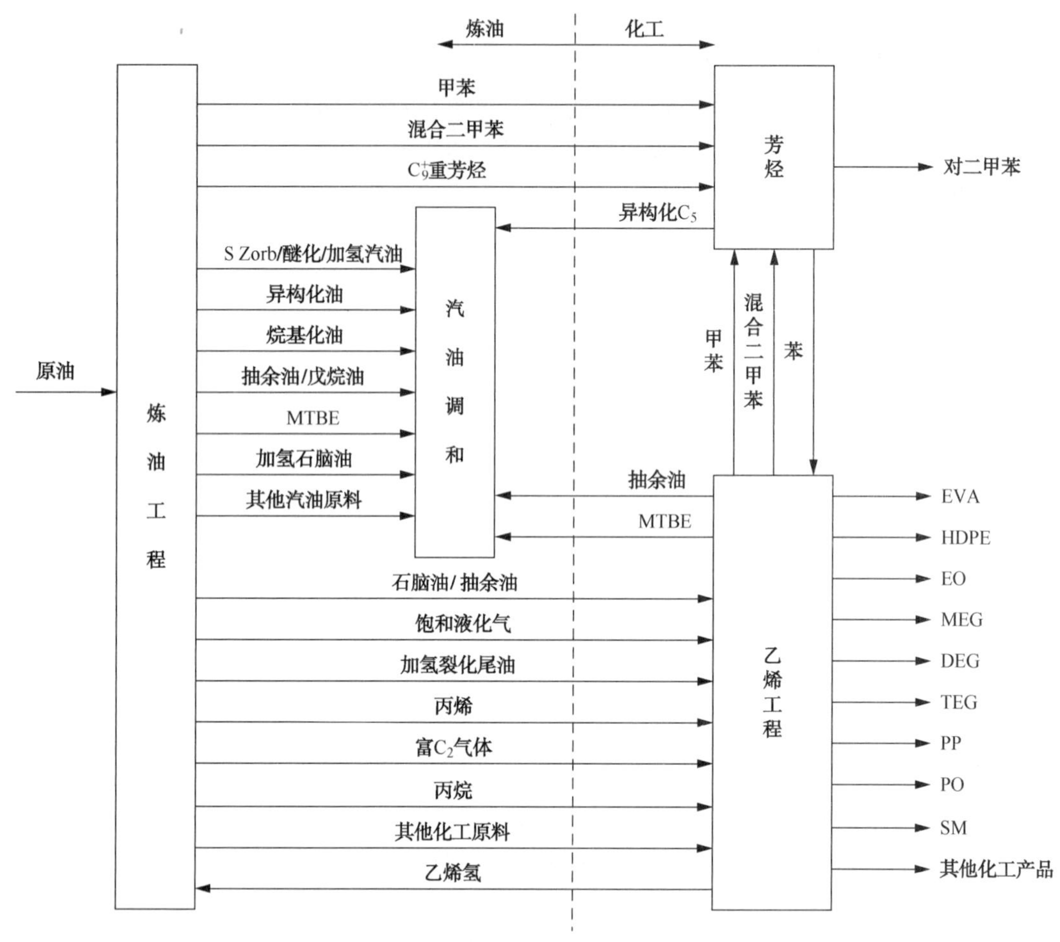

图 10　炼化一体化工厂物料互供流程图

“零”渣油以及全厂汽油、柴油收率最大化和质量优质化的目标。项目自 2006 年 9 月建成投产，经过不断扩充升级，目前可生产符合国Ⅴ排放标准的优质汽油、柴油以及合格的 LPG、喷气燃料、聚丙烯等产品。海南炼化总加工流程示意见图 11，主要工艺装置见表 3。

表 3　海南炼化主要工艺装置

单元名称	规模/(10^4t/a)	单元名称	规模/(10^4t/a)
常减压蒸馏装置	800	加氢裂化装置	120(全循环)
催化原料预处理装置	310	柴油加氢装置	200
重油催化裂化装置	280	航煤加氢装置	30
脱硫脱硫醇装置	配套	制氢装置	60000Nm^3/h
气体分馏装置	60	硫黄回收和溶剂再生装置	8
连续重整装置	120	酸性水汽提装置	180t/h
异构化装置	20	聚丙烯装置	20
MTBE 装置	10	乙苯/苯乙烯联合装置	8
S Zorb 装置	120		

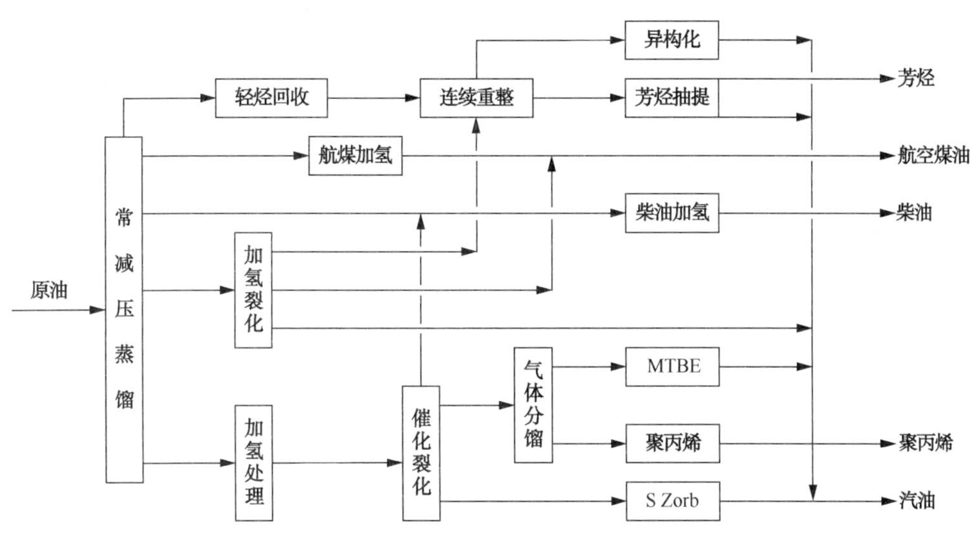

图 11　海南炼化总流程示意图

海南炼化重油加工流程示意见图 12。从该图可以看出，根据设计原油的馏分切割和总流程平衡，常压渣油与减压渣油大约按 3∶2 的比例混合进入渣油加氢处理装置，总量为 3.10Mt/a。

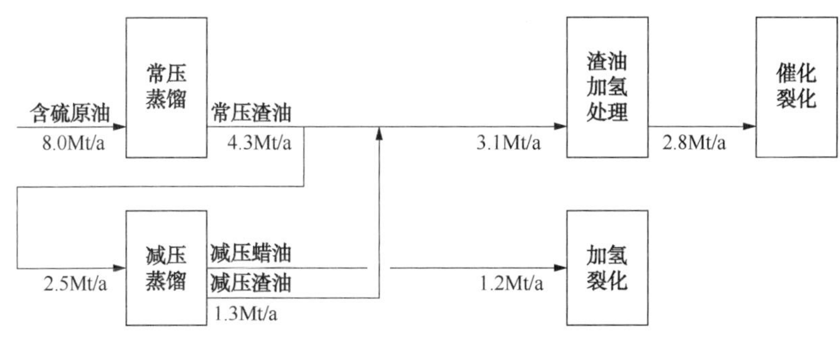

图 12　全厂重油加工流程示意

加氢处理前后催化裂化装置预测产品收率见表 4。可以看出，加氢处理后渣油质量得到了极大提高，有效地改善了催化裂化反应的选择性和转化率，催化裂化液体产品收率可提高 3%~4%，干气和生焦相应减少，产品分布明显改善。由于渣油得到改质，以及催化裂化装置的清洁化生产，因此实现了全厂最大化汽油和柴油产品的目标，轻质油收率达到 81%以上。由于催化裂化进料的硫质量分数降低到 0.3%以下，根据催化裂化反应的硫平衡分布规律，则汽油硫含量约为 150μg/g，进一步经 S Zorb 处理后，可保证汽油质量达到国Ⅴ排放标准。

表 4　加氢前后催化裂化产品收率的对比　　%

产品分布	加氢前	加氢后	产品分布	加氢前	加氢后
干气	3.97	3.68	轻柴油	22.80	23.48
液化气	14.93	13.84	油浆	4.60	4.50
汽油	43.70	46.00	焦炭	10.0	8.5

青岛炼化项目是继海南炼化之后，中国石化“十一五”期间采用自主知识产权技术建成的最大的炼油项目，原油加工能力为10Mt/a，设计采用的基础原油为50%的沙特轻质原油和50%的沙特重质原油的混合原油，原油的含硫量为2.56%。全厂加工方案为常减压蒸馏+延迟焦化+加氢处理+催化裂化的方案。青岛炼化项目采用延迟焦化-CFB锅炉组合工艺，提高了原油适应性；蜡油加氢+催化裂化组合工艺，改善了催化原料品质；项目回收廉价氢源，提高了经济效益，降低了生产成本；同时，项目环保装置也实现了集中设置。青岛炼化总加工流程示意见图13。

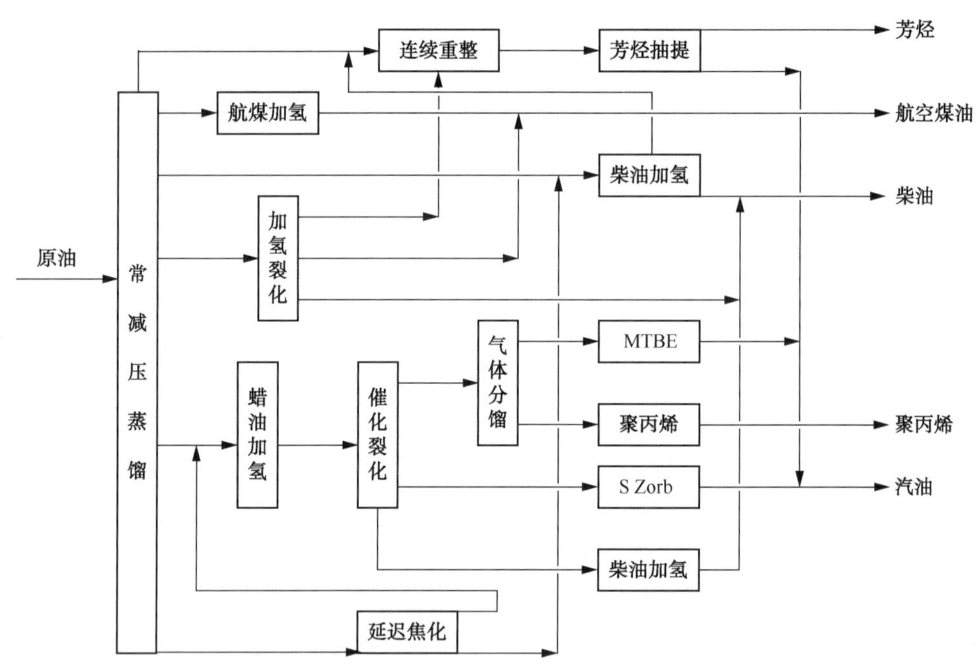

图13 青岛炼化加工流程示意图

泉州石化是我国近年来设计建成的以高硫、劣质重油——科威特原油为原料的12Mt/a炼油项目，采用了常减压蒸馏-渣油加氢处理-重油催化裂化-蜡油加氢裂化-渣油延迟焦化工艺组合方案。泉州石化总加工工艺流程中，减压蜡油的轻质化考虑了两种工艺，即催化裂化和加氢裂化工艺。渣油加工部分采用渣油加氢处理+部分减压渣油延迟焦化工艺路线。项目为了合理回收利用全厂的气体，全厂液化气按饱和与非饱和分别储存、处理、脱硫。该项目总加工流程结合了科威特原油的特性和要求生产清洁燃料的特点，具有一定的生产灵活性和对原油变化的适应性，生产符合国内排放标准的优质产品。泉州石化总加工流程示意见图14。

北海炼厂是第一座全部采用中国石化自主知识产权技术集成建设的最短总流程配置的加工高硫高酸原油的新型炼厂，项目采用常减压-延迟焦化-催化裂化工艺路线，炼厂实现了氢气、燃料、蒸汽的自身平衡，催化裂化装置针对这种原料性质和MIP装置反应深度大的特点，石科院量体裁衣配备的CRMI催化剂，其活性组分选择新开发的不同酸性梯度的超稳类型分子筛进行复合，选择低生焦的适合蜡油分子尺寸的活性载体，该催化剂既能最大限度地提高汽油收率，又能减少因原料劣质而过多地生焦。项目总加工流程示意图见图15。

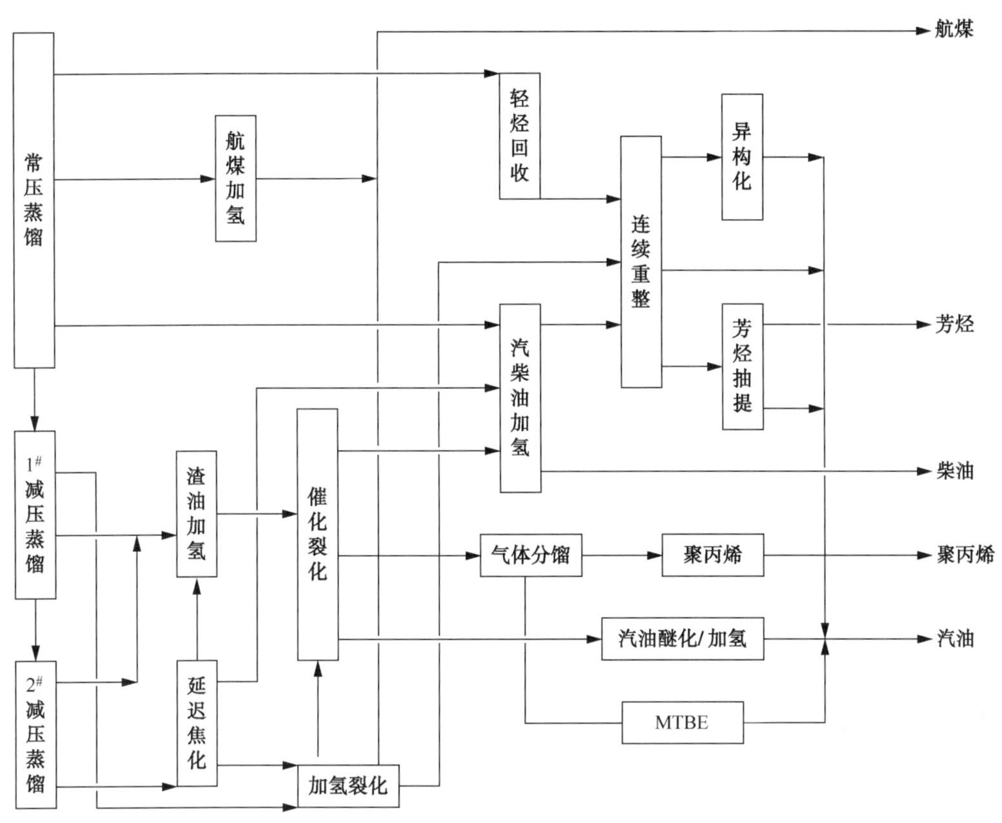

图 14　泉州石化炼油项目总工艺流程示意图

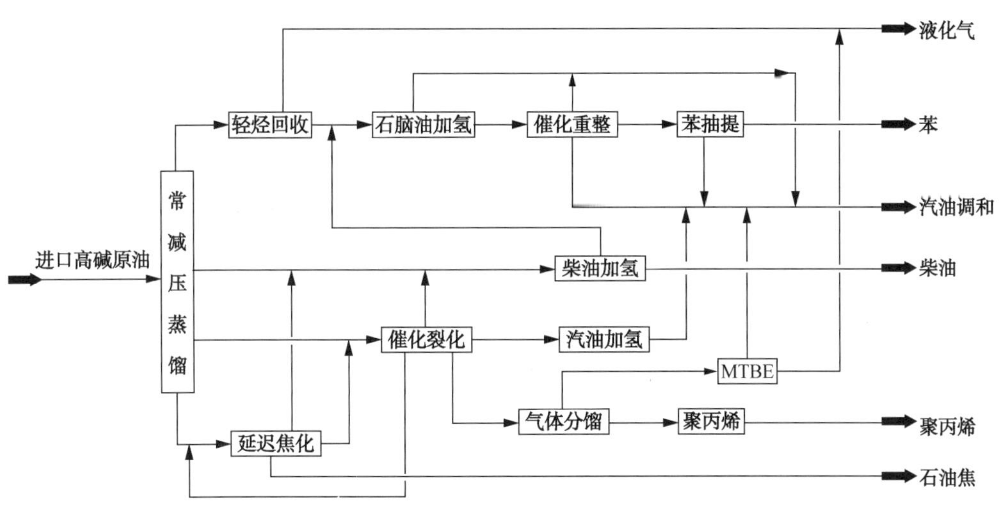

图 15　北海炼厂总加工流程示意图

5　改(扩)建炼厂的技术集成创新与应用

国内有一批上世纪七、八十年代建成的炼油企业，其炼油综合配套能力大都在 5Mt/a 左右，这些企业在过去几十年中为国内经济社会发展做出了重要贡献。近年来，为满足产业政策要求、油品质量和节能环保要求，经过不懈努力和尝试探索，形成了两条具有老企业特色的炼油加工路线。其一，对于沿海、沿江等交通便利，适宜原油及油品运输的炼厂，推荐在深入挖潜的基础上，重点通过提高炼油综合加工能力，改善成品油质量，调整产品结构，实现规模效益。其二，对于确实不利于进一步提高炼油综合加工能力的炼厂，在深入挖潜的基础上，重点通过改善成品油质量，调整产品结构，在现有规模下满足企业产品质量升级的需要，通过生产清洁油品继续为社会做贡献。

本节以福建联合石化、茂名分公司的扩能改造，以济南分公司的产品质量升级改造为例，介绍改(扩)建炼厂的技术集成创新与应用。

5.1 福建联合石化

福建联合石化是在原4Mt/a炼油能力基础上合资建设的大型炼化一体化项目。项目实施后，福建联合石化原油加工规模由原来的4Mt/a扩建到了12Mt/a，相应建设的炼油生产装置包括常减压蒸馏、煤柴油加氢、加氢裂化、蜡油加氢处理、溶剂脱沥青等，化工生产装置包括700kt/a芳烃、800kt/a乙烯裂解、800kt/a聚乙烯和400kt/a聚丙烯以及国内首套高度集成一体化的部分氧化/汽电联产(POX/COGEN)装置，同时配套建设了相应的公用工程系统设施和相关的厂外系统工程(供水、排水、供电、码头、化工铁路等)，成为炼油、化工、油品储运、公用工程高度集成的大型炼油化工一体化企业。福建联合石化炼油部分总工艺流程采用常减压蒸馏-加氢处理-加氢裂化-催化裂化-溶剂脱沥青的加工路线，在向乙烯、芳烃装置提供优质化工原料的同时，生产清洁化汽、煤、柴油产品，实现炼油与芳烃、乙烯等化工装置一体化的设计目标。福建联合石化总加工流程示意见图16，主要工艺装置见表5。

表5 主要工艺装置规模

装置名称	规模/(10^4t/a)	备 注
常减压蒸馏	800	新建
轻烃回收	260	新建
干气液化气脱硫		新建
液化气脱硫醇		新建
柴油加氢	280	新建
煤油加氢	120	新建
加氢裂化	210	新建
氢气提纯	80000m^3(标准状态)/h	新建
加氢处理	230	新建
溶剂脱沥青	170	新建
硫黄回收	20	新建
芳烃联合	70(PX)	新建
其中：预加氢、歧化、抽提		
乙烯裂解	80	新建
(含裂解汽油加氢)	50	
聚乙烯	80	新建
聚丙烯	40	新建
甲基叔丁基醚/1-丁烯装置	7	新建

续表

装置名称	规模/(10^4t/a)	备　注
IGCC 部分		新建
其中：空分	80000m^3(标准状态)/h	
酸性气脱除		
部分氧化	76.2	
制氢	6.0	
冷冻		
汽电联产		
催化氧化脱硫醇		改造
碱渣处理		改造
催化裂化	140~190	改造
延迟焦化	50~60	改造

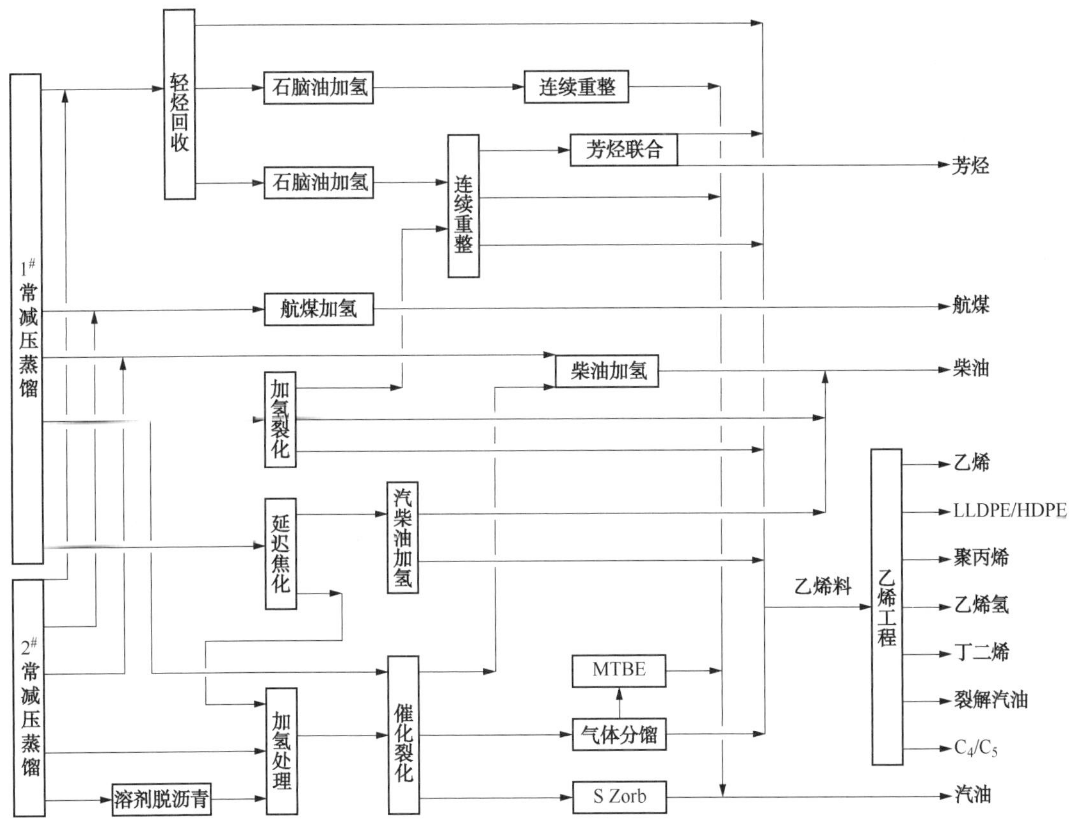

图 16　福建联合石化总流程示意图

福建联合石化总工艺加工流程具备如下特点：

(1) 集中设置轻烃回收装置。福建联合石化集中设置了轻烃回收装置，回收常减压蒸馏和加氢处理、加氢精制等装置塔顶气体中的 C_3及 C_3以上组分及粗石脑油，分离出液化气、轻石脑油、侧线重石脑油等产品，这些产品分别提供给乙烯、连续重整装置作原料。

(2) 催化裂化、延迟焦化气体集中回收，炼油化工气体一体化回收。福建联合石化催化裂化、延迟焦化气体中含有大量烯烃，还含有大量的非烃化合物如 N_2、CO_2 等。对催化裂化、延迟焦化、聚丙烯装置气体集中加工，回收干气、LPG，得到稳定汽油。催化装置改造后，液化气产量增加近 25%，现有气体分馏装置已不能满足分离要求，对气体分馏装置脱丙烷塔在进行扩能改造，考虑 C_2、C_3 到乙烯装置分离部分分离，实现了炼油、化工在气体回收上的紧密联合。

（3）氢气资源合理利用。统筹全厂氢气资源浓度与压力等级，系统考虑加氢装置氢气需求，应用氢夹点技术，优化氢源、氢阱匹配。福建联合石化氢气来源主要为连续重整副产含氢气体(纯度约 92%，压力 2.1MPa)、现有半再生重整副产含氢气体(纯度约 86%～88%，压力 3.5MPa)、乙烯副产甲烷氢(纯度约 95%，压力 3.0MPa)和 POX 生产的纯氢(纯度约 99.9%，压力 4.5MPa)。根据全厂各加氢装置不同的氢分压要求，全厂氢气管网设置按氢气来源和使用地点分为 4 个系统，现有半再生重整产生的氢气去焦化汽、柴油和催化裂化柴油加氢氢气系统，连续重整副产含氢气体去航空煤油加氢、柴油加氢、硫黄回收，乙烯副产甲烷氢去裂解汽油加氢，POX 与 PSA 所产高纯度氢气去加氢处理、加氢裂化、聚乙烯、聚丙烯的纯氢系统，提高全厂氢气资源利用水平。

（4）蜡油的安排。福建联合石化蜡油加工采用加氢裂化/加氢处理+催化裂化方案。该组合工艺把六种原料分成轻、重两股，将直馏轻蜡油直接进加氢裂化装置，生产轻重石脑油、优质柴油和低 BMCI 值的加氢裂化尾油作为乙烯原料；直馏重蜡油、焦化蜡油、脱沥青油进加氢处理装置，主要生产催化裂化原料。福建联合石化蜡油加工的优势是对于含杂环、不饱和烃类物质和杂质(硫、氮、金属、残炭、沥青质等)的难加工的重料，只进行加氢处理，转化率相对较低，主要生产尾油，作为催化裂化原料。

（5）重油加工及部分氧化/制氢/汽电联产方案。福建联合石化重油加工采用溶剂脱沥青方案，所产高硫沥青作为部分氧化/制氢/汽电联产(POX/COGEN)的原料，建成部分氧化/汽电联产(POX/COGEN)装置，POX/COGEN 解决了高硫沥青的出路问题，提供了企业所需的氢气、高压蒸汽、电、氮气、氧气、空气等，经济效益和环保效益明显。

（6）环保装置集中布置。福建联合石化酸性水、酸性气集中布置：酸性水集中分类汽提，设置双系列；富溶剂集中分类再生，按新、老系统分别处理。硫黄回收装置与胺液再生和酸性水汽提集中统一布置。

（7）芳烃生产。福建联合石化按照“宜芳则芳、宜油则油、宜烯则烯”的原则，在满足乙烯裂解装置优质乙烯裂解原料的同时，直馏重石脑油和加氢裂化重石脑油可以作为催化重整装置的原料，满足 700kt/a PX 生产。

福建联合石化实现了炼油、化工、芳烃一体化，为下游石化装置——乙烯、PX 装置提供了安全、可靠、优质的原料保证，炼油、乙烯、芳烃之间的原料互供，提升了企业副产品的价值，凸显了炼化一体化优势。

5.2 茂名分公司

茂名分公司油品质量升级改造后，原油加工能力由 13.5Mt/a 增加到 18Mt/a，原油平均 API°由 31.47 降低到 29.24，硫含量由 1.70%上升到 1.86%，平均酸值由 0.16mgKOH/g 上升到 0.37mgKOH/g，适应了企业原油供应多样化、重质化、劣质化的趋势。茂名分公司油品质量升级改造前后加工总流程分别见图 17 和图 18，装置组成及规模对比见表 6。

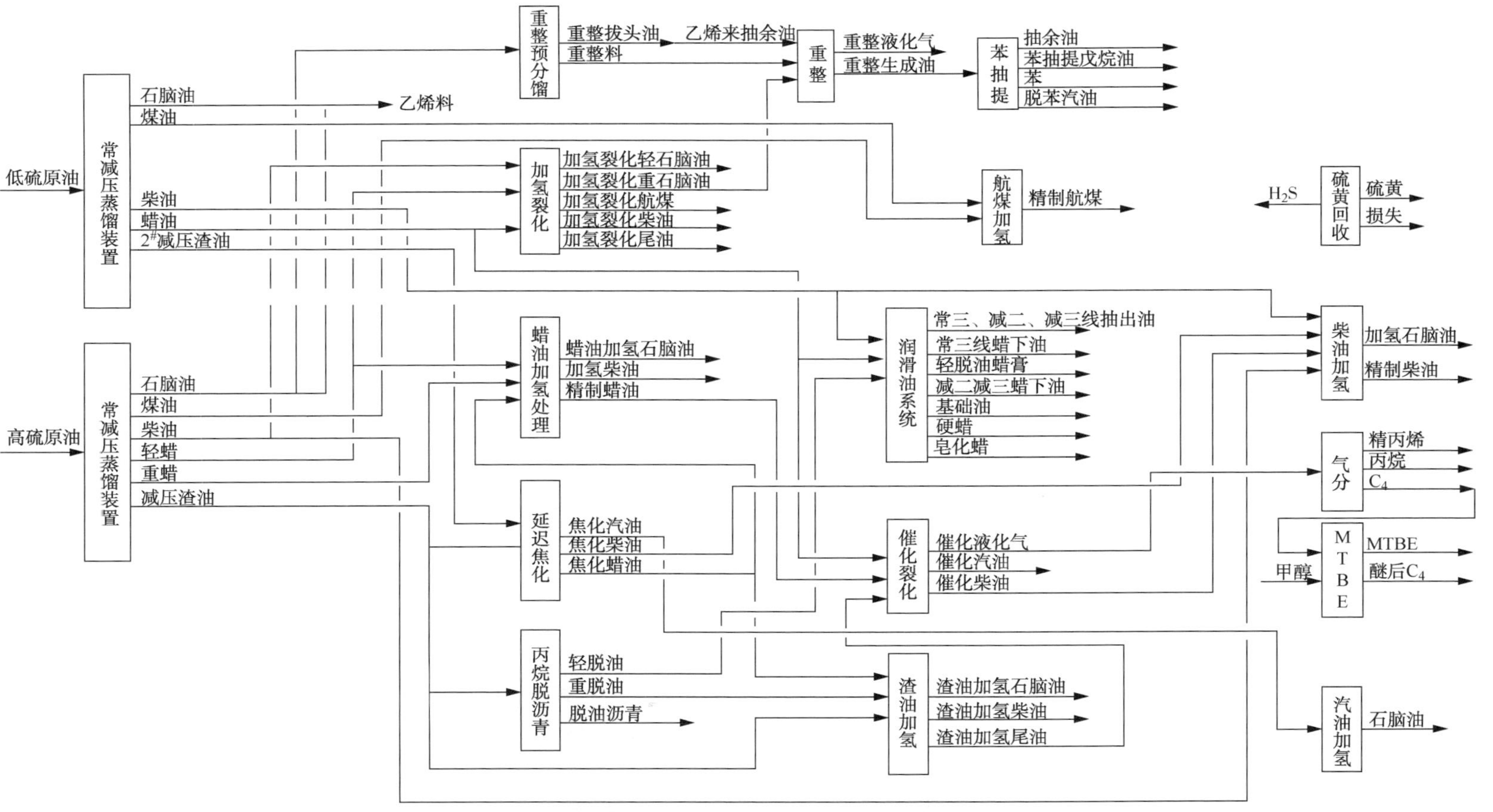

图17 茂名分公司油品质量升级改造前加工总流程示意图

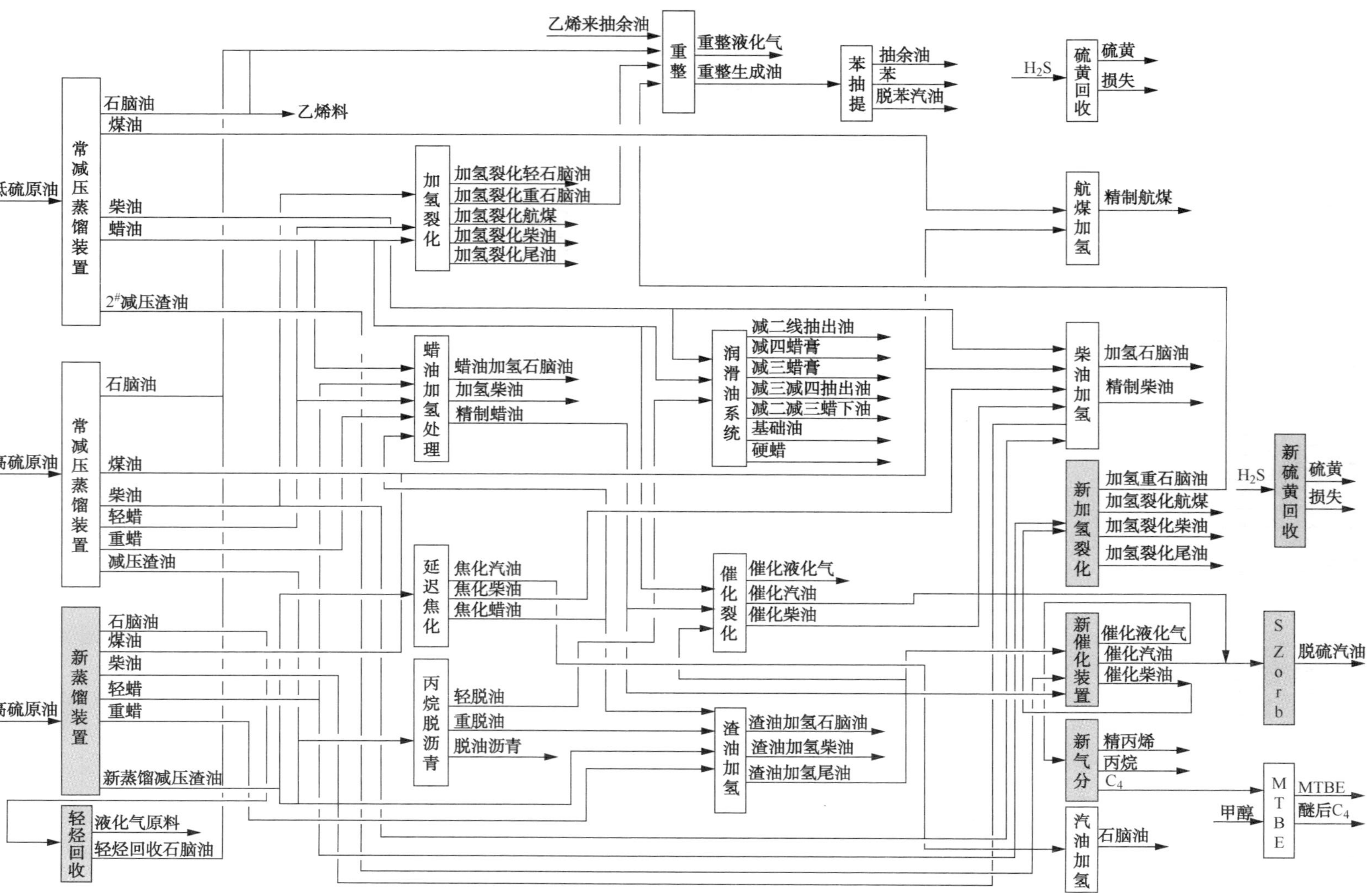

图18　茂名分公司油品质量升级改造后加工总流程示意图

表 6　工艺装置组成及规模对比表　　$10^4t/a$

装　　置	基础现状	改造方案	备　　注
第一常减压蒸馏	300		
第二常减压蒸馏	300	300	
第三常减压蒸馏	250	1000	异地新建
第四常减压蒸馏	500	500	
S-RHT 装置	200	200	
焦化装置	200	200	
溶剂脱沥青	40	40	
润滑油	60	60	
2#连续重整	40	40	
1#苯抽提	10	10	
1#连续重整	120	120	
2#苯抽提	22	22	
1#催化裂化	90	220	改造
2#气化分馏		40	新建
2#催化裂化	100	100	
3#催化裂化	140	140	
1#柴油加氢精制	260	260	
2#汽油加氢精制	40	40	
1#加氢裂化	110	110	
3#柴油加氢精制	200	200	
4#煤油加氢精制	140	140	
3#制氢($10^4m^3/h$)	2+2+6		
硫黄回收	6+6+10	(6+6+10)+10	新建
干气回收富乙烯气	20	20	
1#气体分馏	50	50	
MTBE	6	6	
蜡油加氢	180	180	
2#加氢裂化		240	新建

茂名分公司一部分石脑油和乙烯装置生产的抽余油及加氢裂化重石脑油作为重整原料。剩余的石脑油作为乙烯裂解装置原料，另外重整拔头油、抽余油、渣油加氢处理装置的石脑油和加氢装置石脑油，以及加氢裂化轻石脑油、尾油和富乙烯气体、部分饱和液化气作为乙烯裂解装置原料，扩大了乙烯裂解装置的原料来源。全厂汽油调和组分包括催化裂化汽油、重整汽油、加氢裂化轻石脑油、MTBE，经调和后可生产满足国Ⅴ标准的汽油。直馏煤油进航煤加氢精制装置进行加氢处理，调和组分包括精制煤油和加氢裂化煤油。直馏柴油、焦化柴油、催化裂化柴油分别进柴油加氢装置进行精制。精制柴油与少量精制煤油、加氢裂化柴油、RDS 柴油、蜡油加氢柴油作为柴油调和组分，经调和后按国Ⅴ质量标准出厂。

同时，常减压蒸馏装置部分低硫蜡油和丙烷轻脱沥青油作为润滑油系统原料；其他直馏蜡油、焦化蜡油分别作为两套加氢裂化和蜡油加氢装置原料；常减压装置少量轻蜡油、丙烷重脱沥青油及减压渣油和重蜡油作为 RDS 装置原料；部分低硫直馏蜡油、蜡膏、低硫减渣和精制蜡油等作为催化原料；加氢裂化尾油作为乙烯裂解原料。三套常减压蒸馏装置减压渣油分别作为延迟焦化、渣油加氢、催化裂化、丙烷脱沥青装置原料和沥青调和组分。

茂名分公司油品质量升级改造后原料及主要产品数据见表 7。由表 7 可知，茂名分公司改造方案实现后全厂能适应加工多种来源的原油。在满足相同乙烯原料需求的同时，增加了汽、煤、柴油等燃料油数量，产品质量可满足国Ⅴ排放标准。

表 7　原料及主要产品数据　　10^4t/a

名　称	数　值	名　称	数　值
1. 原料		2. 产品	
原油	1800.00	合计	1835.79
乙烯氢	3.19	商品小计	1709.05
外购甲醇	2.21	自用小计	120.02
外购 MTBE	3.78	损失小计	6.72
乙烯来抽余油	8.35	汽煤柴小计	1131.79
外购氢	13.46	汽油	325.30
外购石脑油	131.54	航煤	208.63
		柴油	597.86
3. 技术经济指标		乙烯料	352.61
商品总量	1709.05	润滑油基础油	27.69
综合商品率	93.10	石蜡	9.92
轻油总量	1358.82	石油沥青	28.26
轻油收率/%	75.49	石油焦	41.90
综合自用率/%	6.54	苯	7.03
其中催化烧焦率/%	1.79	商品液化气	53.75
加工损失率/%	0.37	丙烯	22.85
(柴+煤)/汽	2.48	硫黄	30.69
柴/汽	1.84	燃料气	2.56

5.3　济南分公司

济南分公司 5Mt/a 原油加工体系共有主要生产装置 31 套，其中燃料油系统 23 套、润滑油系统 7 套、化工装置 1 套，渣油的加工采用 1.2Mt/a 延迟焦化装置和 600kt/a 溶剂脱沥青装置，蜡油的加工采用催化裂化。2012 年，济南分公司原油实际加工量为 4.5Mt/a，原油进厂能力及原油一次加工能力均可达到 7Mt/a，本着在提升安全、环保可靠性的同时，保证满足生产效益不下降原则，确定济南分公司原油加工规模为 6.8Mt/a。基于 5Mt/a 基础流程和 6.8Mt/a 加工方案总流程的安排，新建、改造及现有工艺装置的使用安排新建装置 5 套，改造装置 3 套，利旧装置 16 套，停用装置 3 套。其中新建内容包括：3.4Mt/a 渣油加氢装置、

2.6Mt/a MIP 重油催化装置(含干气 LPG 脱硫、烟气脱硫)、900kt/a 催化汽油吸附脱硫(S Zorb)装置、80000Nm³/h 制氢装置、200t/h 污水汽提装置。改造前后济南分公司加工总流程分别见图 19 和图 20。

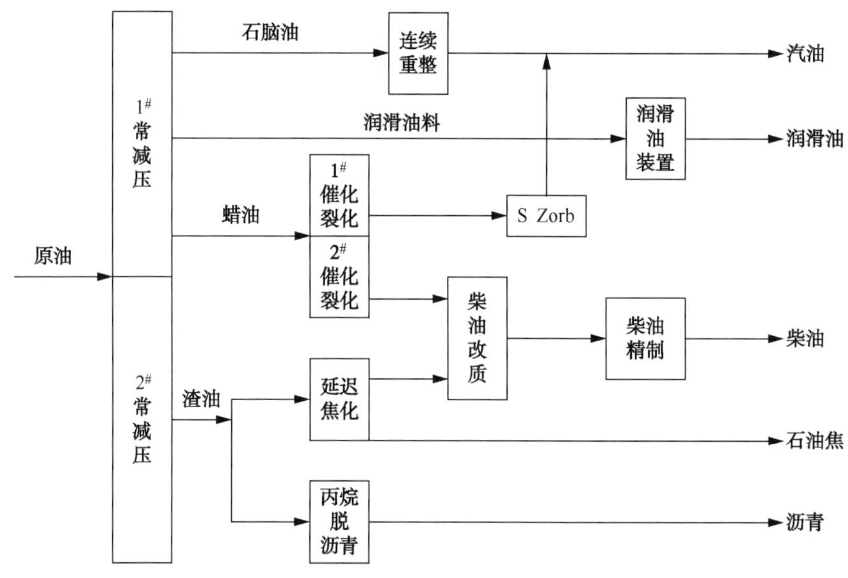

图 19　改造前济南分公司加工总流程示意图

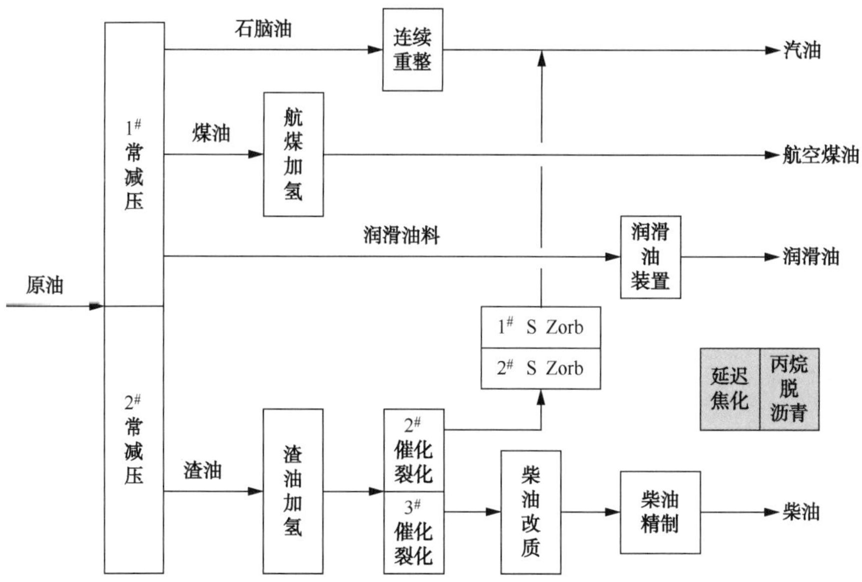

图 20　改造后济南分公司加工总流程示意图

济南分公司原油采用分输分炼的加工方式，管输原油进现有 1#蒸馏装置加工。临商原油进现有 2#蒸馏装置加工。重油采用固定床渣油加氢+催化裂化加工路线，以及溶剂脱沥青+润滑油加工路线，满足重油加工的要求。其中，固定床渣油加氢装置加工 1#蒸馏装置的大部分蜡油和减压渣油，以及脱油沥青等。利用现有催化裂化装置加工加氢重油和部分 2#常减压渣油和蜡油；新建催化裂化装置，加工加氢重油和少量 1#常减压轻蜡油。现有延迟焦化及1#催化裂化装置停用。丙烷装置加工2#蒸馏渣油，丙烷轻脱油进入润滑油系统，生产高黏度的基础油和光亮油，重脱油和沥青作为渣油加氢装置原料。柴油采用加氢精制脱硫+加氢改质，满足柴油产品硫含量小于10μg/g的要求；直馏石脑油和加氢石脑油经预加氢后，利用现有重整装置生产高辛烷值汽油调和组分；催化裂化汽油采用S Zorb吸附脱硫，满足汽油产品硫含量小于10μg/g的要求。经过改造，济南分公司原油一次加工能力不变，原油综合加工能力将达到6.8Mt/a，在满足现有润滑油生产用料的同时，可最大化地生产清洁优质的车用燃料，使车用汽、柴油均达到国Ⅴ标准要求。改造后济南分公司原料及主要产品数据见表8。

表8　原料及主要产品数据　　10^4t/a

名　称	数　值	名　称	数　值
原料		普通柴油	68.60
临商原油	190.00	国Ⅴ车用柴油	169.55
胜利进口混合原油	490.00	技术经济指标	
天然气	22.61	柴汽比	0.99
甲醇	3.35	轻油收率	75.61%
主要产品		高附加值产品产率	89.64%
92#清洁汽油	127.45	商品收率	92.11%
95#清洁汽油	112.34		

6　结论与展望

经过几代石化人的不懈努力，中国炼油工业的综合实力、国际竞争力不断增强，已经建成了较为完整的炼油产业体系，产业规模跻身世界炼油大国行列，成为国家综合实力和竞争力的重要组成部分。在此过程中，文中提及的炼油技术集成与应用成果发挥了重要支撑作用。取得成绩的同时，我们也应清醒地看到，中国炼油工业还需要面对加快转变发展方式，推动产业优化升级，促进信息化与石化工业深度融合，大力调整产业结构，增加高端石化产品比重等诸多科学发展课题，需要持续攻关，不断进取。

创新驱动发展，绿色引领未来。创新与转型将成为中国炼油工业发展的主旋律，中国炼油工业应立足既有技术集成成果，加强核心技术和专项技术的创新力度，巩固、提升已有的技术优势，加速开发提高燃油经济性和油品质量的重大炼油工艺技术，从原料多元化和低成本，产品需求差异化，绿色低碳发展，炼化一体化，产品高性能、高附加值、功能化等方向着手，推进炼油技术集成应用的创新和发展，不断增强中国炼油工业的整体竞争力，为推动我国由炼油生产大国发展成为炼油强国，做出更大的贡献。

参考文献

[1] 戴厚良. 把握发展新趋势 实现我国石油化工产业的转型发展[J]. 当代石油石化，2015，248(8)：1-3.
[2] 王基铭. 生态文明建设与石油石化产业升级[J]. 化工学报，2014，65(2)：369-373.
[3] 李大东. 炼油工业：市场的变化与技术对策[J]. 石油学报(石油加工)，2015，31(2)：208-217.
[4] 王基铭. 我国石化产业面临的挑战及对策建议[J]. 当代石油石化，2015，251(11)：1-7.

[5] 孙丽丽. 现代化炼油厂技术集成应用的设计思路[J]. 当代石油石化，2010，182(2)：8-12.
[6] 刘家明. 石油炼制工程师手册(第Ⅰ卷)：炼油厂设计与工程. 北京：中国石化出版社，2014.
[7] 孙丽丽. 清洁汽柴油生产方案的优化选择[J]. 炼油技术与工程，2012，42(2)：1-7.
[8] L I Dadong. Crucial technologies supporting future development of petroleum refining industry[J]. Chinese Journal of Catalysis，2013(34)：48-60.
[9] 李大东，蒋福康. 清洁燃料生产技术的新进展[J]. 中国工程科学，2003，5(3)：6-14.